Projektmanagement von Immobilienprojekten

Projektmanagement von Immobilienprojekten

Norbert Preuß

Projektmanagement von Immobilienprojekten

Entscheidungsorientierte Methoden für Organisation, Termine, Kosten und Qualität

2. korrigierte Auflage

Norbert Preuß
Preuss Projektmanagement GmbH
München
Deutschland

ISBN 978-3-642-36019-0   ISBN 978-3-642-36020-6 (eBook)
DOI 10.1007/978-3-642-36020-6

Die Deutsche Nationalbibliothek verzeichnet diese Publikation in der Deutschen Nationalbibliografie; detaillierte bibliografi sche Daten sind im Internet über http://dnb.d-nb.de abrufbar.

Springer Vieweg
© Springer-Verlag Berlin Heidelberg 2011, 2013

Einbandentwurf: WMXDesign GmbH

Gedruckt auf säurefreiem Papier

Springer Vieweg ist eine Marke von Springer DE. Springer DE ist Teil der Fachverlagsgruppe Springer Science+ Business Media
www.springer-vieweg.de

Vorwort

Projektmanagement hat sich in den letzten Jahren als unverzichtbare Disziplin in nahezu allen Projekten erwiesen. Erfolgskriterien sind neben der strategischen Ausrichtung der Leistung, die strukturierte Vorgehensweise, der methodische Ansatz und letztlich die handelnde Person des Projektmanagers selbst.

Dieses Buch erläutert ausführlich die Rolle des Projektmanagers mit seinem Leistungsbild als Ausgangspunkt und stellt dann seine Aufgaben mit Beispielen für viele Anwendungssituationen dar. Alle Phasen der Projektabwicklung werden mit detaillierten Terminplänen erläutert und Abhängigkeiten aufgezeigt. Strukturabläufe zur Steuerung von Nachhaltigkeitskriterien, Änderungsmanagement, Nutzungskostenmanagement, Nutzermanagement, Projektcontrolling, Konfliktmanagement, bis hin zu Besonderheiten des Projektmanagements bei Bestandsbauten runden das Werk ab.

Ein wesentlicher Kern der Darstellung ist die Entscheidungsorientierung, die alle Kapitel prägt. Es wird ein Ansatz des Entscheidungsmanagements dargestellt, den ich vor 15 Jahren in meiner Dissertation bei Prof. Dr. Ing. C.-J. Diederichs entwickelt habe und seitdem in nahezu allen Großprojekten meines Wirkens angewendet, verfeinert und erweitert habe.

Ich danke allen Bauherren, die uns in komplexen Projekten ihr Vertrauen schenken und somit ermöglichen, unseren Leistungsansatz weiterhin in der Praxis erfolgreich auszubauen.

Meinen Kollegen und Mitarbeitern danke ich für die engagierte Arbeit in diesem überaus spannenden Leistungs- und Unternehmensspektrum, Frau Nowak für den engagierten Einsatz bei der Erstellung der Textfassung.

München
Februar 2013

Dr. -Ing. Norbert Preuß

Inhalt

Nahezu alle Vorgänge der Projektabwicklung beinhalten Entscheidungsprozesse. Dies betrifft den Bauherren, den eingeschalteten Projektmanager, die Planer und die ausführenden Firmen. Zu jedem Zeitpunkt innerhalb des Projektverlaufes, ausgehend vom Entschluss, ein Projekt zu realisieren, müssen Entscheidungen vorbereitet, getroffen und umgesetzt werden. Die vorliegende Arbeit untersucht diese Entscheidungsprozesse aus der Sichtweise des Projektmanagers, der in den Handlungsbereichen Organisation, Qualitäten/Quantitäten, Kosten, Termine/Kapazitäten sowie dem Vertragswesen seine Aufgaben findet.

Ein wesentliches Ziel des Werkes ist es, konkrete Entscheidungsprozesse im Management von Projekten darzustellen. Ein weiterer Aspekt liegt im Aufzeigen der darin liegenden Aufgaben, der dafür erforderlichen Instrumentarien der Entscheidungsfindung und der Behandlung von Änderungen, bezogen auf die vorher definierten Projektziele.

Die Vorgehensweise ist in Abb. 1.1 visualisiert.

Wichtig ist zunächst die präzise Formulierung der Projektziele. Je Handlungsbereich werden Teilziele abgeleitet und auf die darin bestehenden Aufgaben reflektiert. Danach wird der Prozess der Zielbestimmung und -verwirklichung dargestellt. Ausgehend vom Leistungsbild der Projektsteuerung wird partiell die Vorgehensweise beschrieben, mit welchen Methoden die einzelnen Aufgaben abgewickelt werden können. Dabei werden konkrete Hilfsmittel der Projektsteuerung aufgezeigt. Da die Aufgaben der Terminplanung und -steuerung in Zusammenhang mit dem Ablauf von Entscheidungsprozessen eine besondere Bedeutung haben, werden diese sehr intensiv dargestellt.

Die ständige Zielkontrolle im Sinne eines Soll-Ist- Vergleiches ist eine wesentliche Voraussetzung der zielorientierten Projektabwicklung. Dabei ist es völlig normal bzw. systembedingt, dass Änderungen durch die Planungsprozesse auftreten.

Es ist wichtig zu wissen, welche Ursachen Änderungen haben können. Dabei ist eine grundsätzliche Erfahrung, dass jedes Projekt unterschiedlich auf Änderungen reagiert. Dies ergibt sich allein dadurch, dass je nach Projektgröße fast ein Fünftel der Investitionskosten Planungsleistungen und damit

geistige Leistungen sind. Durch die beteiligten Menschen am Projekt mit unterschiedlichen Mentalitäten ergibt sich immer wieder ein unterschiedliches Abwicklungsverhalten und damit auch Konfliktpotential. Ein großer Teil von Änderungen wird erst zu spät erkannt, weil entweder kein Controlling besteht oder der eine oder andere Punkt übersehen wird. Häufig sind es aber genau die vielen kleinen Änderungen, die gerade in großen Projekten mit einer Vielzahl von Beteiligten sehr negative Folgen auslösen. Von Bedeutung ist dabei, dass sich die bis zu einem bestimmten Zeitpunkt als reversibel zu bezeichnenden Änderungen in irreversible Änderungen umwandeln und die dann eintretenden Folgen nicht mehr abgewendet werden können. Eine funktionsfähige Aufbau- und Ablauforganisation ist Voraussetzung zur Vermeidung derartiger Nachteile und wird im Einzelnen beschrieben.

Bei erkannten Änderungen ist schnelles und vor allem umsichtiges Handeln erforderlich. Es kommt darauf an, die Auswirkung der Änderung auf Inhalt und Beteiligte so zu analysieren und aufzubereiten, um nach Abwägung der evtl. bestehenden Alternativen die richtige Entscheidung zu treffen, die der Zieldefinition am nächsten kommt. Die Vorgehensweise unterscheidet sich unter anderem nach dem Zeitpunkt des Eintretens. Die Behandlung von Änderungen in der Planungsphase unterscheidet sich von denen in der Ausführungsphase. Dies betrifft zwangsläufig auch die Aufgaben der Beteiligten und hier insbesondere den Projektmanager. Sowohl die inhaltliche und formale Behandlung der Änderungen und der darin liegenden Aufgaben werden differenziert beschrieben.

Entscheidungsprozesse finden sichtbar, teilweise für einzelne Beteiligte unsichtbar in verschiedenen Projektebenen und zu unterschiedlichen Zeitpunkten statt. Wesentlich ist das rechtzeitige Erkennen des Entscheidungsbedarfes, damit die Grundlagen für die Entscheidung zeitgerecht vorliegen. Die Einzelheiten der Entscheidungsvorgänge werden zunächst vor dem Hintergrund bestehender Entscheidungstheorien betrachtet. Dann werden Entscheidungsprozesse von Hochbauprojekten dargestellt und auf bestehende Abhängigkeiten hin untersucht. Optimale Lösungen entstehen durch das Abwägen zwischen verschiedenen Optionen. Das

N. Preuß, *Projektmanagement von Immobilienprojekten,*
DOI 10.1007/978-3-642-36020-6_1, © Springer-Verlag Berlin Heidelberg 2013

Abb. 1.1 Entscheidungs-/
Änderungsprozesse im Projektmanagement

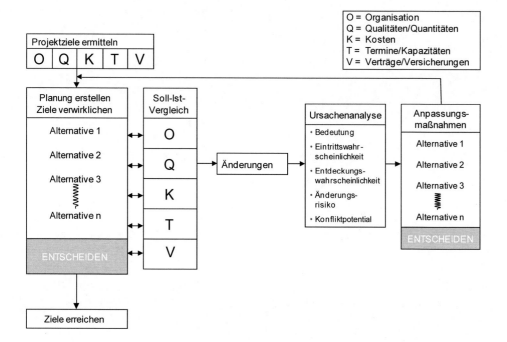

Entscheiden zwischen mehreren Möglichkeiten bedarf der systematischen Vorgehensweise. Ein möglicher Weg wird am Beispiel der Fassade eines Hochbaues beschrieben.

Ein wesentlicher Kern der Arbeit ist die Konzeption eines Managementsystems zur Entscheidungsfindung. Dieses besteht aus einer nach verschiedenen Kriterien auswertbaren Datenstruktur, die den Aufbau von Entscheidungsstrukturen für neue Projekte ermöglicht.

Aus diesem Systemansatz heraus gliedern sich die Kapitel des Buches gemäß Abb. 1.2.

In Kap. 2 erfolgt eine Analyse der Projektziele aus Sicht des Projektmanagers, der diese Aufgabenstellung für einen Investor erbringt.

Daraus ergibt sich in Kap. 3 die Darstellung der Leistungsbildentwicklung der Projektsteuerungsleistungen in Deutschland. Diese Leistungsbildentwicklungen wurden durch die Aktivitäten des Deutschen Verbandes für Projektmanager in der Bau- und Immobilienwirtschaft e. V. (DVP) sowie dem Ausschuss der Verbände und Kammern der Ingenieure und Architekten für die Honorarverordnung e. V. (AHO) ausgelöst, die im Laufe der letzten 20 Jahre praxiserprobte Leistungsbilder einführten. Diese wurden auch im Rahmen von internationalen Abstimmungen abgeglichen. In der nunmehr 3. Aufl. des Heftes 9[1] des AHO: „Projektmanagementleistungen in der Bau- und Immobilienwirtschaft" erfolgten grundlegende Anpassungen an die Praxiserfordernisse von aktuellen Projektabwicklungen aus Sicht von Bau-

herren und Projektmanagern. Diese Änderungen werden an dieser Stelle im Detail beschrieben und erläutert. Aus den dargestellten Leistungsbildanforderungen erfolgt die Ableitung des Anforderungsprofils an Projektmanager und in den anschließenden Kapiteln die Erläuterung der Durchführung der Aufgaben mit Praxisbeispielen.

Effektive Projektabläufe bedürfen einer Entscheidungsorientierung. Die entscheidungstheoretischen Grundlagen werden in Kurzform angesprochen und am Beispiel einer Fassade konkretisiert. Das Entscheidungsmanagement selbst bedarf systematischer Ansätze, die erläutert werden (Kap. 4).

Im Kap. 5 werden ausgehend von der Zieldefinition die Aufgaben der Organisation, Information, Koordination und Dokumentation mit konkreten Beispielen der Praxis erläutert.

Die Aufgaben des Projektmanagements im Handlungsbereich der Qualitäten/Quantitäten (Kap. 6) reichen von der Prüfung des Nutzerbedarfsprogramms bis zu den in den Planungsergebnissen umgesetzten Planungsvorgaben. Dabei müssen auch die Kriterien der Nachhaltigkeitsziele von der Projektzieldefinition bis zur Ausführung zunehmend Beachtung finden.

Die kostenrelevanten Themenstellungen im Projektmanagement sind sehr vielfältig und werden von der Investitionskostenplanung bis zur Kosten- und Qualitätssteuerung im Kap. 7 dargelegt. Besonders ausführlich beschrieben wird das Nutzungskostenmanagement.

Die Ebenen der Terminplanung und die Darstellung beispielhafter Terminpläne für alle Projektphasen erfolgt in

---

[1] AHO, Heft 9 (2009): Untersuchungen zum Leistungsbild, zur Honorierung und zur Beauftragung von Projektmanagementleistungen in der Bau- und Immobilienwirtschaft, 3. vollst. überarbeitete Aufl.

Abb. 1.2 Aufbau des Werkes
nach Kapiteln

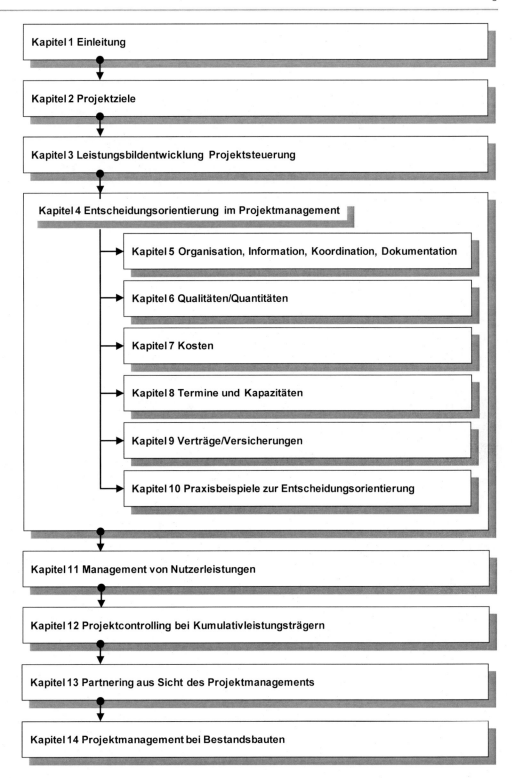

Kap. 8. Alle Terminpläne werden auf entscheidungsrelevante Aspekte untersucht und ausführlich erläutert.

Ein wesentlicher Teil von Aufgaben ergibt sich im Handlungsbereich der Verträge/Versicherungen (Kap. 9).

Im Kap. 10 werden Praxisbeispiele zur Entscheidungsorientierung aufgezeigt. Aus vielen Entscheidungssituationen werden Entscheidungstypologien abgeleitet und im Hinblick auf Entscheidungskriterien, Prioritäten, Zeitpunkte der Entscheidung und Verantwortungszuordnung analysiert. Desweiteren werden Beispiele zu Auswahlentscheidungen zu den Unternehmenseinsatzformen und Ablaufentscheidungen erläutert.

In den weiteren Kapiteln erfolgt die Darstellung von Spezialbereichen des Projektmanagements, die besonderer Betrachtung bedürfen.

Das Management von Nutzerleistungen in Abgrenzung zum Projektmanagement des Bauwerks erfordert ebenfalls einen systematischen Ansatz (Kap. 11). Dieser wird auf Praxisbeispiele beim Projektmanagement von Einkaufszentren übertragen.

Die Abwicklung von Projekten mit Kumulativleistungsträgern erfordert andere Vorgehensweisen wie die bei Einzelleistungsträgern. Die Erfahrungen aus Sicht des Bauherren und der Bauindustrie werden aus dem Blickwinkel der Praxis gegenübergestellt (Kap. 12) und Folgerungen abgeleitet.

Strategisch anders gelagerte Aufgaben des Projektmanagements entstehen bei Projekten, die in partnerschaftlicher Struktur zwischen den Beteiligten durchgeführt werden. Die Unterschiedlichkeit in den Aufgaben wird dargestellt (Kap. 13). Die Ursachen von Konfliktsituationen werden analysiert und in beispielhaften Einzelfällen betrachtet. Daraus abgeleitet wird ein methodischer Ansatz für die Vorgehensweise.

Ein wesentlicher Anteil zukünftiger Bauaufgaben liegt in der Entwicklung und Realisierung von Bestandsbauten. Darin liegen auch besondere Aufgaben des Projektmanagements, die in Kap. 14 angesprochen werden.

In Abb. 2.1 sind die Projektziele in den Handlungsbereichen des Projektmanagers differenziert dargestellt. Die einzelnen Teilziele beeinflussen sich gegenseitig. Wenn z. B. das Teilziel „Beauftragung von qualifizierten Planungs- und Projektbeteiligten" nicht erreicht wird, also zum Teil unqualifizierte Planungs- und Projektbeteiligte ins Projektgeschehen eintreten, wird ein anderes Teilziel, z. B. das Termin- oder Qualitätsziel negativ beeinflusst bzw. nicht erreichbar sein. Es werden die Teilziele nun beschrieben und auf die darin beinhalteten Aufgaben reflektiert, die zur Erreichung der Projektziele notwendig sind.

2.1 Ziele der Organisation, Information, Koordination und Dokumentation

Eindeutige und klare Projektorganisation Ohne eine eindeutige und klare Projektaufbau- und ablauforganisation können alle anderen Teilziele nicht oder nur eingeschränkt erreicht werden. Es muss eindeutig festgelegt sein, wie die Projektorganisation in allen Ebenen, bezogen auf die unterschiedlichen Projektphasen funktioniert. Alle Projektbeteiligten einschließlich des Bauherren müssen von den Aufgaben und Funktionsfestlegungen erfasst sein.

Reibungsloser Projektablauf Dieses Teilziel ist ein Idealzustand, in dem alle Projektbeteiligten motiviert und zielorientiert ihre Leistung erbringen, ohne sich gegenseitig zu behindern und Schuldvorwürfe wegen jeweils nicht einwandfrei erbrachter Leistung auszutauschen. Das Gegenteil dieses Zustandes ist eine vergiftete Atmosphäre zwischen verschiedenen Projektbeteiligten mit zum Teil unklaren Zielvorstellungen. Häufig finden dieses Situationen ihre Ursache in einer mangelhaften Projektvorbereitung, einer unzureichend definierten Projektaufbau- und Ablauforganisation oder dem Umstand, dass die organisatorischen Vorgaben von verschiedenen Projektbeteiligten nicht eingehalten werden.

Schnelle, richtige, umfassende Information Zu langsamer, falscher und unvollständiger Informationsfluss erzeugt Fehler und Verzögerungen im Projektgeschehen. Dieses Teilziel kann nur dann erreicht werden, wenn *alle Projektbeteiligten* ihre Aufgaben zielorientiert, bei disziplinierter Erfüllung der jeweils gegebenen „Hol- und Bringschuld" erarbeiten. Darunter verbergen sich nicht nur die Regelungen der Kommunikation im Sinne des Besprechungs- und Berichtswesens, sondern auch die informellen Erfordernisse im Rahmen der Planungsabläufe.

Zeitgerechte, richtige Entscheidungen Eine nicht delegierbare Bauherrenaufgabe ist das Entscheiden über wesentliche Fragen der Bauwerksgestaltung. Das Vorbereiten der Entscheidungen ist eine Aufgabe der Planer und der Projektsteuerung. Häufig liegen zum Zeitpunkt der erforderlichen Entscheidung keine einwandfreien Grundlagen zum Abwägungsprozess vor. Oft wird auch der Entscheidungsbedarf zu spät oder gar nicht erkannt, so dass später geändert werden muss. Ein Streitpunkt zwischen den Projektbeteiligten ist häufig die Frage, auf welcher Grundlage der Bauherr Entscheidungen treffen soll und muss. Um das Ziel einer zeitgerechten und richtigen Entscheidung zu erreichen, muss deshalb frühzeitig geklärt werden, welche Ebene des Bauherren die Entscheidung treffen muss. Desweiteren müssen die Entscheidungsstrukturen der Projektauf bau- und Ablauforganisation mit den konzeptionierten Terminabläufen in Einklang gebracht werden.

Einwandfreie, vollständige Dokumentation Die Entwicklung des Projektes muss, ausgehend vom verabschiedeten Nutzerbedarfsprogramm, bezogen auf die Teilziele Kosten, Termine und Qualität aussagefähig dokumentiert sein. Desweiteren betrifft dies die Geschehensabläufe in Planung und Bau, so dass die Anspruchsgrundlagen bei evtl. gestörten Planungsund Bauabläufen eindeutig beurteilt werden können. Die in der Projektabwicklung entstehenden Dokumente bestehen aus Schriftverkehr, Plänen sowie Datenträgern unterschiedlicher Art. Es ist unabdingbar, dass der Bauherr rechtzeitig festlegt, welche Anforderungen an die Bestandsdokumentation im Sinne des späteren Betriebes des Gebäu-

N. Preuß, *Projektmanagement von Immobilienprojekten*,
DOI 10.1007/978-3-642-36020-6_2, © Springer-Verlag Berlin Heidelberg 2013

1. ZIELE der Organisation, Information, Koordination und Dokumentation

- o Eindeutige und klare Projektorganisation (Aufbau- und Ablauforganisation)
- o Reibungsloser Projektablauf
- o Schnelle, richtige, umfassende Information
- o Zeitgerechte, richtige Entscheidungen
- o Einwandfreie, vollständige Dokumentation
- o Klare Regularien zum Controlling der Projektziele

2. ZIELE der Qualitäten und Quantitäten

- o Bedarfs- und funktionsgerechte Vorgaben der Nutzung
- o Eindeutige Vorgabe der standortrelevanten Randbedingungen
    - → Grundstück, Bebauungsplan,
    - → Bodenrecht, Erschließung, Umweltfragen
- o Schaffung optimaler Vorgaben für Bauplanung bzw. Wettbewerb
- o Festlegung der Nachhaltigkeitsziele
- o Erreichung einer effektiven Kontrolle der Projektziele im Verlauf der Planung
- o Hohe Qualität in Planung und Ausführung
- o Einschaltung qualifizierter Firmen unter Beachtung unternehmensspezifischer Bauherrnziele
- o Zeitgerechte und richtige Entscheidung in Planung und Bauablauf
- o Wirtschaftliche Abwicklung aller Vergaben, zeitgerechte Beauftragung
- o Ausschöpfung der Vorteile aus Alternativangeboten ausführender Firmen

3. KOSTENZIELE

- o Angemessenes Budget für Investitionen und Folgekosten
- o Reibungslose Rechnungs- und Zahlungsabwicklung
- o Zeitgerechte Mittelbereitstellung
- o Einhaltung der definierten Kostenziele bzw. Unterschreitung bei gleichzeitiger Erreichung aller anderen Projektziele

4. TERMINZIELE

- o Vorgabe eines realistischen Terminrahmens für Planung und Bau
- o Zielorientierte Terminsteuerung der Planung unter Ausschöpfung der beauftragten Planerkapazitäten im Rahmen des formulierten Generalterminplanes
- o Zeitgerechte Beauftragungen, Genehmigungen, Entscheidungen
- o Einhaltung und Erreichung des vorgegebenen Vertragsablaufplanes
- o Zeitgerechte Übergabe, Inbetriebnahme

5. VERTRAGSZIELE

- o Eindeutige Verträge
- o Qualifizierte Planungs- und Projektbeteiligte
- o Zeitgerechte Beauftragungen
- o Versicherungstechnische Absicherung unvorhersehbarer Risiken

Abb. 2.1 Projektziele

des bestehen, damit die Grundlage für eine einwandfreie Nutzung des Gebäudes zu gegebenem Zeitpunkt vorliegt.

Klare Regularien zur Kontrolle der Projektziele Es muss Klarheit darüber bestehen, wie die Controllingaufgaben in der Abgrenzung zwischen Bauherr/Projektmanager verteilt werden. Dies gilt für die Fragen der Aufbau- und Ablauforganisation sowie hinsichtlich der Überprüfung der Planung auf Einhaltung der definierten Projektziele.

2.2 Ziele der Qualitäten und Quantitäten

Die in diesem Handlungsbereich befindlichen Ziele decken die gesamte Planung und auch das der Planung als Grundlage vorauslaufend zu erstellende und zu verabschiedende Nutzerbedarfsprogramm ab. Dieses wiederum hat das Ziel, eine systematische Zielbestimmung für alle Projektbeteiligten zu schaffen und konkret die Anforderungen an Funktionen, Bauwerk sowie Ausstattung zu formulieren. Ebenso wichtig ist die wirtschaftliche Abwicklung aller Vergaben mit dem Erfordernis der zeitgerechten Beauftragung sowie das Einbringen von evtl. gegebenen Vorteilen aus firmenseitig zu erwartenden Alternativangeboten.

Rechtzeitig sind die Nachhaltigkeitsziele zu definieren und in konkrete Vorgaben für die Planung umzusetzen.

Zur Erreichung einer hohen Qualität in Planung und Ausführung sind eindeutige Vorgaben für das Qualitätsmanagement erforderlich. Die Aufgaben des Bauherren und/ oder seines Projektmanagers bestehen darin, die qualitätsrelevanten Kriterien rechtzeitig zu erkennen und durch geeignete Überprüfungsmethoden sicherzustellen, dass das anvisierte Qualitätsziel erreicht wird. Die Vorgaben für das durchzuführende Qualitätsmanagement richten sich nach der Qualität der eingesetzten Projektbeteiligten, den verschieden denkbaren Projektkonstellationen (z. B. gewählte Unternehmenseinsatzformen), den individuellen Anforderungen des Projektes und seiner Beteiligten.

2.3 Kostenziele

Das Kostenziel ist neben den anderen Projektzielen ein sehr bedeutsames Ziel des Investors. Die Kosten sind abgeleitete Größen der anderen Handlungsbereiche. Die Zielerreichung hängt einerseits von der zu treffenden Abschätzung der Kosten in Abhängigkeit des angestrebten Qualitätsstandards ab, andererseits wird die Erreichbarkeit von der Methodik des Projektmanagements (Kostensteuerung) bestimmt, die insbesondere zu Beginn der Planung Abweichungen zielorientiert entgegensteuern muss.

Angemessenes Budget für Investitionen und Folgekosten Die Eingrenzung des Kostenzieles erfolgt im Rahmen der Projektvorbereitungsphase, vor Beginn der eigentlichen Planung. Dabei sind je nach Projekt unterschiedliche Randbedingungen für die Zielbestimmung und die Ermittlungsgrundlagen gegeben. In einem Fall geht es darum, dass aufgrund einer bereits beim Investor bestehenden Kostenobergrenze und Zielvorgabe (z. B. Verwaltungsgebäude für 1.000 Arbeitsplätze) die Konzeption und Qualitätsvorgaben für die Planung so gewählt werden müssen, dass die definierte Kostengröße nicht überschritten wird. Im anderen Fall ist die Formulierung des Kostenzieles noch offen und muss vom Projektmanager ermittelt werden, wobei er eine damit korrespondierende Qualitätsvorgabe im Investitionsrahmen definieren muss.

Zur Abschätzung der Gesamtwirtschaftlichkeit ist die Abschätzung der Folgekosten notwendig, die sich aus den Nutzungskosten nach DIN 18960 [1] sowie den Personal- und Sachkosten der Nutzer zusammensetzen. Da die erstgenannte Zahl für das Kostenziel meistens bis Projektende im Bewusstsein der Beteiligten ist, hat diese Zieldefinition eine herausragende Bedeutung.

Reibungslose Rechnungs- und Zahlungsabwicklung/zeitgerechte Mittelbereitstellung Eine wichtige Aufgabe des Bauherren nach der Beauftragung von Planungs- und Bauleistungen ist das Bezahlen. Das Nichtbezahlen von Rechnungen ist nahezu der einzige Grund, der es Planungs- und Ausführungsbeteiligten ermöglicht bzw. dazu zwingt, ihre Leistungserbringung einzustellen. Es ist daher sowohl aufbau- als auch ablauforganisatorisch sicherzustellen, dass im Zusammenwirken der Bauherrenseitigen Organisation Zahlungen fristgemäß geleistet werden. Die Komplexität dieser – nur vermeintlich einfachen Aufgabe – wächst mit der Anzahl der beauftragten Prüfinstanzen

Desweiteren muss frühzeitig vom Projektmanager auf Basis des Rahmenterminplanes ein Zahlungsplan für Planungs- und Bauleistungen erstellt werden, der im Projektverlauf in kurzfristige und mittelfristige Zeitintervalle aufgeteilt werden muss, damit er eine gewisse Sicherheit für eine wirtschaftliche Mittelbereitstellung ermöglicht.

Einhaltung der definierten Kostenziele Die Einhaltung der vor Planungsbeginn definierten Kostenziele wird nur dann möglich sein, wenn die Projektabwicklung zielorientiert durch den Projektmanager und die beauftragten Planer

---

[1] DIN 18960 (2008): Nutzungskosten von Hochbauten.

erfolgt. Dazu müssen ständige Soll- Ist-Vergleiche und bei Abweichungen Anpassungsmaßnahen eingeleitet werden. Um dieser Aufgabe gerecht zu werden, sind systematische Kostenübersichten zu führen, die einen Überblick über die voraussichtlichen Gesamtkosten jederzeit ermöglichen. Die Erreichung der Kostenziele wird nachhaltig auch von der Erreichung der Ziele in den anderen Handlungsbereichen des Projektmanagements bestimmt.

2.4 Terminziele

Eine bedeutende Entscheidung in der Projektvorbereitungsphase ist die Eingrenzung und Festlegung des Fertigstellungstermins bzw. Nutzungstermins eines Projektes. Hierbei ist von zwei grundsätzlichen Fällen auszugehen.

Im ersten Fall ist das Terminziel bereits festgelegt. Hierbei liegt die Aufgabe des Projektmanagers darin, dieses Ziel durch geeignete Vorgehensweisen möglichst effizient zu erreichen.

Im zweiten Fall geht es darum, ein für den Bauherren optimales Terminziel einzugrenzen, festzulegen und dann zu erreichen.

Nachfolgend werden einige Terminziele differenziert betrachtet.

Vorgabe eines realistischen Terminrahmens für Planung und Bau Ein Terminrahmen beinhaltet Annahmen über Aufwandsdauern, Kapazitäten sowie Ablaufstrukturen. Da die Festlegung des Terminzieles zu Beginn eines Projektes liegt, bei dem die Planer und ausführenden Firmen als Akteure des Geschehens häufig noch nicht bekannt sind, müssen also zum Zeitpunkt der Terminformulierung Annahmen erfolgen, die erforderliche Planungs- bzw. Bauausführungskapazitäten abdecken, aber auch die Zuverlässigkeit aller Beteiligten im erforderlichen Rahmen voraussetzt. Damit wird deutlich, dass die Frage der Kapazitäten, der generellen Ablaufstrukturen sowie die entstehenden Anforderungen an die Projektorganisation mit der Festlegung dieses Zieles bestimmt werden.

Zielorientierte Terminkontrolle und Steuerung Nachdem die Terminvorgabe bestimmt ist, müssen alle nachfolgenden Aktivitäten und Festlegungen daraufhin ausgerichtet werden. Dies betrifft in erster Linie die Auswahl der Projektbeteiligten im Sinne des ableitbaren Anforderungsprofils (Qualifikationen/Kapazitäten). Da das Auftreten von Abweichungen sowohl in der Planungs- als auch Bauphase als gegeben betrachtet werden muss, wird die Einhaltung der formulierten Terminziele nur dann gelingen, wenn die Abweichungen durch rechtzeitige Anpassungsmaßnahmen kompensiert werden können. Eine wesentliche Voraussetzung zur Erreichung der Terminziele ist das Erkennen von rechtzeitigem Entscheidungsbedarf, um Korrekturen und Abweichungen durch zu spätes Handeln zu vermeiden.

Die Methoden der Terminkontrolle bedürfen einer systematischen Vorgehensweise, verbunden mit der Fähigkeit des Projektmanagements, sich in hinreichender Art und Weise in die Geschehensabläufe der Planung und Ausführung einzubinden [2].

Zeitgerechte Genehmigungen Ohne behördliche Genehmigungen darf nicht gebaut werden. Deshalb besteht ein Teilziel im Bereich der Termine darin, rechtzeitig die Genehmigung zu erreichen.

Dieses Ziel bedarf einer systematischen Vorgehensweise, ausgehend vom Entschluss, ein Projekt zu realisieren. Die bestehenden Vorschriften und die Vielzahl der Beteiligten, die es zu berücksichtigen gilt, machen ein synchronisiertes Vorgehen aller Beteiligten unabdingbar.

In ganz hohem Maße ist die Erreichung dieses Zieles bei schwierigen Projekten (z. B. Sanierungsbauten/Umbauten von denkmalgeschützten Bauwerken) vom Geschick und der Professionalität der mit den Behörden Verhandelnden abhängig. Dieses Geflecht von Zuständigkeiten, bauordnungsrechtlichen Auslegungsmöglichkeiten und deren Rückkoppelung auf die Planungs-/Ausführungsabläufe zu beherrschen, bedarf einer hohen Kompetenz des Architekten und anderer Projektbeteiligter.

Es muss eine rechtzeitige Abstimmung zwischen Bauherr und Projektbeteiligten im Sinne eines effektiven Genehmigungsmanagements stattfinden, um Planungs- und Ausführungsstörungen möglichst zu vermeiden und realistische Vorgaben in die Terminstruktur Eingang finden zu lassen.

Einhaltung der Vertragstermine Ein wesentliches Teilziel der Termine besteht in der Einhaltung der vereinbarten Vertragstermine in Planung und Ausführung.

Jede Verschiebung von Vertragsterminen birgt das Risiko, dass die Gegenseite finanzielle Ansprüche daraus ableitet. Dies gilt für Planungs- und Ausführungsbeteiligte gleichermaßen, wobei die Grundlagen dafür in den Verträgen auf Basis der VOB bzw. HOAI definiert sind.

Die Erreichung dieses Zieles wird nur dann problemlos gelingen, wenn die im Rahmenterminplan formulierten Vorgaben realistisch und mit den erforderlichen Kapazitäten sowie Ablaufstrukturen verträglich sind. Des Weiteren ist die Erreichung dieses Zieles von der Qualität der Handlungen sowie der Professionalität der Akteure selbst abhängig. Die daraus für den Projektmanager ableitbaren Handlungserfordernisse sind von Projekt zu Projekt unterschiedlich.

[2] Preuß N. (1996): Die Projektsteuerung auf schmalem Grat zwischen Anspruch und Wirklichkeit. In: Deutsche Gesellschaft für Baurecht e. V, Fachliche und persönliche Qualifikation des Projektsteuerers – die Realität der Anforderungen, 11./12.11.1996, Frankfurt.

Zeitgerechte Übergabe, Inbetriebnahme Ein wesentliches Ziel für den Bauherren bzw. Nutzer besteht darin, das Gebäude zu dem im Rahmenterminplan fixierten Nutzungsbeginn ohne Einschränkung nutzen zu können.

Dies ist dann erreicht, wenn der Nutzer das Gebäude ohne Beeinträchtigung durch schlecht eingestellte technische Ausrüstung (z. B. Klimaanlage), noch mit Mängel behafteter Bausubstanz, noch laufender Mängelbeseitigung und Inbetriebnahmetätigkeit nutzen kann.

Um dieses Ergebnis zu erreichen, sind bestimmte systematische Vorgehensweisen erforderlich, die weit vor der eigentlichen Inbetriebnahme mit anschließender Nutzung durchdacht und festgelegt werden müssen.

2.5 Vertragsziele

Eindeutige Verträge Zu einer einwandfreien Projektabwicklung gehören eindeutige Verträge für Planungs- und Ausführungsbeteiligte. Die Erreichung dieses Zieles bedarf sorgfältiger Vorbereitung durch den Projektmanager und Bauherren. Die Leistungsbilder der Planerverträge müssen präzise im Hinblick auf bestehende Schnittstellen voneinander abgegrenzt werden. Die Aufgabenpakete der verschiedenen Planungsbereiche sollten im Hinblick auf häufig vorkommende Meinungsverschiedenheiten differenzierter definiert werden. Dabei muss allerdings eine genaue Abgrenzung von Grundleistungen zu Besonderen Leistungen im Sinne der HOAI berücksichtigt werden.

Dies betrifft ebenso die Ausgestaltung der Verdingungsunterlagen vor dem Hintergrund des Regelwerkes der VOB und dem AGB-Gesetz.

Qualifizierte Planungs- und Projektbeteiligte Das Erreichen von Projektzielen kann erfolgreich nur eine Gemeinschaftsleistung aller Projektbeteiligten einschließlich Bauherren sein. Projektziele können nicht im „Kriegszustand" zwischen verschiedenen Projektbeteiligten gut erreicht werden. Genauso unmöglich ist es allerdings, hochgesteckte Projektziele mit unfähigen Partnern durchzusetzen. Diese Unfähigkeit bezieht sich nicht nur auf die fachliche Qualifikation, sondern auch auf die häufig nicht ausreichende kapazitive Ausstattung der Projektbeteiligten, die frühzeitig geklärt werden muss.

Zeitgerechte Beauftragungen Die Beauftragung von Planungs- und Ausführungsleistungen ist Aufgabe des Auftraggebers, bei der er sich von Planungsbeteiligten und dem Projektmanager unterstützen lässt.

Für die Planung wird der Projektmanager dafür sorgen müssen, dass rechtzeitig entsprechende Leistungsbilder und Vertragsgrundlagen für die zu erbringende Planung zwischen Bauherr und Projektmanager abgestimmt, festgelegt und verbindlich vorgegeben werden. Es sollte erreicht werden, dass die Verträge mit Planungsbeteiligten vor dem Erbringen der ersten Planungsleistungen ausgehandelt und unterschrieben sind. Im anderen Falle sind häufig zeitraubende Abstimmungen bis hin zu Streitigkeiten über Vertragsinhalt und Vergütung vorgezeichnet.

Dies gilt ganz besonders für die Beauftragung von Ausführungsleistungen. Die Firmen benötigen vor der Ausführung einen bestimmten Zeitraum für die Disposition im Sinne verbindlicher Bestellung bzw. Arbeitsvorbereitung, Montage- und Werkstattplanungen sowie Vorfertigung.

Diese Zusammenhänge müssen in der entsprechenden Ebene der Terminplanung rechtzeitig berücksichtigt werden.

Versicherungstechnische Absicherung unvorhersehbarer Risiken Die Projektabwicklung beinhaltet Risiken unterschiedlichster Art. Diese teilen sich in mehr oder weniger kalkulierbare aber auch unvorhersehbare Risiken, wie z. B. höhere Gewalt auf. Risiken entstehen aber auch durch Fehler oder Unzulänglichkeiten der Projektbeteiligten, die unterschiedliche Auswirkungen nach sich ziehen können. Das Ziel des Bauherren und aller sonst an der Projektabwicklung Beteiligten besteht darin, diese Risiken möglichst umfassend abzudecken. Neben den operationellen Möglichkeiten des Bauherren und des Projektmanagers durch konkrete Handlungen (z. B. Auswahl qualifizierter Planer und Firmen), besteht das Erfordernis, bestehende Risiken versicherungstechnisch zu kompensieren. Das zu erstellende Versicherungskonzept muss auf das konkrete Projekt und das darin beinhaltete Risikopotential zugeschnitten sein.

Leistungsbildentwicklung Projektsteuerung

Der Deutsche Verband der Projektmanager (DVP) hat in den Jahren 1990, 1992 und 1994 erste Entwürfe zum Leistungsbild und zur Honorierung der Projektsteuerung im Rahmen der AHO-Schriftenreihe (Heft 9)[1] veröffentlicht. Die auf der Grundlage dieser Veröffentlichungen gewonnenen praktischen Erfahrungen bildeten die Grundlage für den ersten Entwurf des AHO-Leistungsbildes im November 1996.

Diese Entwürfe waren der Versuch, den mit dem Inkrafttreten der HOAI am 01.01.1977 durch den § 31 HOAI definierten Leistungsansatz der Projektsteuerung für die praktische Arbeit zu konkretisieren.

In der zweiten Auflage im Januar 2004[2] wurde neuen Anforderungen der Auftraggeber Rechnung getragen, die in erster Linie auf folgende Aspekte abzielten:

- Ausrichtung der Projektsteuerung auf den Erfolg des Bauprojektes
- Stärkere Übernahme von Projektleitungsaufgaben in Linienfunktion
- Verknüpfung von Projektsteuerungs- mit Planungsleistungen der Leistungsphasen 6 bis 8 HOAI
- Implementierung und Anwendung von Projektinformations- und Wissensmanagementsystemen
- Projektmanagement bei Einschaltung von Kumulativleistungsträgern (Generalplanern, Generalunternehmern, Generalübernehmern, etc.)
- Einfache, flexible und leistungsorientierte Honorarvereinbarungen.

Seit der ersten Ausgabe des Heftes im November 1996 hat eine dynamische Weiterentwicklung der Projektmanagementleistungen stattgefunden. Dies betrifft sowohl das Verständnis der Leistungen im Verhältnis zu Auftraggebern als auch zu den im Projekt beteiligten Planern und weiteren Projektbeteiligten. Für einige Teilleistungen haben sich Standards herausgebildet, die belegen, dass die Dienstleis-

tung Projektsteuerung nicht mehr so erklärungsbedürftig ist, wie es noch vor 20 Jahren der Fall war. In Abb. 3.1 sind die Leistungen im Überblick dargestellt.

Handlungsbereich A: Organisation, Information, Koordination, Dokumentation Je nach Projekttypologie, bauherrenspezifischem Entscheidungsverhalten sowie Qualität der Planungsbeteiligten ergibt sich bei jedem Projekt ein unterschiedliches Maß an Änderungen, die im Hinblick auf das Erreichen der Projektziele in die Planung integriert sowie von den ausführenden Firmen auf der Baustelle umgesetzt werden müssen. Der Projektmanager muss einerseits die aufbau- und ablauforganisatorischen Grundlagen schaffen, um diesen Prozess zu ermöglichen. Des Weiteren hat er die Aufgabe, den Entscheidungsprozess über die Änderung inhaltlich mitzugestalten und die Anspruchsgrundlagen für Honorarforderungen der Planer und Nachtragsforderungen ausführender Firmen nach Prüfung durch die Objektüberwachung auf Plausibilität zu analysieren.

Bei den Aufgaben in diesem Feld geht es um die Schaffung von aufbau- und ablauforganisatorischen Grundlagen, die projekt- und auftraggeberspezifisch sorgfältig abgestimmt und dann im Projektverlauf durchgesetzt werden müssen.

Im Organisationshandbuch werden die organisatorischen und inhaltlichen Vorgaben zusammengefasst. Darin enthalten ist die Klärung der Struktur der Aufbauorganisation mit den gegebenen Schnittstellen zu unterschiedlichsten Beteiligten, die Definition der Projektstruktur, die Aufgabenaufteilung der Projektbeteiligten sowie die Kommunikation der gesamten Projektorganisation.

Ab der Vorentwurfsphase erfolgt die Dokumentation der wesentlichen projektbezogenen Plandaten. Hierzu gehören verschiedene Dokumente der verschiedenen Handlungsbereiche, z. B. aktuelles Nutzerbedarfsprogramm, Liste der vorhandenen bzw. noch zu erstellenden Planunterlagen, Überblick über den Stand sowie weitere Entwicklung des Genehmigungsverfahrens, Flächen und Kubatoren nach DIN 277, aktuelle Qualitätsbeschreibung, aktuelle Kostenermittlung mit Erläuterungsbericht, aktuelle Termin-

---

[1] AHO, Heft 9 (2009): Untersuchungen zum Leistungsbild, zur Honorierung und zur Beauftragung von Projektmanagementleistungen in der Bau- und Immobilienwirtschaft, 3. vollst. überarbeitete Aufl.

[2] AHO, Heft 9 (2004): Untersuchungen zum Leistungsbild, zur Honorierung und zur Beauftragung von Projektmanagementleistungen in der Bau- und Immobilienwirtschaft, 2. Aufl.

N. Preuß, *Projektmanagement von Immobilienprojekten*, DOI 10.1007/978-3-642-36020-6_3, © Springer-Verlag Berlin Heidelberg 2013

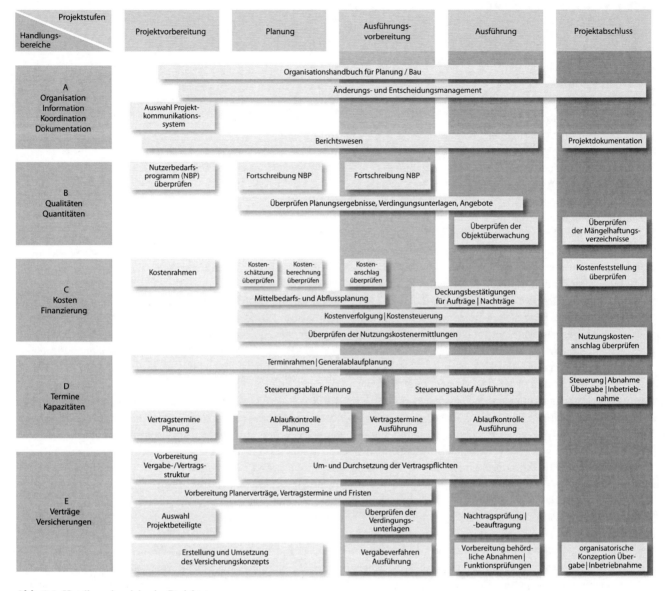

Abb. 3.1 Handlungsbereiche der Projektsteuerung

pläne mit Erläuterungsbericht, Maßnahmen- und Entscheidungskatalog bzw. -liste, aktueller Situationsbericht zum Projektstatus.

Die Erfüllung dieser Teilaufgabe kann unterschiedlich erfolgen. Letztlich beinhaltet die Leistung das Ziel, alle wesentlichen Projektergebnisse im Sinne einer kontinuierlichen Dokumentation zusammenzufassen. Ein wesentlicher Gestaltungspunkt ist dabei das Berichtswesen, welches auf unterschiedlichen Projektebenen erbracht wird und insofern auch Dokumentationen zum Projektgeschehen beinhaltet.

Handlungsbereich B: Qualitäten, Quantitäten Das Nutzerbedarfsprogramm NBP nach DIN 18205[3] bildet den Übergang von der Projektentwicklung im engeren Sinne

zum Projektmanagement der Planung und Ausführung. Zielsetzung des NBP ist es, die Nutzeranforderungen eindeutig und erschöpfend zu definieren, um damit die „Messlatte der Projektziele" zu schaffen, die projektbegleitend über alle Projektstufen als Ausgangsgröße im Auge behalten wird. Die Vorgaben des NBP werden in den weiteren Planungsphasen und in Zusammenhang mit den zu treffenden Entscheidungen analysiert und bei Bedarf fortgeschrieben.

Die planerseitig vorgelegten Ergebnisse (Pläne, Berechnungen, Erläuterungen etc.) müssen vom Bauherren bzw. seinem Projektsteuerer im Hinblick auf vorgegebene Projektziele (z. B. Rendite, Baumassen, Anzahl Nutzungseinheiten, vermietbare Flächen, voraussichtliche Mieteinnahmen, Funktionalität, Corporate Design etc.) überprüft werden. Die Haftung mit Verantwortlichkeit des Planers wird dadurch nicht geschmälert.

---

[3] DIN 18205 (1996): Bedarfsplanung im Bauwesen.

Angebote für Lieferungen und Leistungen werden vom Objektplaner und den Fachplanern rechnerisch, technisch und wirtschaftlich geprüft und ausgewertet. Das Ergebnis dieser Leistung resultiert in einem Preisspiegel. Der Projektmanager hat einerseits im Vorfeld Vorgaben zur Abwicklung des gesamten Verfahrens zu machen, um angesichts der Vielzahl der Beteiligten eine einheitliche Abwicklungsbasis zu haben. Des Weiteren hat der Projektmanager die Vergabevorschläge eigenverantwortlich zu prüfen und rechtzeitig Fehler zu erkennen bzw. zu verhindern (z. B. zu kurze Angebotsfristen, Preisabsprachen, nachträgliche Korrektur von Angeboten, unvollständige Angebotsunterlagen, Prüfungsmängel z. B. unvollständiger Angebotsvergleich bzw. Preisspiegel etc.).

Handlungsbereich C: Kosten, Finanzierung Der Investitionsrahmen in der Stufe Projektvorbereitung hat eine zentrale Bedeutung für den weiteren Projektablauf. Der Projektmanager schafft in Abhängigkeit der investorenseitigen Randbedingungen die Grundlage für die Festlegung des Kostenrahmens. Dieser wird in enger Abhängigkeit mit dem bestehenden oder noch aufzubauenden Nutzerbedarfsprogramm stehen. Der verabschiedete Kostenrahmen wird dann zur Vorgabe für die Projektbeteiligten erhoben und in den nachfolgenden Planungsphasen auf Einhaltung auf Grundlage der jeweiligen Kostenermittlungen der Fachplaner überprüft.

Durch das rechtzeitige Ermitteln und Beantragen von Investitionsmitteln soll die zeit- und betragsgerechte Finanzierung des Projektes gewährleistet werden. Gegenstand der Mittelbedarfs- und -abflussplanung ist die Zuordnung erteilter Aufträge zu dem zeitlichen Projektablauf. Bei jeder Auftragserteilung (Hauptaufträge und Nachträge) sind der Nachweis und die Bestätigung der finanziellen Deckung durch eine Deckungsbestätigung durchzuführen.

Mit der Ausführungsvorbereitung ist eine Aktualisierung der Kostenberechnung auf der Grundlage aktueller Marktverhältnisse und evtl. fortgeschriebener Planung erforderlich. Die sich daraus ergebenden Soll- Werte für die Vergabeeinheiten müssen auch Rückstellungen für erwartete Nachträge enthalten und sorgfältig im Hinblick auf noch zu vergebende Teilleistungen abzugrenzen. Die Grundlage für die ständigen Kostenvergleichs-, -kontroll- und -steuerungsaufgaben ist eine Projektbuchhaltung, die jederzeit Auskunft gibt über Entwicklung des Budgets, Auftrags- und Abrechnungssummen sowie Kostenüber- bzw. -unterschreitungen sowie die Einhaltung der Kostenziele.

Handlungsbereich D: Termine/Kapazitäten Durch den Rahmenterminplan werden die Meilensteine vom Planungsauftrag, Genehmigung, Baubeginn, Fertigstellung Rohbau, Hülle, Abnahme/Übergabe bis zum Einzugstermin definiert. Dieser Terminrahmen wird im weiteren Projektverlauf durch differenzierte Terminpläne gegliedert, um die vielfältigen

Projektbeteiligten verantwortlich in das Abwicklungsraster einzubinden.

Die Einhaltung des Terminzieles wird nur dann gelingen, wenn der Projektsteuerer eine wirksame Terminkontrolle durchführt und aktiv steuernd eingreift, falls durch verschiedenste Sachverhalte Störungen und damit Terminanpassungen erforderlich werden. Die in den letzten Jahren stattgefundenen Veränderungen in den Abwicklungsstrukturen bedürfen auch bei den Leistungsbildern der Projektsteuerung Anpassungen, die in der aktuellen Überarbeitung der Leistungs- und Honorarordnung ihren Niederschlag findet.

Handlungsbereich E: Verträge und Versicherungen Ein weites Aufgabenbündel der Projektsteuerung liegt in der Unterstützung des Auftraggebers bei der Auswahl und der Beauftragung von weiteren Projektbeteiligten. Als Vorbereitung auf die Beauftragung müssen Vertragsentwürfe mit entsprechenden Leistungsbildern formuliert und Schnittstellen definiert werden. Bei komplexen Projekten gilt es, die Leistungen der Projektbeteiligten sehr differenziert zu erfassen und im Hinblick auf die Honorierung nach HOAI auf ihre Notwendigkeit zu untersuchen. Daneben müssen schon in dieser frühen Phase, die voraussichtliche Projektabwicklung (Zeitdauer, Unternehmenseinsatzform Generalunternehmer versus Einzelfirmen, Erbringung der Ausführungsplanung durch GU oder bauherrenseitiger Planer, erforderliche Kapazitäten der Planungsbeteiligten, Leistungsschnittstellen der Planer im Verhältnis zueinander etc.) als Randbedingung bzw. Optionen in die Vertrags- bzw. Leistungsbildentwürfe mit einbezogen werden.

Bei der Überprüfung der Verdingungsunterlagen geht es einerseits um die Feststellung, inwieweit die Leistungsbeschreibung eindeutig und erschöpfend als Kalkulationsgrundlage für die ausführenden Firmen geeignet, im Hinblick auf die bauherrenseitige Vergabestrategie richtig strukturiert ist und die freigegebene Planungsgrundlage in die Leistungstexte Eingang gefunden hat.

Der Projektmanager hat die der Abnahme vorauslaufenden Prozesse zu definieren, zu strukturieren, zu ordnen und für deren terminliche Fixierung zu sorgen (z. B. technische Inbetriebnahmen, nutzerseitige Einbauten, Mängelerfassung etc.).

3.1 Grundleistungen Projektstufe 1: Projektvorbereitung

In Abb. 3.2 sind die Grundleistungen des AHO-Heftes 9 (Stand Januar 2004) dem aktuellen Leistungsbild mit Stand März 2009 gegenübergestellt.

Abb. 3.2 Grundleistungen der Projektstufe 1: Projektvorbereitung

Grundleistungen Stand 2004	Grundleistungen Stand 2009

1. Projektvorbereitung

A Organisation, Information, Koordination und Dokumentation (handlungsbereichsübergreifend)

1 Entwickeln, Vorschlagen und Festlegen der Projektziele und der Projektorganisation durch ein projektspezifisch zu erstellendes Organisationshandbuch	1 Entwickeln und Abstimmen der Projektorganisation durch projektspezifisch zu erstellende Organisationsvorgaben
2 Auswahl der zu Beteiligenden und Führen von Verhandlungen	2 Vorschlagen und Abstimmen des Berichtswesens
3 Vorbereitung der Beauftragung der zu Beteiligenden	3 Vorschlagen, Abstimmen und Umsetzen des Entscheidungsmanagements
4 Laufende Information und Abstimmung mit dem Auftraggeber	4 Vorschlagen und Abstimmen des Änderungsmanagements
5 Einholen der erforderlichen Zustimmungen des Auftraggebers	5 Mitwirken bei der Auswahl eines Projektkommunikationssystems
6 Mitwirken bei der Konzeption und Festlegung eines Projektkommunikationssystems	

B Qualitäten und Quantitäten

1 Mitwirken bei der Erstellung der Grundlagen für das Gesamtprojekt hinsichtlich Bedarf nach Art und Umfang (Nutzerbedarfsprogramm NBP)	1 Überprüfen der bestehenden Grundlagen zum Nutzerbedarfsprogramm auf Vollständigkeit und Plausibilität
2 Mitwirken beim Ermitteln des Raum-, Flächen- oder Anlagenbedarfs und der Anforderungen an Standard und Ausstattung durch das Bau- und Funktionsprogramm	2 Mitwirken bei der Festlegung der Projektziele
3 Mitwirken beim Klären der Standortfragen, Beschaffen der standortrelevanten Unterlagen, der Grundstücksbeurteilung hinsichtlich Nutzung in privatrechtlicher und öffentlich-rechtlicher Hinsicht	3 Mitwirken bei der Klärung der Standortfragen, Beschaffung der standortrelevanten Unterlagen, der Grundstücksbeurteilung hinsichtlich Nutzung in privatrechtlicher und öffentlich-rechtlicher Hinsicht
4 Herbeiführen der erforderlichen Entscheidungen des Auftraggebers	

C Kosten und Finanzierung

1 Mitwirken beim Festlegen des Rahmens für Investitionen und Baunutzungskosten	1 Mitwirken bei der Erstellung des Rahmens für Investitionskosten und Nutzungskosten
2 Mitwirken beim Ermitteln und Beantragen von Investitionsmitteln	2 Mitwirken bei der Ermittlung und Beantragung von Investitions- und Fördermitteln
3 Prüfen und Freigeben von Rechnungen zur Zahlung	3 Prüfen und Freigeben von Rechnungen der Projektbeteiligten (außer bauausführenden Unternehmen) zur Zahlung
4 Einrichten der Projektbuchhaltung für den Mittelabfluss	4 Abstimmen und Einrichten der projektspezifischen Kostenverfolgung für den Mittelabfluss

D Termine, Kapazitäten und Logistik

1 Entwickeln, Vorschlagen und Festlegen des Terminrahmens	1 Aufstellen und Abstimmen des Terminrahmens
2 Aufstellen/Abstimmen der Generalablaufplanung und Ableiten des Kapazitätsrahmens	2 Aufstellen und Abstimmen der Generalablaufplanung und Ableiten des Kapazitätsrahmens
3 Mitwirken beim Formulieren logistischer Einflussgrößen unter Berücksichtigung relevanter Standort- und Rahmenbedingungen	3 Erfassen logistischer Einflussgrößen unter Berücksichtigung relevanter Standort- und Rahmenbedingungen

E Verträge und Versicherungen

	1 Mitwirken bei der Erstellung einer Vergabe- und Vertragsstruktur für das Gesamtprojekt
	2 Vorbereiten und Abstimmen der Inhalte der Planerverträge
	3 Mitwirken bei der Auswahl der zu Beteiligenden, bei Verhandlungen und Vorbereitungen der Beauftragungen
	4 Vorgeben der Vertragstermine und -fristen für die Planerverträge
	5 Mitwirken bei der Erstellung eines Versicherungskonzeptes für das Gesamtprojekt

Die Änderungen zwischen der 2. und 3. Aufl. sind erheblich und werden deshalb eingehend erläutert[4].

---

[4] Preuß N (2010): Strukturelle und detailbezogene Änderungen des AHO Leistungsbildes (2009). In: DVP, Projektmanagement- Frühjahrstagung, Projektmanagementstandards in Deutschland 2010 – Auswirkungen der HOAI Novelle und des AHO-Heftes (2009), 30.04.2010, Berlin.

3.1.1 Handlungsbereich A: Organisation, Information, Koordination und Dokumentation

Dieser Handlungsbereich wurde als bereichsübergreifend definiert. Das bedeutet, dass diese Leistungen die Aufgaben und Randbedingungen der übrigen Bereiche integrieren.

Abb. 3.3 Entscheidungsebenen
im Projekt

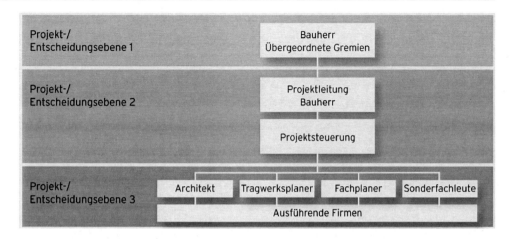

Die ursprüngliche Formulierung eines projektspezifisch zu erstellenden Organisationshandbuches wurde in projektspezifisch zu erstellende Organisationsvorgaben umformuliert, da nach Meinung der Kommission das dokumentierte Ergebnis des Projektsteuerers in dieser Phase nicht unbedingt den Umfang eines Buches haben muss. Denn gerade im großen Umfang von Organisationshandbüchern liegt häufig ein Problem der Vermittelbarkeit gegenüber dem Planungsbeteiligten sowie dem Bauherren. Des Weiteren wurde in der Kommentierung darauf abgehoben, dass die Erfassung der zu regelnden Einzelheiten auf die spezifischen Randbedingungen des Projektes abzustimmen sind und vor allem eine der ersten Aufgaben des Projektsteuerers ist. Zusätzlich wurde dargelegt, dass die wesentliche Aufgabe des Projektsteuerers, neben der Erstellung der Papierversion, insbesondere in der Kommunikation der Organisationsvorgaben zwischen Bauherren und Planungsbeteiligten liegt. Deshalb gilt es auch, sinnvolle Vorschläge von Planungsbeteiligten zur Vereinfachung der Organisationsprozesse aufzunehmen und mit dem Bauherren abzustimmen. Die im Einzelnen zu regelnden Sachverhalte sind projektspezifisch festzulegen.

Die Leistungen bei der Auswahl der zu Beteiligenden und die Vorbereitung der Beauftragung wurden in dem Handlungsbereich Verträge/Versicherungen integriert.

Die ursprüngliche Formulierung „laufende Information und Abstimmung mit dem Auftraggeber" wurde konkretisiert und heißt nun: „Vorschlagen und Abstimmen des Berichtswesens". In der Kommentierung wurde die Aufgabe noch weiter präzisiert. Demnach ist das Berichtswesen Teil der Kommunikationsstruktur, die im Rahmen der Festlegung der Aufbau- und Ablauforganisation vom Projektsteuerer vorzuschlagen und festzulegen sind. Dabei sind auftraggeberseitige Vorgaben zu Terminen und Inhalten zu beachten. Dies umschließt nicht nur den Bereich des Projektsteuerers, sondern auch den der Planer und der Objektüberwachung, die über ihren Verantwortungsbereich gesondert berichten. Deshalb sind die vom Projektsteuerer zu liefernden

Situationsberichte Statusberichte über alle Projektereignisse. Er sollte komprimiert alle Informationen enthalten, die den Auftraggeber in die Lage versetzen, einerseits den Status des Projektes zutreffend einzuschätzen und andererseits erforderliche Steuerungsmaßnahmen auslösen zu können. Die bisherigen Leistungen „Einholen der erforderlichen Zustimmungen des Auftraggebers" sowie die ursprünglich im Handlungsbereich Qualitäten/Quantitäten beinhaltete Leistung „Herbeiführung der erforderlichen Entscheidungen des Auftraggebers" wurden neu formuliert in der unformulierten Leistung „Vorschlagen, Abstimmen und Umsetzen des Entscheidungsmanagements".

Die Kommission war der Auffassung, dass gerade im Entscheidungsmanagement eine ureigene Aufgabe des Projektsteuerers liegt und hat diese deshalb auch in der Kommentierung besonders gewürdigt. Demnach muss der Projektsteuerer im Rahmen der übernommenen Aufgaben rechtzeitig Entscheidungsbedarf erkennen und Entscheidungsvorbereitungen veranlassen. Die Komplexität der Aufgabe erhöht sich zusätzlich, da die Zusammenhänge zwischen Entscheidungssachverhalt, Terminsituation und auftraggeberseitig bestehenden Entscheidungskompetenzen projektindividuell stark unterschiedlich ausgeprägt sind.

Deshalb muss der Projektsteuerer im Zusammenwirken mit dem Auftraggeber im Rahmen der Projektvorbereitungsphase ein auf die Bedürfnisse der Projektorganisation zugeschnittenes Entscheidungsmanagement vorschlagen, abstimmen und im anschließenden Projektrealisierungsprozess mit dem Projektleiter des Auftraggebers koordinieren.

Die in Abb. 3.3 dargestellte Rolle der Projektsteuerung als entlastende Funktion des Projektleiters des Bauherren ist generell Stabsfunktion, kann sich aber je nach Einbindung des Projektsteuerers und gewünschter Entlastungsfunktion auch in Linienfunktion ausprägen. Diese Rolle findet sich immer mehr als Soll-Anforderung von Investoren, die den Projektsteuerer auch mit dem werkvertraglichen Ansatz des Erfolges bzw. der Erreichung der Projektziele verbunden sehen.

Ähnlich verhält es sich mit der neu formulierten Aufgabe „Vorschlagen und Abstimmen des Änderungsmanagements". Diese Aufgabe war bisher als Teilaufgabe im Handlungsbereich B (Qualitäten und Quantitäten) angesiedelt. Auf Grund des stark organisatorischen Charakters dieser Aufgabe wurde diese im Handlungsbereich A aufgenommen und erstmalig als Leistung benannt. Es wurde in der Kommentierung das Änderungsmanagement phasenweise erläutert, da es sich in der Planungsphase deutlich von den in der Ausführungsphase ablaufenden Prozessen unterscheidet. Die Aufgabe des Projektsteuerers liegt insbesondere darin, die Aufgaben der am Änderungsprozess beteiligten Stellen projektindividuell festzulegen, abzustimmen und durchzusetzen. In dem Zusammenhang gibt es eine ganze Reihe von Teilaufgaben der Projektsteuerung in Abgrenzung zu den Planungsbeteiligten. Gerade die Dokumentation von Planungsänderungen gewinnt in diesem Zusammenhang eine besondere Bedeutung. Häufig stellt sich später die Frage nach der Verursachung von Änderungsfolgen. Die Aufgaben der Projektsteuerung im Verhältnis zu den Projektbeteiligten wurden präzisiert.

Das Änderungsmanagement ist keinesfalls eine Aufgabe, die der Projektsteuerer nun allein, ohne Mitwirkung von Planungsbeteiligten und Bauherr erbringen kann. Insofern gilt es, organisatorische Abläufe zu konzipieren, die die Aufgaben in dem Gesamtprozess sichtbar machen.

Dies gilt im Hinblick auf die Auswirkung einer Änderung auf bestehende Planungsinhalte sowie die Auswirkung auf die bestehenden Planungskapazitäten, die Kosten, Termine sowie Konsequenzen in den bestehenden Verträgen.

Sowohl die Quantität der Änderungen, als auch die inhaltliche Auswirkung von Änderungen auf das Projekt und seine Beteiligten sind projektspezifisch sehr unterschiedlich. In einigen Projekten gewinnt diese Leistung auch aufwandstechnisch eine besondere Bedeutung.

Es gilt hier mit dem Bauherren projektindividuell zu entscheiden, wo die organisatorische Grundleistung des Projektsteuerers endet und wo eine Besondere Leistung beginnt, sofern die Anzahl von Änderungen im operativen Projektprozess über den kalkulierten Aufwand des Projektsteuerers hinausgeht.

Die Leistung „Mitwirken bei der Auswahl eines Projektkommunikationssystems" wurde in der Kommentierung weiter präzisiert. Demnach hat er die projektrelevanten Parameter für den Systemeinsatz (Anwendungsbereiche, Projektbeteiligte, besondere Projektvoraussetzung für den Systemeinsatz) abzuleiten, damit eine Grundlage für die Auswahl des geeigneten Systemanbieters besteht. Der Projektsteuerer wird in eigenem Interesse an den Auswahlgesprächen und Vertragsgesprächen mit den Systemanbietern in Abstimmung mit dem Auftraggeber teilnehmen. In dem Zusammenhang hat er die Schnittstellen zwischen den Leistungen des Projektraumbetreibers als weiterer Projektbetei-

ligten und seinen eigenen Aufgaben sorgfältig zu definieren, abzugrenzen und bei der Vertragsgestaltung zu berücksichtigen. Aufgenommen in der Kommentierung wurde allerdings die Abgrenzung zu IT-spezifischen Schnittstellendefinitionen zwischen verschiedenen auftraggeberseitig bestehenden IT-Anforderungen der Hard-/Softwarevoraussetzung, Datenhaltung, Servicebedarf, Sicherheitskonzept und Schnittstellenanforderung. Diese Leistungen fallen in den Bereich der Besonderen Leistungen, die dem Heft 19, Kap. 2[5] der Schriftenreihe des AHO zu entnehmen sind.

3.1.2　Handlungsbereich B: Qualitäten und Quantitäten

Die Mitwirkungsleistung bei der Erstellung der Grundlagen für das Nutzerbedarfsprogramm wurde geändert. Sie lautet nun „Überprüfung der bestehenden Grundlagen zum Nutzerbedarfsprogramm auf Vollständigkeit und Plausibilität". Wenn der Projektmanager bei Arbeitsaufnahme seiner Tätigkeit kein Nutzerbedarfsprogramm vorfindet, hat er den Auftraggeber darauf hinzuweisen und diesem eine ergänzende Beauftragung zu empfehlen. Diese Leistung ist eine Besondere Leistung, die in Heft 19,[6] Kap. 3 der Schriftenreihe des AHO beschrieben ist. Diese Klarstellung war wichtig, da die Erstellung eines Nutzerbedarfsprogramms im Rahmen der Entwicklungsphase von Projekten erfolgt.

Dagegen wurde als Grundleistung in der Kommentierung klar formuliert, dass dazu die Analyse der vorgefundenen Projektgrundlagen, das Aufzeigen von Lücken, Unplausibilitäten und eventuellen Fehlern gehört. Der Projektsteuerer hat die weitere Vorgehensweise bis zum Beginn der Planung zu klären. Neben den bestehenden Hinweisen zu den Inhalten des Nutzerbedarfsprogramms wurde die bestehende Kommentierung deshalb im Hinblick auf die konkreten Aufgaben des Projektsteuerers gestrafft.

Die ursprüngliche Leistung „Mitwirkung beim Ermitteln des Raum-, Flächen- oder Anlagenbedarfs" wurde geändert in die Formulierung „Mitwirken bei der Festlegung der Projektziele". Die alte Kommentierung wurde im Hinblick auf die konkrete Leistung des Projektsteuerers ergänzt. Diese liegt demnach in dem rechtzeitigen Erkennen von Zielkonflikten zwischen Investor, Nutzer, Planer und sonstigen Beteiligten und dem Hinweis auf bestehende Problempunkte, um einen ungestörten und optimalen Projektablauf sowie die Zielerreichung sicherzustellen. Deshalb ist die weitere Präzisierung des Nutzerbedarfsprogramms vom Projektsteuerer zu veranlassen. Dies gilt insbesondere für Industrie-, Fabrik- und Anlagenbauten, wo ein gesondertes Funktions-,

---

[5] AHO, Heft 19 (2004): Neue Leistungsbilder zum Projektmanagement in der Bau- und Immobilienwirtschaft, Kap. 2.

[6] AHO, Heft 19 (2004): Neue Leistungsbilder zum Projektmanagement in der Bau- und Immobilienwirtschaft, Kap. 3.

Bau- und Ausstattungsprogramm erforderlich ist. Dies gilt auch für Einkaufszentren, in denen eine Standardmieterbaubeschreibung Ausgangspunkt für eine geordnete Schnittstellendefinition zwischen Mieterausbau und Grundausbau ist. Die Kommentierung bei der Leistung zur „Mitwirkung beim Klären der Standortfragen" wurde gestrafft und auch im Hinblick auf die dort angesprochenen Fragen der Projektentwicklung abgegrenzt. Demnach ist die originäre Erbringung der Standortanalyse Leistung der Projektentwicklung, die im Rahmen dieser, der Projektvorbereitungsphase vorgelagerten Aufgaben, zu erbringen ist. Darüber hinaus ist diese im AHO-Heft 19, Kap. 3 der Schriftenreihe des AHO umfassend beschrieben. Im Rahmen der Projektvorbereitungsphase sind die Ergebnisse dieser Leistung vom Projektsteuerer auf Plausibilität in Bezug auf die aktuellen Projekt- grundlagen zu überprüfen und daraus resultierende Maßnahmen rechtzeitig aufzuzeigen.

3.1.3   Handlungsbereich C: Kosten und Finanzierung

Bei der Festlegung des Rahmens für Investitions- und Nutzungskosten wurde eine Präzisierung bei den Nutzungskosten durchgeführt. Die Leistungen des Nutzungskostenmanagements wurden im Rahmen der Überarbeitung des Heftes völlig neu konzipiert und auch von anderen Leistungen abgegrenzt.

Nach der bisherigen Leistungsstruktur im AHO hatte der Projektsteuerer neben der Mitwirkung bei der Erstellung des Rahmens für Investitionskosten in der Planungsphase die Zusammenstellung der voraussichtlichen Nutzungskosten in seiner Grundaufgabe, die sich dann in der Ausführungsvorbereitungsphase und der Ausführungsphase bis in die Projektabschlussphase fortsetzt. Dies hätte den Schluss zulassen können, dass der Projektsteuerer allein, ohne Mitwirkung von sonstigen Planungsbeteiligten, die Erstellung einer Nutzungskostenschätzung, Nutzungskostenberechnung, Anschlag und Feststellung als Grundaufgabe in seinem Vertrag beinhaltet hätte. In der Überarbeitung wurde die Abgrenzung zwischen diesen Leistungen präzise voneinander abgegrenzt.

Demnach verhält es sich bei den Nutzungskosten ähnlich wie bei den Investitionskosten. Im Rahmen der Projektvorbereitungsphase schuldet der Projektsteuerer die originäre Erstellung eines Nutzungskostenrahmens analog der Investitionskosten. Die Begrifflichkeit „Mitwirkung" in seiner Leistungsbeschreibung bezieht sich darauf, dass der Auftraggeber die Federführung in diesem Prozess hat. Im Rahmen der Planungsphasen besteht nun die Möglichkeit, dass der Projektsteuerer die gesamthafte Erbringung der Nutzungskostenschätzung bzw. -berechnung als Besondere Leistung originär und eigenständig erbringt oder diese Aufgabe analog

wie bei den Investitionskosten vertraglich abgegrenzt wird. Demnach erbringen die Planer die Nutzungskostenschätzung als originäre Leistung und der Projektsteuerer prüft diese und veranlasst erforderliche Anpassungsmaßnahmen.

Die Leistung „Mitwirken und Beantragen von Investitionsmitteln" wurde um die Fördermittel ergänzt.

Zusätzlich wurde in der Kommentierung aufgenommen, dass die Federführung dieser Aufgabe nur beim Auftraggeber liegen kann. Der Projektsteuerer unterstützt den Auftraggeber bei der Analyse der gegebenen Möglichkeiten. In diesem Analyseprozess sind eine ganze Reihe an Projektbeteiligten neben dem Bauherren einzubinden. Der Projektsteuerer wird diesen Prozess zielorientiert und an der Seite des Bauherren koordinieren. Die Aufgabe des Auftraggebers wird die erforderlichen Vertragsunterlagen für die Fördermittel und Fremdkapitalfinanzierung ausfüllen bzw. erstellen. Falls der Projektsteuerer diese Aufgabe übernimmt, kann dies als Besondere Leistung vereinbart werden. Unabhängig davon wird er die vom Auftraggeber ausgefüllten Antragsunterlagen insbesondere auf ablaufrelevante Fristen zur Antragstellung und Maßnahmefertigstellung auf Plausibilität prüfen.

Die Leistung der „Einrichtung der Projektbuchhaltung für den Mittelabfluss" wurde umformuliert in das „Abstimmen und Einrichten der projektspezifischen Kostenverfolgung für den Mittelabfluss".

3.1.4   Handlungsbereich D: Termine, Kapazitäten und Logistik

Der Leistungstext hat sich nicht wesentlich verändert, wobei die Kommentierung noch weiter präzisiert wurde. Demnach sind bei der Erstellung des Terminrahmens zunächst die zu beachtenden Randbedingungen im Hinblick auf Beginn, Zwischen- und Endtermine, zu beachtende Betriebszustände und Umgebungsbedingungen zu ermitteln, mit den Projektbeteiligten abzustimmen und festzulegen. Die Dauern der fixierten Meilensteine sind durch angemessene Zeiträume oder Leistungswerte zu definieren. Das Ergebnis ist ein übersichtlich gestalteter Balkenplan, der auf einen Blick die Meilensteine und Vorgänge zwischen den Meilensteinen erkennen lässt. Dieser Terminrahmenplan sollte durch einen Erläuterungsbericht zu den Randbedingungen, den getroffenen Annahmen und den gewählten Kennwerten sowie durch eine Risikoanalyse zu den ausgewiesenen Abwicklungszeiträumen ergänzt werden. Bei der Formulierung der logistischen Einflussgrößen sind die Aufgaben der Projektsteuerung im Verhältnis zu den Beteiligten der Objektüberwachung bzw. Sonderfachleuten abgegrenzt. Demnach sind in Abhängigkeit von den spezifischen Standort- und Rahmenbedingungen in der Projektvorbereitungsphase die Logistikziele zu entwickeln und mit den Projektbeteiligten und den Genehmigungsbehörden abzustimmen. Danach ist das

Abb. 3.4 Varianten der Schnittstelle zwischen Planung (AG) und Ausführung (GU)

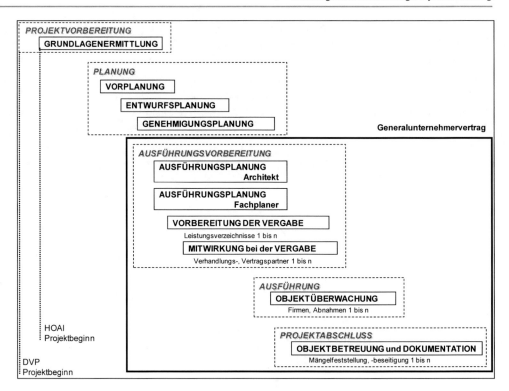

Logistikkonzept durch die Objektüberwachung bzw. Sonderfachleute zu entwickeln, dass in den jeweiligen Bauphasen die Material-, Transport- und Verkehrsflüsse und Vorgaben für die Leistungsverzeichnisse und -verträge ausweist.

3.1.5 Handlungsbereich E: Verträge und Versicherungen

Die Leistungen und Mitwirkungen bei der Erstellung einer Vergabe- und Vertragsstruktur für das Gesamtprojekt war bisher an verschiedenen Stellen des alten Leistungsbildes, z. B. bei der Auswahl der zu Beteiligenden und der Vorbereitung der Beauftragung und den nachfolgenden Verhandlungsphasen angesprochen, allerdings nicht explizit erwähnt. Insofern wurde diese bestehende Leistung klarer formuliert.

Eine Grundsatzentscheidung im Rahmen der Projektvorbereitung ist naturgemäß die Frage, in welcher Vergabe- und Vertragsstruktur das Projekt abgewickelt werden soll. Für die Planung ist zu entscheiden, ob das Projekt von einem Generalplaner oder von Einzelplanern durchgeführt werden soll. In diesem Zusammenhang ist auch bereits jetzt darüber nachzudenken, inwiefern das Projekt in der Ausführung von einem Generalunternehmen bzw. Generalübernehmer durchgeführt werden soll. Je nach gewählter Unternehmenseinsatzform ist die Schnittstelle der Ausführung im Verhältnis zur Planung unterschiedlich und hat auch Einfluss auf die Struktur der Planerverträge, wie im Beispiel Abb. 3.4, dargestellt.

Der Projektsteuerer hat den Bauherren über die unterschiedlichen Möglichkeiten der Planereinsatzmodelle zu beraten. Er hat die Vor- und Nachteile der alternativ denkbaren

Ablaufmodelle aufzuzeigen und in geeigneter Form auf die bestehenden Entscheidungskriterien des Bauherren abzustimmen.

Falls das Projekt in Einzelplanungsbereichen abgewickelt wird, gliedert sich die Planungsaufgabe in eine Vielzahl von einzelnen Leistungsbildern und Planungsbeteiligten analog zur HOAI. Der Projektsteuerer sollte deshalb vor Erstellung der Planungsverträge eine klare Struktur der Einzelplanungsbereiche erstellen, damit diese eindeutig vom Auftraggeber entschieden werden kann. In diesem Zusammenhang ergibt sich bei Projekten mit besonderer Komplexität häufig das Erfordernis eines über die HOAI hinausgehenden Beratungsfeldes (z. B. brandschutztechnische Beratung, abfallwirtschaftliche Beratung, Gebäudeleitsystem, lichtplanerische Beratung, etc.), welches gesondert zu prüfen ist.

Ebenfalls vom Projektsteuerer aufzubereiten ist die Frage der geeigneten Unternehmenseinsatzform für die Ausführung. In der Regel bestehen gewisse Präferenzen des Auftragsgebers für die eine oder andere Unternehmenseinsatzform, wie Einzelvergabe, Generalunternehmer- oder Generalübernehmereinsatz.

Die Vor- und Nachteile dieser Unternehmenseinsatzform sind vom Projektsteuerer konkret auf die individuellen Randbedingungen des vorliegenden Projektes darzulegen und rechtzeitig durch den Bauherren zu entscheiden, obwohl die Ausführung erst in einer späteren Projektstufe relevant wird.

Die bisher im Handlungsbereich Organisation angesiedelte Leistung „Vorbereitung der Beauftragung der zu Beteiligenden" wurde in der Projektvorbereitungsphase präzisiert: „Vorbereiten und Abstimmen der Inhalte der

Planerverträge". In diesem Zusammenhang hat der Projektsteuerer die Aufgabe, die Vorbereitung der Beauftragung der
zu beteiligenden Objektund Fachplaner, die Verträge mit
Leistungsbildern und Honoraren auf Basis der vorangegangenen Auswahlverfahren und unter Einbindung eines sach-
kundigen Juristen vorzubereiten. In diesem Zusammenhang
müssen auch die Schnittstellen zwischen den Beteiligten geklärt werden.

Die Leistung des „Mitwirkens bei der Auswahl der zu Beteiligenden" wurde lediglich vom Handlungsbereich Organisation in den neuen Handlungsbereich Verträge verschoben.

Neu ergänzt wurde die bestehende Aufgabe des Projektsteuerers, Vertragstermine und Fristen für die Planerverträge
vorzugeben. Demnach ist den Planerverträgen ein geeigneter
Terminplan beizufügen, der die für die Planungsleistungen
relevanten Vertragstermine und Fristen beinhaltet. Da zum
Zeitpunkt der Planerauswahl die Terminstrukturierung in der
Regel noch nicht im Detail vorliegen kann, sind diese Vereinbarungen in der Formulierung geeignet abzupassen (z. B.
Nennung des voraussichtlichen Planungszeitraumes und verbindlicher Bearbeitungsfristen innerhalb dieses Zeitraumes).

Gesondert präzisiert wurde die auch bisher bestehende
Aufgabe des Projektsteuerers, rechtzeitig die Veranlassung
zum Aufbau eines Versicherungskonzeptes auszulösen, welches für die Vorbereitung der Verträge und Verhandlungen
mit Planungs- und Ausführungsbeteiligten wichtig ist.

Demnach ist für jedes Projekt rechtzeitig ein Versicherungskonzept von einem Versicherungsexperten zu erstellen,
welches die bestehenden Risiken auf ein bewusst erkennbares Potenzial für alle Beteiligten reduziert. Dieses Konzept
sollte idealerweise bis zum Abschluss der Verträge für die
Planungs- und Ausführungsbeteiligten vorliegen, da es kalkulatorisch bei den Angeboten für Planung und Ausführung
berücksichtigt werden sollte. Die Aufgaben des Projektsteuerers liegen im Wesentlichen in der Veranlassung zum
Aufbau des Versicherungskonzeptes durch Einbinden aller
beim Auftraggeber zuständigen Stellen sowie möglicherweise zur Veranlassung zur Einschaltung eines geeigneten Versicherungsmaklers. Der Aufbau des Konzeptes selbst liegt
nicht im Leistungsumfang des Projektsteuerers.

Abgegrenzt wurde die Aufgabe ebenso von der Organisation und Abwicklung der Schadensabwicklung in der Durchführung des Projektes, welches als Besondere Leistung
aufgenommen wurde.

3.2 Grundleistungen Projektstufe 2: Planung

Im Folgenden werden nur noch die Leistungspunkte erläutert, bei denen sich inhaltliche Änderungen ergeben haben.
Die Leistungen, die ihre Fortschreibung in der jeweiligen
Folgephase finden, werden nun nicht mehr gesondert angesprochen (Abb. 3.5).

3.2.1 Handlungsbereich A: Organisation, Information, Koordination und Dokumentation

Das „Mitwirken bei Genehmigungsverfahren" wurde in die
Leistung „Verfolgen und Steuern des behördlichen Genehmigungsverfahrens" umbenannt und in der Kommentierung
formuliert.

Die Leistung „Dokumentation der wesentlichen projektbezogenen Plandaten in einem Projekthandbuch" wurde
umbenannt in „Dokumentieren der wesentlichen projektbezogenen Plandaten".

Es wurde offen gelassen, ob dieses in einem Buch zusammengefasst wird oder die Unterlagen in anderer Form ggf.
auch datentechnisch im Projektraum strukturiert werden.

Eine ureigene Aufgabe des Projektmanagements ist es,
projektbezogene Risiken rechtzeitig zu erkennen, um dann
mit geeigneten Maßnahmen gegenzusteuern. Dies erfolgt sowohl bei der Formulierung des Investitionsrahmens, als auch
bei der Erstellung des Terminrahmens, in dem in einem Erläuterungsbericht auf Annahmen und mögliche Risiken hingewiesen werdenmuss. Ebenfalls erfolgt zwangsläufig eine
Konzentration des Projektsteuerers im Hinblick auf gegebene Risiken bei der Abfassung des Berichtswesens, welches
er dem Auftraggeber in bestimmten Zeitabschnitten vorzulegen hat.

Auf Grund der Bedeutung dieser Aufgabe wurde in der
Kommission beschlossen, auch im Hinblick auf die Nutzen-
stiftung des Leistungsbildes für Investoren, diese bestehende
Aufgabe in einem konkreten Leistungspunkt zu definieren.

Die Leistung des „Mitwirkens beim Einschätzen der technischen Risiken" wurde im Kommentar entsprechend definiert.

Ausgehend von dem Entschluss des Bauherren/Auftrag-
gebers, ein Projekt zu realisieren, bestehen Risiken, dass die
mit der Projektentwicklung definierten Projektziele durch
Eintritt unterschiedlicher Umstände gefährdet sind. Diese
Risiken sind je Projekt, sowohl von der Auftritts-/Eintritts-
wahrscheinlichkeit, als auch von der absoluten Höhe her völlig unterschiedlich.

Generell trägt der Auftraggeber bzw. Investor die Verantwortung für die Risiken seines Projektes.

Unabhängig davon, dass der Investor die Risiken als Initiator trägt, hat ihn der Projektsteuerer in der Definition
und Einschätzen bestehender Risiken zu beraten. Zu diesem
Zweck kann zu Projektbeginn eine projektindividuell bewertete Struktur der technischen Risiken erstellt werden, die im
Projektverlauf unter Hinzuziehung der Planungs- und Projektbeteiligten fortgeschrieben wird und konkrete Vorschläge über Kompensationsmaßnahmen enthält.

Der Projektsteuerer sollte beim Risikomanagement
bezüglich der technischen Risiken mitwirken. Keinesfalls kann er eine Haftung im Hinblick auf Vollständig-

Abb. 3.5 Grundleistungen der Projektstufe 2: Planung

Grundleistungen Stand 2004	Grundleistungen Stand 2009

2. Planung

A Organisation, Information, Koordination und Dokumentation (handlungsbereichsübergreifend)

1 Fortschreiben des Organisationshandbuches	1 Fortschreiben der Organisationsvorgaben
2 Dokumentation der wesentlichen projektbezogenen Plandaten in einem Projekthandbuch	2 Dokumentieren der wesentlichen projektbezogenen Plandaten
3 Mitwirken beim Durchsetzen von Vertragspflichten gegenüber den Beteiligten	3 Regelmäßiges Informieren und Abstimmen mit dem Auftraggeber (Berichtswesen)
4 Mitwirken beim Vertreten der Planungskonzeption mit bis zu 5 Erläuterungs- und Erörterungsterminen	4 Vertreten der Planungskonzeption mit bis zu fünf Erläuterungs- und Erörterungsterminen
5 Mitwirken bei Genehmigungsverfahren	5 Verfolgen und Steuern des behördlichen Genehmigungsverfahrens
6 Laufende Information und Abstimmung mit dem Auftraggeber	6 Überwachen des Betriebs des Projektkommunikationssystems
7 Einholen der erforderlichen Zustimmungen des Auftraggebers	7 Umsetzen des Änderungsmanagements
8 Überwachen des Betriebs des Projektkommunikationssystems	8 Umsetzen des Entscheidungsmanagements
	9 Mitwirken bei der Einschätzung der technischen Risiken

B Qualitäten und Quantitäten

1 Überprüfen der Planungsergebnisse auf Konformität mit den vorgegebenen Projektzielen	1 Überprüfen der Planungsergebnisse auf Konformität mit den vorgegebenen Projektzielen
2 Herbeiführen der erforderlichen Entscheidungen des Auftraggebers	2 Mitwirken bei der Konzeption der erforderlichen Bemusterungen

C Kosten und Finanzierung

1 Überprüfen der Kostenschätzungen und -berechnungen der Objekt- und Fachplaner sowie Veranlassen erforderlicher Anpassungsmaßnahmen	1 Überprüfen der Kostenschätzung und -berechnung der Objekt- und Fachplaner sowie Veranlassen erforderlicher Anpassungsmaßnahmen
2 Zusammenstellen der voraussichtlichen Baunutzungskosten	2 Kostensteuerung zur Einhaltung der Kostenziele
3 Planung von Mittelbedarf und Mittelabfluss	3 Prüfen der Nutzungskostenschätzung/-berechnung der Objekt- und Fachplaner sowie Veranlassen erforderlicher Anpassungmaßnahmen
4 Prüfen und Freigeben der Rechnungen zur Zahlung	4 Planen von Mittelbedarf und Mittelabfluss
5 Fortschreiben der Projektbuchhaltung für den Mittelabfluss	5 Prüfen und Freigeben der Rechnungen der Projektbeteiligten (außer bauausführenden Unternehmen) zur Zahlung
	6 Fortschreiben der projektspezifischen Kostenverfolgung für den Mittelabfluss

D Termine, Kapazitäten und Logistik

1 Aufstellen und Abstimmen der Grob- und Detailablaufplanung für die Planung	1 Aufstellen, Abstimmen und Fortschreiben der Grob- und Steuerungsablaufplanung für die Planung
2 Aufstellen und Abstimmen der Grobablaufplanung für die Ausführung	2 Aufstellen, Abstimmen und Fortschreiben der Steuerungsablaufplanung für die Ausführung
3 Ablaufsteuerung der Planung	3 Terminsteuerung der Planung inkl. Fortschreibung
4 Fortschreiben der General- und Grobablaufplanung für Planung und Ausführung sowie der Detailablaufplanung für die Planung	4 Mitwirken bei der Aktualisierung der logistischen Einflussgrößen unter Einarbeitung in die Ergebnisunterlagen der Termin- und Kapazitätsplanung
5 Führen und Protokollieren von Ablaufbesprechungen der Planung sowie Vorschlagen und Abstimmen von erforderlichen Anpassungsmaßnahmen	5 Aufstellen und Abstimmen des Terminrahmens zur Integration des strategischen Facility Managements
6 Mitwirken beim Aktualisieren der logistischen Einflussgrößen unter Einarbeitung in die Ergebnisunterlagen der Termin- und Kapazitätsplanung	

E Verträge und Versicherungen

	1 Mitwirken bei der Durchsetzung von Vertragspflichten gegenüber den Beteiligten
	2 Mitwirken bei der Umsetzung des Versicherungskonzeptes für alle Projektbeteiligten

keit und Bewertung der Risiken im Sinne der Eintritts-, Aufdeckungswahrscheinlichkeit sowie der potenziellen Schadenshöhe übernehmen. Die Federführung bei der Bewertung der Risiken und das Auslösen von Kompensationsmaßnahmen ist eine Entscheidung des Auftraggebers und verbleibt deswegen auch in seinem Haftungs- und Verantwortungsbereich.

3.2.2 Handlungsbereich B: Qualitäten und Quantitäten

Als Teilmenge des Entscheidungsmanagement wurde die „Mitwirkung des Projektsteuerers bei der Konzeption der erforderlichen Bemusterungen" im Handlungsbereich Qualitäten/Quantitäten angesiedelt.

Die Entscheidung zur Aufnahme dieser Mitwirkung resultiert aus der Erkenntnis, dass in sehr vielen Projekten schlecht organisierte und inhaltlich nicht sorgfältig vorbereitete Bemusterungen zu großen Problemen in den Entscheidungsabläufen führen und insofern Projektstörungen in erheblichem Ausmaß entstehen können.

Generell obliegt die Organisation der Bemusterung und Disposition im Verhältnis zu den ausführenden Firmen sowie die Vorstellung der zu bemusternden Objekte einschließlich der Dokumentation zu den Aufgaben der Planer, die in deren vertraglichen Leistungsumfang gesondert zu vereinbaren sind.

Der Projektsteuerer hat dabei die konkrete Aufgabe, rechtzeitig die Konzeption der Bemusterung zwischen den Beteiligten (Bauherr, Objektplaner, Fachplaner) abzustimmen. Dazu wird er in der Regel einen Entscheidungsterminplan entwerfen, der in Abstimmung mit den Planern entsteht und im Ergebnis erforderliche Entscheidungen identifiziert, die für die Bemusterung erforderlich sind. Je nach Unternehmenseinsatzform (z. B. Generalübernehmer, Generalunternehmer) sind die Aufgaben der Beteiligten in diesem Zusammenhang sehr unterschiedlich.

Die Gesamtzusammenhänge wurden in der Kommentierung neu angesprochen.

3.2.3 Handlungsbereich C: Kosten und Finanzierung

Neben der Terminsteuerung gehört auch die Kostensteuerung zu einer seiner wesentlichen Aufgaben. Dies war auch bisher so, obwohl diese Leistungen explizit nicht in der Leistungs- und Honorarordnung integriert waren. Deshalb wurde diese bestehende Leistung neu formuliert und in der Kommentierung auch entsprechend gewürdigt.

Die Leistungen zur Kostensteuerung beziehen sich auf den gesamten Zeitraum der Projektabwicklung, wobei in den ersten Projektstufen die Möglichkeiten zur Gegensteuerung am größten sind.

Die Kostensteuerung ist keine isolierte Handlung. Sie erstreckt sich auf alle relevanten Projektsteuerungsleistungen vom Kostenrahmen bis zur Kostenfeststellung.

Gerade in den letzten 2 bis 3 Jahren zeigten sich durch die Marktveränderungen in einer ganzen Reihe an Projekten erhebliche Kostensteigerungen, die dazu führten, dass viele Investoren ihre Kostenziele nach oben anpassen mussten.

Die Kostensteuerung setzt zunächst eine Kostenkontrolle durch den Vergleich einer aktuellen mit einer früheren oder parallelen Kostenermittlung voraus. Kostenabweichungen sind vor allem begründet durch:
- gewollte Projektänderungen hinsichtlich Standard oder Menge
- Schätzungsberichtigungen, die auf Ungenauigkeiten in der Mengenermittlung oder auf Abweichung von den

Kostenkennwerten in der Kostenermittlung und früheren Projektphasen beruhen oder
- Indexänderungen auf Grund der Baupreisentwicklung.

Ziel der Kostensteuerung ist es daher, durch geeignete, rechtzeitige Anpassungsmaßnahmen, die Einhaltung des durch den Auftraggeber vorgegebenen und abgestimmten Kostenrahmen zu sichern.

Diese Vorgehensweise erfordert aktive Schritte durch den Projektsteuerer im Verhältnis zu den Planungsbeteiligten.

Da gerade hier in dem einen oder anderen Projekt bzw. durch Auftraggeber Kritik an der Dienstleistung Projektsteuerung entsteht, wurden die relevanten Leistungen explizit formuliert.

Eine Besondere Leistung wäre es nur in dem Fall, wenn der Auftraggeber seine Projektziele ändert und weitere Folgeleistungen dadurch entstehen.

Die Altleistung „Zusammenstellen der voraussichtlichen Baunutzungskosten" wurde inhaltlich neu gefasst. Sie lautet nun „Prüfung der Nutzungskostenschätzung/- berechnung der Objekt- und Fachplaner sowie Veranlassen erforderlicher Anpassungsmaßnahmen". Demnach wird die Nutzungskostenschätzung bzw. -berechnung durch die Objekt- bzw. Fachplaner nach DIN 18960 erstellt. Der Projektsteuerer überprüft diese und hat auch beim Entscheidungsmanagement in den Planungsphasen die nutzungskostenrelevanten Diskussionen auszulösen, die Kostendaten bei den Objekt- und Fachplanern abzurufen, zu bewerten und den daraus resultierenden Entscheidungsbedarf zu erkennen und weiter zu verfolgen.

Alternativ dazu besteht die Möglichkeit, dass der Bauherr den Projektsteuerer mit einer Besonderen Leistung und der originären Erbringung dieser Nutzungskostenschätzung/- berechnung beauftragt, sofern dieser leistungstechnisch darauf eingestellt ist.

3.2.4 Handlungsbereich D: Termine, Kapazitäten und Logistik

Der Projektsteuerer erstellt in dieser Phase sowohl eine Grobablaufplanung als auch eine Steuerungsablaufplanung, die als Begrifflichkeit so in den Leistungstext aufgenommen wurde.

Geändert wurde die Begrifflichkeit der Grobablaufplanung für die Ausführung, in die Steuerungsablaufplanung für die Ausführung. In diesem Zusammenhang wurde die Kommentierung erweitert.

Die Steuerungsablaufplanung des Projektsteuerers hat konkrete Schnittstellen mit der detaillierten Ablaufplanung durch die Objektüberwachung. Die Aufstellung einer Detailterminplanung für die Ausführung sollte nicht durch die Projektsteuerung erfolgen, wenn eine Objektüberwachung ebenfalls mit dieser Aufgabe betraut ist, da der

Ersteller dieser Abläufe auch die Terminkontrolle und damit die Koordination der Ausführungsbeteiligten vornehmen muss. Diese Aufgabe ist aber wiederum nicht Bestandteil der Projektsteuerungsleistung, sondern eine Grundleistung der Objektüberwachung nach HOAI. Im anderen Falle erwächst hieraus eine Besondere Leistung der Projektsteuerung, über den Rahmen der Grundleistung hinaus.

Unabhängig davon muss dafür gesorgt werden, dass die Objektüberwachung frühzeitig, möglichst vor dem eigentlichen Beginn der Phase 8, in den Ablauf integriert wird.

Eine Prämisse in der Überarbeitung des Leistungsbildes lag in der Beachtung, in welchen Leistungspunkten Schnittstellen zum Facility Management an die Grundleistungen der Projektsteuerung angeknüpft werden. Bei größeren Projekten ist es nahezu üblich geworden, dass zu bestimmten Zeitpunkten (meistens zu spät) ein Facility Manager mit entsprechend ausgeprägtem Know-how in das Projektgeschehen hinzutritt. Die Leistungen des Facility Management Consultings sind im AHO-Heft 16[7] sehr umfassend dargelegt.

Grundsätzlich ist die inhaltliche Erbringung von Facility Management-Leistungen nicht in den Grundleistungen des Projektsteuerers enthalten.

Er muss jedoch zu bestimmten Zeitpunkten seinen Auftraggeber auf erforderliche Informationen bzw. Entscheidungen aufmerksam machen, sodass nicht später durch die Nichtberücksichtigung Probleme entstehen. Deshalb wurde die Leistung wie folgt ergänzt: „Aufstellung und Abstimmen des Terminrahmens zur Integration des strategischen Facility Managements".

Dieser Terminrahmen beinhaltet die Aufstellung der einzelnen Teilschritte, die Arbeitsaufträge sowie Meilensteine, die zur Integration des strategischen Facility Managements notwendig sind. Als Meilensteine gelten unter anderem die einzelnen Phasen zur Nutzungskostenermittlung, Auswahl eines Informationssystems zum Facility Management oder Ausschreibung und Auswahl der für die Bewirtschaft notwendigen Dienstleister, Aufbau des Instandhaltungsmanagements, Abschluss über Energie-/Lieferverträge, Entscheidung über Contracting, etc.

Neben der Definition des Terminrahmens für ein strategisches Facility Management im Vorfeld kommt der Terminverfolgung während der Projektdurchführung eine entscheidende Rolle zu. Die definierten Termine sind vom Projektsteuerer oder, soweit vorhanden, vom Facility Management ständig zu kontrollieren und zu modifizieren.

3.3 Grundleistungen Projektstufe 3: Ausführungsvorbereitung

Die Grundleistungen sind in der Abb. 3.6 gegenübergestellt.

3.3.1 Handlungsbereich A: Organisation, Information, Koordination und Dokumentation

Die Leistung der Überprüfung der Planungsergebnisse auf Konformität mit den vorgegebenen Projektzielen wurde im Hinblick auf die konkrete Aufgabe des Projektsteuerers neu formuliert.

Demgemäß obliegt ihm die Überprüfung der Ausführungsplanung stichprobenartig auf Plausibilität, Vollständigkeit, den erreichten Koordinationsgrad sowie Planungstiefe. Das Verfahren ist mit dem Auftraggeber und Planungsbeteiligten durch die Erstellung und Abstimmung eines Prüfrasters abzustimmen, in dem die Beteiligten, Reihenfolge am Prüfvorgang planspezifisch dargestellt sind.

Der Leistungstext der Grundleistungen hat sich nicht verändert, mit Ausnahme der Definition, was zu tun ist.

Die Überprüfung der Angebotsauswertungen in technisch wirtschaftlicher Hinsicht wurde in der Kommentierung ergänzend kommentiert, im Hinblick auf die formale, technische und wirtschaftliche Hinsicht.

3.3.2 Handlungsbereich E: Verträge und Versicherungen

In diesem Handlungsbereich wurden die bestehenden Leistungen in vertragsrelevanter Hinsicht integriert und teilweise verändert bezeichnet.

Die ursprünglich als „Mitwirken beim Freigeben der Firmenliste für Ausschreibungen" formulierte Leistung wurde nun unter der Bezeichnung „Organisieren des Vergabeverfahrens für Bau- und Lieferverträge" umfassender beschrieben.

Die Leistung „Prüfung der Verdingungsunterlagen für die Vergabeeinheiten auf Vollständigkeit und Plausibilität sowie Bestätigen der Versandfertigkeit" wurde in der Kommentierung überarbeitet.

Die Mitwirkung des Projektsteuerers bei den Vergabeverhandlungen wurde ebenfalls präzisiert. Demnach ist es Aufgabe der Projektsteuerung, den Auftraggeber bei der Führung der Vergabeverhandlung mit den relevanten Informationen zu unterstützen.

---

[7] AHO, Heft 16 (2010): Untersuchungen zum Leistungsbild und zur Honorierung für das Facility Management Consulting, 4. vollst. überarbeitete und erweiterte Aufl.

Abb. 3.6 Grundleistungen der Projektstufe 3: Ausführungsvorbereitung

Grundleistungen Stand 2004	Grundleistungen Stand 2009
3. Ausführungsvorbereitung	
A Organisation, Information, Koordination, Dokumentation (handlungsbereichsübergreifend)	
1 Fortschreiben des Organisationshandbuches	1 Fortschreiben der Organisationsvorgaben
2 Fortschreiben des Projekthandbuches	2 Fortschreiben der Dokumentation der wesentlichen projektbezogenen Plandaten
3 Mitwirken beim Durchsetzen von Vertragspflichten gegenüber den Beteiligten	3 Regelmäßiges Informieren und Abstimmen mit dem Auftraggeber (Berichtswesen)
4 Laufende Information und Abstimmung mit dem Auftraggeber	4 Umsetzen des Änderungsmanagements
5 Einholen der erforderlichen Zustimmungen des Auftraggebers	5 Umsetzen des Entscheidungsmanagements
	6 Mitwirken bei der Einschätzung der technischen Risiken
B Qualitäten und Quantitäten	
1 Überprüfen der Planungsergebnisse inkl. evtl. Planungsänderungen auf Konformität mit den vorgegebenen Projektzielen	1 Überprüfen der Planungsergebnisse auf Konformität mit den vorgegebenen Projektzielen
2 Mitwirken beim Freigeben der Firmenliste für Ausschreibungen	2 Beurteilen der unmittelbaren und mittelbaren Auswirkungen von Nebenangeboten auf Konformität mit den vorgegebenen Projektzielen
3 Herbeiführen der erforderlichen Entscheidungen des Auftraggebers	3 Überprüfen der Angebotsauswertungen in technisch-wirtschaftlicher Hinsicht
4 Überprüfen der Verdingungsunterlagen für die Vergabeeinheiten und Anerkennen der Versandfertigkeit	4 Mitwirken bei den erforderlichen Bemusterungen
5 Überprüfen der Angebotsauswertungen in technisch-wirtschaftlicher Hinsicht	
6 Beurteilen der unmittelbaren und mittelbaren Auswirkungen von Alternativangeboten auf Konformität mit den vorgegebenen Projektzielen	
7 Mitwirken bei den Vergabeverhandlungen bis zur Unterschriftsreife	
C Kosten und Finanzierung	
1 Vorgabe der Soll-Werte für Vergabeeinheiten auf der Basis der aktuellen Kostenberechnung	1 Vorgeben der Soll-Werte für Vergabeeinheiten auf der Basis der aktuellen Kostenberechnung
2 Überprüfen der vorliegenden Angebote im Hinblick auf die vorgegebenen Kostenziele und Beurteilung der Angemessenheit der Preise	2 Überprüfen der vorliegenden Angebote im Hinblick auf die vorgegebenen Kostenziele und Beurteilen der Angemessenheit der Preise
3 Vorgabe der Deckungsbestätigungen für Aufträge	3 Vorgeben der Deckungsbestätigungen für Aufträge
4 Überprüfen der Kostenanschläge der Objekt- und Fachplaner sowie Veranlassen erf. Anpassungsmaßnahmen	4 Überprüfen des Kostenanschlags der Objekt- und Fachplaner sowie Veranlassen erforderlicher Anpassungsmaßnahmen
5 Zusammenstellen der aktualisierten Baunutzungskosten	5 Kostensteuerung zur Einhaltung der Kostenziele
6 Fortschreiben der Mittelbewirtschaftung	6 Prüfen und Freigeben der Rechnungen der Projektbeteiligten (außer bauausführenden Unternehmen) zur Zahlung
7 Prüfen und Freigeben der Rechnungen zur Zahlung	7 Planen von Mittelbedarf und Mittelabfluss
8 Fortschreiben d. Projektbuchhaltung für d. Mittelabfluss	8 Fortschreiben der projektspezifischen Kostenverfolgung für den Mittelabfluss

3.4   Grundleistungen Projektstufe 4: Ausführung

Die Grundleistungen sind in der Abb. 3.7 gegenübergestellt.

3.4.1   Handlungsbereich A: Organisation, Information, Koordination und Dokumentation

Das Unterstützen des Auftraggebers bei der Einleitung von selbständigen Beweisverfahren wurde nach Auffassung der Fachkommission in den Kontext der Grundleistungen aufgenommen. Der Projektsteuerer unterstützt dabei den Auftraggeber beim Erkennen potenzieller Konflikte und organisiert die Sachstandsdarstellungen in Abstimmung mit den Planern. Er übernimmt im Beweisverfahren die Organisation der Datenversorgung für den juristischen Beistand und fordert die Planungsbeteiligten zur rechtzeitigen Lieferung der Informationen auf.

3.4.2   Handlungsbereich B: Qualitäten und Quantitäten

Die Überprüfung der Projektbeteiligten auf ihre vertraglichen Pflichten ist eine Grundleistung der Projektsteuerung und ist im alten Leistungsbild im Handlungsbereich A enthalten. In der Ausführung wird die Qualität in erster Linie durch die hinreichende Funktion der Objektüberwachung bestimmt. Deshalb wurde diese Leistung konsequenterweise hier aufgenommen.

In den Planungsphasen erfolgt dies durch die Konformitätsprüfung der Planungsergebnisse der Planer parallel und nach Abschluss der jeweiligen Planungsphasen.

Abb. 3.6 (Fortsetzung)

Grundleistungen Stand 2004	Grundleistungen Stand 2009

3. Ausführungsvorbereitung

D Termine, Kapazitäten und Logistik

1 Aufstellen und Abstimmen der Steuerungsablaufplanung für die Ausführung
2 Fortschreiben der General- und Grobablaufplanung für Planung und Ausführung sowie der Steuerungsablaufplanung für die Planung
3 Vorgabe der Vertragstermine und -fristen für die Besonderen Vertragsbedingungen der Ausführungs- und Lieferleistungen
4 Überprüfen der vorliegenden Angebote im Hinblick auf vorgegebene Terminziele
5 Führen und Protokollieren von Ablaufbesprechungen der Ausführungsvorbereitung sowie Vorschlagen und Abstimmen von erforderlichen Anpassungsmaßnahmen
6 Mitwirken beim Aktualisieren und Prüfen der Entwicklung der logistischen Einflussgrößen sowie Prüfen der Entwicklung des durch die Objektüberwachung erstellten Baustelleneinrichtungsplanes/-logistikplanes

1 Fortschreiben der General- und Grobablaufplanung für Planung und Ausführung sowie Steuerungsablaufplanung für die Planung
2 Überprüfen der vorliegenden Angebote im Hinblick auf vorgegebene Terminziele
3 Terminkontrolle/-steuerung der Planung, Ausschreibung und Vergabe
4 Mitwirken beim Aktualisieren und Prüfen der Entwicklung der logistischen Einflussgrößen

E Verträge und Versicherungen

1 Mitwirken bei der Durchsetzung von Vertragspflichten gegenüber den Beteiligten
2 Organisieren des Vergabeverfahrens für Bau- und Lieferverträge
3 Prüfen der Verdingungsunterlagen für die Vergabeeinheiten auf Vollständigkeit und Plausibilität sowie Bestätigen der Versandfertigkeit
4 Mitwirken bei den Vergabeverhandlungen bis zur Unterschriftsreife
5 Vorgeben der Vertragstermine und -fristen für die Besonderen Vertragsbedingungen der Ausführungs- und Lieferleistungen

In der Ausführung muss er diese Aufgabe im Hinblick auf die ausführungsrelevanten Fragestellungen und auf die in dieser Phase bestimmenden Projektbeteiligten ausweiten.

Die Nichterfüllung dieser Aufgabe ist in komplexen Projekten häufig hoch problematisch.

Die Aufgabe der Qualitätskontrolle prägt sich je nach gewählter Unternehmenseinsatzform (Einzelvergabe oder Generalunternehmervergaben) unterschiedlich aus. Der Projektsteuerer hat das von der Objektüberwachung vorgeschlagene System der Qualitätskontrolle bzw. Mängelidentifizierung, Kategorisierung und Weiterverfolgung mit der Zielrichtung zu prüfen, ob es den Randbedingungen und Anforderungen des Projektes Rechnung trägt.

In einigen konkreten Projekten stellt man fest, dass von einigen Objektüberwachungen die Auffassung vertreten wird, dass eine differenzierte Mängeldokumentation entbehrlich ist. Gerade in diesen Fällen ist es erforderlich, gemeinsam mit dem Auftraggeber auf eine ordentliche Erfassung dieser Prozesse besonderes Augenmerk zu richten. Des Weiteren wird er bei der Ausführung des Projektes stichprobenartig zu überprüfen haben, ob die Objektüberwachung ihren Aufgaben der Qualitätskontrolle ausreichend nachkommt. Dies betrifft einerseits die konsequente Anwendung der vereinbarten Vorgehensweisen und andererseits auch ihre Durchsetzungsfähigkeit im Hinblick auf die ausführenden Firmen, erkannte Mängel zielorientiert zu beseitigen. Die Projekt-

steuerung wird zudem auch zu überprüfen haben, ob die Objektüberwachung in ausreichender personeller Präsenz auf der Baustelle vertreten ist, um insbesondere die koordinativen Aufgaben zwischen den Firmen ausreichend wahrnehmen zu können.

Der Projektsteuerer hat hier vorausschauend die Aufgaben der Objektüberwachung zu überprüfen und den Auftraggeber rechtzeitig davon zu informieren, wenn Leistungs- und damit Vertragsdefizite vorliegen, die mit der Objektüberwachung zielorientiert zu besprechen und abzustellen sind.

3.4.3 Handlungsbereich D: Termine, Kapazitäten und Logistik

Die bisherige Leistung zur „Übergabe und Inbetriebnahme" wurde anders formuliert. Sie lautet nun „Erstellen der Grobablaufplanung zur Steuerung der Abnahme, Übergabe und Inbetriebnahme". Diese Grobablaufplanung wird nicht nur durch den Projektsteuerer veranlasst, sondern auch selber erstellt. Sie grenzt sich allerdings ab von einer differenzierten und detaillierten Inbetriebnahmeplanung unter Integration aller Projektbeteiligten einschließlich Nutzer. Diese Leistung wird als Besondere Leistung zu beauftragen sein.

Abb. 3.7 Grundleistungen der Projektstufe 4: Ausführung

Grundleistungen Stand 2004	Grundleistungen Stand 2009
4. Ausführung	
A Organisation, Information, Koordination, Dokumentation (handlungsbereichsübergreifend)	
1 Fortschreiben des Organisationshandbuches 2 Fortschreiben des Projekthandbuches 3 Mitwirken beim Durchsetzen von Vertragspflichten gegenüber den Beteiligten 4 Laufende Information und Abstimmung mit dem Auftraggeber 5 Einholen der erforderlichen Zustimmungen des Auftraggebers	1 Fortschreiben der Organisationsvorgaben 2 Fortschreiben der Dokumentation der wesentlichen projektbezogenen Plandaten 3 Regelmäßiges Informieren und Abstimmen mit dem Auftraggeber (Berichtswesen) 4 Unterstützen des Auftraggebers bei der Einleitung von selbständigen Beweisverfahren 5 Umsetzen des Änderungsmanagements 6 Umsetzen des Entscheidungsmanagements 7 Mitwirken bei der Einschätzung der technischen Risiken
B Qualitäten und Quantitäten	
1 Prüfen von Ausführungsänderungen, ggf. Revision von Qualitätsstandards nach Art und Umfang 2 Mitwirken bei der Abnahme der Ausführungsleistungen 3 Herbeiführen der erforderlichen Entscheidungen des Auftraggebers	1 Kontrollieren der Objektüberwachung sowie Vorschlagen und Abstimmen von Anpassungsmaßnahmen bei Gefährdung von Projektzielen
C Kosten und Finanzierung	
1 Kostensteuerung zur Einhaltung der Kostenziele 2 Freigabe der Rechnungen zur Zahlung 3 Beurteilen der Nachtragsprüfungen 4 Vorgabe von Deckungsbestätigungen für Nachträge 5 Fortschreiben der Mittelbewirtschaftung 6 Fortschreiben der Projektbuchhaltung für den Mittelabfluss	1 Kostensteuerung zur Einhaltung der Kostenziele 2 Plausibilitätsprüfung und Freigeben der Rechnungen zur Zahlung 3 Vorgeben von Deckungsbestätigungen für Nachträge 4 Fortschreiben der Mittelbewirtschaftung 5 Fortschreiben der projektspezifischen Kostenverfolgung für den Mittelabfluss 6 Prüfen des Nutzungskostenanschlags der Objekt- und Fachplaner und Veranlassen erforderlicher Anpassungsmaßnahmen
D Termine, Kapazitäten und Logistik	
1 Überprüfen und Abstimmen der Zeitpläne des Objektplaners und der ausführenden Firmen mit den Steuerungsablaufplänen der Ausführung des Projektsteuerers 2 Ablaufsteuerung der Ausführung zur Einhaltung der Terminziele 3 Überprüfen der Ergebnisse der Baubesprechungen anhand der Protokolle der Objektüberwachung, Vorschlagen und Abstimmen von Anpassungsmaßnahmen bei Gefährdung von Projektzielen 4 Veranlassen der Ablaufplanung und -steuerung zur Übergabe und Inbetriebnahme	1 Überprüfen und Abstimmen der Zeitpläne des Objektplaners mit den Steuerungsablaufplänen der Ausführung des Projektsteuerers 2 Terminsteuerung der Ausführung zur Einhaltung der Terminziele 3 Erstellen einer Grobablaufplanung zur Steuerung der Abnahmen, Übergabe und Inbetriebnahme
E Verträge und Versicherungen	
	1 Mitwirken bei der Durchsetzung von Vertragspflichten gegenüber den Beteiligten 2 Unterstützen des Auftraggebers bei der Abwendung von Forderungen von Nicht-Projektbeteiligten (z. B. Nachbarn, Bürgerinitiativen etc.) 3 Beurteilen der Nachtragsprüfungen und Mitwirken bei der Beauftragung 4 Mitwirken bei der Abnahme der Ausführungsleistungen 5 Veranlassen der erforderlichen behördlichen Abnahmen, Endkontrollen und/oder Funktionsprüfungen

Die Grobablaufplanung des Projektsteuerers umfasst den Zeitraum von der baulichen Fertigstellung bis zur Nutzung, strukturiert sich in mehrere Einzelphasen und richtet sich nach den projektrelevanten Randbedingungen. Die Aufgaben des Projektsteuerers wurden in der Kommentierung neu gefasst und präzisiert.

3.4.4   Handlungsbereich E: Verträge und Versicherungen

Neu aufgenommen wurde folgende Leistung: „Unterstützen des Auftraggebers bei der Abwendung von Forderungen von Nichtprojektbeteiligten (Nachbarn, Bürgerinitiativen)".

Abb. 3.8 Grundleistungen der Projektstufe 5: Projektabschluss

Grundleistungen Stand 2004	Grundleistungen Stand 2009

5.　Projektabschluss

A　Organisation, Information, Koordination und Dokumentation (handlungsbereichsübergreifend)

1　Mitwirken bei der organisatorischen und administrativen Konzeption und bei der Durchführung der Übergabe/Übernahme bzw. Inbetriebnahme/Nutzung	1　Mitwirken bei der organisatorischen und administrativen Konzeption und bei der Durchführung der Übergabe/Übernahme bzw. Inbetriebnahme/Nutzung
2　Mitwirken beim systematischen Zusammenstellen und Archivieren der Bauakten inkl. Projekt- und Organisationshandbuch	2　Veranlassen der systematischen Zusammenstellung und Archivierung der Projektdokumentation
3　Laufende Information und Abstimmung mit dem Auftraggeber	3　Regelmäßiges Informieren und Abstimmen mit dem Auftraggeber (Berichtswesen)
4　Einholen der erforderlichen Zustimmungen des Auftraggebers	4　Umsetzen des Entscheidungsmanagements
	5　Mitwirken bei der Einschätzung der technischen Risiken

B　Qualitäten und Quantitäten

1　Veranlassen der erforderlichen behördlichen Abnahmen, Endkontrollen und/oder Funktionsprüfungen	1　Prüfen der Mängelhaftungsverzeichnisse
2　Mitwirken bei der rechtsgeschäftlichen Abnahme der Planungsleistungen	
3　Prüfen der Gewährleistungsverzeichnisse	

C　Kosten und Finanzierung

1　Überprüfen der Kostenfeststellungen der Objekt- und Fachplaner	1　Überprüfen der Kostenfeststellung der Objekt- und Fachplaner
2　Freigabe der Rechnungen zur Zahlung	2　Plausibilitätsprüfung und Freigeben der Rechnungen zur Zahlung
3　Veranlassen der abschließenden Aktualisierung der Baunutzungskosten	3　Prüfen des fortgeschriebenen Nutzungskostenanschlags der Objekt- und Fachplaner sowie Veranlassen erforderlicher Anpassungsmaßnahmen
4　Freigabe von Schlussabrechnungen sowie Mitwirken bei der Freigabe von Sicherheitsleistungen	4　Freigeben von Schlussrechnungen sowie Mitwirken bei der Freigabe von Sicherheitsleistungen
5　Abschluss der Projektbuchhaltung für den Mittelabfluss	5　Abschließen des Rechnungswesens für den Mittelabfluss

D　Termine, Kapazitäten und Logistik

	1　Steuern der Abnahme, Übergabe und Inbetriebnahme

E　Verträge und Versicherungen

	1　Mitwirken bei der rechtsgeschäftlichen Abnahme der Planungsleistungen

Insbesondere innerstädtische Projekte mit Berührungspunkten zu verschiedenen Interessengruppen, z. B. betroffene Grundstücksbesitzer, Bürgerinitiativen und Nachbarn, bedürfen intensiver Koordination im Hinblick auf die Vermeidung von projektgefährdenden Forderungen dieser Projektbeteiligten im Umfeld des eigentlichen Projektes. Die Vorbereitung und Durchführung von Aktivitäten zur Abwendung dieser Forderung beinhalten von Fall zu Fall erhebliche Vorbereitungsleistungen, wie z. B. Erstellung von Exposés zur Projektabwicklung und speziellen Fragen der Baulogistik mit verschiedenen Szenarien, Verkehrsstrombetrachtung, etc.

Falls diese Leistung den rein informativen Charakter, wie z. B. Teilnahme an diversen Besprechungsrunden, deutlich übersteigen, dann erwächst daraus die Anspruchsgrundlage für eine Besondere Leistung, die dann in Abhängigkeit von den Aktivitäten in einem gesonderten Leistungsbild zu formulieren und zu vergüten ist.

Die Kommentierung der Leistung „Mitwirkung bei der Abnahme der Ausführungsleistungen" wurde neu gefasst

und präzisiert. Ein Teil, der in der Altkommentierung beinhalteten Aufgaben wurden in eine ergänzende Formulierung im Leistungsbild gefasst und lautet: „Veranlassen der erforderlichen behördlichen Abnahmen, Endkontrollen und/oder Funktionsprüfungen".

Aufgabe der Projektsteuerung ist es, rechtzeitig vor behördlichen Abnahmen, Endkontrollen und Funktionsprüfungen die notwendigen Qualitätskontrollen zu veranlassen, um den erforderlichen Verlauf dieser Abnahmen sicherzustellen. In diesem Zusammenhang müssen eine ganze Reihe von Fragen der Zuständigkeit geklärt werden, die in der Kommentierung angesprochen werden.

3.5　Grundleistungen Projektstufe 5: Projektabschluss

Die Grundleistungen sind in der Abb. 3.8 gegenübergestellt.

Abb. 3.9 Besondere Leistungen der Projektstufe 1: Projektvorbereitung

Besondere Leistungen Stand 2004	Besondere Leistungen Stand 2009
1. Projektvorbereitung	
A Organisation, Information, Koordination und Dokumentation (handlungsbereichsübergreifend)	
1 Mitwirken bei der betriebswirtschaftlich-organisatorischen Beratung des Auftraggebers zur Bedarfsanalyse, Projektentwicklung und Grundlagenermittlung	1 Unterstützen der Koordination von speziellen Organisationseinheiten des AG
2 Besondere Abstimmungen zwischen Projektbeteiligten zur Projektorganisation	2 Erstellen von Vorlagen und besondere Berichterstattung in Auftraggeber- und sonstigen Gremien
3 Unterstützen der Koordination innerhalb der Gremien des Auftraggebers	3 Einrichten eines eigenen Projektkommunikationssystems
4 Besondere Berichterstattung in Auftraggeber- oder sonstigen Gremien	
B Qualitäten und Quantitäten	
1 Mitwirken bei Grundstücks- und Erschließungsangelegenheiten	1 Erstellen und Abstimmen eines Nutzerbedarfsprogramms
2 Erarbeiten der erforderlichen Unterlagen, Abwickeln und/oder Prüfen von Ideen-, Programm- und Realisierungswettbewerben	2 Durchführen einer differenzierten Anfrage bezüglich der Infrastruktur (Ver- und Entsorgungsmedien, Verkehr etc.) und Beschaffen der relevanten Informationen und Unterlagen
3 Erarbeiten von Leit- und Musterbeschreibungen, z.B. für Gutachten, Wettbewerbe etc.	3 Vorbereiten und Durchführen von Ideen-, Programm- und Realisierungswettbewerben
4 Prüfen der Umwelterheblichkeit und der Umweltverträglichkeit	
C Kosten und Finanzierung	
1 Überprüfen von Wertermittlungen für bebaute und unbebaute Grundstücke	1 Verwenden von auftraggeberseitig vorgegebenen Programmsystemen mit besonderen Anforderungen
2 Festlegen des Rahmens der Personal- und Sachkosten des Betriebs	
3 Einrichten der Projektbuchhaltung für den Mittelzufluss und die Anlagenkonten	
D Termine, Kapazitäten und Logistik	
E Verträge und Versicherungen	

3.5.1 Handlungsbereich A: Organisation, Information, Koordination und Dokumentation

Die Leistung in Zusammenhang mit der Dokumentation wurde anders formuliert: „Veranlassen der systematischen Zusammenstellung und Archivierung der Projektdokumentation".

3.5.2 Handlungsbereich B: Qualitäten und Quantitäten

Die Leistung des „Veranlassens der erforderlichen behördlichen Abnahmen und Endkontrollen" wurde in die Projektstufe Ausführung integriert und dort im Handlungsbereich Verträge und Versicherungen eingearbeitet.

Die Leistung des „Mitwirkens bei der rechtsgeschäftlichen Abnahme der Planungsleistungen" wurde ebenfalls im Handlungsbereich „Verträge und Versicherungen" angeord-

net. Desweiteren wurden in der Leistung in der Kommentierung die Aufgaben des Projektsteuerers konkretisiert.

3.6 Besondere Leistungen Projektstufe 1: Projektvorbereitung

Die bisher im Leistungsbild Stand 2004 enthaltenen Besonderen Leistungen wurden umfassend überarbeitet. Die Kommission war der Auffassung, dass eine ganze Reihe dieser Besonderen Leistungen kaum in der Praxis nachgefragt werden. Des Weiteren kann in der Anwendung des Leistungsbildes häufig festgestellt werden, dass Auftraggeber auch dazu neigen, ohne näheres Ansehen der Besonderen Leistungen diese zum Grundleistungsbild zu ergänzen, was dann in der Kalkulation dieser Leistungen erhebliche Probleme bereitet.

Alle Besonderen Leistungen wurden mit einer neuen Kommentierung versehen und können auch nun in ihrem Anwendungsbereich konkreter gefasst werden. Die Unterschiede sind nachfolgend dargestellt (Abb. 3.9).

3.6.1 Handlungsbereich A: Information, Koordination und Dokumentation

Unterstützen der Koordination von speziellen Organisationseinheiten des Auftraggebers Hierzu zäh - len insbesondere Projektmanagementleistungen für den Nutzer, wie sie in Heft Nr. 19[8] der Schriftenreihe des AHO dargestellt sind. Die Leistungsbilder sind diesem zu entnehmen. Diese Leistungen sind spezifisch in Abhängigkeit von den Bauherren- und Nutzerstrukturen zu erbringen.

Erstellen von Vorlagen und besondere Berichterstattung in Auftraggeber- und sonstigen Gremien Nutzerbedarfserhebungen, Machbarkeitsstudien, Planungsüberlegungen etc. werden häufig in übergeordneten Workshops oder Lenkungskreisen vorbereitet, vertreten und anschließend dokumentiert. Hierzu können mehrere dieser Erläuterungs- und Erörterungstermine nötig sein. Der Projektsteuerer erstellt i. d. R. die Präsentationsunterlagen für die Veranstaltung. Die Präsentation erfolgt durch den Projektleiter oder den Projektsteuerer. Grundvoraussetzung zur Vereinbarung einer Besonderen Leistung ist allerdings, dass der daraus ableitbare Aufwand erheblich von einer „normalen Projektabwicklung" abweicht. Im Grundleistungsumfang enthalten ist die Vorbereitung, Präsentation und Dokumentation von Erörterungen bzw. kontinuierlichen Besprechungen zum Projektstatus oder auch zu besonderen Entscheidungen in unterschiedlichen Ebenen der Projektaufbauorganisation, wenn diese in direktem Zusammenhang mit dem definierten Projektziel stehen.

Einrichten eines eigenen Projektkommunikationssystems Der Betrieb eines Projektkommunikationssystems über alle Projektphasen mit einem eigenen System des Projektsteuerers oder der Integration eines externen Betreibers fällt in den Bereich von Besonderen Leistungen, die in einem Leistungsbild in Kap. 2 des Heftes Nr. 19 der Schriftenreihe des AHO phasenorientiert beschrieben sind.

3.6.2 Handlungsbereich B: Qualitäten und Quantitäten

Erstellen und Abstimmen eines Nutzerbedarfsprogramms Die wichtigsten 14 Felder der Projektentwicklung im engeren Sinne sind in Heft Nr. 19, Kap. 3 der Schriftenreihe des AHO umfassend beschrieben. Nicht jedes Projekt bedarf jedoch einer so umfangreichen Projektentwicklung. Immer und in jedem Projekt jedoch sind mindestens die Leistungen der Ziff. 4 Nutzungskonzeption [Nutzerbedarfsprogramm (DIN 18205) Funktions-, Raum- und Ausstattungsprogramm],

Ziff. 5 Vorplanungskonzept, Ziff. 7 Projektfinanzierung, Ziff. 9 Kostenrahmen und Ziff. 10 Terminrahmen zu erbringen. Das Nutzerbedarfsprogramm ist damit eine von mehreren Komponenten (Ziff. 4) der Projektentwicklung.

Durchführen einer differenzierten Anfrage bezüglich der Infrastruktur (Ver- und Entsorgungsmedien, Verkehr, etc.) und Beschaffen der relevanten Informationen und Unterlagen Gesicherte Informationen über die Infrastruktur sowie die damit zusammenhängenden Informationen und Unterlagen sind für den Projektstart außerordentlich wichtig. Oft wird die Grundstückswahl von der vorhandenen bzw. geplanten Infrastruktur abhängig gemacht.

Der verlässlichen Durchführung der Spartenanfrage kommt ein hoher Stellenwert in frühen Projektphasen zu. Die Aufgabe gliedert sich projektindividuell stark unterschiedlich, wobei folgende Vorgehensweise allgemein abzuleiten ist:

- Die relevanten Sparten für das Grundstück sind zu definieren und zu identifizieren sowie zu analysieren, welche Fragen mit den einzelnen Spartenträgern abgeklärt werden müssen.

- Die zuständigen Ansprechpartner nach Gebiet und Hierarchie bei den einzelnen Spartenträgern sind zu ermitteln; Gesprächsergebnisse mit den zuständigen Stellen sind in Form von Frage und Antwort zu dokumentieren.

Es müssen Fragen formuliert werden, zu denen die Antworten dann als Gesprächsergebnis mit den zuständigen Stellen dokumentiert werden. Bei der Abwasserentsorgung sind dies z. B. Fragen der Regenwasserbeseitigung und der Aufnahme der Abwassermengen über das vorhandene Schmutzwassernetz, die Werte der Schmutzwasserentwässerung, die eventuell erforderliche Einleitung von Kühlwasser in das Kanalnetz etc. Bei der elektrischen Stromversorgung sind es die Fragen der Einbindung des Projektes in das bestehende Stromnetz und die damit in Zusammenhang stehenden Leistungsreserven, Fragen zu Anschlussleistungen bzw. zur Versorgungssicherheit.

Spartenanfragen mit Auswirkungen auf die Planungen der Objekt- und Fachplaner sind in den Planungsstufen der Grundlagenermittlung, Vor- und Entwurfsplanung jeweils neu zu prüfen und zu dokumentieren.

Vorbereiten und Durchführen von Ideen-, Programm- und Realisierungswettbewerben Die Vorbereitung von Objekt-/Fachplanerwettbewerben ist eine Besondere Leistung, die durch den Projektsteuerer oder ein qualifiziertes Wettbewerbsbetreuungsbüro erbracht werden kann. In diesem Zusammenhang sind je nach Projektsituation folgende Leistungen zu erbringen:

- Erstellung der Auslobungsunterlage mit Zusammenstellung/Überarbeitung von Textbausteinen, Erarbeitung der Ausschreibung, Layout der Auslobung und Versand der

---

[8] AHO, Heft 19 (2004): Neue Leistungsbilder zum Projektmanagement in der Bau- und Immobilienwirtschaft.

Unterlagen, Vorbereitung der Vorprüfung mit Koordination und Management der Vorprüfung, Abstimmung der Vorprüfkriterien, Vorbereitung der Kostenprüfung, Annahme der Pläne und Modelle, Anlegen der Eingangsliste, Aufbringen von Tarnzahlen und Ermittlung der notwendigen Stellwandflächen

- Durchführung der Vorprüfung mit allgemeiner Vorprüfung, Kontrolle der Verfasserberechnungen, Bildung der Flächenverhältniszahlen, Zeichnen von Plänen zur Grundrissorganisation, Kostenbewertung, Koordination unter Einbeziehungen der weiteren an der Vorprüfung fachlich Beteiligten und Erstellen eines Vorprüfungsberichtes für die Preisgerichtssitzung
- Preisgerichtssitzung mit Organisation der Sitzung, Vorstellung der Wettbewerbsarbeiten, Protokollführung, Vorbereitung der Presseinformationen und Beschilderung der Ausstellungsarbeiten
- Erstellung der Wettbewerbsdokumentation mit Layout-Erstellung, Konzepterstellung und Abstimmung der Broschüre, Erstellung einer Druckvorlage und Einholung von Angeboten für den Druck und Abstimmung der Druckvorlage mit der Druckerei sowie Drucküberwachung.

Diese Leistungen sind aufwandsbezogen zu kalkulieren und zu vergüten.

3.6.3 Handlungsbereich C: Kosten und Finanzierung

Verwenden von auftraggeberseitig vorgegebenen Programmsystemen mit besonderen Anforderungen Falls vom Auftraggeber Programmsysteme zur Bearbeitung vorgegeben werden, ist im Einzelnen zu prüfen, inwieweit die Programmfunktionalität zu Mehrbearbeitungsaufwand führt.

Falls z. B. für die Einführung dieses Programmsystems intensive Schulungen erforderlich sind, um die Bearbeiter für den Einsatz des Programms vorzubereiten, erwächst ein Zusatzaufwand, der entsprechend zu berücksichtigen ist.

Desweiteren ist zu prüfen, inwiefern das bestehende Qualitätsmanagement des Projektmanagementunternehmens durch die Vorgabe des Programmsystems beeinträchtigt wird bzw. modifiziert werden muss.

3.7 Besondere Leistungen Projektstufe 2: Planung

Die Besonderen Leistungen sind in der Abb. 3.10 gegenübergestellt.

3.7.1 Handlungsbereich A: Information, Koordination und Dokumentation

Vertreten der Planungskonzeption gegenüber der Öffentlichkeit unter besonderen Anforderungen und Zielsetzungen sowie bei mehr als fünf Erläuterungs- und Erörterungsterminen Planungskonzeptionen sind häufig für private oder öffentliche Leitungs- oder Anhörungsgremien – oft auch in öffentlichen Veranstaltungen – vorzubereiten, dann zu vertreten und anschließend zu dokumentieren. Bei Vorhaben, welche die Öffentlichkeit betreffen, können mehrere dieser Erläuterungs- und Erörterungstermine erforderlich sein. In den Grundleistungen sind bis zu fünf dieser Erläuterungs- und Erörterungstermine enthalten. Eine darüber hinausgehende Anzahl von Terminen ist eine Besondere Leistung und deshalb besonders zu honorieren (Diederichs 2006, S. 282–283)[9].

Zielsetzung ist es, dass der Projektsteuerer den Auftraggeber bei der Vorbereitung und Durchführung von Erörterungsterminen unterstützt, um die Öffentlichkeit und die Träger öffentlicher Belange für das Projekt zu gewinnen und bestehende Bedenken auszuräumen.

Zur Vorbereitung von Erörterungsterminen hat der Projektsteuerer zunächst alle verfügbaren Unterlagen zum Nutzungs- und Planungskonzept zu beschaffen und zusammenzustellen. Anschließend ist das Konzept mit dem Auftraggeber, dem Objektplaner und den Nutzern sowie ggf. Genehmigungsinstanzen abzustimmen und zu konkretisieren. Nach Genehmigung des Nutzungs- und Planungskonzeptes durch den Auftraggeber ist mit diesem abzustimmen, ob und inwieweit Informationen und Mitteilungen über das Projekt an die Öffentlichkeit weitergegeben werden können. Für den Erörterungstermin ist eine Präsentationsmappe „Nutzungs- und Plankonzept" in Zusammenarbeit mit den Objektplanern und den Nutzern (soweit vorhanden) zu erstellen und mit dem Auftraggeber abzustimmen.

An den Erörterungsterminen mit Leitungsgremien und der Öffentlichkeit hat der Projektsteuerer teilzunehmen und in Abstimmung mit dem Auftraggeber zu den Themen Projektziele, Organisation, Qualitäten, Kosten und Termine vorzutragen.

3.7.2 Handlungsbereich C: Kosten und Finanzierung

Erstellen einer Kostenschätzung/Kostenberechnung nach DIN 276[10] Aus unterschiedlichen Motiven heraus

---

[9] Diederichs, C. J. (2006): Immobilienmanagement im Lebenszyklus – Projektentwicklung, Projektmanagement, Facility Management, Immobilienbewertung, 2., erweiterte und aktualisierte Aufl.

[10] DIN 276 (1993/2008): Kosten im Bauwesen.

Abb. 3.10 Besondere Leistungen der Projektstufe 2: Planung

Besondere Leistungen Stand 2004	Besondere Leistungen Stand 2009
2. Planung	
A Organisation, Information, Koordination und Dokumentation (handlungsbereichsübergreifend)	
1 Veranlassen besonderer Abstimmungsverfahren zur Sicherung der Projektziele	1 Vertreten der Planungskonzeption gegenüber der Öffentlichkeit unter besonderen Anforderungen und Zielsetzungen sowie bei mehr als fünf Erläuterungs- oder Erörterungsterminen
2 Vertreten der Planungskonzeption gegenüber der Öffentlichkeit unter besonderen Anforderungen und Zielsetzungen sowie bei mehr als 5 Erläuterungs- oder Erörterungsterminen	2 Betreiben eines eigenen Projektkommunikationssystems
3 Unterstützen beim Bearbeiten von besonderen Planungsrechtsangelegenheiten	
4 Risikoanalyse	
5 Besondere Berichterstattung in Auftraggeber- oder sonstigen Gremien	
B Qualitäten und Quantitäten	
1 Vorbereiten, Abwickeln oder Prüfen von Wettbewerben zur künstlerischen Ausgestaltung	
2 Überprüfen der Planungsergebnisse durch besondere Wirtschaftlichkeitsuntersuchungen	
3 Festlegen der Qualitätsstandards ohne/mit Mengen oder ohne/mit Kosten in einem Gebäude- und Raumbuch bzw. Pflichtenheft	
4 Veranlassen oder Durchführen von Sonderkontrollen der Planung	
5 Änderungsmanagement bei Einschaltung eines Generalplaners	
C Kosten und Finanzierung	
1 Kostenermittlung und -steuerung unter besonderen Anforderungen (z.B. Baunutzungskosten)	1 Erstellen einer Kostenschätzung / Kostenberechnung nach DIN 276
2 Fortschreiben der Projektbuchhaltung für den Mittelzufluss und die Anlagenkonten	2 Erstellen der Nutzungskostenschätzung, -berechnung sowie Nutzungskostensteuerung
D Termine, Kapazitäten und Logistik	
1 Ablaufsteuerung unter besonderen Anforderungen und Zielsetzungen	1 Erstellen eines Logistikkonzeptes
2 Erstellen eines eigenständigen Logistikkonzeptes mit logistischen Lösungen für infrastrukturelle Anbindungen mit möglichen Transportwegen, Andienungsmöglichkeiten, Verkehrs- und Lagerflächen sowie für Rettungsdienste unter Einschluss von öffentlichrechtlichen Erfordernissen	2 Abgleichen logistischer Maßnahmen mit Anlieger- und Nachbarschaftsinteressen
3 Abgleichen logistischer Maßnahmen mit Anlieger- und Nachbarschaftsinteressen	
E Verträge und Versicherungen	

entsteht häufig die Aufgabe für den Projektsteuerer, eine eigenständige Kostenschätzung/Kostenberechnung nach DIN 276 zu erstellen.

Ein Grund liegt häufig im Wunsch des Auftraggebers, eine unabhängige Kostenermittlung gewissermaßen als Vergleichsmaßstab für die Kostenermittlungsergebnisse des Planers verfügbar zu haben. Die Erstellung der Kostenermittlung stellt eine Besondere Leistung dar, die in Abhängigkeit von den Anforderungen an Gliederung und Tiefe gesondert zu honorieren ist.

Erstellen der Nutzungskostenschätzung, -berechnung sowie Nutzungskostensteuerung In den HOAILeistungsphasen 2–4 gewinnt die Planung eine konkrete und differenzierte Struktur und wird somit auch geeignete Grundlage für die Nutzungskostenschätzung und -berechnung. Falls

die Planer diese Kostenermittlung nicht erstellen, kann der Projektsteuerer diese Aufgabe im Rahmen einer Besonderen Leistung übernehmen.

In der Projektstufe 2 ist korrespondierend zur Vorplanung bzw. mit der Kostenschätzung die Nutzungskostenschätzung und mit der Entwurfsplanung bzw. Kostenberechnung die Nutzungskostenberechnung zu erstellen. Die Nutzungskostenschätzung bzw. -berechnung dient in Verbindung mit den Kostenermittlungen nach DIN 276 einer Verfeinerung des Nutzungskostenrahmens in der Gliederungsstruktur der DIN 18960.

Die Aufgaben des Projektsteuerers in Zusammenhang mit dem hier dargestellten Leistungsbild liegen allerdings nicht nur in der reinen Ermittlung der Nutzungskosten, sondern vielmehr in der Steuerung des Projektes zur Erreichung von wirtschaftlichen Kennwerten im Verhältnis zu Vergleichsprojekten.

Ein weiteres Feld von Beeinflussungsfaktoren liegt in der gesamten Baukonstruktion und der Technik, die vom Projektsteuerer zielorientiert und im Hinblick auf die Nutzungskostenrelevanz zu analysieren ist.

Der Projektsteuerer hat im Rahmen dieses Leistungsbildes bei allen wesentlichen Entscheidungen die Nutzungskostenrelevanz mit konkreten Hinweisen und Fakten einzubringen. Die Nutzungskostenermittlung ist mit einem Erläuterungsbericht zu versehen, in dem Aussagen zu realisiertem bzw. noch zu hebendem Optimierungspotential enthalten sind. Des Weiteren sind Hinweise zu erforderlichen Entscheidungen des Bauherren, zu Funktion und Nutzungskosten aufzuführen. Jeweils nach Abschluss der Leistungsphase, also mit Abgabe der Nutzungskostenschätzung bzw. Nutzungskostenberechnung, erfolgt ein Soll-/Ist-Vergleich der Kostenermittlungsergebnisse mit zusammenfassender Analyse der Abweichungen.

Der DVP hat in einer Arbeitsgruppe „Nutzungskosten" die Erbringung dieser Leistung im Gesamtzusammenhang dargestellt, ein Leistungsbild abgeleitet und an praktischen Beispielen konkretisiert (DVP, 2009)[11].

3.7.3 Handlungsbereich D: Termine, Kapazitäten und Logistik

Erstellen eines Logistikkonzeptes Diese Besondere Leistung wird insbesondere bei Bauvorhaben mit großer Komplexität der Logistik erforderlich. Diese Leistung ist abzugrenzen von den Grundleistungen der Objektplanung in der Leistungsphase 5 (Ausführungsplanung) sowie Leistungsphase 6 (Vorbereitung der Vergabe) nach HOAI. Sie umfasst das Erstellen eines Konzepts mit logistischen Lösungen für infrastrukturelle Anbindungen mit möglichen Transportwegen, Andienungsmöglichkeiten, Verkehrs- und Lagerflächen sowie für Rettungsdienste unter Einschluss von öffentlich-rechtlichen Erfordernissen.

In aller Regel erfolgt die Vergabe der logistikintensiven Rohbauleistungen allerdings bereits auf Basis der Entwurfsplanung und damit vor Beginn bzw. bei laufender Ausführungsplanung. Die Erarbeitung des Logistikkonzeptes erfolgt mit dem Ziel, die übergeordneten logistischen Voraussetzungen zur reibungslosen Realisierung der Baumaßnahme zu erfassen, Lösungen zu erarbeiten und nach Abstimmung mit dem Auftraggeber, dem Betreiber und den an der Planung Beteiligten sowie den Genehmigungsbehörden und Institutionen als Leitlinie auszuarbeiten.

In diesem Zusammenhang müssen Belange Dritter in das Logistikkonzept eingearbeitet werden, die Planung der Ver- und Entsorgung der Baustelle und BEFlächen mit Strom, Wasser sowie Abwasser erfolgen. Die Planung von Zugangs- und Zufahrtskontrollstellen ist erforderlich sowie die Planung der Transportwege und Vorkehrungen zur Vermeidung von gegenseitigen Behinderungen der Transporte. Dazu ist das Transportaufkommen differenziert nach Anlieferung und Abtransport zu erfassen und daraus erforderliche Transportkapazitäten sind zu ermitteln.

Des Weiteren sind die daraus resultierenden Kosten zu erfassen, die nicht als Nebenleistung gemäß VOB/C bei den ausführenden Firmen enthalten sind (Herrichten, Umzäunung, Ver- und Entsorgung der BE-Fläche außerhalb, Zugangskontrollstellen etc.).

Weiterhin erforderlich ist ggf. die Planung eines Baustellenreinigungskonzeptes (Gebäude, Zufahrten, BE-Flächen), die Planung eines Winterdienstkonzeptes (Gebäude, Zufahrten, BE-Flächen) sowie die Baustellenlogistik auch unter Berücksichtigung der spezifischen Sicherheitsanforderungen, die mit dem SiGe- Ko und dem Auftraggeber abzustimmen und zu genehmigen sind. Bei Großbaustellen ergibt sich zusätzlich die Notwendigkeit der Planung eines Wohnlagers (im Rahmen der gesetzlichen Vorschriften) einschließlich dessen Ver- und Entsorgung sowie der Ausarbeitung der Randbedingungen zur Planung einer gastronomischen Versorgung der Baustelle.

Abgleichen logistischer Maßnahmen und Einflüsse mit Anlieger- und Nachbarschaftsinteressen Diese Besondere Leistung gewinnt dann an Relevanz, wenn Baumaßnahmen in problematischen innerstädtischen Nachbarschaftsverhältnissen abgewickelt werden müssen und wenn daraus erhebliche Beeinträchtigungen der Anlieger resultieren.

Soweit Anlieger- und/oder Nachbarinteressenten Auswirkungen auf die Projektprozesse haben, wird der Projektsteuerer – in einem projektspezifischen Umfang – Sitzungen mit den Betroffenen koordinieren und durchführen.

Falls die federführende Abwicklung und die Schaffung der Grundlagen für diese Veranstaltungen vom Projektsteuerer vorzubereiten, mit allen Beteiligten abzustimmen und persönlich vorzutragen sind, erwächst daraus die Grundlage für eine Besondere Leistung.

3.8 Besondere Leistungen Projektstufe 3: Ausführungsvorbereitung

Die Besonderen Leistungen sind in der Abb. 3.11 gegenübergestellt.

---

[11] DVP (2009): Nutzungskostenmanagement als Aufgabe der Projektsteuerung.

Abb. 3.11 Besondere Leistungen der Projektstufe 3: Ausführungsvorbereitung

Besondere Leistungen Stand 2004	Besondere Leistungen Stand 2009
3. Ausführungsvorbereitung	
A Organisation, Information, Koordination, Dokumentation (handlungsbereichsübergreifend)	
1 Veranlassen besonderer Abstimmungsverfahren zur Sicherung der Projektziele 2 Durchführen der Submissionen 3 Besondere Berichterstattung in Auftraggeber- oder sonstigen Gremien	1 Betreiben eines eigenen Projektkommunikationssystems
B Qualitäten und Quantitäten	
1 Überprüfen der Planungsergebnisse durch besondere Wirtschaftlichkeitsuntersuchungen 2 Fortschreiben des Gebäude- und Raumbuches unter Einbeziehung der Ergebnisse der Ausführungsplanung 3 Veranlassen oder Durchführen von Sonderkontrollen der Ausführungsvorbereitung 4 Versand der Ausschreibungsunterlagen 5 Änderungsmanagement bei Einschaltung eines Generalplaners	1 Versenden der Ausschreibungsunterlagen
C Kosten und Finanzierung	
1 Kostenermittlung und -steuerung unter besonderen Anforderungen (z.B. Baunutzungskosten) 2 Fortschreiben der Projektbuchhaltung für den Mittelzufluss und die Anlagenkonten	
D Termine, Kapazitäten und Logistik	
1 Ermitteln von Ablaufdaten zur Bieterbeurteilung (erforderlicher Personal-, Maschinen- und Geräteeinsatz nach Art, Umfang und zeitlicher Verteilung) 2 Ablaufsteuerung unter besonderen Anforderungen und Zielsetzungen 3 Mitwirken beim Aktualisieren und Optimieren der Logistikplanung durch logistische Rahmenbedingungen/Maßnahmen sowie Prüfen, Initiieren und Begleiten des Baustelleneinrichtungsplanes/-logistikplanes 4 Begleiten und Prüfen der gegebenen Anlieger- und Nachbarschaftsinteressen	1 Fortführen des Abgleichens logistischer Maßnahmen mit Anliefer- und Nachbarschaftsinteressen
E Verträge und Versicherungen	
	1 Mitwirken bei der Auswahl, Beschaffung, dem Aufbau und der Einführung von speziellen Informationssystemen (z. B. für das Facility Management)

3.8.1 Handlungsbereich B: Qualitäten und Quantitäten

Versenden der Ausschreibungsunterlagen.

Das Einholen von Angeboten für die relevanten Ausführungsleistungen ist Aufgabe des Objektplaners gemäß § 15 HOAI, Leistungsphase 7.

Wenn dem Projektsteuerer diese Leistung aus unterschiedlichsten Gründen übertragen wird, erwächst daraus die Grundlage für eine Besondere Leistung.

3.8.2 Handlungsbereich E: Verträge und Versicherungen

Die Auswahl- und Einführungsprozesse bei der Einführung von Facility Management folgen in erster Linie den Vorgaben der Gebäudebewirtschaftung.

Die Entwicklung eines auf den speziellen Auftraggeber und die gegebene Projekttypologie zugeschnittenen Kriterienkataloges ist das Leistungsfeld des Facility Management Consultants (vgl. Heft Nr. 16 der Schriftenreihe des AHO, S. 32) und grenzt sich deutlich vom Handlungsbereich des Projektsteuerers ab.

Der Projektsteuerer wirkt ggf. in seinem Leistungsspektrum punktuell bei gegebenen Schnittstellen mit (z. B. Vorgaben zur Planung, Ausschreibung, Vergabe, Dokumentation, Inbetriebnahme).

Unabhängig davon besteht die Möglichkeit, dass der Projektsteuerer im Geschäftsfeld Facility Management aktiv ist und diese Leistung dann als Besondere Leistung geschlossen anbieten und abwickeln kann.

Das vollständige Leistungsbild Facility Management Consulting ist in Heft Nr. 16 der Schriftenreihe des AHO veröffentlicht.

Abb. 3.12 Besondere Leistungen der Projektstufe 4: Ausführung

Besondere Leistungen Stand 2004	Besondere Leistungen Stand 2009
4. Ausführung	
A Organisation, Information, Koordination, Dokumentation (handlungsbereichsübergreifend)	
1 Veranlassen besonderer Abstimmungsverfahren zur Sicherung der Projektziele	1 Mitwirken bei der Umsetzung der Betreiber-/Nutzerorganisation bei besonderen Anforderungen
2 Unterstützung des Auftraggebers bei Krisensituationen (z.B. bei außergewöhnlichen Ereignissen wie Naturkatastrophen, Ausscheiden von Beteiligten)	2 Betreiben eines eigenen Projektkommunikationssystems
3 Unterstützung des Auftraggebers beim Einleiten von Beweissicherungsverfahren	
4 Unterstützung des Auftraggebers beim Abwenden unberechtigter Drittforderungen	
5 Besondere Berichterstattung in Auftraggeber- oder sonstigen Gremien	
B Qualitäten und Quantitäten	
1 Mitwirken beim Herbeiführen besonderer Ausführungsentscheidungen des Auftraggebers	
2 Veranlassen oder Durchführen von Sonderkontrollen bei der Ausführung, z.B. durch Einschalten von Sachverständigen und Prüfbehörden	
3 Änderungsmanagement bei Einschaltung eines Generalunternehmers	
C Kosten und Finanzierung	
1 Kontrolle der Rechnungsprüfung der Objektüberwachung	1 Kontrollieren der Rechnungsprüfung der Objektüberwachung
2 Kostensteuerung unter besonderen Anforderungen	2 Erstellen des Nutzungskostenanschlags
3 Fortschreiben der Projektbuchhaltung für den Mittelzufluss und die Anlagenkonten	
D Termine, Kapazitäten und Logistik	
1 Ablaufsteuerung unter besonderen Anforderungen an Zielsetzungen	1 Erstellen einer detaillierten Inbetriebnahmeplanung unter Integration aller Projektbeteiligten einschließlich Nutzer
2 Veranlassen und Umsetzen des Logistikkonzeptes unter Mitwirken, Prüfen und Optimieren des Logistikplans mit logistischen Maßnahmen	
3 Abgleichen und kontinuierliches Fortführen der Abstimmung logistischer Maßnahmen mit Anlieger- und Nachbarschaftsinteressen	
E Verträge und Versicherungen	
	1 Koordinieren der versicherungsrelevanten Schadensabwicklung

3.9 Besondere Leistungen Projektstufe 4: Ausführung

Die Besonderen Leistungen sind in der Abb. 3.12 gegenübergestellt.

3.9.1 Handlungsbereich C: Kosten und Finanzierung

Kontrollieren der Rechnungsprüfung der Objektüberwachung Falls die Prüfung des Projektsteuerers alle einzelnen Schritte der Rechnungsprüfung der Objektüberwachung nachvollziehen soll, erwächst dort eine Besondere Leistung.

Es ist im Einzelfall abzuwägen und zu entscheiden, ob diese Leistung sinnvoll und notwendig ist.

Sie dürfte nur in den Fällen notwendig werden, bei denen gesicherte Erkenntnisse vorliegen, dass die Objektüberwachung diese Aufgaben nicht mit der notwendigen Genauigkeit und Tiefe durchführt.

Erstellen des Nutzungskostenanschlags Im Rahmen der HOAI, Leistungsphasen 5–8 entwickeln sich die Randbedingungen des Projektes auch in nutzungskostenspezifischer Hinsicht weiter.

Mit der Ausführungsplanung und den in diesem Zusammenhang durchgeführten Bemusterungen und Einzelentscheidungen zu Material, Konstruktion sowie Fabrikaten entstehen weitere Faktoren zur Eingrenzung der entstehenden Nutzungskosten.

Dies betrifft insbesondere auch die durch die Vergaben der gesamten Baukonstruktion und der haustechnischen Anlagen erfolgten Festlegungen.

Der Nutzungskostenanschlag ist deshalb als Prozess zu definieren, der sich über die Projektstufen 3 und 4 erstreckt und sogar in die Projektstufe 5 hineinreicht. In diesem

Zeitraum erfolgt auch die Ausschreibung und Vergabe der nutzungskostenbezogenen Leistungen, z. B. der Wartungsverträge der technischen Anlagen, Reinigungsdienste sowie der Abschluss von Energielieferverträgen.

3.9.2 Handlungsbereich D: Termine, Kapazitäten und Logistik

Erstellen einer detaillierten Inbetriebnahmeplanung unter Integration aller Projektbeteiligten einschließlich Nutzer Zu einer detaillierten Inbetriebnahmeplanung gehört auch die Erfassung verschiedener Aufgabenpakete im Vorfeld der eigentlichen Inbetriebnahme, die bereits weit vor der eigentlichen Ausführung vorzubereiten sind.

Die diesbezüglichen Leistungen stellen Besondere Leistungen dar, die in Heft Nr. 19 der Schriftenreihe des AHO im Rahmen der Leistungen zum Nutzerprojektmanagement differenziert in Form eines Leistungsbildes beschrieben sind.

Dort beinhaltet sind z. B. die Grobablaufplanung für den Ein-/Umzug entsprechend den Anforderungen des Geschäftsbetriebes sowie die Aufstellung und Abstimmung einer Ablaufplanung für die Räumung der Altobjekte entsprechend den Ablaufplanungen für die Inbetriebnahme und den eigentlichen Umzug in das neue Objekt. Des Weiteren erfasst sind Leistungen zur Vorbereitung der Inbetriebnahme und des Umzugs, die Erstellung von Einzelinbetriebnahmeplänen für verschiedene Bereiche sowie das Erstellen von Logistikplänen für die differenzierte Inbetriebnahmeplanung in Abstimmung mit den jeweils Beteiligten.

3.9.3 Handlungsbereich E: Verträge und Versicherungen

Koordinieren der versicherungsrelevanten Schadensabwicklung.

Die Koordination der versicherungsrelevanten Schadensabwicklung in Abhängigkeit der versicherungstechnischen Vorgaben und haftungsspezifischen Details ist eine Besondere Leistung, sofern diese über den normalen Leistungsumfang des Projektsteuerers im Rahmen seines Vertrages hinausgeht.

3.10 Besondere Leistungen Projektstufe 5: Projektabschluss

Die Besonderen Leistungen sind in der Abb. 3.13 gegenübergestellt.

3.10.1 Handlungsbereich A: Organisation, Information, Koordination und Dokumentation

Gesamthaftes Prüfen der Projektdokumentation der fachlich Beteiligten Die gesamthafte Prüfung der Projektdokumentation beinhaltet neben der Überprüfung auf Einhaltung von Vorgaben und der Vollständigkeit die inhaltliche Überprüfung. Diese Leistung erweitert die Grundleistung erheblich und bedarf gesonderter Vereinbarungen. **Organisatorisches und baufachliches Unterstützen bei Gerichtsverfahren** Die organisatorische und baufachliche Unterstützung außerhalb der Laufzeit des Projektsteuerungsvertrages bedarf gesonderter Vereinbarungen.

In der Leistung ist die Aufbereitung von Schriftsätzen für die Rechtsberatung, das Bereitstellen von Dokumentationen und Führen von Abstimmungsgesprächen beinhaltet, was einen erheblichen Aufwand bedeuten kann.

3.10.2 Handlungsbereich B: Qualitäten und Quantitäten

Veranlassen, Koordinieren und Steuern der Beseitigung nach der Abnahme aufgetretener Mängel Im Grundleistungsbild der Projektsteuerung enthalten ist die Veranlassung der Beseitigung von Mängeln, die bei der Abnahme aufgetreten sind. Dies gilt unter Beachtung der vertraglichen Laufzeit des Projektsteuerungsvertrages.

Erforderliche Koordinierungs- und Steuerungsleistungen in Bezug auf die nach der Abnahme aufgetretenen Mängel bedürfen der gesonderten Beauftragung als Besondere Leistungen.

3.10.3 Handlungsbereich C: Kosten und Finanzierung

Erstellen des Verwendungsnachweises Zum Nachweis der sachgerechten Verwendung von Fördermitteln wird ein Verwendungsnachweis eingefordert, der neben der buchhalterischen Abwicklung und dem Beleg des Einsatzes finanzieller Mittel auch die Einhaltung des Förderzweckes anhand eines inhaltlich-/sachlichen Nachweises, meist in Form eines Sachberichtes, oder durch die Vorlage von Projektprodukten (Obligationen, Dokumentationen etc.) beinhaltet. Der Verwendungsnachweis einschließlich Prüfunterlagen ist – i. d. R. nach Abschluss der Maßnahme, ggf. auch als Zwischennachweis – bis zu einem bestimmten Termin einzureichen. Spezielle Anforderungen an den Verwendungsnachweis regeln die Richtlinien und/oder der Fördervertrag. In der Regel sind folgende Unterlagen vorzulegen:

Abb. 3.13 Besondere Leistungen der Projektstufe 5: Projektabschluss

Besondere Leistungen Stand 2004	Besondere Leistungen Stand 2009

5. Projektabschluss

A Organisation, Information, Koordination und Dokumentation (handlungsbereichsübergreifend)

1 Mitwirken beim Einweisen des Bedienungs- und Wartungspersonals für betriebstechnische Anlagen	1 Gesamthaftes Prüfen der Projektdokumentation der fachlich Beteiligten
2 Prüfen der Projektdokumentation der fachlich Beteiligten	2 Organisatorisches und baufachliches Unterstützen bei Gerichtsverfahren
3 Mitwirken bei der Überleitung des Bauwerks in die Bauunterhaltung	3 Organisieren des Abschlusses des eigenen Projektkommunikationssystems
4 Mitwirken bei der betrieblichen und baufachlichen Beratung des Auftraggebers zur Übergabe/Übernahme bzw. Inbetriebnahme/Nutzung	
5 Unterstützung des Auftraggebers beim Prüfen von Wartungs- und Energielieferungsverträgen	
6 Mitwirken bei der Übergabe/Übernahme schlüsselfertiger Bauten	
7 Organisatorisches und baufachliches Unterstützen bei Gerichtsverfahren	
8 Baufachliches Unterstützen bei Sonderprüfungen	
9 Besondere Berichterstattung beim Auftraggeber zum Projektabschluss	

B Qualitäten und Quantitäten

1 Mitwirken bei der abschließenden Aktualisierung des Gebäude- und Raumbuches zum Bestandsgebäude- und -raumbuch bzw. -pflichtenheft	1 Veranlassen, Koordinieren und Steuern der Beseitigung nach der Abnahme aufgetretener Mängel
2 Überwachen von Mängelbeseitigungsleistungen außerhalb der Gewährleistungsfristen	

C Kosten und Finanzierung

1 Abschließende Aktualisierung der Baunutzungskosten	1 Erstellen des Verwendungsnachweises
2 Abschluss der Projektbuchhaltung für den Mittelzufluss und die Anlagenkonten inkl. Verwendungsnachweis	2 Fortschreiben des Nutzungskostenanschlags sowie Hinweise zur Nutzungskostensteuerung

D Termine, Kapazitäten und Logistik

1 Ablaufplanung zur Übergabe/Übernahme und Inbetriebnahme/Nutzung
2 Mitwirken beim systematischen Zusammenstellen und Archivieren der Logistikplanung und -dokumentation
3 Zusammenfassen und Dokumentieren der mit den Anlieger- und Nachbarschaftsinteressen erfolgten Abstimmungen

E Verträge und Versicherungen

- Flächennachweis
- Nachweis der Einhaltung von Auflagen des Fördergeldgebers
- Kostenbuchungen (Bauausgabebuch)
- Kostenfeststellung.
  Hierzu sind die Auftragsunterlagen i. d. R. wie folgt vorzulegen:
- Ausschreibungsbudget
- Ausschreibungsveröffentlichung
- Preisspiegel
- geprüftes Angebot
- Vergabevorschlag
- Auftragsschreiben
- Rechnungen
- vertragsrelevanter Schriftverkehr
- Abnahmeprotokoll
- Schlussrechnung.

Zum Leistungsbild gehört auch die Dokumentation der für die Prüfung erforderlichen Unterlagen.

Fortschreiben des Nutzungskostenanschlags sowie Hinweise zur Nutzungskostensteuerung Im Rahmen der Projektstufe 5 erfolgt die abschließende Aktualisierung der Nutzungskosten im Kostenanschlag. Damit ist der Nutzungskostenanschlag der Ausgangspunkt für den Betrieb des Gebäudes.

Die Nutzungskostenfeststellung ist im Gegensatz zum Nutzungskostenanschlag die Zusammenstellung aller bei der Nutzung anfallenden Kosten und kann somit erstmalig nach einer Rechnungsperiode (z. B. 1 Jahr) erstellt und später fortgeschrieben werden.

Bei der Nutzungskostenfeststellung werden Gebäudemanagementverträge, die tatsächlich angefallenen Energiekosten und Leistungswerte der TGA berücksichtigt.

Nach Vorliegen der Kostenfeststellung kann erstmals ein konkreter Vergleich von geplanten zu eingetretenen Nutzungskosten durchgeführt werden und die daraus resultierende Erkenntnis als Ausgangspunkt für erforderliche Optimierungen und Verfeinerung der Erfahrungswerte herangezogen werden.

Abb. 3.14 Anforderungsbündel
an den Projektleiter

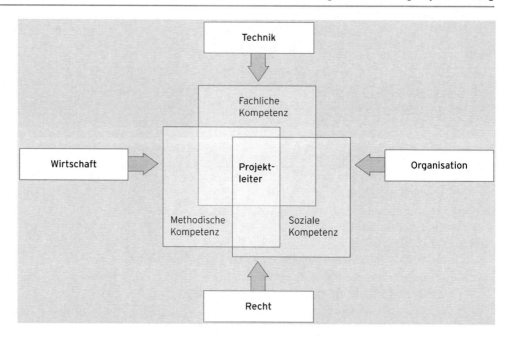

3.11   Status und weitere Entwicklung des Leistungsbildes

Es wurden die Ziele der Überarbeitung des AHO-Leistungsbildes einleitend dargelegt und anschließend die Änderungen differenziert erläutert.

Die Fortschreibung des Leistungsbildes trägt damit sowohl veränderten Anforderungen des Marktes (bzw. der Auftraggeber) als auch der in den letzten Jahren stattgefundenen
Weiterentwicklung der Standards im Projektmanagement
Rechnung.

Desweiteren zeigt sich, dass nur derjenige Projektmanager weiterhin Erfolg haben wird, der sich an der Seite seines Auftraggebers aktiv für dessen Ziele im Projekt einsetzt.
Dies wird ihm nicht gelingen, wenn er sich zögerlich und nur
„dokumentierend" in den Projektrealisierungsprozess ein-
bringt. Aus dieser Erkenntnis heraus wurde eine ganze Reihe
an Korrekturen im Leistungsbild vorgenommen, die diesem
Anspruch Rechnung tragen.

Die Anwendung dieses komplexen Leistungsbildes bedarf außerdem eines gemeinsamen Grundverständnisses von
AG und AN.

Erlebte Praxis in sehr vielen großen Projekten ist, dass
sich die einzelnen Leistungen projektindividuell sehr unterschiedlich ausprägen. Dieses liegt an der Projekttypologie,
der Aufbauorganisation des AG, hier insbesondere des Projektleiters des AG, der Planungsstruktur, etc.

Somit entstehen aus diesen verschiedenen Facetten auch
partiell Varianten der Leistungsausprägung und sehr unterschiedliche Aufwandswerte je Teilleistung. Die Zukunft des
Leistungsbildes liegt deshalb nicht in einer weiteren Differenzierung, um alle diese Varianten leistungstechnisch und

honorartechnisch zu erfassen, sondern in der Konsolidierung
der Standards des Projektmanagements und der Schnittstellen zwischen den Beteiligten.

Dieser Weg wurde seit 1996 mit der bestehenden Schrift
des AHO begonnen und bis 2009 erfolgreich fortgesetzt.

Die neuerliche Fortschreibung wird diesen Weg gleichermaßen in die Zukunft begleiten.

3.12   Anforderungsprofil des Projektmanagers

Die Erbringung der Projektmanagementaufgaben in den vorstehend beschriebenen Einsatzkonstellationen bedarf einer
besonderen fachlichen und persönlichen Kompetenz der
handelnden Personen. Dieses leitet sich aus dem Anforderungsbündel an den Projektleiter ab, der in den Bereichen
Wirtschaft, Technik, Organisation und Recht gleichermaßen
bestehen muss. Dies bedarf fachlicher, methodischer und sozialer Kompetenz (Abb. 3.14).

Die nachfolgenden zehn Aufgaben[12] geben die Anforderungen im Überblick wieder, denen sich der Projektmanager
stellen muss:

1. Festlegen und dokumentieren der Projektziele
2. Schaffen von eindeutigen Zuständigkeiten und Verantwortlichkeiten
3. Zielorientierte Auswahl der Projektmitglieder
4. Festlegen der Kommunikations- und Entscheidungsstrukturen

---

[12] Wirth G (2004): Die zehn wichtigsten Regeln der Projektleitung. In:
IBR-Seminar, 22.10.2004, Hamburg.

5. Definieren der terminlichen Meilensteine und kostenrelevanten Eckdaten
6. Denken in Handlungsalternativen
7. Überwachen und Steuern des Projektablaufes
8. Partnerschaftlicher Umgang mit allen Projektbeteiligten
9. Organisieren des Projektabschlusses
10. Anforderungsprofil des Projektleiters

Festlegen und dokumentieren der Projektziele Der Projektleiter muss die definierten Projektziele mit den Beteiligten kommunizieren und diese auf die Erreichung „einschwören". Damit ist vor allen Dingen auch Überzeugungsarbeit zu leisten, was mit dem Projekt erreicht werden soll. Ziele können sich an konkret messbaren Größen orientieren, wie Termine (Einreichung Bauantrag, Versand Ausschreibung, Eröffnungstermin etc.) oder Kosten (Vergabeziele, Renditen, Vermietungsziele etc.). Es gibt allerdings auch Ziele im Sinne einer Projektvision, z. B. Entwerfen einer einzigartigen Innenarchitektur oder Schaffung eines neuen städtischen Aufenthaltsortes mit besonderer Atmosphäre. Der Projektleiter muss diese Zielvorgaben verinnerlichen und als Motor im Projektgeschehen die Erreichung vorantreiben.

Schaffen von eindeutigen Zuständigkeiten und Verantwortlichkeiten Der Projektleiter muss für klare Zuständigkeiten und Verantwortlichkeiten sorgen. Jedes Projekt hat bestimmte Strukturen.

Es muss für die Projektbeteiligten unmissverständlich klar sein, wer für was zuständig und verantwortlich ist und welche Prozesse in welchem Terminraster ablaufen.

Auswahl der Projektmitglieder Die Besetzung eines größeren Managementteams benötigt unterschiedliche Qualifikationen und Erfahrungsansprüche der handelnden Personen. Die Auswahl der Teammitglieder durch den Projektleiter muss nach fachlicher, methodischer und sozialer Kompetenz erfolgen. Insbesondere bei größeren Projekten mit langen Laufzeiten von vier bis sechs Jahren werden seitens der Teammitglieder die Entwicklungsmöglichkeiten innerhalb des Projektteams hinterfragt. Der Projektleiter muss Perspektiven aufzeigen und motivieren können. Er muss an den Schnittstellen der Zuständigkeiten für fachlich inhaltliche und auch ausgleichende Koordination zwischen den verschiedenen Teammitgliedern sorgen. Da die Projektteams nur auf Zeit zusammenarbeiten, ist neben einer richtigen fachlichen und persönlichen Zusammensetzung der Mannschaft auch dafür Sorge zu tragen, dass rechtzeitig vor Projektabschluss Perspektiven für die tragenden Mitarbeiter erwachsen, so dass die häufig sehr schwierige Endphase des Projektes nicht durch personelle Fluktuation zusätzlich belastet wird.

Es muss für die Projektbeteiligten unmissverständlich klar sein, wer für was zuständig und verantwortlich ist und welche Prozesse in welchem Terminraster ablaufen.

Festlegen der Kommunikations- und Entscheidungsstrukturen Die Formulierung, Abstimmung und Darstellung der Kommunikation in der Aufbauorganisation ist Voraussetzung für die Projektarbeit. Hier muss klar definiert sein, wer welche Entscheidungen trifft und wer an wen berichtet.

Auf dieser Plattform muss der Projektleiter zwischen den einzelnen Entscheidungsebenen als Kommunikator wirken. Bei großen Projekten hat er in der eigenen Person häufig nicht die Entscheidungskompetenz, sondern muss die für die Abwicklung erforderlichen Zustimmungen in den Gremien einholen. Er verantwortet gegenüber den Entscheidungsträgern die Vorbereitung der Themen, die er durch die projektbeteiligten Planer aufbereiten lässt, auf weitere gegebene Alternativen abwägt, und dann in den Gremien vorträgt. Er muss die Themenstellung fachlich inhaltlich vertreten können und kritische Rückfragen beantworten können. Häufig sind die Entscheidungszeiträume sehr knapp, so dass ein sehr hoher Belastungsdruck auf dem Projektleiter ruht.

Definieren der terminlichen Meilensteine und kostenrelevanten Eckdaten Zu Beginn des Projektes entsteht der Rahmenterminplan, an dem sich alle Projektbeteiligten orientieren müssen. Dieser wird im Projektverlauf in differenzierte Steuerungsterminpläne zerlegt, um die Vielzahl der Projektbeteiligten und Einzelvorgänge in ein verbindliches Abwicklungsraster einzubinden.

Unabhängig von diesem strukturierten Terminmanagement ist zu entscheiden, dass der Projektleiter den roten Faden des Projektablaufes immer im Auge behält und diese terminlichen Meilensteine in allen Abhängigkeiten und allen Gremien konzentriert zum Ziel führt. Zu diesen Meilensteinen gehören z. B.:

- Auswahl der Planungspartner
- Abschluss städtebaulicher Verträge
- Abschluss Grundlagenermittlung, Vorentwurfsund Entwurfsplanung
- Einreichung Bauantrag
- Baugenehmigung
- Versand Ausschreibungsunterlagen
- Vergabe der Bauaufträge
- Vermietung Großflächen mit vertikalen Erschließungselementen
- Abnahme Bauleistung
- Inbetriebnahmen
- Übergabe Flächen an Großmieter
- Übergabe an Centermanagement.

Abb. 3.15 Fachliche und persönliche Anforderung an Führungspersonal im Projektmanagement

Fachliche Anforderungen	Persönliche Anforderungen
• Grundlagen der Bauwirtschaft	• Schnelle Auffassungsgabe / logisches Denken
• Unternehmensführung, Unternehmensrechnung, Unternehmungsformen	• Gute Ausdrucksfähigkeit in Wort und Schrift
• Ausschreibung, Vergabe, Abrechnung	• Sehr gutes Gedächtnis
• Kalkulation, Nachtragswesen	• Organisationstalent
• Kostenplanung, Kostenkontrolle, Wirtschaftlichkeitsbetrachtungen	• Durchsetzungsfähigkeit
• Recht (Bau- und Bodenrecht, Vertragswesen VOB, HOAI)	• Belastbarkeit, Einsatzbereitschaft
• Arbeitsvorbereitung, Ablaufplanung, Kapazitätsplanung	• Verantwortungsbereitschaft
• Baumaschinen, Schalung und Geräte	• Initiative
• Planungsorganisation und –ablauf, Planungsbeteiligte	• Toleranz
• Technische Ausrüstung von Hochbauten / Baukonstruktion, Bauphysik	• Teamfähigkeit
• Grundzüge der Projektentwicklung / Projektmanagement / Facility Management	• Gepflegtes Erscheinungsbild

Entscheidend ist dabei, dass er den kritischen Weg der Baumaßnahme so verinnerlicht hat, dass er Gefahrenpotential sofort erkennt und Steuerungsmaßnahmen aufzeigen kann.

Dies gilt in gleichem Maße für die kostenrelevanten Eckdaten des Projektes.

Denken in Handlungsalternativen Der Projektleiter muss sich frühzeitig und grundsätzlich mit der Gefährdung von Projektzielen beschäftigen und Handlungsalternativen bzw. Rückfallpositionen erarbeiten.

Überwachen und Steuern des Projektablaufes Das Erreichen der Projektziele ist nur über ein begleitendes Projektcontrolling möglich, welches rechtzeitig Indikatoren aufzeigt, um aktiv steuernd in das Projektgeschehen eingreifen zu können.

Zunächst geht es um die Analyse des erforderlichen Informationsbedarfes: Welche Informationen sollen vorliegen?

Im nächsten Schritt muss geklärt werden, in welcher Form die Informationen wann vorliegen müssen. Standardberichte müssen auf die projektspezifischen Randbedingungen angepasst werden.

Der Nutzen der Controllingwerkzeuge kommt erst dann zum Vorschein, wenn es gelingt, die wesentlichen Soll-Ist-Abweichungen konkret und anschaulich aufzuzeigen.

Wenn die Erkenntnisse vorliegen, müssen die daraus resultierenden Maßnahmen aufgezeigt und kommuniziert werden.

Der Projektleiter ist in der Strukturierung dieser Methodik gefordert. Er muss im Weiteren in der Lage sein, die

Vielzahl der Informationen zu gewichten und im Sinne eines weiteren Entscheidungsprozesses so aufzubereiten und zu kommunizieren, dass die Gremien ausreichend Klarheit über den Projektstatus und die weitere Vorgehensweise haben.

Partnerschaftlicher Umgang mit den Projektbeteiligten Der Projektleiter muss zunächst Vertrauen bei den Projektbeteiligten schaffen, was zu Beginn zunächst nicht vorausgesetzt werden kann. Durch dieses Vertrauen kann Verbindlichkeit erzeugt werden, wobei dieses Durchsetzungsvermögen erfordert und Rückhalt bei den Vorgesetzten voraussetzt. Eine Wahrnehmung der Projektleitung mit reinem Diktat wird die Erreichung der Projektziele nicht mit der erforderlichen Qualität ermöglichen.

Organisieren des Projektabschlusses Jedes Projekt hat ein Ende und zu diesem Abschluss gehören ein Erfahrungsbericht und ein Abschlussgespräch zur Beantwortung der Fragen:

• Wurden die Projektziele erreicht, wo gab es Schwierigkeiten und damit einhergehende Konsequenzen?
• Welche Vorgehensweisen und Werkzeuge haben sich als gut, welche als schlecht erwiesen?
• Was sollte bei nächsten Projekten anders organisiert werden? Die Erkenntnisse müssen in das Qualitätsmanagement einfließen.

Anforderungsprofil des Projektleiters Aus der Analyse der vorstehend aufgeführten Aufgaben ergibt sich folgendes Anforderungsprofil: (vgl. Abb. 3.15).

Diese Anforderungen können nur von sehr erfahrenen und mit spezieller persönlicher Eignung ausgestatteten Personen erfüllt werden.

Ein Blick in das vorstehend dargestellte Leistungsbild zeigt deutlich auf, dass diese Anforderungen selten in einer Person vereint sind, sondern dass es immer mehr auch um die Gesamtleistung eines interdisziplinär zusammengesetzten Teams geht.

Damit wird auch klar, dass es bei der Anforderung an den Projektmanager nicht nur um eine handelnde Person, sondern um die Leistungsfähigkeit des anbietenden Unternehmens geht, um die länger dauernden Projekte zu ihren Zielen zu führen.

N. Preuß, *Projektmanagement von Immobilienprojekten*, DOI 10.1007/978-3-642-36020-6_3, © Springer-Verlag Berlin Heidelberg 2013

Nahezu alle Abläufe des Planens und Bauens beinhalten Entscheidungsprozesse, die auf allen Ebenen der Projektorganisation stattfinden. Auf die daraus resultierenden Anforderungen an die Projektaufbau- und Ablauforganisation wird in Kap. 5.1 differenziert eingegangen. Eine wesentliche Aufgabe des Projektmanagers besteht darin, rechtzeitig den Entscheidungsbedarf zu erkennen und Entscheidungsvorbereitungen zu veranlassen bzw. durchzuführen. Die Entscheidungen müssen innerhalb der Projektorganisation herbeigeführt und dann umgesetzt werden. Der Projektmanager muss über die Projektbeteiligten die Durchführung der getroffenen Entscheidung kontrollieren. Am Beispiel der Fassade wird die Bildung von Alternativen sowie die Entscheidungsfindung dargestellt und auf die Grundsätze der Entscheidungstheorie reflektiert. Anschließend werden die Entscheidungen nach einem gewählten Zielsystem strukturiert und ausgewertet. Es wird dargelegt, welche Entscheidungen, in welcher Ebene der Projektorganisation, wann getroffen werden müssen.

4.1 Entscheidungstheorie

Die in Wissenschaft und Praxis bestehenden Mittel der Entscheidungstheorie sind trotz hohem Aufwand eher bescheiden. Die meisten Methoden gründen auf Varianten eines Ansatzes, der mit „Aggregations- und Bewertungsverfahren" bezeichnet wird und dessen Charakteristikum die Herstellung eines gemeinsamen Nenners für Verschiedenartiges bzw. die Findung eines fiktiven Nutzenindex ist. In der Arbeit von Strassert[1] wird das Abwägungsproblem bei multikriteriellen Entscheidungen betrachtet. Der Weg zu diesem Ansatz beginnt mit grundsätzlichen Betrachtungen zur Ordnung von Optionen und führt zu der Erkenntnis, dass es im multikriteriellen Entscheidungsfall darauf ankommt, Widersprüche aufzudecken, um diese dann durch explizite Abwägung von Vor- und Nachteilen zu überwinden. Die in der Methode

entwickelten mathematischen Ansätze führen zum Ergebnis, dass je nach vorliegendem Fall die Anzahl der Abwägungsfälle, z. B. bei sieben Kriterien und sechs Optionen zwischen 945 und 1.575 liegt – eine Größenordnung, die die kognitive Leistungsfähigkeit eines Entscheidenden überfordert. Wenn man ferner die umfangreichen und evtl. langwierigen Überprüfungen der Widerspruchsfreiheit betrachtet, so erscheint es Strassert „in der Tat mit der Herrlichkeit multikriterieller Entscheidungstechnik zur Bewältigung von Entscheidungsproblemen auf Grundlage zweistelliger Zahlen von Kriterien und Optionen, nicht weit her zu sein". Als Ausweg biete sich deshalb an, die Kriterien schrittweise durch Elimination von Kriterien und Optionen zu verkleinern und sodann die in der Methode beschriebenen Abwicklungsprozeduren durchzuführen.

Die Aufgabe der multikriteriellen Entscheidungstechnik besteht darin, eine vorgegebene Anzahl von Optionen mit Hilfe einer Mehrzahl von Kriterien zu vergleichen und zu ordnen. Im Prinzip handelt es sich um den Vergleich von Eigenschaften von Objekten.

Jedes Objekt hat mehrere und verschiedene Eigenschaften – dies sind seine Merkmale. Jede Eigenschaft hat eine Ausprägung, die qualitativ oder quantitativ gekennzeichnet werden kann, wobei bestimmte Skalierungsvorschriften beachtet werden müssen. Um das Grundproblem der Entscheidungstechnik besser verstehen zu können, werden zwei Objekte (eine Option P und Q) mit zwei Eigenschaften (Kriterien K_1 und K_2) mit den Ausprägungen (A_1, A_2 und B_1, B_2) dargestellt (Abb. 4.1).

Das Entscheidungsproblem besteht zunächst darin, die Koordinaten von P und Q zu vergleichen und einen Vorteil (V) und einen Nachteil (N) festzustellen. Angenommen, beide Kriterienausprägungen seien erwünscht (je mehr desto besser), so weist im Beispiel die Option P im Vergleich zur Option Q in Bezug auf das Kriterium K_1 einen Nachteil (hier in Länge der Differenz $B_1 - A_1$) und in Bezug auf das Kriterium K_2 einen Vorteil (hier in Höhe der Differenz $A_2 - B_2$) auf. Der nächste Schritt besteht in der Abwägung, d. h. in der Beantwortung der Frage, ob der Vorteil den Nachteil oder der Nachteil den Vorteil dominiert. Ist der Vorteil so

---

[1] Strassert G. (1995): Das Abwägungsproblem bei multikriteriellen Entscheidungen. Grundlagen und Lösungsansatz, unter besonderer Berücksichtigung der Regionalplanung, S. 2.

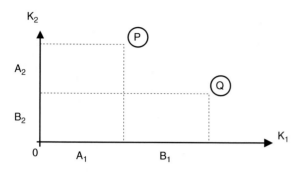

Entscheidungstechnik

Abb. 4.1 Entscheidungstechnik

Abb. 4.2 Ordnung der Optionen

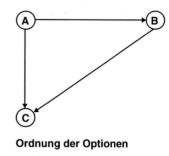

Ordnung der Optionen

dominant, dass der Nachteil dafür in Kauf genommen wird, oder ist der Nachteil so dominant, dass der Vorteil dagegen nichts ausrichten kann? Jede Option beinhaltet verschiedene Konstellationen von Kriterienausprägungen bzw. Eigenschaftsbündelungen, die analytisch im Entscheidungsvorgang behandelt werden müssen. Über die darin beinhalteten Vorgehensweisen gibt es unterschiedliche Meinungen und Möglichkeiten. Eine besteht darin, dass ein gemeinsamer Nenner für die Kriterienausprägung bestimmt werden muss, um überhaupt vergleichen und entscheiden zu können. Die unter dem Begriff Nutzwertanalyse bzw. Bewertungs- und Aggregationsverfahren definierten Methoden laufen im allgemeinen auf die Herstellung eines gewogenen Mittels der Kriterienausprägung hinaus.

Ordnung der Optionen Der Begriff Alternative ist eine Entweder-Oder-Beziehung. Optionen können Elemente dieser Alternative sein. Eine einzelne Option kann also keine Alternative sein, wohl aber ein Paar von Optionen.

Das multikriterielle Entscheidungsproblem ist gelöst, wenn es gelungen ist, die Optionen in eine Ordnung zu bringen (Abb. 4.2).

Vereinfacht ausgedrückt bedeutet das vektorielle Beispiel, wenn A besser als B und B besser als C ist, dann muss A besser als C sein. Diese vereinfachte Darstellung kann in Matrizenform in mathematische Modelle überführt werden, die allerdings mit der einleitend bereits beschriebenen Schwäche belastet sind, dass sie den Entscheidenden aufgrund der Vielzahl von Kriterien und Optionen überfordern. Unabhängig davon findet bei jedem Abwägungsprozess die vorstehend vereinfacht dargestellte Ordnung von Optionen statt.

Der Entscheidungsvorgang Die Lösung des Entscheidungsproblems wird in zwei Arbeitsgängen vorgeschlagen, die im Wesentlichen zwei Schritte beinhalten:

• Die Vorbereitung der Entscheidung als Datenbereitstellung.
• Der Entscheidungsvorgang als planvolles Verfahren der Sondierung und Abwägung von Vor- und Nachteilen.

Die Vorbereitung der Entscheidung als Datenbereitstellung (Datentabelle) Die drei Grundbestandteile einer Datentabelle sind:

• eine Menge von Objekten/Optionen
• eine Menge von Merkmalen (Kriterien)
• eine Objektcharakteristik, welche diverse Charakterisierungen enthält.

Der dabei entscheidungstheoretisch zentrale Punkt ist, dass Objekte einem „Eigenschaftsvergleich" unterzogen werden können. Jedes Objekt hat verschiedene Eigenschaften, die auch nur bei seiner genauen Kenntnis vorliegen können. Die Objektcharakterisierung selbst erfolgt mit Hilfe von Merkmalen, die Kriterien heißen. Alle Kriterien sind Merkmale, aber nicht alle Merkmale sind Kriterien. Kriterien sind eine Teilmenge aller Merkmale eines Objektes, d. h. Kriterien sind diejenigen Merkmale, welche zum Zwecke des Vergleiches von Objekten aus der Menge der Merkmale ausgewählt werden. Darin liegt ein Auswahlproblem, für welches wiederum Kriterien benötigt werden. Die dafür maßgebenden Gesichtspunkte liegen in den am Entscheidungsprozess beteiligten Menschen und deren Wunschvorstellungen, Motivationen, Grundsätzen, Forderungen oder auch Vorschriften bzw. zusammenfassend auch als dem „Wertsystem" zu beschreibenden Aussagebereich. In diesem sind Begriffe wie Werthaltungen, Intentionen, Maximen, Postulate, Referenzen, Ziele, Zielsetzungen, Zielhierachien und auch Zielsysteme beinhaltet.

In der Phase der Entscheidungsvorbereitung kommt es demnach darauf an, innerhalb der bestehenden Zielsysteme bzw. Zielkriterien Merkmale auszuschalten, die vom Auswählenden für irrelevant gehalten werden, sodann um die Sortierung und schrittweise Einengung der Menge der für relevant gehaltenen Merkmale.

Das Abwägungsproblem Das Sondieren und Abwägen erfolgt auf Basis der ermittelten Vor- und Nachteile der einzelnen Optionen, auf Basis der definierten Kriterien. Allen Abwägungsproblemen gemeinsam ist die Frage, ob die Vorteile die Nachteile überwiegen oder nicht. Je frühzeitiger entschieden wird, inwieweit gewisse Optionen favorisiert werden können, desto einfacher wird das Abwägungsproblem. Im ungünstigsten Falle müssen alle Entscheidungspunkte mit expliziter Abwägung der Vor- und Nachteile absolviert werden. Dieser Vorgang wird umso komplexer, je größer die Anzahl der Kriterien ist. Des Weiteren sind zu treffende Entscheidungen häufig nicht von einer Person, sondern als kollektive Entscheidungen zu treffen, welches die Komplexität erhöht.

4.2 Prozessablauf Entscheidungsmanagement

In allen Phasen des Planens und Realisierens eines Projektes finden Entscheidungsprozesse statt. Die effektive und sichere Herbeiführung notwendiger Entscheidungen erfordert bestimmte Voraussetzungen in der Projektaufbau- und -ablauforganisation.[2,3] Dem Projektmanager bzw. Facility Manager obliegt dabei die Aufgabe, rechtzeitig Entscheidungsbedarf zu erkennen, Entscheidungsvorbereitungen zu veranlassen bzw. durchzuführen. Diese Aufgabenstellung erfordert in der Praxis umfassendes Wissen in Planung, Bau, Gebäudebetrieb und wirft in der konkreten Anwendung folgende Fragestellungen auf:

- Welche Entscheidung muss im Sinne des weiteren, ungestörten Projektablaufes getroffen werden?
- Wann muss diese Entscheidung getroffen werden?
- Welche Priorität hat die Entscheidung?
- Wer ist im Falle der verzögerten Entscheidung davon behindert?
- Wer ist verantwortlich für die Vorbereitung der Entscheidung?
- Wer ist zur Entscheidungsvorbereitung alles einzubinden?
- Von wem (in welcher Ebene) wird die Entscheidung getroffen?
- Welche Alternativen gibt es zu den erforderlichen Entscheidungssachverhalten?
- Welche Entscheidungskriterien gibt es?
- Welche Entscheidungskriterien sind für die relevanten Entscheidungsträger maßgebend und wie gewichten sich diese im Verhältnis zueinander?

Die Komplexität der Fragestellungen erhöht sich zusätzlich, da die Zusammenhänge zwischen Entscheidungssachverhalt, Terminsituation und bauherrenseitig bestehenden Entscheidungskompetenzen projektindividuell stark unterschiedlich ausgeprägt sind. Der Projektmanager wird dabei auch die Belange des Facility Managements berücksichtigen müssen. Dies betrifft einerseits das rechtzeitige Erkennen von funktionsbedingten Entscheidungen und andererseits das Einbringen der relevanten Kriterien in den Entscheidungsprozess.

---

[2] Preuß N. (1998): Entscheidungsprozesse im Projektmanagement von Hochbauten.

[3] Diederichs C. J./Preuß N. (2003): Entscheidungsprozesse im Projektmanagement von Hochbauten. In: Baumarkt + Bauwirtschaft.

Ausgehend von der Grundsatzentscheidung, ein Projekt zu realisieren, werden in den Planungs- und Ausführungsphasen Entscheidungen zu treffen sein, die mit zunehmendem Projektfortschritt detaillierter werden.

Der Zeitpunkt zum Treffen der jeweiligen Entscheidung stellt sich je Projekt unterschiedlich dar. Er ist abhängig von der Art der zu treffenden Entscheidung, des Planungsablaufes, der Projektaufbau- und –ablauf-organisation und der vorliegenden Terminsituation. Aufwendige Änderungsursachen begründen sich häufig im zu späten Erkennen von Entscheidungsbedarf. Ebenso unwirtschaftlich ist das Revidieren von bereits getroffenen und in Planung oder Bau bereits realisierten Entscheidungen mit der Folge von Kosten- und Terminkonsequenzen.

Analyse der Aufbau- und Ablauforganisation Der Zeitbedarf für die Vorbereitung von Entscheidungen ist abhängig von der Wichtigkeit der Entscheidung, der Anzahl der zu untersuchenden Alternativen und der einzubindenden Entscheidungsträger. Der Bauherr in seiner obersten Ebene (Geschäftsleitung) hat insbesondere die wesentlichen Entscheidungen, die Grundsatzentscheidungen zu treffen und delegiert die Entscheidungskompetenz für einzelne Planungskonzepte und Details häufig in die nächste Ebene der Projektorganisation.

Die Top-Ebene des Projektes, in der Regel vertreten durch eine Geschäftsleitung oder Vorstand, wird operativ durch den Projektleiter vertreten, der projektbezogen eine Entscheidungskompetenz hat. Dieser lässt sich häufig von einer stabsstellenorientierten Projektsteuerung unterstützen, die wiederum die Aufgabe hat, die Entscheidungen über die Planungsbeteiligten zielorientiert vorzubereiten. Dafür muss bei diesem Wissen verfügbar sein, um die verschiedenen Prioritäten in den Entscheidungsstrukturen richtig einschätzen zu können.

Eine Gliederung von Entscheidungstypen/-spezifikationen ist in Abb. 4.3 dargestellt. Ähnlich wie bei Investitionsentscheidungen sind die größten Einwirkungsmöglichkeiten auf die Höhe der Nutzungskosten zu Beginn gegeben. Insofern liegt eine Vielzahl von diesbezüglichen Entscheidungen in der Planungsphase bis zum Entwurf. Ausschlaggebend beeinflusst werden die Nutzungskosten und hier insbesondere die Reinigungskosten durch die Materialauswahl. Deshalb muss sich der Fachmann für Facility Management auch in die Wahl der Materialkomponenten einbringen, sofern diese nicht bereits im Nutzerbedarfsprogramm vorgegeben sind.

Die Entscheidungen haben unterschiedliche Auswirkungen im Projektverlauf. Grundsatzentscheidungen beeinflussen das gesamte Projekt in den Bereichen Funktionalität, Qualität, Kosten. Darunter fallen z. B. die Entscheidung der Fassade, das Flächenprogramm oder auch die Klimatisierung und Belüftung, bei der neben den Kosten des

Abb. 4.3 Definition von
Entscheidungstypen

Entscheidungstyp	Definition der Entscheidung
0 Grundsatzentscheidung	Grundsätzliche Bedeutung, das gesamte Projekt beeinflussend, wesentlichen Einfluss auf Kosten, Qualität, Funktionalität
1 Konzeptentscheidung	Planungskonzepte mit Einfluss auf Kosten, Qualität, Funktionalität
2 Konstruktions-, Systementscheidung	Konstruktionsprinzipien, Material, Fabrikat, Typ bzw. besonderes System mit spezifischen Eigenschaften bzw. Ausführungsfirma
3 Gestalterische Entscheidungsinhalte	Gestaltungsrelevanz, Form, Geometrie, Oberflächenart betreffend
4 Funktionale Entscheidungsinhalte	Funktionalität des Gebäudes, Gebäudebereiche, baukonstruktive Ausführungen, Technische Ausrüstungen
5 Technische Entscheidung	Aus der Verfeinerung des Planungsablaufes resultierend, auf Basis der anerkannten Regeln der Technik, zwischen verschiedenen Alternativen in wirtschaftlicher Hinsicht abwägende, technische Auswahlentscheidung
6 Bemusterungsentscheidung	Entscheidungen, die eine visuelle Begutachtung erfordern (Qualität des Produktes, Eignung für speziellen Einsatz, Verträglichkeit mit dem Gesamtprojekt)
7 Genehmigungsrelevante Entscheidungsinhalte	Unterschiedliche Genehmigungssachverhalte betreffend
8 Ablaufentscheidung	Projektablauf betreffend
9 Organisatorische Entscheidungen	Organisation des Projektablaufes betreffend
10 Vertragsrelevante Entscheidungsinhalte	Vertragsrelevante Entscheidungsinhalte der Planung und Ausführung
11 Sonstige	Restliche Entscheidungsaspekte

Gesamtbauwerkes, die Höhenentwicklung des Gebäudes, die Behaglichkeit der Arbeitsplätze und die Konzeption der gesamten Technik angesprochen wird. Alle Entscheidungen haben Kostenrelevanz in Investitions- und Folgekosten – der Unterschied liegt in der Höhe, so dass dieses Kriterium nicht gesondert erfasst ist. Konzeptentscheidungen in der Planung haben einen wesentlichen Einfluss auf die Kosten und Funktionen des Bauwerkes und werden zu einem überwiegenden Anteil in der Phase der Vorplanung zu entscheiden sein. Konstruktions- und Systementscheidungen beinhalten Entscheidungen zu Konstruktionsprinzipien, zu Material, Fabrikat oder Typ, z. B. Entscheidungen über die Ausführung eines Abdichtungssystems gegen drückendes Wasser (weiße Wanne), Deckensysteme, Verbauarten etc.

Technische Auswahlentscheidungen resultieren aus der Verfeinerung des Planungsablaufes in einer Vielzahl von Fällen, insbesondere in der Phase der Ausführungsplanung. So ist die Entscheidung des Statikers, eine bestimmte Betongüte zu wählen, neben den Ergebnissen der statischen Berechnung auch noch von Fragen der Ausführungstechnik abhängig, die allerdings weniger in den Entscheidungsgremien des Bauherren behandelt werden, sondern im Kompetenzbereich der Planer verbleiben. Ablaufentscheidungen müssen einerseits zu den zu Projektbeginn zu entscheidenden Rahmenterminen getroffen werden und dann laufend in den nachfolgend dargestellten, differenzierteren Ebenen der Terminplanung. Organisatorische Entscheidungen betreffen die Aufbau- und Ablauforganisation, Unternehmenseinsatzform, Berichtswesen und haben zum Teil den Charakter von Grundsatzentscheidungen.

Besondere Aufmerksamkeit der Projektbeteiligten finden die Entscheidungsprozesse mit Gestaltungs-, Funktions- und Genehmigungsrelevanz. Deshalb ist es wesentlich, rechtzeitig zu erkennen, wo Entscheidungen mit diesen Prioritäten liegen. Die Aufgabe des Projektmanagements und Facility Managements im Hinblick auf die oben dargestellten Zusammenhänge besteht darin, entstehenden Entscheidungsbedarf rechtzeitig zu erkennen und entsprechend den projektindividuellen Kompetenzen in der erforderlichen Ebene der Projektorganisation einzubringen. Grundvoraussetzung einer effektiven Projektabwicklung und damit auch der Gestaltung von Entscheidungsprozessen ist eine Kommunikationsstruktur, die alle Beteiligten hinreichend einbindet.

Sachverhalte, die im obersten Bauherrengremium zur Entscheidung gebracht werden müssen, sollten in ihrer Vorbereitung auch die darunter liegenden Projektebenen durchlaufen, um Missverständnisse und Irritationen zwischen den Ebenen zu vermeiden. In der praktischen Projektarbeit definieren sich drei Projektebenen (Abb. 4.4), die im Hinblick auf zu treffende Entscheidungen synchronisiert werden müssen. In der Projektebene 1 werden Grundsatzentscheidungen und wesentliche Konzeptentscheidungen getroffen. Die Projektebene 2 trifft je nach zugewiesener Kompetenz die meisten Entscheidungen, wobei die Zuordnung projektindividuell stark schwankt. In der Projektebene 3 werden insbesondere technische Auswahlentscheidungen getroffen, die häufig aus der Verfeinerung des Planungsablaufes resultieren und auf Grundlage von bereits bestehenden, eindeutigen Planungsvorgaben keiner formalen Entscheidung der Projektebene 2 bedürfen. Das Projektmanagement hat dabei

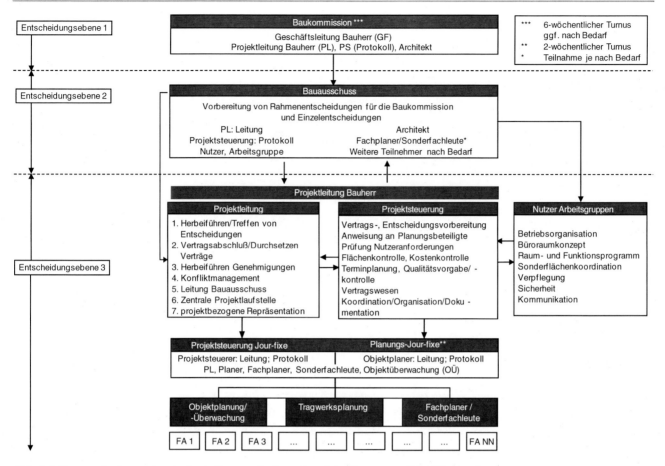

Abb. 4.4 Kommunikationsstruktur in der Aufbauorganisation während der Planungs- und Ausführungsphasen

die Aufgabe, die Vorbereitung der einzelnen Entscheidungen über die Projektbeteiligten zu steuern.

Die Projektsteuerung muss dabei auch die für ein Facility Management maßgebenden Kriterien bei den Entscheidungsprozessen einbringen oder den gesondert eingeschalteten Sonderfachmann „Facility Management" zeitlich und inhaltlich integrieren.

Ähnlich wie bei Investitionsentscheidungen sind die größten Einwirkmöglichkeiten auf die Höhe der Nutzungskosten zu Beginn gegeben. Insofern liegt eine Vielzahl von diesbezüglichen Entscheidungen in der Planungsphase bis zum Entwurf vor. Ausschlaggebend beeinflusst werden die Nutzungskosten und hier insbesondere die Reinigungskosten durch die Materialauswahl. Deshalb muss sich der Facility Manager auch in der Wahl der Materialkomponenten einbringen, soweit diese nicht bereits im Nutzerbedarfsprogramm vorgegeben sind.

Festlegung der Entscheidungsprozesse Die aufbau- und ablauforganisatorischen Strukturen und damit auch die Entscheidungsprozesse sind von Projekt zu Projekt stark unterschiedlich. Der Entscheidungsprozess gliedert sich in mehrere Teilschritte, die in Abb. 4.5 dargestellt sind.

Objektdefinition Nachdem der Entscheidungsbedarf geklärt ist, muss definiert werden, was konkret zu entscheiden ist. Optimale Lösungen ergeben sich immer im Vergleich zwischen verschiedenen Alternativen. Deshalb baut der gesamte Entscheidungsprozess auf dem Abwägen zwischen mehreren Alternativen auf, die formuliert und entsprechend gegliedert werden müssen.

Entscheidungskriterien/Feststellung der Merkmale Im nächsten Schritt (Abb. 4.5) werden die Merkmale bzw. Bewertungskriterien festgelegt, die der Entscheidung zugrunde gelegt werden sollen. Ein zentraler Abschnitt des Entscheidungsprozesses ist die Analyse von Zusammenhängen zwischen den Merkmalen und die Feststellung der entscheidungsrelevanten Kriterien. In der Unterscheidung, welches Merkmal nun tatsächlich ein echtes Entscheidungskriterium ist, liegt ein weiteres Auswahlproblem, für welches wiederum Kriterien benötigt werden.

Die dafür maßgebenden Gesichtspunkte liegen in dem am Entscheidungsprozess beteiligten Menschen und deren Wunschvorstellungen, Motivationen, Grundsätzen, Forderungen oder auch Vorschriften bzw. zusammenfassend auch als dem „Wertesystem" zu beschreibenden Aussagebereich.

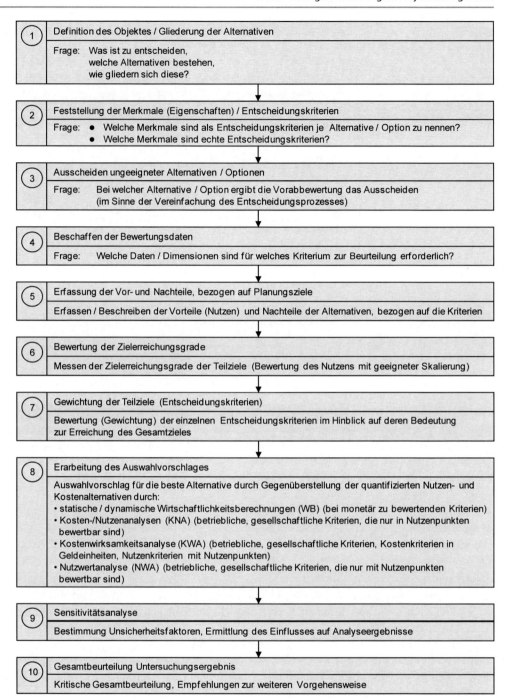

Abb. 4.5 Teilschritte zur Entscheidungsfindung

1 Definition des Objektes / Gliederung der Alternativen

Frage: Was ist zu entscheiden,
welche Alternativen bestehen,
wie gliedern sich diese?

2 Feststellung der Merkmale (Eigenschaften) / Entscheidungskriterien

Frage: ● Welche Merkmale sind als Entscheidungskriterien je Alternative / Option zu nennen?
● Welche Merkmale sind echte Entscheidungskriterien?

3 Ausscheiden ungeeigneter Alternativen / Optionen

Frage: Bei welcher Alternative / Option ergibt die Vorabbewertung das Ausscheiden
(im Sinne der Vereinfachung des Entscheidungsprozesses)

4 Beschaffen der Bewertungsdaten

Frage: Welche Daten / Dimensionen sind für welches Kriterium zur Beurteilung erforderlich?

5 Erfassung der Vor- und Nachteile, bezogen auf Planungsziele

Erfassen / Beschreiben der Vorteile (Nutzen) und Nachteile der Alternativen, bezogen auf die Kriterien

6 Bewertung der Zielerreichungsgrade

Messen der Zielerreichungsgrade der Teilziele (Bewertung des Nutzens mit geeigneter Skalierung)

7 Gewichtung der Teilziele (Entscheidungskriterien)

Bewertung (Gewichtung) der einzelnen Entscheidungskriterien im Hinblick auf deren Bedeutung
zur Erreichung des Gesamtzieles

8 Erarbeitung des Auswahlvorschlages

Auswahlvorschlag für die beste Alternative durch Gegenüberstellung der quantifizierten Nutzen- und
Kostenalternativen durch:
• statische / dynamische Wirtschaftlichkeitsberechnungen (WB) (bei monetär zu bewertenden Kriterien)
• Kosten-/Nutzenanalysen (KNA) (betriebliche, gesellschaftliche Kriterien, die nur in Nutzenpunkten
bewertbar sind)
• Kostenwirksamkeitsanalyse (KWA) (betriebliche, gesellschaftliche Kriterien, Kostenkriterien in
Geldeinheiten, Nutzenkriterien mit Nutzenpunkten)
• Nutzwertanalyse (NWA) (betriebliche, gesellschaftliche Kriterien, die nur mit Nutzenpunkten
bewertbar sind)

9 Sensitivitätsanalyse

Bestimmung Unsicherheitsfaktoren, Ermittlung des Einflusses auf Analyseergebnisse

10 Gesamtbeurteilung Untersuchungsergebnis

Kritische Gesamtbeurteilung, Empfehlungen zur weiteren Vorgehensweise

In diesem sind Begriffe wie Werthaltungen, Intentionen, Maximen, Referenzen, Ziele, Zielsetzungen, Zielhierarchien und auch Zielsysteme beinhaltet.

In der Phase der Entscheidungsvorbereitung kommt es darauf an, innerhalb der bestehenden Zielsysteme bzw. Zielkriterien Merkmale auszuschalten, die vom Auswählenden für irrelevant gehalten werden, dann um die Sortierung und schrittweise Einengung der für relevant gehaltenen Entscheidungskriterien. Wenn die Entscheidungskriterien definiert sind, sollte im Schritt 3 (Abb. 4.5) darüber nachgedacht werden, welche Alternative im Sinne einer Vorabbewertung auszuscheiden ist.

Der Abwägungsvorgang selbst benötigt zur Bewertung eine Datenbasis. Bei monetären Kriterien liegt diese Basis vor, die dann in der Regel mit nichtmonetär zu bewertenden Kriterien beim Auswahlvorschlag berücksichtigt werden müssen.

Beschaffen der Bewertungsdaten Der Schritt 4 (Abb. 4.5) umfasst die Beschaffung dieser Bewertungsdaten, danach erfolgt im Schritt 5 die Erfassung der Vor- und Nachteile der Alternativen, bezogen auf die Kriterien. Anschließend erfolgt die Bewertung der Teilziele mit einer geeigneten Skalierung (Schritt 6). Im Schritt 7 erfolgt die Gewichtung

Abb. 4.6 Entscheidungsproblematik

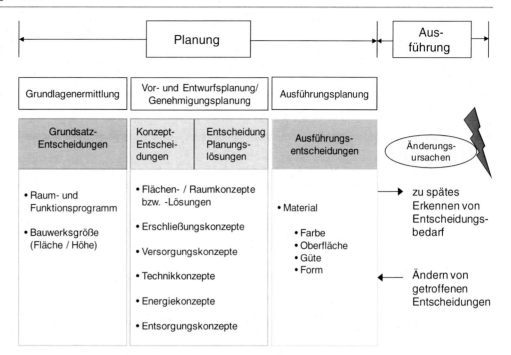

der einzelnen Entscheidungskriterien im Hinblick auf deren Bedeutung zur Erreichung des Gesamtzieles.

Erarbeitung des Auswahlvorschlages Der Auswahlvorschlag wird unter Berücksichtigung der Entscheidungsart sowie der Kriterien mittels unterschiedlichen Verfahren erarbeitet, danach erfolgt die Sensitivitätsanalyse und kritische Gesamtbeurteilung mit der Empfehlung zur weiteren Vorgehensweise (Schritt 8–10, Abb. 4.5). Der Entscheidungsprozess für einzelne Bauwerkselemente entwickelt sich über einen längeren Zeitabschnitt. So werden z. B. Grundsatzentscheidungen zur Fassade in der Vorplanung getroffen, die sich dann zu einem späteren Zeitpunkt in eine Vielzahl von Einzelentscheidungen bis hin zu Details der Bemusterung konkretisieren. Die Berücksichtigung dieser Grundsätze im Entscheidungsprozess erfordert eine durchgängige Systematik der Terminplanung als Vorgabe für alle Projektbeteiligten.

4.3 Erkennen des Entscheidungsbedarfs

Ein wesentlicher Schritt im Rahmen der Entscheidungsentwicklung besteht im Erkennen bzw. Ableiten des Entscheidungsbedarfes. Man muss wissen, was, wann, in welcher Definition zu entscheiden ist. Erst wenn das zu entscheidende „Objekt", die Alternativen und Optionen bestimmt sind, können Merkmale definiert, Kriterien eingegrenzt und damit der Entscheidungsprozess selbst ausgelöst werden (Abb. 4.6).

Ausgehend vom Entschluss, ein Projekt zu realisieren, werden je HOAI-Planungsphase, je Planungsbereich Entscheidungen zu treffen sein, die in fortschreitenden Planungsphasen jeweils detaillierter werden (Abb. 4.6). Es kommt dabei darauf an, dass man rechtzeitig den Zeitpunkt

des Entscheidungserfordernisses identifiziert. Dieser stellt sich von Projekt zu Projekt ein wenig unterschiedlich dar, da sowohl die Ablaufstruktur der Planung, die gewählte Aufbau- und Ablauforganisation als auch die Entscheidungsbereitschaft des Bauherrn und viele weitere Faktoren dabei eine Rolle spielen. Das Erkennen des richtigen Zeitpunktes für die Entscheidung ist deshalb von Bedeutung, da für die Vorgänge der Alternativenbildung, der Kriterienauswahl, der Erstellung der Objektcharakteristik, des Abwägens der Vor- und Nachteile sowie für das Treffen der Entscheidungen in den verschiedenen Ebenen der Projektkonstellation je nach Projekt unterschiedlicher Zeitbedarf erforderlich ist. In den meisten Projekten – insbesondere größeren Projekten – gibt es drei Ebenen der Projektorganisation, die am Entscheidungsprozess einen unterschiedlichen Anteil haben. Je nach erforderlicher Einbindung der Ebenen gestalten sich der Zeitraum und die erforderliche Tiefe der Entscheidungsvorbereitung zeitaufwendiger. So wird die Vorbereitung einer Grundsatzentscheidung einer Fassade für den Vorstand eines Bauherren sehr viel mehr an Aufwand und Vorbereitung bedeuten, als die Vergabe eines großen Auftrages. Dies liegt an der weitaus größeren Anzahl von Entscheidungsmerkmalen und daraus ableitbaren Kriterien bei der Grundsatzentscheidung zur Fassade.

Die durchgeführte Untersuchung gliedert sich in grundsätzlich zwei Vorgehensweisen.

Die erste ist nach Planungsbereichen durchgeführt. Größere Projekte beinhalten eine Vielzahl von Planungsbereichen bzw. planungsunterstützenden Beratungsleistungen (Abb. 4.7).

Für die Auswertungsstruktur wurden 15 Planungsbereiche ausgewählt, die nach zu treffenden Entscheidungen strukturiert und entsprechend ausgewertet werden (Abb. 4.8).

Abb. 4.7 Übersicht Leistungsbilder Planung

Lfd. Nr.	Leistungsbild	Bezug / Inhalt
1	Leistungsbild Objektplanung, HOAI-Phasen 1 - 5 Architekturplanung	§ 33 HOAI
2	Leistungsbild Objektplanung , HOAI-Phasen 6 - 9 Objektüberwachung	§ 33 HOAI
3	Leistungsbild Freianlagenplanung	§ 38 HOAI
4	Leistungsbild Tragwerksplanung	§ 49 HOAI
5	Leistungsbild Technische Ausrüstung Elektrotechnik (Starkstrom)	§ 53 HOAI
6	Leistungsbild Technische Ausrüstung Elektrotechnik (Schwachstrom)	§ 53 HOAI
7	Leistungsbild Technische Ausrüstung, Wärmeversorgung, Brauchwassererwärmung, Raumlufttechnik (WBR)	§ 53 HOAI
8	Leistungsbild Technische Ausrüstung, Gas, Wasser, Abwasser (GWA); Feuerlöschanlagen	§ 53 HOAI
9	Leistungsbild Technische Ausrüstung, Mess-, Steuer-, Regeltechnik (MSR) Gebäudeleittechnik (GLT)	§ 53 HOAI
10	Leistungsbild Technische Ausrüstung - Fördertechnik	§ 53 HOAI
11	Leistungsbild Technische Ausrüstung - Küchentechnik	§ 53 HOAI
12	Thermische Bauphysik, Schallschutz, Raumakustik	
13	Bodenmechanik, Erd- und Grundbau	
14	Vermessungstechnische Leistungen	
15	Leistungsbild Objektplanung für Ingenieurbauwerke und Verkehrsanlagen	§ 43 HOAI
16	Brandschutztechnische Beratung	Darstellung der Grundlagen/Schutzziele des vorbeugenden baulichen Brandschutzes, Ableitung von Vorgaben unter besonderer Beachtung der Wirtschaftlichkeit/Genehmigungsfähigkeit
17	Abfallwirtschaftliche Beratung	Ermittlung von Vorgaben für das Abfall-/Entsorgungskonzept unter Berücksichtigung des Gebäudebetriebes und der behördlichen Vorschriften
18	Visuelle Kommunikation	Erarbeitung von Grundlagen für ein durchgängiges Informations- und Orientierungssystem des Gesamtprojektes
19	Übergeordnetes Reinigungskonzept	Erarbeitung von Vorgaben / konzeptionellen Hinweisen zum Reinigungskonzept; Höhenzugänglichkeit auf Basis des Vorentwurfes
20	Baubiologische Überprüfungen / Messungen	Messungen / Dokumentationen mit dem Ziel, nur "baubiologische" bzw. gesundheitlich unbedenkliche Baustoffe einzubauen.
21	Lichtplanerische Beratung	Sonderberatung zur künstlichen und natürlichen Belichtung
22	Messtechnische Untersuchungen (Schwingungs- und Schallimmissionen etc.)	Einflüsse aus Verkehrsträgern / Bauarbeiten (z. B. Verbau)
23	Computervisualisierungen	Visualisierung zur Entscheidungsfindung (Verkehrskonzepte, Nutzerbewegungen im Gebäude, Fassadenkonzeption)
24	Facility-Management	AHO (2010), Heft 16

Die Vorgehensweise soll folgenden Fragestellungen bzw. Thesen nachgehen:

- Es gibt Entscheidungen unterschiedlicher Wichtigkeit (Priorität).
- Die zu treffenden Entscheidungen können verschiedenen Ebenen der Projektorganisation zugeordnet werden.
- Nahezu alle Entscheidungen beeinflussen mehrere Planungsbereiche.
- Es gibt eine bestimmte Reihenfolge bei den zu treffenden Entscheidungen.

Analyse des Entscheidungsbedarfs nach HOAIPlanungsphasen In größeren Projekten ergeben sich neben den in der HOAI abgedeckten Planungsbereichen zunehmend spezielle Beratungsfelder bis hin zum Facility Mangement. Die Untersuchung wurde nach dem in Abb. 4.8 abgebildeten Grundschema durchgeführt.

Es wurden 15 Planungsbereiche der Planung einschließlich des Bauherren/Nutzers/Projektsteuerers definiert, denen im ersten Schritt Entscheidungssachverhalte in den einzelnen Planungsbereichen zugeordnet wurden. Die Sachverhalte

Entscheidungstyp -

Legende

0 Grundsatzentscheidung	3 gestalterische Entscheidung	6 Bemusterungsentscheidung	9 organisatorische Entscheidung
1 Konzeptentscheidung	4 funktionale Entscheidung	7 genehmigungsrelevante Entscheidungsinhalte	10 vertragsrelevante Entscheidungsinhalte
2 Konstruktions-, Systementscheidung	5 technische Entscheidung	8 Ablaufentscheidung	11 Sonstiges

lfd. Nr.	Entscheidung	Entscheidungs-einzelsachverhalt/ Entscheidungskriterien	Entscheidungstyp 0 1 2 3 4 5 6 7 8 9 10 11	betroffene Planungs-bereiche	Priorität	Planungs-phase	späteste Entscheidung in LPh	verantwort-licher Pla-nungsbereich	Ebenen der Projektorganisation: Entscheidung in Ebene 1/2/3 der Projektorganisation
				Planungs-bereich, der die haupt-sächlichen Folgeakti-vitäten zu erbringen hat	1 hoch 2 mittel 3 niedrig	nach HOAI-Phasen inkl. Phase 0: Projektent-wicklung	nach HOAI-Phasen inkl. Phase 0: Projektent-wicklung	"verantwort-licher", die Entscheidung abrufender Planungs-bereich	Ebenen der Projektorganisation: 1 Vorstandsebene, Bauherrn-gremien 2 zweite Bauherrnebene, Bauab-teilung etc. (Entscheidungsvor-bereitung) 3 Arbeitsebene (Planungs-Jour-fixe etc.)

Planungsbereiche

0 Bauherr / Nutzer
1 Architekt
2 Thermische Bauphysik
3 Freianlagen
4 Tragwerksplanung
5 Fördertechnik
6 Gas, Wasser, Abwasser / Feuerlöschanlagen
7 Küchentechnik
8 Wärmeversorgung
9 Mess-, Steuer-, Regeltechnik / Gebäudeleittechnik
10 Elektrotechnik - Starkstrom
11 Elektrotechnik - Schwachstrom
12 Technik übergeordnet
13 Projektsteuerung
14 Gesamtplanung betreffend
15 alle Projektbeteiligten betreffend

Abb. 4.8 Entscheidungen bei Hochbauten

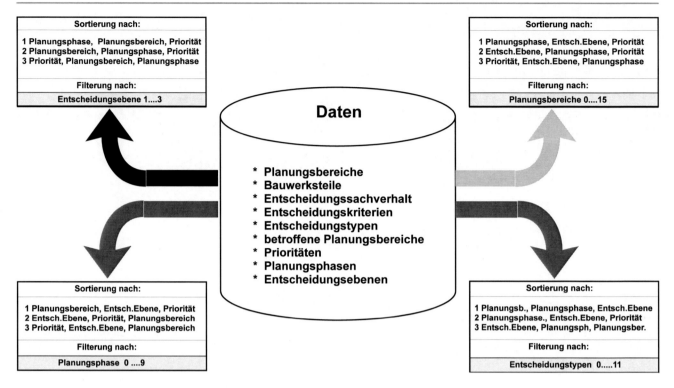

Abb. 4.9 Auswertungsmöglichkeiten der Datenstruktur

stammen aus mehreren konkreten Großprojekten der letzten 25 Jahre der Tätigkeit des Verfassers als Projektsteuerer. Die Abhängigkeiten zu betroffenen Planungsbereichen und die Definition des jeweils verantwortlichen Planungsbereiches beinhalten bei einigen Entscheidungssachverhalten projektindividuelle Einflüsse. Dies betrifft insbesondere die Zuordnung von Entscheidungssachverhalten zu den Ebenen der Projektorganisation. Diese Zuordnung muss projektindividuell erfolgen. Die gesamte hier dargestellte Methode ist als Managementsystem zu begreifen, mit dem man in die Lage versetzt wird, projektindividuell zu Projektbeginn eine Übersicht über die zu treffenden Planungsentscheidungen zu erzeugen, die vorliegenden Projektmerkmale in Zusammenarbeit mit den Projektbeteiligten in projektindividuelle Entscheidungskriterien auszuprägen, um die bei Großprojekten meist kollektiv zu treffenden Entscheidungen zielsicher vorzubereiten und dann auch treffen zu können.

Wie in Abb. 4.8 dargestellt, wurden zunächst alle Daten entsprechend der definierten Analysestruktur eingegeben und differenziert ausgewertet (Abb. 4.9). Da die vorliegende Arbeit in allen Einzelheiten auf konkreten Projektsituationen beruht, lässt sich nicht ausschließen, dass sich das dargestellte Ergebnis nicht in allen Einzelheiten als projektneutrale Vorgabe für andere Projektsituationen eignet. Gleichwohl sind die hier beinhalteten spezifischen Projektabläufe nicht als atypisch zu bewerten.

Die Auswertung nach Planungsbereichen deckt die wesentlichen Entscheidungen bis Abschluss der Entwurfsplanung ab.

In der folgenden Abb. 4.10 sind die erfassten Entscheidungsbereiche/Entscheidungspunkte je Planungsphase und Entscheidungstypus dargestellt.

Es wird deutlich, dass die überwiegende Anzahl der Entscheidungen in der Vorplanung vorbereitet und getroffen wird. Die der Untersuchung zugrundeliegenden Projekte sind alle einem straffen Terminablauf unterworfen. Desweiteren bestand bauherrenseitig die Vorgabe, möglichst schnell und zielsicher Kostensicherheit zu erreichen. Die zeitliche Anordnung von Entscheidungspunkten zwischen der Phase Vorplanung und Entwurfsplanung überschneiden sich. Es muss jedoch je nach Terminablauf darauf geachtet werden, dass rohbaurelevante Entscheidungen möglichst in der Vorplanungsphase getroffen werden, wenn auf Basis der Entwurfsplanung der Rohbau ausgeschrieben wird und deshalb die getroffenen Entscheidungen in die Entwurfsplanung eingearbeitet werden müssen.

Alle dort enthaltenen Entscheidungen wurden dann im Hinblick auf Einzelentscheidungssachverhalte/Entscheidungskriterien weiter differenziert. Die Auswertung gemäß Abb. 4.10 wird in Kap. 10.1 in einigen Teilausdrucken differenzierter dargestellt.

4.4 Alternativenbildung und Entscheidungsfindung am Beispiel einer Fassade

Die Außenhaut eines Gebäudes bestimmt ausschlaggebend das Gesamterscheinungsbild eines Bauwerkes. Neben diesem für die Architektur wesentlichen Kriterium bestimmt

Planungsphase / Entscheidungstyp	Projektentwicklung / 0	Grundlagenermittlung / 1	Vorplanung / 2	Entwurfsplanung / 3
0 Grundsatzentscheidungen	Grundsatzentscheidung Facility-Management	Grobbelegungsplan auf Basis Raumprogramm	Werbekonzept	Möblierungskonzept
	Flächenvorhaltung für zukünftige Baustufen	Flächenentscheidungen des Raum- und Funktionsprogrammes	Geschosshöhen (Flexibilität)	Kunst am Bau (Grundsatzkonzept)
	Fremdvermietungsanteil (Grundsatzvorgaben)	Besprechungsraumkonzeption	Fassadengestaltung (Gesamterscheinungsbild)	
	Festlegung "Bewegungsreserve" für Arbeitsplätze	Sonderflächen (Archive)	Fassadengestaltung (Sonnenschutz)	
	Gebäudetypologie	Stellplatzanzahl	Sonnenschutzkonzept (energetisches Gesamtkonzept Gebäude)	
	Büroraumkonzept	Achsraster (Funktionsvorgaben Hauptnutzung)	Baubiologische Aspekte der Gebäudeplanung (Grundsatzfragen)	
	Bebauungsplanvorgaben	Flexibilität (generelles Nutzungskonzept)	Dachkonzept (Gesamterscheinung)	
	Geschosshöhen (Bebauungsplan)	Tiefgaragenkonzept (Nutzungskonzept)	Wärmedämmstandard gemäß Wärmeschutzverordnung	
		Verköstigungskonzept Grundsatzfragen	Ausbildung Schnittstelle Außenanlagen zu öffentlichen Flächen	
		Cafeteriabedarf	Anzahl Essenteilnehmer	
		Belüftungskonzept Büros	Speiseangebot/-vielfalt	
			Einsatz erneuerbarer Energien (Solar)	
		Art der Wärmeerzeugung (BHKW/FW/FK)		
		Energieerschließungskonzept		
		Installationsvorhaltungen für weitere Baustufen		
		Projektgliederung		
		Objekt-/Fachplanerauswahl		
		Investitionsplan / Kostenziel		
1 Konzeptentscheidung		Vorgaben zur äußeren Erschließung des Gebäudes	Fremdvermietungsanteil (Erschließungsvorgaben)	Möblierung (Abhängigkeiten technische Ausrüstung)
		Kernnahe Sonderräume	Sicherheitskonzept innerhalb und außerhalb des Gebäudes (Grundsatzkonzept)	Festlegung Wartungsumfang für Nutzungsphase
		Ladehof	Konzept behindertengerechtes Bauen	Sonnenschutzkonzept (Fassadenkonzept)
		Poststelle	Konzeption der Fassadenbefahranlage	Farb-, Materialkonzept Gesamtgebäude
		Entsorgungskonzept (erforderliche Funktionsflächen)	Fremdvermietungsanteil (Sicherheitsvorgaben)	Trennwandsysteme
		Tiefgaragenausfahrt	Tiefgaragenkonzept (Leitsystem)	Deckensystem
		Bedarf an Sonderspeiseräumen	Geschosshöhen (Ausbauvorgaben)	Bodensystem
		Verköstigungskonzept (konzeptbezogene Flächenvorgaben)	Geschosshöhen (Nachrüstmöglichkeit)	Schallschutzanforderungen Bürotrennwände, -türen
		Tiefgaragenlüftung	Flexibilität (Aussteifung)	Räume mit besonderen Schallanforderungen
		Technische Ausrüstung Hochregallager	Tiefgaragenrampe (Beheizung)	Lagernutzung
		Blitzschutzanlage	Brandschutzkonzept	Art und Umfang der Datenpunkte Gebäudeleittechnik
		Elektroakustische Anlagen	Gebäudekernnahe Bereiche	Schnittstellen Leitsystem zu einzelnen Gewerken
		Telefonanlage	Regelkonzept Erschließungskerne	
		Ausnutzung bestehender Synergien der technischen Ausrüstung bestehender Bebauung	Treppenhausausbildung	
		Inbetriebnahmeablauf (Grobkonzeption)	Sommerlicher Wärmeschutz (Grundsatzvorgaben)	
			Begrünungskonzepte Außenanlagen	
			Bepflanzung Innenhöfe	
			Festlegung Gründungskonzept	
			Konzept der Aufzugsanlagen	
			zentrale / dezentrale Warmwasserversorgung	
			Reinigungsanlagen	
			Feuerlöschanlagen	
			Entsorgungskonzept Küche	
			Lage, Größe Außenluft-, Fortluftansaugung	
			Art der Kaltwassererzeugung	
			Belüftungskonzept Büros	
			Beleuchtungskonzept	
			Notstromversorgung	
			Flexibilität (Beleuchtung)	
			Beleuchtungskonzept	
			USV-Anlage	
			Kameraüberwachungsanlage	
			Datennetz Telefon/EDV	
			Zutrittskontrolle/Zeiterfassung	
			Türsteuerungsanlagen	
			Sprecheinrichtungen	
			Datenverarbeitung	
			Brandmeldeanlage	
			Intrusionsschutz	
			Überfallmeldeanlage	
			Überwachungsanlage	
			Elektroinstallationsanlage	

Abb. 4.10 Auswertung von Entscheidungen je Planungsphase (Auszug)

Planungsphase / Entscheidungstyp	Projektentwicklung 0	Grundlagenermittlung 1	Vorplanung 2	Entwurfsplanung 3
2 Konstruktions-, Systementscheidung	Büroraumtiefe	Planerstellung/-dokumentation/ Angaben für Facility-Management	Hauseigenes Reinigungspersonal / Outsourcing	Festlegung der Ausstattung für verschiedene Funktionsbereiche
		Fahrradabstellplätze (innerhalb/außerhalb des Gebäudes)	Fassadengestaltung (Sonnenschutz)	Einrichtungspläne Nutzer
		EDV-Datenverteilerräume	Baubiologische Aspekte der Gebäudeplanung (Konzeptansätze)	Schrankwandsystem (Systemvorgaben)
		Geschosshöhen (Arbeitsstättenrichtlinien)	Dachkonzept (Baurecht)	Fassadengestaltung (Flexibilität)
		Technische Ausrüstung EDV-Räume	Geschosshöhen (Erschließungskonzept)	Geschosshöhen (Bauphysik)
		Technische Ausrüstung Lagerräume	Geschosshöhen (Ausbauvorgaben)	Stellplatzanordnung
		Sicherheitsbeleuchtung	Geschosshöhen (Nachrüstmöglichkeit)	Rohrmaterial Trinkwassernetz
		Rauch-/Wärmeabzugsanlagen	Gebäudenomenklatur (Vorgaben Facility-Management / Beschilderung)	Automatenversorgung Nutzer
		Hausalarm	Fassadengestaltung (Bauphysik)	Geschirrorganisation
		Antennenanlage	Technische Erschließungssysteme (Hohlraumboden, Doppelboden)	Speisenproduktion (Gerätestandorte)
		Tiefe der Kostenplanung	Flexibilität (Erschließungssysteme)	MSR-Komponenten
			Flexibilität (Schrankwandsystem)	Schnittstellen, Leitsystem zum öffentlichen Kommunikationsnetz
			Dachkonzept (Funktionalität)	Steigleitungsinstallation
			Regelschnitte Flur, sonstige Deckenbereiche	Bodendosen
			Schrankwandsystem (Abstimmung Systemvorgaben mit Gebäudekonstruktion)	Belegungsanzeige Tiefgarage
			Ausbildung Oberlichter	Sonnenschutzmotoren
			Dachkonzept (Konstruktion)	Flexibilität (Technische Ausrüstung)
			Facility-Management Außenanlagen	Flexibilität (EDV-Nutzung)
			Fußweggestaltung Außenanlagen	Verdingungsunterlagen für Liefer- und Ausführungsleistungen
			Orientierungskonzept Freianlagen	
			Art der Dachbegrünung	
			Aussteifungskonzept	
			Deckensysteme	
			Verbauarten	
			Konzeption der Außenbefahranlage	
			Aufbauhöhe Erde bei Tiefgaragen, Höfen	
			Evakuierung der Aufzüge	
			Notstromversorgung Aufzüge	
			Fahrgeschwindigkeit Aufzüge	
			Regenwassernutzung	
			Tiefgaragenentwässerung	
			Ausgabe-/Verteilsystem Essen	
			Personalstärke Küchennutzung	
			Ausstattung Teeküchen	
			Abrechnungsorganisation Casino	
			Spülorganisation	
			Essen-/Getränkeanlieferung/ Lagerhaltung	
			Speisenproduktion (Verfahren)	
			Speisenproduktion (Verwendung vorhandener Geräte)	
			Mittelspannungsschaltanlage	
			I-Bus-Verkabelung	
			zentrales / dezentrales Leitungsnetz der TK-Anlage	
			Uhrenanlage	
			Anforderungen des Sicherheitskonzeptes (Türen/Technik)	
3 Gestaltungsrelevante Entscheidungsinhalte	Gebäudetypologie		Werbekonzept	Möblierungskonzept
			Fassadengestaltung (Gesamterscheinungsbild)	Kunst am Bau (Grundsatzkonzept)
			Sonnenschutzkonzept (energetisches Gesamtkonzept Gebäude)	Möblierung (Abhängigkeiten technische Ausrüstung)
			Baubiologische Aspekte der Gebäudeplanung (Konzeptansätze)	Schrankwandsystem (Systemvorgaben)
			Konzeption der Fassadenbefahranlage	Sonnenschutzkonzept (Funktionskonzept)
			Dachkonzept (Gesamterscheinung)	Farb-, Materialkonzept Gesamtgebäude
			Flexibilität (Schrankwandsystem)	Fahnenmasten Bauherr
			Ausbildung Oberlichter	
			Nachhallzeit Büroarbeitsräume (Deckenverkleidung)	
			Begrünungskonzepte Außenanlagen	
			Bepflanzung Innenhöfe	
			Orientierungskonzept Freianlagen	
			Lage, Größe Außenluft-, Fortluftansaugung	
			Beleuchtungskonzept	
			Infobeleuchtung/Hof-/Wege-/Fassadenbeleuchtung	
			Kameraüberwachungsanlage	

Abb. 4.10 (Fortsetzung)

Planungsphase / Entscheidungstyp	Projektentwicklung 0	Grundlagenermittlung 1	Vorplanung 2	Entwurfsplanung 3
4 Funktionale Entscheidungs- inhalte	Festlegung "Bewegungsreserve" für Arbeitsplätze	Grobbelegungsplan auf Basis Raumprgramm	Werbekonzept	Möblierungskonzept
	Gebäudetypologie	Fahrradabstellplätze (innerhalb/außerhalb des Gebäudes)	Hauseigenes Reinigungspersonal / Outsourcing	Festlegung der Ausstattung für verschiedene Funktionsbereiche
	Büroraumkonzept	Flächenentscheidungen des Raum- und Funktionsprogramms	Fremdvermietungsanteil (Erschließungsvorgaben)	Einrichtungspläne Nutzer
	Büroraumtiefe	Besprechungsraumkonzeption	Sicherheitskonzept innerhalb und außerhalb des Gebäudes (Grundsatzkonzept)	Möblierung (Abhängigkeiten technische Ausrüstung)
		Sonderflächen (Archive)	Geschosshöhen (Flexibilität)	Schrankwandsystem (Systemvorgaben)
		Stellplatzanzahl	Konzeption der Fassadenbefahranlage	Sonnenschutzkonzept (Funktionskonzept)
		Achsraster (Funktionsvorgaben Hauptnutzung)	Konzept behindertengerechtes Bauen	Fremdvermietungsanteil (Standardanbau)
		Flexibilität (generelles Nutzungskonzept)	Fremdvermietungsanteil (Sicherheitsvorgaben)	Fassadengestaltung (Flexibilität)
		Vorgaben zur äußeren Erschließung des Gebäudes	Tiefgaragenkonzept (Konstruktion)	Fassadengestaltung (Facility-Management)
		EDV-Datenverteilerräume	Geschosshöhen (Erschließungskonzept)	Geschosshöhen (Bauphysik)
		Kernnahe Sonderräume	Gebäudenomenklatur (Vorgaben Facility-Management / Beschilderung)	Schallschutzanforderungen Bürotrennwände, -türen
		Ladehof	Fassadengestaltung (Bauphysik)	Räume mit besonderen Schallanforderungen
		Poststelle	Technische Erschließungssysteme (Hohlraumboden, Doppelboden)	Außenanlagenpflege
		Tiefgaragenkonzept (Nutzungskonzept)	Achsraster (Abhängigkeit Tiefgarage)	Stellplatzanordnung
		Entsorgungskonzept (erforderliche Funktionsflächen)	Flexibilität (Erschließungssysteme)	Lagernutzung
		Tiefgaragenausfahrt	Flexibilität (Aussteifung)	Dämmung Regenwasserleitungen
		Bedarf an Sonderspeiseräumen	Flexibilität (Schrankwandsystem)	Geschirrorganisation
		Belüftungskonzept Büros	Tiefgaragenrampe (Beheizung)	Speisenproduktion (Gerätestandorte)
		Technische Ausrüstung Hochregallager	Dachkonzept (Funktionalität)	Art und Umfang der Datenpunkte Gebäudeleittechnik
		Sicherheitsbeleuchtung	Tiefgaragenbelag, -entwässerung	MSR-Komponenten
		Hausalarm	Brandschutzkonzept	Schnittstellenleitsystem zu einzelnen Gewerken
		Elektroakustische Anlagen	Höhenzugangstechnik Gesamtgebäude (Zugänglichkeit)	Bodendosen
		Antennenanlage	Personen- und Materialfluss im Gebäude	Belegungsanzeige Tiefgarage
		Energieerschließungskonzept	Treppenhausausbildung	Sonnenschutzmotoren
			Schrankwandsystem (Abstimmung Systemvorgaben mit Gebäudekonstruktion)	Flexibilität (Technische Ausrüstung)
			Nachhallzeit Büroarbeitsräume	Flexibilität (EDV-Nutzung)
			Begrünungskonzepte Außenanlagen	Fremdvermietungsanteil (Vorgaben Facility-Management)
			Facility-Management Außenanlagen	
			Bepflanzung Innenhöfe	
			Fußweggestaltung Außenanlagen	
			Ausbildung der Schnittstelle zu öffentlichen Flächen	
			Feuerwehrzufahrten	
			Baumstellungen in Freiflächen auf Untergeschossen	
			Flexibilität (Lastannahmen)	
			Aussteifungskonzept	
			Deckensysteme	
			Lastannahmen je Funktionsbereich / Einzellasten	
			Konzeption der Außenbefahranlage	
			Aufbauhöhe Erde bei Tiefgaragen, Höfen	
			Konzept der Aufzugsanlagen	
			Evakuierung der Aufzüge	
			Notstromversorgung Aufzüge	
			Fahrgeschwindigkeit Aufzüge	
			Abmessung der Aufzugsschächte	
			Ausgabe-/Verteilsystem Essen	
			Anzahl Essenteilnehmer	
			Ausstattung Teeküchen	
			Abrechnungsorganisation Casino	
			Spülorganisation	
			Essen-/Getränkeanlieferung/ Lagerhaltung	
			Speisenproduktion (Verwendung vorhandener Geräte)	
			Entsorgungskonzept Küche	
			Beleuchtungskonzept	
			Notstromversorgung	
			Flexibilität (Beleuchtung)	
			Beleuchtungskonzept	
			Rampenheizung	
			USV-Anlage	
			I-Bus-Verkabelung	
			Datennetz Telefon/EDV	
			Zutrittskontrolle/Zeiterfassung	
			Uhrenanlage	
			Türsteuerungsanlagen	
			Sprecheinrichtungen	
			Elektroinstallationsanlage	
			Zentralenflächen, -höhen	
			Technisches Erschließungskonzept (technische Einzelentscheidungen)	
			Anforderungen des Sicherheitskonzeptes (Türen/Technik)	

Abb. 4.10 (Fortsetzung)

Planungsphase Entscheidungstyp	Projektentwicklung 0	Grundlagenermittlung 1	Vorplanung 2	Entwurfsplanung 3
5 Technische Entscheidung		Anfertigen von Bestandsunterlagen/Spartenpläne	Tiefgaragenkonzept (Konstruktion)	Sonnenschutzkonzept (Funktionskonzept)
		Parameter Fernheizung	Geschosshöhen (Technikzentralen)	Fremdvermietungsanteil (Standardvorgaben)
		Telefonverkabelung	Tiefgaragenbelag, -entwässerung	Fassadengestaltung (Facility-Management)
			Höhenzugangstechnik Gesamtgebäude (Zugänglichkeit)	Geschosshöhen (konstruktive Abhängigkeiten)
			Berücksichtigung von Erschütterungszonen	Kunst am Bau (Lastannahmen)
			Personen- und Materialfluss im Gebäude	Abdichtungsmaßnahmen
			Ausbildung der Schnittstelle zu öffentlichen Flächen	Dämmung Regenwasserleitungen
			Feuerwehrzufahrten	Größe der Trafoanlagen
			Baumstellungen in Freiflächen auf Untergeschossen	Anforderung Mittel-, Niederspannung
			Flexibilität (Lastannahmen)	
			Lastannahmen je Funktionsbereich/Einzellasten	
			Lastannahmen	
			Fugenverlauf, Fugenausbildung	
			Abmessung der Aufzugsschächte	
			Medienbedarf Küche	
			Rampenheizung	
			Infobeleuchtung/Hof-/Wege-/Fassadenbeleuchtung	
			Aufzugsnotruf	
			Zentralenflächen, -höhen	
			Technisches Erschließungskonzept (technische Einzelentscheidungen)	
6 Bemusterungs-entscheidung			Fassadengestaltung (Gesamterscheinungsbild)	Sonnenschutzkonzept (Fassadenkonzept)
			Werbekonzept	Trennwandsysteme
			Fassadengestaltung (Sonnenschutz)	Deckensystem
			Planungsmodell	Bodensystem
			Technische Erschließungssysteme (Hohlraumboden, Doppelboden)	Farb-, Materialkonzept Gesamtgebäude
				Möblierungskonzept
				Schrankwandsystem (Systemvorgaben)
7 Genehmigungs-relevante Entschei-dungsinhalte	Gebäudetypologie	Fahrradabstellplätze (innerhalb/außerhalb des Gebäudes)	Genehmigungsverfahren (Teilbaugenehmigung)	Baustellensicherung/-bewachung (Öffentlichkeitswirkung)
	Büroraumtiefe	Stellplatzanzahl	Genehmigungsverfahren (Wasserrecht)	Genehmigungsverfahren (zeitlich)
	Bebauungsplanvorgaben	Vorgaben zur äußeren Erschließung des Gebäudes	Genehmigungsverfahren (Altlasten)	Geschosshöhen (Bauphysik)
	Geschoßhöhen (Bebauungsplan)	Tiefgaragenausfahrt	Fremdvermietungsanteil (Erschließungsvorgaben)	Stellplatzanordnung
		Geschosshöhen (Arbeitsstättenrichtlinien)	Fassadengestaltung (Gesamterscheinungsbild)	Lagernutzung
		Anfertigen von Bestandsunterlagen/Spartenpläne	Geschosshöhen (Flexibilität)	Dämmung Regenwasserleitungen
		Sicherheitsbeleuchtung	Konzept behindertengerechtes Bauen	
		Rauchwärmeabzugsanlagen	Dachkonzept (Baurecht)	
			Fassadengestaltung (Bauphysik)	
			Achsraster (Abhängigkeiten Tiefgarage)	
			Brandschutzkonzept	
			Berücksichtigung von Erschütterungszonen	
			Treppenhausausbildung	
			Schrankwandsystem (Abstimmung Systemvorgaben mit Gebäudekonstruktion)	
			Dachkonzept (Konstruktion)	
			Wärmedämmstandard gemäß Wärmeschutzverordnung	
			Nachhallzeit Büroarbeitsräume	
			Ausbildung Schnittstelle Außenanlagen zu öffentlichen Flächen	
			Ausbildung der Schnittstelle zu öffentlichen Flächen	
			Feuerwehrzufahrten	
			Baumstellungen in Freiflächen auf Untergeschossen	
			Verbauarten	
			Festlegung Gründungskonzept	
			Aufbauhöhe Erde bei Tiefgaragen, Höfen	
			Evakuierung der Aufzüge	
			Notstromversorgung Aufzüge	
			USV-Anlage	

Abb. 4.10 (Fortsetzung)

Planungsphase / Entscheidungstyp	Projektentwicklung 0	Grundlagenermittlung 1	Vorplanung 2	Entwurfsplanung 3
8 Ablaufentscheidung		Terminvorgabe	Genehmigungsverfahren (Teilbaugenehmigung)	Genehmigungsverfahren (zeitlich)
			Genehmigungsverfahren (Wasserrecht)	Redaktionsschluss Raum- und Funktionsprogramm / sonstige Nutzeränderungen
			Genehmigungsverfahren (Altlasten)	
			Verbauarten	
			Fugenverlauf, Fugenausbildung	
9 Organisatorische Entscheidung	Festlegung "Bewegungsreserve" für Arbeitsplätze	Raumbuch (ja/nein)	Unternehmenseinsatzformen der Bauabwicklung	Baustellensicherung/-bewachung (Öffentlichkeitswirkung)
	Lichtpausanstalt für Vervielfältigung Pläne	Besprechungsraumkonzeption	Aufbau- und Ablauforganisation des Projektablaufes	Organisation Bemusterung
	Nutzerorganisation (Definition Nutzerarbeitskreise)	Poststelle		
		Projektaufbauorganisation Gesamtprojekt		
		Besprechungswesen		
		Berichtswesen		
		Abrechnungswesen Honorare /Bauleistungen		
		Organisatorische Regeln der Planerstellung		
10 Vertragsrelevante Entscheidungsinhalte		Planerstellung/-dokumentation/ Angaben für Facility-Management	Unternehmenseinsatzformen der Bauabwicklung	Festlegung Wartungsumfang für Nutzungsphase
		Projektaufbauorganisation Gesamtprojekt	Aufbau- und Ablauforganisation des Projektablaufes	Redaktionsschluss Raum- und Funktionsprogramm / sonstige Nutzeränderungen
		Kostenplanung		Verdingungsunterlagen für Liefer- und Ausführungsleistungen
		Abrechnungswesen Honorare /Bauleistungen		
		Organisatorische Regeln der Planerstellung		
11 Sonstige			Planungsmodell	Außenanlagenpflege
				Fahnenmasten Bauherr

Abb. 4.10 (Fortsetzung)

die Fassade auch ausschlaggebend die Energiebilanz des Gesamtprojektes sowie die Kriterien der Behaglichkeit des Innenraumklimas. Die Außenwände eines Gebäudes gliedern sich in unterschiedliche Elemente. Analog der DIN 276 sind in Abb. 4.11 die Optionen des Elementes Außenwände dargestellt.

Zur Ausführung der einzelnen Bestandteile der Außenwände gibt es wiederum Alternativen, die sich ihrerseits wieder in unterschiedlich viele Optionen und Alternativen unterteilen.

Definition des Objektes (Alternativen/Optionen) Die Grundsatzentscheidungen zur Fassade werden häufig sehr früh getroffen. Dieses leitet sich insbesondere aus dem dominanten Anteil der Fassade am Gesamterscheinungsbild des Projektes ab. Häufig ergeben sich auch Einflüsse aus der Nachbarbebauung bzw. aus der Einflusssphäre der Genehmigungsbehörden. Dies trifft insbesondere bei strittigen Bebauungssituationen bzw. Einwänden von Anwohnern zu. Neben dem Gestaltungsaspekt muss die Fassade Anforderungen an den Witterungsschutz, Wärmeschutz, Schallschutz, Brandschutz und die Standsicherheit erfüllen. Alle diese Vorgaben und Einflüsse führen, auch bedingt durch Akzente beim eventuell durchgeführten Wettbewerb, zur Bildung von Al-ternativen und Optionen innerhalb des dargestellten Systems der Außenwände.

Ordnung der Optionen Die Vorplanung ist die Leistungsphase der Planung, in der nach Definition der Anforderungen in den vorangegangenen Leistungsphasen verschiedene Lösungsmöglichkeiten (Alternativen) erarbeitet werden müssen. In Abb. 4.12 sind für die verschiedenen Bauteile einer Fassade Optionen strukturiert. Bereits zu diesem Zeitpunkt wird im Zusammenhang mit den zu formulierenden Bewertungskriterien die eine oder andere Option auszuscheiden sein.

Feststellen der Merkmale Im nächsten Schritt werden die Merkmale bzw. Bewertungskriterien festzulegen sein, die einer Entscheidung zugrunde gelegt werden sollten. Alle in Abb. 4.13 dargestellten Bewertungskriterien sind Merkmale, allerdings werden nicht alle Merkmale Kriterien sein und dann wiederum nicht in gleicher Gewichtung die Entscheidung beeinflussen. Die Entscheidung wird des Weiteren meistens nicht von einer Person, sondern von einem Entscheidungskollektiv getroffen, bezogen auf die erste Ebene der Projektorganisation. Bei der Vorbereitung der Entscheidung in der zweiten Ebene der Projektorganisation werden ebenfalls im gleichen Sinne Entscheidungsprozesse

Optionen/Alternativen	Optionen/Alternativen	Optionen/Alternativen
331 Tragende Außenwände	**3311** Mauerwerk **3312** Beton	
332 Nichttragende Außenwände	**3321** Mauerwerk **3322** Beton	
333 Außenstützen	**3331** Mauerwerk **3332** Beton **3333** Stahl	rechteckig / kreisförmig / Sonderformen rechteckig / kreisförmig / Sonderformen rechteckig / kreisförmig / Sonderformen
334 Außentüren/-fenster	**3341** Einzelelemente als Lochfassade	Rechteckformen
335 Außenwandbekleidungen außen	**3351** Hinterlüftet **3352** Nicht hinterlüftet	Verblendmauerwerk / Naturstein / Beton / Holz / Metall / Glas mit Luftschicht und Dämmung Wärmedämmverbundsystem (Vollwärmeschutz) / Vorsatzschale mit Kerndämmung (z. B. Verblendmauerwerk) / Putzsysteme
336 Außenwandbekleidungen innen	**3361** Direktauftrag **3362** Vorsatzschalen	Putz / Fliesen, Platten, Naturstein, Anstriche, Tapeten Gipskarton / Holz / Metall / Kunststoff
337 Elementierte Außenwände	**3371** Pfosten-Riegel-Fassade **3372** Elementfassade **3373** Sonderfassade, Sonstige	Paneel / Pfosten-Riegel / Außenfenster, -türen der Fassade Element-Aufbau / Befestigung / Fenster, Türen
338 Sonnenschutz	**3381** Rolläden **3382** Jalousien, Jalousetten **3383** Markisen, Markisoletten **3384** Fensterläden **3385** Starre Blenden	Metall / Holz / Kunststoff Metall / Kunststoff Vertikal / Ausfall-Gelenkarm-Markisen Klappläden / Schiebeläden Beton / Metall / Kunststoff
339 Außenwände, Sonstiges	**3391** Putzbalkon **3392** Gitter, Geländer **3393** Stoßabweiser, Handläufe **3394** Fluchtleitern **3395** Gerüstanker	Beton / Stahl Stahl / Edelstahl Stahl / Edelstahl Stahl / Edelstahl Für spätere Wartungszwecke

Abb. 4.11 Optionen/Alternativen der Außenwände am Beispiel der DIN 276

vorauslaufen. Der Architekt spielt als Akteur bei der Fassadenentscheidung in der ersten Ebene der Projektorganisation eine wesentliche Rolle. Häufig ergeben sich aus seinem Vortrag in der entscheidenden Präsentation auch emotionsbedingt eine Reihe von Kriterien, die nicht analytisch zu erfassen sind. Gerade bei der Fassade stellt man häufig fest, dass „gute" Architekten mit „Herzblut" ihre Lösung durch Überzeugung durchsetzen möchten. Dabei hat die Wahl der benutzten Hilfsmittel ebenfalls einen wesentlichen Einfluss. Diese Visualisierungsmittel können Entscheidungen beeinflussen und sind damit auch wesentliche Fakten, die vorausschauend durchdacht werden sollten. Hierunter fallen Pläne, Computervisualisierungen, Overhead-Folien, Materialmuster und anderes Anschauungsmaterial.

Die in Abb. 4.12 aufgezeigten Merkmale/Bewertungskriterien sind in Verbindung mit weiteren Erläuterungen die Grundlage für Grundsatzentscheidungen/Konzeptentscheidungen in der Vorplanung. Der weitere Entscheidungsprozess geht in den folgenden Planungsphasen weiter ins Detail. Die denkbaren Merkmale sind in Abb. 4.13 dargestellt.

Auswahl der Merkmale der Entscheidungskriterien Aus einigen in der Praxis durchgeführten Fassadenentscheidungen erfolgen nun Hinweise zur Auswahl der Entscheidungskriterien gemäß Abb. 4.12.

Optische Wirkung Neben den Kosten (Investitionen, Unterhalt) ist die optische Wirkung der Fassade häufig das wesentlichste Kriterium. Unter diesem Merkmal verbergen sich die Attribute Form, Farbe und Material der Außenhülle, wobei dabei ganz wesentlich auch das Umfeld des Projektes bei der Entscheidung eine Rolle spielt. Die Entscheidungskriterien eines Gebäudes in einer innerstädtischen Bebauung werden sich von denen eines Projektes am Stadtrand, „auf der grünen Wiese", deutlich unterscheiden. Einen weiteren Einfluss spielt der Bauherr selbst. Falls dieser seinen Umsatz mit Werbekonzepten erzielt, werden andere Gestaltungskriterien eine Rolle spielen, als beispielsweise bei einer Bank. Denkbar wären in diesem Beispiel unterschiedliche Ausprägungen von Kriterien, z. B. „Ausdruck von Kreativität" oder „Sicherheit, Seriosität, Gediegenheit". Die gewählten Kriterien finden sich im Persönlichkeitsprofil der Entscheidungsträger wieder und werden im zentralen Entscheidungsprozess, dem „Abwägen der Vor- und Nachteile" zum Ausdruck kommen. Ebenfalls beeinflusst werden die Kriterien der „optischen Wirkung" durch die Art der unterstützenden Visualisierung. Die Grundsatzentscheidung zur Fassade wird zu einem Zeitpunkt getroffen, in dem das Gebäude rein körperlich noch nicht existent ist. Auch der Rohbau wird zu diesem Zeitpunkt noch nicht in der Ausführung begriffen sein. Die Entscheidung erfolgt also am „grünen Tisch",

BAUTEILE/OPTIONEN — MERKMALE/BEWERTUNGSKRITERIEN — AUSGEWÄHLTE VARIANTEN	Optische Wirkung	Lebensdauer	Pflege / Wartung	Umweltresistenz (Hagel, Abgase etc.)	Reparaturanfälligkeit	Selbstreinigungseffekt	Reinigungsmöglichkeit innen	Energieverbrauch (bei Herstellung)	Entsorgung / Recycling	Genehmigungsfähigkeit	Bauphysikalische Behaglichkeit	Investitionskosten € / m²
Fenster — Alu pulverbeschichtet	++	++	+	+	++	+	+	0	+	+	+	404
Alu eloxal E6EV1	+	++	+	+	++	+	+	0	+	+	+	393
Kunststoff	-	+	0	+	0	0	+	+	0	+	0	312
Absturzsicherung — Edelstahl	++	++	+	++	++	+	+	+	+	+		25
Alu	+	+	+	+	+	+	+	0	+	+		20
Verglasung — Wärmeschutz, 2-fach verglast	+	+	+	+	+	+	+	0	+	+	+	97
Iso Normal, 2-fach verglast	+	+	+	+	+	+	+	0	+	+	+	61
Sonnenschutz — Jalousetten 60 mm	++	+	+	+	+	+	+	0	+	+	+	118
Jalousetten 80 mm	+	+	+	+	+	+	+	0	+	+	+	118
Jalousettenkasten/FS Edelstahl	++	+	+	++	++	+	+	+	+	+	+	133
Jalousettenkasten/FS Alu	+	+	+	+	+	+	+	0	+	+	+	118
Markise	++	0	0	0	-	--	-	+	-	+	+	256
Sonnenschutzverglasung	-	+	+	+	+	+	+	0	+	+	-	
Brüstung — Putz	-	-	-	++	-	-	+	+	+	0	-	128
Alublech pulverbeschichtet	+	++	+	+	++	+	+	0	+	+	+	265
emailliertes Stahlblech	+	++	++	++	++	++	+	-	-	+	+	290
Alublech eloxal	+	++	+	+	++	+	+	0	+	+	+	290
emailliertes Glas weiß	+	++	++	++	++	++	+	-	0	+	+	290
siebbedrucktes Glas	+	++	++	++	++	++	+	-	0	+	+	316
Naturstein	-	+	0	0	0	0	+	+	+	0	+	
Geschlossene Fassadenfläche — Putz	-	-	-	++	-	-	+	+	+	0	-	128
Alublech pulverbeschichtet	+	++	+	+	++	+	-	0	+	+	+	265
emailliertes Stahlblech	+	++	++	++	++	++	-	-	-	+	+	290
Naturstein											+	308

Legende: + + = sehr gut   + = gut   0 = mittel   - = schlecht   - - = sehr schlecht

Abb. 4.12 Entscheidungskriterien für die Bewertung von Fassadenoptionen

mit Unterstützung von Bildern, Erläuterungen sowie Farb- und Materialmustern bzw. kleineren Modellen. Gerade bei großen Projekten ist es allerdings wichtig, den Gesamteindruck der Bebauung im Sinne der Verhältnismäßigkeit zur bestehenden Nachbarbebauung, die Wirkung des Materials z. B. Naturstein (wuchtig), vorgehängte Fassade (leicht und filigran), Putz (gestalterisch nicht so akzentuierbar) in den Bewertungsprozess mit einzubeziehen. Dies betrifft neben dem Verhältnis zur Nachbarbebauung auch die gewünschte oder nicht gewünschte Einfügung in ein gesamtes Stadtviertel. Fragen der Materialalternativen innerhalb der Auswahlalternativen können und sollten später (Entwurfsplanung, Ausführungsplanung) im Rahmen von verschiedenen Ebenen der Bemusterungsaktivitäten getroffen werden. In Abb. 4.14 sind die fassadenrelevanten Entscheidungen im Projektablauf, bezogen auf die einzelnen Leistungsphasen strukturiert. Nach der Ausschreibung der Fassade, der Beauf-

tragung und der Firmenplanung wird in einer Bemusterung über die Ausführung verschiedenster Details zu entscheiden sein.

Lebensdauer Über die Lebensdauer unterschiedlicher Materialien kann kontrovers diskutiert werden. Häufig sind gemachte Erfahrungen bei unterschiedlichen Projekten auch von Mängeln in konstruktiven Einzelheiten bestimmt. Dies betrifft auch die nachfolgend noch erläuterten Aspekte der Pflege und Wartung.

Pflege/Wartung Die Unterhaltskosten von Gebäuden rücken mit Recht zunehmend immer mehr in den Blickpunkt des Planungsgeschehens. Bei der Fassade sind dies insbesondere die anfallenden Reinigungskosten sowie die Unterhaltsaufwendungen in Form von Anstrich, Gerüst etc. Je nach Oberflächenstruktur (porös, glatt) ist der Reinigungsauf-

Konstruktion	Länge / Breite / Höhe	Anschluss / Befestigung	Befestigungsmittel/-art
	Raster		Befestigungsmaterial/-fabrikat
	Material		Anschluss an Nachbarbauteile / Rohbau
	Profilabmessungenl/b[mm]	Sonnenschutz	Dichtungsart/-mittel
	Profilwandstärke[mm]		Sonnenschutzart
	Verbindungen		Abmessung l/b/h
	Typ		Befestigung / Verankerung
Öffnungselemente	Länge / Breite / Höhe		Antrieb
	Profilabmessungen l/b [mm]		Steuerung
	Profilwandstärke [mm]		Führung
	Beschläge / Fabrikat		Schnittstelle
	Einbauteile / Einlegeteile	Sonstiges	Entwässerung
Oberflächenbehandlung	Behandlungsart		Blitzschutz
	Farbton		Absturzsicherung
	Fabrikat		Taubenvergrämung
	Schichtdicke		Sicherheitstechnik
	Schichtenaufbau		
Verglasung	Glastyp / Fabrikat		
	k Wert		
	g Wert		
	Schallschutzklasse		
	Brandschutzklasse		
	Verglasungsart		
	Glasfalzausbildung		
	Glasbefestigung		
	Dichtungsart/ mittel		

Abb. 4.13 Merkmale von Fassadenoptionen/-alternativen

wand unterschiedlich. Davon hängt neben der Konstruktion selbst auch die Entscheidung ab, ob Fassadenbefahranlagen erforderlich werden. Ebenfalls bedeutsam ist die rechtzeitige Klärung der Reinigungsmöglichkeit der Glasflächen in Innenhöfen – falls diese vorhanden sind. Diese Detailfragen sind bei der Entscheidung von konstruktiven Einzelheiten im Rahmen der Fassadenplanung und -durchführung als Kriterium von Bedeutung.

Umweltresistenz Die zunehmende Belastung der Umwelt durch Emissionen, aber auch Witterungseinflüsse und die Resistenz der Fassade sind Kriterien, die bei der Materialfrage berücksichtigt werden müssen.

Energieverbrauch bei Herstellung Die alternativen Fassadenmaterialien haben einen verschiedenen Energieverbrauch bei ihrer Herstellung. Je nach Philosophie des Bauherren wäre also denkbar, dass die ökologische Grundeinstellung eine Aluminiumfassade wegen hohem energetischem Aufwand bei der Herstellungs, als Ausführungsalternative ausscheiden lässt, was bisher in meiner Praxis als Projektmanager noch nicht vorgekommen ist.

Genehmigungsfähigkeit Besonders bei sensiblen innerstädtischen Bereichen oder bei Ablehnung des Bauvorhabens durch die Anwohnerschaft können zusätzliche Einflüsse auf die Gestaltung der Fassade entstehen. Die Fassadenalternativen wirken gestalterisch unterschiedlich und können somit eine Rolle bei der Genehmigung spielen. Dies kommt insbesondere auch bei der Ausführung von Projekten unter dem Einfluss von Denkmalschutz vor, bei denen diese Aspekte in der Planung besondere Berücksichtigung finden müssen. Häufig gibt es auch Hinweise in Bebauungsplänen, z. B. den Ausschluss von stark spiegelnden Fassaden oder ähnliche Auflagen.

Bauphysikalische Behaglichkeit Die Außenhaut eines Gebäudes hat wesentlichen Einfluss auf den Energiehaushalt und das innere Klima des Gebäudes im Sinne der Behaglichkeit. Die Wahl der Fassade hat eine konkrete Auswirkung auf eventuell erforderliche Maßnahmen der lufttechnischen Behandlung. So wird bei sehr großen Fensterflächen und einer sehr leichten Fassade auf eine unterstützende Be- und Entlüftung mit Kühlfunktionen in der Sommerperiode nicht zu verzichten sein. Ebenso betrifft dies stark mit Verkehrslärm belastete Fassadenbereiche. Wenn nur einzelne Teile des Gebäudes mit Lärmimissionen belastet sind, wird weiterhin zu entscheiden sein, inwieweit trotzdem das **gesamte** Verwaltungsgebäude mit einer unterstützenden Be- und Entlüftung ausgerüstet wird, damit aus Richtung der Arbeitnehmer nicht der Vorwurf einer unterschiedlichen Behandlung von Mitarbeitern als Nutzer des Gebäudes formuliert wird. Diese darin beinhalteten Entscheidungsprozesse sind stark projektindividuell und können auch gegensätzlich zu dem hier

Projektentwicklung / Grundlagenermittlung / Wettbewerb	Vorplanung	Entwurfsplanung	Ausführungs- planung	Firmenplanung / Bemusterung
• Ausbauraster, Stützenraster • Vorgaben aus Nachbarbebauung (Bebauungsplan): Verträglichkeit mit umgebender Bebauung / Gesamterscheinungsbild (filigran, massiv, gestalterische Akzente) • Sonnenschutz / Putzbalkone / Befahranlagen • Ableitung unterschiedlicher Fassadentypen • Vorgaben zur Bauphysik / Brandschutz (Schallimmissionen) • Speicherfähigkeit der Konstruktion in Abhängigkeit zur lufttechnischen Behandlung verschiedener Raumgruppen	• Festlegen von weiterzuverfolgenden Alternativen / Ausscheiden von Fassadenalternativen • Feststellen der Merkmale (Eigenschaften der Fassadenoptionen / -alternativen) • Festlegung der wesentlichen Bewertungskriterien • Schaffen einer Datentabelle zur Bewertung • Abwägung der Vor- und Nachteile • Entscheidung und Differenzierung der Bewertungskriterien für den weiteren Projektablauf	• Planung und Bemusterung der in der Vorplanung entschiedenen Alternativen • Vertiefung der Analyse der Merkmale • Entscheidung über durchzuplanende Lösung für die Ausführungsplanung	• Lösung von konstruktiven Einzelpunkten (z. B. Sonnenschutzintegration, Fensterbänke etc.) • fabrikatsneutrale Planung und Entscheidung über eine Vielzahl von material-/konstruktionsbedingten Einzelpunkten • Auswahl von Alternativen für die Ausschreibung	Entscheidungen über viele Einzelpunkte der Firmenplanung Beispiel aus einem Projekt: • Beschläge • Brüstungsverkleidung • Fenstergriffe • Fensterelemente • Podestvorderkanten (Treppenhausfenster) • Geländer, Gitter • Türdrücker • Jalousien • Karuselltüren/Windfanganlagen • Oberlichter • Paneele außen • Material Innenstützenverkleidung • Profile innen/außen • Pulverbeschichtung, Farbe • Rohrprofile Edelstahl • Lamellenprofil Lüftungsauslässe • Sonnenschutzkasten Fassade • Ganzglasecken • Verglasung

Abb. 4.14 Fassadenrelevante Entscheidungen/Vorgehensweisen im Projektablauf

Dargestellten verlaufen. Mit der Entscheidung zur Fassade sind somit eine Reihe von Entscheidungen verknüpft: Anforderungen an Fenster (Schallschutz, Wärmeschutz, Blendschutz), Erfordernis der Speicherfähigkeit der Konstruktion (abgehängte Decken, Wände), Lüftung (unterstützende Be- und Entlüftung, unterstützende Lüftung nachts), Ausführung von Sonnenschutz etc.

Schaffung der Objektcharakteristik Die vorstehend nur auszugsweise dargestellten Zusammenhänge müssen in einer Objektcharakteristik strukturiert werden. Es muss Datenmaterial bereitgestellt werden, um einen Abwägungsvorgang durchführen zu können. Bei den Kosten ist dies in der Regel ohne Probleme möglich, bei einigen anderen Kriterien (z. B. Genehmigungsfähigkeit etc.) wird dies nicht so klar darstellbar sein. Eine Methode wäre die Bewertung nach einer zu definierenden Skalierung im Sinne einer Nutzwert-

betrachtung. In dem in der Abb. 4.12 dargestellten Beispiel ergab sich die Ausprägungskonstellation in der Reihenfolge: optische Wirkung, Kosten (in Abhängigkeit zu den bestehenden Vorgaben), Pflege/Wartung, Genehmigungsfähigkeit, bauphysikalische Wirkung. Diese Einschätzung betrifft die Entscheidungsträger in der Projektebene 1 der Projektaufbauorganisation. In den Projektebenen 2 und 3 gibt es wiederum andere Ausprägungen der Bewertungskriterien.

4.5 Organisation des Entscheidungsmanagements

Im Rahmen der Erstellung des Nutzerbedarfsprogramms bzw. nach dessen Erstellung wird vom Projektmanager eine erste Entscheidungsstruktur aufgebaut. Ausgehend von den definierten Kriterien wird festzulegen sein, welche Grundsatzent-

Nr.	Entscheidung	Vorbereitung Planer		Empfehlungen / Entscheidungen				Hinweis
		Soll	Ist	Soll		Ist		
				2. Ebene BH Bauausschuss	1. Ebene BH Baukommission	2. Ebene BH Bauausschuss	1. Ebene BH Baukommission	
1.01.001	**BEISPIEL** **Nummer des Themas** **Thema des** 00 Nutzer 01 Architekt 02 Thermische Bauphysik 03 Freianlagen 04 Tragwerksplanung 05 Fördertechnik 06 Gas, Wasser, Abwasser, Feuerlöschanlagen 07 Küchentechnik 08 Wärmeversorgung 09 Mess-, Steuer-, Regeltechnik/Gebäudeleittechnik 10 Elektrotechnik - Starkstrom 11 Elektrotechnik - Schwachstrom **Thema aus HOAI-Phase** 01 Grundlagenermittlung 02 Vorplanung 03 Entwurfsplanung							

Abb. 4.15 Entscheidungsliste

Abb. 4.16 Entscheidungsliste Architekt

Entscheidungsliste Architekt

| Nr. | THEMA | Vorbereitung PLA | | Bauherrn-ebene II | | Bauherrn-ebene I | | BEMERKUNG |
		Soll	Ist	Soll	Ist	Soll	Ist	
1.1	Ausstattung Standardbüros	02.09.08	01.10.08	15.10.08	15.10.08	--	--	BH-AN v. 18.10.08
1.2	Energieversorgungskonzept	01.12.08	01.12.08	07.12.08	07.12.08	09.12.08	09.12.08	--
2.1	Lage Kundenzentrum	01.10.08	01.10.08	15.10.08	08.02.09	10.02.09	10.02.09	PS-AN Nr.0056
2.2	Fassadenkonzept	01.10.08	01.10.08	15.10.08	08.02.09	10.02.09	10.02.09	PS-AN Nr.0056
2.3	Lage Rechenzentrum	01.10.08	01.10.08	15.10.08	08.02.09	10.02.09	10.02.09	PS-AN Nr.0056
2.4	Trassenkonzepte TGA	01.10.08	01.10.08	15.10.08	08.02.09	10.02.09	10.02.09	PS-AN Nr.0056
2.5	Baurecht Süd	01.10.08	22.12.08	02.02.09	15.12.08	--	--	PS-AN Nr.0056
2.6	Bodenaufbau/Deckenkonzept	17.12.08	01.10.08	08.02.09	08.02.09	10.02.09	10.02.09	PS-AN Nr.0056

scheidungen vorab zu treffen sind und welche Entscheidungen im Rahmen der Grundlagenermittlung bzw. Vorplanung noch planerisch tiefer zu behandeln bzw. abzuwägen sind.

Die Planer erhalten vor dem Einstieg in die Planung das vom Bauherren/Projektentwickler erstellte Nutzerbedarfsprogramm zur Überprüfung. Dadurch besteht die Möglich-keit, Unklarheiten in den Programmvorgaben vor dem Einstieg in die Planung aufzudecken und einer Klärung zuzuführen, damit nicht später auftretende Meinungsverschiedenheiten zu Änderungen in der Planung führen. Des Weiteren werden die Planer gebeten, die für den Einstieg in die nächstfolgende Planungsphase erforderlichen Entscheidungen zu benennen.

Abb. 4.17 Aufgaben der Projektbeteiligten bei planungsrelevanten Entscheidungsprozessen

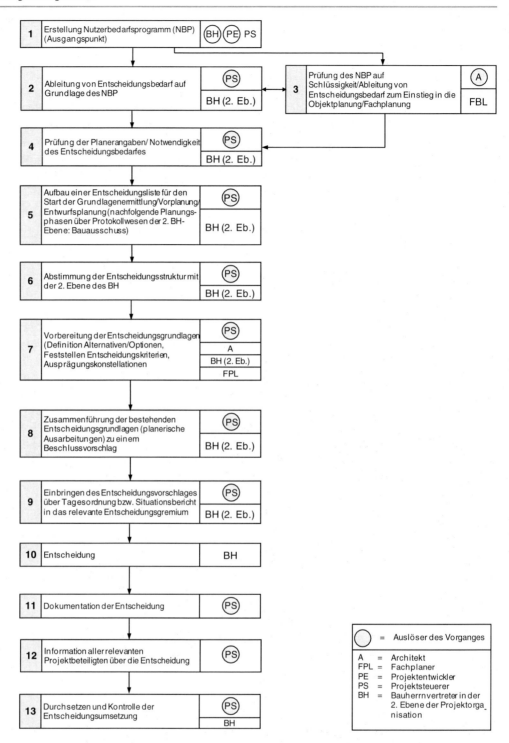

Aus den, dem Projektmanager aus eigenem Wissen bekannten Entscheidungspunkten und den von den Planern genannten Entscheidungserfordernissen wird vom Projektmanager eine Entscheidungsliste aufgebaut (s. Abb. 4.15, 4.16).

Diese beinhaltet für jede/-n Planungsphase/Planungsbereich die Entscheidungspunkte mit terminlicher Einordnung, wann diese zu treffen sind. Die Entscheidungszeitpunkte sind mit der Kommunikationsstruktur des Projektes zu syn-

chronisieren. Es bestehen dabei zwei Möglichkeiten der Anwendung der Entscheidungsliste. Sie kann als externes Mittel verwendet werden in der Verteilung an Bauherren, Planer und andere Beteiligte oder sie kann als internes Hilfsmittel des Projektsteuerers angewendet werden. Im letzteren Fall kommt zusätzlich die Aufgabe auf den Projektsteuerer zu, die Punkte zeitgerecht in die bestehenden Besprechungsebenen einzubringen und dort zu dokumentieren. In den Entscheidungsgremien des Projektes wird der Entscheidungsbedarf mit einem Beschlussvorschlag entweder vom Projektleiter des Bauherren oder vom Projektmanager vorgetragen. In Grundsatzfragen der Planung ist der Architekt Vortragender. Grundlage für den Entscheidungsvorschlag muss eine Vorlage sein, die als Situationsbericht für die entsprechende Sitzung vom Projektmanager aufbereitet wird. Diese Unterlage wird **vor** dem Einbringen in die 1. Ebene der Projektorganisation (Baukommission), in der 2. Ebene (Bauausschuss) abzustimmen sein. Die Definition der Entscheidungskriterien ist Aufgabe des Projektleiters des Bauherren sowie des Projektmanagers. Das Untersuchen der Entscheidungskriterien je Alternative/Option ist Aufgabe der Planer im Sinne einer technisch/wirtschaftlichen Grundleistung der Planung. Der Projektmanager moderiert diesen Prozess, führt die Beteiligten zielorientiert zusammen und präsentiert den Vorschlag dann zusammen mit den Projektbeteiligten.

Dieses Prozedere wird von der Grundlagenermittlung bis zum Abschluss der Entwurfsplanung so durchgeführt. Die Entscheidungen zur Ausführungsplanung werden zu einem großen Teil in den Bemusterungen und der Vorbereitung zur Ausschreibung getroffen. Diese ausführungsrelevanten Entscheidungspunkte werden dann vorgangsbezogen behandelt.

Soweit die 1. und 2. Ebene der Projektorganisation betroffen ist, nimmt der Projektmanager die entsprechenden Punkte in die Sitzungen der 2. Ebene (Bauausschuss), wo dann wiederum entschieden wird, ob der jeweilige Sachverhalt in der 1. Ebene der Projekt-organisation Entscheidungsbedarf auslöst. Der gesamte Ablauf ist in Abb. 4.17 dargestellt.

Das Verfahren bedeutet einen gewissen Aufwand, insbesondere für den Projektmanager. Der Nutzen und Vorteil besteht allerdings in der Vermeidung von Änderungssachverhalten und Terminverzögerungen, der weitaus größer als der entstehende Aufwand sein kann.

Das Funktionieren des Ablaufes bedarf gewisser Voraussetzungen. Die erste betrifft den Projektmanager selbst. Er muss die fachlichen Fähigkeiten besitzen, Entscheidungsstrukturen mit den Terminabläufen intellektuell zu synchronisieren. Dafür sind neben schneller Auffassungsgabe auch gewisse Erfahrungen in den Planungsabläufen erforderlich. Des Weiteren muss der Projektmanager diesbezüglich mit den Projektbeteiligten kommunizieren, um die Entscheidungsstrukturen vernünftig und machbar zu gestalten. Eine einseitige statische Vorgabe von zu treffenden Entscheidungen würde nicht zum Ziel führen, wenn zum jeweiligen Entscheidungszeitpunkt die planungsrelevanten Grundlagen nicht vorliegen.

Die zweite Voraussetzung betrifft die Aufbauorganisation des Projektes. In Projekten, in denen die Kommunikation zwischen den einzelnen Ebenen nicht funktioniert, können Entscheidungen häufig nicht zeitgerecht getroffen werden. Häufig entstehen dann Situationen, dass bestehende Fragen der Entscheidungsträger zu bestimmten Kriterien nicht ausreichend beantwortet werden können und damit die Entscheidung vertagt wird. Anzustreben ist deshalb eine durchgängige Kommunikation der Ebenen, die zeitlich so bemessen werden kann, dass es auch Managern von Weltunternehmen trotz deren anderweitiger Belastung – aus meiner sehr positiven Erfahrung mit einem großen Bauherren – möglich ist, die Grundsatzentscheidungen des Projektes – die auch häufig Entscheidungen unternehmensstrategischer Art sind – bewusst und entscheidend mitzugestalten.

5.1 Organisationsvorgaben für Planung und Bau

5.1.1 Festlegungen der Aufbauorganisation

Die Aufbau- und Ablauforganisation eines Projektes muss mehreren Aufgaben gerecht werden. Einerseits müssen alle Projektbeteiligten in erforderlichem Umfang mit klarer Aufgabenzuordnung erfasst sein. Andererseits müssen die Schnittstellen der verschiedenen Ebenen der Projektorganisation klar definiert sein. Die organisatorischen Festlegungen müssen den verschiedenen Entwicklungsstufen des Projektes angepasst sein. Die Phase der Projektentwicklung und strategischen Planung erfordert andere Regelungen als die Planungs- und Ausführungsphase.

Das Organigramm der Projektvorbereitungsphase gliedert sich in zwei Zeitabschnitte und ist in Abb. 5.1[1] dargestellt. Die Aufbauorganisation gliedert sich in die Entscheidungsebene und die operative Ebene, der die Abarbeitung der Aufgabenpakete und die Vorbereitung der Entscheidungen obliegt. Mit der Verabschiedung des Nutzerbedarfsprogramms durch die Baukommission und Einstieg in die Planungsphase ändert sich die Anforderung an die Aufbau- und Ablauforganisation.

Die Planungs- und Ausführungsphase erfordert eine Erweiterung der Aufbauorganisation.

Rechtzeitig vor Beginn der Planungsphase müssen Organigramme erstellt und abgestimmt werden. Dazu gehören auch Aufgabenbeschreibungen der beteiligten Organisationseinheiten sowohl der externen Planungsbeteiligten im Verhältnis zum Projektmanagement als auch die interne Struktur des Bauherren selbst.

Aus den Organigrammen sollte insbesondere hervorgehen, in welcher Form und mit welchen Aufgaben der Bauherr in die in der Regel aus mehreren Ebenen bestehenden Aufbauorganisation eingebunden ist. Die Erstellung dieser Organigramme sollte als eine der ersten Aufgaben durch den

---

[1] Donhauser B.: Ablauforganisation in der Projektvorbereitungsphase; Projektkonzepte CBP.

Projektsteuerer erstellt und im relevanten Entscheidungsgremium verbindlich verabschiedet und dokumentiert werden. Die Ergebnisse werden im Organisationshandbuch integriert. Abbildung 5.2 ist ein Beispiel dargestellt.

Wenn nicht schon durch die bestehende Aufbau und Ablauforganisation beim Bauherren Wertgrenzen für die jeweilige Bearbeitung existieren, dass heißt monetäre Festlegungen über die Einschaltung der nächst höheren Ebene innerhalb der Bauherrenorganisation, sollten auch diese Zuständigkeitsdefinitionen rechtzeitig definiert werden. Ein Beispiel darüber ist in Abb. 5.3 dargestellt.

Ein weiterer Klärungspunkt ist die Kommunikation der verschiedenen Beteiligten im Rahmen der Aufbauorganisation. Die reibungslose Kommunikation der Beteiligten, insbesondere in Zusammenhang mit den Entscheidungsprozessen, ist eine wesentlichen Voraussetzung für eine ungestörten Projektverlauf.

Das in Abb. 4.4 dargestellte Organigramm gliedert sich in drei Ebenen. In der Projektebene 1, der Baukommission als oberstem Gremium, werden die Grundsatzentscheidungen getroffen. Im Bauausschuss werden die Baukommissionssitzungen vorbereitet. Die Nutzerarbeitsgruppen, die sich bereits in der Projektvorbereitungsphase strukturiert haben, bringen ihre Bedürfnisse über den Bauausschuss ein. Umgekehrt erhält der Nutzer über den Bauausschuss Aufgabenpakete, die im Hinblick auf planungsrelevante Entscheidungen abgearbeitet werden müssen. Der Kontakt vom Nutzer zum Planer erfolgt nur über den Bauausschuss bzw. das Projektsteuerungs-Jour-fixe. Das Planungs- Jour-fixe wird unter Leitung des Objektplaners durchgeführt, dem auch die technische Koordination im Sinne des § 33 HOAI als Voraussetzung zur Integration der Beiträge der fachlich Beteiligten obliegt.

Die Projektleitung umfasst nach AHO den in aller Regel nicht delegierbaren Teil der Auftraggeberfunktionen. Die Aufgaben der Projektleitung sind die projektentscheidenden. Je mehr Kompetenz dem Projektsteuerer zugeordnet wird, um so mehr kann und muss er für das Erreichen von Projektzielen zur Verantwortung gezogen werden. Die Aufgaben der Projektleitung sind nachfolgend dargestellt.

N. Preuß, *Projektmanagement von Immobilienprojekten,*
DOI 10.1007/978-3-642-36020-6_5, © Springer-Verlag Berlin Heidelberg 2013

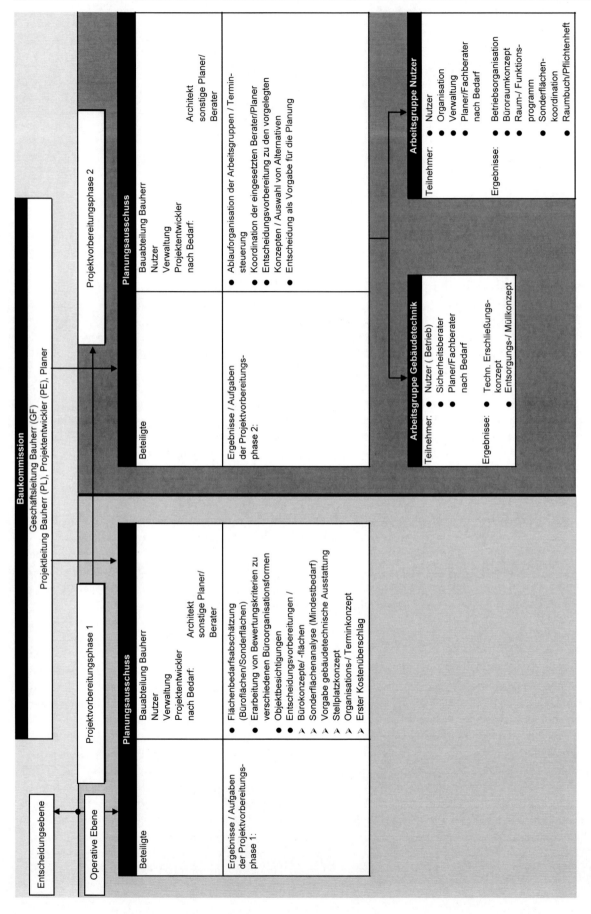

Abb. 5.1 Kommunikations-Aufbauorganisation in der Projektvorbereitungsphase

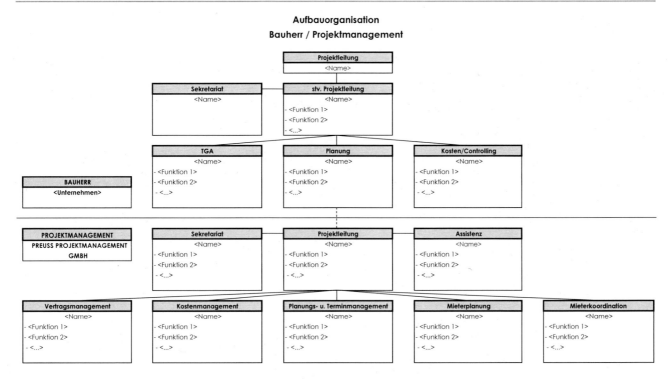

Abb. 5.2 Organigramm Aufbauorganisation

Sofern seitens des Auftraggebers auch die Projektleitung[2] in Linienfunktion beauftragt wird, gehören dazu im Wesentlichen folgende Grundleistungen:

1. Rechtzeitiges Herbeiführen bzw. Treffen der erforderlichen Entscheidungen sowohl hinsichtlich Funktion, Konstruktion, Standard und Gestaltung als auch hinsichtlich Organisation, Qualität, Kosten, Terminen sowie Verträgen und Versicherungen
2. Durchsetzen der erforderlichen Maßnahmen und Vollziehen der Verträge unter Wahrung der Rechte und Pflichten des Auftraggebers
3. Herbeiführen der erforderlichen Genehmigungen, Einwilligungen und Erlaubnisse im Hinblick auf die Genehmigungsreife
4. Konfliktmanagement zur Ausrichtung der unterschiedlichen Interessen der Projektbeteiligten auf einheitliche Projektziele hinsichtlich Qualitäten, Kosten und Terminen, u. a. im Hinblick auf
   - die Pflicht der Projektbeteiligten zur fachlichinhaltlichen Integration der verschiedenen Planungsleistungen und
   - die Pflicht der Projektbeteiligten zur Untersuchung von alternativen Lösungsmöglichkeiten

5. Leiten von Projektbesprechungen auf Geschäftsführungs-, Vorstandsebene zur Vorbereitung/Einleitung/Durchsetzung von Entscheidungen
6. Führen aller Verhandlungen mit projektbezogener vertragsrechtlicher oder öffentlich-rechtlicher Bindungswirkung für den Auftraggeber
7. Wahrnehmen der zentralen Projektanlaufstelle; Sorge für die Abarbeitung des Entscheidungs-/Maßnahmenkatalogs
8. Wahrnehmen von projektbezogenen Repräsentationspflichten gegenüber dem Nutzer, dem Finanzier, den Trägern öffentlicher Belange und der Öffentlichkeit

Für den Nachweis der übertragenen Projektleitungskompetenzen ist dem Auftragnehmer vom Auftraggeber eine entsprechende schriftliche Handlungsvollmacht auszustellen.

5.1.2 Festlegungen der Ablauforganisation

Die Ablauforganisation eines Projektes enthält eine Vielzahl von zu regelnden Einzelsachverhalten. In Abb. 5.4 ist eine Übersicht der wesentlichen Regelungserfordernisse dargestellt.

Diese Aufgabe wird vom Projektsteuerer auf Basis der vorgefundenen Grundlagen und gegebenen Randbedingungen in Abstimmung mit dem Auftraggeber durchgeführt. Die Organisationsvorgaben müssen rechtzeitig vorliegen. Deshalb sollte der Projektsteuerer zu Beginn seiner Leistungen

---

[2] AHO, Heft 9 (2009): Untersuchungen zum Leistungsbild, zur Honorierung und zur Beauftragung von Projektmanagementleistungen in der Bau- und Immobilienwirtschaft, 3. vollst. Überarbeitete Auflage, S. 19.

Vorgang	Ausführende Firma	Planer / Berater Objektüberwachung	Architekt Objektüberwachung	Projektsteuerer	Projektleiter	Bauausschuss	Steuerungsausschuss	Geschäftsführung	Aufsichtsrat
Bereich Planung (siehe PHB, Teil 04) nur wesentliche Schritte z. B. VORPLANUNG (einschl. Kostenschätzung)		• Zeichnerische und • textliche Bearbeitung des Leistungsbereiches inkl. Kostenplanung	• Zeichnerisches und textliches Bearbeiten • Koordinieren und Integrieren der Unterlagen der fachlich Beteiligten • Zusammenstellung der Vorplanung	• Begleiten • Steuern • Überwachen des terminlichen Ablaufes • Überprüfen wesentlicher Planungsinhalte • Herbeiführen von Entscheidungen zu Alternativen • Prüfen der Kostenschätzung • Abstimmung bei Meinungsverschiedenheiten • Stellungnahme und Empfehlung	• Begleiten der gesamten Phase • Herbeiführen von Zwischenentscheidungen	Prüfen der Planungsergebnisse in • technischer • wirtschaftlicher und • funktionaler Hinsicht mit Stellungnahme und Empfehlung	Freigabe der Vorplanung	Information	Information
Vorbereitung der Vergabe: Firmenvorschläge		Erstellen der Vorschlagsliste	Erstellen der Vorschlagsliste	• Prüfen / Ergänzen • Kommentieren bez. Empfehlen	Zustimmen bzw. Herbeiführen der Abstimmung innerhalb BH	Zustimmung nur im Bedarfsfall	Zustimmung bei Aufträgen über 20,0 Mio. EUR	Information und Freigabe	
Vergaben	Erstellung des Angebotes	• Prüfen • Werten • Vergabevorschlag	• Prüfen • Werten • Vergabevorschlag	• Prüfen der Vergabevorschlags und • Empfehlung	• Prüfung und • Annahme der Empfehlung • Auftragserteilung bei Aufträgen bis 25.000,- EUR gemäß geltender Unterschriftenordnung	• Prüfung und • Annahme der Empfehlung • Auftragserteilung bei Aufträgen bis 0,5 Mio. EUR	• Freigabe von Auftragspaketen bzw. Einzelaufträgen über 0,5 Mio. EUR • Unterschrift gemäß Regelung	• Freigabe von Auftragspaketen bzw. Einzelaufträgen über 20,0 Mio. EUR • Unterschrift gemäß Regelung	Information
Zahlungen	Erstellen von • Abschlagsrechnungen Erstellen von • Schlussrechnung	• Prüfen • Freigabe • Weiterleitung an PS • Prüfen • Freigabe • Weiterleitung an PS	• Prüfen • Freigabe • Weiterleitung an PS • Prüfen • Freigabe • Weiterleitung an PS	• Kontrolle und • Freigabe	Anweisungsfreigaben bis 2,0 Mio. EUR Kurzzeichen, Sachb., Abzeichnung: Projektleiter Gegenzeichnung: Kaufmann * Anweisungsfreigaben bis 0,5 Mio. EUR Kurzzeichen, Sachb., Abzeichnung: Projektleiter Gegenzeichnung: Kaufmann *	Anweisungsfreigaben bis zur Auftragshöhe durch • Kurzzeichen, Projektleiter • Abzeichnung: • Gegenzeichnung: Kaufmann *			
Bürgschaftsfreigabe	Antrag auf Abnahme / Bürgschaftsfreigabe	• Prüfen • Freigabe • Weiterleitung an PS	• Prüfen • Freigabe • Weiterleitung an PS	• Kontrolle und • Freigabe	• Prüfung • Annahme der Empfehlung • Freigabe bei Bürgschaften zu Aufträgen bis 25.000,- EUR gemäß geltender Unterschriftenregelung • Freigabe bei Bürgschaften zu Aufträgen bis 5,0 Mio. EUR gemäß geltender Unterschriftenregelung		• Prüfung und • Annahme der Empfehlung • Freigabe von Bürgschaften über 5,0 Mio. EUR		

Abb. 5.3 Wertgrenzen der Entscheidungen

Abb. 5.4 Festlegungen der Ablauforganisation

Teil 01 Projektorganisation
- Darstellung Aufbauorganisation Gesamtprojekt und Zuständigkeitsregelung (Organigramm)
- bauherrninterne Entscheidungsebenen / Entscheidungsablauf / Wertgrenzen Entscheidungen

Teil 02 Projektgliederung
- Gliederung in Bauteile/Riegel/Spangen/Höfe

Teil 03 Adressenverzeichnis
- Projektbeteiligtenliste

Teil 04 Koordination des Projektablaufes
- Aufgaben und Kompetenzbeschreibungen der Projektbeteiligten
- HOAI-phasenbezogene Darstellung der Aufgaben der Projektbeteiligten
- Schnittstellendefinitionen/Abgrenzungskatalog der Planungsbeteiligten
- Ablauf von Projekt-/Planungsänderungen

Teil 05 Besprechungswesen / Berichtswesen / Schriftverkehr
Besprechungswesen Planung
- Regelung der Besprechungshierarchien (Planungs-Jour-fixe, PS Jour-fixe, Baukommission, Bauausschuss, etc.)
- Regelung der Teilnehmer, Turnus, Gesprächsleitung, Protokollverfassung usw.)
Besprechungswesen Bauausführung
Berichtswesen
- Regelungen für Terminberichte A-V (Inhalte/zeitlicher Abstand/formale Anforderungen)
- Berichtswesen der Projektsteuerung (Situationsbericht, Prüfberichte zur Planung)
- Berichtswesen Bauleitung, Kostenberichte, Bautagebuch, Abnahmeniederschrift
Schriftverkehr
- mit Behörden
- mit Firmen

Teil 06 Ablaufplanung und Terminkontrolle
- Ebenen der Terminplanung
- Terminkontrolle
- Vorgaben zum Layout
- Terminberichte
- Abnahmeverfahren
- Ablauf Bemusterungen

Teil 07 Planerstellung und Dokumentation
- Vorgaben zur CAD-Planung
- Regelungen zum Datenaustausch
- Plankopf
- formale Anforderungen an Pläne (Formate, etc.)
- Planumlauf (Organigramme)
- Planverteilung
- Plandokumentation

Teil 08 Kostenplanung
- Kostenermittlung in den einzelnen Leistungsphasen
- Aufbau der Kostenermittlungen
- Freigabe des Kostenrahmens für nächste Planungsphase
- Zusammenstellung der einzelnen Vergabeeinheiten
- Ablauf der Kostenkontrolle der Bauleitung
- formale/inhaltliche Anforderungen an den Kostenbericht
- Regelung des Auftrags-/Nachtragswesens
- Kostenkontrolle/Dokumentation
- Kostenrahmen für Folgekosten

Teil 09 Allgemeiner Teil der Verdingungsunterlagen
zu erstellende Vordrucke
- Aufforderung zur Angebotsabgabe
- Bewerbungsbedingungen
- Angebot
- besondere Vertragsbedingungen
- zusätzliche Vertragsbedingungen (evtl. Vorgaben zur CAD-Planung)
- zusätzliche technische Vertragsbedingungen
- Bürgschaftsurkunde/Bietergemeinschaften/Personal- und Geräteliste

Teil 10 Erstellung von Leistungsverzeichnissen
- Ablauf der LV-Erstellung
- Regelung der Durchführung/Mitwirkung/Zustimmung/Kenntnisnahme bei der Erstellung der LVs

Teil 11 Abwicklung des Vergabeverfahrens
- Wartungsverträge
- Nachtragsverfahren
- Formulare (Vergabevorschlag/Angebotsprüfung/Nachtragsverfahren)
- Vergabeablauf (Ausgabe der Verdingungsunterlagen bis Vergabe des Auftrages)

Teil 12 Abrechnungsverfahren
- Rechnungslauf bis zur Zahlungsanweisung
- Rechnungsregistratur
- Rechnungslauf Planerrechnungen/Rechnungen für Bau- und Lieferaufträge
- formale Anforderungen an Rechnungen

Teil 13 Projektkenndaten

einen Ablauf in der Erstellung der Organisationsvorgaben mit dem Bauherren vereinbaren.

Die zu regelnden Sachverhalte sind im Grundsatz bei vielen Projekten ähnlich. Sie unterscheiden sich in Abhängigkeit von der Aufbauorganisation, der Größe und Komplexität sowie der erforderlichen Tiefe der Darstellung. Wesentlich ist, dass die Organisationsvorgaben auf die spezifischen Randbedingungen des Projektes abzustimmen sind.

Das dokumentierte Ergebnis des Projektsteuerers in dieser Phase muss nicht den Umfang eines „Buches" haben. Gerade im großen Umfang von Organisationshandbüchern liegt das Problem der Vermittelbarkeit gegenüber den Planungsbeteiligten sowie dem Bauherren.

Eine weitere wesentliche Aufgabe des Projektsteuerers ist die Kommunikation der Organisationsvorgaben zwischen Bauherr und Planungsbeteiligten. Hier gilt es auch, sinnvolle Vorschläge von Planungsbeteiligten zur Vereinfachung der Organisationsprozesse aufzunehmen und mit dem Bauherren abzustimmen. Die Ergebnisse der Organisationsvorgaben sind rechtzeitig und in abgestimmter Form vom Projektsteuerer in den Projektablauf zu integrieren und im Projektverlauf ggf. fortzuschreiben.

Projekt	Teil: 02
Organisationshandbuch	Stand:
Projektgliederung	Seite: 2

BEZEICHNUNG DER GEBÄUDETEILE

Allgemein

Das Bauvorhaben wird in verschiedene Bauteile gegliedert, mit dem Ziel, Planung und Gebäudenomenklatur einheitlich zu gestalten um damit die Übersichtlichkeit zu erleichtern.

Im Plankopf (vgl. PHB Teil 07 „Planerstellung/ -dokumentation") wird in der Systemzeichnung durch Markierung gekennzeichnet, welcher Bereich oder Ausschnitt im Plan einzeln dargestellt ist.

Bauteile

Das Gebäude gliedert sich in Riegel, Spangen, Kerne, oberirdisch zusätzlich in Höfe sowie unterirdisch in Keller-räume unter den Höfen und Teilen der Außenanlage (Tiefgarage).

Die Spangen sind nach ihrer Lage, also NS für Nordspange und SS für Südspange, bezeichnet.

Die Riegel tragen in der Richtung von Osten nach Westen die Buchstabenbenennung

| A | B | C | D | E | F |

aus der Gebäudenomenklatur.

Achsbezeichnungen

Zur genaueren Definition von bestimmten Planbereichen wurde ein Hauptachsraster festgelegt.

Das Achssystem läuft von Westen nach Osten von Achse 0-55 und im Norden mit den Buchstaben X, A, B, C, D usw. beginnend nach Süden bis zur Achse P.

Das Hauptachssytem gliedert sich weiter in eine Feinstruktur die den Bereich zwischen zwei Hauptachsen in Weiter Achsabschnitte unterteilt. Diese weiter Unterteilung spiegelt sich auch in der Fassadenstruktur wieder.

Übersichtsplan

Ein Übersichtsplan mit der Bezeichnung der Spangen und Riegel ist in Anlage 1.1 und 1.2 dargestellt.

Abb. 5.5 Auszug Projektgliederung

5.1.3   Projektstruktur/Projektgliederung

Zur Identifikation der einzelnen Elemente bzw. Komponenten eines Projektes ist ein Projektstrukturkatalog zu entwickeln. Dieser ist Basis der Kodifizierung für die Projektarbeit für Pläne, Beschreibungen, Kostenermittlung und -kontrollen, Terminplanungen und Überwachungen, Auftragszuordnungen, Budgetierungen, Inventarisierungen, etc.

Das Projekt ist dazu rechtzeitig in seine Komponenten zu gliedern, damit vorab einheitliche Bezeichnungen festgelegt werden. Die nicht rechtzeitig erstellte Definition führt häufig zu Änderungen von bereits erstellten Plandokumenten. Zu beachten sind dabei auch die Bezeichnungsnotwendigkeiten aus der Sichtweise des Nutzers.

Folgende Fragen sollten unter anderem berücksichtigt werden:

- Sind innerhalb des Projektes mehrere Auftraggeber vorhanden?
- Welche Schnittstellen sind zu anderen Bauprojekten sowie Organisationsprojekten gegeben?
- Gibt es zu berücksichtigende Vorlaufprojekte, z. B. Umzugsprojekte, Vermietaufgaben, Instandsetzungsaufgaben?

- Welche Bauwerke, Anlagen sind zusätzlich zu integrieren? Denkbare Gliederungsebenen sind Projekt, Teilprojekte, Funktionen, Bauwerksteile, Baubereiche (Casino, Rechenzentrum, etc.), Ebenen, etc.
- Welche finanz- und ablauftechnischen Vorgaben existieren für die Projektgliederung?

Die Entwicklung der Projektgliederung sollte zunächst durch einen Vorschlag des Objektplaners erfolgen, der sich aus den praktischen Erwägungen des Planungsablaufes einerseits sowie einer sinnvollen Gebäudenomenklatur andererseits im Sinne des Betriebes ergibt. Dieser Vorschlag ist anschließend mit dem Bauherren durchzusprechen, insbesondere im Hinblick auf die Erfordernisse einer bauabschnittsweisen Errichtung, Kostengliederungskriterien, etc. Nach den erfolgten Abstimmungen und nach Freigabe des Bauherren über die Projektstruktur sollten diese in geeigneter Form dargestellt werden.

Die Entscheidung über die grundsätzliche Gliederung sollte spätestens zu Beginn der Vorplanung abgeschlossen sein, damit spätere Doppelbearbeitungen bei der Planung vermieden werden. Einen Auszug der Projektgliederung zeigt Abb. 5.5.

5.1.4 Projektbeteiligtenliste

Unmittelbar nach Beauftragung des Projektsteuerers sollte dieser eine Projektbeteiligtenliste erstellen, mit Adresse, Telefon, Telefax sowie Abkürzung für alle Projektbeteiligten. Diese Liste sollte vor Beginn der eigentlichen Planungstätigkeit konzipiert werden. Die generelle Form sollte vor Erarbeitung mit dem Bauherren projektspezifisch abgestimmt werden. Die Liste sollte in verschiedene Kapitel aufgebaut sein, z. B.
1. Bauherrenorganisation
2. Planung, Gutachter/Sachverständige
3. Ausführende Firmen (je nach Erfordernis)
4. Behörden
Nach Erstellung wird diese den jeweils aufgenommenen Beteiligten mit der Bitte um Korrektur zugeschickt und anschließend verbindlich verteilt. In geeigneten Abständen ist diese auf Aktualität zu überprüfen und fortschreiben, wobei die Änderungen gekennzeichnet werden müssen.

Die Projektbeteiligtenliste ist sicher nicht der ausschlaggebende Punkt für die erfolgreiche Durchführung von Projekten, gleichwohl ist häufig festzustellen, dass eine nicht existente Liste ein echtes Manko darstellt, da die Koordinaten der verschiedenen Beteiligten immer wieder neu zusammengesucht werden müssen. Desweiteren ist darauf zu achten, dass durch unkorrekte Listenführung (z. B. falsche Namen, etc.) keine Unstimmigkeiten entstehen. Jedes gut geführte Büro wird diesbezüglich Standards haben, die für alle Projekte verbindlich bei den Bearbeitern eingeführt sind.

5.1.5 Aufgabenaufteilung zwischen Projektbeteiligten/Koordination des Projektablaufs

Die Aufgaben und Leistungen von Projektbeteiligten stellen sich im konkreten Ablauf der Projekte, insbesondere im Bereich der Auftraggeberstrukturen und den Schnittstellen zum Projektmanagement projektspezifisch unterschiedlich dar.

Aus diesem Grunde sollten die Aufgaben der Projektbeteiligten im Verhältnis zueinander differenziert und phasenweise dargestellt werden. Dies betrifft auch die Schnittstellen der verschiedenen Planungsbeteiligten im Verhältnis zueinander und den Ablauf des Änderungsmanagements. Zur Abgrenzung der Planungsbeteiligten sind die Schnittstellendefinitionen präzise zu definieren und sukzessive in den einzelnen Planungsphasen zu verfeinern. Diesbezüglich hat der Projektsteuerer geeignete Werkzeuge ins Projektgeschehen einzuführen.

Diese grundsätzliche Abstimmung sollte mit dem Bauherren rechtzeitig im Rahmen der Projektvorbereitung erfolgen, da in diesem Zusammenhang auch einige grundsätzliche Entscheidungen über den Projektablauf zu treffen sind. Dies gilt insbesondere auch für die Leistungsbilder der Ingenieurverträge.

- Im Rahmen dieser Abstimmung sollten insbesondere folgende Punkte geklärt und entschieden werden:
- Ablauf der Erstellung des Investitionsplanes und dessen Freigabe im Bauherrengremium Verfahren der Bearbeitung der Ingenieurverträge, Verhandlung, Beauftragung
- Entscheidung über Schnittstellenbetrachtung (Trennung der Leistungsphasen 5/6 HOAI) Notwendigkeit der Beauftragung von Besonderen Leistungen im Rahmen der Kostenplanung durch Objektplaner und Fachplaner
- Abstimmung der Aufgaben des Bauherren im Rahmen der Planung und Abwicklung im Sinne der Planungsbegleitung (Einbringen der Nutzervorstellungen)
- Freigabeprozesse der Planung
- Generelles Verfahren der Vorbereitung und Mitwirkung der Vergabe im Hinblick auf die bestehenden Bauherrenaufgaben
- etc.

In Abb. 5.6 ist als Beispiel die Aufgabenaufteilung bei der Projektabwicklung einer Vorplanungsphase dargestellt. Diese verfolgt das Ziel, die in den HOAIPhasen für die Projektbeteiligten liegenden wesentlichen Aufgaben übersichtlich und in der erforderlichen Abfolge darzustellen. Damit stellt diese Auflistung eine Grundlage der Projektabwicklung in Zusammenwirken der Projektbeteiligten untereinander dar. Unabhängig davon gelten die Festlegungen und Inhalte der abgeschlossenen Verträge. Die in der nachfolgenden Auflagenzuordnung mit ■ gekennzeichnete Organisationseinheit stellt den auslösenden Bearbeiter der durchzuführenden Maßnahme dar. Die Kennzeichnung mit □ bedeutet die Mitwirkung bei der entsprechenden Maßnahme. Der Nutzen dieser Darstellung über alle Phasen des Projektes liegt insbesondere in der Kommunikation der Ablaufprozesse mit dem Bauherren, dass daraus ein einheitliches Meinungsbild und auch ggf. andere Vorstellungen in die Diskussion Eingang finden und verbindlich abgestimmt werden. In einem späteren Schritt erfolgt die Kommunikation mit den Planungsbeteiligten über die Prozesse und die daraus resultierenden Änderungen werden dann nochmals einzuarbeiten sein.

Die Abstimmung dieser Teilprozesse des Projektes sollte vor Erstellung der Ingenieurverträge abgeschlossen und mit dem Bauherren verabschiedet sein.

5.1.6 Kommunikationsstruktur

Gründe für das Scheitern von Projekten können auch in einer mangelhaften Kommunikation der Projektbeteiligten liegen. Ursachen dafür begründen sich einerseits im Fehlen organisatorischer Voraussetzungen, andererseits aber auch in der inhaltlich nicht funktionierenden Kommunika-

Abb. 5.6 Auszug der Regelungen über Aufgabenaufteilungen

Projekt Organisationshandbuch Verdingungsunterlagen				Teil: Stand: Seite		
	BH-GF	BH-PL	PS	PLA	OÜ	Firma
2. VORPLANUNG (Leistungsphase 2 HOAI)						
2.1. Technische und organisatorische Abwicklung						
– Fortschreiben des Organisationshandbuchs		□				
– Grundleistungen nach HOAI lt. Vertrag sowie besondere Leistungen lt. Vertrag				■		
– Erarbeiten eines Planungskonzeptes einschließlich Alternativen				■		
– Koordinieren und Integrieren der Leistungen der an der Planung Beteiligten, Abhalten eines Planungs-Jour-fixe (in ca. 2-wöchigem Turnus bzw. nach Bedarf) mit Erstellung eines Protokolls		□	□	■		
– Abhalten eines PS-jour-fixe zum Planungsstand (in ca. 3-wöchigem Turnus bzw. nach Bedarf) mit Erstellung eines Protokolls		□	□	■		
– Begleiten und Steuern der Planung sowie stichprobenartige Kontrolle der wesentlichen Planungsinhalte einschließlich Überprüfen von Alternativen		□	■			
– Herbeiführen von Entscheidungen zu Alternativen		□	■			
– Entscheiden von Alternativen	■	■				
– Vorstellen und Erläutern des Gebäudekonzepts für GF und Nutzer	□	□	□	■		
– Freigabe des Gebäudekonzepts	■	□				
– Vorverhandeln mit Behörden und anderen an der Planung fachlich Beteiligten über die Genehmigungsfähigkeit unter Mitwirkung von BH-PL		□		■		
– Ermittlung der vermietbaren Flächen sowie der Flächen nach DIN 277				■		
– Bewertung der Flächenermittlung und Weiterleitung an BH-GF mit entsprechender Stellungnahme		□	■			
– Vorstellen und Erläutern der Ergebnisse der Vorplanung für GF und Nutzer	□	□	□	■		
– Prüfen der Planung auf wesentliche Nutzervorgaben		■	■	□		
– Prüfen der Ergebnisse der Vorplanung mit entsprechender Stellungnahme.		□	■	□		
– Freigabe der Vorplanung	■	□				
– Laufende Information der Bauherren-Gremien.		□	■	□		
2.2. Termine						
– Fortschreiben der Generalablaufplanung		□	■	□		
– Aufstellen, Abstimmen, Überwachen und Fortschreiben des Steuerungsterminplans für die Planung		□	■	□		
– Rechtzeitige schriftliche Meldungen an PS bei Terminabweichungen und Behinderungen; Vorschlag von Gegensteuerungsmaßnahmen				■		
– Monatlicher Bericht zur Terminsituation an PS				■		
– Prüfen der Berichte, ggf. Ausräumen von Unstimmigkeiten in terminlicher Hinsicht			■	□		
– Prüfung der Fortschreitung des Generalterminplans			■	□		
– Freigabe der Fortschreitung des Generalterminplans	■	□				
2.3. Kosten						
– Vorgabe des Kostenrahmens bzw. einer Kostenobergrenze für die Planer		□	■	■		
– Erstellen einer Kostenschätzung gemäß PHB Teil 08 mit differenziertem Erläuterungsbericht				■		
– Bewerten der Kostenschätzung durch den Vergleich mit der Kostenrahmenvorgabe und Weiterleitung an GF mit entsprechender Stellungnahme	□	■				
– Prüfen der Kostenschätzung mit entsprechendem Bericht			■	□		
– Abstimmung von Meinungsverschiedenheiten aus der Prüfung der Kostenschätzung			■	▯		
– Ggf. Überarbeitung der Kostenschätzung						
– Freigabe der Kostenschätzung	■	□				
– Vorschlag eines Kostenrahmens für die Entwurfsplanung		□	■			
– Prüfen des Kostenrahmens für die Entwurfsplanung			■	□		
– Freigabe des Kostenrahmens für die Entwurfsplanung	■	□				

tion. Das Erreichen von Entscheidungen ist unter anderem davon abhängig, dass die Entscheidungsträger der Projektebene 1 zu bestimmten Zeitpunkten zur Verfügung stehen. Dies betrifft analog die Projektebene 2 und 3. In Abb. 5.7 sind die Erfordernisse der Kommunikation (Besprechungen, Berichte, Schriftverkehr) konkretisiert. Ausschlaggebend für das Funktionieren dieser Struktur ist die Vorbereitung der in den einzelnen Ebenen zu treffenden Entscheidungen. Für die Baukommission (1. Ebene des Projektes) werden als Vorbereitung Situationsberichte mit Entscheidungsvorlagen

	Ort	Leitung	Protokollführer	Turnus/Termin	Einladung	GF Funktion	GF Teilnahme	BAS Funktion	BAS Teilnahme	PL Funktion	PL Teilnahme	PS Funktion	PS Teilnahme	AR Funktion	AR Teilnahme	FP Funktion	FP Teilnahme	OÜ Funktion	OÜ Teilnahme	FB Funktion	FB Teilnahme	Inhalte
BESPRECHUNGEN																						
Baukommission (BK)	BH	GF	PS	6w	PS	D	T	K	T	K	T	K	T	K	T		nB		nB		nB	Treffen von Grundsatzentscheidungen
Bauausschuss (BAS)	BH	PL	PS	3w	PS	K		K	T	D	T	K	T	K	T	K	nB	K	nB	K	nB	Vorbereitung von Grundsatzentscheidungen, Treffen von Einzelentscheidungen
Projekt-Steuerungs-Jour-fixe	PS	PS	PS	2w	PS	K		K		K	nB	D	T	K	T	K	T	K	nB			Ablauforganisation, Einleitung Steuerungsmaßnahmen
Planungs-Jour-fixe	AR	AR	AR	2w	AR	K		K		K	T	D	T	D	T	K	nB	K	nB			Lösung von Planungsproblemen, Planungskoordination
Behördenabstimmungen	nB	nB	nB	nB	nB	K	nB	K	nB	K	nB	K	T	D	T	D	nB	K	nB	K	nB	
Vergabeverhandlungen	OÜ	OÜ	OÜ	nB	OÜ	K	nB			K	T	K	T		nB		nB	D	T		nB	
Koordinationsgespräche AR, FP/AN	AR	AR	AR	nB	AR					K	nB	K	nB	D	T	K	T	K	T			
Bauausführungs-Jour-fixe	OÜ	OÜ	OÜ	2w	OÜ					K	nB	K	nB	K	nB	K	nB	D	T	K	T	
BERICHTE																						
Terminkontrollberichte (LPh 8)				4w						K		P		K		D		D		D		Statusbericht Ausführung (Leistungsstand L.ST)
Terminberichte A/V (LPh 6 - 7)				nB						K		P		K		D		D		D		Statusbericht Ausschreibung/Vergabe (L.ST)
Terminkontrollberichte (LPh 5)				4w						K		P		D		D						Statusberichte Ausführungsplanung (L.ST)
Kostenberichte				nB						K		P						D		D		Kostenprognose
Bautagesbericht FA				1t								K						P		P		
Abnahmeniederschrift				nB						P	T	P	T	K		K		D	T	D	T	
Prüfbericht Lph. 1-4 der Planung				nB						K		D		P		P						
Situationsbericht (Kosten/Termine/Qualität)				12w		K		P		P		D						K				Gesamtstatus Projekt
SCHRIFTVERKEHR																						
mit Behörden								D/K		K	K	D	K	D		D		D				
mit Firmen																						
– wegen Planung										K		D/K		D		D		K				
– wegen Bauausführung						K				K		K						D		D		
– wegen Vertrag										D		K						D		D		

Abb. 5.7 Kommunikationsstruktur

Abkürzungen:

BH	Bauherr	**A/V**	Ausschreibung/Vergabe	**D**	Durchführung
1. Ebene	GF, PL, PS, AR	**FA**	ausführende Firmen	**K**	Kenntnisnahme
2. Ebene	PL, PS, AR, FP nB	**FB**	Fachbauleitung (HOAI § 73, Nr. 6-9)	**P**	Prüfung
3. Ebene	PL, PS, AR, FP, OÜ, FB	**LPh**	HOAI-Leistungsphase	**T**	Teilnahme
GF	Geschäftsleitung	**OÜ**	Objektüberwachung (HOAI § 15, Nr. 6-9)	**nB**	nach Bedarf
PL	Projektleiter (Bauherr)			**1t**	täglich
PS	Projektsteuerer			**2w**	2-wöchig
AR	Architekt				
FP	Fachplaner				

mindestens eine Woche vor den Sitzungen an die Teilnehmer verteilt. Je nach vorgesehenen Tagesordnungspunkten werden Beschlussvorschläge in den Bericht integriert. Die Termine der Baukommissionssitzungen richten sich nach den jeweils bestehenden Notwendigkeiten über zu treffende Entscheidungen.

5.1.7 Berichtswesen

Der Auftraggeber muss durch laufende und zielgerichtete Informationen über den aktuellen Stand des Projektes und die voraussichtliche Entwicklung informiert werden. Das Berichtswesen ist damit Teil der bereits erläuterten Kommunikationsstruktur, die im Rahmen der Festlegung der Aufbau- und Ablauforganisation vom Projektsteuerer vorzuschlagen und abzustimmen ist. Dabei sind AG-seitige Vorgaben zu Inhalten und Terminen zu beachten. Dies umschließt nicht nur den Bereich des Projektsteuerers sondern auch denjenigen der Planer und der Objektüberwachung, die über ihren Verantwortungsbereich gesondert berichten. Diese Informationen sind im Berichtswesen des Projektsteuerers zu verarbeiten. Der von diesem zu liefernde Situationsbericht ist ein Statusbericht über alle entscheidenden Projektereignisse. Er sollte komprimiert alle Informationen enthalten, die den AG in die Lage versetzen, einerseits den Status des Projektes einschätzen und andererseits die erforderlichen Steuerungsmaßnahmen auslösen zu können. Die Berichtsform, Inhalt

Abb. 5.8 Zielsetzung von Situationsberichten

Zielsetzung von Situationsberichten

Der Projektsteuerer liefert Monatsberichte, die den Auftraggeber und die betroffenen Entscheidungsgremien in knapper Form über den Stand des Projektes in organisatorischer, qualitativer, terminlicher und kostenmäßiger Hinsicht und die voraussichtliche zukünftige Entwicklung unterrichtet. Sie stellen damit Lageberichtes des Projektes und damit gleichzeitig Rechenschaftsberichte der Projektsteuerung dar. Der Quartalsbericht ist ein ausführlicher Bericht, der sich allerdings auf die wesentlichen Punkte konzentriert. Er wird durch monatliche Kurzberichte in der gleichen Inhaltsstruktur ergänzt.

Folgende Gliederungsstruktur wird vorgegeben:

1.   Stand der Planung

- Architektur
- Technische Ausrüstung
- Tragwerksplanung
- Sonstige

Aufzeigen von Entscheidungspunkten in den einzelnen Planungsbereichen, Hinweise auf Problempunkte mit Lösungsansätzen.

2.   Stand des Genehmigungsverfahrens

- Status
- Problempunkte
- Lösungsansätze und weitere Vorgehensweise

3.   Abstimmungsstand sonstige externe Beteiligte

- Nachbarn
- Nutzer
- etc.

Aufzeigen von Themen, die die Planung und Abwicklung berühren mit Vorschlag der weiteren Vorgehensweise.

4.   Terminstatus

4.1.   Planungsstand
Aufzeigen des Soll/Ist-Vergleiches zur Planung (Liste oder Terminplan) auf Basis des Rahmenterminplanes.

Erläuterung des Terminstandes mit Aufzeigen von Störungsmaßnahmen bei Verzug

einschließlich kurzer Darstellung der Konsequenzen.

4.2.   Bautenstand (mit Fotodokumentation)
Aufzeigen des Soll/Ist-Vergleiches Bautenstandes (Liste mit prozentualer Bewertung des Leistungsstandes oder Soll/Ist-Vergleich auf Basis des Terminplanes.

Erläuterung des Terminstandes mit Aufzeigen von Störungsmaßnahmen bei Verzug einschließlich kurzer Darstellung der Konsequenzen.

4.3.   Fertigstellungsprognose

5.   Kostenstand

5.1.   Erläuterung und Darstellung des Kostenstatus

- Kostenbudget (Ausgangsbudget)
- Bisher genehmigte Fortschreibungen
- Hauptaufträge
- Abrechnungsstand
- Nachträge (genehmigt)
- Nachträge (geprüft, noch nicht genehmigt)
- Erkennbare Mehr/Minderungen
- Gesamtkostenprognose

5.2.   Kostensteuernde Maßnahmen

6.   Stand der Ausschreibungen/Vergaben

Liste über Ausschreibungs-/Vergabestatus mit Aufzeigen aller relevanten Termine (Ausschreibungsbeginn, Ausschreibung fertig, Lesung Ausschreibung, Versand, Submission, Vergabevorschlag vorliegen, Beauftragung erteilen, etc.).

7.   Entscheidungen im nächsten Berichtszeitraum

8.   Sonstiges

---

und Detaillierungstiefe richtet sich in erster Linie an den Informationsbedürfnissen der Aufbauorganisation des AG aus, die rechtzeitig abzustimmen sind.

Daraus abgeleitet ergibt sich beispielhaft die in Abb. 5.8 dargestellte Zielsetzung von Situationsberichten bzw. Quartalsberichtes des Projektsteuerers.

Rahmendaten				Wichtige Meilensteine		Erl.
Projekt	Musterprojekt			• Abgabe ergänzende Ergebnisse LPh 3 :		
Projektleiter	Mustermann	Vertr.		- Techn. Gebäudeausrüstung bis **25.04.2008**	07.05.2008	✓
				- Kostenberechnung bis **25.04.2008**	21.05.2008	✓
Berichtszeitraum	10.05.2008	bis	23.05.2008	• Festlegung Systemhersteller Vergabe	19.05.2008	✓
				• Unterzeichnen der GP-Verträge bis **30.04.2008:**		
Statusbericht vom	26.05.2008			• Beginn Versand Ausschreibungen (Gerüste)	21.05.2008	✓
					30.05.2008	
					23.05.2008	✓

Wesentliche Aktionen/ Ergebnisse	Wesentliche nächste Schritte
• Festlegung der Systeme und Strategie für die Vergabe	• Unterzeichnen des GP-Vertrages
• Festlegungen Ausschreibungen Bauteil-übergreifend	• Evaluierung Sofortmaßnahmen Bauteil C durch PREUSS
• Unterzeichnen des GP-Vertrages	• Prüfung Ergebnisse LPh 3 durch PREUSS – Fortsetzung
• Vervollständigung der Ergebnisse LPh 3	• Versand der LV´s: Dachabdichtungen, Fenster für alle Bauteile
• Prüfung Ergebnisse LPh 3 durch PREUSS - derzeit in Bearbeitung	

Probleme	Gegenmaßnahmen
• Genehmigung des Aufzuges bei Bauteil A problematisch (Denkmalschutz)	• Aufzeigen von Alternativen und intensive Abstimmungen mit den Behörden
• Genehmigung des Aufzuges bei Bauteil B (problematische Lage)	• Intensive Gespräche mit Genehmigungsbehörde notwendig (positive Bereitschaft signalisiert)

Entscheidungsbedarf	Entscheidung von	Entscheidung bis
• Festlegung des Projektbudgets für Bauteil B	• Bauherr	• 06.06.2008

Projektstatus

Bauteil	A	B	C	D	E	F	G	H	I	J
Termine	⦿	⦿	⦿	⦿	⦿	⦿	⦿	⦿	⦿	⦿
Kosten	⦿	⦿	⦿	⦿	⦿	⦿	⦿	⦿	⦿	⦿
Qualitäten	⦿	⦿	⦿	⦿	⦿	⦿	⦿	⦿	⦿	⦿
Kapazitäten	⦿	⦿	⦿	⦿	⦿	⦿	⦿	⦿	⦿	⦿

Abb. 5.9 Portfoliobericht

Ein Beispiel für einen Kurzbericht ist in Abb. 5.9 dargestellt. Dieser Bericht über ein Projektportfolio enthält neben den wichtigen Meilensteinen Hinweise auf wesentliche Aktionen und Ergebnisse sowie die nächsten Schritte in der Abwicklung des Projektes. Ebenfalls aufgeführt sind bestehende Probleme und eingeleitete Gegenmaßnahmen. In dem Berichtswesen kommt es darauf an, die Information möglichst komprimiert darzustellen. Ein Beispiel für eine terminliche Statusberichterstattung wird in Abb. 5.10 gezeigt. In diesem Terminkontrollbericht sind dem Terminverzug in einzelnen Vorgängen auch die Prognosen über die Tendenz in der weiteren Entwicklung angegeben, um handlungsfähig zu bleiben.

5.1.8 Ablaufplanung und Terminkontrolle

Es sind die Ebenen der Ablaufplanung zu definieren und den jeweiligen Projektbeteiligten zuzuordnen. Ebenfalls sind die Aufgaben der Terminkontrolle, die erforderliche Dokumentation der Ergebnisse aller weiterer Projektbeteiligten zu Beginn des Projektes abzustimmen und zu präzisieren. Die Erreichung der definierten Terminziele erfordert einerseits eine Systematik, andererseits aktive Vorgehensweisen zu unterschiedlichen Zeitpunkten bzw. Situationen.

Diese Terminstrukturen werden nicht nur einseitig vom Projektsteuerer, sondern von allen Beteiligten des Projektes ausgefüllt werden müssen. In der Phase der Projektvorbereitung wird der Projektsteuerer einen Terminrahmen entwickeln, der nach Entscheidung durch den Bauherren Vorgabe im Sinne des weiteren Handelns für alle Projektbeteiligten ist.

Da die Dauer von großen Projekten häufig mehr als 4 Jahre beträgt, liegen damit zwischen Projektentwicklung und Nutzungsbeginn naturgemäß eine Fülle von Unwägbarkeiten, die zum Zeitpunkt der Formulierung des Terminzieles noch nicht bekannt sind. Aus diesem Grunde entwickelt sich die Terminplanung in verschiedenen Ebenen, die von unterschiedlichen Beteiligten bearbeitet wird und vom Projektmanager zielorientiert zusammengeführt werden müssen.

In Abb. 5.11 sind die Ebenen der Terminplanung dargestellt. In jeder der 5 dargestellten Projektphasen von der Projektvorbereitung bis zur Inbetriebnahme werden Terminpläne unterschiedlicher Struktur erstellt. In Kap. 8 sind die Terminstrukturen detailliert erläutert.

Abb. 5.10 Terminliche Status-
berichterstellung

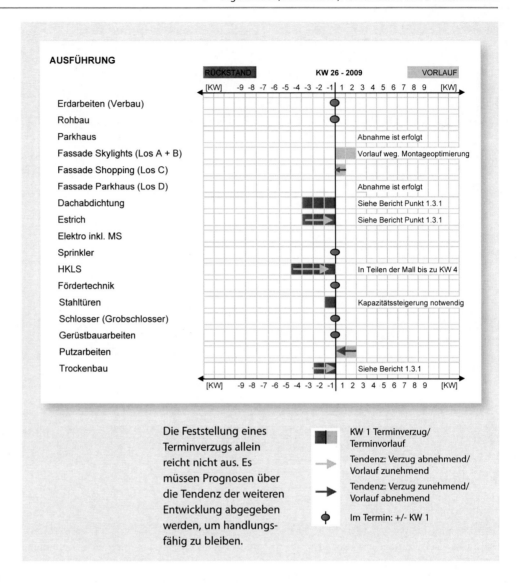

Diese Parameter müssen vom Projektsteuerer auf das jeweils vorliegende Projekt übertragen werden und im Organisationshandbuch dargelegt werden. Desweiteren wird in diesem Zusammenhang zu definieren sein, wie die Terminkontrolle im Verhältnis Steuerer zu Planungsbeteiligten erfolgt. Es ist darauf zu achten, dass die Planungsbeteiligten ihrerseits einen Status zu ihrem erreichten Planungsstand dokumentieren.

5.1.9 Anforderungen an die Plan- und Bestandsdokumentation

Der Projektsteuerer hat darauf hinzuwirken, dass rechtzeitig auftraggeberseitig bestehende Vorgaben zur Planerstellung (z. B. Layerstrukturen) abgestimmt werden, so dass nicht in späteren Planungsphasen Schwierigkeiten durch zu spät formulierte Vorgaben entstehen. Gleiches gilt für Anforde-

rungen an die von Ausführungsfirmen zu liefernde Bestandsdokumentation.

In Abb. 5.12 ist das Inhaltsverzeichnis der zu regelnden Punkte dargestellt. Die dort beinhalteten Punkte sind rechtzeitig mit den Objektplanern und auch den Fachplanern abzustimmen.

Falls differenzierte CAFM-Vorgaben seitens des Bauherren vorliegen, wird zu überprüfen sein, inwiefern die bestehenden CAD-Systeme der Planer damit kompatibel sind. Es gibt eine ganze Reihe von formalen Anforderungen an die Pläne in Form von Format, Plankopf, Codiersystem, die zielorientiert definiert werden müssen.

Ebenso betrifft dies die Steuerung der Planverteilung und die Auflistung aller Pläne.

Rechtzeitig vor der Ausschreibung müssen die Anforderungen an die von den ausführenden Firmen zu liefernden Bestandsdokumentation definiert werden. Ein Beispiel zeigt Abb. 5.13.

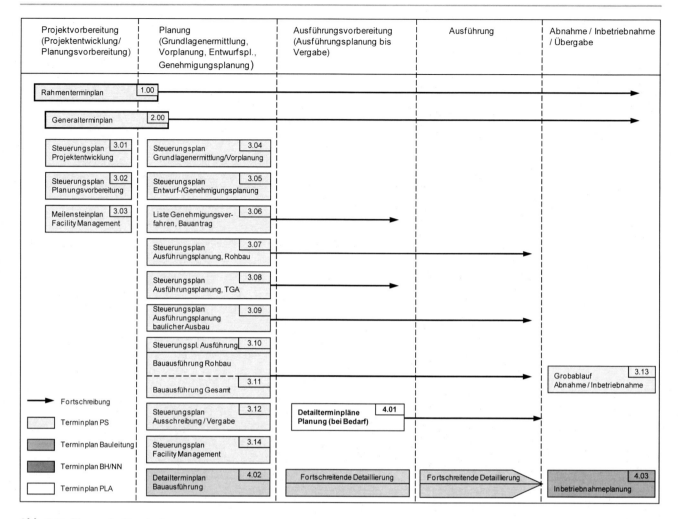

Abb. 5.11 Ebenen der Terminplanung

Abb. 5.12 Auszug aus Organisationshandbuch: Anforderung Plandokumente

Projekt	Teil: 07	
Organisationshandbuch	**Stand:**	
Anforderungen Plandokumente	**Seite: 1**	

INHALTSVERZEICHNIS

1. **Geltungsbereich und Zweck**
1.1 **CAD-Anforderungen**

2. **Formale Anforderungen an Pläne sowie die zugehörigen Unterlagen**

2.1 Formate
2.2 Plankopf und Planänderungsliste
2.3 Vervielfältigungsgerechte Ausführung
2.4 Codiersystem
2.5 Eintragungen im Plankopf und Planänderungsliste
2.5.1 Plankopf
2.5.2 Codierung Planer und Plannummerierung
2.6 Planänderungsliste

3. **Steuerung der Planverteilung**

3.1 Auflistung aller Pläne
3.2 Terminierung der Einzelpläne bzw. von Planpaketen

4. **Dokumentation von Plänen**

4.1 Information über den Stand der erstellten Pläne
4.2 Verteilung von Planlisten, Plänen und Plan-Reproduktionen (Pausen)
4.3 Anforderung von Plan-Reproduktionen (Pausen)

5. **Besonderheiten bei der Änderung von Ausführungsunterlagen**

6. **Verzeichnis der Abkürzungen (Ansprechcodes)**

Abb. 5.13 Struktur der Projekt-dokumentationen

Gliederung			Inhaltliche Beschreibung der Dokumentationsunterlagen	Zuständigkeit PE (Verkäufer)/ GÜ (PL)	Zuständigkeit PE (Verkäufer)/ GÜ (GU)	Vorlage (✓)
		20	Vorbereitete Verträge mit Energieversorgern/Stadtwerken, etc.		X	
1.	**Allgemeine gewerkeübergreifende Unterlagen**					
01			**Gesamtinhaltsverzeichnis sämtlicher Bestandsunterlagen**		X	
02			**Adressenlisten von Projektbeteiligten**	X		
	01		Liste von Verkäufer, aller Planer, Gutachter, Sonderfachleuten mit Angabe der Fachbereiche/Gewerke, Adressen, Telefonnummern, eMail, hervorgehoben: namentl. Ansprechpartner	X		
	02		Adressenlisten von ausführenden Firmen / Firmenliste mit Angabe der Fachbereiche/Gewerke, Adressen, Telefonnummern, eMail, hervorgehoben: namentl. Ansprechpartner	X		
	03		**Gewährleistungsverzeichnis mit Angabe aller Fachbereiche/Gewerke, Firmen, Adressen, Telefonnummern, eMail; mit Angabe der Abnahmedaten, Fristen der Gewährleistung, evtl. Neufristen der Gewährleistung, Einbehalten/Bürgschaftsbeträgen**		X	
	04		**Verzeichnis der behördlich geforderten Wiederholungsprüfungen**		X	
	05		**Fortschreibung der Bau- und Ausstattungsbeschreibungen mit Anlagen- und Funktionsbeschreibungen in Zusammenarbeit mit Planern und GU; inkl. Bemusterungsbuch und Farbkonzept, inkl. Fabrikateliste, inkl. Lieferteilliste**		X	
	06		**Aufmaßprotokoll/endgültige Mietflächenberechnung (inkl. Park-/Stellplätze und Fahrradstellplätzen**		X	
		01	Berechnungen der Flächen sowie des umbauten Raumes nach DIN 277		X	
		02	Flächenberechnungen nach gif		X	
		03	PKW-Stellplatznachweis		X	
		04	Fahrradstellplatznachweis		X	
	07		**Layerliste CAD-Bestandspläne (EDV-Format: .dwg/.dxf)**		X	
2.	**Bauwerk (inkl. Außenanlagen und Tragwerk), bei Bedarf sind auch jeweils größere/kleinere Maßstäbe zusätzl. anzugeben**					
01			**Architektur**		X	
	01		Planlieferliste für alle Planer und Fachplaner		X	
	02		Lagep		X	
	03		Baustelleneinrichtungsplan		X	
	04		Grundrisse M 1:50		X	
	05		Schnitte M 1:50		X	
	06		Ansichten M 1:50		X	
	07		Deckenspieg		X	
	08		Details M 1:1, M 1:5, M 1:10, M 1:20		X	
	09		Fluchtwegp		X	
	09		Sonstig		X	
	10		Amtliche Lagepläne mit Eintragung der Verkehrs- sowie Ver-und Entsorgungsanlagen		X	
	11		Türliste		X	
02			**Fachplanung Tragwerk/Statik**		X	
	01		Prüfstatik mit Prüf- und Schlussbericht		X	
	02		Statische Berechnungen (außerhalb der Besonderlen Leistungen nach §15 HOAI		X	
	03		Positionspläne		X	
	04		Bewehrungsp		X	
		01	Grundrisse M 1:50		X	
		02	Schnitte M 1:50		X	
		03	Details M 1:1, M 1:5, M 1:10, M 1:20		X	
		04	Sonstige Pläne		X	
03			**Fachplanung Haustechnik/TGA/Sonderfachleute**		X	
	01		Haustechnische Schemata		X	
	02		Grundrisse M 1:50		X	
	03		Schnitte M 1:50		X	
	04		Deckenspiegel M 1:50		X	
	05		Details M 1:1, M 1:5, M 1:10, M 1:20		X	
	06		Fluchtwegpläne		X	
	07		Sonstige Pläne		X	
	08		Berechnungen (z. B. Rohrnetzberechnungen, Kanalnetz, Energiebilanz, Kurzschlussberechnung, Beleuchtungen, Selektivitätsnachweis, Leistungsbilanz (Netz und Netzersatz)))		X	
	09		Kühllastberechnung		X	
	10		Unterlagen zum Nachweis der lückenlosen Verbrauchserfassung		X	
	11		Wärmebedarfsrechnung nach DIN 4701		X	
	12		Energieeinsparungsnachweis nach aktueller EnEV		X	
	13		Energieausweis für Gebäude		X	
	14		Brandschutzkonzept		X	
	15		Lüftungskonzept		X	
	16		Beleuchtungskonzept mit Berechnungen (z. B. Arbeitsplatz 500 lx)			
	17		Nachweis über Luftdichtigkeit nach DIN 4108 (Blower Door-Tests)		X	
	18		Schallschutzgutachten		X	
	19		Schallschutznachweis nach DIN 4109		X	
	20		Vorbereitete Verträge mit Energieversorgern/Stadtwerken, etc.		X	

Der konkrete Ablauf strukturiert sich wie folgt:

Der Projektsteuerer klärt die bauherrenseitigen Vorgaben zur Dokumentation und übergibt diese an den Objektplaner. Dieser prüft diese und formuliert zu den ihn betreffenden Punkten einen Vorschlag, der anschließend erörtert und abgestimmt wird.

Die verabschiedeten Vorgaben werden dann vom Projektsteuerer im Organisationshandbuch aufgenommen. Dabei sollte sich der Umfang der Dokumentation auf unbedingt zu regelnde Sachverhalte beschränken und muss projektspezifisch angepasst werden.

Die vom Projektsteuerer bestehenden Vorgaben sollten den Planungsbeteiligten nicht aufgezwungen werden. Falls also beim Planer bürospezifische, brauchbare Vorgaben organisatorischer Art bestehen, sollten diese in die Projektbe-

Abb. 5.13 (Fortsetzung)

Gliederung		Inhaltliche Beschreibung der Dokumentationsunterlagen	Zuständigkeit		Vorlage (✓)
			PE (Verkäufer)/ GÜ (PL)	PE (Verkäufer)/ GÜ (GU)	
04		**Fachplanung Außenanlagen**		X	
	02	Schnitte M 1:100, M 1:50		X	
	03	Details M 1:1, M 1:5, M 1:10, M 1:20, M 1:50		X	
	04	Sonstige Pläne		X	
05		**Erdbau/Baugrube**		X	
	01	Fachunternehmererklärung		X	
	02	Bautagebuch		X	
	03	Entsorgungsnachweise		X	
	04	Wiegescheine		X	
	05	Nachweisführung und Überwachungen bei bestimmten Verbauarten (z. B. Unterfangungen)		X	
	06	Statik für Verbau		X	
	07	Überwachungsprotokolle zur Wasserhaltung		X	
	08	Sonstiges (projektbedingt)		X	
06		**Rohbau/Baumeisterarbeiten**		X	
	01	Fachunternehmererklärung		X	
	02	Bautagebuch		X	
	03	Betontagebuch		X	
	04	Ggf. M+W-Planung (z. B. Fertigteile)		X	
	05	Schweißnachweis		X	
	06	Nachweise über Fremdüberwachung Beton (z. B. B2-Baustelle)		X	
	07	Nachweis über Durchgängigkeit der Betoneinlegearbeiten		X	
	08	Messprotokoll Fundamenterder		X	
	09	Dichtigkeitsnachweis bei Fugenbändern		X	
	10	Haftzugsproben und Nachweise über Schichtdicken (z. B. Abdichtungssysteme)		X	
	11	Ggf. Abreißversuche bei Dübeln/Befestigungen		X	
	12	Entsorgungsnachweise		X	
	13	Liefernachweis Beton		X	
	14	Pflegeanleitungen (separat von Produktdatenblättern)		X	
	15	Bauaufichtliche Zulassungen und Sicherheitsdatenblätter		X	
	16	Produktdatenblätter		X	
	17	Sonstiges (projektbedingt)		X	
07		**Dach-/Spengler-/Abdichtungsarbeiten**		X	
	01	Fachunternehmererklärung		X	
	02	Bautagebuch		X	
	03	M+W-Planung		X	
	04	Dichtigkeitsnachweis (Druckprobe bei Flachdächern)		X	
	05	Schweißnachweis (Spenglerarbeiten)		X	
	06	Wartungsangebot		X	
	07	Liefernachweise		X	
	08	Einweisungsprotokolle		X	
	09	Wartungsanleitungen		X	
	10	Bauaufichtliche Zulassungen und Sicherheitsdatenblätter		X	
	11	Produktdatenblätter		X	
	12	Sonstiges (projektbedingt)		X	
08		**Fassade/Sonnenschutz**		X	
	01	Fachunternehmererklärung		X	
	02	Bautagebuch		X	
	03	M+W-Planung		X	
	04	Positionspläne (Glasgüten zur Nachbestellung und Fensterberechnungen)		X	
	05	Ggf. statische Nachweise		X	
	06	Schweißnachweis		X	
	07	Ggf. Zulassungen im Einzelfall		X	
	08	Haftzugsproben und Nachweise über Schichtdicken (z. B. Putzfassaden)		X	
	09	Ggf. Abreißversuche bei Dübeln/Befestigungen		X	
	10	Wartungsangebot		X	
	11	Wartungs-/Pflegeanleitungen (separat von Produkdatenblätter)		X	
	12	Bauaufichtliche Zulassungen und Sicherheitsdatenblätter		X	
	13	Produktdatenblätter		X	
	14	Sonstiges (projektbedingt)		X	
09		**Maler-/Spachtel-/Anstrich-/Lackierarbeiten**		X	
	01	Fachunternehmererklärung		X	
	02	Bautagebuch		X	
	03	Haftzugsproben und Nachweise über Schichtdicken (z. B. Beschichtungen)		X	
	04	Pflegeanleitungen (separat von Produktdatenblättern)		X	
	05	Bauaufichtliche Zulassungen und Sicherheitsdatenblätter		X	
	06	Produktdatenblätter		X	
	07	Sonstiges (projektbedingt)		X	

arbeitung Eingang finden können, außer es bestehen zwingende bauherrenseitige Vorgaben.

Im Rahmen der Vorplanung sollte vom Architekten bzw. den Fachplanern ein Planverzeichnis konzipiert werden, was auch dazu nötig ist, um Kapazitätsüberlegungen auf angemessene Planungsdauern abzugleichen. Desweiteren muss die Klärung der Gliederung der Bestandsdokumentation erfolgen, ggf. mit dem zwischenzeitlich eingeschalteten FM-Dienstleister, um den geordneten Aufbau und die Vollständigkeit zum Projektabschluss sicherzustellen.

Abb. 5.14 Inhaltsverzeichnis
Organisationshandbuch, Kostenplanung und –struktur

Projekt	Teil: 08
Organisationshandbuch	**Stand:**
Kostenplanung und -struktur	**Seite: 1**

INHALTSVERZEICHNIS

1.   **Definition und Zielsetzung**

2.   **Erweiterung der Kostenermittlung nach DIN 276**

3.   **Arten der Kostenermittlung**

3.1   Kostenrahmen für die Investitionskosten
3.2   Kostenschätzung
3.3   Kostenberechnung
3.4   Kostenfortschreibung
3.5   Kosten je Vergabeeinheit
3.6   Kostenanschlag
3.7   Kostenbericht
3.8   Kostenfeststellung

4.   **Vorgaben und Hinweise zur Erstellung von Kostenermittlungen**

4.1   Bauabschnitte
4.2   Kostenstand
4.3   Umsatzsteuer
4.4   Vollständigkeit
4.5   Erläuterungsbericht
4.6   LV-Festlegungen

5.   **Anlagen**

1. Kostengruppen, Leistungsbereiche/Leistungspakete
2. Leistungsbereiche
3. Leistungspakete
4. Formblätter

5.1.10 Kostenplanung und Struktur

Die Ablaufprozesse der Kostenplanung, die Aufgaben der
verschiedenen Projektbeteiligten und die Definition der Detaillierungsstruktur sind rechtzeitig festzulegen. Dies betrifft
ebenso den Aufbau und die Struktur zur Ermittlung der Nutzungskosten. Desweiteren sind die Anforderungen an das
Kostenberichtswesen unter Einbeziehung der Ausführungsbeteiligten zu definieren. Abbildung 5.14 zeigt ein Beispiel
für die Gliederung der Organisationsvorgaben im Bereich
Kostenplanung und Kontrolle.

Unter diesem Kapitel sollten sowohl der projektbezogene
methodische Ansatz der Kostenplanung als auch Aufgaben
der am Projekt Beteiligten dargestellt werden.

Je nach Projekt gestaltet sich die Anforderung an die Tiefe
der Kostenplanung unterschiedlich. Insofern ist es sinnvoll,
die Anforderungen in den verschiedenen Phasen zu definieren. Dies betrifft auch die Ausgestaltung von Erläuterungs-
berichten zu den Mengenermittlungen, etc.

Desweiteren ist das Verfahren der Kostenfortschreibung,
die Paketierung der Kosten zum gegebenem Zeitpunkt in
Vergabeeinheiten, die Definition des Kostenanschlages, die
Anforderungen des Kostenberichtes sowie die Vorgehensweise bei der Erstellung der Kostenfeststellung darzustellen.
In diesem Zusammenhang muss der Projektsteuerer spezielle Werkzeuge verfügbar haben, die er dann an die Erfordernisse des Projekts anpassen muss.

5.1.11 Allgemeiner Teil der Verdingungsunter-
lagen

Der Projektsteuerer muss rechtzeitig dafür Sorge tragen,
dass für die Ausschreibung geeignete Verdingungsunterlagen vorliegen. Deshalb ist rechtzeitig mit dem Bauherren
abzustimmen, welche Vorlagen für den allgemeinen Teil
der Verdingungsunterlagen vorhanden und verwendet werden sollen. Wenn bauherrenseitig keine Vorlagen vorhanden
sind, müssen diese unter Einbindung einer Rechtsberatung
vom Bauherren zusammengestellt werden. Der Projektsteuerer wirkt hierbei unterstützend mit. Die Zusammenstellung
dieser Unterlagen muss bei Beginn der Entwurfsplanung
eingeleitet werden, um rechtzeitig zur Ausschreibung vollständige und abgestimmte Grundlagen den Ausschreibenden
zur Verfügung zu stellen.

Falls der Bauherr Verdingungsunterlagen vorschlägt,
müssen diese vom Projektsteuerer hinsichtlich der vereinbarten Vertragsziele überprüft werden. Dies betrifft die generelle Form und den Inhalt sowie den Aufbau gemäß den
Vorgaben der VOB. Desweiteren sollte eine gewisse Vollständigkeit im Hinblick auf die VOB gegeben sein. Durch
die Rechtsberatung ist zu überprüfen, ob Verstöße gegen die
AGB-Gesetzgebung vorliegen. In der Regel gibt es unterschiedliche Auffassungen zu Einzelpunkten, die rechtzeitig
zwischen Beteiligten mit dem Ausschreibenden abgestimmt
und abgeglichen werden sollten.

Abb. 5.15 Auszug aus Regelungen zu den Verdingungsunterlagen

Projekt	Teil: 09	
Organisationshandbuch	Stand:	
Verdingungsunterlagen	Seite: 3	

INHALTSVERZEICHNIS

1.   Projektbeschreibung

1.1   Lageplan
1.2   Projektbeteiligte
1.3   Baubeschreibung

2.   Bewerbungsunterlagen

2.1   Aufforderung zur Abgabe eines Angebotes
2.2   Bewerbungsbedingungen
2.3   Angebot

3.   Besondere Vertragsbedingungen

4.   Zusätzliche Vertragsbedingungen

5.   Zusätzliche technische Vertragsbedingungen sowie Ergänzungen der ZVB (CAD-Bearbeitung)

6.   Leistungsbeschreibung mit Leistungsverzeichnis

7.   Formulare
Bürgschaftsurkunde (Mängelhaftungsbürgschaft)
Bürgschaftsurkunde (Vertragserfüllungsbürgschaft)
Bürgschaftsurkunde (Vorauszahlungsbürgschaft)
Erklärung der Mitglieder der Bietergemeinschaft
Verzeichnis der Nachunternehmer
Personal - und Geräteliste
Angaben zur Preisermittlung bei Zuschlagskalkulation EFB-Preis 1a
Angaben zur Preisermittlung bei Kalkulation über die Endsumme EFB-Preis 1b
Angaben zur Preisermittlung bei Zuschlagskalkulation EFB -Preis 1 Ausbau
Aufgliederung wichtiger Einheitspreise EFB-Preis 2

In der Abb. 5.15 ist ein Inhaltsverzeichnis der zu regelnden Einzelsachverhalte gezeigt, die dann nach Abstimmung in das Organisationshandbuch integriert werden.

5.1.12 Erstellung der Verdingungsunterlagen

In Zusammenhang mit der Erstellung der Verdingungsunterlagen gibt es eine ganze Reihe von zu regelnden Einzelsachverhalten, in die unterschiedlichste Beteiligte der Organisation einzubeziehen sind.

In Abb. 5.16 sind die relevanten Punkte aufgeführt. In diesem Zusammenhang ist wichtig, dass zustimmungsbedürftige Fragen in Abstimmung mit dem Bauherren bzw. der Projektleitung (PL) rechtzeitig abgestimmt werden, damit keine Verzögerungen entstehen.

Dies betrifft z. B. die Entscheidung über die Losbildung und die Art der Leistungsbeschreibung, die rechtzeitig getroffen werden sollte, damit nicht erst nach fertiggestelltem Leistungsverzeichnis eine Überarbeitung erforderlich wird.

Dies gilt ebenso bei einer ganzen Reihe an Festlegungen zu den Einzelheiten des Leistungsverzeichnisses.

Die Durchsicht der Verdingungsunterlagen auf Form und Inhalt erfolgt durch unterschiedliche Beteiligte. Hier muss das Verfahren eindeutig definiert sein, damit nicht Verzögerungen in der Phase der Einarbeitung von Korrekturen entstehen.

5.1.13 Abwicklung Vergabeverfahren

Der Vergabeablauf und die einzubeziehenden Projektbeteiligten sind von Projekt zu Projekt völlig unterschiedlich. Deshalb sind die auftraggeberseitigen Zuständigkeiten eindeutig zu regeln. In Abb. 5.17 ist ein Beispiel über den Prozessablauf dargestellt.

5.1.14 Abrechnungsverfahren

Es ist im Einzelnen zu definieren, wie die Rechnungen die verschiedenen Zuständigkeiten der Projektorganisation durchlaufen. Dies betrifft Honorarrechnungen, Bau- und Lieferaufträge sowie sonstige Rechnungen. Zur organisatorischen Regelung werden Rechnungsdatenblätter sowie Flussdiagramme für die unterschiedlichen Rechnungstypen erstellt und zur verbindlichen Bearbeitung vorgegeben. Diese Festlegungen sollten möglichst frühzeitig zu Beginn des Projektes bzw. der Planung erfolgen, da bereits nach den ersten Schritten der Planung das Einreichen der Rechnung von den Planungsbeteiligten zu erwarten ist. Deshalb ist mit dem Bauherren und seinen zuständigen Stellen (Projektleiter, ggf. kaufmännische Abteilung) ein Grundsatzgespräch zur Abwicklung der Abrechnung zu führen. In diesem Gespräch ist zunächst eine Bestandsaufnahme über die Form und den bauherreninternen Ablauf des Rechnungswesens zu machen.

Abb. 5.16 Auszug aus Regelungen zu den Verdingungsunterlagen

Projekt Organisationshandbuch Verdingungsunterlagen				Teil: Stand: Seite

ERSTELLEN DER VERDINGUNGSUNTERLAGEN	PL	PS	PLA/ FBL	BM
1. Erstellen des spezifischen Teils der Verdingungsunterlagen (ZTV)	K	K	(D)	D
2. Festlegen der Losbildung und Entscheidung über die Art der Leistungsbeschreibung	Z	Z	(D)	D
3. Erstellen der Massenermittlung und der Leistungsbeschreibung			D	D
4. Zusammenstellen der beizulegenden Pläne			(D)	D
5. Festlegen und Einfügen der Ergänzungen der Allgemeinen Verdingungsunterlagen:				
• LV-Nr.		M		D
• Anzahl der Pläne und Plan-Nummer			M (D)	D
• Ermöglichung der Einsichtnahme in nicht beigefügte Verdingungsunterlagen			(D)	D
• Eröffnungstermin	Z	M	(D)	D
• Zuschlagsfrist		Z	(D)	D
• Ausführungsfrist		Z	(D)	D
• Vertragsstrafen	Z	M	(D)	D
• Gewährleistungsdauer	Z	M	(D)	D
• Vorauszahlungen mit Bankbürgschaft, ja/nein, % der Rückzahlung	Z	M	(D)	D
• Preisgleitklausel (Art, weiterer Eintragung), falls nötig	Z	M	(D)	D
• Angaben über:				
– öffentliche Straßen		M	(D)	D
– Flächen für Lager und Arbeitsplätze		M	(D)	D
– Verkehrswege innerhalb des Baugeländes		M	(D)	D
– Medienversorgung Baustrom/Bauwasser/Telefonanschlussmöglichkeit		M	(D)	D
– Abwassermöglichkeit		M	(D)	D
– Kosten der Medien (Anschlüsse/Verbrauch)		M	(D)	D
– Feuerwehr		M	(D)	D
– Positionsangabe bei Aufgliederung wichtiger Einheitspreise		M	(D)	D
6. Zusammenstellen der Verdingungsunterlagen und Erstellen eines elektronisch lesbaren Datenträgers entsprechend den Anforderungen des AVA-Systems			M	D
7. Durchsicht der Unterlagen zu Punkt 6 auf Form und Inhalt	K	D	(D)	D
8. Einarbeiten der Korrekturen, Durchnummerieren der Seiten und Freigabe zur Vervielfältigung. Ergänzen des elektronisch lesbaren Datenträgers			(D)	D
9. Vervielfältigung und Zusammenstellung der Verdingungsunterlagen in kopierfähiger Form				D
10. Versand der Verdingungsunterlagen				D

Aufbauend auf diesen Gesprächen wird der Organisationshandbuchteil Abrechnungsverfahren als Rohling erstellt. Zur organisatorischen Regelung werden Rechnungsdeckblätter sowie Flussdiagramme für die unterschiedlichen Rechnungstypen erstellt. Es ist insbesondere darauf zu achten, dass alle Beteiligten (auch bauherrenintern) der Rechnungsabwicklung in dem Ablaufschema erfasst sind, außer der Bauherr wünscht, dass diese Verfolgung durch ihn selbst erfolgt. Anschließend ist der Rohentwurf mit den Beteiligten abzustimmen, zur Entscheidung zu führen und den Projektbeteiligten vorzugeben.

Nach Durchlauf der ersten Rechnungen ist eine Bestandsaufnahme im Hinblick auf die Funktion des gewählten Verfahrens zu machen, ggf. muss eine Anpassung der gewählten ablauforganisatorischen Vorgaben erfolgen und in fortgeschriebener Form an die Beteiligten versendet werden.

Neben der inhaltlichen und rechnerischen Prüfung ist bei der formalen Rechnung der Prüfung darauf zu achten, dass folgende Angaben enthalten sind:

- Rechnungsart
- Rechnungsdatum
- eindeutige Rechnungsnummer
- Leistungszeitraum
- Leistungsempfänger
- Bankverbindung
- UID-Nummer
- Steuernummer
- gültige Freistellungsbescheinigung
- evtl. weitere formale Vorgaben des Bauherren

In Abb. 5.18 ist der Rechnungslauf für Bau- und Lieferaufträge aus einem Projektbeispiel dargestellt. In Abb. 5.19 ist eine Rechnungskontrollbogen dargestellt, in dem die rele-

Abb. 5.17 Auszug Struktur des Beauftragungsverfahrens

D= Durchführung, M= Mitwirkung, K= Kenntnis, Z= Zustimmung	BH	PS	(F)PL	(F)BL
1. Ausgabe der Verdingungsunterlagen und Anpassungsmaßnahmen				
1.1 Ausgabe der Verdingungsunterlagen				
1.1.1 Firmenauswahl:				
• Vorschlag	M	M	M	D
• Entscheidung	D	M		
1.1.2 Versand der Verdingungsunterlagen		D	M	M
1.2 Evtl. notwendige Anpassungsmaßnahmen				
1.2.1 Verschieben des Eröffnungstermins				
• Anfrage	D	K		K
• Entscheidung	D	K		K
• Mitteilung	D	K		K
1.2.2 Klären von Bieterfragen				
• Anfrage	M			D
• Klären und Bearbeitung	M	M	(M)	D
• Mitteilung	K	K	(M)	D
1.2.3 Aufheben der Ausschreibung				
• Klären und Bearbeitung	M	M		D
• Entscheidung	D	K		K
• Mitteilung	D	K		K
2. Angebotseinreichung				
2.1 Eingang, Registrierung, Verwahrung der Angebote	D			
2.2 Submission	D			
3. Auswertung				
3.1 Mitteilen der Einreichungsergebnisse	D	K		K
3.2 Fachtechnische und sachliche Prüfung			(M)	D
3.3 Preisspiegel incl. Identifizierung und Bewertung von Ausreißerpositionen	K	K	M	D
3.4 Sondervorschläge				
3.4.1 Prüfen aller Sondervorschläge; ggf. Einholen weiterer Angebote für Sondervorschläge (rechnerisch / fachtechnisch / wirtschaftlich)			(M)	D
3.4.2 Prüfbericht für Sondervorschläge	K	K	(M)	D
3.5 Preisspiegel mit Kosten Soll-Ist-Vergleich je Position (Kostenberechnung/geprüftes Angebot)	K	K		D

vanten Daten als Grundlage für die Rechnungsfreigabe enthalten sind.

Diese Festlegungen sind von Bauherr zu Bauherr stark unterschiedlich und müssen zeitlich in allen Einzelheiten mit den betroffenen Stellen abgestimmt werden, sonst können Rechnungen nicht pünktlich zur Auszahlung kommen.

Abb. 5.17 (Fortsetzung)

	D= Durchführung, M= Mitwirkung, K= Kenntnis, Z= Zustimmung	BH	PS	(F)PL	(F)BL
3.6	Vorschlag zur Vergabeverhandlung	K	K		D
3.7	Durchführung technischer Bietergespräche	K	M	(M)	D
3.8	Vergabeverhandlung	D	M		M
3.9	Archivierung der nicht in Frage kommenden Angebote	D			
4.	**Abschluss Werkvertrag**				
4.1	Vergabevorschlag und Einholung der Zustimmung / Vorbereitung Werkvertrag	Z	M		D
4.2	Herstellen Auftrags-LV (Papier und GAEB-Datei) und Aufgliederung der Auftragssumme nach Bauteil und LB				D
4.3	Erstellen des Werkvertrages einschl. aller Anlagen	M	D		M
4.4	Unterschrift AG und Versand Werkvertrag zur Unterschrift an Firma	D			
4.5	Absage an nicht berücksichtigte Bieter	D	K		K
4.6	Nach Rücklauf Unterschrift Firma Information an Beteiligte	D	M		K
5.	**Nachträge**				
5.1	Nachtragsangebotseingang (Registrierung) und Weiterleitung an (F)BL	K	K		D
5.2	Prüfen Nachtragsangebot mit Begründung und Stellungnahme zur Kostenentwicklung			(M)	D
	Berücksichtigung evtl. bereits angemeldeter Kosten (Anmeldeverfahren) Aufgliederung der Nachtragssumme nach Bauteil und LB				D
5.3	Prüfen der Begründung und der Stellungnahme von (F)BL, Einarbeitung in die Kostenüberwachung, Einholen der Zustimmung des AG		D		
5.4	Herstellen des Nachtrags- LV mit GAEB				D
5.5	Vorbereitung Nachtragsvereinbarungen einschl. aller Anlagen zur Unterschrift		D		M
5.6	Freigabe und Unterschrift Bauherr	D	K		K
5.7	Nach Rücklauf Unterschrift Firma Information an die Beteiligten	D	K		K

5.1.15 Projektraum (Projektkommunikationssystem)

Bei komplexen Projekten werden zunehmend internetgestützte Prozesse als Kommunikationsplattform ins Projektgeschehen eingeführt. Es ist Aufgabe des Projektsteuerers, rechtzeitig in Abstimmung mit dem Auftraggeber, die Prozesse zur Steuerung der Kommunikationsvorgänge zu analysieren, um daraus ein Anforderungsprofil für den Projektraum entstehen zu lassen. Bei den eingesetzten Projektkommunikationssystemen handelt es sich um internetbasierte und datenbankgestützte Anwenderplattformen für definierte, dem Projektablauf angepasste und erweiterbare Benutzergruppen. Der Vorteil liegt in einer orts- und zeitunabhängigen Austauschmöglichkeit für Informationen. Desweiteren wird der Aufwand für die Verteilung und Archi-

Abb. 5.18 Rechnungslauf Bau-
und Lieferaufträge

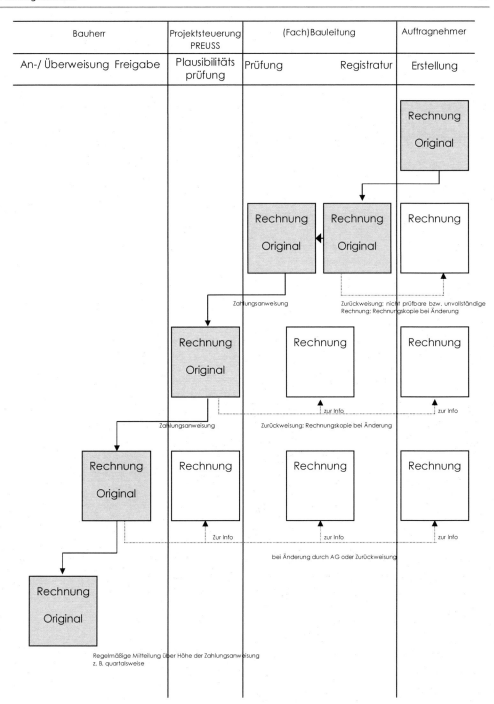

vierung von Informationen reduziert, da Dokumente nur noch an einer Stelle abgelegt warden und allen autorisierten Empfängern zugänglich gemacht werden können.

Wenn die Kriterien, wie z. B. Projektgröße, Laufzeit, Komplexität, Organisation, Technische Ausstattung und Erfahrung der Projektbeteiligten, etc., den Einsatz des Systems als sinnvoll erscheinen lassen, sind die Ziele des Systemeinsatzes vom Projektsteuerer zu ermitteln und als Vorgabe an das System hinsichtlich der Zielerreichung zu formulieren.

Desweiteren hat der Projektsteuerer die projektrelevanten Parameter für den Systemeinsatz abzuleiten, damit eine Grundlage für die Auswahl eines geeigneten Systemanbieters besteht. Eine Übersicht über die Basisanforderungen des Projektraumes ist in Abb. 5.20 zusammengestellt.

Diese Anforderungsstruktur wird dem jeweiligen Anbieter für Projekträume als Grundlage einer projektspezifischen Präsentation übermittelt, an der der Projektsteuerer aus Eigeninteresse teilnehmen wird.

Abb. 5.19 Rechnungskontroll-bogen/Zahlungsanweisung

Bauherr:	VE-Nr.:	
	Auftragsnr.:	

Rechnungsart:

☐ Einzelrechnung	☐ Teil-Honorarrechnung
☐ Abschlagsrechnung Nr.:	☐ Honorarschlussrechnung
☐ Teilschlussrechnung	
☐ Schlussrechnung	☐ Auszahlung Gewährleistungseinbehalt

Auftragnehmer (Name, Anschrift):

Rechnungsnummer AN:

Rechnungsdatum AN: **Eingangsdat. PS:**

Bankverbindung AN:
bei:
Konto-Nr.
BLZ:
Zahlungsdatum:

		netto	brutto
Gewerk:	Rechnungsbetrag		
	./. Abzüge n. Prüfung s. Anmerkung	0.00 €	
Hauptauftrag vom:	Freigabe	0.00 €	
Datum:	./. Sicherheit/GE 0 %	0.00 €	
netto:	./. Nachlass %	0.00 €	
bisher genehmigte Nachträge Nr.:	./. Abschlagszahlungen (1. bis ..AZ)		
netto:	./. Umlagen		
Gesamtauftrag	Baustrom %	0.00 €	
netto: 0.00 €	Bauwasser %	0.00 €	
	Benutzung Sanitärr. %	0.00 €	
	Bauschild %	0.00 €	
Gesamtauftrag	./. Bauleist. Versich. %	0.00 €	
brutto: 0.00 €	./. Gem. Vorschr. § 48 EStG 15%	0.00 €	
	Freistellungsbesch. liegt vor		
	Freistellungsbesch. gültig bis		
noch nicht genehmig.Nachtr. Nr.	Zahlungsanspruch netto:	0.00 €	
netto:	zzgl. gesetzl.MwSt (19%)	0.00 €	
	Zahlungsanspruch brutto:		**0.00 €**
Anmerkung Nachträge:	**Anmerkung:**		

sachliche und rechnerische Prüfung (BL):

erhalten am: zu prüfen bis:

geprüft u. freigegeben (Datum, Unterschrift, Stempel):

sachliche und rechnerische Prüfung (PS):   **Anweisung zur Zahlung Bauherr:**

erhalten am: zu kontrollieren bis: erhalten am: Zahlungsanw. bis:

geprüft u. freigegeben (Datum, Unterschrift, Stempel):   Zahlungsanweisung (Datum, Unterschrift, Stempel):

In diesem Zusammenhang müssen die Schnittstellen zwischen den Leistungen des Projektraumbetreibers und den Aufgaben des Projektsteuerers sorgfältig definiert, abgegrenzt und bei der Vertragsgestaltung berücksichtigt werden. Dazu gehören allerdings nicht IT-spezifische Schnittstellendefinitionen zwischen verschiedenen auftraggeberseitig bestehenden IT-Anforderungen der Hard-/Softwarevoraussetzungen, Datenhaltung, Servicebedarf, Sicherheitskonzept und Schnittstellenanforderungen.

Nach Auswahl des Systemanbieters und Implementierung des Systems werden die für die Beteiligten notwendigen Informationen in diesem Projekthandbuchteil dargelegt.

Abb. 5.20 Basisanforderungen
des Projektraumes

1. Basisanforderunen

- Zugriff durch externe Firmen und interne Mitarbeiter
- Systemzugriff jederzeit und von überall möglich
- Keine aufwendige IT Einführung und IT Betrieb
- Einfache Bedienung und hohe Benutzerfreundlichkeit der Oberfläch
- Fähigkeit zur Standardisierung von Strukturen und Prozessen (Scriptuntersützung)
- Modularer Aufbau des Systems (Flexibilität und reduziert Komplexität)
- Rechte- und Rollen-Konzept muss die Realität abbilden können
- Nachweis über Markterfahrung und Referenzen
- Einhaltung der bauherrnspezifischen IT

2. Dokumentenmanaement

- Strukturierte Ablage (Ordnerbaum)
- Möglichkeit der Verschlagwortung einschl. Vererbung, Auslesen aus Dateinamen oder Plankopf
- Möglichkeit der Übernahme von Verschlagwortungen aus Dateiname, Plankopf
- Möglichkeit Import von Massendaten (CD, USB etc.)
- Hochladen und Verteilen von einzelnen Dokumenten
- Hochladen und Verteilen von mehreren Dokumenten
- Herunterladen von einzelnen und mehreren Dokumenten
- Sperren und Entsperren von Dokumenten während der Bearbeitung
- Drag & Drop (Desktop-Integration)
- Automatische Online-Komprimierung während des Hoch- und Herunterladens (Hinweis Referenzendateien bei dwg)
- Frei definierbare Pflichtfelder (Listboxen) als beschreibende Attribute zur besseren Suche
- Versionsmanagement zur Vermeidung von Redundanzen
- Ansicht Eigenschaften von Dokumenten und Objekten (Verschlagwortung, Attribute etc.)
- Online Bearbeitung von Word-/ Exceldateien direkt aus dem Projektraum und Ablage in Projektraum
- Dokumentation – Transaktionshistorie ermöglichen Abstimmungssicherheit
- Globale Suche über alle Projekte und Teilprojekte
- Suche (Volltextsuche) einschl. Texterkennung von gescannten Dateien (OCR)
- Möglichkeit Erstellung von Dynamischen Sichten (Definition bevorzugter Ansichten anhand Kategorisierung)
- Benachrichtigung für Empfänger
- Referenzierung bei Dokumentenanhängung zur Vermeidung von Redundanzen (keine Doppelablage)
- Möglichkeit Einbindung eines Web-Ordner zur Integration des Projektraumes in den Windows Explorer

3. Kommunikation

- Übersichtsseite / Startseite
- Nachvollziehbare und nicht manipulierbare Kommunikation
- Vorlagen müssen den Teilnehmern angeboten werden können
- Fax In/Out
- Integration von MS Outlook in Projektraum

4. Planmanagement

- Automatisches Einstellen und Herunterladen von Plänen
- Plannamenskontrolle über Planassistent (Qualitätssicherung)
- Verwaltung mehrerer Planschlüssel
- Planstatusverwaltung
- Indexverwaltung
- Filterfunktion
- Schnellsuche
- Planversand
- Online-Viewer für gängige Formate (hpgl2, plt, dwg, dxf, etc.)
- Online Vergleich von Plänen (Abgleich von Plänen unterschiedlicher Bearbeitungsstände)
- Planlisten und Planverteillisten (für Reproaufträge)
- Planverfolgung Soll-Ist-Vergleich mit Hinterlegung eines Terminablaufs

5. Workflows

- Digitale Freigabe von Plänen
- Digitale Freigabe von Dokumenten wie z.B. von Rechnungen
- Abbildung von komplexen Vorgängen mit einfacher Übersichtsfunktion
- Änderungsmanagement

6. Repro Integration

- Reproaufträge sollen einfach anbieterunabhängig verschickt werden können
- Vorlagen müssen/sollen erstellt werden können

Abb. 5.20 (Fortsetzung)

---

7. Berichte/Reporting
- Dokumentenbericht
- Historienbericht
- Plan- und Planverteillisten
- Planverteillisten (für Reproaufträge)
- Import und Export der Gruppen-Mitgliedschaftsmatrix
- Import und Export der Verzeichnis-Rechtematrix
- Import und Export der Verzeichnis-Eigenschaftenmatrix

8. Administration
- Multifunktion
- Berechtigungsgruppen
- Berechtigungen
- Import und Export der Verzeichnis-Rechtematrix
- Rollen zur Erhöhung der Flexibilität und Umgang mit Personalfluktuation
- Einfache Anpassen von Berechtigungen
- Einrichten von Stellvertretern für Urlaubs- oder Krankheitsvertretung

9. Allgemeines
- Unicodefähigkeit
- Digitales Archiv
- Virenscanner
- Verschlüsselung zur Erhöhung der Datensicherheit (128-Bit SSL-Verschlüsselung)
- Berücksichtigung Sicherheitsvorgaben (Firewall etc.)
- Unterstützung bei Gestaltung der Verträge mit Dritten

10. Kosten / Preise
- Kosten Konfiguration / Installation
- Kosten Basisschulungen
- Kosten weiterführende Schulungen
- monatliche Kosten je Teilnehmer / Account gestaffelt nach Anzahl (1 - 25 / - 50 / - 100 / > 100)
- Kosten für Support und laufende Projektbetreuung
- Kosten für Speichererweiterung
- Kosten für Erstellung individueller Workflows
- Realisierungszeit

5.2 Änderungsmanagement[3]

Das Auftreten von Änderungen ist unvermeidlich. Ausgehend von der Zielbestimmung zu Projektbeginn treten in dem Zielverwirklichungsprozess Einflüsse auf, die im Sinne von Optimierungen Änderungen erzeugen. Deswegen ist der Begriff Änderung auch nicht unbedingt als insgesamt negativ zu bezeichnen. Häufig ergibt sich durch die längere Planungszeit auch die Notwendigkeit von Zielkorrekturen in Bemessungsgrößen des Projekts, da große innovative Unternehmen in kürzeren Zeitintervallen umstrukturieren. Dies gilt insbesondere für global operierende Unternehmen (Bauherren), die flexibel auf neue Anforderungen reagieren müssen.

Das Wissen um die Ursachen von Änderungen ist wichtig, um rechtzeitig Tendenzen erkennen und gegensteuern zu können.

In Abb. 5.21 sind beispielhaft Verursacher von Änderungen mit ihren denkbaren Gründen aufgeführt.

Die Abweichung der Zielvorgaben durch die Einflussnahme des Bauherren und die Korrektur von Planungsannahmen werden in Abb. 5.22 weiter differenziert.

Nahezu alle dort aufgeführten Änderungen, außer die der höheren Gewalt, sind bei größeren Projekten mit unterschiedlichen Wahrscheinlichkeiten zu erwarten. Jede der aufgeführten Änderungsursachen kann allerdings, je nach Intensität ihres Auftretens, eine unterschiedliche Bedeutung bzw. Auswirkung haben. Eine statistische Erhebung mit dem Ziel, Wahrscheinlichkeitsstrukturen für alle vorkommenden Änderungsursachen aufzuzeigen, hätte – außer für das jeweils betrachtete Projekt – keine allgemeingültige bzw. für andere Projekte verwertbare Aussage. Dies liegt an den projektindividuellen Gründen für Änderungen. Jedes Projekt besitzt in dieser Hinsicht unterschiedliche Prioritäten bzw. reagiert auf Änderungssachverhalte unterschiedlich.

Folgende Fragestellungen sollen dies verdeutlichen:
- Ist der Bauherr identisch mit dem Nutzer?
- Unterteilt sich das Projekt in einen Bereich Eigennutzung und Fremdnutzung?
- Ist der Bauherr in seiner 1. Ebene zielorientiert und entscheidungsbewusst oder aufgrund schwieriger Unternehmenssituationen sehr wechselhaft, was die obersten Projektziele anbetrifft?

---

[3] Preuß N. (1994/1997/1998): Änderungs- und Entscheidungsmanagement in der Projektsteuerung, Tagung Managementforum Starnberg, München und Berlin.

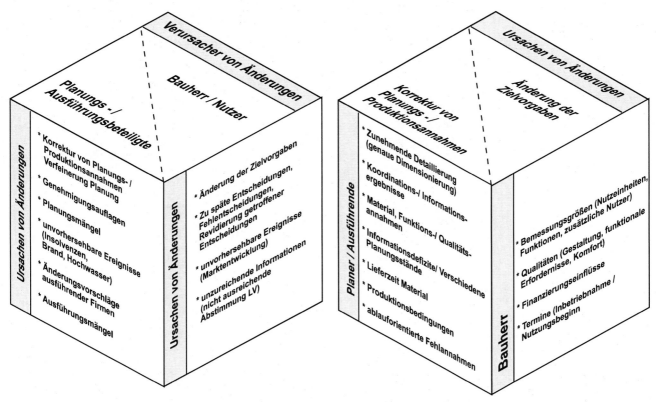

Abb. 5.21 Verursacher von Änderungen

Abb. 5.22 Analyse der Ursachen von Änderungssachverhalten

- Befindet sich der Bauherr (als Eigennutzer und Unternehmen) in einem strategischen Umorientierungsprozess?
- Ist der bauherrenseitig eingesetzte Projektleiter (zweite Projektebene) kompetent und sicher im Vortragen von erforderlichen Entscheidungen zum Vorstand (erste Projektebene) oder ist die Kommunikation dieser Projektebenen gestört?
- Ist der Vertreter der Nutzerarbeitskreise in der Lage, die Nutzerinteressen/-wünsche zu bündeln und über den Bauausschuss einzubringen? Kann er sich im Nutzerarbeitskreis durchsetzen und die Abarbeitung dringlicher Fragen zur Planung zielorientiert leisten?
- Funktioniert die Aufbau- und Ablauforganisation einwandfrei?
- Werden richtig getroffene Entscheidungen nicht wieder zurückgenommen oder muss häufig wieder geändert werden?
- Ist das betrachtete Projekt hochtechnisiert mit vielen Schnittstellen und vielen Beteiligten?
- Sind die Termine auskömmlich oder außerordentlich knapp kalkuliert?
- Ist ein Generalunternehmer oder Generalübernehmer eingeschaltet oder zur Beauftragung vorgesehen?
- etc.

Diese Fragestellungen können fortgesetzt werden und zeigen, dass jedes Projekt andere Antworten erfordern wird.

Konfliktpotenzial Das aus jeder Änderung resultierende Konfliktpotenzial ist höchst unterschiedlich. Generell nimmt

es gemäß Abb. 5.23 mit fortschreitender Ausführung zu, direkt proportional mit dem abnehmenden „Entscheidungsspielraum". In den Fällen, in denen aus Änderungen Schäden im Sinne von zusätzlichen Kosten entstehen, bzw. zu erwarten sind, schlummert Konfliktpotenzial, welches es rechtzeitig zu erkennen bzw. zu bewältigen gilt. Die Aufgaben des Projektmanagements zielen darauf ab, dieses Potenzial zu minimieren.

Bedeutung der Änderungen Änderungen treten in unterschiedlichen Konstellationen und Dimensionen auf. Die Konzeptänderung eines Gebäudes mitten in der Ausführungsphase[4] hat eine völlig andere Bedeutung, als beispielsweise die Korrektur von Planungsannahmen im Zuge der Verfeinerung der Planung. Wenn allerdings diese kleinen Änderungssachverhalte in vielfältiger Weise auftreten und das Projekt einen sehr engen Terminrahmen hat, kann es trotzdem dadurch nachhaltig in der Erreichung seiner Termin- und Kostenziele gefährdet werden.

Entdeckungswahrscheinlichkeit Alle diejenigen Änderungen, die rechtzeitig erkannt werden, sind je nach Bedeutung beherrschbar. Häufig werden Änderungen aber erst dann erkannt, wenn diese nicht mehr oder nur mit hohem Aufwand wieder rückgängig gemacht werden können. In diesen Fällen wird die Änderung im ungünstigsten Fall erst über die Nach-

---

[4] Preuß N. (1996): Änderungsmanagement in der Angebots und Ausführungsphase, In: DVP, 22.03.1996.

Abb. 5.23 Zusammenhang zwischen Ablauf und Entscheidungsspielraum in der Planung

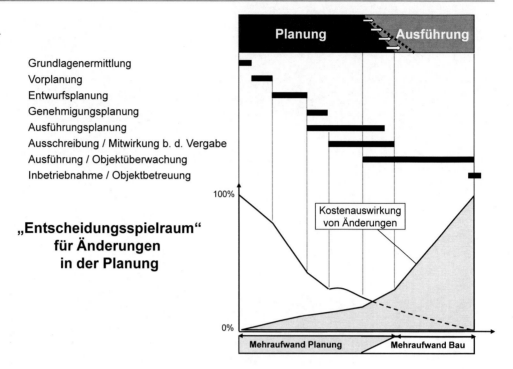

tragsforderung ausführender Firmen sichtbar. Dieser Kategorie von Änderungen kommt gerade bei großen Projekten mit
einer Vielzahl von Beteiligten eine besondere Bedeutung zu.
Wenn beispielsweise der Nutzer eines Projektes nicht in ausreichendem Umfang in die Planungsentwicklung eingebunden wurde, entsteht häufig ein „Änderungsschwarzmarkt",
der ein Projekt gefährden kann. In diesem Zusammenhang
hat die Aufbauorganisation einen wesentlichen Einfluss und
zeigt die Notwendigkeit eines effektiven Controllings der
Projektsteuerung, auf Einhaltung dieser definierten Abläufe.

Eintrittswahrscheinlichkeit Die Wahrscheinlichkeit für
das Auftreten der aufgezeigten Änderungen hängt von der
Beantwortung der eingangs gestellten Fragen ab. Generell
feststellbar ist jedoch, dass Änderungen aus Koordinationsdefiziten in nahezu jedem Projekt auftreten. Die Häufig-
keitsverteilung dieser Defizite hängt direkt von der Qualität
der Planungsleistungen bzw. der Qualifikation, der ausreichenden Kapazität der Planungsbeteiligten und der Güte des
Nutzerbedarfsprogramms ab. Ebenfalls häufig treten infor-
melle Unverträglichkeiten bei der CAD-Koordination auf,
wenn verschiedene CAD-Systeme und Planungsbeteiligte
mit unterschiedlichen Erfahrungen und Qualifikationen den
Planungsprozess gestalten.

5.2.1   Organisatorische Voraussetzungen des Änderungsmanagements

Änderungen entstehen durch unterschiedliche Gründe. Sie
haben zweifellos auch etwas mit Optimierung zu tun und
sind nicht unbedingt als negativ zu bezeichnen.

Das Änderungsmanagement in der Planungsphase
unterscheidet sich deutlich von dem in der Ausführungsphase, da ausführende Firmen mit Vertragsbeziehungen
zum Bauherren in das Projektgeschehen eingebunden sind.
In Abb. 5.23 wurde die Abgrenzung zwischen Planung und
Ausführung sowie der jeweils gegebene Entscheidungsspielraum für Änderungen deutlich. Man kann erkennen,
dass die Ausführung zu einem Zeitpunkt beginnt, in dem
sich die Planung noch in der Entwicklungsphase befindet.
Das Maß dieser Überschneidung beeinflusst das Projekt in
seinen gesamten Abläufen und auch im Management erforderlicher Änderungswünsche, auf die im Folgenden eingegangen wird.

In Abb. 5.24 sind die Vorgänge der Änderungsabwicklung und die darin beinhalteten Aufgaben dargestellt.

Zunächst gilt es rechtzeitig zu erkennen, ob eine ins Auge
gefasste Änderung mit den bestehenden Projektzielen ver-
einbar ist. Diese Plausibilitätsbetrachtung durch den Projektmanager steht am Beginn aller Aktivitäten. Erst danach werden die Planungsbeteiligten in die detaillierte Betrachtung
mit einbezogen. Diese Vorgehensweise ist deshalb erforderlich, damit völlig unrealistische Änderungsabsichten gar
nicht erst an die Planer herangetragen werden. Häufig entsteht durch das ständige Hinterfragen bereits fertig gestellter
Planungen eine Unsicherheit bei den Planungsbeteiligten mit
der Folge, dass die Planung nicht mit der notwendigen Intensität betrieben wird.

In Abb. 5.25 ist eine mögliche Ablauforganisation des
Änderungsmanagements dargestellt.

diesem Fall wurde festgelegt, dass keine Änderung am
Entwurfskonzept unkontrolliert bzw. durch vorherige Untersuchung der Auswirkungen und Entscheidung des Bauher-

Abb. 5.24 Vorgänge der Änderungsabwicklung/Aufgabenverteilung

Vorgänge	Veranlasser	Bauherr	Projektsteuerer	Architekt	Fachplaner	Bauleitung
Anmerkung: Jeder Beteiligte kann eine Abweichung verursachen. Der Veranlasser muß die folgenden Vorgänge auslösen:						
1. **Abweichungsbedarf/-notwendigkeit erkennen**	X	X	X	X	X	X
2. **Abweichung beschreiben**	X					
– Feststellung des Abweichungsumfanges (Planung / Ausführung)	X					
– Feststellung des Planungsbereiches	X					
– Formulierung Abweichungsgrund / Abweichungsleistung	X					
– Feststellung / Information der Betroffenen	X		X			
3. **Überschlägige Durchführbarkeitsanalyse**			X			
4. **Feststellung der Auswirkungen je Planungs-/Ausführungsbereich**						
– betroffener Planungsbereich / Ausführungsbereich				X	X	
– Planungsinhalte				X	X	
– Planungs- / Ausführungstermine				X	X	X
– Ausführungskosten				X	X	X
– Ermittlung der Gesamtausführungskosten			X	X		
5. **Überprüfung der Abweichungsmeldungen aller Beteiligter**						
– Prüfung der Planterminsituation im Hinblick auf vertragliche Planlieferpflichten			X			
– Überprüfung der Abweichungsmeldungen auf Plausibilität der Gesamtkosten-/Terminaussagen			X			
– Prüfung auf Budgeteinhaltung			X			
6. **Abstimmungsphase/Einleitung Steuerungsmaßnahme**						
– Überprüfen / Durchsetzen von Steuerungsmaßnahmen bei Überschreitung von vertraglich vereinbarten Planlieferterminen			X			
– Abstimmung von Angaben zum Termin- / Kostenrahmen			X			
7. **Entscheidungsvorbereitung**						
– Prüfung der abgestimmten Gesamtkosten auf Budgeteinhaltung			X			
– Risikoanalyse im Hinblick auf Termine / Störungspotential und noch nicht erfasste Bereiche bzw. Beteiligte			X			
- Einbringen der Entscheidungsvorlage im Bauherrngremium			X			
8. **Entscheidung / Genehmigung**						
– Abwägung der Risiken / Nutzen der durchzuführenden Abweichung		X				
– Entscheidung		X				
Dokumentation der Entscheidung			X			
– Information aller Beteiligten			X			
9. **Realisieren der Abweichung**						
– Anpassung von Budget-/Terminplänen			X			X
– Vorbereitung aller erforderlichen Beauftragungen			X			X
– Beauftragungen		X				
– Durchführung der Abweichungsplanung/-realisierung				X	X	X
10. **Kontrolle der Abweichungsdurchführung**			X	X	X	

ren ausgeführt wird. Jede Abweichung von den genehmigten Entwurfsinhalten muss über einen Änderungsantrag (Abb. 5.26) genehmigt werden, wenn sich eine Veränderung von Kosten und Terminen daraus ableitet.

In diesem Zusammenhang gewinnt die Dokumentation von Planungsänderungen eine besondere Bedeutung. Häufig stellt sich später die Frage nach der Verursachung von Änderungsfolgen. Die jeweils von den Planern erstellten Änderungsmeldungen werden im Projektsteuerungs-Journ-Fixe auf ihre Termin- und Kostenfolgen hin abgestimmt. Die Ergebnisse dieser Abstimmung, verbunden mit den nachfolgenden Überprüfungen der Projektsteuerung auf die gesamte Terminsituation werden im Bauausschuss unter Leitung des Bauherren behandelt und entschieden. Im Falle einer Entscheidung für die Änderung erfolgen die Fortschreibung der bestehenden Termin- und Kostenplanung sowie die Durchführung der Änderung in Planung und Ausführung.

Abb. 5.25 Ablauforganisation
Änderungsmanagement

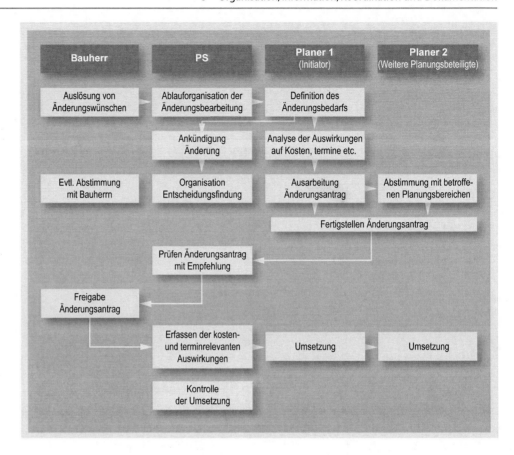

Die Informationsinhalte des Änderungsantrages sind in Abb. 5.26 dargestellt, wobei diese von Projekt zu Projekt unterschiedlich zu definieren sind.

Die Vorteile des Verfahrens liegen in einer nachvollziehbaren Dokumentation, die Nachteile in den partiell gegebenen Widerständen von einzelnen Projektbeteiligten gegen diesen zusätzlichen Verwaltungsaufwand. Die Änderungsanträge werden in einer Liste dokumentiert und bis zur Genehmigung bzw. Ablehnung durch die Projektsteuerung verfolgt (Abb. 5.27).

Es wird allerdings nicht jede kleine Änderung in einem Formblatt erfasst. Hier müssen geeignete Zusammenfassungen vereinbart werden, damit das Verfahren praktikabel gestaltet werden kann.

Die Einführung dieses organisatorischen Hilfsmittels ist auch von den konkreten Einzelheiten des vorliegenden Projektes abhängig. Es sind auch andere Abwicklungsformen denkbar und vielleicht sinnvoll.

5.2.2 Praktische Hinweise zur Durchführung des Änderungsmanagements

Die vorstehend dargestellten Methoden des Änderungsmanagements sind jeweils projektindividuell auszuprägen. Dies

ergibt sich durch die immer wieder unterschiedlichen Meinungen von Beteiligten in neuen Projektkonstellationen.

Wenn beispielsweise der Bauherr die formalen Hilfsmittel ablehnt, oder die Anwendung dieser bei den Projektbeteiligten an der Seite des Projektsteuerers nicht mit einfordert, kann dieser Dokumentationsweg nicht eingehalten werden. In diesem Falle wird man die Dokumentation auf „konventionellem" Weg über Aktennotizen, Stellungnahmen oder andere Formen durchführen. Häufig lehnen die Planungsbeteiligten das Verfahren wegen vermeintlich hohem Aufwand ab und verkennen dabei, dass die Dokumentation auch für sie einen Wert hat. Ebenso zum Scheitern verurteilt ist das Verfahren, wenn der Projektsteuerer die Methodik nicht konsequent durchführt.

Es sollte auch nicht der Umkehrschluss getroffen werden, dass effektives Änderungsmanagement nur über diesen Weg erreicht werden kann. Wichtig ist nur, dass die im Einzelnen darin beinhalteten Abläufe schnell durchgeführt und für die Dokumentation der aufgeführten Informationen gesorgt wird. Darin liegt die Verantwortlichkeit des Projektmanagers, wobei bekanntlich „mehrere Wege nach Rom" führen.

Durch das Abwickeln einer Vielzahl von Änderungs- bzw. Änderungsvorgänge in konkreten Projekten erscheinen mir rückblickend folgende Hinweise als besonders erwähnenswert:

Abb. 5.26 Änderungsantrag

Änderungsantrag Nr.: .... ❑ Planungsänderung ❑ Ausführungsänderung

Plan-Nr./Index: .... Achse: .... Geschoss: ....

Verursacher: ❑ Behördenauflage ....
❑ Bauherr .... ❑ Nutzer ....
❑ Planer .... ❑ ....

Grund der Änderung:

Änderungsleistung:	Betroffene Vorgänge (LVs)

Beteiligte (Planer, Firmen) / Verteiler (Verteilung durch den Ersteller)	Bauherr	Nutzer	Projektsteuerung	Architekt	Landschaftsarch.	TWP	MSR/GLT	GWA	HKL	Elt	Kuchenplaner	Bauphysik	Förderanlagen				
	X	x	x	X	X	X	X	X	X	X	X	X	X				

Auswirkungen:

Termine:

Zusätzl. Plan./Ausf.zeit (AT)	Geschoss	Vorgang	Zwischen/Endterminverschiebung von	auf

Kosten:
❑ Mengenänderung .... ❑ Regie
❑ Standardveränderung ....
❑ Sonstiges .... ❑ LV

Planungskosten (bitte gesonderte Aufstellung zu Planungskosten an die Projektsteuerung schicken)

Ausführungskosten netto € .... ❑ Nachtrag

Gesamtkosten netto € ....

Ersteller (Büro): .... Datum: .... Unterschrift: ....

Gesamtkosten Änderungsantrag Nr. .... bis ....

Ausführungskosten netto € ....

Gesamtkosten netto € ....

Architekt: .... Datum: .... Unterschrift: ....

Deckung:
innerhalb / außerhalb des Budget: .... Freigabe durch Bauherrn erforderlich: ja / nein

Projektsteuerung: .... Datum: .... Unterschrift: ....

Änderung genehmigt durch den Bauherrn: ....

Erfassung: Budgetänderung eingeben: Terminplanung angepasst: Durchführung der Planungsänderung veranlasst:	**Datum**	**Unterschrift:**

ZUR BEACHTUNG: Dieser Änderungsantrag gilt nicht als Honorarvereinbarung

Abb. 5.27 Dokumentation der Änderungsanträge

lfd. Nr.	Grund der Änderung	Bezug		Planer	Planungs- kosten	Ausführungs- kosten	genehmigt
1	Umplanung Halle, Essensausgabe	Schreiben vom	01	Büro Meier	30,000	1,20,000	
		18/12/2008	02	Büro Huker	20,000	80,000	
			03	Büro Müller	20,000	neutral	
			04	Büro			
		Summe			70,000	2,00,000	
2	Verbindungsgang Foyer-Casino (mit Fassadenheizung)						

Organisation, Information Dokumentation / Vertragswesen	Qualitäten Quantitäten	Kosten	Termine Kapazitäten
Ausführungsvorbereitung (HOAI-Phase 5 - 7)	**Ausführungsvorbereitung (HOAI-Phase 5 - 7)**	**Ausführungsvorbereitung (HOAI-Phase 5 - 7)**	**Ausführungsvorbereitung (HOAI-Phase 5 - 7)**
● Schaffung von ablauf- sowie aufbauorganisatorischen Voraussetzungen zur Änderungsabwicklung (ggf. Fortschreibung Organisationshandbuch) ● Fortschreiben des Organisationshandbuchs bei Änderungen ● Veranlassung zur eventuellen Änderung der Schnittstellendefinitionen in der Planung ● Prüfung der vertraglichen Anspruchsgrundlagen der Planer bei Änderungssachverhalten ● Information AG / Einholen der Zustimmung zur Abwicklung des Änderungsvorschlages ● Dokumentation des Änderungsablaufes ● Projektorientierte Koordination der Änderungsbeteiligten mit Ausnahme von ausführenden Firmen ● Veranlassung evtl. Variantenbetrachtungen zur Änderungsplanung/-durchführung	● Beurteilung der vorgesehenen Änderung auf <u>grundsätzliche Realisierbarkeit</u> in Abhängigkeit von den vorgegebenen Projektzielen ● Vorschlag der Vergabestruktur (Ausschreibung / freihändige Vergabe) ● Mitwirkung bei der Vergabe aller Änderungsleistungen ● Überprüfung der Angebotsauswertungen ● Einholung der Genehmigung zum Vergabevorschlag	● Prüfung der von Planern ermittelten Änderungskosten auf Angemessenheit ● Formulierung von erforderlicher Budgetfortschreibung / Einholen der Genehmigung beim Bauherrn ● Prüfung / Ermittlung von Änderungen der anrechenbaren Kosten für Planerhonorare bis zur Kostenfeststellung ● Prüfung der Angemessenheit von Nachträgen (Bauleistungen / Planung) sowohl dem Grunde / der Höhe nach (soweit von der Objektüberwachung vorgeprüft) ● Vorbereitung aller erforderlichen Beauftragungen ● Prüfung von Nachträgen aus Behinderungssachverhalten (gestörte Bauabläufe) (soweit von der Objektüberwachung vorgeprüft)	● Überprüfung der terminlichen Auswirkung der Änderung (Ausführungsdauer, Abhängigkeiten) ● Überprüfung erforderlicher Planerkapazitäten ● Prüfung der Auswirkungen auf Verträge mit ausführenden Firmen (Planlieferungen / Kapazitäten) ● Risikoanalyse der Änderungsdurchführung ● Vorschlag von Steuerungsmaßnahmen zur Einhaltung von Terminzielen ● Abstimmen und Durchsetzen von verabschiedeten Maßnahmen zur Terminsicherung ● Feststellung / Information aller Projektbeteiligten ● Veranlassung der Umsetzung einschl. aller erforderlichen Maßnahmen
Ausführung (Phase 8)	**Ausführung (Phase 8)**	**Ausführung (Phase 8)**	**Ausführung (Phase 8)**
● Mitwirkung bei Vertragsanpassungen bei Planern / ausführenden Firmen ● Mitwirken bei Bearbeitung von Nachtragsforderungen wegen gestörter Bauabläufe, Behinderungssachverhalten, sowohl dem Grunde als auch der Höhe nach (soweit von der Objektüberwachung vorgeprüft)	● Mitwirkung bei der Abnahme der geänderten Ausführungsleistung	● Prüfung der Deckungsbestätigung für Nachträge	● Terminkontrolle von Projektbeteiligten (Soll-/Ist-Vergleich)
Projektabschluss Phase 9	**Projektabschluss Phase 9**	**Projektabschluss Phase 9**	**Projektabschluss Phase 9**
● Dokumentation der Auswirkung wesentlicher Änderungsvorvorgänge, soweit erforderlich		● Dokumentation aller Änderungskosten, bezogen auf kostenrelevante Zielgrößen	● Termindokumentation der relevanten Änderungsvorgänge mit Einfluss auf den Endtermin

Abb. 5.28 Aufgaben der Projektsteuerung bei Änderungen in den verschiedenen Bereichen

Auswirkungen auf Planungsinhalte Die Entscheidung zur Änderungsdurchführung muss in aller Regel sehr schnell fallen. In dieser kurzen Zeitspanne ist es häufig nicht möglich, alle Auswirkungen bis ins letzte Detail zu erkennen. Es ist deshalb besonders wichtig, alle Planungsbeteiligten in den Beurteilungsprozess umfassend mit einzubeziehen. Des Weiteren gilt es zu erkennen, wo noch Risikopotenzial besteht, um dieses dann realistisch im Entscheidungsprozess zu gewichten.

Planungskapazitäten Es wird häufig übersehen, dass neben den durchzuführenden Änderungen der normale Planungsalltag in den ungestörten Planungsbereichen weiterläuft. Weiterhin muss unbedingt zusammen mit den Planungsbeteiligten überprüft werden, ob die ins Auge gefasste Änderung mit den zur Verfügung stehenden Kapazitäten verträglich ist. Erforderlichenfalls sind Kapazitätserhöhungen zu veranlassen.

Organisation Je nach Größenordnung der im Raum stehenden Änderung muss die Aufbau- und Ablauforganisation angepasst werden. Dies gilt insbesondere vor dem Hintergrund, dass das Änderungsmanagement sehr kurzer Informationswege zwischen den Beteiligten durch direkte Kommunikationsmöglichkeiten bedarf.

Ausführende Firmen Zum Zeitpunkt der Entscheidung über die Durchführung der Änderung muss realistisch eingeschätzt werden, wie die Firmen als Ausführungsverantwortliche auf die Änderungsanordnung reagieren. Wenn eine der auf dem kritischen Weg liegenden Firmenaktivität von einer Ausführungsfirma erbracht werden muss, die schon vor der Änderung an ihren kapazitiven Möglichkeiten angelangt war, besteht ein Problem, dem man rechtzeitig begegnen muss.

5.2.3 Aufgaben des Projektmanagements bei der Behandlung von Änderungen

In Abb. 5.28 sind die einzelnen Vorgänge der Änderungsabwicklung für die HOAI-Phasen des § 33 Nr. 5–8 dargestellt, entsprechende Aufgabenzuordnungen formuliert und eine bestimmte Reihenfolge gewählt.

Die Aufgabe des Projektmanagers besteht auch bei gegebenen Änderungen darin, diese im Rahmen der ursprünglich vom Bauherren formulierten Projektziele abzuwickeln.

Er muss zunächst qualifiziert überprüfen, ob die vorgesehene Änderung die bisher vereinbarten Projektziele gefährdet. Falls durch die Änderung die Kosten- und Terminziele nicht mehr haltbar sind, müssen neue Vereinbarungen mit dem Bauherren getroffen werden.

In Abb. 5.28 sind die Aufgaben der Projektsteuerung bei Änderungen dargestellt. Die Tätigkeit der Projektsteuerung baut dabei auf Vorleistungen des jeweiligen Planers/der Objektüberwachung auf. Soweit dies nicht der Fall ist, sind das in aller Regel besondere Leistungen der Projektsteuerung. Dies gilt insbesondere in dem Fall, wenn der Projektsteuerer ein Pauschalhonorar hat und die Managementleistungen für Änderungen nicht über eine Erhöhung der anrechenbaren Kosten vergütet bekommt.

Organisation, Information, Koordination, Dokumentation In diesem Handlungsbereich geht es insbesondere um die Schaffung von aufbau- und ablauforganisatorischen Vorgaben für die Änderungsabwicklung. Als Grundleistung der Projektsteuerung wird ein Organisationshandbuch erstellt, in dem die Zuständigkeiten auch für die Abwicklung von Änderungen formuliert sein müssen.

Es müssen Regelungen für folgende Einzelsachverhalte enthalten sein:

- Planlauforganisation (Indexbehandlung), Fragen der CAD-Abwicklung
- Dokumentation von Planänderungen (Änderungsliste)
- Schaffung der Grundlagen für gleichen Informationsstand aller Beteiligten
- organisatorische Abwicklung von Änderungen (Planung/Ausschreibung/Ausführung)
- Kontrollfunktionen der Änderungsdurchführung

Im Grundsatz muss das Projekt in seiner Aufbau und Ablauforganisation darauf eingerichtet sein, dass Änderungen bewältigt werden müssen.

Qualitäten/Quantitäten Bei den Aufgaben im Bereich Qualitäten/Quantitäten geht es in erster Linie um eine Prüfung der vorgesehenen Änderungen auf ihre grundsätzliche Realisierbarkeit bzw. Einhaltung im Hinblick auf die formulierten Projektziele. Des Weiteren geht es um die Überprüfung der durchgeführten Planungsänderungen und ggf. Sonderkontrollen bei gravierenden Änderungen im Rahmen der Ausführung.

Kosten Zu den kostenrelevanten Aufgaben gehört die Überprüfung der Änderungskosten im Hinblick auf das vorgegebene Gesamtbudget. Wesentliche Aufgabe der Projektsteuerung ist es, Steuerungsfunktionen auszulösen, die es ermöglichen, unabwendbare Änderungen und ausgelöste Kosten durch Einsparungen an anderer Stelle zu kompensieren. Je nach Änderungszeitpunkt wird dies nicht mehr möglich sein.

Bei gestörten Bauabläufen erhält die Nachtragsprüfung einen besonderen Schwierigkeitsgrad. Dies betrifft insbesondere die Bewertung von Nachträgen aus Behinderungssachverhalten gemäß VOB/B § 6. Dies gilt sowohl für die Bewertung der Anspruchsgrundlage als auch für den konkreten Schadensnachweis. Hier liegt eine wesentliche Aufgabe der Projektsteuerung, wobei rechtzeitig erkannt werden muss, wo kompetenter juristischer Rat erforderlich ist.

Termine/Kapazitäten In diesem Handlungsbereich gilt es insbesondere zu einem frühen Zeitpunkt hinreichend abschätzen zu können, ob die ins Auge gefasste Änderung unter Berücksichtigung der gegebenen Randbedingungen im bestehenden Terminrahmen durchgeführt werden kann oder ob sich Verschiebungen ergeben, die auf das bestehende vertragliche Netz der Projektbeteiligten entsprechende Auswirkungen haben. Als wesentlichste Aufgabe besteht allerdings die Pflicht der Projektsteuerung, die aus Änderungen resultierenden Verschiebungen auf ein Mindestmaß zu reduzieren, um vertragliche Planungsliefertermine gegenüber ausführenden Firmen zu sichern. Des Weiteren müssen nach der Entscheidung über die Änderungsdurchführung durch den Bauherren evtl. die entsprechenden Terminpläne angepasst werden.

5.2.4 Änderungen durch Nebenangebote ausführender Firmen

Die meisten Änderungen resultieren aus Einflussnahmen des Bauherren sowie verschiedener Planungsbeteiligter. Partiell ergeben sich allerdings auch Änderungsvorgänge durch ausführende Firmen, die durch firmenspezifisches Know-how, Materialien oder Produktionsüberlegungen in Form von Änderungsvorschlägen bzw. Alternativangeboten ausgelöst werden.

Häufig ergibt sich zum Zeitpunkt der Submission, dass die von Firmen eingereichten Änderungsvorschläge günstiger sind, als die ausgeschriebene Planungslösung.

In der überwiegenden Anzahl der Fälle, insbesondere im Hochbau, wird aus einer Vielzahl von nachvollziehbaren Gründen trotz der gegebenen Preisvorteile des Änderungsvorschlages von ausführenden Firmen der ausgeschriebenen Lösung der Vorzug gegeben. Grund hierfür sind in erster Linie häufig gegebene Unverträglichkeiten des Änderungsvorschlages mit den Randbedingungen der sonstigen Planung. Häufig werden Änderungsvorschläge auch vom Planer abgelehnt – weil sie nach seiner Auffassung – der Gesamtlösung in gestalterischer und funktioneller Hinsicht abträglich sind. Die VOB sieht zur Wertung von Änderungsvorschlägen bzw. Nebenangeboten entsprechende Regelungen vor.

Im Rahmen dieser Überprüfungen ergeben sich häufig folgende Fragestellungen:

- Sind die Vorgaben der Ausschreibung eingehalten worden?
- Ist der Änderungsvorschlag mit der ausgeschriebenen Lösung gleichwertig, auch im Hinblick auf zu beachtende Folgekosten?
- Macht der Änderungsvorschlag die Änderung anderer Leistungen erforderlich?
- Reichen die zur Beurteilung herangezogenen Grundlagen durch Planer, Bauherr und andere Beteiligte aus?
- Welche terminlichen Auswirkungen ergeben sich aus dem Änderungsvorschlag?
- etc.

Abb. 5.29 Änderungsvorschlag
Umkehrdach

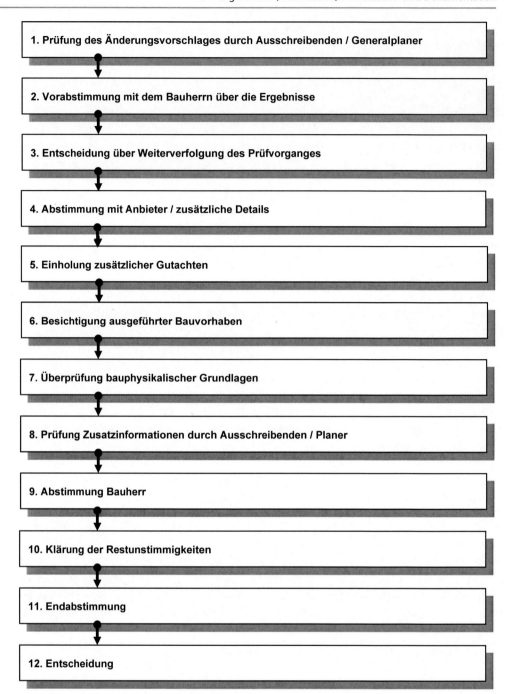

1. Prüfung des Änderungsvorschlages durch Ausschreibenden / Generalplaner

2. Vorabstimmung mit dem Bauherrn über die Ergebnisse

3. Entscheidung über Weiterverfolgung des Prüfvorganges

4. Abstimmung mit Anbieter / zusätzliche Details

5. Einholung zusätzlicher Gutachten

6. Besichtigung ausgeführter Bauvorhaben

7. Überprüfung bauphysikalischer Grundlagen

8. Prüfung Zusatzinformationen durch Ausschreibenden / Planer

9. Abstimmung Bauherr

10. Klärung der Restunstimmigkeiten

11. Endabstimmung

12. Entscheidung

In einem konkreten Fall wurde als Amtsvorschlag ein konventionelles Warmdach ausgeschrieben. Angeboten wurde ein Umkehrdach mit einer speziellen Abdichtungstechnik.

Die dabei gewählte Vorgehensweise der Beurteilung und Entscheidungsfindung ist auf viele andere Fälle übertragbar, wobei sich die Zusammenhänge von Fall zu Fall stark unterscheiden werden.

Folgende Beteiligte waren in den Entscheidungsprozess mit eingebunden:
- ein Generalplaner (HOAI-Phasen 1–5)
- ein Ausschreibender/Bauleitender (HOAI-Phasen 6–8)
- der Bauherr
- der Projektsteuerer

Die Reihenfolge der Vorgehensweise ergab sich wie in Abb. 5.29 dargestellt.

Die in diesem Fall durchgeführten Kriterien der Überprüfung führten unter Abwägung aller Vor- und Nachteile zur Beauftragung des Änderungsvorschlages.

Als Restrisiko für den Bauherren verblieben ist eine gewisse Bedenkenformulierung seitens des Generalplaners, die allerdings durch eine Konzernbürgschaft der Materialhersteller abgesichert wurde.

Abb. 5.30 Honorierungssystem
der HOAI (alt)

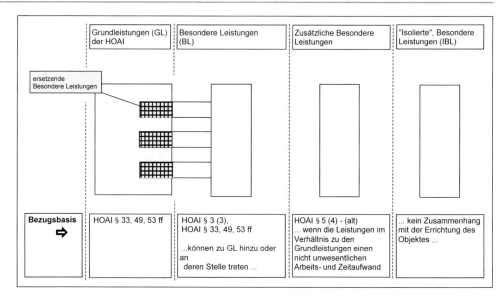

5.2.5 Abweichungen im Hinblick auf Planerverträge

Die Anspruchsgrundlagen für die Änderung von Planungsleistungen sind in der HOAI definiert. Trotzdem entstehen häufig gegensätzliche Positionen dahingehend, dass der Bauherr nicht bereit ist, jede Änderung im Sinne von Planungsmehrkosten zu vergüten. Die Planer dagegen wollen häufig jeden einzelnen Änderungsvorgang bezahlt bekommen.

Die HOAI regelt in § 10 einen Ausschnitt des Problems der Änderungen bzw. Ergänzungen der Leistungen des Architekten. Nach verschiedenen Auffassungen kann die Auswirkung von Planungsänderungen auf die Honorierung als noch nicht abschließend geklärt bezeichnet werden.

Einige Meinungen als Beispiel:

- „…Änderungen sind häufig Optimierungen, die eine Wiederholung von Grundleistungen darstellen und nicht im Sinne von § 5 Abs. 4 HOAI Besondere Leistungen rechtfertigen…"
- „…Mehrfachleistungen sind stets wiederholte Grundleistungen und damit analog zu honorieren…"
- „…§ 10 HOAI ist keine Anspruchsgrundlage für zusätzliches Honorar, sondern eine Honorarbegrenzungsvorschrift…"

Die Systematik des Honorierungssystems der HOAI (alt) ist in Abb. 5.30 dargestellt.

Die Honorierungssystematik wurde in der neuen HOAI (2009) in § 7 geändert. In der alten HOAI fanden Besondere Leistungen in unterschiedlicher Weise Eingang in die Beauftragung. Unterschieden wurde zwischen Besonderen Leistungen, die zu den Grundleistungen hinzutreten und sogenannten ersetzenden Besonderen Leistungen, die bestimmte Grundleistungen überflüssig machen. Außerhalb der Begriffe „Grundleistungen" und „Besonderen Leistungen" gab es

noch sogenannte „isolierte" oder „eigenständige" Besondere Leistungen, die auch ohne schriftliche Honorarvereinbarungen vergütet werden. Diese Beauftragungsform traf dann zu, wenn Besondere Leistungen *isoliert in Auftrag gegeben* wurden, unabhängig von der Beauftragung für ein bestimmtes Bauvorhaben. Nur dann wären diese *keine* Besonderen Leistungen im Sinne des § 5 Abs. 4 HOAI. Nach Locher/Koeble/Frik[5] sind auch außerhalb der HOAI liegende Leistungen Besondere Leistungen, wenn diese im *Zusammenhang mit der Errichtung eines Objektes* erbracht werden. Nur solche Leistungen ohne Bezug zur Errichtung des Objektes sind nicht von den Anspruchsvoraussetzungen der HOAI gemäß OLG Düsseldorf[6] erfasst. Für die Annahme von Besonderen Leistungen genügt bereits der bloße Zusammenhang der Leistungen mit der Errichtung des Objektes.[7]

Als Beispiel für besondere Anforderungen an die Ausführung des Auftrages, die eine Honorarvereinbarung über Besondere Leistungen zulassen (§ 2 Abs. 3 S. 1 HOAI) werden in der amtlichen Begründung neben standort-, herstellungs-, zeit-, oder umweltbezogenen Einflussgrößen *ausdrücklich auch aufwandsbezogene Einflussgrößen* genannt. Wenn also für die Erbringung der Grundleistungen ein erhöhter Aufwand ausgelöst wird, handelt es sich um *eine zusätzliche Besondere Leistung* im Sinne des § 5 Abs. 4 HOAI. Dies gilt regelmäßig auch dann, wenn der besondere Aufwand auf einem Verhalten des Bauherrn, der mangelhaften Mitwirkung oder dem Fehlen von Vorleistungen beruht. Gemäß § 5 Abs. 4 wurden diese Besonderen Leistungen, die zu den Grundleistungen hinzutreten nur dann vergütet, wenn eine *schriftliche Honorarvereinbarung* getroffen ist, die seit der Neufassung

---

[5] Locher H./Koeble W./Frik W. (2005): Kommentar zur HOAI, 9. Aufl., § 5, Rn. 44.

[6] BauR (1993): Entscheidungen ziviles Baurecht: 758 NJWRR, S. 476.

[7] Neuenfeld K. (2008): Kommentar zur HOA, 3. Aufl., Rn. 6 f.

der HOAI vom 01.01.1991 nicht mehr vorher, d. h. vor Erbringung der Besonderen Leistung abgeschlossen sein muss.
Anspruchsvoraussetzung ist dagegen die schriftliche Verein-
barung. Wenn dem Auftragnehmer die Honorarvereinbarung
verwehrt wird, steht ihm hinsichtlich der Erbringung der
Besonderen Leistung ein *Leistungsverweigerungsrecht* zu.
Der Auftragnehmer kann die Ausführung der Besonderen
Leistung in diesem Falle verweigern, ohne eine Pflichtverlet-
zung (Locher, Koeble, Frik) zu begehen, wogegen der Auftraggeber keine Möglichkeit hat, den Vertrag aus wichtigem
Grunde zu kündigen. Problematisch ist allerdings häufig die
Frage, ob im jeweils vorliegenden Fall die Anspruchsgrund-
lagen für eine Besondere Leistung vorliegen.

Nach der neuen HOAI[8] hat die Unterscheidung zwischen
Besonderen Leistungen und sonstigen Zusatzleistungen keine große praktische Bedeutung mehr. Auch für letztere gelten
nämlich die gleichen Grundsätze wie für Besondere Leistungen. Aus dem Regelungsinhalt der Anlage 2 der HOAI ergibt
sich aber, dass Besondere Leistungen nach wie vor solche
sind, die mit der Errichtung des Objekts in einem irgendwie
gearteten Zusammenhang stehen. Es muss sich dabei auch
nicht um typische berufsbezogene Leistungen von Architekten und Ingenieuren handeln. Zu letzteren sind z. B. elektrotechnische Leistungen zu rechnen, die ausschließlich mit der
Nutzung eines Objekts als Computerzentrum zu tun haben
und nicht mit der Errichtung und Herstellung der Funktionsfähigkeit des Objekts selbst.

5.2.6 Vereinbarung der Honorierung für Ände-
rungsleistungen mit Planungsbeteiligten

In einem Fall des OLG Köln,[9] dessen Urteil mit Beschluss
des BGH rechtskräftig wurde, wünschte der Bauherr Änderungen bereits fertiggestellter Pläne. Es sollten Türen und
Eingänge verlegt oder weggelassen, Wände verschoben und
Räume neu geschaffen werden. Der Architekt forderte eine
zusätzliche Vergütung, während der Bauherr die Änderung
kostenlos durchgeführt haben wollte. Die Änderungen wurden vom Architekten ohne Einigung erbracht.

Die nach Erbringung der Leistungen vom Architekten ein-
gereichte Rechnung wurde vom OLG Köln als unbegründet
angesehen. Die Begründung lautete auszugsweise wie folgt:

Gemäß § 2 Abs. 3 HOAI (alt) hätte das Honorar schriftlich
vereinbart werden müssen, was in diesem Fall nicht erfolgte.

Eine Wiederholung von Grundleistungen als Anspruchsgrundlage für den § 20 HOAI läge nur dann vor, wenn dabei
grundsätzlich verschiedene Anforderungen zu erfüllen sind.
Dies sei bei Planungsänderungen nur dann der Fall, wenn der

Architekt in Bezug auf die Lösung der ihm gestellten Aufgabe eine „grundlegend neue geistige Leistung" zu erbringen
hat. Die im vorliegenden Fall durchgeführten Änderungen
seien keine von grundlegender Bedeutung, die eine *raum-
übergreifende Neukonstruktion* des Baukörpers notwendig
machten. Zumindest hätte die Darlegung des Architekten in
diesem Fall keine ausreichende Beweisführung diesbezüglich dokumentiert. Die Erläuterung des Architekten erschöpft
sich im Wesentlichen in der Berechnung des jeweils von den
Änderungen betroffenen umbauten Raumes und der Angabe
des jeweils in einem bestimmten Prozentsatz ausgedrückten
Umfanges der Neubearbeitung. Aus dem Zahlenwerk gehe
nicht hervor, welche Anforderung den Änderungsleistungen
zugrunde gelegen hat.

Da damit die Voraussetzung für eine doppelte bzw. wie-
derholende Grundleistung nicht vorläge, seien die vom
Architekten erbrachten Änderungsleistungen entweder
durch das Honorar für die Grundleistungen abgegolten oder
diese stellen besondere Leistungen dar, für die eine zusätzliche Vergütung hätte vereinbart werden können.

Der aufgezeigte Fall dokumentiert, dass die Rechtsposi-
tion des Architekten oder Ingenieurs, der Ansprüche über den
Beauftragungsrahmen hinaus geltend machen möchte, nicht
einfach ist. Wesentlich ist dabei die Formulierung der Anspruchsgrundlage der jeweils betrachteten Änderungen. So
ist es häufig eine falsche Auffassung vieler Planungsbeteiligter, dass jedwede Änderung eine Anspruchsgrundlage für
Honorarmehrforderungen ist, sofern diese nicht zu Wiederholungen von Grundleistungen im Sinne einer „neuen geisti-
gen Leistung" führt. Die Änderungen von einigen „Strichen"
der Zeichnung als Merkmal für die Wiederholung der bereits
getätigten Leistung „z. B. Entwurfsplanung" fallen sicher
nicht unter diese gemeinte Anspruchsgrundlage. Ebenso betrifft dies Änderungen in der Ausführungsplanung, die einer
Weiterentwicklung (Optimierung) der Planung oder aus dem
Bauablauf folgender Erkenntnisse dienen.

Die Bestimmung der Leistungen der Höhe nach für die
neben den Grundleistungen erbrachten Besonderen Leistungen richtet sich nach den Randbedingungen des vorliegenden Einzelfalles. Häufig kann eine Vereinbarung nur sinnvoll
über den Stundenaufwand erfolgen, wobei hier die Plausibilität des Anspruches für die Besondere Leistung im Verhältnis zur Grundleistung hinreichend überprüft werden muss.

Durch die Neufassung der HOAI in § 7 Abs. 5, in Verbindung mit dem Entfall von § 5 Nr. 4 (Schriftformerfordernis),
wird sich das strategische Verhalten von Planungsbeteiligten
ändern. Dies wird andere Rechtspositionen schaffen, andere
Gerichtsurteile erzeugen und die bisherigen Auffassungen
revidieren. Inwieweit dies zu einem verbesserten und ver-
einfachten Abwicklungsprozedere zwischen den Beteiligten
führt, wird die Zukunft zeigen.

---

[8] Locher H./Koeble W./Frik W. (2010): Kommentar zur HOAI,
10. Aufl., § 3.

[9] BauR (1995): Entscheidungen ziviles Baurecht: S. 576.

5.2.7 Vereinbarung von Honorierungen für Änderungsleistungen mit der Projektsteuerung

Die Vergütung von Änderungssachverhalten mit Einfluss auf die Projektsteuerungsleistungen werden nach anderen Kriterien als bei den Planungsleistungen beurteilt werden müssen. Die Projektsteuerung wird diverse Aufgaben des Änderungsmanagements als Grundleistung durchführen müssen. Darunter fällt z. B. die aufbau- und ablauforganisatorische Klärung des Änderungsablaufes zu Beginn eines Projektes, die Einführung und Abwicklung organisatorischer Hilfsmittel zum Management der jeweiligen Änderungen sowie die Erfassung und Verfolgung aller jeweiligen Änderungen. Davon abzugrenzen sind allerdings die Aufgaben der technisch-organisatorischen Abwicklung der Änderung durch den Architekten im Sinne der Leistungen der HOAI § 15 mit den jeweils fachlich Beteiligten. Falls diese Aufgabe dem Projektsteuerer zugewiesen würde, wäre dieses eine Besondere Leistung. Grundsätzlich unterschieden werden muss dabei zwischen den Änderungen der Entwurfsplanung und Änderungen in der Ausführungsplanung. Wenn Konzeptänderungen in der Entwurfsplanung mit der Folge durchgeführt werden, dass ganze Leistungsphasen neu erbracht werden müssen, wird auch der Projektsteuerer eine Anspruchsgrundlage für Mehraufwand im Sinne seines Vertrages geltend machen können. Ebenfalls betrifft dies Änderungen, die zur Verschiebung des Terminzieles führen, sofern die Gründe für die ausgelösten Änderungen nicht dem Projektsteuerer zugerechnet werden müssen. Bei Änderungen in der Ausführungsplanung im Sinne von Detailkorrekturen wird man von Grundleistungen des Projektmanagements ausgehen müssen. Im Vertrag selbst wird eine Vereinbarung zu treffen sein, dass eine gewisse Überschreitung des Terminziels der festgelegten Ausführungszeit (max. jedoch 2–3 Monate) der Tätigkeit des Projektsteuerers durch das Honorar abgegolten ist, sofern Selbstverschulden oder auch mitwirkendes Verschulden ausgeschlossen ist. Falls der Projektsteuerer ein Pauschalhonorar hat und nicht an der Steigerung der anrechenbaren Kosten partizipiert, wird man bei hoher Anzahl von Änderungen eine Anpassung des Honorars durchführen müssen.

5.3 Risikomanagement

Ausgehend von dem Entschluss des Bauherren/Auftraggebers, ein Projekt zu realisieren, bestehen Risiken, dass die mit der Projektentwicklung definierten Projektziele durch Eintritt unterschiedlicher Umstände gefährdet werden. Diese Risiken sind je Projekt sowohl von der Auftritts-/Eintrittswahrscheinlichkeit sowie der absoluten Höhe her völlig unterschiedlich.

Generell trägt der Auftraggeber bzw. Investor die Verantwortung für die Risiken seines Projektes.

Unabhängig davon, dass der Investor die Risiken als Initiator trägt, hat ihn der Projektsteuerer in der Definition und dem Einschätzen bestehender Risiken zu beraten. Zu diesem Zweck kann zu Projektbeginn eine bewertete Struktur der technischen Risiken erstellt werden, die im Projektverlauf unter Hinzuziehung der Planungs- und Projektbeteiligten fortgeschrieben wird und konkrete Vorschläge zu Kompensationsmaßnahmen enthält. Durch diese kontinuierliche Betrachtungsweise wird das Bewusstsein über bestehende Risiken gestärkt.

Der Projektsteuerer sollte beim Risikomanagement bzgl. der technischen Risiken mitwirken. Keinesfalls kann er eine Haftung im Hinblick auf die Vollständigkeit und Bewertung der Risiken im Sinne der Eintritts-, Aufdeckungswahrscheinlichkeit sowie der potenziellen Schadenshöhe geben. Die Federführung in der Bewertung der Risiken und das Auslösen von Kompensationsmaßnahmen ist eine Entscheidung des Auftraggebers und verbleibt in dessen Verantwortungsbereich.

In Abb. 5.31 ist eine Übersicht von Projektrisiken dargestellt, die vom Entwicklungsrisiko über Baugrundrisiko, Genehmigungsrisiko und Vertragsgewährleistungsrisiko verschiedene Aspekte aufzeigt.

Die Definition von potenziellen Risiken ist der erste Schritt im Sinne des Risikomanagements. Es muss definiert werden, welche Risiken für das Bauvorhaben bestehen. Dieser Schritt ist relativ einfach, es gibt eine ganze Reihe an Grundlagen dafür. Schwieriger wird es mit der Ausprägung des Risikos für das konkrete Projekt. Dies gilt insbesondere für Projekte, die sich noch in der frühen Planungsphase befinden.

Der Projektsteuerer sollte zunächst eine eigene Einschätzung der Risikoausprägung durchführen, in dem er Fragestellungen aufwirft, die er entweder beantworten kann oder zu deren Beantwortung noch die Grundlagen fehlen. Ziel ist, erkannten Risiken mögliche Folgen zuzuordnen, denen dann mit Gegensteuerungsmaßnahmen begegnet werden kann. Die vom Projektsteuerer aufgeworfenen Fragestellungen werden dann nach entsprechender Vorbereitung von den anderen Projektbeteiligten analysiert und im Ergebnis entsteht eine Einschätzung bezüglich:

- der **Eintrittswahrscheinlichkeit:** besteht überhaupt eine Wahrscheinlichkeit dass dieses Risiko eintritt?
- der **Aufdeckungsschwierigkeit:** Wie können wir erkennen, dass dieses Risiko eintritt
- der **Schadenshöhe:** In welcher Größenordnung kann sich das Risiko ausprägen

Hilfreich ist auch generell eine Risikoklassifizierung gering-mittel-hoch, wobei letztlich die Quantifizierung der Risiken äußerst schwierig ist, da in der Regel noch keine gesicherten Erkenntnisse vorliegen. Eine zu pessimistische Bewertung der Risiken ist ebenso falsch, wie eine völlige Ignoranz. Zwi-

Abb. 5.31 Projektrisiken – Übersicht

Die Risiken in den Projekten sind individuell sehr unterschiedlich.

Entwicklungsrisiko
→ Standort nicht adäquat für vorgesehene Nutzung
→ Prognostizierte Marktentwicklungen treten nicht ein
→ Nutzung nicht marktgerecht
→ Planung nicht marktgerecht
→ Das Projekt stellt sich nachträglich als nicht durchführbar oder nicht wirtschaftlich heraus

Boden-, Baugrundrisiko
→ Altlasten, Kontaminationen
→ Kampfmittel
→ Eingeschränkte Tragfähigkeit
→ Grundwasser

Genehmigungsrisiko
→ Baugenehmigung wird nicht erteilt
→ Auflagen durch die Bauaufsichtsbehörde
→ Einwände von Nachbarn

Vertrags- und Gewährleistungsrisiko
→ Planungsmängel
→ Baumänge

Zeitrisiko
→ Überschreitung der geplanten Entwicklungsdauer
→ Überschreitung des geplanten Fertigstellungstermins
→ Überschreitung der geplanten Vermarktungsdauer

Finanzierungsrisiko
→ Unzureichende Eigenkapitalausstattung
→ Zinsänderungsrisiko
→ Belatungen durch zeitliche Verzögerungen

Kostenrisiko
→ Zusätzliche Kosten durch zeitliche Verzögerungen
→ Nachträliche Planungsänderungen
→ Ungenaue Ausschreibung
→ Nachträge

Standort- und Vermarktungsrisiko
→ Unterschreitung der Planverkäufe / Planvermietungen
→ Unterschreitung der geplanten Verkaufspreise / Mieterlöse
→ Längere Bestandshaltung bewirkt zusätzliche Kosten

schen diesen beiden Extremen liegt die Wahrheit. Vor allen Dingen ist es wichtig, die zu einem bestimmten Zeitpunkt erstellte Risikostruktur im weiteren Projektverlauf fortzuschreiben, um dessen Entwicklung auf die Investitionskosten immer im Auge zu behalten.

In Abb. 5.32 ist die Bewertung der Risikostruktur aus einem konkreten Projekt in einem Ausschnitt dargestellt. Die Risikoart beinhaltet je Bereich, wie hier z. B. Boden- und Baugrundrisiken, die jeweiligen Felder, wie z. B. Erdaushub, Baugrube, Gründung, Unterfangungen, Leitungen, Trassen, Sparten, etc.

In einer weiteren Bewertungsebene ist die Risikoausprägung differenziert. In der anschließenden Bewertung der Risikogrößen ist eine Skala von 0 bis 5 Punkten vorgesehen, die dann Bewertungen im Hinblick auf Schadenshöhe, die Eintrittswahrscheinlichkeit und die Aufdeckungsschwierigkeiten beinhaltet, mit einer gleichzeitigen Risikoklassifizierung gemäß definierter Stufen. Die Durchführung dieser Bewertung mit den Wissensträgern der einzelnen Planungsbereiche macht die Schwierigkeiten in der Bewertung deutlich, gleichwohl zwingt es zum Durchdenken der jeweiligen Kriterien. Die Praxis zeigt desweiteren, dass bei den Beteiligten an diesem Prozess ein gewisses Abstraktionsvermö-

ÜBERSICHT PROJEKTRISIKEN (SCHWERPUNKT TECHNIK/VERTRAG)

	Risikoart	Risikoausprägung	Risikobewertung (0-5 Punkte)				Quanti-fizierung/Reserve	mögl. Folgen/Anmerkung PREUSS	Gegensteuerung
			Schadens-höhe	Eintrittswahr-scheinlichkeit	Aufdeckungs-schwierigkeit	Risiko-klassifizierung			
1.	**Boden- u. Baugrundrisiken**								
1.0	Allgemein	Unkenntnis der örtlichen Gegebenheiten	2	3	3	mittel		Erfahrungen aus Projekten in der Umgebung hilfreich	Generalplaner Grau hat in der Nähe das Projekt „Hamburger Tor" betreut und ist nach Erfahrungen zu fragen
1.1	Erdaushub	1.1.1 Kontamination	3	2	4	mittel		- Entsorgungskosten – Lasten des Verkäufers - Bauablaufstörungen, z. B. durch Zeitbedarf von geordneter Entsorgung bzw. ggf. erf. Sanierung – Kostentragung (durch Verkäufer)	Risikoabgrenzung durch Gutachter empfohlen
		1.1.2 Anomalien	3	3	4	hoch		- Entsorgungskosten - Bauablaufstörungen, z. B. durch Zeitbedarf von geordneter Entsorgung – Kostentragung (Verkäufer)	Erweiterung Baugrunduntersuchung um: - Bebauungsreste (z. B. Fundamente, Mauern, Schächte etc.) - Kriegsschutt - Findlinge etc.
		1.1.3 Archäologische Funde	3	2	4	mittel		- Bauablaufstörungen	Frühester Beginn für alle Vorgänge im Zusammenhang Archäologie Schnittstelle zum Gewerk Baugrube - Aushub begleitende Untersuchungen und Sicherstellung von archäologisch relevanten Funden Recherche Historie
		1.1.4 Kampfmittel	2	2	4	mittel			Recherche Bombenkataster Kampfmittelsondierung
1.2	Baugrube, Gründung, Unterfangung	1.2.1 Mengenrisiko HDI	3	3	4	hoch		- Rollkies, Ziegel-/Betonbruch, Bebauungsreste (insb. Hohlräume) – im Grundstücksboden enthalten gem. Gutachten	Bodengutachten ausreichend?
		1.2.2 Grundwasser	4	3	4	hoch		Maßnahmen gegen Grundwasser	Bau: Grundwasserhaltung Objekt: Abdichtung UGs - Zu prüfen und ggf. zu ertüchtigen - Maßnahmen ggf. zusätzlich zur WU-Bodenplatte erforderlich (Düker)
		1.2.3 unzureichende Tragfähigkeit	5	2	3	mittel		Baugrund ggf. für Lasterhöhung nicht geeignet: s. a. 2.4	Bodenverbesserungsmaßnahmen
1.3	Leitungen/Trassen/Sparten	Beschädigung/erforderl. Umverlegung von Leitungen	3	2	3	mittel		Leitungssummenplan (Trassenplan) vorhanden? Leitungsumverlegungen notwendig? s. a. 10.	Leitungssummenplan anzufordern, zu prüfen

Abb. 5.32 Projektrisiken – Bestimmung, Bewertung, Beherrschung

Abb. 5.33 Koordination und
Integration – Die Aufgaben der
Projektbeteiligten

Bauherr (Projektleitung)
• Vorgabe der Projektziele, Herbeiführen und Treffen erforderlicher Entscheidungen
• Durchsetzen erforderlicher Maßnahmen/ Vertragsvollzug
• Herbeiführen erforderlicher Genehmigungen
• Oberste Kontrolle der Verwirklichung der Projektziele
• Durchsetzen von Entscheidungen
• Verantwortung für zeitgerechte/ mengengerechte Mittelbereitstellung

Projektsteuerung	
A	Organisation, Information, Koordination und Dokumentation
B	Qualitäten / Quantitäten
C	Kosten / Finanzierung
D	Termine / Kapazitäten
E	Verträge / Versicherungen

§ 33 HOAI - Objektplaner
2. ...Integrieren der Leistungen anderer an der Planung fachlich Beteiligter ...
3. ...Integrieren der Leistungen anderer an der Planung fachlich Beteiligter ...
5. ...Erarbeiten der Grundlagen für die anderen ... und Integrieren ihrer Beiträge bis zur ausführungsreifen Lösung
6. ...Abstimmen und Koordination der Leistungsbeschreibungen ...
8. ...Koordinieren der an der Objektüberwachung fachlich Beteiligten

§ 53, 49 HOAI - Fachplaner
2. ...   Erarbeitung eines Planungskonzeptes ... zur Integrierung in die Objektplanung
3. ...   Durcharbeiten des Planungskonzeptes ... sowie unter Beachtung der durch die Objektplanung integrierten Fachplanungen
5. ...   Durcharbeiten der Leistungsphasen 3 und 4 ...   unter Beachtung der durch die Objektplanung integrierten Fachleistungen ...

gen erforderlich ist. Das Gleiche betrifft die Quantifizierung der Risiken, die zwangsläufig je nach durchgeführter Betrachtung mit großer Vorsicht durchzuführen ist. In einigen Bewertungsfeldern wird auch mit der kostenmäßigen Einschätzung abzuwarten bleiben, um das Projekt nicht durch eine unqualifizierte Bewertung zu gefährden.

Genauso wichtig wie die Einschätzung der monetären Größen für die bestehenden Risiken ist die Analyse von möglichen Folgen aus dem Risiko und das Ableiten von Kompensationsmaßnahmen zur Gegensteuerung.

5.4   Schnittstellenmanagement

Alle Schnittstellen im Planungs- und Bauprozess eines Bauwerkes sind potenzielle Fehlerquellen. Schnittstellen in der Aufbauorganisation eines Projektes sind Ansatzpunkte für Defizite im Bereich der Zuständigkeit und Information. Dies betrifft die im Organigramm aufgezeigten horizontalen Schnittstellen zwischen den verschiedenen Projektebenen, wie auch die vertikalen im Bereich der Objektplanung. Die Berührungspunkte zwischen Bauherr, Projektsteuerer, Planer und Objektüberwachung werden in einem vom Projektmanager zu erstellenden Organisationsfahrplan dargestellt, in dem die Aufgaben der Beteiligten sowohl in ihrem jeweiligen vertraglichen Verhältnis zueinander, als auch von der zeitlichen Abfolge her zugeordnet sind. Die Schnittstellen innerhalb der Objektplanung ergeben sich aus den Beauftragungen der einzelnen Planungsbereiche. Diese Schnittstellen bestehen aus physischen Verbindungen im Sinne von Berührungspunkten (z. B. Raumlufttechnik/abgehängte Decke), an denen technische Sachverhalte zweier oder mehrerer

Planungsbereiche technisch abgestimmt und gelöst werden müssen. Ebenso muss an diesen Schnittstellen ein Austausch von Informationen in Form von technischen Daten stattfinden. Eine Grobzuordnung der einzelnen Planungspakete erfolgt zunächst mit dem Planungsvertrag, auch als Grundlage für die Honorarbemessung. Diese Abstimmung erfolgt vor Vertragsabschluss und wird im Rahmen der Planungsvorbereitung (Grundlagenermittlung) mit dem Planungsteam noch einmal abgestimmt. Im Rahmen der Vorplanungsphase erfolgt dann eine Detailkoordination unter der Federführung des für die technische Koordination zuständigen Architekten. Häufig entstehende Probleme in der Projektabwicklung liegen in einer unzureichenden Koordination der wechselseitigen, iterativen Planungsprozesse an diesen Schnittstellenbeziehungen.

Die Aufgaben der Projektbeteiligten im Hinblick auf ihre Koordinations- und Integrationspflichten sind in Abb. 5.33 dargestellt.

Der dort mit seinen Koordinierungsaufgaben dargestellte Projektsteuerer nimmt delegierbare Bauherrenaufgaben war, die Aufgaben der Projektleitung sind beim Bauherren angeordnet. Diese Koordinierungsaufgaben grenzen sich ab von den Aufgaben des Objektplaners und den von diesem zu integrierenden Fachplanern.

Gemäß HOAI lässt sich das Integrieren als Bestandteil der allgemeinen Koordinationsleistung des Objektplaners begreifen, die das gesamte Leistungsbild durchzieht. Der Objektplaner trägt die Verantwortung dafür, dass die Leistungen und Beiträge der Fachplaner der eigenen Objektplanung gerecht werden. Das bedeutet nicht, dass dieser die Fachplanungsleistungen auf ihre Fehlerfreiheit überprüfen müsste. Er hat jedoch die Auswirkungen der Fachbeiträge

Schnittstellenmatrix – BEZEICHNUNG GEWERKE / KOSTENGRUPPE NACH DIN 276

Zeilen (LFD. NR. / Bezeichnung / Kostengruppe nach DIN 276):

LFD. NR.	Bezeichnung Gewerke	Kostengruppe nach DIN 276
1	Herrichten und Erschließen	200
2	Öffentliche Erschließung	220
3	Nichtöffentliche Erschließung	230
4	Baugrube	310
5	Gründung	320
6	Außenwände	330
7	Außenwandbekleidungen außen	335
8	Außenwandbekleidungen innen	336
9	Innenwände	340
10	Decken	350
11	Dächer	360
12	Baukonstruktive Einbauten	370
13	Abwasser-, Wasser-, Gasanlagen	410
14	Feuerlöschanlagen	414
15	Wärmeversorgungsanlagen	420
16	Lufttechnische Anlagen	430
17	Hoch- und Mittelspannungsanlagen	441
18	Niederspannungsschaltanlagen	443
19	Beleuchtungsanlagen	445
20	Blitzschutz- und Erdungsanlagen	446
21	Fernmelde-/Infotechnische Anlagen	450
22	Förderanlagen	460
23	Küchentechnische Anlagen	471
24	Entsorgungsanlagen	478
25	Gebäudeautomation	480
26	Geländeflächen	510
27	Befestigte Flächen	520
28	Baukonstruktionen in Außenanlagen	530
29	Technische Anlagen in Außenanlagen	540

Spalten (Gewerke, Nr. 1–67):

1 ARCHITEKTUR — 2 BAULICHER BRANDSCHUTZ — 3 SONDERBERATER/INNENARCHITEKTUR

Fassadenplaner: 4 Fassade, 5 Solaranlagen

Verkehrsanlagen: 6 Straßen, Zufahrten, 7 Parken, 8 Verkehrstechnische Anlagen

Tragwerksplanung: 9 Baugrubensicherung/Wasserhaltung, 10 Gründung, 11 Tragkonstruktion, 12 Durchdringungen

Thermische Bauphysik/Schallschutz/Raumakustik: 13 Schwingungen, 14 Schallschutz, 15 Raumakustik, 16 Wärmelast, 17 Kühllast

Vermessung Entwurf/Bau: 18 Grundstück, 19 Grundflächen, 20 Wasserflächen, 21 Bauliche Anlagen/Fundamente, 22 Sparten

Bodenmechanik, Erd- und Grundbau: 23 Altlasten, 24 Bodenbeschaffenheit, 25 Sparten, 26 S-Bahn/Schiene, 27 Freianlagen

Freianlagen: 28 Grundfläche, 29 Teich, 30 Bauliche Anlagen/Fundament, 31 Dachbegrünung/Sonstiges, 32 Sparten, 33 Baumschutz

GWA/Feuerlöschanlagen: 34 Gasanlagen, 35 Wasseranlagen, 36 Abwasseranlagen, 37 Feuerlöschanlagen

WBR RWA: 38 Wärmeversorgung, 39 Brauchwassererwärmung, 40 Raumlufttechnik, 41 Rauch- und Wärmeabzugsanlagen

MSR/GLT: 42 Schaltschränke Steuerstellen – DDC-Stationen, 43 Kabel und Leitungen, 44 Feldgeräte, 45 Zentralen und Unterzentralen

Starkstromanlagen (ELT): 46 Mittelspannung, 47 Niederspannung, 48 Verlegesysteme, 49 Beleuchtung, 50 Blitzschutz-/Erdung Potentialausgleich, 51 Ersatzstromversorgung/USV

Fernmelde-/Informationstechnische Anlagen: 52 Telekommunikationsanlagen, 53 Such- und Signalanlagen, 54 Tursprechanlage, 55 Uhren-/Zeiterfassungsanlagen – Zeitdienstanlagen, 56 Elektroakustische Anlagen – Alarmierungsanlagen, 57 Gegen-/Wechselsprechanlagen, 58 Fernseh-/Antennenanlage – TV-Verkabelung, 59 Brandmeldeanlage, 60 Überfall-Einbruchmeldeanlage, 61 Zugangskontrollanlage, 62 Raumbeobachtungsanlage (Kameraüberwachung), 63 Übertragungsnetze – Daten, 64 LAN-Komponenten, 65 Netze für Sprache, Text und Bild, 66 Sonstige Anlagen – Parksystem usw., 67 Fernwirkanlagen (z. B. Anbindung an Feuerwehr, Polizei)

Abb. 5.34 Schnittstellenmatrix

Projekt: _____

Gewerk: WBR/RWA

Blatt: _____ von: _____

SCHNITTSTELLENPROTOKOLL

DEFINITION UND ERGEBNISSE VON ANBINDUNGSSCHNITTSTELLEN

Beteiligte an der Schnittstelle

Architekt _____
Fachplaner _____
Sonstige _____

1	2	3	4	5	6
Schnittst. Nr. (h / v)	Schnittstellen-bezeichnung	Definition Anbindungsschnittstelle (auf der Basis Schnittstellenmatrix)	Ergebnisse der Abstimmung	Index/ Datum	Unterschrift Planer
40/10	Raumlufttechnik / Decken	Luftauslässe, Kühldecken, Raumhöhen, Deckenspiegel und Brandschutzklappen sind zu koordinieren	Raumhöhen, Form und Situierung der Auslässe sowie Brandschutzklappen-Konzept wurden koordiniert. (siehe AK ..... vom ... bzw. Zeichnung Nr...) Der Deckenspiegel wurde besprochen.		
40/18	Raumlufttechnik / Niederspannungs-schaltanlagen	Die Belüftung der NS-Schaltanlage ist zu koordinieren.	Die Wärmelast der NS-Schaltanlagen wurde festgelegt, die Entlüftung koordiniert. (siehe AK ..... vom ... bzw. Zeichnung Nr...)		
41/10	Rauch- und Wärmeabzugsanlagen / Decken	Die Abzugsöffnungen, Brandschutzklappen sowie der Deckenspiegel sind zu definieren / koordinieren.	Die Führung der Lüftungskanäle, die Anordnung der Brandschutzklappen wurden mit dem Deckenspiegel abgestimmt. (siehe AK ..... vom ... bzw. Zeichnung Nr...)		
41/18	Rauch- und Wärmeabzugs-anlagen / Niederspannungs-schaltanlage	Die Ausführung der Kabelanschlüsse am Schaltschrank Rauch- und Wärmeabzugsanlage ist zu koordinieren.	Die Kabelanschlüsse an den Schaltschränken der Rauch- und Wärmeabzugsanlagen werden durch den AN-ELT aufgelegt.		
h = horizontal		Architekt	Fachplaner		
v = vertikal		(Datum / Unterschrift)	(Datum / Unterschrift)		

Abb. 5.35 Schnittstellenprotokoll Beispiel WBR/RWA

auf seine Objektplanung zu untersuchen und entweder seine Planung entsprechend zu ändern oder ggf. die Fachplaner um ergänzende Vorschläge zu ersuchen. Für die Gebrauchstauglichkeit seiner eigenen Planungen hat ausschließlich der Objektplaner einzustehen.

Dem Objektplaner obliegt diese Koordination in inhaltlicher *und* zeitlicher Hinsicht.

Über diese Integrationsleistung des Architekten hinaus besteht bei großen Bauvorhaben mit komplexen, stark vernetzten Strukturen – vor allem im technischen Ausbau – ein echter Koordinationsbedarf bei den einzelnen Fachbeiträgen und vor allem an deren Schnittstellen. Aufgrund der spezifischen haus- und betriebstechnischen Inhalte kann der Architekt diese Koordinationsverpflichtung häufig nicht abdecken, da diese Leistungen für ihn artfremd sind. Diese besondere Koordinationsleistung ist ebenfalls nicht im klassischen Leistungsbild des Projektsteuerers enthalten, da dieses eine derart tief in die fachlichen Zusammenhänge einwirkende Koordinationstätigkeit, also eine unmittelbar „planende" Koordinationstätigkeit, nicht vorsieht.

In diesen Fällen wird zu überlegen sein, ob die technische Koordination bei der Abwicklung über Einzelplanungen einem Fachplaner oder Sonderfachmann gesondert oder isoliert zu übertragen ist. Bei entsprechender Objektgröße wird der Bauherr in der Regel nicht ohne weiteres bereit sein, diese zusätzliche Planungstätigkeit der technischen Koordination zusätzlich zu bezahlen, da sie grundsätzlich mit dem Inhalt des § 33 HOAI und den HOAI-Leistungen der betreffenden Fachplaner abgedeckt ist. Bei ordentlicher Erfüllung der Aufgabe ist diese allerdings sicher das zusätzliche Honorar wert, weil diese die Nachteile einer nicht koordinierten Planung vermeiden kann.

Unabhängig von diesen Sonderfällen der besonderen Komplexität hat der Projektsteuerer zu veranlassen, dass die Koordination des Projektes in hinreichender Art und Weise erfolgt. Er muss sicherstellen, dass die technische Koordinationsleistung der Projektbeteiligten – mit Ausnahme der ausführenden Firmen – in hinreichender Art und Weise durchgeführt wird.

In Abb. 5.34 ist eine Übersicht der Schnittstellen im oben dargestellten Sinne strukturiert.

An jeder Schnittstelle muss eine Abstimmung zwischen den Projektbeteiligten unter Federführung des Objektplaners als technischem Koordinator durchgeführt und dokumentiert werden. Dies kann in einem Schnittstellenprotokoll gemäß Abb. 5.35 erfolgen.

Der hier dargestellte Handlungsbereich umfasst im Wesentlichen die inhaltliche Verwirklichung der Planung auf Grundlage der Zielvorgabe des verabschiedeten Nutzerbedarfsprogramms.

Die im Rahmen des Nutzerbedarfsprogramms vorzubereitenden Fragestellungen, relevanten Entscheidungen und dazu notwendige Entscheidungskriterien werden noch dargestellt. Ebenfalls mit zu erfassen sind die standortrelevanten Vorgaben, die einen ausschlaggebenden Einfluss auf die Gesamtwirtschaftlichkeit des Projektes haben können. Grundsätzlich sollte der Hinweis befolgt werden, dass das Nutzerbedarfsprogramm Vorrang hat vor dem Einstieg in die eigentliche Planung, erst recht aber vor dem Einstieg in die Ausführung.[1]

6.1 Nutzerbedarfsprogramm

Die Notwendigkeit von NBP's ist mittlerweile unbestritten. Nach Diederichs[2] hat das NBP die Aufgabe, den (voraussichtlichen) Nutzerwillen in eindeutiger und erschöpfender Weise zu definieren und zu beschreiben, um damit die „Messlatte" zu schaffen, die projektbegleitend Auskunft darüber gibt, ob und inwieweit mit den Planungs- und Ausführungsergebnissen die Anforderungen des Nutzers erfüllt werden. Das Nutzerbedarfsprogramm ist damit Ergebnis der vom künftigen Nutzer (möglichst) federführend erarbeiteten Bedarfsanforderungen im Hinblick auf Nutzung, Funktion, Flächen- und Raumbedarf, Gestaltung und Ausstattung, Budget und Zeitrahmen.

Wie zutreffend von Müller[3] formuliert wird, muss bereits eine Fülle wichtiger Entscheidungen mit der Programmplanung getroffen werden, die die spätere Objekt- und Fachplanung gemäß HOAI stark beeinflussen. Es ist allgemein anerkannte Erkenntnis,[4] dass das Nutzerbedarfsprogramm vor Beginn der Planung in den Grundsatzfragen entschieden sein sollte und erst recht vor dem Einstieg in die Ausführung.

Die Erstellung des Nutzerbedarfsprogramms erfolgt in enger Abstimmung mit dem Nutzer. Die Erarbeitung von entscheidungsreifen Ergebnissen in dieser Phase der Projektentwicklung muss organisiert werden. Es müssen die Aufgaben des Bauherren für die Nutzerarbeitskreise definiert werden. Des Weiteren erfolgt die Abgrenzung von klaren Zuständigkeiten für einzelne Aufgabenstellungen.

In Abb. 6.1 sind die wesentlichen Entscheidungsaspekte der Bedarfsplanung zusammengestellt. Es wird deutlich, dass in dieser, der Planung vorauslaufenden Projektentwicklungsphase, die Wirtschaftlichkeit des Gebäudes entscheidend bestimmt wird.

Die Komplexität der Aufgabe wächst deutlich, wenn das Projekt aus einer Vielzahl sich wechselseitig beeinflussender Teilprojekte besteht,[5,6] wie dies bei Großprojekten wie z. B. einem Flughafen der Fall ist.

Die einzelnen Gliederungspunkte der Abb. 6.1 sind eine Mischung von verschiedenen Entscheidungstypen. Es wird je Projekt individuell zu betrachten sein, welche Entscheidungen vor Eintritt in die Vorplanung definitiv getroffen werden müssen und welche Entscheidungspunkte erst nach planerischer Untersuchung im Verlauf der Vorplanung fixiert werden. So ist z. B. die Entscheidung über die raumlufttechnische Behandlung von Gebäudebereichen als Grundsatzentscheidung zum Zeitpunkt der Verabschiedung des Nutzerbedarfsprogramms denkbar. Ebenso kann diese Entscheidung noch im Verlauf der Vorplanung getroffen werden, wobei darauf geachtet werden muss, dass die Höhenentwicklung des Gebäudes (Roh-

---

[1] Diederichs C. J. (1994): Nutzerbedarfsprogramm – Messlatte der Projektziele, In: DVP, Tagung, 25.03.1994.

[2] Diederichs C. J. (1984): Kostensicherheit im Hochbau, DVPVerlag, Wuppertal.

[3] Müller W. H. (1994): Funktions-, Raum- und Ausstattungsprogramm – Wertmaßstab für Qualität, DVP, Tagung, 25.03.1994, S. 8.

[4] Diederichs C. J. (1994): Nutzerbedarfsprogramm – Messlatte der Projektziele, In: DVP, Tagung, 25.03.1994, S. 33.

[5] Preuß N. (1993): Der Flughafen München – eine Chance für Bayerns Infrastruktur Planung, Bau und Projektsteuerung. In: Günter-Scholz-Fortbildungswerk e. V., Vortrag zur Eröffnung der Ingenieur Akademie Bayern, 12.02.1993, Nürnberg.

[6] Kalusche W. (1997): Aufsätze und Vorträge zur Projektsteuerung, Vorbereitung der Planung als Aufgabe des Projektcontrollings/ Bericht über die Ausbauplanung eines Verkehrsflughafens, Lehrstuhl für Planungs- und Bauökonomie der Technischen Universität Cottbus.

N. Preuß, *Projektmanagement von Immobilienprojekten*,
DOI 10.1007/978-3-642-36020-6_6, © Springer-Verlag Berlin Heidelberg 2013

1. Zielvorgabe des NBP	–	Systematische Zielbestimmungen für alle Projektbeteiligten
	–	Formulierung von Anforderungen an das Bauwerk als Ergebnis der Bedarfsdefinition

2. Aufbauorganisation   Ziel: Ermittlung der Personalstruktur im Ist-Zustand, im Soll-Zustand für die gegenwärtige sowie für die zukünftige Entwicklung über einen Zeithorizont von 10 - 20 Jahren.

2.1 Personalstruktur	**2.3 Kommunikationsstruktur**
• Unternehmungsführungsstruktur (schlank/hierarchisch) • Führungsform (offen/vertraulich) • Unternehmensphilosophie (repräsentativ, zurückhaltend) • Strukturprognose (Entwicklung des Unternehmens und Rückwirkung auf Bedarf: Zentralisation/Dezentralisation etc.) • Technologieprognose (Technische Entwicklung EDV, CAD etc., Internet) • Wachstumsprognose	• Arbeitsformen (Einzelarbeit/Gruppenarbeit/Teamorientierung, Konzentration, übergreifende Kommunikation) • Art der Arbeitsgestaltung (dauernd, selten, Teilzeit) • Art und Häufigkeit von persönlichen Kontakten
	2.4 Mitarbeiter
2.2 Arbeitsplatz- und Raumstruktur	• Zufriedenheit mit Arbeitsplatz • Behaglichkeit der Raumkonditionen • Fluktuation, Produktivität • Raumtyp, Flächengrößen (Erwartungshaltung)
• Individuelle Gestaltungsmöglichkeit des Arbeitsplatzes • Gleichwertigkeit der Arbeitsplätze (Größe, thermische Anforderungen, Beleuchtung)	

3. Ablauforganisation   Ziel: Erfassung Ist-Situation, Ableitung einer Soll-Konzeption unter besonderer Berücksichtigung der Sonderflächen

	3.2 Ablauforganisation in Sonderbereichen/
• Nutzungszeiten (unregelmäßig/fix, variabel, Spitzenverteilung, Nachtnutzung) • Anzahl Personen	**Schnittstellen zu anderen Stellen oder Aufbauorganisation** • Sekretariatsorganisation (zentral, dezentral, Gruppenservice, Stockwerksservice)
3.1 Funktionelle Beziehungen	• Ablageorganisation/Registratur (Ablagezahl, Dokumentationsart, Zugriffszeit, Aktenentsorgung)
• zwischen den Stellen der Aufbauorganisation • Verkehrsgestaltung interne und externe Besucher (Erreichbarkeit, Störungen, Sicherheit) • Büroinformationswege, Sichtbeziehungen	• Schulung/Fortbildung (intern/extern, Raumanforderungen) • Konferenzwesen (Organisation, Auslastung) • Verköstigung (Eigenversorgung, Cateringkonzept) • Poststelle, Druckerei, Mikroverfilmung, Bibliothek, Gesundheit, Büromaterial • EDV • Lager/Werkstätten/Verwaltung (Outsourcing, Mitnutzung aus anderen evtl. bestehenden Standorten) • Ladehof, Parkplätze Stellflächen

4. Nutzungsspezifische Gebäude-/Raumkonzeptionen   Ziel: Optimierung der betrieblichen Organisations-, Informations-, Personalfluss-, Arbeitsfluss- und Energieflussgestaltung

4.1 Arbeitsplatz- und Raumtypen	**4.2 Formen der Gebäudetypen (Bauart, Bürobeleuchtung)**
• Ein- bzw. Zweipersonenräume (Achsen [A], Tiefe [T], Höhe [H], Art der Tätigkeit) • Gruppenräume [A, T, H] (Kommunikationsbedürfnis: Einflüsse aus Telefon/Gespräch) • Großraum [A, T, H] (Kommunikationsbedürfnis) • Kombiraum [A, T, H] (Anzahl Einzelarbeitsplätze, Teamarbeitsgruppen) • Kriterien (2.1 - 3.2), Raumgrößen, Mindestflächen, Raumtiefen, lichte Raumhöhe gemäß der Arbeitsstättenverordnung, Flexibilität (Zusammenfassung verschiedener Raumtypen)	• Kompakt • Dreibünder • Zweibünder • Einbünder

5. Flächenbedarf   Ziel: Ermittlung des notwendigen, optimalen Flächenbedarfs unter Berücksichtigung des definierten Prognosezeitraumes

5.1 Bürofläche (Bedarf)	**5.2 Sonderflächen**
• Anzahl Arbeitsplätze/gewähltes Raumkonzept gemäß Pkt. 4 • m² Fläche/Arbeitsplatz (Raster, Anzahl Raster je Raumtyp, Raumtiefe, Mobiliarfläche, Zugangsfläche, Besuchs-, Besprechungsfläche) • Festlegung einer Bewegungsreserve (Wachstumsprognose gemäß Pkt. 2.1) • Raster-/Stockwerksausgleich (Ausgleich von Ungenauigkeiten der Annahme durch Brandwände, Gebäudeabmessungen etc.)	• Art und Umfang der internen Kommunikation • Registratur, Archiv (Ablagesysteme, Zugriffserfordernisse) • Servicefunktionen (Sekretariatsorganisation, Post-/Materialverteilung) • Schulungswesen (intern/extern)
	5.3 Einstellplätze
	• Erforderliche Stellplätze gemäß behördlicher Vorgabe • Erforderliche Stellplätze aus Nutzersicht • Hochgarage, Tiefgarage, Außenstellplätze/Berücksichtigung baurechtlicher Vorgaben

Abb. 6.1 Entscheidungen/Entscheidungskriterien des Nutzerbedarfsprogramms

6.	Anforderungen an Bauweise und Geschossbelegung	Ziel: Optimale Kombination von Standortfaktoren, Nutzungsziel, Bauweise und Geschossbelegung unter Berücksichtigung des definierten Prognosezeitraumes

6.1	**Standortfaktoren**	6.2	**Bauweise**
	• Synergienutzung bestehender Gebäude (Mittel zum Entfall von Flächen) • Kälte-, Wärme-, Stromnutzung (Notstrom), aus Gebäudebestand in Abhängigkeit der Anforderung aus Verfügbarkeit (evtl. Nachrüstungserfordernis Bestand) • Maß der zulässigen Grundstücksausnutzung (Grundflächenzahl, Geschossflächenzahl, Anzahl Vollgeschosse, Bauvolumen, Baugrenzen) • Erschließungsvorgaben (Haupt-/Nebenausgänge, Mitarbeiter-/Besucher-/Lieferverkehr, Feuerwehrzufahrten, Stellplätze)		• Bebauungsplanvorgaben • Hochhausverordnung • Definieren von Bauabschnitten der Realisierung Gebäudetiefe (belichtbare Büroraumtiefen, Flurbreiten, Tageslichtbelichtung, Vermietbarkeitskriterien, Flexibilitätskriterien)

6.3	**Geschossverteilung und -belegung**
	• Funktionsvorgaben (aus Pkt. 2.3, 3.1, 3.2) • Belichtungserfordernisse (einseitig, zweiseitig belichtet, Innenraum) • baurechtliche Abhängigkeiten (Anrechnung auf Baurecht) Hochhausgrenze (Brandschutz) • Verhältnis Gesamtvolumen zu unterirdischem Flächenvolumen • Anordnung der Sonderflächen unter Berücksichtigung späterer Erweiterbarkeit • Anordnung Funktionsflächen Technik, Personen-Materialverkehr

7.	**Anforderungen an die tragenden/nichttragenden Baukonstruktionen**

7.1	**Raster**	7.2	**Geschosshöhen**
	• Ausbauraster (kleinster Raum, Raummindestbreite, 2-Personenraum, Fläche/Arbeitsplatz, Tragraster) • Rohbauraster (Vorgabe Tiefgaragenkonstruktion, Stellplatzbreite, Fahrgassenbreite)		• Nutzungsvorgaben • Arbeitsstättenrichtlinien • Abhängigkeiten zur Gesamthöhe in Abhängigkeit zur Hochhausgrenze (22 m über Gelände)

7.3	**Deckentragfähigkeiten**	7.4	**Fassaden und Fenster**
	• Nutzlastvorgabe/Flexibilitätsanforderungen		• Anteil Verglasung • Art, Umfang Sonnenschutz • Blendschutz

7.5	**Decken/Wände, Bodenbeläge**	7.6	**Verkehrsflächenanordnung mit Ein-/Ausgängen Verkehrsanbindung**
	• Anforderungen an Speicherfähigkeit Raum (Verzicht auf abgehängte Decke) • Vorgaben Trennwände (Flexibilität/Schall/Oberfläche/Fassadenanschluss) • Hohlraumboden/Doppelboden • Bodenbelagsanforderungen	7.7	**Technische Kerne**
		7.8	**Garagen und Stellplätze**

8.	**Anforderungen an die technischen Anlagen**

8.1	**Beleuchtung**	8.5	**Förderanlagen**
	• Beleuchtungsstärke	8.6	**Sanitäre Anlagen**
	• Beleuchtungskonzept (Speicherfähigkeit Raum, Geschosshöhe), Corporate Identity	8.7	**Nutzungsspezifische Anlagen**
8.2	**Informationstechnische Anlagen**		• Staubsaugeanlage (Bodenbelag, Facility-Management)
8.3	**Raumlufttechnik**	8.8	**Gebäudesicherheit**
	• Grundsatzentscheidung über natürliche, künstliche Belüftung (Ableitung von Vorgaben für Baukonstruktion) • Anzahl Personen/Raum, konstruktive Ausgestaltung Bauwerk (Speicherfähigkeit), innere Wärmelasten (Beleuchtung, PC, Bildschirm, Drucker, Telefax, Betriebsform der Geräte, Abschätzung der technologischen Weiterentwicklung)		• Außenhautsicherung (Fenster, Türen) • Zugänge/Pforten (Zugangskontrolle, Gästeempfang/-weiterleitung) • Schlüsselverwaltung • Zufahrten • Definition von Sicherheitsbereichen • Objektschutzorganisation (Bestreifung, Alarmverfolgung)

9.	**Anforderungen an Einbauten/Ausstattung**	10.	**Anforderungen an Außenanlagen**

Abb. 6.1 (Fortsetzung)

bau) sowie die konstruktive Ausgestaltung (Speicherfähigkeit: massiv/leicht) davon betroffen ist. Die damit einhergehenden Zusammenhänge müssen projektindividuell analysiert und im Entscheidungsprozess berücksichtigt werden.

Wenn nicht alle zur Entscheidung notwendigen Kriterien mit ausreichender Sicherheit vorliegen, müssen Annahmen getroffen werden, die dann zu einem späteren Zeitpunkt auf Richtigkeit überprüft werden. Damit verbunden ist evtl. die Notwendigkeit, ggf. bereits getroffene Entscheidungen wieder zurückzunehmen oder die bestehenden Nachteile in Kauf zu nehmen.

Nachfolgend sind die Entscheidungsstrukturen der Projektvorbereitungsphase, die im wesentlichen Entscheidungen des Nutzerbedarfsprogramms sind, mit der in Kap. 4.2 beschriebenen Methodik analysiert und phasenorientiert dargestellt.

Die Entscheidungstypologie ist im Kopf der Tabelle ersichtlich. Die betroffenen Planungsbereiche gliedern sich wie folgt:

1. Bauherr/Nutzer
2. Architekt
3. Thermische Bauphysik
4. Freianlagen
5. Tragwerksplanung
6. Fördertechnik
7. Gas, Wasser, Abwasser/Feuerlöschanlagen
8. Küchentechnik
9. Wärmeversorgung
10. Mess-, Steuer-, Regeltechnik/Gebäudeleittechnik
11. Elektrotechnik – Starkstrom
12. Elektrotechnik – Schwachstrom
13. Technik übergeordnet
14. Projektsteuerung
15. Gesamtplanung betreffend
16. alle Projektbeteiligten betreffend

Die dargestellten Entscheidungen betreffen die Projektentwicklungsphase und die HOAI-Phase Grundlagenermittlung (Abb. 6.2).

6.2   Steuerung der Nachhaltigkeitskriterien

Der Klimawandel ist definitiv vorhanden. Noch vor einigen Jahren wurde darüber kontrovers diskutiert. Aktuell ist die Diskussion über die Auswirkungen allgegenwärtig. Aus heutiger Sicht ist es eine der großen Herausforderungen der Menschheit, die globale Erwärmung einzudämmen und im Rahmen des Möglichen gegenzusteuern. Energieeffizienz spielt dabei eine zentrale Rolle. Immobilien haben neben den Bereichen Verkehr, Produktion und Landwirtschaft einen großen Anteil am Energie- und Ressourcenverbrauch:

- ca. 40% des gesamten Energieverbrauchs wird für Heizwärme benötigt
- ca. 80% der Energie eines Gebäudes wird durch Raumwärme verbraucht

- ca. 50% aller Ressourcen (Wasser, Stahl, Energie) werden vom Bausektor in Anspruch genommen
- ca. 60% aller Abfälle werden vom Bausektor verursacht.

Damit wird deutlich, dass die Entwicklung, Planung und Realisierung von Immobilien einen wertvollen Beitrag in der Erreichung dieser ökologischen, ökonomischen und gesellschaftlichen Anforderungen leisten kann und muss.

Diese Erkenntnis ist nicht neu, sondern war auch bereits vor über 20 Jahren bei einigen Investoren vorhanden. In Abb. 6.3 ist eine Auswahl von ökonomischen und ökologischen Handlungszielen in der Gebäudeplanung dargestellt, die aus konkreten Projektabwicklungen der Allianz AG abgeleitet ist, für die der Verfasser in dieser Zeit in Projektsteuerungsfunktion tätig war. Eine ganze Reihe an weiteren Kriterien der soziokulturellen, funktionalen und technischen Prozessqualität sind in den Entscheidungsmatrizen des Kap. 4.3 und 10.1 erkennbar.

Die Übersicht zeigt die Ansatzpunkte auf, die auch bereits in der Projektentwicklungsphase definiert und in den anschließenden Planungsphasen auf Machbarkeit und Wirtschaftlichkeit untersucht werden. Diese Einzelentscheidungen zu den Kriterien werden im Entscheidungsmanagement berücksichtigt. In Kap. 10.1 (Struktur der Entscheidungssituationen) sind diese differenziert dargestellt.

In den letzten Jahren haben sich strukturelle Vorgaben bei den verschiedenen Zertifizierungssystemen entwickelt. Als Beispiel ist in Abb. 6.4[7] die Gewichtung der DGNB-Kriterien dargestellt, die sich in die Felder der Ökologie, Ökonomie, soziokulturelle/funktionelle, technische und die Prozessqualität differenzieren.

Alle Kriterien sind nach dem Zielsystem der DGNB gewichtet. Der Vergleich mit Abb. 6.3 zeigt partiell gewisse Analogon in den Betrachtungen, wobei ein großer Unterscheid in der aktuellen Gewichtungsvorgabe besteht.

Durch diese neuen strukturellen Vorgaben für alle Phasen eines Projektes ändern sich auch einige Prozesse der Projektabwicklungen, die nachfolgend kurz angesprochen werden.

Da die Projektsteuerung an der Seite des Bauherren einerseits die Projektziele – nach der Projektentwicklung – weiter konkretisiert und im folgenden Planungsprozess auf Einhaltung prüft, verändern sich die Aufgaben des Projektsteuerers, partiell kommen neue Aufgaben dazu.

Desweiteren gewinnt die Diskussion mit der Zertifizierung auch vertragsrechtliche Dimensionen. Es treten neue Beteiligte ins Projektgeschehen hinzu, der Auditor und der Nachhaltigkeitsberater. Diese Beteiligten müssen mit Leistungsbildern und vertraglichen Regelungen in das Projektteam eingebunden und anschließend gesteuert werden. Dies gilt insbesondere vor dem Hintergrund, dass die Abläufe des Zertifizierungsverfahrens – je nach System unter-

---

[7] Meixner M./Rieger R. (2011): Nachhaltigkeitsrelevante Einflussgrößen. In: DVP: Nachhaltigkeitsrelevante Prozesse in der Projektsteuerung.

Entscheidungen bei Hochbauten **Sortierung** *Planungsbereich-Entscheidungsebene-Priorität* **Planungsphase 0**
Projektentwicklung

Entscheidungs-typ - Legende	
0 Grundsatzentscheidung	3 gestalterische Entscheidungsinhalte	6 Bemusterungsentscheidung	9 organisatorische Entscheidung
1 Konzeptentscheidung	4 funktionale Entscheidungsinhalte	7 genehmigungsrelevante Entscheidungsinhalte	10 vertragsrelevante Entscheidungsinhalte
2 Konstruktions-, Systementscheidung	5 technische Entscheidung	8 Ablaufentscheidung	11 Sonstige

lfd. Nr.	Entscheidung	Entscheidungseinzelsachverhalt/ Entscheidungskriterien	betroffene Planungsbereiche	Priorität	Planungsphase	spät. Entsch. in LPh	verantwortlicher Planungsbereich	Entsch. in Ebene
	Grundsatzentscheidung Facility-Management	- Betrieb durch eigenes Personal - Outsourcing (Umfang) - Einrichtung eines Facility-Managementsystems/ CAFM- System	15	1	0	1	0	1
9	Flächenvorhaltung für zukünftige Baustufen	- langfristige Unternehmensstrategie (Anzahl erforderlicher Arbeitsplätze)	15	1	0	2	0	1
26	Fremdvermietungsanteil (Grundsatzvorgaben)	- Definition Nutzungsgrenzen / Umfang Fremdvermietung / Wirtschaftlichkeitsvorgaben	14	1	0	2	0	1
37	Festlegung "Bewegungsreserve" Für Arbeitsplätze	- Verabschiedung Raum-, Funktionsprogramm	15	1	0	1	0	1
25	Gebäudetypologie	- Einbünder - Zweibünder - Dreibünder - Kompaktbauweis	15	1	0	2	1	1
32	Büroraumkonzept	- Ein-/Zweipersonenräume - Gruppenräume - Kombiräum - Großräume - Art der Tätigkeit und erforderlichen Kommunikation - Möblierungskonzept - Raster - Ergonomische Überlegungen zum Arbeitsplatz - (Durchgangsbreiten, Rückenabstände, Gleichartigkeit Arbeitsplätze)	14	1	0	2	1	1
33	Büroraumtiefe	- Büroraumtiefe / lichte Höhe gemäß ASR 5	1	1	0	2	1	1
48	Bebauungsplanvorgaben	- Zieldefinition des Projektes	15	1	0	0	1	1
53	Geschosshöhen (Bebauungsplan)	- Vorgaben Bebauungsplan	0	1	0	2	1	1
15	Nutzerorganisation (Definition Nutzerarbeitskreise)	- geordnetes Einbringen / Durchsetzen von Nutzerwünschen, Aufbau- und Ablauforganisation	15	1	0	1	13	1
253	Objekt-/Fachplanerauswahl	- fachliche Professionalität - Termintreue - Zuverlässigkeit - Kreativität	15	1	0	1	13	1
270	Investitionsplan / Kostenziel	- Investitionssumme - Qualitätsziel	15	1	0	1	13	1
5	Grobbelegungsplan auf Basis Raumprgramm	- Festlegung nutzungsorientierter Planungsvorgaben (Flächen, Ausstattung)	14	1	1	2	0	1
6	Raumbuch (ja/nein)	- Art und Umfang, Tiefe des Raumbuches - Schnittstelle zum Facility-Management	15	2	1	2	0	2
261	Planerstellung/-dokumentation/ Angaben für Facility-Management	- Anforderungen an CAD-Planung - freie CAD - koordinierte CAD - integrierte CAD - Vorgaben für grafische Datenerstellung (Farben, Stichstärken, Schraffuren, Geschossbezeichnungen, Layerstruktur, Zeichnungskopf, Bezeichnungs-schlüssel)	15	2	1	2	0	2
262	Planerstellung/-dokumentation/ Angaben für Facility-Management	- Vorgaben für nichtgrafische Datenerstellung (Herstellerangaben, Materialherkunft, Pflegehinweise, Anlagenbeschreibung, Bedienungsanweisungen, Wartungsanweisungen - Datenerfassung/Szenarien der Datenlieferungen - Anforderungen an Bestandsdokumentation	15	2	1	2	0	2

Abb. 6.2 Auswertungsvarianten der Datenstruktur

schiedlich – auf die Erbringung der Planungsleistungen Einfluss nimmt. Die Planer müssen je nach Systemvorgabe und angestrebtem Zertifizierungslevel (Gold, Silber, Bronze) unterschiedliche Aufgaben zusätzlich erbringen. Dies wiederum erfordert ergänzende vertragliche Regelungen bei den Planern. Wenn diese Veränderungen nicht ausreichend gesteuert und auch in das Entscheidungsmanagement des Projektsteuerers eingebunden werden, entsteht die Gefahr von Projektstörungen mit Termin- und Kostenkonsequenzen.

Entscheidungen bei Hochbauten

Sortierung *Planungsbereich-Entscheidungsebene-Priorität*   **Planungsphase 1**
Grundlagenermittlung

Entscheidungs-typ - Legende	0 Grundsatzentscheidung 1 Konzeptentscheidung 2 Konstruktions-, Systementscheidung	3 gestalterische Entschei-dungsinhalte 4 funktionale Entscheidungsinhalte 5 technische Entscheidung	6 Bemusterungsentscheidung 7 genehmigungsrelevante Entscheidungsinhalte 8 Ablaufentscheidung	9 organisatorische Entscheidung 10 vertragsrelevante Entscheidungsinhalte 11 Sonstige

lfd. Nr.	Entscheidung	Entscheidungseinzelsachverhalt/ Entscheidungskriterien	betroffene Planungs-bereiche	Priorität	Planungs-phase	spät. Entsch. in LPh	verant-wortlicher Planungs-bereich	Entsch. in Ebene
4	Lichtpausanstalt für Vervielfältigung Pläne	- örtliche Präsenz - Kapazität - Zuverlässigkeit - technische Ausrüstung/Lieferprogramm - Lieferservice - Preis - CAD-Plotservice - Entfernung zum Architekten / sonstigen Planungsbeteiligten	15	3	1	1	0	2
39	Flächenentscheidungen des Raum- und Funktionsprogrammes	- Art und Umfang Flächenprogramm / funktionelle Grundsatzvorgaben	14	1	1	2	1	1
47	Stellplatzanzahl	- Situierung, Anzahl, Nutzermix	14	1	1	2	1	1
72	Achsraster (Funktionsvorgaben Hauptnutzung)	- Nutzungskonzept (Möblierungskonzept), Konstruktion, Auswirkung auf andere Funktionsbereiche (störende Stützen), Wirtschaftlichkeit Tragkonstruktion	14	1	1	2	1	1
76	Flexibilität (generelles Nutzungskonzept)	- Nutzungskonzept, Unternehmensstrategie	14	1	1	2	1	1
40	Besprechungsraumkonzeption	- Größe, Typen, Situierung	14	2	1	2	1	1
43	Sonderflächen (Archive)	- Anordnung, Umfang	14	2	1	2	1	1
12	Fahrradabstellplätze (innerhalb/außerhalb des Gebäudes)	- Dimensionierung Fahrradabstellplätze / Umkleiderääme	1	3	1	3	1	1
8	Vorgaben zur äußeren Erschließung des Gebäudes	- Vorgaben für Anlieferung des Gebäudes (PKW, LKW, Material) - Feuerwehrzufahrten, Dimensionierung Ladehof / Müllanlieferung, Schnittstellen zur öffentlichen Erschließung (Staugefahr), spätere Genehmigungsprobleme	14	1	1	2	1	2
38	EDV-Datenverteilerräume	- Situierung, Größe	14	1	1	2	1	2
56	Geschosshöhen (Arbeitsstättenrichtlinien)	- Raumflächen gemäß Arbeitsstättenrichtlinien	14	1	1	3	1	2
110	Tiefgaragenausfahrt	- Konzeption der Tiefgarage in Abhängigkeit zur äußeren Erschließung	0	1	1	2	1	2
42	Kernnahe Sonderräume	- Anordnung, Funktion, Ausstattung	14	2	1	2	1	2
44	Ladehof	- Anordnung, Größe, Funktionalität	14	2	1	2	1	2
46	Poststelle	- Größe, Situierung	14	2	1	2	1	2
49	Tiefgaragenkonzept (Nutzungskonzept)	- Nutzungskonzept (Eigen-, Fremdnutzung)	14	2	1	2	1	2
68	Entsorgungskonzept (erforderliche Funktionsflächen)	- Festlegung Flächen zentrale Müllentsorgung - Dimensionierung Ladehof Festlegung erforderlicher Zwischenlager Festlegung Anlagen im Außenbereich (Kompost) Festlegung Küchenmüllentsorgung	14	2	1	2	1	2
24	Anfertigen von Bestands-Unterlagem / Spartenpläne	- Bereiche der Bestandserfassung - Tiefe der Bestandserfassung	14	2	1	1	1	3
161	Verköstigungskonzept Grundsatzfragen	- Bedarf, Unternehmensphilosophie - Vollküche, Teilküche, Essenanlieferung	14	1	1	2	7	1
166	Cafeteriabedarf	- Bedarf, Unternehmensphilosophie, Anforderungsprofil, Größe, Standort, Verkaufssortiment	14	2	1	2	7	1
179	Bedarf an Sonderspeiseräumen	- Raumbedarf, Garderoben, WC, Foyerbedarf	14	3	1	2	7	1
162	Verköstigungskonzept (konzeptbezogene Flächenvorgaben)	- Flächenbedarf Küche, Lager, Speiseräume, Entsorgung, Personalräume / Verwaltung	0	1	1	2	7	2

Abb. 6.2 (Fortsetzung)

Entscheidungen bei Hochbauten   **Sortierung** *Planungsbereich-Entscheidungsebene-Priorität*   **Planungsphase 1**
Grundlagenermittlung

| Entscheidungs-
typ - Legende | 0 Grundsatzentscheidung
1 Konzeptentscheidung
2 Konstruktions-,
   Systementscheidung | 3 gestalterische Entschei-
   dungsinhalte
4 funktionale Entscheidungsinhalte
5 technische Entscheidung | 6 Bemusterungsentscheidung
7 genehmigungsrelevante
   Entscheidungsinhalte
8 Ablaufentscheidung | 9 organisatorische Entscheidung
10 vertragsrelevante Entscheidungsinhalte
11 Sonstige |

lfd. Nr.	Entscheidung	Entscheidungseinzelsachverhalt/ Entscheidungskriterien	betroffene Planungs- bereiche	Priorität	Planungs- phase	spät. Entsch. in LPh	verant- wortlicher Planungs- bereich	Entsch. in Ebene
239	Belüftungskonzept Büros	- EDV-Ausstattung in Büros (innere Wärmebelastung) - verglaster Anteil Fassade - Sonnenschutz - Baukonstruktion massiv / leicht - Berührungsmöglichkeit Raumluft / massive Bauteile - Anzahl Personen im Raum (Immissionen)	12	1	1	2	8	1
240	Belüftungskonzept Büros	- Festlegung Lage, Größe Zentralen, Lage und Höhe der Haupterschließungstrassen - Erwärmung, Be- und Entfeuchtung, Luftwechselzahl, WRG, Schadstoffe, Filter, Gerüche, Schalleistung, Nutzungsdauer, Personenbelegung	12	1	1	2	8	1
249	Art der Wärmeerzeugung (BHKW/FW/FK)	- Auslegung der gesamten haustechnischen Planung	14	1	1	2	8	1
132	Nutzungsparameter mit Einfluss auf Energiebilanz des Gebäudes	- Nutzungszeiten Gebäude (fix, gleitend, unregelmäßig) Nachtnutzung - Lasten (Personenlast, innere Wärmelasten, hohe Einzellasten) Geräte mit Wärmelasten -	12	2	1	2	8	2
242	Parameter Fernheizung	- Heizmedium, Temperatur, Betriebsdruck	12	1	1	2	8	3
243	Tiefgaragenlüftung	- Belegungsfrequenz, Luftnachströmmöglichkeiten	12	1	1	2	8	3
245	Technische Ausrüstung Hochregallager	- Beheizung, lufttechnische Behandlung, Temperatur-, Feuchtevorgaben (Toleranzbereich), ständige Arbeitspläte, Personenbelegung, Höhe für TGA-Installation	12	1	1	2	8	3
246	Technische Ausrüstung EDV-Räum	- anfallende Wärmelasten - Möglichkeit der Klimatisierung über Doppelboden	12	1	1	2	8	3
247	Technische Ausrüstung Lagerräume	- Art der gelagerten Güter, Raumtemperatur (Vorgabe)	12	1	1	2	8	3
230	Blitzschutzanlage	- Einschätzung Sachwert/Risikoabschätzung - äußerer Blitzschutz inkl. Fundamenterder/Potentialsteuerung	12	1	1	2	10	2
231	Sicherheitsbeleuchtung	- Versammlungsstättenverordnung	12	1	1	2	10	3
232	Rauchwärmeabzugsanlagen	- Bedarf, Ausführung, elektrisch, hydraulisch	1	2	1	2	10	3
212	Antennenanlage	- Breitbandkabelanschluss, Satellitenantenne, Festlegung der auszustattenden Räume	12	2	1	2	11	2
227	Telefonverkabelung	- komplette Ausführung oder nur als Leerohranlage	1	2	1	2	11	2
209	Hausalarm	- Alarm über Sirenen/Auslösung über Handauslösetasten in Fluren/Treppenhäusern	12	3	1	2	11	2
210	Elektroakustische Anlagen	- Ausführung für Hausruf/Notrufdurchsagen	12	3	1	2	11	2
233	Telefonanlage	- Planung und bauseitige Ausführung oder Einbau durch Mieter	12		1	2	11	2
133	Energieerschließungskonzept	- Wirtschaftlichkeit, ökolog.Kriterien - Energieerschließungsvarianten: Fernwärme, -kälte, -kraft - Wärmekopplung (BHKW) - Solarenergie - Erdwärmenutzun - Wasserpumpe - Kältemittel - Absorptionskältemaschinen - Regenwassernutzung (Tolilettenspülung, Gartenbewässerung)	12	1	1	2	12	1

Abb. 6.2 (Fortsetzung)

Entscheidungen bei Hochbauten **Sortierung** *Planungsbereich-Entscheidungsebene-Priorität*   **Planungsphase 1**
Grundlagenermittlung

| Entscheidungs-
typ - Legende | 0 Grundsatzentscheidung
1 Konzeptentscheidung
2 Konstruktions-,
  Systementscheidung | 3 gestalterische Entschei-
  dungsinhalte
4 funktionale Entscheidungsinhalte
5 technische Entscheidung | 6 Bemusterungsentscheidung
7 genehmigungsrelevante
  Entscheidungsinhalte
8 Ablaufentscheidung | 9 organisatorische Entscheidung
10 vertragsrelevante Entscheidungsinhalte
11 Sonstige |

lfd. Nr.	Entscheidung	Entscheidungseinzelsachverhalt/ Entscheidungskriterien	betroffene Planungs- bereiche	Priorität	Planungs- phase	spät. Entsch. in LPh	verant- wortlicher Planungs- bereich	Entsch. in Ebene
134	Energieerschließungskonzept	- Grundwasser zu Kühlzwecken - Wasserarmaturen - I- - Wärmenutzung Eigenstromerzeugung - Beleuchtungsoptimierung (Stormverbrauch, Investition Lichtqualität) - außenhelligkeitsgesteuerte Beleuchtung - Einzelraumregelung (Ja/Nein) - Tageslichtsysteme	12	1	1	2	12	1
135	Ausnutzung bestehender Synergien der technischen Ausrüstung bestehender Bebauung	- Wirtschaftlichkeit, Verfügbarkeit, Ausfall-, Störfallszenarien	12	2	1	2	12	1
184	Installationsvorhaltungen für weitere Baustufen	- langfristige Unternehmensstrategie	14	2	1	2	12	1
20	Inbetriebnahmeablauf (Grobkonzeption)	- Grundsatzvorstellungen Umzugsorganisation - Grobkonzeption Inbetriebnahme - Erforderliches Personal des Nutzers für Inbetriebnahme	15	1	1	1	13	1
254	Projektaufbauorganisation Gesamtprojek	- Projektorganisation (Aufbauorganisation - Planung/Ausführung) - Organigram - bauherrninterne Entscheidungsebenen - Schnittstellendefinitionen - Entscheidungsabläufe (Wertgrenzen) - Ablauf Projekt-/Planungsänderungen - Genehmigungsmanagemen Einschaltung Rechtsberatung	15	1	1	1	13	1
257	Terminvorgabe	- Generalterminplan	15	1	1	1	13	1
255	Projektgliederung	- Gliederung des Projektes in Bereiche als Grundlage der Planung/Kostenermittlung/Abrechnung	15	2	1	2	13	2

259	Besprechungswesen	- Besprechungshierachien (Planungs-Jour-fixe, PS-
		  Jour- fixe etc.)
		- Regelung Teilnehmer, Turnus, Gesprächsleitung,
		  Protokollverfassung
			15	2	1	2	13	2

265	Kostenplanung	- Tiefe der Kostenplanung durch Planer
		- Anforderungen an die Kostenplanung
		  (Detailliertheitsgrad)
		- Anforderungen an die Struktur der Kostenermittlung
		  Ablauf der Kostenkontrolle durch die Bauleitung
		  Regelung des Auftrags-/Nachtragswesens
			15	2	1	1	13	2

267	Abrechnungswesen Honorare
	/Bauleistungen
		- Festl. bauherrnseit. Zuständigkeiten der
		  Rechnungsfreigaben
		- Festl. Rechnungslauf BH-intern/-extern je Rechnungsart
		  (Honorar-, Lichtpaus-, Bauleistungsrechn.)
		  Definition der Rechnungsstellung f. gesonderte Bereiche
		- Besprechungsadresse/formale Anforderungen
			15	2	1	2	13	2

260	Berichtswesen	- Situationsberichte - Kosten-/Terminberichte - Vorgaben zum Schriftverkehr	15	3	1	2	13	2
264	Organisatorische Regeln der Planerstellung	- Regelungen des Datenaustauschs - Plankopf (Codierungen) - Planumlauf - Planverteilung - Plandokumentation	15	2	1	2	13	3

Abb. 6.2 (Fortsetzung)

Grundstückswahl	– günstige Lage wählen (Sonne, Verschattung, Wind, Windschutz, Feuchtigkeit) – Standort mit wenig Lärm Schadstoffemission (natürliche Belüftung möglich) – Tiefer Grundwasserstand (keine aufwendige Baugrube, keine Störung GW-Spiegel) – wenig Beschränkungen in Bebauungszonen – keine elektrische/elektromagnetische Beeinflussung
Gebäudeplanung/ Raumkonzeption	– aufgabengerechte Funktionsplanung/Flächennutzungsplanung (nur bauen was nötig ist) – "einfach" planen (KISS), Automatisierung vermeiden, Zielkonflikt Komfortverlust – Nord-/Südorientierung anstreben (hohe Beleuchtungsdichte, steiler Lichteinfall im Sommer, Südfassade erhöht größte Energienutzungsdauer) – Durchgrünung von Gebäudekomplexen mit natürlichem Klimaausgleich – Optimierung Baukörperschlankheit (Minimierung Außenhüllfläche) – Transparente Vorbauzonen (Sonnenenergienutzung, Wärmespeicherung) – biologischer Qualitätsnachweis für Produkte (Klebemittel, Anstriche, Mineralfaserthematik) – keine "Freiflächenversiegelung" (Rasenstein statt Freiflächenversiegelung, Regenwasserversickerung, Grün als Klimapuffer) – Außenraumgestaltung – Verdunstungskühlung – Aktivierung von Speichermassen des Gebäudes/Bauteilkühlung – Verzicht auf abgehängte Decken – Raumtiefenbegrenzung (< 2,5 fache lichte Höhe) – Innenhofgestaltung (Licht-Energie)
Fassade	– Transparente Wärmedämmung – 2-schalige Fassadenkonstruktionen – Verglasungsalternativen – Sonnenschutz – Fassadenflächen als Absorptionsflächen in Kombination mit Wärmepumpen – temporärer Wärmeschutz für Fenster - Optimierung Fensterflächenanteil (40 - 50 % der Fassadenfläche) - Reinigungsverhalten Fassadenkonstruktion
Gebäudetechnik Wärmeversorgung	 - Energieerschließungsvarianten (Fernwärme/-kälte, Kraft-Wärmekopplung (BHKW)) - Solarenergie - Erdwärmenutzung - Wärmepumpe
Kälteversorgung	- Kältemittel mit Ersatzkältemittel - Freie Kühlung - Erdkälte - Reduzierung innerer Kühllasten (Personen/Maschinen/Beleuchtung) - Eisspeicher - Kühldecken - Absorptionskältemaschinen - Befeuchtungseinrichtungen, nur wenn unbedingt erforderlich - Lüftungskonzeption (freie, mechanische Lüftung, Klimatisierung, Nachkühlung)
Wasserversorgung	- Regenwasser zur Toilettenspülung - Regenwasser zur Gartenbewässerung - Regenwasser zu Kühlzwecken (Verdunstungs-/Bauteilkühlung, angelegter See) - Grundwasser zu Kühlzwecken - Wasserarmaturen
Elektro	- I-Bus-Systeme - gute Tagesbelichtung (Energieeinsparung) - Möglichkeiten der Wärmenutzung bei Eigenstromerzeugung - Photovoltaik - Beleuchtungsoptimierung (Stromverbrauch/Investition/Lichtqualität) - Außenhelligkeitsgesteuerte Beleuchtung - Einzelraumregelung ja/nein - Tageslichtsysteme

Abb. 6.3 Auswahl von ökonomischen und ökologischen Handlungszielen in der Gebäudeplanung

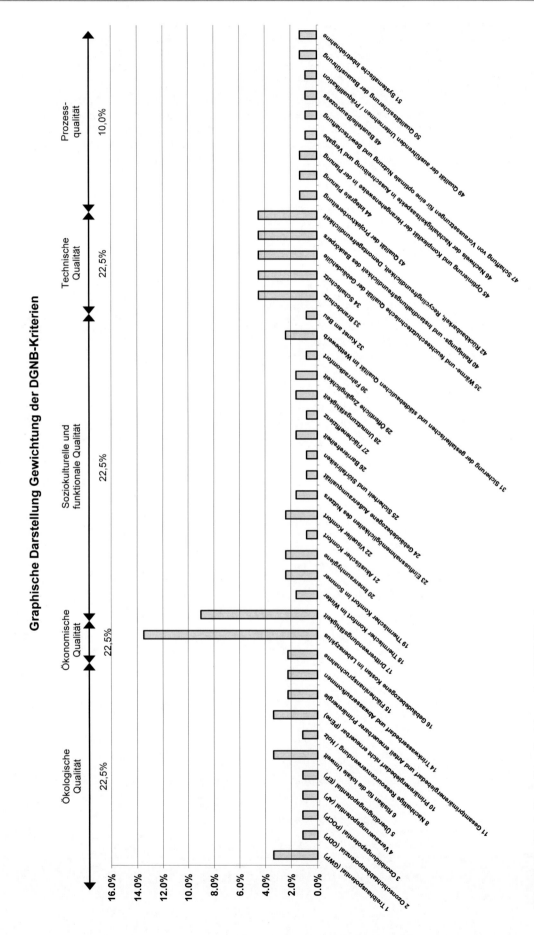

Abb. 6.4 Graphische Darstellung Gewichtung der DGNB-Kriterien

6.2.1 Nachhaltigkeitsorientierte Prozessabläufe in den Projektstufen

Proktentwicklungsphase In Abb. 6.5[8] ist das Prozessmodell in der Projektentwicklungsphase dargestellt.

In dieser Phase sind noch keine Planer aktiv, sondern der Investor lässt sich vom Projektmanager im Aufbau der Projektstrukturen beraten. Im Hinblick auf die nachhaltigkeitsrelevanten Aspekte muss Kompetenz zur Nachhaltigkeit in den Prozess integriert werden. Der Projektsteuerer wird ein Leistungsbild für den Nachhaltigkeitsberater strukturieren und gemeinsam mit dem Investor den Auswahlprozess begleiten. Die Dienstleistung der Nachhaltigkeitsberatung ist nicht in Planungsbildern analog zur HOAI geregelt. Es kommt darauf an, die Rolle des Nachhaltigkeitsberaters in einem präzisen Leistungsbild mit konkreten Leistungspunkten zu strukturieren. Nach der Beauftragung wird der Nachhaltigkeitsberater das bestehende Nutzerbedarfsprogramm analysieren und Nachhaltigkeitsziele ableiten. Häufig benötigt der Investor eine Beratung über den Nutzwert der Nachhaltigkeitsansätze. Falls das Nachhaltigkeitssystem bereits festgelegt ist, entfallen die Gegenüberstellung der verschiedenen Zertifizierungsmodelle und die Entscheidungsvorbereitung diesbezüglich. Alle Systeme haben spezifische Besonderheiten, die einen unterschiedlichen, strukturellen Ablauf beinhalten. Falls auf Basis einer Projektentwicklung ein Wettbewerb durchgeführt werden soll, müssen die relevanten Nachhaltigkeitsziele für die Auslobung definiert werden. In dem Pre-Assessment werden die Nachhaltigkeitsziele im Einzelnen durchgesprochen und können dann anschließend vom Projektmanagement auf ihre Kostenrelevanz und den bestehenden Investitionsrahmen hin bewertet werden. Dieser muss vom Bauherren entschieden werden und ist Grundlage für einen Antrag auf Vorzertifizierung.

Die Systeme sind von Inhalt und Ablauf her unterschiedlich. Beim LEED-System kann der Zertifizierungsprozess entweder in einem Schritt nach der Baufertigstellung erfolgen oder in einem zweiphasigen Review nach der Entwurfsphase und der Baufertigstellung. Bei der zweiphasigen Prüfung besteht der Vorteil, rechtzeitig zu erkennen, dass man auf dem richtigen Weg ist. Bei LEED erfolgt der Ablauf in englischer Sprache, Administration und Nutzung von LEED Online. Das System basiert auf amerikanischen Standards, in denen die Projektbeteiligten unterwiesen werden müssen.

Projektvorbereitungsphase In der Projektvorbereitungsphase (Abb. 6.6) wird vom Projektmanagement die Entwicklung der Projektaufbau- und -ablauforganisation unter Berücksichtigung der Nachhaltigkeitsziele durchgeführt.

---

[8] Echterhölter S./Schäfer F. (2011): Aufgabenstrukturen der Projektbeteiligten Nachhaltigkeitsrelevante Meilensteine im Projektablauf. In: DVP: Nachhaltigkeitsrelevante Prozesse in der Projektsteuerung.

Um die terminlichen Rahmenbedingungen einzuschätzen erfolgt die Erstellung des Rahmenterminplanes. Der gegebenenfalls ausgewertete Wettbewerb wird anschließend im Hinblick auf die Nachhaltigkeitsziele bewertet. Es muss ein Fördermittelkonzept erstellt werden und ein Auditor für das Zertifizierungsverfahren ausgewählt werden. Des Weiteren erfolgt die Definition des integralen Planungsteams als Voraussetzung zur Durchführung der Planung. Die in der Projektentwicklung definierten Nachhaltigkeitsziele müssen im Hinblick auf die konkrete Planungsaufgabe und die Wettbewerbsergebnisse entsprechend verfeinert werden. Ebenfalls als Ausgangspunkt wird ein Lebenszykluskostenrahmen erstellt und das Nutzerbedarfsprogramm als Zielkatalog für die Planung auf aktuellen Stand gebracht.

Als Voraussetzung für die Umsetzung der Planung müssen Grundsatzentscheidungen zur Nachhaltigkeit getroffen werden und Vorgaben für die Planer formuliert werden, die der Investor im Hinblick auf die Durchführung der Planung verabschieden sollte. Ebenfalls präzisiert werden müssen erforderliche Vorgaben zur Dokumentation der Planungs- und Ausführungsergebnisse.

Die Systemvorgaben verändern auch die Leistungspflichten der Planung. Bei einem Teil der Planungsaufgaben kann die Realisierung im Rahmen der Grundleistung berücksichtigt werden und ergibt keinen Zusatzaufwand (z. B. Lageplan mit Kennzeichnung von Stellplätzen).

In einigen Bereichen wird jedoch die Grundleistung erweitert und erzeugt einen Zusatzaufwand durch weitere Detaillierungen, Ermittlung besonderer Kennwerte oder andere Strukturvorgaben. Zum Beispiel die Erweiterung des Baustellenplans um zusätzliche Maßnahmen bei LEED. Beim DNGB sind es z. B. Umschreiben von Bodenbelagslisten nach DGNBAnforderungen. Es entstehen allerdings eine ganze Reihe an zusätzlichen Leistungen und Nachweisen die im Regelfall nicht vorhanden sind und komplett ergänzend erbracht werden müssen. Bei LEED sind dies Doppelberechnungen und Dokumentationen nach amerikanischen Standards. Für den DGNB sind dies Wassergebrauchskennwerte durch TGA-Planer.

Desweiteren müssen Planer und Gutachter mit Nachweisen beauftragt werden, z. B. energetische Simulationen oder die Erstellung der Ökobilanz.

Der Aufwand für die Planer ist stark abhängig vom Zertifizierungsstatus. Das genaue Anforderungsprofil kann nach der Zieldefinition festgelegt werden. Dies sollte möglichst frühzeitig erfolgen, um eine Einbindung der zusätzlichen Leistungen in die Planungsverträge zu gewährleisten.

Planungsphase Im Planungsprozess (Abb. 6.7) werden eine ganze Reihe an Planerworkshops durchgeführt, in denen die relevanten Kriterien erörtert und präzisiert werden.

Der Projektsteuerer wird für die Abarbeitung der Einzelkriterien einen Steuerungsterminplan Nachhaltigkeit

Stufe 0-PE / Prozessmodell zur Integration von Nachhaltigkeitsaspekten in der Projektentwicklung

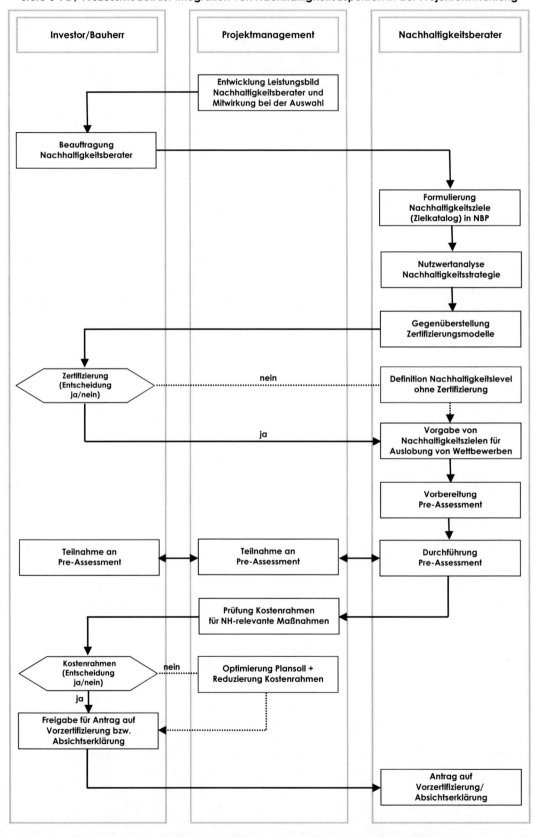

Abb. 6.5 Prozessmodell zur Integration von Nachhaltigkeitsaspekten in der Projektentwicklung (Stufe 0-PE)

Stufe 1-PV / Prozessmodell zur Integration von Nachhaltigkeitsaspekten in der Projektvorbereitung

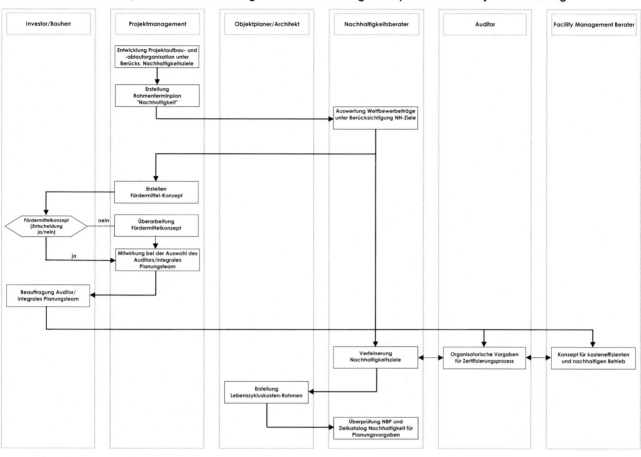

Abb. 6.6 Prozessmodell zur Integration von Nachhaltigkeitsaspekten in der Projektvorbereitung (Stufe 1-PV)

entwerfen, der auch die notwendigen Freigabe und Entscheidungserfordernisse seitens des Bauherren beinhaltet. Am Ende der jeweiligen Planungsphasen erfolgt die Erstellung der Lebenszyklusschätzung bzw. -berechnung. Ebenfalls erstellt werden müssen Grundlagen für die Fördermittelanträge. Die zu erarbeitenden Nachweise liegen zu verschiedenen HOAI-Leistungsphasen vor.

In der Vorplanungsphase werden die Inhalte der Bedarfsplanung erörtert, die Koordination des integralen Planungsteams und die generelle Vorgehensweise in der Ablauforganisation zu klären sein. Die Abarbeitung der Inhalte, bezogen auf die Kriterien richtet sich auch nach dem vorgegebenen Terminplan. Alle in Abb. 6.4 aufgeführten Kriterien bedürfen planerischer Grundlagen, die zu erarbeiten sind. Dies gilt insbesondere für die Konzeptentscheidungen zur technischen Ausrüstung, für die thermische Simulationen erforderlich sind.

Ausführungsvorbereitungsphase Die Ausführungsvorbereitungsphase beinhaltet die Vorbereitung und Mitwirkung bei der Vergabe. Bis zu diesem Zeitpunkt müssen eine ganze Reihe an Voraussetzungen abgeschlossen sein, die auch

Schnittstellen zur Nachhaltigkeitssteuerung haben. Es müssen die Vorgaben für die Ausschreibung abgestimmt sein, in die nachhaltigkeitsrelevante Kriterien eingeflossen sein müssen. Dies betrifft sowohl bauprozessrelevante Themen von Logistikkonzept, Abfallentsorgung bis hin zu Vorgaben für Materialien des Bauproduktionsprozesses. Weiteren Einfluss auf die Vergabe von Leistungen haben z. B. Nachhaltigkeitsaspekte bei der Firmenauswahl, die Vorgaben zur Objektdokumentation, Wartungs-, Inspektions-, Betriebs- und Pflegeanleitungen. Eine ganze Reihe an Hinweisen müssen zur Baustelle bzw. Bauprozess erfolgen: Lärmvermeidung, Messungen zu Staub, Lärm, Qualitätssicherungsvorgaben Baustelle etc.

Nach der Erstellung der Ausschreibung werden die Verdingungsunterlagen überprüft, ob alle preisbestimmenden Vorgaben für die Kalkulation der ausführenden Firmen enthalten sind (Abb. 6.8).

Ausführung Die Ausführungsphase muss die vorstehend angesprochenen Aspekte berücksichtigen. Dies betrifft insbesondere die Randbedingungen Abfall, Lärm, Staub und Umweltschutz (Bodenschutz). Bei der Qualitätssicherung

Stufe 2-PL / Prozessmodell zur Integration von Nachhaltigkeitsaspekten in der Planungsstufe

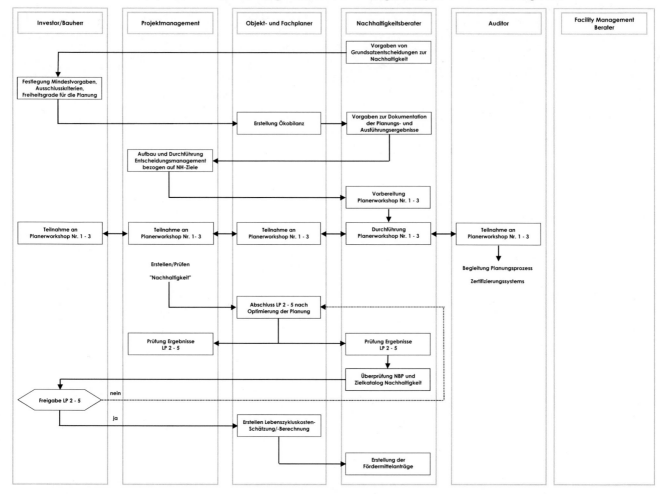

Abb. 6.7 Prozessmodell zur Integration von Nachhaltigkeitsaspekten in der Planungsstufe (Stufe 2-PL)

der Bauausführung besteht die Forderung nach einer Dokumentation, die folgende Kriterien umfasst: Materialien, Sicherheitsdatenblätter, Messungen zur Qualitätskontrolle, etc.

Ziel der Dokumentation ist es, im Sinne eines Gebäudehandbuchs wichtige Gebäudedaten zu schaffen, die die Prozesse in den folgenden Lebenszyklusphasen vereinfachen. Diese Anforderung ist nicht neu, sondern ergibt sich zwangsläufig aus der Struktur eines vorausschauenden Facility Managements. Die Kontrolle der Ausführungsqualitäten muss hinterlegt werden mit Messverfahren zur Qualitätskontrolle (Nachweis Dichtigkeit des Gebäudes, Thermografie-Analysen, bauakustische Messverfahren, etc.).

Die diesbezüglichen Aspekte wird man baubegleitend in geeigneten Bau-Workshops erörtern (Abb. 6.9).

Bei der systematischen Inbetriebnahme werden die einzelnen Komponenten der haustechnischen Anlage nach der Abnahme aufeinander abgestimmt und einreguliert. Die systematische Inbetriebnahme bedarf eines Konzeptes zur Einregulierung und Nachjustierung. Diese muss als geson-

dert zu beauftragende Leistung von einem Fachbetrieb ausgeführt und dokumentiert werden.

Die Dokumentation muss neben dem Nachweis der Einregulierung wesentliche Voreinstellungen der Anlage enthalten.

Grundlage der Überprüfung sind die Leistungen zum Inbetriebnahmemanagement (Commissioning Management).

Projektabschluss In der Projektabschlussphase wird die Dokumentation des Projektes zusammengestellt und das Audit vorbereitet. Der Auditor betreibt das förmliche Verfahren im Verhältnis zur Zertifizierungsstelle, nimmt die Einzelnachweise des Planungsteams entgegen (Abb. 6.10).

Desweiteren überprüft er die zusammengestellten Unterlagen und Nachweise. Anschließend erstellt er die Antragsunterlagen und reicht diese ein und führt auch die Kommunikation mit der Zertifizierungsstelle.

Stufe 3-AV / Prozessmodell zur Integration von Nachhaltigkeitsaspekten in der Ausführungsvorbereitung

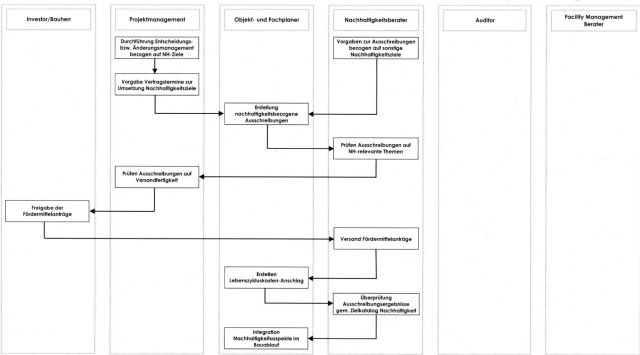

Abb. 6.8 Prozessmodell zur Integration von Nachhaltigkeitsaspekten in der Ausführungsvorbereitung (Stufe 3-AV)

Stufe 4-A / Prozessmodell zur Integration von Nachhaltigkeitsaspekten in der Ausführung

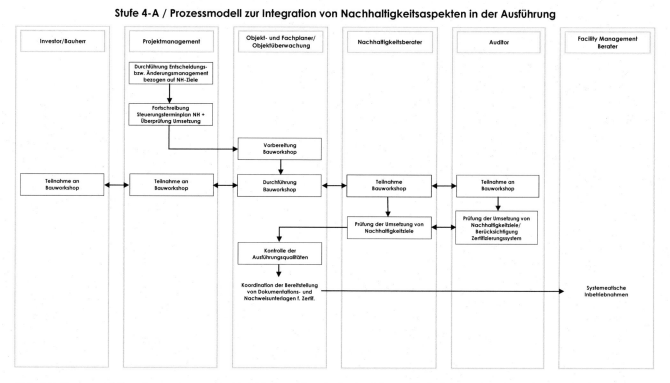

Abb. 6.9 Prozessmodell zur Integration von Nachhaltigkeitsaspekten in der Ausführung (Stufe 4-A)

Stufe 5-PA / Prozessmodell zur Integration von Nachhaltigkeitsaspekten im Projektabschluss

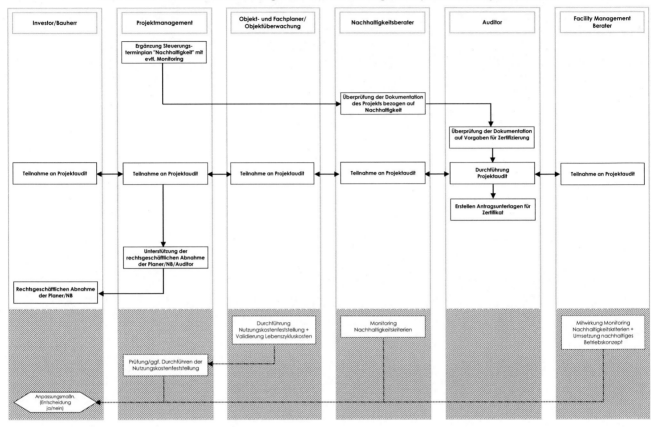

Abb. 6.10 Prozessmodell zur Integration von Nachhaltigkeitsaspekten im Projektabschluss (Stufe 5-PA)

6.2.2 Strukturablauf Nachhaltigkeit

Neben dem Bauherren, Planer und Projektsteuerer treten zwei neue Projektbeteiligte in das Projektgeschehen ein. Der Auditor und der Nachhaltigkeitsberater. Für das Leistungsbild dieser „neuen" Berater gibt ein kein verbindliches Leistungsbild. Die vom DGNB herausgegebene Leistungsstruktur beinhaltet als Kernaufgabe die „Auditierung des Planungs- und Bauprozesses", also die Zusammenstellung der Unterlagen und Nachweise im Hinblick auf die DGNB Kriterien sowie die organisatorische Abwicklung des Prozesses. Es wird jeweils auf den projektbezogenen Einzelfall abzustimmen sein, wie tief der Auditor in den Prozess bis zur Zertifizierung eingebunden ist. Dennoch wird sich auch beurteilen lassen, ob der abzuschließende Vertrag Dienst- oder Werkvertragcharakter hat.

Der Nachhaltigkeitsberater ist ein Sonderfachmann, den der Bauherr im Hinblick auf eine umfassende Beantwortung aller Nachhaltigkeitsfragen beauftragt und in den Prozess der Entstehung der Immobilie mit der Zielsetzung integriert, nach Projektabschluss ein Gebäude zu erhalten, das ganz bestimmte, bereits zu Beginn des Prozesses herausgearbeitete Nachhaltigkeitsqualitäten aufweist.

Die Beteiligten müssen im Hinblick auf die in der Projektentwicklung bzw. Projektvorbereitung definierten Ziele koordiniert zusammenarbeiten.

In dem Strukturkatalog der Abb. 6.11[9] sind nur die nachhaltigkeitsrelevanten Meilensteine dargestellt. Die normalen planungsrelevanten Aktionen sind nicht n den Ablauf integriert. Die Strukturliste ist damit auch der Versuch, die verschiedenen Beteiligten in verantwortungsrelevanten Funktionen nebeneinander darzustellen. Der durchführende (D) Akteur hat die initiierende und gestaltende Aufgabe, in der er die mitwirkenden (M) Stellen integrieren muss und auch die vorbereitenden Aktivitäten für die Entscheidungsträger (E) auslösen muss.

In der Abb. 6.12 sind die Prozessabläufe und Aufgaben der Beteiligten zu einem Ablaufkonzept zusammengefasst, welches im Überblick die wesentlichen Meilensteine beinhaltet.

---

[9] Preuß N./Krön E./Grund H. (2011): Aufgabenstrukturen der Projektbeteiligten. In: DVP: Nachhaltigkeitsrelevante Prozesse in der Projektsteuerung

DVP-Arbeitskreis Nachhaltigkeit
> Strukturkatalog

ST	NH Kriterium	Aktion	BH	PS	Arch.	FP	NHB	Auditor	Fa.	Gutachter	FM Berater
0-PE		**Projektentwicklung**									
		Erstellung Leistungsbild Nachhaltigkeitsberater	E	D							
		Auswahl Nachhaltigkeitsberater	E	D							
		Beauftragung Nachhaltigkeitsberater	D	M							
		Formulierung Nachhaltigkeitsziele in NBP	E	M			D				
		Nutzwertanalyse Nachhaltigkeitsstrategie	E	M			D				
		Gegenüberstellung von Zertifizierungsmodellen	E				D				
		Entscheidung über Zertifizierungsvorhaben/Systemfestlegung Zertifizierung	E								
		Vorgabe von Nachhaltigkeitszielen für Wettbewerbsauslobung	E	M			D				
		Pre-Assessment	M	M			D				
		Erstellung Kostenrahmen für die nachhaltigkeitsrelevante Maßnahmen	E	D			M				
		Antragstellung auf Vorzertifizierung/Absichtserklärung	E				D				
1-PV		**Projektvorbereitung**									
		Entwicklung Projektaufbau- und –ablauforganisation unter Berücksichtigung der Nachhaltigkeitsziele	E	D							
		Erstellung Rahmenterminplan „Nachhaltigkeit"	E	D			M				
		Auswertung und Bewertung der Wettbewerbsbeiträge unter Berücksichtigung von Nachhaltigkeitszielen/Bewerbung Nachhaltigkeitsziele		M			D				
		Erstellen Fördermittel-Konzept	E	M			D				
		Auswahl/Beauftragung des Auditors	E	D			M				
		Bildung integrales Planungsteam			D						
		Beauftragung integrales Planungsteam/ggf. Sonderfachleute wie FM-Berater (inkl. Leistungsbild-Erstellung)	E	D							
		Verfeinerung Nachhaltigkeitsziele	E	M							
		Konzept für kosteneffizienten und nachhaltigen Betrieb	E				M				D
		Organisatorische Vorgaben für Zertifizierungsprozess		M			M	D			
		Erstellung Nutzungskostenrahmen/Lebenszykluskosten-Rahmen	E	M	D	D	M				
		Überprüfung NBP und Zielkatalog Nachhaltigkeit für Planungsvorgaben	E	M	M	M	D				
2- PL		**Planung (Leistungsphasen 1 bis 5 HOAI)**									
		Vorgabe von Grundsatzentscheidungen zur Nachhaltigkeit	E	M	M	M	D				
		Festlegung von Mindestvorgaben, Ausschlusskriterien sowie Freiheitsgraden für die Planung	D	M	M	M	M	M			
		Erstellung Planung			D	D					
		Erstellen einer Ökobilanzierung			M	M	D				
		Vorgaben zur Dokumentation der Planungsergebnisse		M			D	M			
		Aufbau und Durchführung Entscheidungsmanagement bezogen auf die NH-Ziele	E	D	M	M	M				
		Durchführung von Planerworkshop Nr. 1	M	M	M	M	D	M			
		Erstellung Steuerungsterminplan „Nachhaltigkeit"	E	D	M	M	M				
		Prüfung/Freigabe Grundlagenermittlung/Vorplanung	E	D			M				
		Erstellung der Lebenszykluskostenschätzung/-berechnung	E	M	D	D	M				
		Überprüfung Planungsziele mit Zielkatalog Nachhaltigkeit	E	M	M	M	D				
		Durchführung Planerworkshops Nr. 2 und 3	M	M	M	M	D	M			
		Prüfung/Freigabe Ergebnisse aus LP 3 bis 5	E	D			M				
		Vorgaben für die Erstellung der Fördermittelanträge	E		M	M	D				
		Erarbeitung Inhalte für Fördermittelanträge	E		D	D	M				
3-AV		**Ausführungsvorbereitung (Leistungsphasen 6 und 7 HOAI)**									
		Durchführung Entscheidungs- bzw. Änderungsmanagement bezogen auf die Nachhaltigkeitsziele	E	D	M	M	M				
		Vorgabe Vertragstermine zur Umsetzung Nachhaltigkeitsziele	E	D							
		Vorgaben zu Ausschreibungen bezogen auf Nachhaltigkeitsziele		M			D				
		Erstellung Ausschreibungen unter Bezugnahme Nachhaltigkeit		M	D	D	M				
		Prüfung der Verdingungsunterlagen auf Nachhaltigkeitsaspekte	E	M			D				
		Freigabe der Fördermittelanträge und Versand	E		M	M	D				
		Durchführung Lebenszykluskostenanschlag	E	M	D	D	M				
		Überprüfung Ausschreibungsergebnisse mit Zielkatalog Nachhaltigkeit	E	M	M	M	D				
		Integration Nachhaltigkeitsaspekte in den Bauablauf	E	M	D	D	M				
4-A		**Ausführung**									
		Durchführung des Entscheidungs- bzw. Änderungsmanagements bezogen auf NH-Ziele	E	D	M	M	M				
		Fortschreibung Steuerungsterminplan „Nachhaltigkeit" und Überprüfung der Umsetzung		D	M	M					
		Durchführung Bauworkshop für Qualitätssicherung Nachhaltigkeit	M	M	D	D	M	M	M		
		Koordination der Bereitstellung von Dokumentations- und Nachweisunterlagen für die Zertifizierung			D	D					
		Prüfung der Umsetzung von Nachhaltigkeitszielen/Kontrolle der Ausführungsqualitäten	E	M	D	D	D	D			
5-PA		**Projektabschluss**									
		Ergänzung Steuerungsterminplan „Nachhaltigkeit" mit evtl. Monitoring	E	D			M				
		Prüfung Dokumentation des Projektes bezogen auf Nachhaltigkeit		M	M	M	D	D			M
		Durchführung Projektaudit	M	M	M	M	M	D			M
		Erstellen Antragsunterlagen für Zertifikat	E				M	D			
		Durchführung Nutzungskostenfeststellung	M	M	D	D	M				M
		Monitoring Nachhaltigkeitskriterien	E	M			D				M

Tab.: E = Entscheidung, D = Durchführen, M = Mitwirken

Abb. 6.11 Strukturkatalog

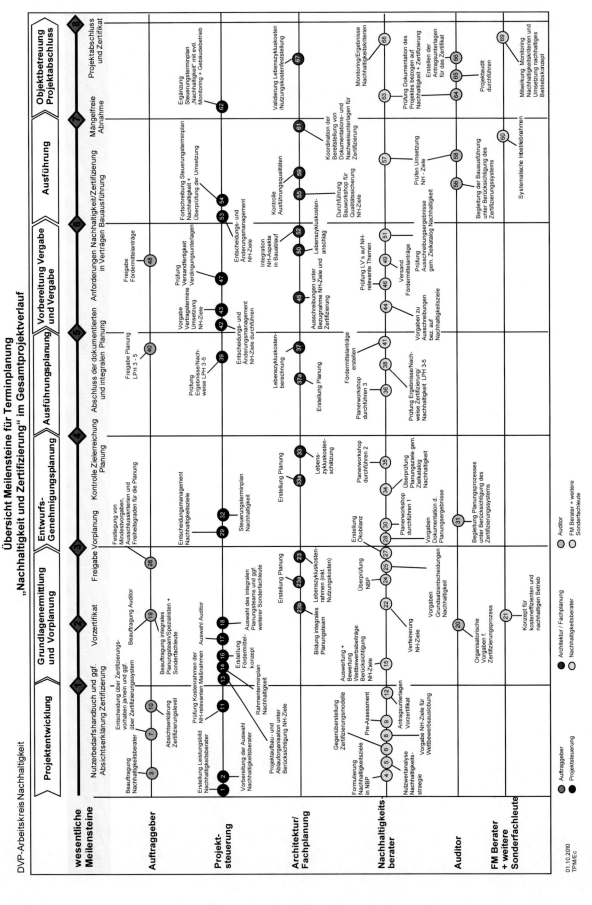

Abb. 6.12 Übersicht Meilensteine für Terminplanung „Nachhaltigkeit und Zertifizierung" im Gesamtprojektverlauf

6.2.3 Einflüsse auf das Leistungsbild Projektmanagement

Unabhängig davon, dass auch vor der Einführung von strukturellen Vorgaben zum nachhaltigen Planen und Bauen (z. B. durch die DGNB) bereits qualitativ hochwertige und nachhaltige Planungen in der Vergangenheit entstanden sind, bekommt die Planungsarbeit durch die Vorgaben ergänzende Impulse. Dies beeinflusst insbesondere die Formulierung der Projektziele in der Projektentwicklungs- und Projektvor- bereitungsphase und die Aufgaben der Projektbeteiligten. Des Weiteren treten neue Akteure dazu, die in den Planungs- und Realisierungsprozess des Projektes integriert werden müssen. In Abb. 6.13 sind die Ergänzungsleistungen der Projektsteuerung gemäß Heft 9, AHO (Stand März 2009)[10] abgeleitet, die einen Bezug zur Nachhaltigkeit haben.

In der Projektentwicklungsphase muss die Nachhaltigkeitsstrategie festgelegt werden, zu der in der Regel weitere Fachleute hinzugezogen werden müssen. Ebenfalls vorbereitet werden muss die Grundsatzentscheidung über die Zertifizierung. Wenn diese gefallen ist, muss die Systemfestlegung erfolgen, gegebenenfalls sind bei größeren Projekten auch mehrere Systeme als Zielvorgabe zu integrieren. Alle Festlegungen sind mit Folgen für die Investitionskosten verbunden. Hier stellt sich auch bereits in frühen Projektphasen die Wirtschaftlichkeitsfrage. Sind höhere Investitionskosten mit mehr Wertschöpfung durch z. B. Energieeinsparung oder Synergien durch effektive Arbeitsplatzgestaltungen zu rechtfertigen? Konkret müssen die Investitionskosten vor diesem Hintergrund ergänzend bewertet und auch die Nebenkosten für weitere Leistungen der Projektbeteiligten ermittelt werden. Für alle Planungsbeteiligte treten zusätzliche Leistungen hinzu, die vertraglich definiert und kostenmäßig bewertet werden müssen. Dieses erfordert auch zusätzliche Aufgaben beim Projektsteuerer.

In der Projektvorbereitungsphase müssen bei den Organisationsvorgaben einige Ergänzungen eingeführt werden. Da die Nachhaltigkeit ein wesentliches Projektziel wird, muss auch das Berichtswesen um nachhaltigkeitsrelevante Einflüsse ergänzt werden. Bei allen wesentlichen Entscheidungen wird als zusätzliches Kriterium die Nachhaltigkeit Berücksichtigung finden müssen. Beim aktiven Entscheidungsmanagement in den weiteren Projektphasen wird darauf zu achten sein, dass die Entscheidungen trotz dieser zusätzlichen Betrachtungen und dadurch ausgelösten Diskussionen zeitgerecht fallen. Im anderen Falle treten Projektstörungen mit Kosten- und Terminfolgen ein.

Die Nachhaltigkeitskriterien werden bei der Bearbeitung/ Fortschreibung des Nutzerbedarfsprogramms zu Ergän-

zungen führen. In diesem Zusammenhang muss der Projektsteuerer den Investitionsrahmen auf Verträglichkeit mit diesem Ziel überprüfen und gegebenenfalls Fortschreibungen vorschlagen. Die nachhaltigkeitsorientierten Prozesse werden zu konkreten Meilensteinen führen, die gesondert im Ablauf des Projektes zu betrachten sind. Dieser Rahmenablaufplan „Nachhaltigkeit" wird in den weiteren Projektphasen in Steuerungsablaufpläne für einzelne Projektstufen differenziert werden. Im Handlungsbereich der Verträge müssen Ergänzungen zu den Planungsverträgen formuliert werden. Weiterhin treten neue Projektbeteiligte, wie z. B. der Auditor und Nachhaltigkeitsberater ins Projektgeschehen hinzu.

Die Prozesse in den Planungsphasen werden ergänzende, nachhaltigkeitsrelevante Einflüsse berücksichtigen müssen. Diese wird der Projektsteuerer in seine Leistungen integrieren müssen. Im Bereich Organisation betrifft dies die nachhaltigkeitsrelevanten Projektdaten sowie die Erfassung von Entscheidungskriterien der Nachhaltigkeit. Es finden Planerworkshops statt, in der die relevanten Kriterien erörtert werden. Nach Fertigstellung der Planung müssen auch die Kriterien der Nachhaltigkeit bei der Überprüfung der Planungsziele Berücksichtigung finden. Bei den Kosten müssen die Nutzungskostenschätzungen/-berechnungen geprüft werden.

In der Ausführungsvorbereitung muss die Überprüfung der Planungsergebnisse aus der HOAI-Phase 5 erfolgen. Des Weiteren müssen die nachhaltigkeitsrelevanten Terminaspekte in den Steuerungsplänen der Planung und Ausführung integriert werden.

Damit entstehen ergänzende Aufgaben für den Projektsteuer, die aufwandstechnisch berücksichtigt werden müssen. Dies kann entweder über die Berücksichtigung bei der Festlegung der Honorarzone, oder durch ein ergänzendes Pauschalhonorar erfolgen.

Dies gilt besonders auch für Projekte, die möglicherweise in Teilprojekten nach verschiedenen Systemen zertifiziert werden sollen.

6.3 Bemusterungen

Bemusterungen haben im Rahmen der Projektabwicklung einen ausschlaggebenden Anteil an effektiven Entscheidungsprozessen eines Projektes. Dies liegt einerseits daran, dass die Planung eines Bauwerkes zunächst eine rein intellektuelle Leistung ist, bevor das Gebäude körperlich entsteht. Damit sind Bemusterungen vor diesem Entstehungsprozess die einzige Gelegenheit, Materialien selbst und Zusammenhänge zwischen Material und Gestaltung in verschiedenen Kombinationen räumlich zu beurteilen. Die Planung und Organisation der Bemusterung ist ein eigenständiger Vorgang, der sorgfältig vorbereitet werden muss. Der Zeitpunkt der

---

[10] AHO, Heft 9 (2009): Untersuchungen zum Leistungsbild, zur Honorierung und zur Beauftragung von Projektmanagementleistungen in der Bau- und Immobilienwirtschaft, 3. vollst. überarbeitete Aufl.

Projektentwicklung

- Mitwirkung bei der Entwicklung der Nachhaltigkeitsstrategie
- Erstellung eines Leistungsbildes für Nachhaltigkeitsberatung, Vorbereitung und Mitwirkung bei der Beauftragung
- Mitwirkung bei der Vorbereitung der Grundsatzentscheidung zur Zertifizierung (ja/nein)
- Mitwirkung bei der Auswahl der Zertifizierungsmodelle und der Vorbereitung über die Entscheidung über die Systemfestlegung
- Mitwirkung bei der Eingrenzung bei der nachhaltigkeitsrelevanten Investitionskosten
- Ermittlung der Nebenkosten für die Umsetzung der Nachhaltigkeitsziele

Projektvorbereitung

Handlungsbereich Organisation
- Ergänzung der Projektaufbau- und Ablauforganisation im Hinblick auf nachhaltigkeitsrelevante Aspekte
- Ergänzung des Berichtswesens um nachhaltigkeitsrelevante Einflüsse
- Mitwirkung bei der Vorbereitung der Entscheidungen zu nachhaltigkeitsrelevanten Fragen

Handlungsbereich Qualitäten
- Überprüfung des bestehenden Nutzerbedarfsprogramms auf Ergänzung im Hinblick auf die formulierte Nachhaltigkeitsstrategie
- Überprüfung der bestehenden Projektziele auf Ergänzung um nachhaltigkeitsrelevante Fragestellungen

Handlungsbereich Kosten
- Überprüfung des Investitionskostenrahmens auf Verträglichkeit mit den nachhaltigkeitsrelevanten Zielen

Handlungsbereich Termine
- Erstellung eines Rahmenablaufplanes Nachhaltigkeit

Handlungsbereich Verträge
- Ergänzung der Vergabe und Vertragsstruktur um nachhaltigkeitsrelevante Aspekte
- Vorbereitung und Abstimmung der Inhalte der Planerverträge für Auditor, Nachhaltigkeitsberater sowie sonstige Sonderfachleute
- Mitwirkung bei der Auswahl der zu Beteiligenden bei Verhandlungen und Vorbereitungen der Beauftragungen

Planungsphase

Handlungsbereich Organisation
- Dokumentieren der wesentlichen nachhaltigkeitsrelevanten Projektdaten
- Aufbau und Durchführung des Entscheidungsmanagements Im Hinblick auf die nachhaltigkeitsrelevanten Ziele
- Mitwirkung bei Abstimmungsterminen zu nachhaltigkeitsrelevanten Fragestellungen

Handlungsbereich Qualitäten
- Mitwirkung an Planerworkshops (Pre-Assessment)
- Überprüfung der Planungsziele auf Einhaltung des Zielkataloges Nachhaltigkeit
- Überprüfung der Planungsergebnisse aus den Leistungsphasen 3 bis 5

Handlungsbereich Kosten
- Prüfung der planerseitig erstellten Nutzungskostenschätzungen/-Berechnungen

Handlungsbereich Termine
Integration der nachhaltigkeitsrelevanten terminlichen Meilensteine in die Steuerungsablaufpläne der Planung und Ausführung

Abb. 6.13 Ergänzungsleistungen in der Projektsteuerung gemäß Heft 9, AHO, Stand März 2009, mit Bezug zur Nachhaltigkeit

Ausführungsvorbereitung

Handlungsbereich Organisation
- Fortschreibung der Dokumentation der nachhaltigkeitsrelevanten Plandaten
- Durchführung Entscheidungsmanagement im Hinblick auf nachhaltigkeitsrelevante Aspekte

Handlungsbereich Qualitäten
- Überprüfung der Planungsergebnisse aus der Leistungsphase HOAI-Phase 5

Handlungsbereich Kosten
- Überprüfung der Nutzungskostenberechnung der Objekt- und Fachplaner

Handlungsbereich Termine
- Integration von nachhaltigkeitsrelevanten Aspekten in den Steuerungsplänen Planung/Ausführung

Ausführung

Handlungsbereich Organisation
- Fortschreibung der Dokumentation der nachhaltigkeitsrelevanten Plandaten
- Durchführung Entscheidungsmanagement im Hinblick auf nachhaltigkeitsrelevante Aspekte

Handlungsbereich Kosten
- Überprüfung des Nutzungskostenanschlags der Objekt- und Fachplaner

Handlungsbereich Termine
- Integration von nachhaltigkeitsrelevanten Aspekten in den Steuerungsplänen Planung/Ausführung

Projektabschluss

Handlungsbereich Organisation
- Mitwirken bei der Prüfung Dokumentation auf Vollständigkeit der nachhaltigkeitsrelevanten Aspekte

Abb. 6.13 (Fortsetzung)

Durchführung der Bemusterung sollte seinen Schwerpunkt etwa in Mitte der Entwurfsplanung finden, damit gewisse Alternativen/Optionen für die Ausschreibung und Weiterentwicklung der Ausführungsplanung entschieden werden können. Für einige Konstruktionselemente (z. B. Fassade) wird die Bemusterung für einzelne Komponenten vorzuziehen sein. Je nach Größenordnung des Projektes sollte ein Musterhaus erstellt werden, in dem man die Materialzusammenhänge besser und raumtypenweise beurteilen sowie auch Alternativen mit deren Kombinationen darstellen kann. Ebenfalls sinnvoll ist in diesem Fall, die Möblierung und Ausstattung durch Mitarbeiter des neu zu errichtenden Gebäudes „Probearbeiten" zu lassen, weil über diesen Weg ergonomische Erkenntnisse noch in die Planung einfließen können. Desweiteren können in einem Musterhaus Schallmessungen, baubiologische Unbedenklichkeitsmessungen und andere Simulationen mit dem Ziel durchgeführt werden, die Planung zu optimieren. Die Kosten eines Musterhauses sind in Abhängigkeit der Nutzenstiftung sinnvoll investiert (Abb. 6.14).

6.4 Überprüfen der Planungsergebnisse

In Abb. 6.15 wurden die Ziele des Projektes im Einzelnen differenziert aufgelistet. Nach der konkreten Zielbestimmung durch Aufstellung des Nutzerbedarfsprogramms werden die definierten Ziele im Planungsprozess realisiert. Das Controlling durch den Projektmanager erfolgt begleitend durch seine organisatorische Einbindung in die Aufbau- und Ablauforganisation und Durchführung des Projektsteuerungs-Jour-Fixe, in dem neben Entscheidungsvorbereitungen, Lösungen von ablaufbezogenen sowie inhaltlichen Problemen, auch die Terminkontrolle des Projektmanagements stattfindet. Andererseits ergeben sich nach Abschluss der einzelnen HOAI-Phasen Zeitpunkte, zu denen die Planung einer Überprüfung auf die Projektziele unterzogen wird. Dies findet nach der Grundlagenermittlung, der Vorplanung sowie der Entwurfsplanung statt. Diese Meilensteine stellen wesentliche Entscheidungspunkte innerhalb des Projektablaufes dar, die entsprechend vorbereitet werden müssen. Die Entscheidungsvorbereitung obliegt hauptsächlich dem Pro-

Bemusterungsgegenstand	Zuständig	Fabrikat ausgeschrieben	Alternative	Bemusterung notwendig ja	nein	Hand-muster	Muster-haus	Muster-fläche/-raum	NU abhängig	Gew	Bem-Term KW	Ausführ. Zeitraum	Techn. Daten-blätter
1	2	3	4	5		6			7	8	9	10	11
1. BÜRORÄUME													
1.1 Standardbüroräume													
1.1.1 Teppich (Farbe, Muster)	Arch.	Qualität: 600–800 g		X		X		X		A	42–44	Dez 10	X
1.1.2 Teppichsockel	Arch.	Textil		X		X		X		A	42–44	Dez 10	X
1.1.3 Trennwand (Oberfläche, Farbe)	Arch.	VOKO		X		X		X		A	42–44	Nov 10	X
1.1.4 Türen (Beschläge, Zarge usw.)	Arch.	Ogro 8111, Simons		X		X	X			A	42–44	Nov 10	X
1.1.5 Türen (Furniermuster)	Arch.	Ahorn	ja?	X		X	X			A	42–44	Nov 10	X
1.1.6 Wandanstrich (Glasfasertapete)	Arch.			X				X		A	42–44	Nov 10	X
1.1.7 Deckenanstrich (auf Spachtelung)	Arch.			X				X		A	20–22	Okt 10	X
1.1.8 Sichtbetonstützen	Arch.	Muster Untergeschoße		X				X		R	Mai 10		
1.1.9 Wandakustikpaneel mit Luftauslass	Arch.		ja	X			X	X		A+T	Jun 10	Nov 10	X
1.1.10 Anschluss Glasschwert	Arch.	mit 1.1.3		X						F	Mai 10	Okt 10	X
1.1.11 Fenstergriff	Arch.	FSB 3476		X		X				F	Mai 10	Okt 10	X
1.1.11 Fensterbank (bei Massivbrüstung)	Arch.			X		X				F	Mai 10	Okt 10	X
1.1.12 Blendschutz (Farbe)	Arch.	Krülland (Sonderanfert.)	ja	X		X	X			F	Mai 10	Dez 10	X
1.1.13 Sonnenschutz (Oberfläche)	Arch.	Krülland Horiso 100	ja	X		X	X			F	Mai 10	Dez 10	X
1.1.14 Mobile Trennwände	Arch.			X						A	42–44		X
1.1.15 Türbeschläge Fassade	Arch.	FSB 1023/62/04		X		X				F	Mai 10		X

Legende: A=Ausbau/T=TGA/A+T=Ausbau und TGA/R=Rohbau/F=Fassade/K=Küche/L=Leitsystem/M=Möbel-Einbauten/S=Sonderbauteile/Gew=Gewerke

Abb. 6.14 Entscheidungsliste für die Bemusterung

Schwerpunkte der Überprüfung werden vor der Bearbeitung individuell festgelegt **g = genehmigungsrelevant**

I. Allgemeine Prüfpunkte

1. Grundlagen

1. Erläuterungsbericht zur Gebäudeplanung
2. Flächenberechnung vorhanden
3. Raum- und Funktionsprogramm eingehalten

2. Lagebeschreibung

1. Lageplan 1:500/1:1000 vorhanden
2. Anschnitt des gegebenen und geplanten Geländes mit den entsprechenden Höhenkoten (üNN)   g
3. Profil der anschließenden Nachbarbebauung mit Grenzverlauf ersichtlich   g
4. Gründung des geplanten Bauvorhabens und der Nachbargebäude ersichtlich

3. Planinhalte

1. Darstellung aller Geschosse im Grundriss   g
2. alle raumtrennenden und konstruktiven Gebäudeelemente, wie Wände, Stützen, Decken usw. enthalten.
3. Baustoffbeschreibung durch Schraffur und Legende
4. durchgehende Raumbezeichnung   g
5. alle Raumgrößen eingetragen   g
6. durchgehende Raumnummerierung
7. Vermaßung der Konstruktionsraster mit Achsenbezeichnungen
8. Raumvermaßung mit Bezugsmaßen zu Stützen, Wänden und Konstruktionsrastern
9. Treppen mit Laufrichtung und Steigungsverhältnissen   g
10. Rampen mit Laufrichtung und Steigungsverhältnissen   g
11. Türvermaßung und -aufschlag
12. Angabe der Oberflächen (Sichtbeton, Putz)
13. Schächte in Grundriss und Schnitt durchgängig eingezeichnet (Technik-Aufzugschächte/Kamine)   g
14. Unterzüge und Deckenvorsprünge eingezeichnet und vermaßt
15. Koordinierte Trassenführung; Darstellung von Durchbrüchen > 0,5m²
16. Gebäudedehnungsfugen eingetragen
17. Dachaufsicht mit Abluftöffnungen vorhanden   g
18. Dachgauben und Dachflächenfenster mit Vermaßung in Grund- und Aufriss vorhanden   g

19. Wesentliche Ansichten vorhanden
20. Wesentliche Schnitte vorhanden
21. Schnittlinien im Grundriss ersichtlich   g
22. Technische Einbauten, wie z.B. Aufzugskabinen o. Feuerlöschkästen eingezeichnet
23. Erschließung des Gebäudes: Personen/behindertengerechte Wegeführung ersichtlich
24. Erschließung des Gebäudes für Fahrzeuge (Wendemöglichkeiten etc.) nachvollziehbar

4. Höhenangaben

1. Geschosshöhen eingezeichnet   g
2. Firsthöhen eingezeichnet   g
3. Wandhöhen eingezeichnet   g
4. lichte Raumhöhen eingezeichnet   g
5. höchster Hochwasserstand eingetragen   g
6. Bodenaufbau mit OKF u. OKR eingezeichnet
7. Deckenaufbau ersichtlich
8. Gefälleangaben und Bodenabläufe

5. Brandschutzkonzept

1. Brandschutzabschnitte/-wände ersichtlich   g
2. Rettungswege/Notausstiege eingetragen   g
3. Feuerschutztüren bezeichnet   g
4. Feuerschutzkonzept (Sprinkleranlage o. ä.) erkennbar   g

II. Projektspezifische Prüfpunkte

1. Grundlagen
1. Flächen-SOLL-IST-Vergleich zwischen Vor- und Entwurfsplanung
2. Vergleich mit Werten aus anderen Projekten: Flächenwirtschaftlichkeit

2. Planinhalte

1. Darstellung des nutzbaren Dachraumes im Grundriss   g
2. ausreichend NNF eingeplant (z. B. Abstell- und Fahrradräume)   g
3. Fassadenkonzept: Darstellung mit Brüstungs- und Stützenangaben bzw. Rohdeckenvorderkanten
4. Ausführungsdetails relevanter Konstruktionselemente notwendig und vorhanden

3. Sonstiges (offene Punkte aus der Vorplanung)

Abb. 6.15 Prüfkriterien zur Durchsicht der Entwurfsplanung

jektmanager in Zusammenarbeit mit dem Bauherren/Nutzer. Die Tiefe der durchzuführenden Projektsteuerungsleistung hängt einerseits vom Inhalt des abgeschlossenen Vertrages des Projektsteuerers und andererseits von den konkret vorliegenden Randbedingungen des Projektes ab.

Die Leistungen des AHO lauten in der Planungsphase: „Überprüfen der Planungsergebnisse auf Konformität mit den vorgegebenen Projektzielen".

Dieser Vergleich ist planungsphasenweise anhand eines projektspezifischen Kriterienkataloges durchzuführen und zu dokumentieren. Abweichungen und Widersprüche müssen mit dem Auftraggeber geklärt und die notwendigen Anpassungen durchgeführt werden.

Flächen/Funktionen Die Ergebnisse der jeweiligen Planung werden je Planungsphase einem differenzierten Soll-Ist-Vergleich unterzogen und Abweichungen analysiert. Besonderes Augenmerk wird auf die Entwicklung der Sonderflächen und Funktionsflächen zu legen sein, die einen wesentlichen Einfluss auf die Gesamtwirtschaftlichkeit haben.

Planungsqualität In einem ersten Schritt wird die Planung daraufhin überprüft, inwieweit diese den vertraglichen Vorgaben gemäß den Planungsverträgen entspricht.

Diese Überprüfung erfolgt auf Basis des abgeschlossenen Vertrages, der Grundlage der Überprüfung ist.

Eine weitere Überprüfung muss sicherstellen, dass die Ergebnisse der Planungsphase inhaltlich den Anforderungen genügen. In Abb. 6.15 sind beispielhafte Kriterien für die Entwurfsplanung der Objektplanung definiert, wobei die Schwerpunkte der Überprüfung vor der Bearbeitung festgelegt werden müssen und immer projektindividuelle Merkmale hat.

Da die Entwurfsplanung eine Grundlage für die Eingabeplanung ist, sollte die Einhaltung der wesentlichen genehmigungsrelevanten Planungspunkte bereits in der Entwurfsplanung vom Projektmanager stichprobenhaft geprüft werden. Es ist nicht seine Aufgabe, die Planung im Detail auf fachliche und inhaltliche Richtigkeit zu überprüfen. Unabhängig davon ist es aber zweifellos erforderlich, dass er verantwortlich prüft, inwieweit die Planung den Anforderungen der jeweiligen Planungsphase und den Planungszielen im Sinne des Nutzerbedarfsprogramms bzw. dem Ergebnis der jeweils vorauslaufenden Planungsphase entspricht.

Nutzeranforderungen Der Nutzer wird die ihm übergebenen Planungsunterlagen auf seine Bedürfnisse im Nutzerarbeitskreis überprüfen müssen. Es hat sich in praktischen Projektsituationen als sinnvoll erwiesen, dass die Planer ihre Planungsergebnisse im Rahmen gesonderter Präsentationstermine vorstellen, in denen der Projektsteuerer und Bauherr zusammen mit den Planungsbeteiligten bestehende Unverträglichkeiten mit den Zielvorgaben ausräumen können. Unabhängig davon wird der Projektmanager die seit der letz-

ten Planungsfreigabe angefallenen Nutzerwünsche, die zur Planung über den Bauausschuss (Entscheidungsgremien) freigegeben wurden, in einem gesonderten Listenwerk führen und die Planung auf Einhaltung dieser Punkte überprüfen.

Falls dies nicht erfolgt und erst zu einem späteren Zeitpunkt erkannt wird, besteht die Gefahr der Auslösung von Planungsänderungen mit den entsprechenden Folgen.

6.5 Alternativen im Planungsprozess

Die Entwicklung, Bewertung und Beurteilung von Alternativen hat eine ausschlaggebende Bedeutung im Prozess der Planungsentwicklung. Optimale Lösungen ergeben sich nur im Ergebnis des Abwägens zwischen mehreren Alternativen. Es kommt darauf an, rechtzeitig Alternativbetrachtungen anzustellen, damit diese über geordnete Entscheidungsprozesse innerhalb der Terminziele umgesetzt werden können.

Alternativen gemäß § 33 HOAI Im Rahmen der Vorplanung hat der Objektplaner ein Planungskonzept einschließlich alternativer Lösungsmöglichkeiten nach gleichen Anforderungen zu erarbeiten. Dies hat er in einer Form zu erbringen, die den Auftraggeber in die Lage versetzt, die Ergebnisse insbesondere auch in gestalterischer Hinsicht zu erkennen und zu beurteilen. Alternativen definieren sich dahingehend, dass der Grundriss und die damit korrespondierenden Mengenverteilung bei gleichen Anforderungen entsprechend variiert wird. Nur in dem Fall, dass der planungsbezogene Zielkatalog wesentlich geändert würde, müssten Lösungsmöglichkeiten nach verschiedenen Anforde rungen erfolgen, die dann neu in die Planung eingebracht werden. Dies würde das Erfordernis der Beauftragung einer besonderen Leistung nach sich ziehen, nämlich: das Untersuchen von Lösungsmöglichkeiten nach grundsätzlich verschiedenen Anforderungen. Dies ist dann der Fall, wenn wesentliche Abweichungen im Raum- oder Funktionsprogramm vorliegen oder wenn sich das Bauvolumen durch andere Anforderungen des Auftraggebers in erheblichem Umfang vergrößert bzw. verkleinert.

Im Rahmen der Entwurfsplanung gibt es die Besondere Leistung der Analyse der Alternativen/Varianten und deren Wertung mit Kostenuntersuchungen. Diese Leistung bezieht sich im Wesentlichen auf die in der Vorplanung enthaltenen Grundleistung der Untersuchung alternativer Möglichkeiten zum Planungskonzept und die parallel oder nachgeschaltete Untersuchung nach grundsätzlich verschiedenen Anforderungen. Im Rahmen dieser Besonderen Leistungen hat der Planer oder anderweitig Beauftragte die Analyse und Wertung von Alternativen/Varianten unter strenger Berücksichtigung der vorgegebenen Planungsziele vorzunehmen und dem Auftraggeber eine Entscheidungsgrundlage vorzulegen, die es ermöglicht, die unter Berücksichtigung aller Ziele optimale Lösung auszuwählen. Dies deutet der Begriff Optimierung an.

Alternativen gemäß § 53 HOAI, Leistungsbild Technische Ausrüstung Das in der Vorplanung zu erarbeitende Planungskonzept baut auf den Darstellungen des Objektplaners aus der Leistungsphase 2 auf. Die Untersuchungen nach alternativen Lösungsmöglichkeiten gleicher Anforderungen können sich aus der Anlage selbst oder auf die Untersuchungen des Objektplaners in Leistungsphase 2 beziehen. Hierunter sind jedoch stets nur Varianten zu verstehen, die auf gleichen Anforderungen beruhen. Beispiele sind hierfür z. B. die Aufteilung der Wärmeerzeuger, Aufteilung des Rohrnetzes in Regelzonen, Warmwasserbereitung zentral oder dezentral etc. Alternative Lösungsmöglichkeiten, die sich aus denen des Objektplaners ergeben können, sind z. B. unterirdische Öllagerungen oder im Gebäude die Anordnung von Kessel- und Apparateräumen, Schornsteinen und Schaltanlagen, Unterverteilern und Unterzentralen. Wenn vom Objektplaner Lösungsmöglichkeiten nach grundsätzlich verschiedenen Anforderungen ausgearbeitet werden und diese vom technischen Ingenieur ebenfalls untersucht werden sollen, so geht diese Leistung über die Grundleistung hinaus, wenn es sich um grundsätzlich verschiedene Anforderungen an die Anlage oder Anlagengruppen handelt. Ferner ist eine Wirtschaftlichkeitsvorbetrachtung zu erbringen. Das bedeutet, dass der Fachplaner aufgrund seiner Erfahrung bei anderen, ähnlich gelagerten Bauvorhaben die wirtschaftlichste Lösung sicher auswählen kann. Wenn dies nicht möglich ist, insbesondere infolge äußerer Umstände, z. B. unklare Tarifsituation der Versorgungsunternehmen oder weil zwei oder mehr gleichwertige Systeme zur Disposition stehen, ist zur Absicherung der Ergebnisse eine Wirtschaftlichkeitsvorberechnung, im Zweifelsfall ein detaillierter Wirtschaftlichkeitsnachweis zu führen. Wirtschaftlichkeitsvorberechnung und detaillierter Wirtschaftlichkeitsnachweis stellen Besondere Leistungen dar, die, sofern sie nicht einen unwesentlichen Arbeits- und Zeitaufwand erfordern, zusätzlich berechnet werden dürfen, wenn das Honorar schriftlich vereinbart worden ist.

Wenn auf Veranlassung des Auftraggebers für einzelne Systeme, Anlagen oder Anlagenteile Lösungsmöglichkeiten zu untersuchen sind, für die grundsätzlich verschiedene Anforderungen bestehen, so handelt es sich um eine Besondere Leistung, für die unter bestimmten Voraussetzungen ein besonderes Honorar vereinbart werden kann.

Ablauf der Alternativbetrachtungen im Planungsprozess Aus den Definitionen der HOAI zum Planungsablauf wird deutlich, dass der Hauptteil von planerischen Alternativen bzw. Varianten in der Vorplanung stattfindet. Dies betrifft sowohl die Objektplanung als auch die Planung der Technischen Gebäudeausrüstung, wobei dies nicht Details, sondern die wesentlichen Konzeptentscheidungen betrifft. Die Ansatzpunkte für Alternativbetrachtungen sollten im Verlauf der Vorplanung mit den Planungsbeteiligten festgelegt werden.

Die Beispiele in Abb. 6.16, 6.17 zeigen, wie die recht komplexen Planungsüberlegungen in vergleichenden Betrachtungen für eine Entscheidungsvorlage zusammengeführt werden können.

6.6 Qualitätsmanagement der Projektsteuerung[11]

Der Begriff Qualität beschreibt Art, Beschaffenheit, Brauchbarkeit aber auch Eigenschaften und Fähigkeiten. Im Bauwesen gilt er in erster Linie als Maßstab für die Bewertung von Baustoffen bzw. Bausystemen. Die Baustoffqualität verifiziert sich in vielen DIN-Normen hinsichtlich Druck-, Scherfestigkeit sowie weiterer Festigkeits- bzw. Elastizitätskennwerten. In der Planung erweitert sich der Qualitätsbegriff um die gestalterischen, nutzungsspezifischen, funktionellen sowie behaglichkeitsorientierten Aspekte. Die Normenreihe DIN EN ISO 9001 ff.[12] definiert den Begriff Qualität als „realisierte Beschaffenheit einer Einheit bzgl. einer Qualitätsanforderung" gemäß Abb. 6.18.

Der Begriff Qualitätsmanagement wird gemäß ISO Norm als Führungsmethode verstanden, bei der alle Mitglieder einer Organisation die Qualität in den Mittelpunkt ihres Wirkens stellen und durch Zufriedenstellung der Kunden auf langfristigen Geschäftserfolg sowie auf Nutzen für die Mitglieder der Organisation selbst und Gesellschaft abzielen. Damit umschreibt das Qualitätsmanagement nicht eine physikalische Größe, sondern die Prozesse, die zur Erreichung einer bestimmten Qualität führen sollen. Die rein körperliche Bauwerksqualität ist dabei nur ein Teilziel im Sinne der Projektziele. Eine optimale Qualität kann nur dann gelingen, wenn alle Beteiligten des Projektes von der Projektentwicklung über die Planung und Ausführung umfassend in den Entstehungsprozess des Gebäudes eingebunden sind. Die Durchführung des Qualitätsmanagements unterscheidet sich von Projekt zu Projekt sehr stark. Eine Ursache dafür sind die unterschiedlichen Möglichkeiten in der Wahl der denkbaren Unternehmenseinsatzformen. So wird das Qualitätsmanagement bei einem Kumulativleistungsträgermodell anders zu gestalten sein, als bei einem Projekt mit verschiedenen Planungsbeteiligten und Einzelpaketen der Ausführung mit einer völlig veränderten Schnittstellenstruktur.

Die Durchführung der Qualitätskontrollen nach Art, Umfang und Tiefe muss in diesen Konstellationen rechtzeitig durch den Bauherren entschieden werden.

[11] Preuß N. (1997): Qualiätsmanagement in der Projektsteuerung. In: I.I.R., Tagung, 18./19.02.1997, Düsseldorf.

[12] DIN EN ISO 9001:2008 (2008): Qualitätsmanagementsysteme, Anforderungen.

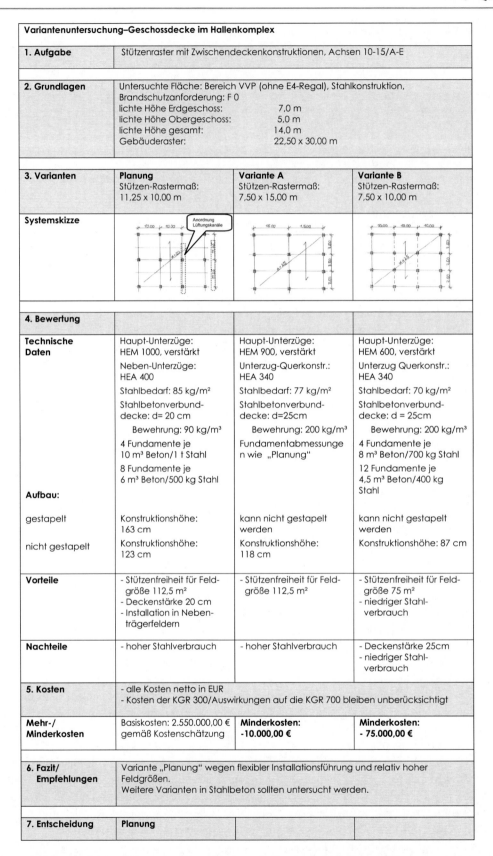

Variantenuntersuchung–Geschossdecke im Hallenkomplex			
1. Aufgabe	Stützenraster mit Zwischendeckenkonstruktionen, Achsen 10-15/A-E		
2. Grundlagen	Untersuchte Fläche: Bereich VVP (ohne E4-Regal), Stahlkonstruktion, Brandschutzanforderung: F 0 lichte Höhe Erdgeschoss: 7,0 m lichte Höhe Obergeschoss: 5,0 m lichte Höhe gesamt: 14,0 m Gebäuderaster: 22,50 x 30,00 m		
3. Varianten	**Planung** Stützen-Rastermaß: 11,25 x 10,00 m	**Variante A** Stützen-Rastermaß: 7,50 x 15,00 m	**Variante B** Stützen-Rastermaß: 7,50 x 10,00 m
Systemskizze			
4. Bewertung			

Technische Daten	Haupt-Unterzüge:
	HEM 1000, verstärkt
	
	Neben-Unterzüge:
	HEA 400
	
	Stahlbedarf: 85 kg/m²
	
	Stahlbetonverbund-
	decke: d= 20 cm
	   Bewehrung: 90 kg/m³
	4 Fundamente je
	10 m³ Beton/1 t Stahl
	8 Fundamente je
	6 m³ Beton/500 kg Stahl
		Haupt-Unterzüge:
		HEM 900, verstärkt
		
		Unterzug-Querkonstr.:
		HEA 340
		
		Stahlbedarf: 77 kg/m²
		
		Stahlbetonverbund-
		decke: d=25cm
		   Bewehrung: 200 kg/m³
		Fundamentabmessunge
		n wie „Planung"
			Haupt-Unterzüge:
			HEM 600, verstärkt
			
			Unterzug Querkonstr.:
			HEA 340
			
			Stahlbedarf: 70 kg/m²
			
			Stahlbetonverbund-
			decke: d = 25cm
			   Bewehrung: 200 kg/m³
			4 Fundamente je
			8 m³ Beton/700 kg Stahl
			12 Fundamente je
			4,5 m³ Beton/400 kg
			Stahl

Aufbau: gestapelt nicht gestapelt	 Konstruktionshöhe: 163 cm Konstruktionshöhe: 123 cm	 kann nicht gestapelt werden Konstruktionshöhe: 118 cm	 kann nicht gestapelt werden Konstruktionshöhe: 87 cm

Vorteile	- Stützenfreiheit für Feld-
	  größe 112,5 m²
	- Deckenstärke 20 cm
	- Installation in Neben-
	  trägerfeldern
		- Stützenfreiheit für Feld-
		  größe 112,5 m²
			- Stützenfreiheit für Feld-
			  größe 75 m²
			- niedriger Stahl-
			  verbrauch

Nachteile	- hoher Stahlverbrauch	- hoher Stahlverbrauch	- Deckenstärke 25cm - niedriger Stahl- verbrauch
5. Kosten	- alle Kosten netto in EUR - Kosten der KGR 300/Auswirkungen auf die KGR 700 bleiben unberücksichtigt		
Mehr-/ Minderkosten	Basiskosten: 2.550.000,00 € gemäß Kostenschätzung	**Minderkosten:** **-10.000,00 €**	**Minderkosten:** **- 75.000,00 €**
6. Fazit/ Empfehlungen	Variante „Planung" wegen flexibler Installationsführung und relativ hoher Feldgrößen. Weitere Varianten in Stahlbeton sollten untersucht werden.		
7. Entscheidung	**Planung**		

Abb. 6.16 Beispiele der Variantenuntersuchungen mit Kriterienbewertung (Geschossdecke im Hallenkomplex)

Variantenuntersuchung – Oberfläche Bodenplatte Hallenkomplex			
1.Aufgabe	Verschiedene Ausführungsmöglichkeiten der Nutz- oder Verschleißschicht von Industrieböden		
2. Grundlagen	Anforderungsprofil: - Belastung (maximale Flächenlasten, maximale Einzellasten Regallasten, Gabelstapler). - Physikalische Beanspruchung (max. Temperatur- und Feuchtigkeitsschwankungen, Schlag- und Abriebfestigkeit). - Chemische Beanspruchung (Säuren, Öle, Laugen): sind innerhalb des Hallenkomplexes nicht zu erwarten. - Nutzungsanforderungen (Ebenheit, Staubfreiheit, Dauerhaftigkeit, Reinigungsfähigkeit, Rutschsicherheit). - weitere Randbedingungen (Wärmedämmeigenschaften, Reparaturhäufigkeit, elektrische Ableitfähigkeit, Flüssigkeitsdichtigkeit). - optional: Einbau Industriefußbodenheizung *Nicht* untersucht wurde die Ausführung der Sohlplatte (Dimensionierung, Bewehrung, Fugenbild).		
3.Varianten	**Planung** Bodenplatte mit Manesit-estrich + Beschichtung	**Variante A** Bodenplatte mit Kunstharz-Zementestrich	**Variante B** Monolithische Bodenplatte mit Hartstoffeinstreuung
Systemskizze	Beton bewehrt / unbewehrt — Magnesitestrich mit Haftbrücke	Zementmörtel mit Kunstharzdispersion	Variante Fuß-bodenheizung — Hartstoffeinstreuung — Fugenausbildung
4.Bewertung	in Bereichen mit erhöhten Anforderungen an die Oberflächengebenheit		übrige Bereiche der Halle

Bodenaufbau	- Magnesitestrich
	  d = 10-20 mm
	- Kugelstrahlen + Haft-brücke
	- Sohlplatte
	- Sauberkeitsschicht B5, Trennlage
		- Zementestrich mit Kunstharzdispersion
		  d = 10-20 mm
		- Kugelstrahlen + Haft-brücke
		- Sohlplatte
		- Sauberkeitsschicht B5, Trennlage
			- Flügelglättung
			- Hartkorneinstreuung als Verschleißschicht (Hartstoffestrich
			  d = 10 mm kritisch)
			- Sohlplatte (Stahlbeton/ Stahlfaserbeton)
			- Sauberkeitsschicht B5, Trennlage

Bauablauf	Zeitlich getrennter Einbau von Sohlplatte u. Verschleißschicht, Sohlplatte als Montageplatte für Folgegewerke zusätzlicher Arbeitsschritt durch Fräsen/ Kugelstrahlen	Zeitlich getrennter Einbau von Sohlplatte u. Verschleißschicht, Sohlplatte als Montageplatte für Folgegewerke zusätzlicher Arbeitsschritt durch Fräsen/ Kugelstrahlen	Einbau der Bodenplatte nur bei geschlossener Halle möglich monolithischer Aufbau, Verkürzung der Bauzeit möglich

Abb. 6.17 Beispiele der Variantenuntersuchungen mit Kriterienbewertung (Oberfläche Bodenplatte Hallenkomplex)

4.Bewertung	in Bereichen mit erhöhten Anforderungen an die Oberflächengegebenheit		übrige Bereiche der Halle
Nachbearbeitung	Nacharbeiten bei mangelhafter Ausführung durch Abfräsen der Verschleißschicht möglich	Nacharbeiten bei mangelhafter Ausführung durch Abfräsen der Verschleißschicht möglich	Nacharbeiten bei mangelhafter Ausführung nur durch Abfräsen des Monolith-Betons möglich
Fugen	in Abhängigkeit von der Sohlplatte fugenlose Ausführung möglich für Industriefußbodenheizung geeignet	in Abhängigkeit von der Sohl-platte fugenlose Ausführung möglich für Industriefußbodenheizung geeignet	Fugenlose Ausführung nicht möglich, Verdübelung der Plattenstöße erforderlich für Industriefußbodenheizung geeignet
Statische Werte	Druckfestigkeit bis 50-80 N/qmm Biegezug bis 10 - 12N/qmm	Druckfestigkeit bis 50 N/qmm Biegezug bis 10 N/qmm	Druckfestigkeit bis 50 N/qmm Biegezug abhängig von Bodenplatte
Physikalische Werte	Elektr. Ableitfähigkeit bis 10 hoch 5 Ohm Wärmeleitfähigkeit ca. 0,7 W/m x k	Elektr. Ableitfähigkeit bis 10 hoch 4-6 Ohm Wärmeleitfähigkeit ca. 0,7 W/m x k	Elektr. Ableitfähigkeit wie Normalbeton Wärmeleitfähigkeit wie Normalbeton
Feuchtigkeit Empfindlichkeit	Wasserempfindlich, v.a. im WE/WA-Bereich zusätzliche Maßnahmen erforderlich	wasserfest	wasserfest
Oberfläche /Farbton	relativ glatt farbig möglich	rutschfest Grautöne	relativ glatt farbig möglich
5. Kosten	- alle Kosten netto in EUR/Preisstand 1. Quartal 2002 - Kosten der KGR 300/Auswirkungen auf die KGR 700 bleiben unberücksichtigt		
Mehr-/ Minderkosten	Basiskosten: 1.650.000,00€ gemäß Kostenschätzung	**Mehrkosten:** **+ 510.000,00 €**	**Minderkosten:** **- 745.000,00 €**
6. Fazit/ Empfehlungen	Der weiteren Planung sollte ein System aus Sohlplatte und Nutz-/Verschleißschicht zugrunde liegen, das folgende Bedingungen erfüllen kann: - Erfüllung der Anforderungen an die Ebenheitstoleranzen in Bezug auf die Oberfläche - Wasserfestigkeit (hoher Flächenanteil an erdberührten Bodenplatten) - Fugenlosigkeit/minimierte Fugenausbildung (hohe Anforderungen durch Hochregallagerung) - Für die weiteren Planungsschritte ist Variante A zu empfehlen.		
7. Entscheidung	**Planung: im Bereich der Lager mit erhöhten Anforderungen Oberflächenebenheit**		**Variante B in den übrigen Hallenbereichen**

Abb. 6.17 (Fortsetzung)

QUALITÄT:
Beschaffenheit einer Einheit bezüglich ihrer
Eignung, festgelegte und vorausgesetzte
Erfordernisse zu erfüllen.

DIN 55 350, Teil 11, Begriffe / Mai 1987

80% 90% 100% 110% 120%

AG   AN
Forderung   Erfüllung

Abb. 6.18 Qualität

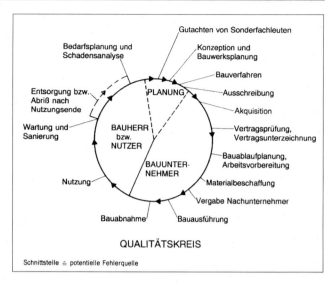

Abb. 6.19 Qualitätskreis eines Bauwerks

Die Projektmanagementleistungen decken einen großen Teil des Qualitätskreises gemäß Abb. 6.19[13] ab und beinhalten somit eine Vielzahl von qualitätsrelevanten Leistungen.

Da die Projektsteuerung ihren Grundauftrag in der Erreichung der Projektziele für den Bauherren findet, ist die Erreichung der Kundenzufriedenheit überwiegend von der Erreichung dieser Ziele abhängig. In der Abb. 6.20 wurden die Projektziele in konkrete Aufgaben der Projektsteuerung transformiert.

Der Projektsteuerer muss durch seine effiziente Wahrnehmung dieser Aufgaben erreichen, dass die Prozessabläufe gesamthaft den Ansprüchen an die Qualität gerecht werden.

Dies wird ihm nur gelingen, wenn er eine strukturierte Vorgehensweise hat, die nicht nur diese einzelnen Teilleistungen, sondern auch notwendige Prozesse in seiner Unternehmenssteuerung definiert hat. Bei der Vergabe von Projektsteuerungsaufgaben ist festzu- stellen, dass sich die Auftraggeber in erster Linie an den vom Projektsteuerungsunternehmen als Bearbeiter genannten Personen orientieren. Diese handelnden Personen werden in der Regel vom Auftraggeber durch persönliche Präsentationen auf die notwendigen Voraussetzungen in den fachlichen und persönlichen Anforderungen bewertet. Die Kriterien dieser fachlichen und persönlichen Eignung sind bereits in Kap. 3.12 erläutert worden. Unabhängig von diesen an Personen geknüpften Bewertungen ist es für eine qualitativ hochwertige Leistung unabdingbar, dass die jeweiligen Mitarbeiter in verschiedene Unternehmensprozesse eingebettet sind. Dies ist deshalb wichtig, da die Durchführung von insbesondere sehr großen Projekten mit größeren Bearbeitungsteams nicht nur eine persönliche Herausforderung für die einzelnen Mitarbeiter darstellt, sondern auch für das leistende Unternehmen selbst, die richtigen Mitarbeiter in einem Team zusammenzuführen und über die lange Projektlaufzeit entsprechend zu steuern.

Diese Einbindung wird in aller Regel nur über verschiedene Prozesse der Unternehmenssteuerung zu erreichen sein. In Abb. 6.21 sind die relevanten Prozesse in einem Projektmanagementunternehmen mittlerer Größe aufgezeigt.

Es wird deutlich, dass das Qualitätsmanagement nur ein Führungsprozess von mehreren ist, welches ein Unternehmen in die Lage versetzt, eine möglichst einwandfreie Gesamtleistung zu erzeugen.

Jedes Unternehmen benötigt demzufolge eine strategische Unternehmensführung. Diese erfolgt über verschiedene Instrumente. Zentrale Bedeutung hat die mittelfristige Unternehmensplanung, in der die personelle Struktur, die Jahresziele für das Berichtsjahr und die folgenden Jahre definiert sind. Als Kenngrößen sollten strategische Kennzahlen mit Hinweisen zu Auftragsbeständen, Liquiditätsvorausschau, Investitionsplanung, Personaleinsatzplanung, Soll-Ist-Vergleiche der jeweiligen Jahresziele und die gesamthaften Akquisitionsaktivitäten ausgewertet werden.

Die in Abb. 6.21 dargestellten Führungsprozesse bilden die Grundlage für die darunter dargestellten Leistungsprozesse.

---

[13] Jungwirth D. (1994): Qualitätsmanagement im Bauwesen, 2. Aufl.

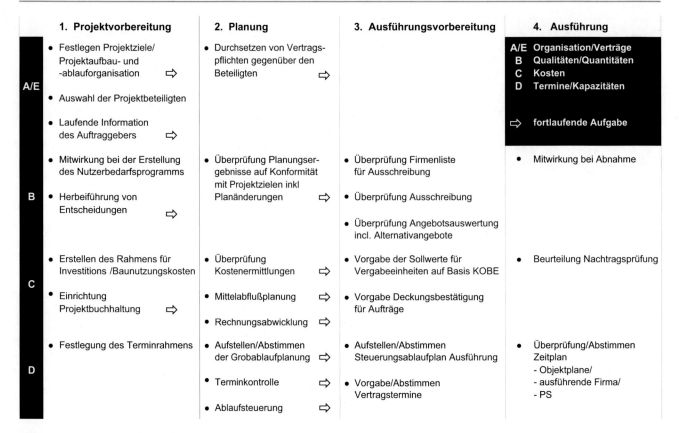

Abb. 6.20 Qualitätsrelevante Aufgaben der Projektsteuerung

In den Controllingprozessen findet die Erfassung und Verarbeitung der aufwandsrelevanten Daten statt. Diese liefern Grundlagen für durchzuführende Angebote und die Vorausschau für projektbezogene Liquidität.

Für die Qualität entscheidend ist die Unternehmenskommunikation. Wie erfolgt die Einbindung der Projektleiter in die Unternehmensführung? Wie werden durch die Führung Abweichungen in den Qualitätsvorgaben erkannt? Wie werden Probleme in den Personalkapazitäten erkannt und bewältigt?

Die Personalentwicklung beinhaltet wesentliche Aspekte der Qualitätssteuerung. Dort entscheidet sich die Motivation, die Zielorientierung der Mitarbeiter bis hin zur Ausräumung von Schwächen durch gezielte Schulungen. Das Qualitätsmanagement muss von der Geschäftsleitung unterstützt werden, damit dieser wesentliche Führungsprozess seine Wirkung entfalten kann.

Die Mechanismen des Qualitätsmanagements sind im Qualitätsmanagementhandbuch dargelegt und beinhalten sowohl übergreifende Verfahrensprozesse als auch die Leistungsprozesse über die definierten Verantwortlichkeiten des Unternehmens und den beschriebenen Verfahrensanweisungen.

Die in Abb. 6.21 dargestellten Leistungsprozesse bilden gewissermaßen den untergeordneten Bereich der „Managementpyramide".

Zu der Ausgestaltung der sogenannten Verfahrensanweisungen für die Prozesse kann es unterschiedliche Auffassungen geben. Aus Sicht des Verfassers ist es unabdingbar, dass ein Projektmanagementunternehmen für die Leitprozesse seiner Tätigkeit klar strukturierte Vorgehensweisen hat, die andererseits genügend Flexibilität in der Übertragung auf verschiedene Projekttypologien haben müssen. Der erste Schritt besteht darin, festzustellen, welches die Leitprozesse der Dienstleistung sind.

In dem hier dargestellten Beispiel wurde das AHOLeistungsbild gewählt, zu dem relevante Verfahrensanweisungen definiert wurden. In Abb. 6.22 ist ein Ausschnitt aus der Matrix der Verfahrensanweisungen/AHO-Leistungsbild dargestellt.

Die Übersicht der Verfahrensanweisungen sind im Überblick in Abb. 6.23 zusammengefasst, die in die Bereiche übergreifender Verfahrensanweisungen, Projektmanagement, Projektcontrolling, Technische Due Diligence strukturiert sind.

Die Verfahrensanweisung selbst ist in ihrer Struktur in Abb. 6.24 dargestellt. Jede Verfahrensanweisung besteht aus einem Textteil mit mitgeltenden Dokumenten und über Links im Intranet zu Beispielen mit diversen Zusatzinformationen.

In Abb. 6.25 ist als Beispiel eine Verfahrensanweisung dargestellt. Sie strukturiert sich in die Definition der jeweiligen Verfahrensanweisung (Zweck und Ziel), die konkrete

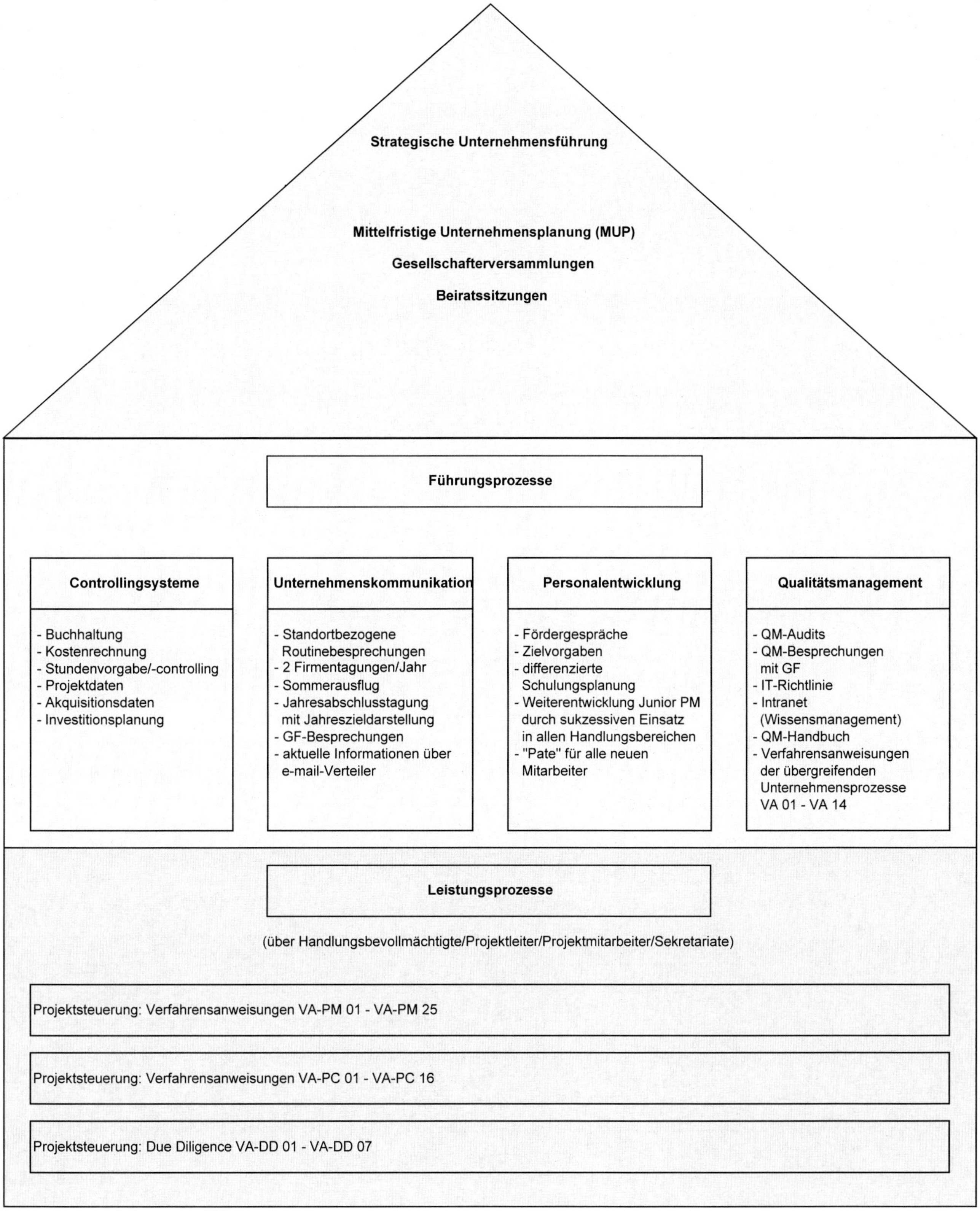

Strategische Unternehmensführung

Mittelfristige Unternehmensplanung (MUP)

Gesellschafterversammlungen

Beiratssitzungen

Führungsprozesse

Controllingsysteme	**Unternehmenskommunikation**	**Personalentwicklung**	**Qualitätsmanagement**

- Buchhaltung
- Kostenrechnung
- Stundenvorgabe/-controlling
- Projektdaten
- Akquisitionsdaten
- Investitionsplanung
	- Standortbezogene
	  Routinebesprechungen
	- 2 Firmentagungen/Jahr
	- Sommerausflug
	- Jahresabschlusstagung
	  mit Jahreszieldarstellung
	- GF-Besprechungen
	- aktuelle Informationen über
	  e-mail-Verteiler
		- Fördergespräche
		- Zielvorgaben
		- differenzierte
		  Schulungsplanung
		- Weiterentwicklung Junior PM
		  durch sukzessiven Einsatz
		  in allen Handlungsbereichen
		- "Pate" für alle neuen
		  Mitarbeiter
			- QM-Audits
			- QM-Besprechungen
			  mit GF
			- IT-Richtlinie
			- Intranet
			  (Wissensmanagement)
			- QM-Handbuch
			- Verfahrensanweisungen
			  der übergreifenden
			  Unternehmensprozesse
			  VA 01 - VA 14

Leistungsprozesse

(über Handlungsbevollmächtigte/Projektleiter/Projektmitarbeiter/Sekretariate)

Projektsteuerung: Verfahrensanweisungen VA-PM 01 - VA-PM 25

Projektsteuerung: Verfahrensanweisungen VA-PC 01 - VA-PC 16

Projektsteuerung: Due Diligence VA-DD 01 - VA-DD 07

Abb. 6.21 Prozesse der Unternehmenssteuerung

	VA-PM 01 Projekt-organisation	VA-PM 02 Projekt-gliederung	VA-PM 03 Adressen-verzeichnis	VA-PM 04 Projektablauf-organisation	VA-PM 05 Besprechungs-/Berichtswesen/Schriftverkehr	VA-PM 06.1 Terminplanung
1. Projektvorbereitung						
A Organisation, Information, Koordination und Dokumentation						
1 Entwickeln+Abstimmen d. Projektorganisation durch projektspezifisch zu erstellende Organisationsvorgaben	▨					
2 Vorschlagen und Abstimmen des Berichtswesens					▨	
3 Vorschlagen, Abstimmen und Umsetzen des Entscheidungsmanagements						
4 Vorschlagen und Abstimmen des Änderungsmanagements						
5 Mitwirken bei der Auswahl eines Projektkom-munikationssystems						
B Qualitäten und Quantitäten						
1 Überprüfen der bestehenden Grundlagen zum Nutzerbedarfsprogramm auf Vollständigkeit und Plausibilität						
2 Mitwirken bei der Festlegung der Projektziele						
3 Mitwirken bei der Klärung der Standortfragen,						
C Kosten und Finanzierung						
1 Mitwirken bei der Erstellung des Rahmens für Investitionskosten und Nutzungskosten						
2 Mitwirken bei der Ermittlung und Beantragung von Investitions- und Fördermitteln						
3 Prüfen und Freigeben von Rechnungen der Projektbeteiligten (außer bauausführenden Unternehmen) zur Zahlung						
4 Abstimmen und Einrichten der projektspezifi-schen Kostenverfolgung für den Mittelabfluss						
D Termine, Kapazitäten und Logistik						
1 Aufstellen und Abstimmen des Terminrahmens						▨
2 Aufstellen und Abstimmen der Generalablaufplanung und Ableiten des Kapazitätsrahmens						▨
3 Erfassen logistischer Einflussgrößen unter Berücksichtigung relevanter Standort- und Rahmenbedingungen						
E Verträge und Versicherungen						
1 Mitwirken bei der Erstellung einer Vergabe- und Vertragsstruktur für das Gesamtprojekt						
2 Vorbereiten und Abstimmen der Inhalte der Planerverträge						
3 Mitwirken bei der Auswahl der zu Beteiligenden, bei Verhandlungen und Vorbereitungen der Beauftragungen						
4 Vorgeben der Vertragstermine und -fristen für die Planerverträge						
5 Mitwirken bei der Erstellung eines Versicherungskonzeptes für das Gesamtprojekt						
2. Planung						
A Organisation, Information, Koordination und Dokumentation						
1 Fortschreiben der Organisationsvorgaben	▨	▨	▨	▨		

Abb. 6.22 Ausschnitt Matrix Verfahrensanweisungen/AHO-Leistungsbild

Abb. 6.23 Übersicht der Verfahrensanweisungen

VA-Nr.	VA-Bezeichnung
1. VA übergreifend	
VA 01	Durchführung interner Audits
VA 02	Aufgaben der obersten Leitung/Qualitätsbeauftragter
VA 03	Entwicklung und Freigabe von QM-Dokumenten
VA 04	Vertragsprüfung
VA 05	Beurteilung von Unterauftragnehmern
VA 06	Überprüfung der Wirksamkeit des QM-Systems
VA 07	Feststellung von Qualitätsabweichungen/Einleitung von Korrekturmaßnahmen
VA 08	Vorbeugungsmaßnahmen
VA 09	Kundenbetreuung
VA 10	Nomenklatur von Dateien und E-mails
VA 11	Regelung Posteingang/Postausgang
VA 12	Ablageordnung
VA 13	Abwesenheit Mitarbeiter
VA 14	Protokollerstellung
VA 15	VOF-Verfahren
VA-PM 01	Projektorganisation
VA-PM 02	Projektgliederung
VA-PM 03	Adressenverzeichnis
VA-PM 04	Projektablauforganisation
VA-PM 05	Besprechungs-/Berichtswesen/Schriftverkehr
VA-PM 06.1	Terminplanung
VA-PM 06.2	Terminkontrolle

Abb. 6.23 (Fortsetzung)

2. VA Projektmanagement	
VA-PM 07	Planerstellung und -dokumentation
VA-PM 08.1	Kostenplanung
VA-PM 08.2	Kostenkontrolle
VA-PM 08.3	Kostensteuerung
VA-PM 09	Allgemeiner Teil der Verdingungsunterlagen
VA-PM 10	Erstellung von Leistungsverzeichnissen
VA-PM 11	Abwicklung des Vergabeverfahrens
VA-PM 12	Abrechnungsverfahren
VA-PM 13.1	Führung von Entscheidungslisten
VA-PM 13.2	Veranlassen/Anfertigen von Entscheidungsvorlagen
VA-PM 13.3	Änderungsmanagement
VA-PM 14.1	Begleitung Auswahl Projekt-Kommunikations-System (PKMS)
VA-PM 14.2	Betrieb Projekt-Kommunikations-System (PKMS)
VA-PM 15	Nutzer-/Mieterkoordination
VA-PM 16	Situationsberichte
VA-PM 17	Beurteilungssystem für die Auswahl von Projektbeteiligten
VA-PM 18	Vorbereitung von Planerverträgen
VA-PM 19	Honorarermittlung/Zahlungspläne
VA-PM 20	Prüfung von Planernachträgen
VA-PM 21	Finanzmittelabfluss
VA-PM 22	Begleitung der Beschaffung von Fördermitteln
VA-PM 23	Überprüfung von Planungsergebnissen
VA-PM 24	Projektdaten
VA-PM 25	Projektabschluss/Projektdokumentation
3. VA Projektcontrolling	
VA-PC 01	Analyse der Projektgrundlagen
VA-PC 02	Prüfen der Leistungsbilder/Verträge
VA-PC 03	Mitwirken beim Durchsetzen von Vertragspflichten
VA-PC 04	Überprüfung der Organisationsstruktur
VA-PC 05	Vorbereiten von Entscheidungen
VA-PC 06	Berichtswesen
VA-PC 07	Prüfung der Planungs- und Ausschreibungsergebnisse
VA-PC 08	Qualitätskontrolle Ausführung
VA-PC 09	Leistungsstandfeststellung
VA-PC 10	Terminkontrolle
VA-PC 11	Kostenkontrolle
VA-PC 12	Mitwirken bei der Abnahme und Inbetriebnahme
VA-PC 13	Mitwirken beim Übergeben der Bestandsdokumentation
VA-PC 14	Projektabschluss/Projektdokumentation

Vorgehensweise und bestehenden Hinweisen bzw. mitgeltenden Dokumenten und Beispielinformationen. Abgerundet wird die Darstellung durch ein Prozessmodell in dem Input und Output der Beteiligten definiert sind.

Die Anwendung dieses Instrumentariums bedarf neben dem Aufbau der Systematik eines regelrechten Trainings mit den Mitarbeitern. Ein wirksames Qualitätsmanagement wird darüber hinaus nur zu erreichen sein, wenn der Aufbau der Vorgehensweisen aus der Mitarbeiterebene erfolgt.

Über diese Vorgehensweise wird erreicht, dass die Soll-Vorgaben in der Vorgehensweise in der konkreten Projekt-

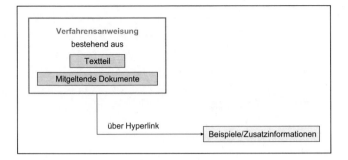

Abb. 6.24 Aufbau einer Verfahrensanweisung

Abb. 6.25 Verfahrensanweisung Kostensteuerung

1   ZWECK UND ZIEL DER VERFAHRENSANWEISUNG

Im Leistungsbild Projektsteuerung sind je nach Projektphase unterschiedliche Aufgaben des Handlungsbereichs Kosten und Finanzierung enthalten. Nachfolgend werden die Vorgehensweisen zum Aufbau und Ablauf der Kostensteuerung beschrieben.

Die Vorgehensweisen zu den weiteren Hauptkomponenten (Kostenplanung, Kostenkontrolle, Abrechnungsverfahren, Finanzmittelabfluss und Nutzungskosten) des Handlungsbereichs Kosten und Finanzierung werden in den separaten Verfahrensanweisungen VA-PM 08.01, 08.02, 12 und 21 beschrieben. Zu den Nutzungskosten bestehen eigenständige Verfahrensanweisungen.

Kostensteuerung bedeutet das gezielte und rechtzeitige Eingreifen in die Entwicklung der Kosten, insbesondere bei Abweichungen, die durch die regelmäßige Kostenkontrolle (siehe VA-PM 08.02) festgestellt werden.
Ziel der Kostensteuerung ist es, das durch den Auftraggeber vorgegebene und abgestimmte Kostenziel zu sichern.

2   VORGEHENSWEISE

2.1   Kostensteuerung allgemein

Die Schritte der Kostensteuerung sind in folgendem Regelablauf dargestellt:

① Aufforderung der Planer, geeignete Einsparungspotenziale zu finden, zu definieren und kostenmäßig zu bewerten

② Eigener Ansatz des Projektmanagements in der Definition und Bewertung von Potenzialen

③ Im Rahmen der PS-Leistung und nach Abstimmung mit dem Bauherrn: Hinzuziehung von Spezialdisziplinen zur Findung der Ansatzpunkte (Fassade, Haustechnik, Tragwerksplanung)

④ Zusammenstellung und Bewertung der Vorschläge durch den PS

⑤ Vorentscheidungsrunde mit Bauherrn, ggf. Nutzer PS, um ungeeignete Vorschläge auszufiltern

⑥ Workshop mit Planer und Bauherrn, um Ansätze zu entscheiden

⑦ Umsetzen der Optimierungspotenziale

Die Kostensteuerung differenziert sich auf Basis dieses Regelablaufs phasenorientiert in die Projektstufen 1-4 und beinhaltet je nach Stufe unsererseits unterschiedliche Aufgaben.

Abb. 6.25 (Fortsetzung)

2.2   Kostensteuerung in der Projektvorbereitung

Werden bei unserer Aufstellung des Kostenrahmens bzw. bei der Vergleichsberechnung zum Kostenrahmen Abweichungen zu den Kostenvorgaben des Bauherrn festgestellt, werden diese unsererseits analysiert. Danach setzt der Regelablauf gem. Punkt 2.1 ein.
Zur Umsetzung der Optimierungspotenziale wird eine entsprechende Kostenvorgabe in Form eines Kostenrahmens für die weiteren Planungsphasen festgelegt.

2.3   Kostensteuerung während der Planung

Werden bei unserer Prüfung der Kostenschätzung und Kostenberechnung Abweichungen zu den Kostenvorgaben des Bauherrn festgestellt, werden diese unsererseits analysiert. Danach setzt der Regelablauf gem. Punkt 2.1 ein.
Zur Umsetzung der Optimierungspotenziale wird eine entsprechende Kostenvorgabe für die jeweils nachfolgende Planungsphase festgelegt. Unabhängig von entstandenen Abweichungen vom Kostenziel werden Ansatzpunkte für Optimierungen aufgelistet.

2.4   Kostensteuerung während der Ausführungsvorbereitung

Vor Beginn des Ausschreibungsverfahrens werden vom Ausschreibenden die Vergabeeinheiten auf Basis der aktuellen Planung und der freigegebenen Kostenberechnung (inkl. Fortschreibungen) zusammengestellt (Vorgabe Formblatt siehe mitgeltendes Dokument zu VA-PM 08.1). Diese Zusammenstellungen der Vergabeeinheiten werden von uns im Vergleich mit der aktuell freigegebenen Kostenberechnung geprüft. Bei Abweichungen werden diese analysiert und Steuerungsmaßnahmen gem. Punkt 2.1 eingeleitet. Gleiches gilt bei festgestellten Abweichungen, die sich aus unserer LV-Prüfung (u. a. Plausibilitätsprüfung der ausgeschriebenen Mengen)ergeben.

Werden nach dem Rücklauf der Angebote die Kostenvorgaben (Vergabegrenzwerte) überschritten, müssen in Abstimmung mit dem Bauherrn Gegenmaßnahmen veranlasst/ eingeleitet werden (Regelablauf gem. Punkt 2.1, z. B. Untersuchung Einsparpotentiale bei der betroffenen Vergabeeinheit oder bei anderen Vergabeeinheiten, Deckung durch Ausgleichsposten von bestehenden Unterschreitungen).

2.5   Kostensteuerung während der Ausführung

Die Kostensteuerung beschränkt sich in dieser Projektphase auf die Analyse von Kostenveränderungen durch Änderungswünsche und Minimierung des Nachtragsvolumens. Die Voraussetzungen für diese Minimierung müssen jedoch, wie oben beschrieben, grundlegend in der Planung und der Ausführungsvorbereitung geschaffen werden. Eingehende Nachtragsprüfungen der Objektüberwachung werden auf Plausibilität geprüft. Siehe dazu Verfahrensanweisung VA-PM 20/VA-PM 11 (Abwicklung Vergabeverfahren).

3   HINWEISE

Die vorliegende Verfahrensanweisung steht in Verbindung mit der Verfahrensanweisung VA-PM 08.1 Kostenplanung und VA-PM 08.2 Kostenkontrolle, VA-PM 12 Abrechnungsverfahren, VA-PM 21 Finanzmittelabfluss und VA-PM 23 Überprüfung von Planungsergebnissen.

4   MITGELTENDE(S) DOKUMENT(E)

1. Prozessmodell
2. Kommentare aus AHO-Heft Nr. 9

5   BEISPIELE/ZUSATZINFORMATIONEN

1. Zusammenfassung Einsparpotenziale Beispielprojekt

PROZESS: **Kostensteuerung**

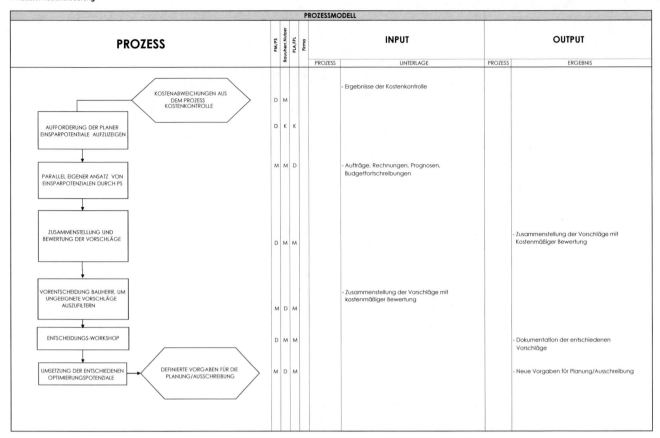

Abb. 6.25 (Fortsetzung)

arbeit auf erforderliche Anpassungen reflektiert und fortgeschrieben wird.

Ziel muss sein, dass die „Handschrift" des Unternehmens – wie in der Akquisition aufgezeigt – auch in der konkreten Projektarbeit durch die Mitarbeiter sichtbar wird.

Eine weitere Erkenntnis im Qualitätsmanagement ist, dass die Qualität weniger durch die detaillierte Beschreibung von einzelnen Vorgehensweisen entsteht, sondern durch die Gesamtheit der Prozesse im Unternehmen, die weit über die reinen Leistungsprozesse hinausgehen.

Die im Handlungsbereich Kosten liegenden Aufgaben des Projektmanagers sind sehr vielfältig. In der nachfolgenden Abbildung sind die kostenrelevanten Leistungen strukturiert und Entscheidungsinhalten zugeordnet (Abb. 7.1). In der Projektvorbereitungsphase ergibt sich eine Fülle von inhaltlichen und organisatorischen Entscheidungspunkten, die sorgfältig abgewogen werden müssen.

Eine Aufgabe besonderer Bedeutung liegt in der Erstellung des Kostenrahmens für die Investitionsplanung. Der Kostenrahmen muss die in den nachfolgenden Planungsphasen zu entwickelnden Gestaltungsvarianten abdecken. Diese planerischen Varianten können einerseits die geometrische Gebäudekonfiguration, insbesondere jedoch die Detailgestaltung sowie die Materialien betreffen. Infolgedessen ist es bei der Eingrenzung von Investitionskosten noch nicht möglich, bis in die Ebene von Leistungspaketen oder gar Leistungspositionen zu gliedern, da die dafür erforderlichen Planungsgrundlagen zu diesem Zeitpunkt noch nicht vorliegen.

Je nach vorliegenden Randbedingungen des Projektes wird der Investitionsrahmen unterschiedlich zu ermitteln sein.

Falls ein aussagefähiges Nutzerbedarfsprogramm vorliegt, wird man die darin beinhalteten Randbedingungen im Kostenrahmen bewerten müssen.

In Abb. 7.2 sind wesentliche Kosteneinflussgrößen dargestellt. Alle dort aufgeworfenen Fragestellungen müssen in kostenrelevanter Hinsicht bewertet werden. Die Bewertung läuft konkret darauf hinaus, dass bauliche Konsequenzen abgeleitet werden müssen (Beispiel: Schallimmissionen ⇒ abgeleitete Konsequenz: Anforderungen an Fassade, mechanische Be- und Entlüftung, Kühlfunktionen im Sommer etc.). Ein wesentlicherlicher Teil dieser Fragestellung ist/muss beim Nutzerbedarfsprogramm bereits behandelt werden.

Die rechnerische Ermittlung eines qualifizierten Kostenrahmens ist nur dann möglich, wenn planerische Vorüberlegungen im Sinne einer geometrischen Baukörperstruktur durchgeführt werden. Diese Grundlagen können entweder über eine konzeptionelle Projektentwicklung oder einen Architektenwettbewerb gewonnen werden. Im anderen Falle ist nur eine Bewertung über Grobkennwerte möglich.

Die Verwendung von Kostenrichtwerten (m² BGF, m³ BRI oder % von KGR-Anteilen) beinhaltet die Gefahr der Fehleinschätzung, weil zum Teil erhebliche Unterschiede in den Bauwerkskosten festzustellen sind.

Die Ursachen für diese Bandbreiten liegen in erster Linie darin, dass jedes Bauwerk eine Einzelfertigung ist, wobei unterschiedliche Nutzeranforderungen und Einflüsse wirksam werden.

Die herangezogenen Vergleichsprojekte müssen auf verschiedene Kosteneinflussfaktoren überprüft werden:
- unterschiedliche Flächenverhältnisse
- Tiefgaragenanteile, bezogen auf Bruttogrundrissfläche bzw. Verhältnis oberirdische/unterirdische Flächen
- Geschosshöhenentwicklung und Anzahl der Geschosse
- Fassadenanteil je m 2 BGF
- Ausführungsqualitäten der abgehängten Decken, Fassaden, Trennwände, Türen
- Anteile von Innenwandflächen
- Technisierungsgrad des Gebäudes (generell)
- Grad der lufttechnischen Behandlung
- kostenintensive Technikanlagen (Rechenzentren/Energieerschließungskonzepte) N. Preuß,
- Trassenkonzepte (Hohlraumboden/Doppelboden)
- projektindividuelle Einflüsse aus schlechter Planungsqualität/hohem Termindruck/evtl. Beschleunigungszuschlägen für ausführende Firmen gemäß VOB/B § 6

Es dürfen nur Vergleichskennwerte eigener, ausgewerteter Projekte als Plausibilitätshilfsmittel benutzt werden. Grundsätzlich sollten zur Erstellung des Kostenrahmens eigene Mengenbetrachtungen und Qualitätsdefinitionen durchgeführt werden.

Eine Methode zur Eingrenzung der Investitionskosten besteht in der Ermittlung nach Grobelementen (Abb. 7.3). Das Gebäude wird in Grobelemente analog der DIN 276 zerlegt und entsprechend bewertet. Dieses Verfahren baut auf der Vorstellung auf, die wesentlichen Elemente des Bauwerkes, also Baugrube, Gründungsflächen, Außenwandflächen, Innenwandflächen sowie Dachflächen konkret mit Massenvorgaben zu erfassen und dann mit Annahme eines bewerteten Preises für das Grobelement zur gesamten Kostenaussage

N. Preuß, *Projektmanagement von Immobilienprojekten*,
DOI 10.1007/978-3-642-36020-6_7, © Springer-Verlag Berlin Heidelberg 2013

Leistung in der Phase:	Entscheidungspunkte	Entscheidungskriterien/Erläuterung
PROJEKTVORBEREITUNG		
1. Erstellung Organisations-handbuch	• Kostengliederung in Bauteile/-abschnitte	• abschreibungstechnische, finanzierungstechnische Randbedingungen
1.1 Kostenplanung und -kontrolle	• Detaillierungstiefe, Strukturvorgaben (DIN 276, Leistungsbereiche, Leistungspakete), Anforderungen Erläuterungsbericht	• Komplexität, Anforderungen an die Kostensicherheit
	• Strukturvorgaben für Kostenkontrollberichte (Inhalte, Gliederung, Turnus)	• Komplexität, Kostensicherheit, Aufbauorganisation, Durchgängigkeit des Berichtswesens
	• Verfahren der Definition der Vergabeeinheiten (Zeitpunkt, Form, Genehmigungsablauf)	• Bauherr (öffentlich, nicht öffentlich) • Größenordnung des Projektes, Gliederung des Projektes, Vielfalt der Planungsbeteiligten
	• Fortschreibungsverfahren der Kostenermittlung bei Änderungen	• projektindividuelle Entscheidungsgremien (Kompetenzen)
1.2 Verdingungsunterlagen (LV-Erstellung)	• AGB-verträgliche Vertragsbedingungen • Art der Leistungsbeschreibung (Leistungsverzeichnis/Leistungsprogramm), Lose, Titel • Vorgaben zur Preisermittlung bzw. Angebotsaufschlüsselung • Gliederungstiefe des LV/Schnittstelle zur Kostenplanung,-kontrolle, Komplexität EDV • Abrechnung von Baustrom, Wasser, Bauschutt • Vertragsstrafen, Bürgschaften, Sicherheitsleistungen, Preisgleitklauseln, Vorauszahlungen	• öffentlicher Bauherr/nichtöffentlicher Bauherr • Art der Bauaufgabe, Projekttypus, gewählte Unternehmenseinsatzform
1.3 Abwicklung des Vergabeverfahrens	• Verfahren der Angebotseinholung • Verfahren der Aufhebung von Ausschreibungen • Ablauf der Angebotseinreichung • Ablauf der Auswertung der Angebote bis Vergabe (Preisspiegel, Vergabevorschlag mit Soll-Ist-Vergleich) • Auftrags-LV, Aufgliederung Auftragssumme (Gliederungstiefe) • Einrichtung Kostenkontrolle (Erfassung aller Vergaben) • Erstellung Auftragsdatenblatt	• VOB/A, projektindividuelle Kriterien je Bauherr unterschiedlich
1.4 Nachtragswesen	• Beurteilen der Nachtragsprüfungen (Prüfkriterien, Tiefe, Dokumentation) • Erfassung aller Nachtragsbeauftragungen (Dokumentationstiefe) • Genehmigungsverfahren Nachträge • Formalismus zur Vereinheitlichung des Nachtragswesens	
1.5 Abrechnungsverfahren	• rechnungsprüfende Stellen der Aufbauorganisation Bauherr sowie sonstige Beteiligte • bauherrnseitige Kompetenzen bzgl. Rechnungshöhe • Eingang bzw. Rechnungslauf von Honorarrechnungen Planer, Lichtpausen, Bau- und Lieferleistungen • Erfordernis gesonderter Vorgaben zur Rechnungsstellung (Bauabschnitte, KGR, LB, für spezielle Bauleistungen) • Rechnungsadresse, Anzahl erforderlicher Kopien • Registratur, organisatorische Hilfsmittel (Laufzettel), Stelle Auskunftserteilung über Verbleib von Rechnungen • Art der Rechnungsstellung (Turnus, Zahlungsplan) • Terminvorgaben zum Rechnungslauf für alle Rechnungsarten • Anforderungen Bauherr an Zahlungsanweisung/Rechnungsdatenblatt	• projektindividuelle Randbedingungen
2. Erstellung Leistungsbilder Planerverträge	• Struktur der Planungsleistungen (Planungspakete) • Festlegung der Detaillierungstiefe der Kostenplanung • Notwendigkeit sonstiger besonderer Leistungen • Schnittstellenfestlegungen	• Höhe des Zusatzhonorares für Besondere Leistungen • Komplexität des Projektes
	• Vergabe der Kostenplanung an Planer/externen Kostenplaner	• Kompetenz/Referenzen des Planers
	• Abwicklung des Projektes mit Einzelvergabe/Generalunternehmervergabe	• Bei Abwicklung im Generalunternehmermodell reduziertes Leistungsbild, Einholung von Honorarangeboten
3. Auswahl der Planer/ Honorarvereinbarungen	• Leistungsbild Planer (Notwendigkeit differenzierter Leistungsbilder/ Kurzverträge)	• Komplexität Planungsaufgaben
	• Einordnung Honorarzone, Anwendung von Degressionstabellen	• Bauherr, Art des Planungsbereiches, Höhe der anrechenbaren Kosten
4. Honorarermittlung/ Zahlungspläne für Planungsleistungen (alle Projektphasen)	• Grundlage der Zahlungspläne • Struktur der Zahlungspläne • Aktualisierungsturnus	• HOAI
5. Erstellen des Kostenrahmens für die Investitionsplanung	• Grundlage der Ermittlung (Nutzeinheiten, Nutzflächen, Kostenflächen Grobelemente, Kostenelemente mit geometrischen Bezugsgrößen) • Qualitäten	• projektindividuell unterschiedlich
6. Prüfen und Freigeben von Rechnungen (alle Projektphasen)	• Tiefe der Rechnungsprüfung • Rechnungserfassung	• Höhe der Rechnung, Zuverlässigkeit der Objektüberwachung, Leistungsbild PS-Vertrag

Abb. 7.1 Kostenrelevante Aufgaben des Projektmanagements mit Entscheidungsinhalten

Leistung in der Phase:	Entscheidungspunkte	Entscheidungskriterien/Erläuterung
PROJEKTVORBEREITUNG		
7. Einrichten der Projektbuch-haltung für den Mittelabfluß	• Auswahl der EDV-Tools • Detaillierungstiefe der PS-Kostenkontrolle • Ausdruckformate (Listbilder)	• Anforderungen an Detaillierung/Durchgängigkeit • Detaillierungstiefe der Kostenermittlung • Bauherrnwünsche, Möglichkeiten der verwendeten Software
	• Schnittstelle Projektbuchhaltung zum Kostenbericht (Stichtags-festlegung, Ausdrucke, Detaillierungstiefe)	**A/E Organisation/Verträge** **B Qualitäten/Quantitäten** **C Kosten** **D Termine/Kapazitäten**

	Leistung in der Phase:	Entscheidungspunkte	Entscheidungskriterien/Erläuterung
	PLANUNG		
A / E	1. Dokumentation Plandaten im Projekthandbuch	• Tiefe und Art der Kostendokumentation/Fortschreibung	• Bauherr • Transparenzkriterien
C	2. Überprüfung Kostenschätzung/Kostenberechnung	• Art der Überprüfung (Kontrolle oder eigenständige Vergleichs-rechnung)	• Komplexität des Projektes, Kompetenz des Kosten-planers (Objektplaners)
		• Tiefe der Überprüfung (Mengen, Preise) • Alternativvorschläge als Ergebnis kostensteuernder Maßnahmen bei Überschreitung der Kostenvorgabe	• Beeinträchtigung Funktionalität, Qualitätsziele, Gestaltung
	AUSFÜHRUNGSVORBEREITUNG		
A	1. Überprüfung von Planungs-änderungen auf Konformität mit den Projektzielen	• Verfahren der Genehmigung von Planungsänderungen in Abhängigkeit der Budgetvorgaben (Anmeldung, Ermittlung der Änderungskosten, Ermittlungsgrundlagen, Dokumentation der Änderungskosten)	
	2. Überprüfung der Verdingungs-unterlagen	• Festlegung Prüfkriterien (Massen, Qualitätsvorgaben Planung, Eindeutigkeit Leistungsbeschreibung)	• Qualität der Planung, Kompetenz des Ausschrei-benden, Qualität der erstellten Kostenplanung als Prüfkriterium zur Massensicherheit
B	3. Überprüfung der Angebotsaus-wertungen	• Beauftragungsempfehlung • Vorschlag zur Kostendeckung bei Überschreitung der Kostenvorgabe für die Vergabeeinheit • Auswahl von Nebenangeboten	**A/E Organisation/Verträge** **B Qualitäten/Quantitäten** **C Kosten** **D Termine/Kapazitäten**
C	4. Freigabe zur Festlegung des Ausschreibungsumfanges/Art der Ausschreibung	• Leistungsumfang, Losbildung, Paketbildung • Ausschreibungsart	• Größenordnung der Leistungspakete • Art der einzelnen Leistungen • Terminablauf
	5. Vorgabe der Soll-Werte für die Vergabeeinheiten	• Höhe der Kostenvorgabe	• Bestehender Kostenrahmen • Qualität der Planung und Ausschreibung • konjunkturelle Einflüsse
	AUSFÜHRUNG		
C	1. Kostensteuerung zur Einhaltung der Kostenziele	• Art, Umfang und Möglichkeit der kostensteuernden Maßnahmen	• Umfang der zu kompensierenden Kostenüber-schreitung • Zeitpunkt des Eintretens • Möglichkeit der planerischen und terminlichen Realisierung
	2. Beurteilung der Nachtrags-prüfungen	• Anspruchsgrundlage, Höhe	

Abb. 7.1 (Fortsetzung)

zu führen. Dies gilt analog für die betroffenen Gewerke der Technik, allerdings ohne die konkrete Massenbetrachtung, die in diesen Elementen nur auf Basis von Bruttorauminhalt/Bruttogrundrissfläche erfolgen kann.

Diese Ermittlungsart bietet den Vorteil, die geometrische Struktur des Baukörpers in der Berechnung zu berücksichtigen.

Da die planerischen Grundlagen dafür erst in der Vorplanung entstehen, müssen die jeweiligen Kosteneinflussfaktoren sorgfältig gegeneinander abgewogen werden. In unten stehender Abbildung sind die Zusammenhänge für ein Grobelement des baulichen Ausbaus dargestellt.

Die Ermittlung der Grobkosten ist in Abb. 7.4 dargestellt. Die Schwankungsbreite der Grobelemente ist beachtlich. In Abb. 7.5 sind einige Kostengrößen für das Element Baugrube dargestellt. Je nach vorliegender Ausführungsart ergibt sich ein anderer Ansatz. Nur über diese Betrachtungen bei jedem Grobelement ist die Eingrenzung der Investitionskosten verantwortlich möglich.

Die Annahmen zur Qualitätsdefinition werden in einem Qualitätskatalog definiert.

7.1 Überprüfung der Kostenermittlungen

Bei dieser Aufgabe des Projektsteuerers ist zunächst zu unterscheiden, zu welchem Zeitpunkt dieser in das Projektgeschehen tritt.

Abb. 7.2 Kosteneinflussfaktoren zum Zeitpunkt der Investitionsplanung

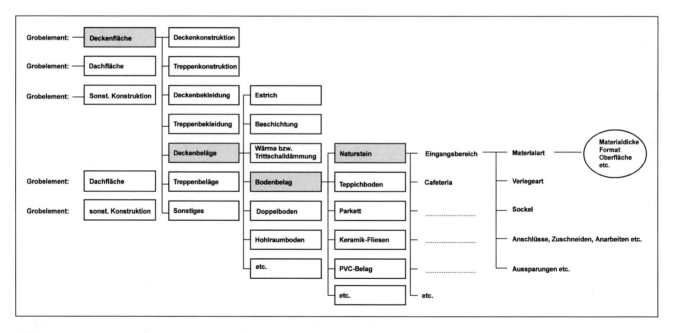

Abb. 7.3 Ermittlung des Kostenrahmens für die Investitionskosten/Grobelement „Deckenfläche"

Falls er bereits zu Projektbeginn im Rahmen der Projektvorbereitung eingeschaltet ist, obliegt ihm eine mitwirkende Funktion bei der Erstellung des Rahmens für die Investitionskosten. Wenn dieser Investitionsrahmen durch den Bauherren freigegeben ist, entstehen in aller Regel im Projektablauf Kostenschätzungen bzw. -berechnungen durch die Planer, die vom Projektsteuerer entsprechend überprüft werden müssen.

Ein zweites Szenario liegt in der Entscheidung des Investors, den Projektsteuerer zu einem späteren Zeitpunkt in das Projektgeschehen zu integrieren. Auch dafür gibt es wieder zwei Ursachen; eine liegt darin, dass der neue

Abb. 7.4 Kostenermittlung nach Grobelementen

DIN 276 alt	neu	Grobelemente/Kostengruppen	Einheit	Menge	€/Einheit von	€/Einheit bis	gewählt	Gesamt	€/M2 BGF	Anteil %
	310	Baugrube	M3	1,60,000	16	53	18	29,37,600	27	1.43
	320	Basisfläche	M2	31,000	129	367	232	73,35,840	96	5.09
	330	Außenwandflächen	M2	43,000	376	1,364	940	4,12,28,400	386	20.47
	340	Innenwandflächen	M2	79,000	197	435	309	2,48,99,220	232	12.30
	350	Deckenflächen	M2	77,000	238	532	367	2,88,24,180	270	14.32
	360	Dachflächen	M2	31,000	253	490	441	1,39,44,420	131	6.95
	390	Sonstige Konstruktionen	BRI M3	3,95,000	6	20	12	48,34,800	44	2.33
3.1	300	**Summe Baukonstruktionen**	BRI M3	3,95,000				12,40,04,460	1,185	62.83
	410	Abwasser	BRI M3	3,95,000	2	8	5	20,14,500	20	1.06
	410	Wasser	BRI M3	3,95,000	4	12	6	24,17,400	24	1.27
	410	Gase und sonstige Medien	BRI M3	3,95,000	---	---	1	2,41,740	2	0.11
	420	Heizung	BRI M3	3,95,000	8	34	13	52,37,700	49	2.60
	430	Raumlufttechnik	BRI M3	3,95,000	13	75	28	1,12,81,200	104	5.51
	440	ELT	BRI M3	3,95,000	15	54	44	1,77,27,600	164	8.70
	450	Fernmeldetechnik	BRI M3	3,95,000	2	21	14	56,40,600	53	2.81
	460	Fördertechnik	BRI M3	3,95,000	2	11	11	44,31,900	42	2.23
	480	MSR/GLT	BRI M3	3,95,000	---	---	16	64,46,400	42	2.23
	490	Sonstige Gebäudetechnik	BRI M3	3,95,000	2	9	4	16,11,600	14	0.74
3.2/3.3	400	**Summe Gebäudetechnik**						5,70,50,640	533	28.26
	370	Betriebliche Einbauten	BGF M2	1,07,000	---	---	65	70,94,100	66	3.50
	470	Betriebliche Einbauten	BGF M2	1,07,000	---	---	47	51,29,580	48	2.55
3.4		**Summe Betriebliche Einbauten**						1,22,23,680	114	6.04
	310	Besondere Bauausführungen (Baugrube)	BGF M2	1,07,000	---	---	29	31,65,060	30	1.59
	390	Besondere Bauausführungen (Sonst.Konstr.)	BGF M2	1,07,000	---	---	3	3,27,420	3	0.16
	490	Besondere Bauausführungen (Sonst.Geb.t.)	BGF M2	1,07,000	---	---	3	3,27,420	3	0.16
	620	Besondere Bauausführungen (Kunst)	BGF M2	1,07,000	---	---	18	19,64,520	18	0.95
3.5		**Summe Besondere Bauausführungen**						57,84,420	54	2.86
3.0		**SUMME BAUWERK**						19,90,63,200	1,886	100.00

Projektsteuerer einen anderen ersetzt, da dieser in den Augen des Investors nicht der Geeignete war. Eine zweite Ursache liegt häufig darin, dass der Investor zu einem bestimmten Zeitpunkt die Projektsteuerungsfunktion selber wahrnimmt und aus unterschiedlichen Gründen zu einem späteren Zeitpunkt den Projektsteuerer beauftragt.

Letzteres Beispiel wird gewählt, und die erhöhten Anforderungen an den Projektsteuerer aufgezeigt. Der Investor erwartet in aller Regel in sehr kurzer Frist von 1–2 Wochen eine qualifizierte Meinung des Projektsteuerers, ob das Projekt mit dem von ihm geschätzten Investitionsansatz durchführbar ist.

DIN 276	Grobelement	Struktur/Inhalt	Einheit	Ausführungsvarianten	Kostenintervall €/netto je Einheit	Kosteneinflussfaktoren
310	Baugrube	311 Baugrubenherstellung	€/m³	• Aushub Baugrube incl. Oberboden, Böschungsabdeckung, Arbeitsräume mit vorhandenem Material verfüllen (Anteil Arbeitsräume 35 %)	16 - 21	• Bodenklasse • Anteil Arbeitsräume • Erschwernisse
			€/m³	• wie vor, jedoch mit Arbeitsraumverfüllung aus Liefermaterial	21 - 27	• Qualität Verfüllungsmaterial • Lieferentfernung
		312 Baugrubenumschließung	€/m²	• Berliner Verbau	235 - 341	• Höhe des Verbaus • Hindernisse • Gesamtmenge/-fläche
			€/m²	• Spundwand Larssen Profil 22 (Gesamtfläche von 1000 m², Preis beinhaltet Einbindetiefe, keine Anker, mit Ziehen)	329 - 460	• Gesamtmenge • Einbindetiefe • Bodenart
			€/m²	• Bohrpfahlwand, ∅ 75 cm (ohne Abbrechen, Durchörtern von Fels, Fehlbohrungen, Fläche von 1000 m²)	282 - 470	• Bodenverhältnisse, Randbedingungen Baubetrieb • Einbindetiefe • Menge der Bohrpfähle
			€/m³	• Bodeninjektion als Unterfangungen incl. Baustelleneinrichtung (Gesamtmasse 100 m³)	500 - 632	• Menge • Hindernisse • baubetriebliche Randbedingungen
		313 Wasserhaltung	€/m² Sohlfläche der Baugrube	• Wasserhaltung mit Absetzbrunnen	73 - 126	• erforderliche Brunnenanzahl/Durchmesser • Elektroinstallation (Auf- und Abbau) • Vorhaltezeit der Wasserhaltung

Abb. 7.5 Kosten des Grobelementes Baugrube

Abb. 7.6 Vergleichende Kostenberechnung – Vorgehen

 Analyse der Kostenberechnung auf A-Positionen

 Mengenermittlung (grob) anhand der vorliegenden (Entwurfs-)Planung

- Schwerpunkt Stahlbeton, Wände, Boden-/Deckenqualitäten etc.

- Fassade: gesonderte, detaillierte Betrachtung (ggf. mit Unterstützung durch externe Kompetenz)

 Zuordnung von eigenen Einheitspreisen (Schwerpunkt KGR 300+400)

 Ergänzung um die KGR 200, 500–700

▶ Herstellkosten nach DIN 276

 Plausibilisierung anhand Anteilen einzelner A-Positionen an den Baukosten

sowie Vergleichsprojekten

Je nachdem, wie weit das Projekt fortgeschritten ist – im Beispielfall bewegt sich das Projekt zwischen Vor- und Entwurfsplanung – kann man diese Aussage nicht mit pauschalen Kennwerten beantworten. In diesem Falle muss der Projektsteuerer sehr schnell eine eigene Ermittlung durchführen. Diese Ermittlung kann sicher nicht den gleichen Umfang haben, wie eine Kostenberechnung, die nach wochenlanger Massenermittlung und Preisabstimmung zwischen unterschiedlichsten Projektbeteiligten entstanden ist. Die Ermittlung muss sich auf die Kernpositionen des Projektes

beziehen und muss auch die bestehenden Risiken adäquat erfassen. Die wesentlichen Schritte sind in Abb. 7.6 zusammengefasst.

Zunächst geht es darum, die wesentlichen A-Positionen zu analysieren und in einem zweiten Schritt mengenmäßig zu erfassen.

In diesem Zusammenhang ist wichtig, inwiefern die Qualitäten des Projektes bereits definiert sind. Ein Beispiel zeigt Abb. 7.7 mit Darstellung der Deckenqualitäten, die im Weiteren auch noch raummäßig und geschossmäßig identifiziert

Pos.		Standard Ausführung	3.UG m²	2.UG m²	BM /1.UG m²	EG m²	1.OG m²	2.OG m²	3.OG m²	4.OG m²	Summe m²
D-01	Müllraum Center Fluchtflur Anlieferflur Fluchttreppenhaus Kundentreppenhaus Mieterlager (extern) HI-Werkstatt/-Lager/-Flur Putzmaschinenraum sonstige Technikräume Trafo-/Mittel-Niederspa. Elektroverteilungsräume ZBV-Räume Wohntreppenhäuser	Beton glatt mit Anstrich, Fugen gespachtelt 									
			11.200,00	2.720,00	1.850,00	668,00	798,70				**17.236,70**
D-03	(Wohnen)	Deckenputz als Kalkzementputz (Glattputz) mit Anstrich						2.152,73	2.189,77	1.789,46	**6.131,96**
D-04	Kunden WC/Beh. Baby-Wickelraum CM Sekreteriat/Empfang Flur/Copy Sanitärbereich CM	Gipskarton gespachtelt mit Anstrich				76,00					**76,00**
D-06	Kundenflur Aufzugsvorräume Mall Mall/Malldeckeneinzug in Shops Shops Gastronomie	Gipskarton, streiflichtfrei lt. FB, mit Anstrrich			3.100,00	2.826,00	3.152,10				**9.078,10**
D-07	Parkhausansicht Shops Aufenthaltsräume (Raucher/Nichtraucher) Umkleideräume Liegeräume CM Bürobereich CM Teeküche CM Archiv CM Technik CM Elt-Raum	Mineralfaser-Decke		27,00	5.940,00	5.512,00	5.536,00				**17.015,00**

Abb. 7.7 Vergleichende Kostenberechnung – Mengenermittlung Deckenqualitäten

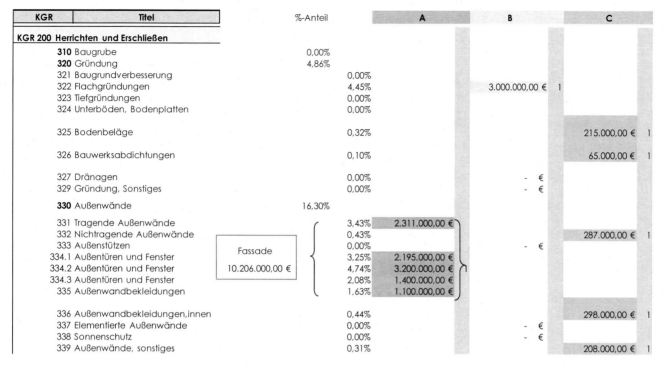

Abb. 7.8 Vergleichende Kostenberechnung – Zuordnung A-, B- u. C-Positionen

sind. In diesem Zusammenhang muss es gelingen, die kostenspezifischen Besonderheiten des Projektes in den A-Gewerken zu identifizieren. Inhalte beim Rohbau sind neben den konstruktionsbedingten Einflussgrößen auch die Logistik der Baustellenorganisation, die je nach Randbedingungen gewaltige Kosteneinflüsse nach sich ziehen kann.

Ein wesentlicher Kostenbereich betrifft die Fassade, zu dem sich der Projektsteuerer auch mit Fachexpertise verstärken sollte. Ebenso betrifft dies die speziellen Fragstellungen der Haustechnik.

Im dritten Schritt gilt es, der aufgebauten Kostenstruktur Einheitspreise zuzuordnen (Abb. 7.8), die dann im Sinne einer ABC Analyse gesondert betrachtet werden müssen. Das Ergebnis der Kostenermittlung (Abb. 7.9) wird dann mit den Projektbeteiligten abgeglichen.

Der Wert dieser durchgeführten Vergleichsberechnung liegt in der Bildung einer eigenen Meinung bzw. Grundlage und Differenzierung der Kosteneinflussgrößen, mit der der Projektsteuerer gewissermaßen eine eigenständige Beurteilung der Ausgangssituation durchführen kann.

In dem betreffenden Projekt wurde auf Basis dieser Kostengröße das Budget gebildet und auch im Einzelnen definiert, welche offenen Punkte bzw. Risikopositionen das Budget enthält, damit im Falle von Abweichungen im Projektverlauf eine hinterlegte Basis vorhanden ist.

Falls dieser doch erhebliche Aufwand in der Erstellung einer eigenen Kostenermittlung entweder bauherrenseitig wegen des Honorars oder auch aus Zeitgründen nicht erfol-

gen kann, besteht der alternative Weg der Plausibilitätsprüfung.

Je nach Situation kann sich die Plausibilitätsermittlung auch sehr viel aufwändiger als die vergleichende Ermittlung erweisen, sie hat allerdings den Vorteil, dass diese auf ein bestehendes Gerüst der planerseitigen Ermittlung aufsetzt, so dass erkannte Unplausibilitäten direkt bestimmten Ansätzen zuzuordnen sind.

Die Schritte einer Plausibilitätsprüfung sind in Abb. 7.10 strukturiert.

Zunächst sollte die bestehende Kostenermittlung im Sinne der ABC Analyse geprüft werden.

Danach werden innerhalb der A Gewerke die A Positionen im Einzelnen analysiert. Wie beispielhaft in Abb. 7.11 dargestellt, gilt es nun, die jeweiligen Mengen und Einheitspreise daraufhin zu überprüfen, inwiefern diese plausibel erscheinen oder anzupassen sind. Im Beispiel galt es, den Mengenansatz für die Dübelleisten auf Richtigkeit zu prüfen.

Das Ergebnis der Detailprüfung ist in Abb. 7.12 dargestellt.

Entscheidend bei beiden Prüfverfahren, also Plausibilitätsprüfung oder vergleichende Ermittlung ist, dass die Leistung durch den Projektsteuerer schnell zu erfolgen hat. Häufig ergibt sich die Situation, dass bestehende Kostenerhöhungen vom Planer nicht ausreichend erklärt werden können, sodass Budgeterhöhungen durch den Investor verweigert werden.

KGR	Titel	Menge	Einheit	EP	GP	Anmerkungen
KGR 200 Herrichten und Erschließen					250.000	
310 Baugrube						bereits beauftragt
320 Gründung					3.280.000	
321 Baugrundverbesserung						Bodengutachten liegt nicht vor, daher keine Aussage möglich
322 Flachgründungen	12.131	qm	247,30	3.000.000		Annahme Flachgründung über WU- Sohle (mittlere Dicke 0,80m)
323 Tiefgründungen						
324 Unterböden, Bodenplatten						Annahme: Parken OS8-Beschichtung auf Rohfußboden
325 Bodenbeläge	12.313	qm	17,46	215.000		Technik/Lager: Staubbindender Anstrich
326 Bauwerksabdichtungen	2.600	qm	25,00	65.000		Annahme: Abdichtung Außenwand im Übergang WU - nicht WU Bodengutachten sowie Gründungskonzept liegt nicht vor, daher
327 Dränagen						keine
329 Gründung, Sonstiges						
330 Außenwände		qm		10.999.000		
331 Tragende Außenwände		qm		2.311.000		Stahlbetonaußenwände (Ohne Bekleidungen 335)
332 Nichttragende Außenwände		qm		287.000		Attika
333 Außenstützen		qm				
334.1 Außentüren und Fenster		qm		2.195.000		Pfosten Riegel Fassaden Mall
334.2 Außentüren und Fenster				3.200.000		Pfosten Riegel Fassaden Wohnen
334.3 Außentüren und Fenster				1.400.000		Schallschutzfassaden
335 Außenwandbekleidungen		qm		1.100.000		WDVS-Verkleidung, Attikaverblechung;Dämmung Wand 1.UG Annahme: Putz auf Außenwände Handel/Wohnen
336 Außenwandbekleidungen,innen		qm		298.000		Anstrich auf Außenwände Parken
337 Elementierte Außenwände		qm				
338 Sonnenschutz		qm				Ist Sonnenschutz geplant?
339 Außenwände, sonstiges		qm		208.000		Lüftungsgitter; Abdeckung + Handlauf Attika;Rolltore Parkhaus

Abb. 7.9 Auszug aus der Vergleichenden Kostenberechnung – Mengen und Einheitspreise

Abb. 7.10 Plausibilitätsprüfung Kostenberechnung – Vorgehen

1 Analyse der Gewerke auf A- u. B- sowie C-Gewerke

2 Filtern der A- u. B-Gewerke nach A- sowie B- u. C-Positionen

3 Prüfen der Mengen und Einheitspreise der A-Positionen

▶ Kosten-Δ (in € sowie %) für die A- u. B-Gewerke

4 ggf. Beaufschlagen der C-Gewerke mit dem Kosten-Δ-%-Satz

▶ Kosten-Δ (in €) gesamt für die Kostenberechnung KGR 300-500

5 Berücksichtigung von

- Korrekturfaktor für Vergabestrategie (GU-/Einzelvergabe)

- Zuschlag für KGR 200, 600 und insbesondere 700

- Zuschlag aus Risikobewertung

Diese Situation führt möglicherweise zu Projektstörungen durch verzögerte Entscheidungen und Anpassungsmaßnahmen, die wiederum zu Mehrkosten führen können.

Falls dieses Szenario eintritt, wird dann im Einzelnen geprüft werden müssen, wer dafür die Verantwortung trägt.

Zusammenfassend ergeben sich für diesen Handlungsbereich folgende Anforderungen an den Projektsteuerer:

- Fähigkeit zur eigenen Kostenermittlung sowie der Erfassung aller kostenrelevanten Randbedingungen sowohl in der Frühphase des Projektes als auch zu einem Zeitpunkt parallel zur laufenden Planung

- Klare Struktur der diesbezüglichen Werkzeuge (Tools, Verfügbarkeit von Kostendaten etc.)
- Inhaltliches Wissen in Planungsqualitäten und diesbezüglichen Kosteneinflussgrößen
- Fähigkeit in der Abschätzung von baulogistischen Einflussgrößen und deren Rückkoppelung auf die Kosten
- Inhaltliche Kompetenz in der Beurteilung von Planungsständen (interdisziplinär auch bezogen auf die Haustechnik)
- Verfügbarkeit von abgesicherten Kostenmanagementsystemen zur Kostenverfolgung
- Ausgeprägte Kommunikationskompetenz, um abweichende Ergebnisse zu einer tragfähigen Lösung zu führen

Abb. 7.11 Plausibilitätsprüfung Kostenberechnung – Zwischenergebnis A- u. B-Gewerke 1/4

VE	VE-Bezeichnung	Gesamt (GP)	dav. A-POS.	% v. Bauwerk	Menge	Einheit	EP	Status*
								KoBe Planer
030	Rohbauarbeiten	21.300.172,80 €	19.979.137,13 €	19,90%				
	Bewehrung	7.542.960,54 €			7.898,39	t	955,00 €	
	Schalung normal	4.410.829,40 €			154.765,94	m²	28,50 €	
	Beton	3.219.919,99 €			34.254,47	m³	94,00 €	
	Dübelleisten/Halfenschienen etc.	2.085.174,43 €			1.895,61	t	1.100,00 €	
	F90-Spritzbeton an Stahlträgerdecken	1.359.000,00 €			18.120,00	m²	75,00 €	
	WU-Bodenplatte	1.001.354,76 €			9.536,71	m³	105,00 €	
	Wärmedämmung TG Decke Tektalan	359.898,00 €			10.282,80	m²	35,00 €	
	Übrige Positionen	1.321.035,67 €	...		...		...	

* Mengen unkritisch, EPs bestätigt
Mengen/EPs zu klären
Mengen/EPs anzupassen

Abb. 7.12 Plausibilitätsprüfung Kostenberechnung – Zwischenergebnis A- u. B-Gewerke 2/4

Status*	GP PREUSS	Δ PREUSS/Planer A-POS. [€]	Anmerkungen PREUSS	Stellungnahme Planer
			Prüfung PREUSS	
		9.396.319,78 €	1. EP Stahl zu gering/zu prüfen 2. EP Schalung, EP & Menge Kleineisenteile, EP WU-Bodenplatte zu	BE Rohbau in LV separat ausgewiesen als Titel 6; in KoBe in Pos. eingerechnet, jedoch offenbar nicht auskömmlich ->
	9.872.985,00 €	2.330.024,46 €		Mischpreis für Stab-/Mattenstahl. Die Preisentwicklung von Baustahl
	6.732.318,56 €	2.321.489,16 €		Aktuelle Submissionsergebnisse bewegen sich i.M. zwischen 32,-- bis 56,--
	3.939.263,82 €	719.343,83 €		Aktuelle Submissionsergebnisse bewegen sich i.M. zwischen 114,-- bis
	5.686.839,36 €	3.601.664,93 €		Die Bewehrungsangaben wurden Bauteilweise ermittelt. Grundsätzlich genauere Erkenntnisse hinsichtlich Art- und Umfang erst im Laufe der weiteren
	- €	- €	Abgrenzung WU-Bodenplatte Geb. A/B unklar	Aktuelle Submissionsergebnisse bewegen sich i.M. zwischen 32,-- bis 56,--
	1.239.772,56 €	238.417,80 €		
	545.277,60 €	185.379,60 €		Aktuelle Submissionsergebnisse bewegen sich i.M. zwischen 42,-- €/m²

* Mengen unkritisch, EPs bestätigt
Mengen/EPs zu klären
Mengen/EPs anzupassen

7.2 Kosten- und Qualitätssteuerung

Im Rahmen der Projektvorbereitung wird durch den Projektmanager in Abstimmung mit dem Bauherren der Investitionsplan erstellt. Dieser beinhaltet eine Grobkostenschätzung auf Basis der jeweils zu diesem Zeitpunkt vorliegenden Grundlagen und einen Erläuterungsbericht.

Dieses Kostenziel ist dann Ausgangspunkt aller weiteren Soll-Ist-Vergleiche. Wenn dem beauftragten Architekten/ Fachplaner die Grundleistungen oder Besonderen Leistungen der Kostenplanung übertragen sind, überprüft der Projektsteuerer diese Kosten auf Angemessenheit.

Die Kosten- und Qualitätssteuerung ist eine Grundleistung der Projektsteuerung und beinhaltet Aktivitäten mit dem Ziel, die im Projektziel definierten Kosten und damit einhergehenden Qualitätsstandards zu erreichen. Häufig treten Abweichungen zu einem Zeitpunkt auf, bei dem die Entwurfsplanung des Projektes möglicherweise schon fertig ist und damit auch bereits fertig gestellte Planungen geändert werden müssen, um die eingetretene Kostenerhöhung zu kompensieren. In diesem Zusammenhang wird häufig von der Begrifflichkeit Value Management gesprochen, die auch als „Prozessoptimierung zur Wertmaximierung" definiert werden kann.

Nach DIN 276 ist die Kostensteuerung das gezielte Eingreifen in die Entwicklung der Kosten, insbesondere bei Abweichungen, die durch die Kostenkontrolle festgestellt worden sind. Insofern setzt Kostensteuerung zwangsläufig eine Kostenkontrolle durch den Vergleich einer aktuellen mit einer früheren oder parallelen Kostenermittlung voraus. Kostenabweichungen wiederum können völlig unterschiedliche Gründe haben. Die Kostensteuerung differenziert sich phasenorientiert in die Projektstufen des Leistungsbildes 1–4 und beinhaltet je nach Stufe unterschiedliche Aufgaben der Projektbeteiligten und des Projektsteuers.

Die Schritte der Kosten- und Qualitätssteuerung sind in Abb. 7.13 dargestellt.

Schritte der Kostensteuerung

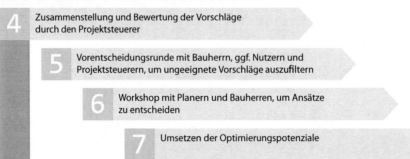

1 Aufforderung an Planer, geeignete Einsparungspotenziale zu finden, zu definieren und kostenmäßig zu bewerten

2 Eigener Ansatz des Projektmanagements in der Definition und Bewertung von Potenzialen

3 Hinzuziehung von Spezialdisziplinen zur Findung der Ansatzpunkte (Fassade, Haustechnik, Tragwerksplanung)

4 Zusammenstellung und Bewertung der Vorschläge durch den Projektsteuerer

5 Vorentscheidungsrunde mit Bauherrn, ggf. Nutzern und Projektsteuerern, um ungeeignete Vorschläge auszufiltern

6 Workshop mit Planern und Bauherren, um Ansätze zu entscheiden

7 Umsetzen der Optimierungspotenziale

Wir untersuchen die Planungsfelder systematisch mit dem Planungsteam und bringen anschließend die Optimierungsansätze im zielorientierten Dialog mit den Projektbeteiligten zur Entscheidung.

Planungsfeld	Optimierungsansatz	Beteiligte							Planungs-aufwand	Einsparungs-potenzial
		PREUSS	Planer 1	Planer 2	Planer 3	Planer 4	Planer 5	Planer 6		
Schächte	- Vereinfachung der Installationswege, besonders in Gebäude A (übereinander liegende Schächte)		X							€ 30.000
TGA	- Fußbodenheizung/-kühlung		X							€ 80.000
TGA	- Relativierung des schalltechnischen Standards; Entfall der SSt III nach VDI 4100	X	X							€ 36.000
Fensterflügel	- Drehflügel statt Drehkippflügel	X		X					+	
Sicherheit	- Reduzierung Einbruchschutz			X					+	€ 116.000
Fenster	- Entfall Nachströmöffnungen (Mieterverpflichtung zur ordnungsgemäßen Lüftung)	X		X	X				+	€ 30.000
Fenster	- Drehkipp- statt Schiebeelemente im Terrassenbereich (max. 20 Elemente á 600 Euro/Stück).			X					+	€ 25.000
Fenster	- Breite der Schiebeflügel reduzieren -> Standardmaße erreicht			X					+ +	€ 23.000
Fassade	- Vereinheitlichung der Fensterformate oder Verzicht auf opake Elemente als Gestaltungsmerkmal	X	X	X					+ + +	€ 132.000
Sonnenschutz	- Änderung Ausführung Sonnenschutz	X	X	X		X			+	€ 28.000
Brüstung EG	- Fläche EG vereinfachen	X	X	X					+ +	€ 135.000
Brüstung	- Ausführung Brüstungselemente, z. B. Glas oder Stakete statt Gewebe	X		X		X			+ +	€ 38.000

Planungsaufwand:　+ = gering　　++ = mittel　　+++ = hoch

Abb. 7.13 Schritte der Kosten- und Qualitätssteuerung

Der erste Schritt besteht naturgemäß in der Aufforderung an die Planer, geeignete Einsparpotentiale zu finden, zu definieren und kostenmäßig zu bewerten. Die Planer sind allerdings häufig so in ihrer eigenen Planungslösung „gefangen", so dass sie nur sehr schwer in eine andere Richtung bewegt werden können, da sie – aus ihrer Sicht – auch eine qualitativ schlechtere Planung fürchten, die dann in der Diskussion womöglich auch noch zu einer geringeren Honorarbasis führen kann.

Planerseitig entsteht zusätzlich der nachvollziehbare Konflikt, dass bei nachträglicher Erarbeitung von optimierten Planungslösungen bauherrenseitig die Frage entstehen könnte, warum diese optimierte Lösung nicht schon vorher erarbeitet wurde. Insofern muss bauherrenseitig klargemacht werden, dass es ihm hier weniger um die Sanktionierung von Fehlleistungen geht, sondern einzig und allein um Aktivitäten mit dem Ziel, die ursprüngliche Kostenplanung zu erreichen. Natürlich wird zu einem späteren Zeitpunkt oder auch aktuell zu hinterfragen sein, ob die Leistungen der Kostenoptimierung Mängelbeseitigungsaufgaben sind, oder zusätzliche Aufgaben im Sinne von zusätzlichen Leistungen. Allein aus dieser Interessenlage heraus ist dieser Ausgangspunkt nicht ganz einfach. Wichtig ist, dass der Bauherr seine Auffassung in der Erreichung des Kostenzieles deutlich formuliert und die Planer zur Ermittlung von Einsparungspotenzial auffordert.

Der Projektmanager sollte durch die Kenntnis der Planung ebenfalls in der Lage sein, Ansatzpunkte für Optimierungen einzugrenzen. Wenn der Projektsteuerer selber der Auffassung ist, das es keine Potenziale gibt, wird es ihm nicht gelingen, diese Einsparungspotentiale bei den Planern abzurufen. Insofern ist es von Bedeutung, dass der Projektmanager eine eigene Beurteilungsfähigkeit in dieser Richtung entwickelt.

In bestimmten Planungsbereichen ist es ratsam, Spezialdisziplinen punktuell zur Findung von Ansatzpunkten hinzuzuziehen, z. B. im Bereich der Fassade, der Haustechnik oder der Tragwerksplanung.

Die Vorschläge der einzelnen Beteiligten sollten zu einem bestimmten Termin eingefordert und vom Projektsteuerer ausgewertet werden.

Es sollte eine Vorentscheidungsrunde mit dem Bauherren, gegebenenfalls Nutzer, Vermarkter und Projektsteuerer über die Ergebnisse dieser Auswertung durchgeführt werden, um völlig ungeeignete Einsparungsvorstellungen auszuschließen.

Diese Ergebnisgrundlage wird dann mit den Planern erörtert und entschieden.

Im letzten Schritt gilt es dann, diese Optimierungspotentiale im konkreten Planungsprozess umzusetzen.

In Abb. 7.13 sind als Beispiel die Verfahrensschritte und eine Auswertungsstruktur dargestellt.

Der Value Engineering-Prozess eines größeren Projektes zeigt die Struktur der Vorgehensweise auf. Ausgehend von den Planungsbereichen des Projektes werden die Bereiche, hier zum Beispiel die Fassade, als Einsparungspotential definiert. Ausgehend von der Einschätzung der Reduzierungsmöglichkeit (mittel, hoch, sehr hoch) werden die einzelnen Konstruktionselemente definiert, wie z. B. Fensterflügel, Sicherheit, Sonnenschutz, Brüstung, etc. untersucht. Die hier dargestellte Zusammenfassung beinhaltete einen Analyseprozess der Projektsteuerung als auch der einzelnen Planer, die mit Planer 1, 2, etc. benannt sind. Bewertet wird ebenfalls der in Abhängigkeit des Projektstandes ausgelöste Planungsaufwand durch die möglicherweise erforderliche Änderungsplanung.

Ergebnis der Analysen ist dann das realistischerweise einzusparende Potenzial in monetärer Bewertung. Gegengerechnet werden müssen negative Einflüsse auf die zu vermietenden Flächen, wenn durch realisierte Einsparungen Erträge an anderer Stelle verringert werden.

Häufig ist es eine Vielzahl von Einzelmaßnahmen, die in ihrer Summe erst zum gewünschten Einsparungspotenzial führen. Die Komplexität in der Umsetzung von Einsparungen wird umso höher, je weiter das Projekt in seinem Planungsstand fortgeschritten ist. Besonders schwierig wird es, wenn bereits Beauftragungen ausführender Firmen erfolgt sind oder gar die Ausführung läuft. In diesem Falle greifen die Ausführungen zum Änderungsmanagement und die diesbezüglichen Prozesse.

7.3 Nutzungskostenmanagement

Bei den klassischen Baukosten fällt es den Projektbeteiligten tendenziell nicht besonders schwer, eine Art „qualifiziertes Bauchgefühl" bezüglich der zu erwartenden Herstellkosten zu entwickeln. Innerhalb einer Objektart (z. B. Krankenhaus, Hotel, Bürogebäude) bilden Größe (Kubatur, Flächen) und Ausstattungsstandard (einfach, mittel, hoch) bereits wesentliche Einflussgrößen ab. Dementsprechend ist es für den Bauherren selbst in frühen Projektphasen relativ einfach, auf den Umfang seiner Bauaufgabe dahingehend Einfluss zu nehmen, dass das angestrebte Baukostenziel erreicht werden kann.

Demgegenüber vollkommen anders verhält es sich bei den künftigen Nutzungskosten des Gebäudes. Ohnehin meist in ihrer Wirkung unterschätzt, ist ihre Ermittlung wesentlich komplexer, da sie von der künftigen Nutzung des Bauwerks, seiner Technik und ihrem Betrieb abhängen. Hinzu kommt die Interdependenz zu den Herstellkosten insoweit, als geringfügige einmalige Einsparungen an dieser Stelle durch Mehrkosten auf der Nutzungsseite aufgezehrt bzw. sogar übertroffen werden können. Mit anderen Worten: Unter Lebenszykluskosten-Aspekten gilt es bereits in den frühen Projektphasen sicherzustellen, dass beim Bau nicht am falschen Ende gespart wird.

7.3.1 Ausgangssituation

Aus diesem Grund erfordert die ganzheitliche Betrachtung der Immobilie über ihren gesamten Lebenszyklus hinweg eine frühzeitige und gleichberechtigte Auseinandersetzung auch mit denjenigen Aspekten eines Immobilien-Projektes, die sich später maßgeblich auf die Nutzungskosten auswirken werden. Ein verantwortungsvoller und kompetenter Projektsteuerer, der bereit ist, diesen Auftrag anzunehmen, nimmt hier mindestens eine komplexe, fachliche Führungs-, Moderations- und Abstimmungsaufgabe war. Diese besteht darin, alle nutzungskostenrelevanten Informationen systematisch zu erkennen, zu erheben und durch diejenigen Projektbeteiligten be- und auswerten zu lassen, deren fachlichem Verantwortungsbereich sie zuzuordnen sind. Die so erzielten Teilergebnisse sind hiernach wieder zu einem stimmigen Ganzen zusammenzufügen und auf Plausibilität und Kompatibilität zu überprüfen. Dieser komplexe interdisziplinäre Prozess wird in der Regel mehrere Iterationsschritte erfordern.

Abb. 7.14 Objektbezogene Einflussfaktoren. (Wenzel P (2009): Nutzungskostenrelevante Einflussgrößen. In: DVP: Nutzungskostenmanagement als Aufgabe der Projektsteuerung)

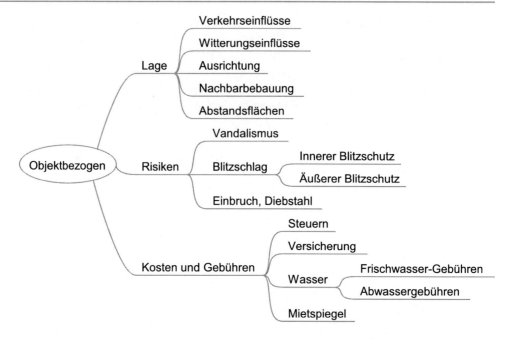

Üblicher Weise sind die nutzungskostenrelevanten Aktivitäten der Projektbeteiligten nicht in den Grundleistungen ihrer Leistungsbilder enthalten. Insofern besteht eine der ersten Aktivitäten des Projektsteuerers darin, dem Bauherren solche Besonderen Leistungen zu empfehlen, die in den Leistungsumfang der jeweiligen Architekten, Ingenieure und Sonderfachleute aufzunehmen sind. Alternativ können diese Leistungen aber auch durch den Projektsteuerer als besondere Leistung erbracht werden, wenn er diese anbietet. Dies hat einerseits für den Bauherren den Vorteil einer impliziten Qualitätssicherung der Planungsleistung. Andererseits muss in diesem Fall aber sorgsam abgewogen werden, in welchem vertraglichen Verhältnis die Ergebnisse des Projektsteuerers zur Erfolgsverantwortung des (Fach-) Planers stehen. Bei Verfehlung seiner Planungsziele wird der Planer stets versuchen, auf Mängel der Vorleistung des Projektsteuerers bzw. auf eine gemeinsame Verantwortlichkeit abzuheben, um sich so aus seiner Verantwortung für den Planungserfolg zu befreien.

7.3.2 Einflussfaktoren[1]

Obwohl die Gebäudegröße den größten Einflussfaktor für die künftigen Nutzungskosten darstellt, eignet sie sich nur bedingt als Steuerungsgröße: Immerhin löst doch erst ein konkreter Flächen- und Nutzungsbedarf ein Bauvorhaben aus, dessen Rechtfertigung i. d. R. anhand der Finanzierbarkeit hinreichend validiert wird. Führt dagegen eine Reduktion der Gebäudegröße dazu, dass das Bauwerk den originären Bedarf nicht mehr erfüllt, entfällt auch der Anlass für das Vor-

haben. Die Gebäudegröße kommt jedoch insoweit als Steuerungsgröße infrage, als sie als „bauliche Großzügigkeit" verstanden wird. Weil nämlich die Nutzungskosten eines Objektes die Herstellkosten während seiner Lebensdauer um ein Mehrfaches übersteigen, sollte der Bauherr über bauliche Großzügigkeit nicht nur auf der Grundlage der einmaligen Investitionskosten entscheiden, sondern auch das sich daraus ergebende Vielfache an Nutzungskosten berücksichtigen.

Außerhalb der Gebäudegröße hängen die künftigen Nutzungskosten des Gebäudes von einer so großen Vielzahl unterschiedlichster Einflussfaktoren ab, dass eine vollständige und abschließende Aufstellung kaum möglich sein wird. Hinzu kommt, dass der individuelle Einfluss eines jeden Faktors im Vergleich zu allen übrigen Faktoren sowohl von Projekt zu Projekt schwankt, als auch abhängig vom Gebäudetyp ist. Es kann daher kaum zielführend sein, mit einer starren Systematik ein komplexes Nutzungskosten-Rechenmodell zu erstellen – zu groß ist die Anzahl der Variablen mit ihren jeweiligen Unsicherheiten und Fehlerquellen. Stattdessen sollen folgende Ausführungen sensibilisieren und helfen, ein individuelles und projektbezogenes Gespür für diejenigen TOP-Einflussfaktoren zu erlangen, die die Nutzungskosten des künftigen Objektes maßgeblich bestimmen werden. Mit 20 % der Einflussfaktoren 80 % der Nutzungskosten in den Griff zu bekommen lautet das Ziel in Anlehnung an Pareto.

Hierzu dienen die nachfolgenden acht Einflussgrößen-Kategorien: Als eine Art grobe Check-Liste erleichtern sie den systematischen Einstieg in die Projekt- Analyse und bieten gleichzeitig Anknüpfungspunkte und Inspiration für ähnliche, verwandte oder abhängige Einflussgrößen.

Objektbezogene Einflussfaktoren (Abbildung 7.14) Hier steht das Grundstück und seine konkrete Ausnutzung im Mit-

---

[1] Wenzel P (2009): Nutzungskostenrelevante Einflussgrößen. In: DVP: Nutzungskostenmanagement als Aufgabe der Projektsteuerung.

Abb. 7.15 Nutzungsbezogene Einflussfaktoren. (Wenzel P (2009): Nutzungskostenrelevante Einflussgrößen. In: DVP: Nutzungskostenmanagement als Aufgabe der Projektsteuerung)

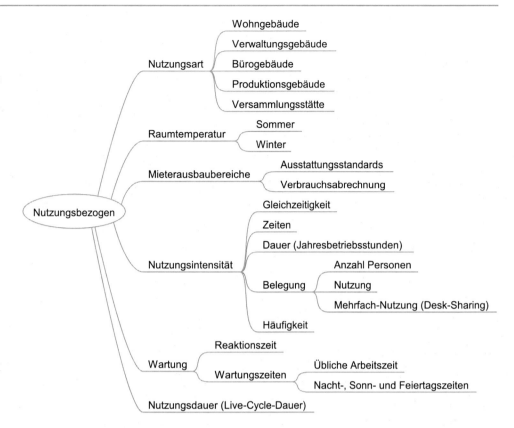

telpunkt. Seine Lage bestimmt beispielsweise Verkehrs- und Witterungseinflüsse. Auch die Nachbarbebauung kann sich auf die Nutzungskosten auswirken, wenn beispielsweise Emissionen von dort besondere technische Anlagen erfordern. Unmittelbar mit der Lage verbunden ist aber auch die Höhe von Abgaben sowie Kosten und Gebühren für Ver- und Entsorgung. Weiterhin kann es sinnvoll sein, besondere örtliche Risiken, wie z. B. Naturgewalten oder äußere Gewalt, zu berücksichtigen. Selbstredend bestimmt das Grundstück auch das in der Kalkulation anzusetzende regionale Lohn-Niveau.

Nutzungsbezogene   Einflussfaktoren (Abbildung 7.15) Die Überlegungen des Eigentümers zur baulichen Nutzung in Verbindung mit den Ansprüchen der späteren Nutzer an den Service-Level haben einen erheblichen Einfluss auf die zu erwartenden Kosten. Dies betrifft nicht nur die Nutzungsart, wonach die Nutzungskosten einer Lagerhalle deutlich unter denen eines Hotels liegen werden. Es betrifft auch die Nutzungsintensität – rund um die Uhr oder nur während der Schulzeit – mit ihren Implikationen auf die Wartungsanforderungen und die angestrebte Gesamt- Nutzungsdauer des Gebäudes: Je länger diese ist, umso wichtiger sind niedrige Nutzungskosten.

Komfortbezogene   Einflussfaktoren (Abbildung 7.16) Gebäudekomfort wird maßgeblich durch Temperatur, Luft und Licht bestimmt. Neben den qualitativen Zielvorgaben

bestimmen Erzeugung und Verteilung den Aufwand und damit die Nutzungskosten. Ist eine natürliche Lüftung ausreichend und praktikabel, oder er- fordert starke Nutzungsschwankungen, wie beispielsweise in Flughäfen oder Versammlungsstätten geregelte Systeme? Auch die Frage einer zentralen oder dezentralen Warmwassererzeugung hat dann etwas mit Komfort zu tun, wenn im Rahmen der beabsichtigten Nutzung nur wenig Warmwasser benötigt wird.

Strategiebezogene   Einflussfaktoren (Abbildung 7.17) Dieser Aspekt hebt auf die langen Nutzungsdauern und die i. d. R. wesentlich begrenzteren Planungshorizonte ab. Hier gilt es zu überlegen, wie flexibel die Immobilie ausgelegt werden muss, um auch in der ferneren Zukunft bestmöglich nutzbar zu sein, und Geld verdienen zu können. Neben baulichen und anlagentechnischen Flexibilitäten gehören hierzu auch Vorhaltemaßnahmen, um beispielsweise unter veränderten energiepolitischen Rahmenbedingungen wirtschaftlich werdende Nachrüstungen vornehmen zu können. Auch die Frage der Instandhaltungsstrategie kann bedeutsam werden, wenn es beispielsweise um die Ausgestaltung der erforderlichen Gebäudeautomation geht.

Sicherheitsbezogene Einflussfaktoren (Abbildung 7.18) Je nach objektiver Gefährdung und individuellem Schutzbedürfnis können Sicherheitsanlagen erhebliche Nutzungskosten verursachen. Dies gilt insbesondere bei personeller

Abb. 7.16 Komfortbezogene Einflussfaktoren. (Wenzel P (2009): Nutzungskostenrelevante Einflussgrößen. In: DVP: Nutzungskostenmanagement als Aufgabe der Projektsteuerung)

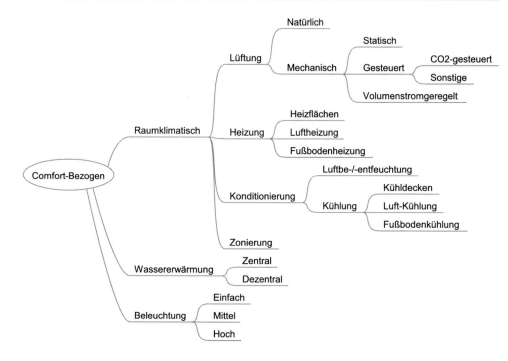

Abb. 7.17 Strategiebezogene Einflussfaktoren. (Wenzel P (2009): Nutzungskostenrelevante Einflussgrößen. In: DVP: Nutzungskostenmanagement als Aufgabe der Projektsteuerung)

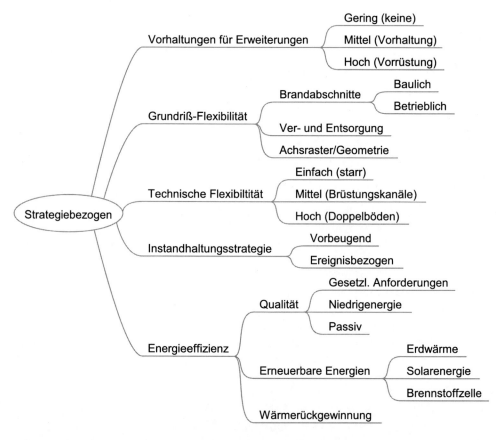

Überwachung und erst recht beim operativen Einsatz von Fach- und Sicherheitskräften. In diesen Fällen sollten die relevanten Sicherheitsprozesse frühzeitig erarbeitet werden, um sie in einem Optimum aus Anlagentechnik und Personal umsetzen zu können.

Baubezogene Einflussfaktoren (Abbildung 7.19) Bei den Bauteilen und grundlegenden technischen Anlagen, die während der Gebäude-Betriebsdauer einer gesonderten Wartung, Pflege oder Unterhaltung bedürfen, handelt es sich um baubezogene Einflussfaktoren. Dabei geht es weniger um die Einzelkosten im Detail, als viel mehr um das generelle

Abb. 7.18 Sicherheitsbezogene Einflussfaktoren. (Wenzel P (2009): Nutzungskostenrelevante Einflussgrößen. In: DVP: Nutzungskostenmanagement als Aufgabe der Projektsteuerung)

Vorhandensein von Ver und Entsorgungseinrichtungen, Fenster- bzw. Fassadenflächen mit ihren Verschattungsanlagen. Auch die Fertig-Oberflächen von Böden, Wänden und Decken spielen in diesem Zusammenhang eine Rolle, wobei Glasoberflächen aufgrund der i. d. R. kürzeren Reinigungs-Intervalle eine besondere Bedeutung zukommt.

Ausstattungsbezogene Einflussfaktoren (Abbildung 7.20) Während die komfortbezogenen Einflussfaktoren sich quasi auf die Minima zum Wohlfühlen beschränkt haben, geht es hier nun um die Kür: Alles, was den Aufenthalt in einem Gebäude einfacher und noch angenehmer macht, gilt es im Hinblick auf seine Nutzungskostenimplikationen zu erkennen und zu bewerten. Dies beginnt mit der Möblierung,

Abb. 7.19 Baubezogene Einflussfaktoren. (Wenzel P (2009): Nutzungskostenrelevante Einflussgrößen. In: DVP: Nutzungskostenmanagement als Aufgabe der Projektsteuerung)

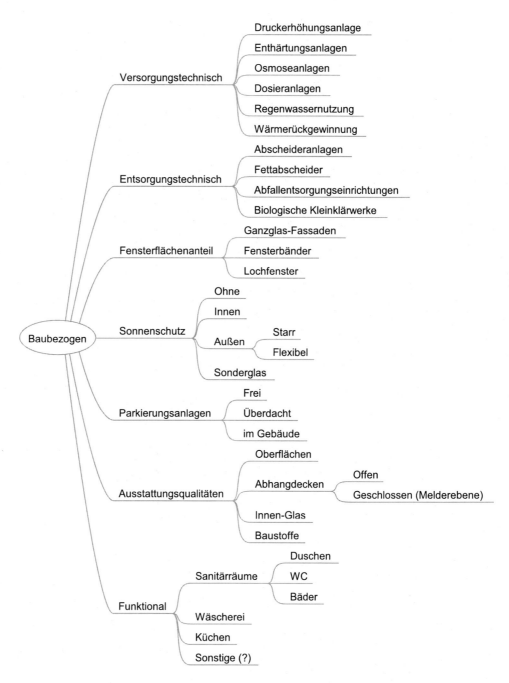

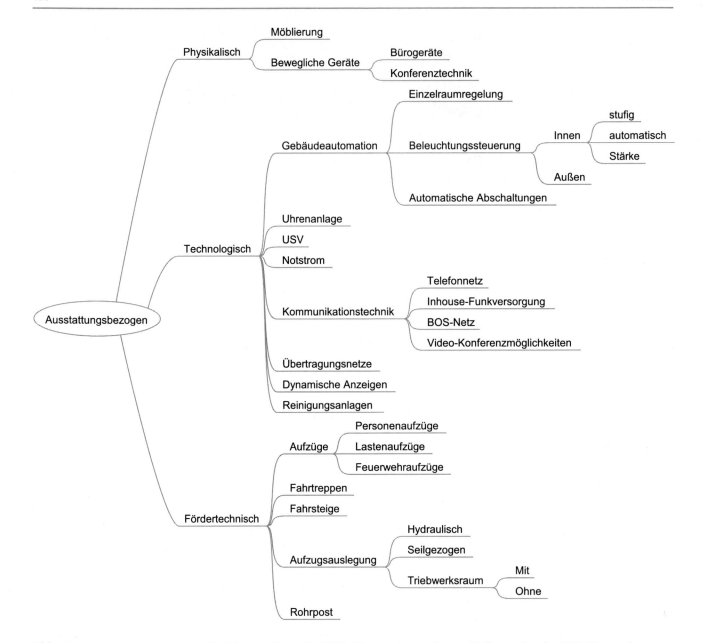

Abb. 7.20 Ausstattungsbezogene Einflussfaktoren. (Wenzel P (2009): Nutzungskostenrelevante Einflussgrößen. In: DVP: Nutzungskostenmanagement als Aufgabe der Projektsteuerung)

geht über die Gebäudeausstattung, Unterstützungs- und Notfallsysteme und schließt Personenförderanlagen, wie Aufzüge und Fahrtreppen mit ein. Die ausstattungsbezogenen Einflussfaktoren sind i. d. R. wartungsintensiv, weshalb ihr Anteil an den künftigen Nutzungskosten nicht zu unterschätzen ist.

Pflegebezogene Einflussfaktoren (Abbildung 7.21) Reinigungskosten haben einen nennenswerten Anteil an den späteren Nutzungskosten. Diese hängen zwar maßgeblich von der Reinigungsfläche ab, jedoch spielen auch Nutzerverhalten und damit einhergehende Verschmutzungsgrade eine Rolle für den Reinigungsbedarf. Der Aufwand für die

Reinigungsdurchführung wiederum richtet sich nach Erreichbarkeit und Zugänglichkeit, Ausstattung und Reinigungsstrategie (Abb. 7.22).

7.3.3 Einflussfaktoren in Relation zur DIN 18960

Die wesentlichen Einflussfaktoren, die für die Höhe der Nutzungskosten verantwortlich sind, wurden in den vorangegangenen Ausführungen aus nutzungspraktischer Sicht dargelegt. Nun erfolgt der Brückenschlag zwischen dieser Sichtweise und der DIN 18960 – Nutzungskosten im Hochbau am Beispiel von Verwaltungsgebäuden.

Abb. 7.21 Pflegebezogene Einflussfaktoren. (Wenzel P (2009): Nutzungskostenrelevante Einflussgrößen. In: DVP: Nutzungskostenmanagement als Aufgabe der Projektsteuerung)

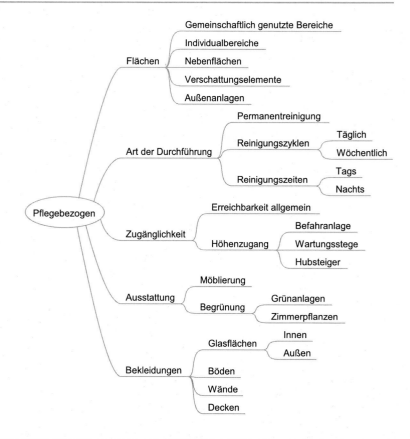

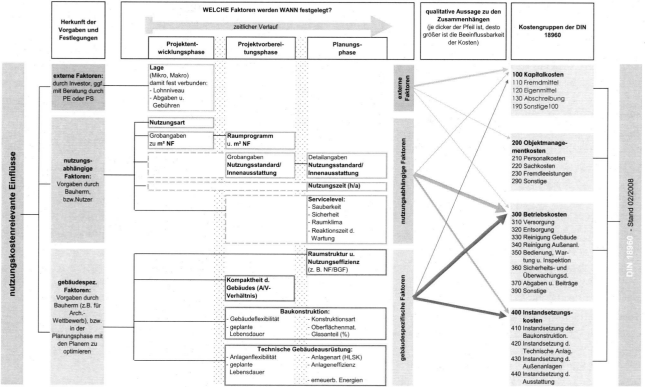

Legende: PE: Projektentwicklung; PS: Projektsteuerung; NF: Nutzfläche; A/ V: Hüllfläche zu Volumen; h/a: Stunden pro Jahr; BGF: Bruttogrundfläche

Abb. 7.22 Nutzungskostenrelevante Einflussgrößen Reufer D (2009): Bezug zwischen Einflussgrößen und DIN 18960. In: DVP: Nutzungskostenmanagement als Aufgabe der Projektsteuerung

Während sich die DIN 276 – Kosten im Hochbau auf die Herstellkosten von Gebäuden bezieht, setzt die DIN 18960 die Kostenbetrachtung über die gesamte Lebensdauer von Gebäuden fort – beginnend mit der Inbetriebnahme bis zum Ende der Gebäudenutzung.

In den folgenden Klassifizierungen werden die wesentlichen Einflussfaktoren nach der Herkunft ihrer Vorgaben und Festlegungen gruppiert, entsprechend ihrer zeitlichen Relevanz analysiert, und schließlich mit einer qualitativen Bewertung den Kostengruppen der DIN 18960 zugeordnet.

In der nachfolgenden Abbildung ist der Zusammenhang zwischen den nutzungskostenrelevanten Einflussgrößen und den Kostengruppen der DIN 18960 dargestellt.

Die relevanten Einflussfaktoren, die die Höhe der Nutzungskosten bestimmen, können grob in drei Faktorengruppen gegliedert werden. Ausschlaggebend für diese Gliederung ist zum einen der Einflussbereich, aus dem die Vorgaben stammen und zum anderen der Zeitpunkt, zu dem die Vorgaben gemacht werden.

Externe Faktoren Es gibt sogenannte externe Faktoren, die bereits in der Projektentwicklungsphase durch den Investor, den Projektentwickler oder durch äußere Umstände, die das Projekt mit auslösen, festgelegt werden. Diese externen Faktoren umfassen die Lage mit Makro- und Mikrolage, infrastrukturelle Anbindungen sowie die Witterungseinflüsse. Ebenso ist mit der Lage und dem Grundstück das ortsübliche Lohnniveau, städtische Kosten und Gebühren wie Grundsteuer, Wasser- und Abwassergebühren, Müllgebühren, aber auch der Mietspiegel hinsichtlich des möglichen erzielbaren Mietzinses fixiert.

Nutzerabhängige Faktoren Die nutzerabhängigen Faktoren sind vom Bauherren, bzw. falls bereits bekannt, vom Nutzer in der Projektvorbereitungsphase bis in die Planungsphase hinein vorzugeben. Diese Faktoren umfassen die Art der Nutzung, die Größe des Gebäudes anhand des erforderlichen Raumprogramms, ferner den Ausstattungsstandard, die Nutzungszeit sowie den vom Nutzer gewünschten Servicelevel bezüglich Reinigungszyklen, Sicherheitsdienste, raumklimatische Bedingungen und ggf. auch Reaktionszeiten bei Systemstörungen.

Gebäudespezifische Faktoren Die dritte Gruppe dieser Gliederung bilden die gebäudespezifischen Faktoren, die im Falle eines Architektenwettbewerbes idealer Weise bereits in der Auslobung formuliert werden, bzw. in der Planungsphase durch den Vergleich von Varianten und durch die Entscheidungen des Bauherren optimiert und konkretisiert werden. Die Detaillierung der Vorgaben schwankt von Projekt zu Projekt mitunter erheblich. Beispielsweise können dies Vorgaben aus dem Bebauungsplan bezüglich maximal zulässiger BGF, Gebäudehöhe, Baugrenzen, bzw. Baulinien,

Erschließung etc. sein, durch die das Bauvolumen sowie die Ausrichtung des Baukörpers bereits vorgeben werden. Ferner können durch den Bauherren/Investor Vorgaben zur Nutzungseffizienz des Gebäudes z. B. in Form eines maximalen Wertes für den Quotienten NF/BGF vorgegeben werden. Weitere Rahmenbedingungen ergeben sich im Hinblick auf die Anforderungen der Energieeinsparverordnung, die unter Einbezug der wirtschaftlichen Betrachtung den Anteil der Verglasung sowie das Verhältnis von Gebäudehülle zum beheizten Gebäudevolumen (A/V Verhältnis) einschränkt.

Während des Planungsverlaufs werden die baukonstruktiven Aspekte wie beispielsweise Konstruktionsart, Konstruktions- und Fassadenraster, Materialien, Sonnenschutz sowie funktionsbedingte Aspekte wie Gebäudeflexibilität, Ver- u. Entsorgung, Lage der Kerne, Sanitäreinheiten und Brandabschnitte konkretisiert. Ebenso sind die haustechnischen Einflussfaktoren wie z. B. die Art der Heizungsanlage und des Energieträgers, die Flexibilität und Effizienz der Anlage, Grad der Integration von erneuerbaren Energien sowie z. B. die Erfordernis einer (Teil-) Klimaanlage festzulegen.

7.3.4 Quantitative Zusammenhänge[2]

Die Höhe der gesamten Nutzungskosten wird im Wesentlichen durch die vorgenannten Faktorengruppen bestimmt. Bezogen auf die einzelnen Kostengruppen der DIN 18960 gibt es jedoch eine Vielzahl von Einflussfaktoren, die meist nicht einer einzelnen Faktorengruppe zugeordnet werden können. Dadurch entsteht ein dynamisches System, in dem sich die Kostengruppen zum Teil gegenseitig beeinflussen. Im Folgenden werden die wesentlichen Einflussfaktoren sowie ihre Wechselwirkungen untereinander beschrieben und wo dies möglich ist, auch quantitativ bewertet.

Kostengruppe 100 Kapitalkosten Die Kostengruppe 100 Kapitalkosten beinhaltet Kosten für Fremdmittel, Eigenmittel, Abschreibung sowie sonstige Kapitalkosten. Alle Einflussfaktoren, die die Herstellkosten bestimmen, z. B. Lage des Gebäudes mit den zu finanzierenden Grundstückskosten aus der Gruppe der Externen Faktoren, die Größe des Gebäudes mit Raumprogramm und erforderlicher Größe in m² Nutzfläche aus der Gruppe der nutzerspezifischen Faktoren sowie die Gesamtheit der gebäudespezifischen Faktoren, spielen für die Höhe der Kapitalkosten eine entscheidende Rolle. In Abhängigkeit von der Art der Finanzierung, können die Kapitalkosten einen signifikanten Anteil an der Höhe der gesamten Nutzungskosten erreichen.

---

[2] Reufer D (2009): Bezug zwischen Einflussgrößen und DIN 18960. In: DVP: Nutzungskostenmanagement als Aufgabe der Projektsteuerung.

Kostengruppe 200 Objektmanagement Die Objektmanagementkosten, die aus Personalkosten, Sachkosten, Fremdleistungen sowie aus sonstigen Objektmanagementkosten bestehen, sind mit Ausnahme des Lohnniveaus aus der Einflussgruppe der externen Faktoren, weitgehend unabhängig von den vorgenannten Faktorengruppen.

Kostengruppe 300 Betriebskosten Die Betriebskosten sind bei Verwaltungsgebäuden im Zuge der Planungsphasen von den Einflussgrößen auf der Objektebene am stärksten beeinflussbar. Die Höhe der Betriebskosten für die Kostengruppen 310 Versorgung sowie 320 Entsorgung machen zusammen ebenso wie die Kostengruppe 330 Reinigung und Pflege von Gebäuden sowie von Außenanlagen (KG 340) einen Anteil von je ca. 40% der Betriebskosten aus. Die übrigen rund 20% entfallen auf die Kostengruppen 350 bis 390 Bedienung, Inspektion und Wartung, Sicherheits- und Überwachungsdienste, Abgaben und Beiträge sowie den sonstigen Betriebskosten. Im Folgenden werden diese Einflussfaktoren in quantitativer Hinsicht näher betrachtet.

a) Ver- und Entsorgung (KG 310 und 320)
Die Kostengruppen 310 Versorgung mit Wasser, Wärme, Strom sowie die Kostengruppe 320 Entsorgung mit Entwässerungs- und Abfallentsorgung hängen primär von der Verbrauchsmenge sowie von dem Bezugspreis ab. Dabei ist die Verbrauchsmenge nutzerabhängig, während der Bezugspreis vom Lieferanten abhängt bzw. beim Abwasser den Richtlinien des Kommunalabgabegesetzes bzw. der Gemeindesatzung unterliegt.

Die Führungsgrößen für die überschlägige Bemessung des durchschnittlichen Wasserverbrauchs sind z. B. bei einem Verwaltungsgebäude zum einen die Anzahl der Arbeitsplätze und zum anderen die Anzahl der Jahresarbeitstage, da der Wasserverbrauch in den sanitären Anlagen den Hauptanteil ausmachen. Ebenfalls von Relevanz für den Wasserverbrauch ist, ob eine Kantine oder Cafeteria im Gebäude integriert ist, da diese sowohl den Wasserverbrauch als auch den Stromverbrauch erheblich erhöht.

Analog zum Wasser bestimmen auch bei der Wärme- und Kälteerzeugung einerseits die benötigte Energiemenge und andererseits der spezifische Einkaufspreis die Höhe der Kosten. Die Energieverbrauchsmenge ist neben den nutzerseitigen Gewohnheiten ganz erheblich von den gebäudespezifischen Faktoren wie Zustand des Gebäudebestands, insbesondere im Hinblick auf die Wärmedämmung, sowie von den haustechnischen Parametern wie z. B. Energieträger, Anlagenart, Anlageneffizienz, etc. abhängig. Gemäß IFMA Benchmarking Report 2006 liegt der Heizenergieverbrauch beim durchschnittlichen Bürogebäudebestand bei ca. 100 kWh/m 2 BGF jährlich, der Stromverbrauch bei ca. 80 kWh/m 2 BGF jährlich und der Wasserverbrauch bei ca. 0,28 m 3 Wasser pro m 2 BGF im Jahr. Besonders der vorgenannte durchschnittliche Heizenergieverbrauch bei Bestandsbauten wird von den

heutigen gesetzlichen Anforderungen für Neubauten deutlich unterschritten.

Für Neubauten gilt die Einhaltung der Energieeinsparverordnung (Stand 02.06.2009: EnEV 2007), nach der bestimmte Anforderungen zum energiesparenden Wärmeschutz und Anlagentechnik bei Gebäuden erfüllt werden müssen. Diese Anforderungen für Verwaltungsgebäude (= Nichtwohngebäude) beinhalten Maximalwerte für den Jahres- Primärenergiebedarf für Heizung, Warmwasserbereitung, Lüftung, Kühlung und eingebauter Beleuchtung sowie Maximalwerte für die U-Werte der wärmeübertragenden Umfassungsfläche. Bei Gebäuden von mehr als 1.000 m^2 Nutzfläche besteht die Verpflichtung, die technische, ökologische und wirtschaftliche Einsetzbarkeit alternativer Systeme, insbesondere dezentraler Energieversorgungssysteme auf der Grundlage von erneuerbaren Energieträgern, Kraft-Wärme-Kopplung, Fern- und Blockheizung u. -kühlung, oder Wärmepumpen vor Baubeginn zu prüfen[3]. Mit der geplanten Einführung der EnEV 2009 im Herbst 2009 verschärfen sich die Anforderungen voraussichtlich nochmals um ca. 30%. Das seit Jahresbeginn 2009 geltende Erneuerbare- Energien-Wärmegesetz (EEWärmeG) sieht vor, dass alle Neubauten, für die ab dem 01.01.2009 der Bauantrag gestellt wird, einen Mindestanteil Ihres Wärmebedarfs aus erneuerbaren Energien decken müssen. Alternativ sind auch Ersatzmaßnahmen, wie ein Unterschreiten des EnEV-Neubauniveaus oder Kraft-Wärme-Kopplung möglich.

Ebenso wie bei den Kosten für die Energieträger Öl und Erdgas war auch bei den Stromkosten in der jüngsten Vergangenheit ein signifikanter Anstieg zu beobachten. Verantwortlich für die Höhe des Stromverbrauchs sind bei Büro- und Verwaltungsgebäuden folgende Bereiche:
– Nutzergesteuert: Beleuchtung, technische Geräte
– Haustechnische Faktoren: Kälte- und Wärmeerzeugungsanlagen, evt. Klimaanlage mit Beund -entfeuchtung der Luft zum Erhöhen der thermischen Behaglichkeit des Nutzers und der Stromverbrauch als Hilfsenergie in der Heizungsanlage
– Fördertechnische Einrichtungen, insbesondere Personenaufzüge in Abhängigkeit von der Art des Aufzugs, Tragfähigkeit, Förderhöhe, Nutzungshäufigkeit, etc.
– Die Betriebskosten für die Medienver- und -entsorgung eines Verwaltungsgebäudes erhöhen sich mit steigendem Technisierungs- bzw. Komfortgrad.

b) Reinigung und Pflege (KG 330 und 340)
Die bestimmenden Parameter für die Höhe der Reinigungs- und Pflegekosten des Gebäudes (KG 330) sind zum einen der Stundenverrechnungssatz des Reinigungsunternehmens, der wiederum teilweise vom Lohnniveau, bzw. der Makrolage des Gebäudes abhängt, zum anderen der Servicelevel, mit dem Reinigungshäufigkeit und Reinigungsgrad

---

[3] EnEV (2007): §§ 4 ff.

beschrieben werden. Der gewünschte Servicelevel hängt von Nutzerwünschen sowie von der Beschaffenheit (Zuschnitt, Erreichbarkeit der Flächen, Materialwahl, Möglichkeit des Maschineneinsatzes) der zu reinigenden Oberflächen ab. Diese werden in den nutzerabhängigen Faktoren durch den Bauherren, bzw. für den Mieterausbaubereich durch den Nutzer definiert.

Innerhalb der Reinigungskosten macht die regelmäßige Unterhaltsreinigung mit ca. 80 % den kostenintensivsten Posten aus. Die Kosten für die Reinigung harter Beläge fallen im Allgemeinen deutlich geringer aus als die Kosten für die Reinigung textiler oder elastischer Beläge.

Hinzu kommen die Kosten für Reinigung und Pflege von Außenanlagen (KG 340), die gegenüber den Reinigungskosten für das Gebäude jedoch von untergeordneter Bedeutung sind.

c) Bedienung, Inspektion und Wartung (KG 350), Sicherheits- und Überwachungsdienste (KG 360), Abgaben und Beiträge (KG 370), Sonstige Betriebskosten (KG 390)

Die Summe dieser Kostengruppen entspricht bei Büro- und Verwaltungsgebäuden einem Anteil von ca. 20 %. Die Inspektion als Maßnahme zur Feststellung und Beurteilung des Ist-Zustandes sowie die Wartung als Maßnahme zum Erhalt des Soll zustandes, sind Dienstleistungen, die i. d. R. von Fachkräften auszuführen sind. Die Höhe der Wartungskosten steigt mit dem technischen Ausstattungsstandard des Gebäudes an. Sie wird einerseits durch die gebäudespezifischen Faktoren, insbesondere in haustechnischer Hinsicht, und andererseits durch die Instandhaltungsstrategie des Bauherren, Investors bzw. Nutzers beeinflusst.

Die Kosten für Sicherheits- und Überwachungsdienste sind sehr stark nutzerabhängig und dadurch nur mit einer hohen Unschärfe auf ein durchschnittliches Verwaltungsgebäude zu beziehen. Die Höhe dieser Kosten wird sowohl vom Sicherheitsbedürfnis des Nutzers als auch vom ortsüblichen Lohnniveau bestimmt, das von der Makrolage des Gebäudes abhängt.

Zu den Abgaben und Beiträgen gehören Grundsteuer und Versicherungsbeiträge. Die Grundsteuer wird als Realsteuer objektbezogen anhand des Grundstückswertes erhoben. Die Bemessung der Grundsteuer gemäß Grundsteuergesetz berechnet sich aus dem Produkt des Einheitswertes und der Steuermesszahl, die durch das zuständige Finanzamt ermittelt wird, sowie dem Hebesatz. Die Höhe dieses Hebesatzes wird von der Gemeinde bestimmt und kann selbst in angrenzenden Gemeinden äußerst unterschiedlich ausfallen. Diese standortabhängige Variable ist von der Lage des Grundstücks und damit von den unter 3.4.1 dargestellten Externen Faktoren abhängig.

Die Höhe der Kosten für die Gebäudeversicherung unterliegt der Risikoeinschätzung der Versicherungsgesellschaften sowie bei nicht zwingend erforderlichen Versicherungen

dem Schutzbedürfnis, bzw. der Risikofreudigkeit des Bauherren, Investors oder des Nutzers. Für die Bemessung der Versicherungsgesellschaften sind bauliche und organisatorische Brandschutzmaßnahmen sowie das Sicherheitskonzept ebenso relevant wie der Wert des Gebäudes. Dabei werden seitens der Versicherungen Zuschläge erhoben für behördlich genehmigte Abweichungen von den Bauvorschriften. Besondere Maßnahmen zum baulichen Brandschutz, wie z. B: Brandmelde- und Brandlöscheinrichtungen, die über das gesetzlich vorgeschriebene Maß hinaus gehen, werden hingegen meist mit Rabatten belohnt. Gemäß Angabe OSCAR 2007 stellt der Anteil der Versicherungskosten im Regelfall bei Bürogebäuden jedoch keine relevante Größe dar.

Die sonstigen Betriebskosten umfassen beispielsweise die Kosten, die bei Leerstand des Gebäudes zur Betriebsbereitstellung anfallen.

Kostengruppe 400 Instandsetzungskosten Die Instandsetzungskosten beinhalten im Unterschied zu den Inspektions- und Wartungskosten alle Maßnahmen, die zur Wiederherstellung des Soll-Zustandes von Gebäuden und den zugehörigen Technischen Anlagen gehören. Eine Prognose, welche Kosten für die Instandsetzung über viele Jahre hinweg anfallen, ist äußerst schwierig und mit umfangreichen Unsicherheiten behaftet. Diederichs[4] empfiehlt, für Verwaltungsgebäude eine zu verzinsende jährliche Rücklage in Höhe von 0,7 bis 2,0 % der der Herstellkosten pro Jahr zu bilden. Während in den ersten ca. 10 Jahren davon auszugehen ist, dass die Instandsetzungskosten nur marginal ausfallen, ist mit steigendem Gebäudealter ein erhöhter Prozentsatz einzukalkulieren. Wesentlicher Einflussfaktor bei der Höhe der voraussichtlichen Instandsetzungskosten ist die Abnutzungsresistenz, bzw. Lebensdauer von Materialen, Bauteilen und Anlagen. Aus diesem Grund ist es wichtig, diese Erkenntnisse bereits in der Planungsphase des Gebäudes mit einzubringen.

In Form einer Matrixstruktur wird vertikal wird eine Einteilung in 3 Gruppen vorgenommen, aus welchem Einflussbereich die Vorgaben für das Gebäude stammen, bzw. wer diese Festlegungen trifft. Da einige Faktoren bereits in der Frühphase des Projektes entschieden werden, während andere erst in der Planungsphase alternativ diskutiert und festgelegt werden, sind die wesentlichen Faktoren horizontal zeitlich sortiert.

Da ein Gebäude in der Regel als Unikat errichtet wird, bzw. ein (Bau-) Projekt nach DIN 69901 „als Vorhaben, das im Wesentlichen durch die Einmaligkeit der Bedingungen in ihrer Gesamtheit gekennzeichnet ist", ist eine generelle quantitative Aussage zu den Zusammenhängen zwischen den Einflussfaktorengruppen und den Kostengruppen der

---

[4] Diederichs, C J (2006): Immobilienmanagement im Lebenszyklus – Projektentwicklung, Projektmanagement, Facility Management, Immobilienbewertung, 2., erweiterte und aktualisierte Auflage, S. 210.

DIN 18960 als nicht möglich. Die Aussagen in Abb. 7.21 beschränken sich somit auf qualitative Zusammenhänge zwischen den Faktorengruppen und den Kostengruppen der DIN 18960 bezogen auf ein Verwaltungsgebäude.

Die Pfeildicke gibt einen Anhaltspunkt, wie hoch die Beeinflussbarkeit der Faktorengruppe auf die einzelnen Kostengruppen der DIN 18960 ist. Die Pfeildicke steht sowohl dafür, wie hoch die Beeinflussbarkeit der Faktorengruppe auf die einzelnen Kostengruppen der DIN 18960 ist, als auch die Höhe der zu beeinflussenden Kosten. Demnach sind die gebäudespezifischen sowie die nutzungsabhängigen Faktoren ausschlaggebend für die Höhe der KG 300 Betriebskosten der DIN 18960, üben jedoch nur einen relativ geringen Einfluss auf die Kapitalkosten aus. Im Umkehrschluss bedeutet dies, dass die Erstellung eines Bürogebäudes, das vergleichsweise niedrige Nutzungskosten aufweist, bei entsprechend frühzeitiger Steuerung der Nutzungskosten in der Planungsphase, zu nicht wesentlich erhöhten Kapitalkosten führt.

Zu dem Zeitpunkt, an dem den Nutzungskosten bei einem Bauvorhaben spätestens erstmalig Beachtung geschenkt werden sollte, nämlich im Zuge des Aufstellens des Investitions- und Nutzungskostenrahmens (vor dem Beginn der Planungsphasen nach HOAI), sind die wesentlichen externen Einflussfaktoren, die die Kapitalkosten (KG 100) sowie die Objektmanagementkosten (KG 200) bestimmen, bereits fixiert. Mit der Lage des Gebäudes fest verbunden sind Lohnniveau, Grundsteuer, Abfallgebühren, Kanalgebühren, etc. Ggf. werden bauplanungsrechtliche Faktoren wie Gebäudelage, Ausrichtung, Höhe und maximal zulässige BGF durch einen Bebauungsplan vorgegeben und müssen sich innerhalb eines bestimmten Rahmens bewegen.

Die nutzungsabhängigen sowie gebäudespezifischen Einflussfaktoren, sind im Rahmen der Projektvorbereitungs- und Planungsphase erheblich beeinflussbar, und sollten möglichst früh identifiziert und mit besonderer Sorgfalt durchdacht werden. Vor bzw. während der Planungsphase werden die Weichen zur Beeinflussung der Höhe der Nutzungskosten bei den Betriebskosten (KG 300) sowie den Instandsetzungskosten (KG 400) gestellt. Generell gilt, dass je höher die Anforderungen aus den nutzerabhängigen sowie aus den gebäudespezifischen Faktoren sind, desto höher sind sowohl die Betriebskosten als auch die Instandsetzungskosten. So kann der einmalige Mehraufwand von höheren Herstellkosten beispielsweise für einen Natursteinboden im Eingangsbereich anstelle von Teppichboden, durch niedrigere Reinigungskosten sowie den Entfall von Ersatzinvestitionen auf Dauer durch niedrigere Nutzungskosten kompensiert werden.

Das Bewusstsein von Investoren, Bauherren, Planern und sonstigen Projektbeteiligen sollte darauf ausgerichtet sein, ein gesamtwirtschaftliches Gebäude unter Berücksichtigung der Herstellkosten sowie der Nutzungskosten zu planen und zu realisieren. In der bislang gängigen Praxis bilden die voraus-

sichtlichen Nutzungskosten bei der Standortsuche von Bürogebäuden meist jedoch ein relativ untergeordnetes Kriterium, obwohl die Höhe der Nutzungskosten die Investitionskosten i. d. R. bereits nach wenigen Jahren übersteigen werden.

7.3.5 Leistungsstruktur Nutzungskostenmanagement

In Abb. 7.23 sind die Leistungen des Projektsteuerers bei der Nutzungskostenermittlung im Überblick dargestellt. Es werden die Grundlagen, die im Einzelnen zu erbringenden Leistungen, die Mitwirkungsleistungen des Bauherren, erforderliche Hilfsmittel und Hinweise zur Ergebnisdarstellung gegeben (Abb. 7.24–7.27).

Im Rahmen des Grundleistungsbildes nach AHO, Heft 9 (Stand März 2009) hat der Projektsteuerer analog zu den Investitionskosten einen Nutzungskostenrahmen zu erstellen. Die originäre Erstellung einer Nutzungskostenschätzung, -berechnung etc. ist dagegen Aufgabe der Planer, analog zur Vorgehensweise bei den Investitionskosten nach DIN 276. Dem Projektsteuerer obliegt bei der Beauftragung der Grundleistungen die Überprüfung der planerseitig erstellten Nutzungskostenermittlungen und das Auslösen diverser Steuerungsleistungen gegenüber dem damit beauftragten Planer.

Im hier dargestellten Leistungsbild (Abb. 7.23) werden damit – bezogen auf die Leistungen der Projektsteuerung gemäß AHO, Heft 9 – Besondere Leistungen dargestellt, wie diese auch im aktuellen Leistungsbild integriert sind[5].

Projektentwicklung In der Phase der Projektentwicklung (im engeren Sinne) vor der Einschaltung von Planungsbeteiligten, werden die Einflussgrößen der Projektentwicklungsfaktoren Standort, Projektidee und Kapital so miteinander verknüpft, dass eine tragfähige Grundlage für die Projektabwicklung entsteht. Art und Umfang der Projektentwicklung gestaltet sich meist unterschiedlich, wobei immer und in jedem Projekt eine Nutzungskonzeption im Sinne eines Nutzerbedarfsprogramms, ein Vorplanungskonzept, eine Projektfinanzierung, ein Kostenrahmen für die Investitions- und Nutzungskosten sowie ein Terminrahmen zu erstellen sind. Zur Ermittlung des Rahmens für Investitionen und Nutzungskosten liegen in der Regel noch keine detaillierten Bewertungsgrundlagen vor. Stattdessen muss mit Kostenkennwerten gearbeitet werden, die sich auf geometrische Bezugsgrößen oder auf Nutzeinheiten beziehen.

Die Grenzen zwischen der Projektentwicklung und der Projektvorbereitung sind zum Teil fließend. Häufig wird auf Basis des bestehenden Entwicklungsstandes ein Archi-

---

[5] AHO, Heft 9 (2009): Untersuchungen zum Leistungsbild, zur Honorierung und zur Beauftragung von Projektmanagementleistungen in der Bau- und Immobilienwirtschaft, 3. vollst. überarbeitete Aufl.

Projektstufen in Anlehnung an die AHO	Projektentwicklung (nicht Leistungsbild PS)	Projektstufe 1 Projektvorbereitung	Projektstufe 2 Planung
analog Leistungsphasen nach HOAI §15	Lph. 0	Lph. 1	Lph. 2-4
Grundlagen	- Rahmenbedingungen, die sich aus dem Grundstück ergeben - Anforderungen aus Nutzungskonzept		- Vorgaben des Bauherren - Planung des Objektplaners mit Angabe von Materialien, Oberflächen - Variantendarstellung zu Konzepten - Kostenschätzung und Kostenberechnung des Objektplaners mit Mengenermittlung und Angabe von Einheitspreisen - Planung der Fachingenieure
Leistung des Projektsteuerers	Analyse des Nutzungs-kostenprofils des Projektes: - externe Faktoren (Lage, Lohnniveau, Kosten, Gebühren etc.) - nutzungsabhängige Fak-toren (Nutzungsart, Ausstattungsstand, Nutzungszeit, Servicelevel, etc.) - gebäudespezifische Fak-toren (Raumstruktur, Nutzungseffizienz, Kom-paktheit, Baukonstruktion, Technische Ausrüstung - Analyse von Kennwerten vergleichbarer Projekte - Eingrenzung von Kennwer-ten in der 1. Ebene der DIN 18960	- Formulierung von Vorgaben für die Abfrage von nutzungskostenspezifischen Parametern (Abfragematrix) für die Wettbewerbsteil-nehmer - vergleichende Analyse der Wettbewerbsar-beiten unter Berücksichtigung der Flächen-strukturen, A/V-Verhältnis, Konzeption der Fassaden (Reinigung), Konzeption der technischen Ausrüstung, Vorgaben EnEV, ggf. Bebauungsplan - Analyse von geeigneten Kennwerten als Vorgabe für die Eingrenzung des Nutzungs-kostenrahmens - Erstellung des Nutzungskostenrahmens (2. Stelle) - Durchführung einer Sensitivitätsanalyse - Erläuterungsbericht mit Abgrenzung von nicht erfassten Kostenbestandteilen - Aufbau eines Zielkataloges für die Nutzungskostensteuerung (öffentliche Abgaben, Versicherungen, Strom Heizung, Wasser/Kanal, Reinigung, Sicherheit, Verwaltung, Zielgrößen der Flächenstruktur etc.)	- Erstellung der Nutzungskostenschätzung (mindestens 2. Stelle DIN 18960) sowie Nutzungskostenberechnung (mindestens 3. Stelle DIN 18960) - nachvollziehbare Darstellung der Ermitt-lungsgrundlagen (Mengen, Annahmen, Rechengänge etc.) - Soll-Ist-Vergleich bezogen auf die vorher-gehenden Nutzungskostenermittlungen mit Aufzeigen des Abweichungsgrundes - Einholen von erforderlichen Einzelentschei-dungen zu Berechnungsannahmen von Bauherrn/Nutzer - Statusanalyse bezüglich des Zielkataloges zur Nutzungskostensteuerung sowie Fort-schreibung - Definition Leistungen/Schnittstellenfest-legungen
Mitwirkungsleistungen: Bauherr	- Formulierung von nutzungs-kostenspezifischen Vor-gaben	- Vorgaben des Bauherren	- Entscheidungen des Bauherren
Planer		- WBW-Ergebnis der Planer	- Entwurf mit KoSchä/KoBe der Planer
Hilfsmittel	- grobe Kostenkennwerte, Benchmarks; eigene Erfahrungswerte	- eigene Erfahrungswerte	- eigene Erfahrungswerte
Ergebnisse / Leistungsdarstellung	- Grobkennwertermittlung - Erläuterungsbericht	- Vorgaben für WBW-Auslobung - Nutzungskostenrahmen mind. 2. Stelle DIN 18960 - Erläuterungsbericht mit Abgrenzung zu nicht erfassten Kostenbestandteilen - Aufbau eines Zielkataloges zur Nutzungskostensteuerung	- NK-Schätzung/Berechnung mind. 2. Stelle DIN 18960 - Erläuterungsbericht mit Hinweisen zu Optimierungspotential in der Planung bezüglich der Höhe der Nutzungskosten - Unterstützung des Bauherrn beim Ent-scheidungsmanagement bezügl. Funktion, Gestaltung und Nutzungskosten

Abb. 7.23 Leistungen des Projektsteuerers bei der Nutzungskostenermittlung

Projektstufen in Anlehnung an die AHO	Projektstufe 3 Ausführungs-vorbereitung	Projektstufe 4 Ausführung	Projektstufe 5 Projektabschluss
analog Leistungsphasen nach HOAI §15	Lph. 5-7	Lph. 8	Lph. 9
Grundlagen	- Entscheidungen des Bauherren/Nutzers bezügl. Servicelevel - Ausschreibung und Vergabe der NK-bezogenen Leistungen, z. B. Wartungs-verträge der techn. Anlagen, Reinigungs-dienste, Abschluss von Energieliefer-verträgen		- abgeschlossene Gebäude-managementverträge - tatsächlich anfallende Energiekosten und Leistungs-werte TGA - tatsächliches Nutzerprofil - Betreiberkonzept
Leistung des Projektsteuerers	- Der Nutzungskostenanschlag ist als Prozess zu definieren, der sich über die Projektstufen 3, 4, 5 des Leistungsbildes erstreckt - Auswerten der Vergaben aus Wartung, Reinigung, Energielieferung - Einbezug aller ausführungsrelevanten Entscheidungen zu Material, Form, Ausge-staltung, Fabrikatsfestlegungen, in die Aktualisierung der Nutzungskosten-ermittlung - Abweichungsanalyse zu den vorhergehen-den Ermittlungsphasen mit Aufzeigen des Abweichungsgrundes - Statusanalyse bezüglich des Zielkataloges zur Nutzungskostensteuerung sowie Fort-schreibung		- Abschließende Aktualisierung der Nutzungskosten als Aus-gangspunkt und Vorgabe für den Gebäudebetrieb (somit wie bei Projektstufe 4) - Nutzungskostenfeststellung erfolgt erstmalig nach einer Rechnungsperiode (z. B. nach mindestens 1 Jahr) - Nach Erstellung der Nutzungs-kostenfeststellung erfolgt ein konkreter Vergleich von geplan-ten zu entstandenen Nutzungs-kosten - Abweichungsanalyse mit Begrün-dung bei Abweichung - Ausblick auf mögliches Optimie-rungspotenzial
Mitwirkungsleistungen: Bauherr	- Vertragsabschluss durch den Bauherren		- Energierechnungen des Nutzers
Planer	- Mitwirken beim Zusammenstellen der Unterlagen		
Hilfsmittel	- vorliegende Angebote, Beauftragungen, eigene Kennwerte		- Vergleich der tatsächlichen Werte mit den prognostizierten Werten; Feedbackschleife zur Optimierung und Verfeinerung der Erfahrungswerte
Ergebnisse / Leistungsdarstellung	- Nutzungskostenanschlag		- NK-Feststellung anhand der tatsächlich angefallenen Kosten über einen längeren Zeitraum (mindestens 1 Jahr)

Abb. 7.23 (Fortsetzung)

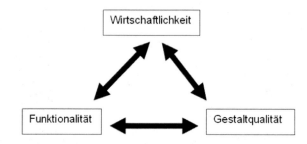

Abb. 7.24 Ziele eines Architektenwettbewerbs

tektenwettbewerb ausgelobt, mit dem die vorhandene Pro-jekt- bzw. Nutzungsidee durch konkrete, unterschiedliche Planungsvorschläge hinterlegt werden soll. Die diesbezüg-lichen Leistungen sind in der Projektvorbereitungsphase dar-gestellt.

Je nach vorliegender Projektgrundlage wird der Projekt-steuerer das Nutzungskostenprofil des Projektes analysieren. Dies betrifft die gegebenen externen Faktoren, die abzulei-tenden nutzungsabhängigen sowie gebäudespezifischen Fak-toren der Raum- und Konstruktionsstruktur. Ebenso wichtig

I.	Baukonstruktion:	Standard / Höhe der Nutzungskosten 1	2	3	Zusammenhänge der Einflussfaktoren	Vergleichende Bewertung zu den Nutzungskosten Wettbewerbsarbeit 1	Wettbewerbsarbeit 2	Wettbewerbsarbeit 3
I.1	Fassade (Wartungsaufwand)	Lochfassade, Fensterbänder, einfache Materialien (z.B. Putz)	Fensterbänder, vorgehängte Fassade, mittlere Materialien	vorgehängte Fassade, hochwertige Materialien (z.B. Glas)	je höherwertiger die Fassade, desto höher die Nutzungskosten für Wartung	2 Vorhangverkleidung (Beton, Putz, Glasmosaik, Ziegel/Klinker, Gitterrost) + Kastenfenster, z. T. mit vorgesetzter Prallscheibe	3 Alu-Glas-Fassade mit feststehenden, baulichen Sonnenschutz (Lochblech, bedrucktes Glas - komplexe Geometrie)	2 hinterlüftete Faserzementplatte / lackierte Glaselemente +Alu-Fenster mit vorgesetzter Prallscheibe
I.2	Fassade (Reinigungsaufwand)	geringer Reinigungsaufwand, überwiegend eine Reinigungsebene, überwiegend Öffnungsflügel	mittlerer Reinigungsaufwand, überwiegend 1-2 Reinigungsebenen, Glasanteil ca. 60-80%	hoher Reinigungsaufwand, überwiegend 2 Reinigungsebenen, Glasanteil über 80%	je aufwändiger die Fassadenkonstruktion (steigende Anzahl der Reinigungsebenen sowie Höhe des Glasflächenanteils), desto höher sind die Nutzungskosten	2 Vorhangverkleidung ca. 20%, Rest Verglasung, überwiegend mit vorgesetzter Prallscheibe	3 Glasanteil ca. 90% , überwiegend vorgesetzte Prallscheibe	1 Geschlosse Fläche ca. 60% (Bedrucktes Glas, Faserzementplatten); Fensteranteil ca. 40% mit vorgesetzter Prallscheibe
I.3	Sonnenschutz (Wartungsaufwand)	baulich	teils mechanisch, teils baulich	mechanisch	je höher der Standard des Sonnenschutzes, desto höher sind die Nutzungskosten für Wartung	3 motor. Sonnenschutz, aussenliegend	1 feststehender, baulicher Sonnenschutz	3 Raffstore, integriert in die Doppelfassade
I.4	Wärmedurchgangskoeffizient der Gebäudehülle	Standard EnEV 2007	<30% besser als Standard EnEV 2007	>30% besser als Standard EnEV 2007	je höher der Wärmeschutzstandard, desto geringer sind die Nutzungskosten	1 Standard EnEV 2007	1 Standard EnEV 2007	2 <30% besser als Standard EnEV 2007

Abb. 7.25 Baukonstruktive Kriterien

II	Haustechnik	Standard / Höhe der Nutzungskosten 1	2	3	Zusammenhänge der Einflussfaktoren	Wettbewerbsarbeit 1	Wettbewerbsarbeit 2	Wettbewerbsarbeit 3
II.1	Wärmeversorgung	statische Heizung, natürliche Belüftung	statische Heizung, Sonderbereiche teilweise klimatisiert	innovative Wärmeversorgung, Teil- und Vollklimatisierung	je höher der Standard in der Wärmeversorgung / Klimatisierung, desto höher sind die Nutzungskosten bezüglich Energieverbrauch und Wartungskosten	3 Beheizung durch Lüftung	3 Kontrollierte Lüftung	1 individuelles Heizelement, natürliche Belüftung (optional Lüftung)
II.2	Lüftungsanlage	nicht vorhanden	zentral	dezentral	dezentrale Lüftungsanlage ist bezüglich Nutzungskosten teuerer als zentrale L., da jede denzentrale Einheit einzeln gewartet werden muss (inkl. Filterwechsel, etc.)	3 dezentral	2 zentral (Zentraleinheiten)	1 optional
II.3	Elektroversorgung	Brüstungs- oder Bodenkanäle	HoBo, Bodentanks	DoBo Bodentanks	je höher der Standard in der Elektroversorgung, desto höher sind die Wartungskosten	2 HoBo	3 DoBo	2 HoBo

Abb. 7.26 Haustechnische Kriterien

ist die Analyse der nutzerabhängigen Faktoren im Hinblick auf die Nutzungsart, den Ausstattungsstandard, die Nutzungszeiten und das angestrebte Servicelevel. Für die Wirtschaftlichkeitsberechnung werden bereits Kenndaten für die Nutzungskosten benötigt, die in Form von groben Kostenkennwerten eingegrenzt werden können.

Projektstufe 1 – Projektvorbereitung Nach Verabschiedung der Projektentwicklungsgrundlage findet häufig ein

III	Flächen-effizienz	Vergleich Flächenwirtschaftlichkeit der Arbeiten untereinander			Zusammenhänge der Einflussfaktoren	Wettbewerbs-arbeit 1		Wettbewerbs-arbeit 2		Wettbewerbs-arbeit 3	
		1	2	3							
III.1	A/V-Verhältnis (gemittelt MK3 und MK4)	bestes Drittel (niedriger Wert)	mittleres Drittel	letztes Drittel	je niedriger das A/V-Verhältnis, desto wirtschaftlicher ist der Entwurf	2	0.18	2	0.18	3	0.20
III.2	NF/BGF	bestes Drittel (hoher Wert)	mittleres Drittel	letztes Drittel	je höher das Verhältnis NGF/BGF (jeweils oberirdisch) ist, desto wirtschaftlicher ist der Entwurf	3	0.82	1	0.89	2	0.87
III.3	BRI/NF	bestes Drittel (niedriger Wert)	mittleres Drittel	letztes Drittel	je geringer das Verhältnis BRI/NF (jeweils oberirdisch) ist, desto wirtschaftlicher ist der Entwurf	2	4.28	1	4.11	3	4.32
III.4	NF/Anzahl Aufzüge	bestes Drittel (hoher Wert)	mittleres Drittel	letztes Drittel	je höher der Quotient NF/Anzahl der Aufzüge ist, desto wirtschaftlicher ist die Erschließung	3	1,875	3	1,738	1	2,362
	Summe der Punkte				je höher die Zahl, desto höher die Nutzungs-kosten	25		22		19	
	Reihenfolge d. Arbeiten					8		4		2	

Abb. 7.27 Kriterien der Flächeneffizienz und Gesamtauswertung

Vergleich von verschiedenen Planungsansätzen in Form von Architektenwettbewerben statt. Auch die Nutzungskosten sollten bereits in dieser Phase Berücksichtigung finden. Daraus erwächst die Aufgabe, für die Auslobung der Wettbewerbsarbeiten Vorgaben für die Abfrage von nutzungskostenspezifischen Parametern vorzubereiten, die der Projektsteuerer dann als Grundlage für eine vergleichende Analyse verwenden kann. Unabhängig davon, dass sich die Bewertung der Wettbewerbsarbeiten häufig in erster Linie auf das architektonische und funktionale Konzept unter Berücksichtigung der Herstellkosten konzentriert, gilt es im Vergleich der Arbeiten auch, die wesentlichen nutzungskostenrelevanten Einflussfaktoren herauszuarbeiten. Diese sind bei Vorgabe eines verbindlichen Raumprogramms in erster Linie die absolute Größe (BGF und BRI) und Ausgestaltung der Hüllflächen des Gebäudes und der daraus abzuleitenden Anforderungen an die Technische Ausrüstung, sowie der Anteil der Glasflächen und die daraus resultierenden Reinigungskosten. Alle in die Tiefe gehenden Betrachtungen sind an dieser Stelle wenig zielführend, da diese Parameter erst in späteren Planungsphasen entschieden werden. Dies gilt insbesondere für die vielfältigen Fragen der Materialwahl. Die entscheidenden Parameter in dieser Projektphase liegen einerseits im Flächen-/Mengenmodell und der geometrischen Struktur des Gebäudes, andererseits in der Art und Konstruktion der Fassade. Diese Punkte bilden nach Abschluss und Entscheidung der Wettbewerbsarbeiten die Grundlagen für die weiteren Analysen. In der Leistung der Projektvorbereitung, als Vorgabe für die anschließende Vorplanung, wird der Nutzungskostenrahmen bis zur ersten Stelle der DIN 18960 aufgebaut. Neben den konkreten, aus den Randbedingungen des Projektes abzuleitenden Kennwerten, sollten Kennwerte der jeweiligen Projekttypen als Vorgabe Verwendung finden. Ferner sollte im Rahmen der Projektvorbereitung ein Zielkatalog zur Nutzungskostensteuerung erstellt und abgestimmt werden.

Dieser nutzungskostenorientierte Qualitätskatalog sollte Vorgabewerte für den vorliegenden Bauwerkstyp im Sinne einer Zielorientierung haben (z. B. Strom, Heizung, Wasser/Kanal, Reinigung, Bewachung, Verwaltung, Instandsetzung etc.). Darüber hinaus sollten die nutzungskostenbestimmenden Flächenwerte bewertet werden.

Ebenso bedeutsam für die Nutzungskosten ist die Frage nach der Wirtschaftlichkeit (Achsraster, Raumtiefen, Raumhöhen, etc.). Neben der Gebäudeform und der Fassadenausbildung sind die Fragen der Material- wahl für Fußboden, Decken und Wände wesentlich. Bezüglich der Haustechnik gilt es zunächst grundsätzlich abzuwägen, wie der Ausstattungsgrad in Abhängigkeit von der Nutzung auszugestalten ist. Das Nutzerbedarfsprogramm enthält diesbezüglich relevante Vorgaben. Diese sind unter dem Gesichtspunkt der Nutzungskostenrelevanz zu strukturieren (Energie für Heizung und Warmwasser, Nutzenergie, Wärme sowie elektrische Energie, Primärenergiebedarf, CO_2-Emissionen, Energie für Beleuchtung, Kälte). Ferner ist ein Zielkatalog für regenerative Energien in Abstimmung mit den Planern und dem Bauherren aufzubauen, über den etwa zur Mitte der

Vorplanungsphase zu entscheiden ist, welche Ansätze weiter untersucht und welche ausgeschlossen werden können.

Als Voraussetzung für die Nutzungskostenermittlungen in der Projektstufe 2 ist eine Abgrenzung der zu erfassenden Bestandteile vorzunehmen. Wie in Kap. 4 der vorliegenden Ausarbeitung dargestellt, muss der Projektsteuerer im Vorfeld der Nutzungskostenplanung die formalen, inhaltlichen und zeitlichen Abgrenzungen in Abstimmung mit dem Bauherren objektspezifisch eindeutig vornehmen und dokumentieren. Nur so kann sichergestellt werden, dass für alle weiteren Aktivitäten der Nutzungskostenplanung sowie im Vergleich mit anderen Objekten, identische Abgrenzungen zugrunde gelegt bzw. unterschiedliche Abgrenzungen bereinigt werden können.

Projektstufe 2 – Planung In dieser Projektstufe entstehen die Grundlagen für eine differenziertere Ermittlung der Nutzungskosten. Diese liegen in Form der Objekt- und Fachplanung durch Vorplanung- und Entwurfsplanungsunterlagen vor. Aus dem vorgegebenen Raumprogramm, den Vorgaben des Nutzerbedarfsprogramms sowie aus den Ergebnissen der bisherigen Planung ergeben sich nun konkrete geometrische und materialspezifische Randbedingungen. Die pauschalen Vorgaben zur Gebäude- und Anlagenflexibilität werden nun durch baukonstruktive Faktoren wie Konstruktionsart und Oberflächenmaterialität sowie durch haustechnische Faktoren wie ggf. der Nutzung von erneuerbaren Energien konkretisiert. Der eventuell bereits bekannte Nutzer bringt präzise Angaben zu Anforderungen an Sicherheit, Raumklima, Flexibilität, nutzerspezifischen Servicelevel und Nutzungszeiten, etc. in die Planungsarbeit ein.

Speziell in der Vorplanungsphase werden die wesentlichen Grundsatzentscheidungen des Projektes zu treffen sein. Dies gilt insbesondere für Projekte mit hohem Termindruck, in denen sofort nach Freigabe des Auftraggebers der Rohbau ausgeschrieben wird, um möglichst schnell mit dem Bau zu beginnen. Der Projektsteuerer hat deshalb auch beim Entscheidungsmanagement die nutzungskostenrelevanten Diskussionen auszulösen. Dies betrifft z. B. den gesamten Fassadenbereich (Fensteranteil, Glasart, Fenster öffenbar, Emissionen, Sonnen-, Blendschutz, Wärmedämmung Wand/Dach, Speicherfähigkeit Wand/Brüstung/Decke/Böden/etc.), und den Bereich Beleuchtung (Tageslicht, künstliche Beleuchtung, Raumlufttechnik, Wärme-/Kälteerzeugung und Stromverbrauch). Des Weiteren sollten die eventuell gegebenen Ansatzpunkte regenerativer Energieanwendung zielorientiert entschieden werden. Ziel ist es, durch geschickte bauliche Gestaltung mit ggf. höheren Einzelinvestitionen per Saldo Folgeinvestitionen und Betriebskosten einzusparen. Es ist Aufgabe des Projektsteuerers, diese Überlegungen aufzuzeigen, die relevanten Daten bei den Objekt- und Fachplanern abzurufen, zu bewerten und in die Ermittlungsgrundlagen für die Nutzungskostenschätzung

bzw. -berechnung einzubeziehen. Damit liegen die Aufgaben des Projektsteuerers im Zusammenhang mit dem hier dargestellten Leistungsbild nicht nur in einer reinen Ermittlung der Nutzungskosten, sondern vielmehr in der Steuerung des Projektes zur Erreichung von wirtschaftlichen Kennwerten im Verhältnis zu Vergleichsprojekten.

Der Projektsteuerer hat im Rahmen dieses Leistungsbildes bei allen wesentlichen Entscheidungen die Nutzungskostenrelevanz mit konkreten Hinweisen und Fakten einzubringen. Die Nutzungskostenermittlung ist mit einem Erläuterungsbericht zu versehen, in dem Aussagen zu realisiertem bzw. noch zu hebendem Optimierungspotenzial enthalten sind. Des Weiteren sind Hinweise zu erforderlichen Entscheidungen des Bauherren, zu Funktionen und Nutzungskosten aufzuführen. Jeweils nach Abschluss der Leistungsphase, also mit Abgabe der Nutzungskostenschätzung bzw. Nutzungskostenberechnung, erfolgt ein Soll-Ist-Vergleich der Kostenermittlungsergebnisse mit zusammenfassender Analyse der Abweichungen.

Projektstufe 3 – Ausführungsvorbereitung bzw. Projektstufe 4 – Ausführung In der HOAI Leistungsphase 5–7 entwickelt sich das Projekt inhaltlich deutlich weiter. Dies betrifft sowohl die Vielzahl an Festlegungen im Rahmen der sich entwickelnden Ausführungsplanung, als auch die Entscheidungen im Rahmen der Ausschreibungs- und Vergabephase, in der eine ganze Reihe an Material, Produkt- und Fabrikatsfestlegungen mit Einfluss auf die Nutzungskosten erfolgen. Des Weiteren werden in dieser Phase auch die Ausschreibungen und Vergabe der Wartungsverträge, der technischen Anlagen, der Reinigungsdienste sowie der Abschluss von Energielieferverträgen durchgeführt.

Infolgedessen definiert sich der Nutzungskostenanschlag als Prozess, der über die Projektstufen 3 und 4, und sogar in die Projektstufe 5 hineinreicht. Als Grundlage für seine Ermittlung sollten die wesentlichen Vergaben aus Wartung, Reinigung und Energielieferung ausgewertet werden.

Projektstufe 4 – Projektabschluss Der Projektsteuerer ist je nach Ausgestaltung seines Vertrages noch einen gewissen Zeitraum nach Inbetriebnahme des Projektes im Rahmen der Projektabschlussphase aktiv. Dies beinhaltet Leistungen bei der Mitwirkung bei der organisatorischen und administrativen Konzeption, etc.

Die Erstellung der Nutzungskostenfeststellung anhand der tatsächlich angefallenen Kosten erfolgt allerdings frühestens nach dem ersten Nutzungsjahr. Da das erste Nutzungsjahr aber durch einige Besonderheiten wie z. B. noch nicht optimal justierte technische Anlagen und zum Teil bestehender Baufeuchte noch mit deutlich höherem Heizaufwand verbunden ist, sollte die diesbezügliche Kostenfeststellung mit den gemessenen Werten des zweiten Nutzungsjahres errechnet werden. Insofern liegt die Erstellung der Nutzungskostenfeststellung außerhalb der Vertragslaufzeit des Projektsteuerers und bedarf deshalb gesonderter vertraglicher Vereinbarungen der Leistungserbringung.

Im Rahmen des Projektabschlusses erstellt der Projektsteuerer eine Prognose der Nutzungskosten. Wie im Beispiel dargestellt, sollte die Instandsetzungsprognose differenziert ausgearbeitet und erläutert werden.

7.3.6 Nutzungskostenbewertung in der Projektentwicklungsphase[6]

Eines der Ziele einer Projektentwicklung ist es, eine möglichst langfristig wirtschaftliche Immobilie zu entwickeln. Dazu gehören zunächst die Investitions-kosten, aber ebenso dauerhaft niedrige Nutzungskosten. Ein Gebäude mit vergleichsweise niedrigeren Nutzungskosten lässt sich generell besser vermieten als ein vergleichbares Gebäude mit höheren Nutzungskosten. Somit können niedrige Nutzungskosten einen positiven Einfluss auf die Rendite des Gebäudes nehmen.

Bezogen auf die Gesamtnutzungsdauer eines Gebäudes belaufen sich die Nutzungskosten von Verwaltungsbauten im Laufe der Standzeit auf durchschnittlich 80 % der Gesamtkosten. Die verbleibenden 20 % bilden die reinen Herstellkosten des Gebäudes.

Wenn nach Abklären der drei Faktoren: Standort, Projektidee und Kapital die Entscheidung gefällt wird, dass ein Projekt weiter geplant werden soll, findet häufig ein Vergleich von verschiedenen Planungsansätzen statt. Dies kann in Form eines Architektenwettbewerbs, in dem von verschiedenen Architekten für eine anstehende Bauaufgabe oder für eine generelle Ideenfindung der optimale Entwurf gefunden werden soll, erfolgen. Der professionelle Bauherr interessiert sich bereits in dieser frühen Phase des Projektes nicht nur für die Investitionskosten, sondern ebenfalls für die Nutzungskosten, da bereits jetzt die Weichen für die Höhe dieser Kosten gelegt werden.

Trotz präziser Vorgaben aus dem Städtebau, dem Grundstück mit entsprechendem Baurecht, der Erschließung oder dem Raumprogramm gibt es meist grundsätzlich verschiedene Möglichkeiten für den Gebäudeentwurf. Dabei sind Funktionalität, Wirtschaftlichkeit und Gestaltung miteinander in Einklang zu bringen. So darf der Faktor Gestaltqualität nicht zum Störfaktor in den Wirtschaftlichkeitsberechnungen werden und umgekehrt.

Die Wirtschaftlichkeit umfasst zum einen die direkt monetären Faktoren wie Herstellkosten und Nutzungskosten. Zum anderen betrifft die Wirtschaftlichkeit auch den effizienten und wirtschaftlichen Umgang mit der Fläche, z. B. die

Abstimmung der Anforderungen auf den tatsächlichen Bedarf, die Möglichkeit zur Erweiterbarkeit, bzw. zur Teilung des Gebäudes sowie ein möglichst großer Anteil Nutzfläche an der zu erstellenden Bruttogrundfläche.

Durch die Wettbewerbsauslobung, die in der Vorbereitung für den Architektenwettbewerb erarbeitet wird, ist der Bauherr gefordert, sich zu grundlegenden Parametern konkrete Gedanken zu machen und diese in Anforderungen festzulegen. Diese Parameter sind i. d. R. neben den baurechtlichen Vorgaben:

Art der Nutzung

- Grobangaben zu m 2 Nutzfläche oder Anzahl der Arbeitsplätze
- wenn es bereits einen Nutzer gibt, wird häufig sogar ein detailliertes Raumprogramm im Vorgriff erarbeitet, das von den Architekten planerisch umzusetzen ist Vorgaben zur Wirtschaftlichkeit in Form von Quotienten zur Nutzungseffizienz (z. B. NF/BGF oder NF/BRI)
- Kriterien bezüglich des energetischen Standards (z. B. maximaler Heizenergiebedarf pro m 2 BGF oder Passivhaus-Qualität)
- qualitative Anforderungen
- usw.

Je konkreter diese Vorgaben in der Wettbewerbsauslobung sind, desto einfacher und plausibler ist ein Vergleich der Arbeiten untereinander. Um Gestaltungsqualität, Funktionalität und Wirtschaftlichkeit zu einem ausgewogenen Ergebnis zu bringen, sind diese Anforderungen mit besonderem Fingerspitzengefühl in der Auslobung zu formulieren.

Da ein Projekt per Definition als einmaliger Prozess zu betrachten ist, gibt es keine pauschale Formel, mit der die Nutzungskosten in der Phase der Projektentwicklung berechnet werden können. Vielmehr sind es die spezifischen Anforderungen aus dem Projekt, die ein Vorausdenken erfordern, in welchen Positionen es zu vermehrten Nutzungskosten kommen wird. Insbesondere auf diese projektindividuellen Punkte kann bei der Abfrage von Werten im Architektenwettbewerb besonders eingegangen werden.

Die Ausarbeitungstiefe eines Wettbewerbsbeitrags ermöglicht es i. d. R. nicht, die absolute Höhe der Nutzungskosten zu bestimmen. Es hat sich jedoch in der Praxis als sinnvoll erwiesen, die Wettbewerbsbeiträge untereinander vergleichend zu bewerten.

Dazu sind die nutzungskostenrelevanten Kriterien, die die verschiedenen Entwürfe voneinander unterscheiden, genauer zu untersuchen. In Form einer Matrix können diese beispielsweise mit Bewertungspunkten belegt werden. Sowohl bei den baukonstruktiven als auch bei den haustechnischen Kriterien können die Entwürfe hinsichtlich der definierten Kriterien individuell analysiert und mit einer Punktzahl (1 Punkt für niedrige Nutzungskosten, 2 Punkte für mittlere Nutzungskosten bis hin zu 3 Punkten für hohe Nutzungskosten) bewertet werden.

---

[6] Reufer D (2009): Vergleichende Auswertung der Nutzungskosten bei der Projektentwicklung. In: DVP: Nutzungskostenmanagement als Aufgabe der Projektsteuerung.

Dabei ist es wichtig, dass jedes Kriterium objektiv für sich betrachtet wird. Aspekte wie Komfort werden bewusst außer Acht gelassen werden, da diese in der qualitativen Analyse der Wettbewerbsarbeiten beurteilt werden und beim Vergleich der voraussichtlichen Nutzungskosten nicht im Fokus stehen. Beispielsweise verursacht eine dezentrale Lüftungsanlage höhere Wartungskosten als eine zentrale Lüftungsanlage, ist jedoch durch die Möglichkeit zur Einzelraumsteuerung für den Nutzer komfortabler. Bei der Beurteilung der Nutzungskosten wird somit die zentrale Lüftungsanlage besser bewertet, während bei der Beurteilung der qualitativen Aspekte – durch einen anderen Vorprüfer – die Einzelraumsteuerung besser bewertet wird.

Beispiel:

Die Vorgehensweise dieser vergleichenden Bewertung wird hier am Beispiel eines Architektenwettbewerbs für einen Bürokomplex erläutert.

In der Auslobung für einen beschränkten, einstufigen Realisierungswettbewerb für einen innerstädtischen Bürokomplex sind unter anderem folgende Anforderungen und Randbedingungen formuliert:

- Bebauungsplan mit Angabe der städtebaulichen, infrastrukturellen sowie grün- und freiraumplanerischen Ziele
- qualitative Ziele des Bauherren
- Angabe der Nutzung und der maximalen zulässigen Geschossfläche
- Vorgabe für den Nutzflächenanteil der Bürogeschosse von NF/BGF >0,65
- Vorgaben zur Nutzungsflexibilität, Teilbarkeit und separaten Erschließbarkeit von Büroeinheiten
- Vorgabe der maximalen lichten Büroraumtiefe sowie der minimalen lichten Büroraumhöhe
- Empfehlung für ein Achsrasters

Die Auswertung der Nutzungskosten der verschiedenen Wettbewerbsbeiträge erfolgt auf Basis einer Auswertungsmatrix zu den Kriterien, die sich von Entwurf zu Entwurf unterscheiden können. Diese Kriterien werden in die drei Gruppen Baukonstruktion, Haustechnik sowie Flächeneffizienz unterteilt.

Zur Baukonstruktion werden beispielsweise folgende Kriterien bei den Entwürfen untersucht und vergleichend bewertet:

Wartungsaufwand der Fassade: Je höherwertiger die Fassade ist, desto höher sind die Nutzungskosten bezüglich der Wartung. Die Einteilung erfolgte in drei Kategorien: eine Lochfasse, bzw. Fensterbänder wurde als „einfach" eingestuft, die mittlere Kategorie umfasst vorgehängte Fassaden mit bedingt aufwändigen Materialien und hochwertige vorgehängte Fassaden, z. B. Ganzglasfassaden bilden die höchste Kategorie.

Reinigungsaufwand der Fassade: Je komplexer die Fassadenkonstruktion ist, desto höher ist die Anzahl der zu reinigenden Ebenen sowie des Glasanteils. Somit steigen auch die Nutzungskosten für die Reinigung. Mit steigender Anzahl der zu reinigenden Ebenen sowie mit steigendem Glasanteil erhöht sich der Reinigungsaufwand. Entsprechend wurde die Kategorisierung für geringen, mittleren und hohen Reinigungsaufwand festgelegt.

Wartungsaufwand des Sonnenschutzes:

Je höher der Standard des Sonnenschutzes, desto höher sind die Nutzungskosten bezüglich der Wartung. Ein baulicher Sonnenschutz gilt als einfache, wartungsfreie Lösung. Teils mechanischer, teils baulicher Sonnenschutz bildet die mittlere Kategorie, während der mechanische Sonnenschutz der gehobenen Kategorie entspricht.

Bezüglich der Haustechnik wird analog zu den Beispielen aus der Baukonstruktion u. a. untersucht, wie hoch der Standard der Klimatisierung (natürliche Belüftung bzw. teilweise klimatisiert bzw. voll klimatisiert), der Lüftungsanlage (nicht vorhanden bzw. zentral bzw. dezentral) sowie der Elektroversorgung (Brüstungskanäle bzw. Hohlraumboden mit Bodentanks bzw. Doppelboden mit Bodentanks) ist.

Bei den Kriterien zur Flächeneffizienz wurden z. B. ermittelt:

- das Verhältnis von Oberfläche zum Volumen (A/V)
  - je niedriger das A/V-Verhältnis, desto kompakter und hinsichtlich der wärmeübertragenden Oberfläche günstiger ist der Entwurf
- das Verhältnis von Nutzfläche zur Bruttogrundfläche (NF/BGF)
  - je höher der Quotient, desto wirtschaftlicher ist der Entwurf
- das Verhältnis von Bruttorauminhalt zur Nutzfläche (BRI/NF)
  - je geringer der Quotient, desto wirtschaftlicher ist der Entwurf
- das Verhältnis von Nutzfläche pro Anzahl der Aufzüge
  - je höher der Quotient ist, desto wirtschaftlicher ist die Erschließung und desto niedriger sind die Nutzungskosten für Wartung und Reinigung.

Für jeden Entwurf wird die absolute Verhältniszahl ermittelt, und in der Zusammenschau der einzelnen Ergebnisse jeweils dem besten, mittleren und ungünstigstem Drittel der Entwürfe die entsprechende Bewertung (1 bis 3 Punkte) gegeben. Somit wird im Fall des Beispieles eine gleichmäßige Wichtung zwischen den einzelnen Kriterien vorgenommen, eine differenzierte Wichtung ist bei dieser Art der Auswertung jedoch möglich.

In der Aufsummierung aller Punkte entsteht eine Reihenfolge der Wettbewerbsarbeiten, bei denen der Entwurf mit der niedrigsten Gesamtpunktzahl im Vergleich zu den anderen Arbeiten die niedrigsten Nutzungskosten zugrunde liegen.

Diese Form des Auswertungssystems ist vorteilhaft, um in der weiteren Bearbeitung – z. B. wenn ein oder mehrere Sieger aus dem Wettbewerb hervorgegangen sind, die entsprechenden Schwachstellen bezüglich der Nutzungskosten zu analysieren und gezielt in der darauf folgenden Vorplanungsphase gegenzusteuern. Wenn z. B. der Siegerentwurf eine dezentralen Lüftungsanlage mit Lüftungseinheiten in jedem Fassadenmodul aufweist, so bedeutet dies, dass jede Lüftungseinheit einzeln gewartet (z. B. Filteraustausch, Reinigung, etc.) werden muss. Wenn in der darauf folgenden Planungsstufe dieser Punkt – integriert in das haustechnische Konzept – aus Sicht der Nutzungskosten optimiert werden kann, so ist dies ein relevanter Beitrag der Nutzungskostensteuerung bereits in der Frühphase eines Projektes.

Die Verwirklichung der aufgeführten Terminziele erfordert einerseits eine Systematik, andererseits aktive Vorgehensweisen zu unterschiedlichen Zeitpunkten bzw. Situationen.

In der Phase der Projektvorbereitung hat der Projektsteuerer die Aufgabe, einen Terminrahmen zu entwickeln, vorzuschlagen und festzulegen. Dieser ist nach Entscheidung durch den Bauherren Vorgabe im Sinne des weiteren Handelns für alle Projektbeteiligten. Die Dauer von großen Projekten beträgt häufig mehr als 5 Jahre. Damit liegen zwischen Projektentwicklung und Nutzungsbeginn naturgemäß eine Fülle von Unwägbarkeiten, die zum Zeitpunkt der Formulierung des Terminzieles nicht bekannt sein können. Häufig sind es Änderungen in den Programmvorgaben, nicht rechtzeitig getroffene oder zurückgenommene Entscheidungen des Bauherren oder auch Probleme im Genehmigungsverfahren, die zu Zeitverzögerungen führen.

Die Terminplanung muss diesen Tatsachen vorausschauend soweit wie möglich realistisch Rechnung tragen. Eine völlige Änderung der Programmgrundlagen wird in der Regel nicht zum Ursprungstermin erreichbar sein. In diesem Fall wird es darum gehen, das Änderungsmanagement so zu gestalten, dass eine möglichst kurze Verschiebung des Fertigstellungstermins eintritt. Das Auftreten kleinerer Änderungssachverhalte ist bis zu einem bestimmten Zeitpunkt normal, so dass die Aufgabe der Projektsteuerung darin liegt, das Terminziel durch aktive Terminsteuerung bzw. Änderungsmanagement doch noch zu erreichen.

Die Terminplanung gliedert sich in verschiedene Ebenen, die je nach Zeitpunkt der Projektabwicklung detaillierter werden (s. Abb. 8.1).

Nachfolgend werden die wesentlichen Terminpläne mit je einem Beispiel dargestellt und auf die wichtigen Randbedingungen der Erstellung hin kommentiert (Detaillierungsstruktur, Ablaufstruktur/Abhängigkeiten, Ablaufdauer/Kennwerte, Entscheidungen).

Da die Terminplanung eine sehr individuell auf die Randbedingungen des Einzelprojektes abzustimmende Ingenieurleistung ist, können die Musterterminpläne nicht jedem denkbaren Hochbauprojekt/Ablauforganisation Rechnung tragen.

Genauso wichtig wie das analytisch richtige Strukturieren des Terminplanes ist allerdings die rechtzeitige Erstellung, Abstimmung und Verteilung.

In Abb. 8.2 sind die Ebenen der Terminplanung strukturiert und werden nach Inhalt, Detaillierung, Ziel, Zeitpunkt der Erstellung sowie Voraussetzungen zur Erstellung differenziert beschrieben.

8.1 Rahmenterminplan

Der Rahmenterminplan (Abb. 8.3) wird in der Phase der Projektentwicklung erstellt und bildet die Entscheidungsgrundlage für den Gesamtterminrahmen dar und hat damit eine sehr wesentliche Bedeutung. Mit der verbindlichen Vorgabe werden Entscheidungen mit Folgen für den gesamten Projektablauf getroffen.

Falls die Formulierung eines Endtermins aus Gründen der fehlenden Definition (Bauprogramm) oder anderen Unwägbarkeiten (z. B. Risiken aus dem Bestand oder Genehmigungsrisiken) noch nicht mit hinreichender Sicherheit möglich ist, sollte die Entscheidung über den Endtermin stufenweise erfolgen. Im ersten Schritt mit der Eingrenzung eines Zeitfensters zur Grobdisposition des Nutzers. Im zweiten Schritt nach erfolgter Eingabeplanung und Einreichung der Genehmigungsunterlagen und im dritten Schritt nach der erteilten Genehmigung. Im Einzelfall sind auch andere Kombinationen denkbar oder sinnvoll.

Detaillierungsstruktur Der Rahmenterminplan ist die vertragliche Grundlage für alle Planungsbeteiligten. Deshalb sollte dieser Terminplan möglichst zutreffend gestaltet sein. Wenn die Grundlagen für eine hinreichende Terminierung vorliegen, sollten die wesentlichen Meilensteine der Planungsentwicklung vorgegeben werden. In diesem Beispiel der Detaillierungsstruktur sind terminliche Eckpunkte enthalten, die für die Einhaltung des Terminablaufes unter Berücksichtigung bestimmter Vorlauffristen wichtig sind (z. B. Beginn der Lieferung von Bewehrungsplänen, Beginn der Ausschreibung etc.).

N. Preuß, *Projektmanagement von Immobilienprojekten*,
DOI 10.1007/978-3-642-36020-6_8, © Springer-Verlag Berlin Heidelberg 2013

Nr.	Terminplan Bezeichnung	Inhalt	Detaillierung	Ziel	Zeitpunkt Erstellung	Ersteller	Voraussetzungen zur Erstellung
1.00	Rahmenterminplan	Gesamtprojekt von Projektentwicklung bis Übergabe/Inbetriebnahme	HOAI-Leistungsphasen/ Meilensteine Planung und Bau bis Übergabe	Entscheidungsgrundlage für Terminrahmen/ Überblick Gesamtprojekt/ Vertragstermine Projektbeteiligte	vor Planungsbeginn/ spätestens zum Ende der Grundlagenermittlung	PS	Ergebnisse der Projektentwicklung/ Raum- und Funktionsprogramm/Flächen-, Kubaturgrößen bzw. Kostengrößen
2.00	Generalterminplan	Gesamtprojekt von Projektentwicklung bis Übergabe/Inbetriebnahme	Differenzierte Struktur des Rahmenterminplanes mit allen wesentlichen Vorgängen, Entscheidungen, Genehmigungen	Eingrenzung der wesentlichen Ecktermine für Planung und Ausführung/Entscheidungen	vor Planungsbeginn, falls von Ermittlungsgrundlagen her möglich	PS	Flächenentwicklung, geometrische Struktur, Geschosshöhenentwicklung, Qualitäts-/Ausstattungsprogramm (Nutzerbedarfsprogramm)
3.00	Steuerungspläne	Einzelne Planungsphasen sowie Bauausführung	Projektspezifische Festlegung der auf dem kritischen Weg liegenden Planungs-/Ausführungsvorgänge	Strukturierung auf dem kritischen Weg liegender Vorgänge zur Terminkontrolle/-steuerung	Beginn/Ende der Planungsphase	PS	Generalterminplan/Kenntnis Planerkapazitäten
3.01	Steuerungsplan Projektentwicklung	Alle Vorgänge der Projektentwicklung	Alle Vorgänge der Projektentwicklung	Zeitgerechte Erbringung der Projektentwicklung	Beauftragung PS-Leistung	PS	Abstimmung Bauherr
3.02	Steuerungsplan Planungsvorbereitung	Alle Vorgänge der Planungsvorbereitung zum Beginn der Planung (Grundlagenermittlung)	Relevante Vorgänge der Planungsvorbereitung	Zeitgerechte Erbringung der Projektvorbereitung	Beauftragung PS-Leistung	PS	Abstimmung Bauherr
3.03	Steuerungsplan/Grundlagenermittlung/ Vorplanung	Alle wesentlichen Vorgänge/Entscheidungspunkte der Planung	Ecktermine des Planungsablaufes	Strukturierung Planungsvorgänge zur Terminkontrolle/-steuerung	Mitte/Ende vorherige Planungsphase	PS	Generalterminplan/ Planerkapazitäten
3.04	Steuerungsplan Entwurfsplanung/ Genehmigungsplanung	Alle wesentlichen Vorgänge/Entscheidungspunkte der Planung	Ecktermine des Planungsablaufes	Strukturierung Planungsvorgänge zur Terminkontrolle/-steuerung	Mitte/Ende Vorplanung	PS	Generalterminplan/Kenntnis Planerkapazitäten
3.05	Liste Genehmigungsverfahren	Alle wesentlichen Vorgänge der behördlichen Genehmigungen/ Komponenten der Bauantragsunterlagen	Elemente der genehmigungsrelevanten Vorgänge zur Verfolgung durch den Planer	termingerechte Genehmigung durch Behörde	nach Einreichung Bauantrag	PS	Kenntnis eingereichte Genehmigungsunterlagen
3.06	Steuerungsplan Ausführungsplanung Rohbau	Erstellung - Werk-/Schlitzplanung Rohbau - Schal-Bewehrungsplanung - Koordination	Ebenen/Planpakete	Zeitgerechte Erstellung und Koordination von Ausführungsplänen für den Rohbau	Mitte/Ende Phase Entwurfsplanung	PS	- Steuerungsplan Bauausführung (3.09) - Detailterminplan Bauausführung (4.02)
3.07	Steuerungsplan Ausführungsplanung TGA	Erstellung der Ausführungsplanung TGA	Einzelplanungsschritte für einzelne Planungsbereiche	Zeitgerechte Erstellung und Koordination von Ausführungsplänen für die technische Ausrüstung als Ausführungs-/Ausschreibungsgrundlage	Ende Phase Entwurfsplanung	PS	- Steuerungsplan Bauausführung Gesamt (3.10) - Steuerungsplan Ausschreibung/Vergabe (3 11)

Abb. 8.1 Definitionen der Terminplanebenen

Nr.	Terminplan Bezeichnung	Inhalt	Detaillierung	Ziel	Zeitpunkt Erstellung	Ersteller	Voraussetzungen zur Erstellung
3.08	Steuerungsplan Ausführungsplanung baulicher Ausbau	Übergabetermine von Planungen als Ausschreibungsgrundlage/ Ausführungsvorbereitung/ Ausführung	Einzelgewerke	Zeitgerechte Erstellung und Koordination von Ausführungsplänen für den baulichen Ausbau	Ende Phase Entwurfsplanung	PS	- Steuerungsplan Bauausführung (3.10) - Ausschreibungsterminierung (3.11)
3.09	Steuerungsplan Bauausführung Rohbau	Differenzierter Bauablauf zur Erstellung der Steuerungspläne (Pkt. 3.06)	Ebenen/Abschnitte - in Anlehnung an die Struktur der Ausführungsplanung Rohbau (Pkt. 3.06) Anmerkung: Je nach Projekt/Erfordernis auch integrierte Darstellung bei Terminplänen Bauausführung gesamt (Pkt. 3.10)	Grundlage für differenzierte Ablaufüberlegungen/Konzeption der Erstellung Ausführungspläne Rohbau	Mitte/Ende Phase Entwurfsplanung zur Erstellung Steuerungsplan Ausführungsplanung Rohbau (3.06) Die Ausführungsvorstellungen der Objektüberwachung sollten vorliegen (4.02)	PS	- Generalterminplan (2.0) - Bauablauf in Abstimmung mit Objektüberwachung (4.2)
3.10	Steuerungsplan Bauausführung Gesamt	Vertagstermine für alle Vergabeeinheiten	Anfang/Ende Vergabeeinheiten	Komprimierte Darstellung der Vertragstermine je Vergabeeinheit	Ende Entwurfsplanung/ Fortschreibung gemäß Vergabeablauf	PS	- Generalterminplan (2.0)
3.11	Steuerungsplan Ausschreibung bis Vergabe	Alle Schritte der LV-Erstellung bis zur Vergabe als Liste und/oder Balkenplan	Ausschreibung/ Vergabeeinheit	Terminierung aller Schritte von Beginn LV-Erstellung bis Beauftragung	Ende Entwurfsplanung/ Beginn Ausführungsplanung	PS	- Steuerungsplan Bauausführung (3.09) - Generalterminplan (2.0)
3.12	Steuerungsplan Abnahme/Inbetriebnahme (Grobablauf)	Terminliche Abwicklung von baulicher Fertigstellung über Abnahme/Inbetriebnahme bis zur Übergabe	wesentliche Abhängigkeiten	Rahmenvorgabe für Inbetriebnahmeaktivitäten	individuell festlegen	PS	Abstimmung BH
4.00	Detailterminpläne						
4.01	Planung	Detailabläufe von einzelnen Planungsbereichen/-schritten	je nach Erfordernis	Differenzierte Terminierung von Planpaketen/Einzelplänen zur Koordination der Planung	Verlauf Ausführungsplanung	PS/PLA	
4.02	Bauausführung	Bauausführung für alle Gewerke/Leistungsbereiche	- Ebenen/Arbeitsabschnitte - Vertragstermine mit allen Zwischenterminen - Fortschreitende Detaillierung bis in die Bauausführung	Differenzierte Darstellung des Bauablaufes	Mitte Phase Entwurfsplanung, Fortschreibung über alle Projektphasen	BL	- Generalterminplan (2.0)
4.03	Inbetriebnahmeplanung	Differenzierte Inbetriebnahmeplanung mit Erfassung aller Beteiligten und deren Aufgaben	wie Inhalt	Termingerechte Inbetriebnahme	individuell festlegen je nach Komplexität des Projektes	BH/NN	Beauftragung

Abb. 8.1 (Fortsetzung)

Legende für alle Terminpläne

BH	=	Bauherr
PE	=	Projektentwicklung
PS	=	Projektsteuerung
A	=	Architekt
OÜ	=	Objektüberwachung
Fpl	=	Fachplaner
Fbl	=	Fachbauleitung
TWP	=	Tragwerksplanung
FA	=	Firma
AMT	=	Baugenehmigungsbehörde

Abb. 8.2 Legende für alle Terminpläne

Falls die Voraussetzungen für die Erstellung des Rahmenterminplanes nicht vorliegen, sollte der Terminplan als Vertragsgrundlage für die Planerverträge weniger detailliert werden, damit auftretende Abweichungen nicht als planerseitige Argumentationsbasis für Honorarmehrforderungen verwendet werden.

Falls die Voraussetzungen der Terminierung bereits vor Planungsbeginn für den Generalablaufplan (Abb. 8.4) gegeben sind, z. B. als Ergebnis einer Projektentwicklung oder einem abgeschlossenen Architektenwettbewerb, sollte direkt der Generalablaufplan erstellt werden, als vorlaufende Grundlage für den Rahmenterminplan.

Die Aufgabe des Projektmanagers liegt darin, die vorgegebenen Terminziele zu realisieren, wobei er als Berater auch dafür verantwortlich ist, Probleme im Ablauf frühzeitig aufzuzeigen. Insofern ist der Projektmanager verpflichtet, die Grundlagen der Rahmenterminplanung, ggf. auch in einer recht tiefen Detaillierungsstufe – die dem Projektstatus noch nicht ganz entspricht – sorgfältig zu recherchieren.

Ablaufstruktur/Abhängigkeiten Die Ablaufstrukturen der Planung und die darin beinhalteten Abhängigkeiten werden einerseits durch die in der HOAI vorgegebenen Leistungsphasen bestimmt, andererseits durch projektindividuelle bzw. bauherrenseitig vorgegebene Randbedingungen.

- Freigaben des Bauherren

Nach den einzelnen Planungsphasen müssen Freigabezeiten vorgesehen werden, die bei größeren Projekten mit mindestens 4 Wochen bemessen sein sollten. In diesem Zeitraum sind die Prüfungsaktivitäten des Projektmanagers, des Bauherren bzw. Nutzers sowie erforderliche Abstimmungen mit unterschiedlichen Planungsbeteiligten enthalten. In dieser Phase sind ebenfalls Entscheidungen vorzubereiten, abzustimmen und zu treffen. Falls dieser Zeitraum zu gering bemessen wird, erfolgt diese Aktivität häufig nach bereits wieder angelaufenen Planungsaktivitäten mit der Gefahr von Änderungen und je nach Leistungsphase daraus resultieren Honorarmehrforderungen seitens der Planer. In diesem Fall sind meistens Zeitverzögerungen und die Einleitung von aufwendigen Gegensteuerungsmaßnahmen unvermeidlich.

- Genehmigungszeiten

Es sollten frühzeitig die Randbedingungen des Genehmigungsverfahrens abgestimmt werden, insbesondere bei Projekten mit Schwierigkeiten in Abhängigkeiten des Bebauungsplanes, des Denkmalschutzes oder der Ausnutzung des Baurechtes bzw. Verhandlungen mit der Kommune in Fragen der finanziellen Abgeltung von Grundstücksnutzungen etc. Des weiteren sollte die Notwendigkeit von Teilbaugenehmigungen rechtzeitig in die Rahmenterminplanung Eingang finden, auch in Abhängigkeit der zusätzlich erforderlichen Leistungen bei einzelnen Planungsbeteiligten (z. B. evtl. frühzeitige statische Angaben für Teilbaugenehmigungen).

- Beginn Ausführungsplanung

Nach der Systematik der HOAI wird eine Leistungsphase erst nach der vollständigen Abarbeitung der vorhergehenden begonnen. Die konsequente Durchführung dieser Vorgehensweise hat den Vorteil, dass keine Risiken aus der noch nicht vollständig abgeschlossenen Phase entstehen. Aus Termingründen wird die Ausführungsplanung häufig jedoch bereits nach Abschluss der Entwurfsplanung, manchmal auch noch vor Freigabe der Entwurfsplanung durch den Bauherren begonnen. Dies findet auch wegen der personellen Situation in den Planungsbüros statt, die aus Gründen eines effektiven Planungsablaufes die Planungstätigkeiten nicht einstellen können, sondern diese auch auf eigenes Risiko aus wirtschaftlichen Gründen weiterlaufen lassen. Die Planungsschritte von der Ausführungsplanung bis zur Auslieferung der ersten Bewehrungspläne bestimmen maßgebend den möglichen Rohbaubeginn des Projektes. Diese Zusammenhänge werden beim „Steuerungsplan Ausführungsplanung Rohbau", mit dem Vergleich aus konkreten Projekten analysiert. In den meisten Abstimmungen über die erforderliche Projektabwicklungszeit geht es um diesen notwendigen Vorlauf. Ebenfalls betrifft dies die Bestimmung des Zeitpunktes für die Rohbauausschreibung in Abhängigkeit der zu dieser Aktivität notwendigen Planungsgrundlage. Hier muss im Einzelfall zwischen den Notwendigkeiten eines früheren Nutzungstermins und den Risiken einer noch nicht vollständig einwandfreien Ausschreibungsgrundlage abgewogen werden.

Zum Zeitpunkt der beginnenden Rohbauausschreibung sollte Planungssicherheit für die Untergeschosse, die Gründung, rohbauspezifische Details, große Aussparungen sowie Koordinationssicherheit in den wesentlichen Trassen der technischen Gebäudeausrüstung bestehen. In Abb. 8.5 sind die wesentlichen Fragestellungen für eine erschöpfende Leistungsbeschreibung im Sinne von VOB/A § 9 für die Rohbauarbeiten zusammengestellt.

Falls der Rohbau auf Basis der Entwurfsplanung ausgeschrieben wird, müssen die wesentlichen Entscheidungen, die das Tragwerk berühren, bereits in der Vorplanung getroffen sein. Im anderen Falle ist eine *Nachlaufphase* zur Entwurfsplanung erforderlich. Dies ergibt sich aus dem

Nr.	VORGANG	ZUST	Dauer
1	**PROJEKTENTWICKLUNG**	**PS/BH**	**13 W**
2	**GRUNDLAGENERMITTLUNG**	**PS/BH**	**16,6 W**
3	Vorleistung z. Grundlagenermittlung	PS/BH	10,2 W
4	Grundlagenermittlung / Weiterentw. Wettbewerb	PS/A/FPL	10,6 W
5	Grundlagenermittlung prüfen/freigeben	BH	3 W
6	**VORPLANUNG**	**A/FPL**	**27 W**
7	Vorplanung erstellen	A/FPL	23 W
8	Vorplanung prüfen/freigeben	PS/BH	4 W
9	**ENTWURFSPLANUNG**	**A/FPL**	**30 W**
10	Entwurfsplanung erstellen	A/FPL	26 W
11	Entwurfsplanung prüfen/freigeben	PS/BH	4 W
12	**GENEHMIGUNGSPLANUNG**	**A**	**61 W**
13	Vorabgenehmigung	A	23 W
14	Genehmigungspl. durch Architekt	FPL	6 W
15	Genehmigungspl. durch Fachplaner	FPL	8 W
16	Genehmigungspl. durch Statiker	TWP	28 W
17	Genehmigungsunterl. zusammenstellen	A/FPL/PS/BH	6 W
18	Genehmigungsverfahren	A/AMT	30 W
19	Kostenberechnung incl. prüfen/freigeben	A/FPL/PS/BH	9 W
20	**AUSFÜHRUNGSPLANUNG**	**TWP**	**129 W**
21	Werkplanung Baugrube	TWP	26 W
22	Werkplanung Rohbau (Werkplan 1)	A	68 W
23	Werkplanung Schlitze / Aussparungen (Nachkoordination)	TWP	63 W
24	Werkplanung 2 (koordinierte Angaben)	A/FPL	64 W
25	Schalpläne (Grundlage Werkplan 2)	FPL	62 W
26	Bewehrungspläne	TWP	73 W
27	Werkplanung Techn. Ausbau / Baulicher Ausbau	A/FPL	92 W
28	**AUSSCHREIBUNG/VERGABE**	**A**	**129 W**
29	Vorabmaßnahmen u. Baugrubensicherung	A	31 W
30	Rohbau/Fassade/Dach/TGA	A	43 W
31	Baulicher Ausbau	A	72 W
32	Aussenanlagen	FPL	55 W
33	**BAUAUSFÜHRUNG**	**BL**	**156,35 W**
34	Baugrubenaush./Verbau	BL	17 W
35	Rohbau	BL	63 W
36	Fassade/Dach	BL	53 W
37	TGA (Grob/ Feinmontagen)	BL	97 W
38	Baulicher Ausbau	BL	94 W
39	Aussenanlagen	BL	103 W
40	Baufertigstellung (incl. Abnahme u. Mängelbeseitigung)	BL/BH	18 W
41	Inbetriebnahme / Feinreinigung	BL/BH	8 W
42	Möblierung	BH	8 W
43	**NUTZUNGSBEGINN**	**BH**	**0 Tage**

Abb. 8.3 Rahmenterminplan

➢ Vorlage von Plänen mit Materiallegenden und Maßen (z.B. Bauteildicken, etc.)

➢ Definition von Abdichtungsmaßnahmen

➢ Welche Betonbauteile werden verputzt, gespachtelt, bleiben sichtbar, Definition der Örtlichkeit. Bei sichtbar bleibenden Betonteilen Angaben der geforderten Oberfläche.

➢ Angabe von Bauteilen mit Strukturbeton

➢ Materialangaben zu allen Bauteilen

➢ Maßnahmen zur Schallübertragung in Treppenhäusern mit Vorgabe von Richtqualitäten

➢ Angaben zu Stahleinbauteilen für Befestigungen (Brandschutztüren, Tore, Treppengeländerbefestigung, Containerschienen, Fassade, Tragkonstruktion Dach, Katalog der Einbauteile)

➢ Angaben zu Stahleinbauteilen für Befestigungen (Brandschutztüren, Tore, Treppengeländerbefestigung, Containerschienen, Fassade, Tragkonstruktion Dach, Katalog der Einbauteile)

➢ Profilstähle an Treppenwangen, Podesten, auskragenden Betonteilen mit Angabe der Örtlichkeiten

➢ Angaben für Ankerschienen (wird zu diesem Zeitpunkt wegen fehlender Werkplanung TGA zum Teil nicht möglich sein)

➢ Angabe von Dämmungen, die in Schalung eingelegt werden müssen (Örtlichkeit / Richtqualität / Stärke)

➢ Angaben zur Abdichtung gegen drückendes / nichtdrückendes Wasser an den Außenwänden (Örtlichkeit / Richtqualität)

➢ Angaben zur Rohrdurchführungen in den Außenwänden mit Angaben der Richtqualität (wird gegebenenfalls zu diesem Zeitpunkt wegen noch nicht Ausführungsplanung TGA zum Teil nicht möglich sein)

➢ Angabe von Tor-/Türzargen, notwendige Abstellungen in den Betonbauteilen

➢ Detailausbildung an Betonteilen (z.B. Stützenfußunterschneidung)

➢ Länge der Betonfertigteile und Angaben über Befestigung (Einbauteile, Stoßausbildung - vergossen, stumpfgestoßen)

➢ Angabe von Treppen, die nicht im Detail dargestellt sind (z.B. Stahl / Stahlbeton)

➢ Bauteile mit erhöhten Maßtoleranzen

➢ Art des Mauerwerkes (Kalksandstein, Mauerziegel mit Angabe Rohdichte, Festigkeitsklasse und Steinformat, bei Sichtmauerwerk Verbandart, Fugenausführung, Ausführung von Stürzen)

➢ Sperrschichten gegen aufsteigende Feuchtigkeit (Angabe von Örtlichkeit und Richtqualität

➢ Aussteifungen bei Mauerwerkwänden (Stahlschürzen, Deckenwinkel, Halfenschienen, mit Angaben von Örtlichkeit und Ausführungsart)

➢ Angabe von Installationsfertigteilen (wird evtl. noch nicht möglich sein)

➢ Installationsvormauerung (wird evtl. noch nicht möglich sein)

➢ Verbundestriche bzw. Estrich auf Trennlage (Örtlichkeit, Estrichgüte, Estrichstärke, Gefälle, Einbauteile sowie Gebäudefugenausbildungen)

➢ Gebäudefugen mit Angabe von Richtqulitäten (Fugenbändern, Injektionsschläuche, Fugeneinlagen)

➢ Konsolausbildungen mit Angabe der Richtqualität der Lager

➢ Ausführungsdetails (Bodenplatte/Umfassungswände/Decken/Aufkantungen etc.)

➢ Genaue Mengenangaben für Betonstahl/Betonstahlmatten getrennt nach Lager- und Listenmatten: Es wird zu diesem Zeitpunkt zwar eine hinreichend genaue Größenordnung durch den Statiker formuliert werden können, allerdings nicht die genaue Mengenangabe, die sich erst nach den Konstruktionsplänen der Bewehrung ergibt.

➢ Mengenangaben für Formstahl mit Angabe der Profile (wie bei Bewehrung)

➢ Mengenangaben für Kleineisenteile

➢ Angaben zur Bewehrungsschraubstößen, Kopfbolzendübelleisten, Bewehrungsrückbiegeanschlüsse

➢ Diverse Einbauteile

➢ Mengenansatz für Entwässerungskanalarbeiten, für Rohrleitungen, Einläufe, die im Zuge des Bauablaufes von der Rohbaufirma ausgeführt werden.

➢ Mengenansatz für notwendige Leistungen der Blitzschutz- und Erdungsarbeiten

➢ Mengenansatz für Bauleistungen der Kabelanlagen, die im Leistungsverzeichnis in Betonteile eingelegt werden (z.B. Leerrohrdosen)

➢ Stückzahl und Durchmesser von einzubauenden Rohleitungen (Sanitär, Heizung, Sprinkler etc.)

➢ Stückzahl und Querschnitt von einzubauenden Lüftungskanälen

➢ Stückzahl und Querschnitt von einzubauenden Brandschutzklappen

➢ Stückzahl und Querschnitt von anzulegenden Durchbrüchen

➢ Fundamentsockel (Abmessung und Stückzahl, Angaben der Dämmung unter bzw. zwischen Fundamenten und aufgehenden Bauteilen)

➢ Stückzahl und Querschnitt von einzubetonierenden Lüftungskanälen, Brandschutzklappen

Abb. 8.4 Beispielhafte Angaben für eine vollständige Rohbauausschreibung

Bauprogramm / Bauaufgabe	Grundstück	Planungskapazitäten
• R + F-Programm / Baubeschreibung • Flächenentwicklung • Kubaturentwicklung • BRI über 0 • BRI unter 0 • BRI unter 0 im GW • BRI gesamt • BGF • Kostenstrukturen	• Grundstückserwerb • Vorgaben Flächennutzungsplan, Bebauungsplan • Bestand auf Grundstück • Denkmalschutz • Räumungszeitraum abzubrechender Objekte • Umgebung der abzubrechenden Gebäude (empfindliche Bebauung, Nutzung) • Grundstückszufahrt • Bodengutachten • Grundwasserstand • Spartenverlauf • Nachbarschaftsverhältnisse	Planer: • Erfahrung, Qualifikation, Zuverlässigkeit • Mitarbeiterpotential • Plananzahl, CAD-Arbeitsplätze • Ablauf Planungsphasen (insbesondere Kapazitätserfordernisse aus der Ausführungsplanung)
Ablaufentscheidungen	**Aufwandsdaten**	**Genehmigungsverfahren**

• Planungsvorlauf zur Ausführung
• Ablaufentscheidung Unternehmenseinsatzform (Generalunternehmer/-übernehmer)
• Struktur des gesamten Ablaufs (Anzahl Vorgänge)
• Ausschreibungsgrundlage
• Witterungssituation
	• Planungsaufwand:
	  – Zeiten für alle HOAI-Phasen
	  – Ableiten von Kapazitäten
	• Ausführungsdauern:
	  – Grundstück baureif machen (Abbruch)
	  – Baugrube
	  – Rohbau
	  – Ausbau
	  – Technik
	  – Inbetriebnahme
		• Bebauungsplanverfahren erforderlich?
		• besondere Genehmigungsverfahren? (Gewerbeaufsicht, Denkmalpflege, Zweckentfremdung, Wasserrechtsverfahren, Spartenverlegung, Brandschutz)
		• Förderrechtliche Genehmigungsverfahren
		• Bauherrninterne Genehmigungsverfahren

Abb. 8.5 Entscheidungen über Annahmen zur General-/Rahmenterminplanung

$$W_{stb} = f \cdot (s \cdot W_{sch} + 0{,}001 \cdot f_e \cdot W_{bew} + W_{bet}) \cdot z \qquad [Ah/m^3 \; BRI]$$

f = Feststoffanteil   m³ Feststoff/m³ BRI
    i.M. 0,12 – 0,15

s = Schalungsanteil m² Schalung/m³ Beton
    i.M. 4 – 8 m²/m³

W_{sch} = Aufwandswert für Schalung   Ah/m²
    i.M. 1,0 Ah/m²

f_e = Bewehrungsanteil kg/Bewehrung/m³ Beton
    i.M. 90 – 150 kg/m³

W_{bew} = Aufwandsanteil für Bewehrung Ah/t
    i.M. 20 Ah/t ohne Schneiden und Biegen

W_{bet} = Aufwandswert für Betonieren Ah/m³
    i.M. 1,0 Ah/m³ bei Transportbeton

Abb. 8.6 Formeln für Rohbauzeitwerte für Wohn- und Verwaltungsbauten. (Platz: Ablauf und Aufwand der Technikmontagen im Hochbau. In: Praxiskompendium, Teil 2, Bauverlag)

Umstand, dass zum Ende der Entwurfsplanung getroffene Entscheidungen (z. B. Raum- und Funktionsprogramm, Lüftungskonzept, etc.) erforderliche Anpassungen vor Eintritt in die Ausführungsplanungsphase unausweichlich machen. Ebenfalls festgelegt sein sollten statische Abhängigkeiten (Dehnfugen, Doppelwände bzw. -stützen).

Eine weitere jeweils projektspezifisch zu beachtende Abhängigkeit ist die jeweilige Wintersituation. Diese bestimmt häufig den Beginn der Rohbauarbeiten. Innerhalb der Terminplanung ist nach einer möglichst sinnvollen Schnittstelle Rohbaubeginn/Winter zu suchen. Häufig ergibt sich daraus auch die Notwendigkeit, die Ausführungsplanung für den Rohbau danach auszurichten.

Je nach Einbindung des Baukörpers in den Baugrund und Schwierigkeit der auszuführenden Baugrubenumschließung, in Verbindung mit Grundwasser, muss über die Schnittstelle Baugrube/Rohbau eine Entscheidung getroffen werden. Ablauftechnisch „einfacher" ist die Vergabe von Baugrube und Rohbau in einem Paket, insbesondere bei Unwägbarkeiten im Baugrund und sehr umfangreich vorzuhaltender Wasserhaltung. Nachteilig ist allerdings die Notwendigkeit, in diesem Falle das Gesamtpaket Rohbau/Baugrube früher ausschreiben zu müssen sowie der für den Bauherren in diesem Fall anfallende kalkulatorische Zuschlag des „Gesamtunternehmers" für Baugrube/Rohbau.

Ablaufdauern, Kennwerte Die Terminplanung ist eine sehr projektindividuelle Aufgabenstellung. Auch bei gleichem Bauvolumen für zwei Projekte gibt es Unterschiede im Bauprogramm sowie den Randbedingungen mit Auswirkung auf die Ablaufstruktur, der Projektkomplexität aufgrund der technischen Ausrüstung des Gebäudes, der Projektorganisation des Bauherren, der unterschiedlich möglichen Unter-

---

Hotelzimmerbereich vom 2. bis 5. OG

Baustoffbedarf (Annahmen)

				bei 10.300 m² BGF je Hotelzimmertrakt	
Beton:	ca.	0,65 m³	Beton/m² BGF	7.000	m³
Schal:	ca.	4,00 m²	Sch. / m³ Beton	41.200	m²
Bew.:	ca.	90,00 kg/m³	Beton	927	to

Abschätzung Stunden bedarf

Lohnstunden: ca. 7.000 m³ x 0,8 h/m³
    + 41.200 m² x 1,0 h/m²
    + 927 to x 20,0 h/to = 65.000 Lh

ca. 15 % Zuschlag für Baustelleneinrichtung, Hilfslöhne etc.

→ 1,15 x 65.000   = 75.000 Lh

Bezogen auf:

BRI: $\dfrac{75.000}{ca.\ 10.300 \times 3{,}0}$ = 2,4 Lh/m³ BRI

BGF: 75.000 / 10.300 = 7,3 Lh/m² BGF

Maximal einsetzbare Arbeitskräfte: ca. 2.575 m² / 50 AK/m² = 51 AK, da geschossweise mit ca. 30% Überlappung gebaut werden kann. (Betonierabschnitt = m², Fläche je Arbeiter 50 m²)

max. AK = ca. 70 Mann

erforderliche Bauzeit:
    = $\dfrac{75.000 \; Lh}{8 \; Lh/Tag \times 17 \; Tage/Mon. \times 70 \; AK}$ = 7,9 Monate

gewählt: 7 Monate

Abb. 8.7 Beispiel für Kapazitätsberechnung aus einem Hotelprojekt

nehmenseinsatzform, den eingesetzten Planungsbeteiligten und noch weiteren Einflussfaktoren. So wird die Termingestaltung eines zur Eigennutzung vorgesehenen Projektes wegen der vielfältigen Nutzerabstimmungen ablauftechnisch evtl. anders zu konzipieren sein, als ein Renditeprojekt mit klar umrissenen Qualitätszielen und Nutzerzielgruppen.

Unabhängig davon wird man zum Zeitpunkt der Erstellung des Rahmenterminplanes eine Entscheidung über Aufwandswerte bzw. anzunehmende Baugeschwindigkeiten und daraus ableitbare Kapazitätsvorgaben für unterschiedliche Projektbeteiligte treffen müssen.

In Kap. 8.15 werden Kennwerte über Baugeschwindigkeiten auf Projektebene dargestellt und im Hinblick auf projektindividuelle Einflüsse differenziert diskutiert.

In Kap. 8.16 werden die kapazitiven Aufwandswerte der einzelnen Planungsbereiche abgeleitet (Abb. 8.6).

Abb. 8.8 Gebäudespezifische Aufwandswerte. (Platz: Ablauf und Aufwand der Technikmontagen im Hochbau. In: Praxiskompendium, Teil 2, Bauverlag)

Werte von Kuhne/Sommer

Klima/Lüftung	ca. 0,25 – 0,20 h/m³ BRI
Heizung	ca. 0,10 – 0,15 h/m³ BRI
Sanitär	ca. 0,15 – 0,25 h/m³ BRI
Elektro	Ca. 0,25 – 0,35 h/m³ BRI

Aufwandswerte nach B. Kochendörfer

Projekt	Bezugsgröße	[E]	Gebäudespezifische Aufwandswerte [h/E]				
			Heiz.	Luft, Klima	Sanitär	Starkstrom	Schwachstrom
Kaufhaus	9.650	m² NF	1,07	1,03	1,05	-	-
	50.100	m³ BRI	0,17	0,16	0,16	-	-
Bürogebäude (mit Parken)	17.200	m² HNF	0,58	2,33	0,42	4,14	0,80
	96.000	m³ BRI	0,10	0,42	0,08	0,74	0,14
dto.	25.000	m² HNF	0,78	6,80	1,08	4,40	1,24
	250.00	m³ BRI	0,08	0,68	0,11	0,44	0,12
dto.	11.200	m² NF	1,32	2,13	0,96	3,72	1,32
	55.000	m³ BRI	0,27	0,43	0,19	0,76	0,27

Unabhängig von diesen Betrachtungen seien an dieser Stelle folgende Hinweise zu absoluten Zeitdauern angemerkt:

• Genehmigungsdauer:
Nicht unter 5–6 Monaten (je nach Örtlichkeit und baurechtlicher Situation auch sehr viel länger).

• Teilbaugenehmigung:
Die Möglichkeit und Notwendigkeit sollte frühzeitig geprüft werden, schwierige Punkte sollten über den Vorbescheid während der Vorplanung geklärt werden.

• Ausführungsplanung:
Die Zeit zwischen abgeschlossener, freigegebener Entwurfsplanung (Beginn Werkplanung 1) und erster Planlieferung (Bewehrungsplan) auf der Baustelle sollte je nach projektindividuellen Randbedingungen (z. B. Anzahl Geschosse) nicht unter 3 bis 5 Monaten bemessen werden.

• Ende der Ausführungsplanung:
Das Ende der Ausbauwerkplanung liegt in den meisten Projekten nicht früher als ca. 6 Monate vor der baulichen Fertigstellung.

• Ausschreibungsbeginn:
Der Vorlauf, gerechnet vom Ende der freigegebenen Entwurfsplanung, bis zum Beginn der Rohbauausschreibung sollte wegen der Schaffung erforderlicher Planungsgrundlagen (Rohbaudetails) für die Ausschreibung mindestens 2–3 Monate betragen.

Entscheidungen Mit Verabschiedung des Terminrahmens werden einige Entscheidungen getroffen, die das gesamte Projekt nachhaltig beeinflussen. In Abb. 8.4 sind ablaufbeeinflussende Randbedingungen zusammengestellt. Alle einzelnen Punkte müssen als formulierte Fragestellung im Rahmen der Erstellung des Rahmenterminplanes bzw. spätestens zum Zeitpunkt der Erstellung des Generalterminplanes beantwortet und in die Formulierung der Terminablaufstruktur sowie Bemessung der absoluten Terminaufwandswerte einbezogen werden.

8.1.1 Produktionsfunktionen Rohbau

Für überschlägige Plausibilitätskontrollen des Gesamtaufwandes einer Baustelle und für die Grobdisposition des Ablaufes genügt ein Verfahren, bei dem die wesentlichen Einflussgrößen schnell abgeleitet werden können. Die übliche Dimension für das Volumen von Rohbauarbeiten ist der kubikmeterumbaute Raum. Dieser kann wie in der nachfolgenden Abb. 8.7 formuliert werden.

In die Formel fließen Grenzwerte bezüglich Schalung, Bewehrung und Beton ein und ermöglichen die Ermittlung einer Gesamtstundenzahl als Ausgangspunkt für die Überlegung, wie viel Arbeitskräfte in dem entsprechenden Gebäude für den Rohbau einzusetzen sind. Der Arbeitsstundenbedarf schwankt je nach Konstruktion und Randbedingungen stark. Die konkrete Berechnung der Rohbauzeit aus einer Kapazitäts-/Zeitbetrachtung ergibt sich wie folgt (Abb. 8.8):

Abb. 8.9 Prozentuale Verteilung der Gewerkekosten auf die Kosten der Einzelprozesse. (Platz: Ablauf und Aufwand der Technikmontagen im Hochbau. In: Praxiskompendium, Teil 2, Bauverlag)

Einzelprozesse / Einzelgewerke	Grobmontage %	Feinmontage %	Zentralen %	Dämmung %	Summe %
1. Lüftung/Klima	35 – 40	ca. 10	45 – 50	ca. 5	i. M. 100
2. Heizung u. Warmwasserbereitung	40 – 45	ca. 10	35 – 40	ca. 10	i. M. 100
3. Sanitär	50 – 55	15 – 25	20 – 25	ca. 5	i. M. 100
4. Starkstrom m. Beleuchtung	35 – 40	30 – 35	25 – 35	–	i. M. 100
5. Schwachstrom	30 – 40	20 – 30	30 – 50	–	i. M. 100
6. Fördertechnische Anlagen	40 – 45	10 – 15	40 – 50	–	i. M. 100

Abb. 8.10 Prozentuale Anteile der Baustellen-Lohnkosten zu den Einzelprozesskosten. (Platz: Ablauf und Aufwand der Technikmontagen im Hochbau. In: Praxiskompendium, Teil 2, Bauverlag)

Einzelprozesse / Einzelgewerke	Grobmontage %	Feinmontage %	Zentralen %	Isolierung %	i. M. Summe %
1. Lüftung/Klima	ca. 40	ca. 40	ca. 20	ca. 65	30 – 35
2. Heizung u. Warmwasserbereitung	ca. 50	ca. 25	ca. 25	ca. 65	35 – 40
3. Sanitär	ca. 40	ca. 30	ca. 30	ca. 65	35 – 40
4. Starkstrom m. Beleuchtung	ca. 60	ca. 40	ca. 50	–	45 – 50
5. Schwachstrom	ca. 50	ca. 60	ca. 30	–	35 – 40
6. Fördertechnische Anlagen	ca. 60	ca. 35	ca. 25	–	40 – 45

8.1.2 Aufwandswerte für Technikgewerke

Bedingt durch die Vielfalt gebäudetechnischer Anlagesysteme und durch den unterschiedlichen Grad der technischen Ausrüstung und des Standards werden Stundensätze für die Gebäudetechnik am sinnvollsten über den Lohnkostenanteil ermittelt. Für grobe Terminberechnungen gibt es einige gebäudespezifische Richtwerte, die in Abb. 8.9 dargestellt werden.

Damit besteht die Möglichkeit, den spezifischen Aufwandwert für die unterschiedlichen Systeme einzugrenzen. Mit den Aufwandswerten können min/max-Grenzwerte für Ausführungsdauern eingegrenzt werden.

In Abb. 8.10 ist die weitergehende Möglichkeit dargestellt, auf Basis von Investitionskosten, für die einzelnen Gewerke eine Strukturierung im Sinne des Strukturablaufes Grobmontage, Feinmontage, Zentralen und Dämmung zu wählen

In der Abb. 8.11 können dann mit den anteiligen Baustellenlohnkosten der voraussichtliche Lohnaufwand je Einzelprozess ermittelt werden.

Die konkrete Ermittlung aus einer Kapazitätsbetrachtung ergibt sich wie folgt (Abb. 8.12):

8.1.3 Strukturablauf Hochbauprojekt

In der Abb. 8.13 ist der Ablauf eines Gesamtprojektes dargestellt. Der Fortschritt des Rohbaus über die Stockwerke ist als Linie dargestellt. Mit einem Vorlauf des Rohbaus von zwei bis drei Stockwerken kann dann die Fassadenmontage folgen. Da der Montagefortschritt der Fassade größer ist als die Rohbauerstellung eines Stockwerkes, können sich eventuell kritische Annäherungen an den Rohbau ergeben, die ablauftechnisch berücksichtigt werden müssen. Ebenfalls mit einem entsprechenden Vorlauf des Rohbaus kann die Grob-

Abb. 8.11 Abschätzung der
Zeitdauern für den Technischen
Ausbau. (Platz: Ablauf und Auf-
wand der Technikmontagen im
Hochbau. In: Praxiskompendium,
Teil 2, Bauverlag)

In der Literatur (Praxiskompendium Baubetrieb) sind folgende Werte bekannt:

Klima / Lüftung:	ca.	0,25 – 0,20	h/m³ BRI
Heizung:	ca.	0,10 – 0,15	h/m³ BRI
Sanitär:	ca.	0,15 – 0,25	h/m³ BRI
Elektro:	ca.	0,25 – 0,35	h/m³ BRI

Untersucht werden die Zimmertrakte eines Hoteltraktes, Bauteil 1:
2. bis. 5. OG

Der technische und bauliche Ausbau der Zimmertrakte / Hotelhallenbereiche kann
größtenteils parallel laufen.

Mit den im Folgenden angesetzten Werten ergibt sich folgender Monateaufwand
für Grob-/ und Feinmontage:

BRI = ca. 31.000 m³ / 10.300 m² BGF

Gewerk	LH m³ BRI	Summe Stunden	Grobmontage %	Grobmontage Lh	Feinmontage %	Feinmontage Lh	Zentralen %	Zentralen Lh
Klima	0,40	12.400	40	4.960	40	4.960	20	2.480
Heizung	0,15	4.650	50	2.325	25	1.163	25	1.163
San./Sprink.	0,20	6.200	40	2.480	30	1.860	30	1.860
Elektro	0,30	9.300	40	3.720	30	2.790	30	2.790
Schwachstrom	0,20	6.200	40	2.480	20	1.240	30	1.860
Wärmed.	0,20	6.200	100	6.200				
		44.950				12.013		

Bestimmung der Zeit für Grob- / Feinmontage

Da alle wesentlichen Technikgewerke gleichzeitig bzw. kurz hintereinander laufen, wird zur
reibungslosen Abwicklung eine Arbeitsfläche von 35 m² / Arbeitskraft vorausgesetzt.

$$\text{max. einsetzbare Anzahl / Arbeitskräfte} = \frac{2.575}{35} = \underline{74 \text{ AK}}$$

Annahme aufgrund von gleichzeitiger Tätigkeit von Ausbau / Technik:

Haustechnikpersonal   max. 40 AK / Geschoss

→   je Leitgewerk ca. 1 Kolonne (5 bis 7 Mann)
           (Klima, Heizung, Sanitär, Elektro)

Ausnahme: je Geschoss werden für Haustechnik i. M. ca. 20 Mann eingesetzt,
            2 Geschosse gleichzeitig in Bearbeitung.

Daraus ergibt sich ca. Anhaltwert für erforderliche Zeit Grobmontage:

$$\text{Erf. Bauzeit (Mon.)} = \frac{34.100 \text{ Lh}}{40 \text{ AK} \times 9 \text{ Lh/d} \times 17 \text{ d/Mon.}} = \underline{5,7 \text{ Mon.}}$$

Gewählt: 6 Monate

Die Feinmontage hängt stark vom Ausbauablauf ab, hier angesetzt :

                    4 Monate

Abb. 8.12 Weg-Zeit-Diagramm. (Greiner P./Mayer P./Stark K. (1999) Baubetriebslehre Projektmanagement, S. 129.)

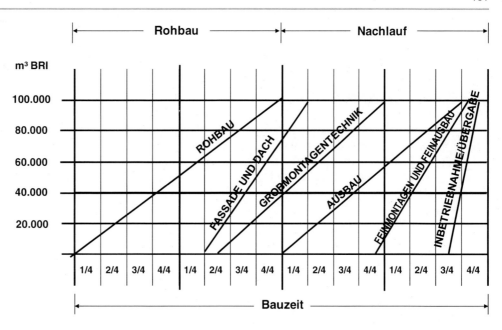

Vorgang	Hilfsmittel
(1) Entwurf Vorgangsliste Einzeltätigkeiten (in Reihenfolge der Tätigkeiten)	- Terminstrukturlisten - Beispiel Terminpläne

(2) Eingrenzung der Vorgangsdauern (max/min)
Planung: GE/VP/EP, GP, AP (Vorlauf zur Ausschreibung)
Ausschreibung: Dauer der Ausschreibungsvorgänge
Ausführung: Dauer - Baugrube
                  - Rohbau
                  - Fassade
                  - Grobmontage
                  - Ausbau
                  - Feinmontage
                  - Inbetriebnahme
	- Aufwandswerte
	  Planung/Bau
	- Produktionsfunktionen
	  Bau
	- Erfahrungskennwerte
	  über Ausführungsdauern

(3) Vorwärtsrechnen (-0 mit Null-Werten / max.-Werten) (ggf. Rückwärtsrechnen bei vorgegebenem Endtermin)	- Netzplantechnik
(4) Feststellen des kritisches Weges	- Netzplantechnik

(5) Kapazitätsberechnungen	- Planung: Kennwerte über
	  Planungsdauern, HOAI-
	  Honorarvorgaben

(6) Plausibilitätskontrolle des Strukturablaufes / Abhängigkeiten, Vorläufer, Nachläufer	- Vergleich mit Vergleichsprojekten
(7) Vergleich mit anderen Bauvorhaben	- Dokumentationen
(8) Feststellen von gegebenen Risiken – Ableiten von Kompensationen im Ablauf/Anpassungsmaßnahmen	- Risikoanalyse / Vergleichsprojekte
(9) Ableiten von Kapazitätsvorgaben für Planungs- und Ausführungsbeteiligte	- Aufwandsberechnungen
(10) Erstellung eines Erläuterungsberichtes mit Aufzeigen der Randbedingungen/Ableitung von weiteren Maßnahmen	
(11) Vorbereiten der Präsentationen beim Bauherrn	- Vorabstimmungen mit 2. Projektebene
(12) Herbeiführen der Entscheidung über Terminrahmen	
(13) Entwicklung/Ableitung Terminrahmen für vertragliche Vereinbarungen mit den Planungsbeteiligten	- geeignete Detaillierung verwenden
(14) Entwurf Steuerungsterminplan für jeweils nächste Planungsphasen	- Ablaufstruktur Vergleichsprojekt

Abb. 8.13 Vorgänge zur Erstellung eines Rahmenterminplans

montage der Technik erfolgen, die ab einem gewissen Vorlauf dann mit den Ausbauarbeiten stark verflochten ist. Die Feinmontage und der Feinausbau erfolgt als letzter Schritt und wird abschließend von den Inbetriebnahmevorbereitungen bzw. einem eventuellen erforderlichen Probebetrieb abgeschlossen.

Die Technikgewerke im Hochbau lassen sich unter ablauftechnischen Gesichtspunkten grob gliedern in:

Raumlufttechnikanlagen (Lüftungsanlagen/Klimaanlagen)
Heizung und zentrale Warmwasserbereitung
Sanitärtechnische Anlagen (Ver- und Entsorgungsanlagen)
Elektrotechnische Anlagen (Starkstromanlagen/Schwachstromanlagen)
Fördertechnische Anlagen (Aufzüge, Förderanlagen, Warentransportanlagen, sonstige Förderanlagen).

Die Montage lässt sich in folgende Einzelprozesse einteilen:

- Grobmontage:
  - Montage der Kanäle, Nachbehandlungsgeräte, Feuerschutzklappen, Entspannungs- und Mischkästen
  - Isolierung
- Feinmontage:
  - Einbau und Anschluss der Lufteinlässe und Ansaugstutzen, Montage der Induktionsgeräte
  - Mess- und Regeltechnik

Diese Detailbetrachtungen werden zum Zeitpunkt der Rahmenterminplanung noch nicht angestellt, allerdings wird bereits zu einem frühen Zeitpunkt in Abhängigkeit des Technisierungsgrades darüber nachzudenken sein, in welchen Abhängigkeiten und welchen Vorlaufnotwendigkeiten die bau- und ausbau- bzw. technikrelevanten Vorgänge im Verhältnis zueinander angeordnet werden müssen.

8.1.4   Erstellung des Rahmenterminplans

Auf die Bedeutung des Rahmenterminplanes als terminliche Zielvorgabe zu Projektbeginn wurde einleitend hingewiesen.

In Abb. 8.14 sind die Vorgänge zur Erstellung eines Rahmenterminplanes zusammengestellt.

Entwurf Vorgangsliste Im ersten Ansatz gilt es zunächst die Struktur des Ablaufes festzulegen und dann in eine entsprechende Reihenfolge zu bringen. Hilfestellung kann über Checklisten und auch in Form von Terminplänen bereits ausgeführter Projekte geleistet werden.

Eingrenzung der Vorgangsdauer In einem weiteren Schritt sind Vorgangsdauern für die einzelnen Teilphasen abzuschätzen. Je nach vorliegender Grundlagenstruktur für die Terminplanung können dies Erfahrungswerte bereits abgewickelter Bauwerke sein. Wichtig ist bei der Analyse die Überprüfung der jeweils konkret vorliegenden Randbedingungen. Für die Abschätzung der Rohbauleistungen gibt es

als Hilfsmittel Produktionsfunktionen, die es ermöglichen, die ablauftechnischen und konstruktiven Zusammenhänge analytisch zu einer Gesamtaussage über die erforderliche Rohbauzeit zu führen. Eine weitere Möglichkeit besteht in der Anwendung und Auswertung von Aufwandswerten eigener Projekte oder bestehender Literatur.

Vorwärtsrechnung/Rückwärtsrechung Nachdem die einzelnen Vorgänge und ihre Dauern bestimmt sind, wird nun der Terminplan mit den richtigen Abhängigkeiten der einzelnen Vorgänge entworfen. Zunächst wird in einer Vorwärtsrechnung mit Annahme der gegebenen Abhängigkeit ein Endtermin bauherrenseitig errechnet und dann im Sinne einer Plausibilitätskontrolle geprüft, ob der errechnete Termin vor dem Hintergrund gegebener Zwangspunkte realistisch ist. Häufig ist ein Endtermin vorgegeben, den es zu erreichen gilt. In diesem Falle muss die Möglichkeit geprüft werden, verschiedene Aktivitäten zu überlappen und die daraus erkennbaren Risiken zu kategorisieren und im Hinblick auf ihre Eintrittswahrscheinlichkeit zu bewerten.

Feststellen des kritischen Weges Gerade bei sehr knappen Terminabläufen ist es wichtig, den kritischen Weg frühzeitig zu erkennen, d. h. diejenigen Vorgänge zu bestimmen, bei denen sich eine Veränderung direkt auf den Endtermin auswirkt.

Kapazitätsberechnungen Mit der Vorgabe des Rahmenterminplans werden die Kapazitäten in Planung und Bau bestimmt. Für die Planung sollten insbesondere bei größeren Bauvorhaben und Projekten aus den Planungsphasen erforderliche Kapazitätsvorgaben für die Projektbeteiligten ermittelt werden, damit diese bereits frühzeitig in das vertragliche Regelwerk Eingang finden können. Im Hinblick auf die Ausführungs-leistung ist besonders von Bedeutung, inwiefern für die Durchführung der Rohbau- und Ausbauarbeiten notwendige Arbeitsflächen, Räume und Bedienungsmöglichkeiten des Personales mit Kränen und Hebezeuge ausreichend vorhanden sind.

Plausibilitätskontrolle des Strukturablaufes Nachdem der Terminplan fertiggestellt ist, wird dieser auf Plausibilität geprüft, Abhängigkeiten analysiert und entsprechende Korrekturen vorgenommen.

Feststellen von Risiken In der Regel beinhaltet jeder Ablauf – insbesondere stark überschnittene Planungs- und Bauabläufe – Risiken, die sich häufig erst zu einem späteren Zeitpunkt auswirken. Es sollte deshalb bereits zum Erstellungszeitpunkt des Terminplans eine Risikoanalyse des Ablaufs vorgenommen werden, um daraus möglicherweise Kompensations- oder Ausgleichsmaßnahmen formulieren zu können.

GENERALTERMINPLAN

Nr.	VORGANG	ZUST	D
1	**PROJEKTENTWICKLUNG**		13 W
2	**PLANUNGSVORBEREITUNG**		**58 W**
3	Planungsvorbereitung/Architektenwettbewerb		32 W
4	Beauftragung Fachplaner		18 W
5	Gutachten sonstiges		8 W
6	**GRUNDLAGENERMITTLUNG**		**16,6 W**
7	Vorl. z. Grundlagenermittlung (Konzepte/Gutachten)	FPL	10,2 W
8	Grundlagenkonzept Architekt + Zusammenstellung	A	8,2 W
9	Grundlagenkonzepte Fachplaner	FPL	6,2 W
10	Überprüfung Qualitätsstandard/Investitionsplan	PS/BH	5 W
11	Grundlagenermittlung prüfen/freigeben	PS/BH	3,2 W
12			
13	**VORPLANUNG**		**27 W**
14	Vorleistungen zur Vorplanung (Gutachten/Vermessung)	FPL/A	15 W
15	Rohling M 1:200	A	4 W
16	Vorplanungskonzept Architekt / Zeichn.Darstellung	A	12 W
17	Vorplanungskonzepte Fachplaner	FPL	7 W
18	Flächenberechnung / Kostenschätzung	PS/BH/FF	5 W
19	Zusammenstellung / Fertigstellung Vorplanung	A	3 W
20	Vorplanung prüfen/freigeben	PS/BH	4 W
21			
22	**ENTWURFSPLANUNG**		**29 W**
23	Leistungen zur Entwurfsplanung (Verm./Bauphysik)	A	28 W
24	Rohling M 1:100	A	10 W
25	Entwurfskonzept Architekt / Zeichn. Darstellung	A	17 W
26	Entwurfskonzepte Fachplaner	FPL	17 W
27	Fertigstellung Entwurf Architekt / Fachplaner	A/FPL	8 W
28	Flächen- / Kostenberechnung	PS/BH/FF	6 W
29	Zusammenstellung Entwurfsunterlagen	A	4 W
30	Entwurf prüfen/freigeben	PS/BH	4 W
31			
32	**GENEHMIGUNGSPLANUNGSVERFAHREN**		**60,6 W**
33	Vorabgenehmigung	A	23 W
34	Genehmigungsplanung durch Architekt	A	6 W
35	Genehmigungsplanung durch Fachplaner	FPL	8 W
36	Genehmigungsplanung durch Statiker	TWP	28 W
37	Genehmigungsunterlagen zusammenstellen	A/FPL	3 W
38	Genehmigungsunterlagen prüfen/freigeben/einreichen	PS/BH	3 W
39	Genehmigungsverfahren	AMT	30 W
40	Kostenberechnung	A/FPL	6 W
41	Kostenberechnung prüfen/freigeben	PS/BH	3 W
42			

Abb. 8.14 Generalterminplan

GENERALTERMINPLAN

Nr.	VORGANG	ZUST	D
43	**AUSFÜHRUNGSPLANUNG**	**PLA**	**129 W**
44	Werkplanung Rohbau (Werkplan 1) / Baugrubenaushub	A	47 W
45	Werkplanung Fassade / Dach	FPL	42 W
46	Werkpl. Technischer Ausbau	FPL	68 W
47	Werkplanung TA - Schlitze, Aussparungen	TWP	44 W
48	Koordination der TA - Schlitzpläne	TWP	44 W
49	Werkplanung 2 (koordinierte Angaben) + Prüfung	FPL	49 W
50	Schalpläne (Grundl. Werkplan 2) + Prüfung	TWP	54 W
51	Bewehrungspläne + Prüfung	FPL/A	66 W
52	Werkplanung 3 (Baulicher Ausbau) + Detailplanung	FPL	86 W
53	Außenanlagen / Außenbegrünung	FPL	65 W
54			
55	**AUSSCHREIBUNG BIS VERGABE**	**A**	**129,2 W**
56	Baugrubenaushub und Sicherung / Rohbau	A	31 W
57	Fassade / Dach	FPL	26 W
58	Technischer Ausbau	FPL	39 W
59	Baulicher Ausbau	FPL	71 W
60	Außenanlagen / Außenbegrünung	FPL	55 W
61			
62	**BAUAUSFÜHRUNG**		**157,2 W**
63	Baugrubenaushub / Verbau	BL	17 W
64	Rohbau gesamt	BL	63 W
65	Fassade	BL	53 W
66	Grobmontage Objekte/Install.Haustechn. Gewerke	BL	57 W
67	Feinmontage Objekte / Zentralen	BL	80 W
68	Ausbau	BL	94 W
69	Außenbegrünung / Außenanlagen	BL	103 W
70	Baufertigstellung (incl. Abnahme u. Mängelbeseitigung)	BU/BH	18 W
71	Inbetriebnahme / Feinreinigung/Möblierung	BU/BH	8 W
72			
73	**NUTZUNGSBEGINN**	BH	0 W

Zeitachse: Jahr 1 (J F M A M J J A S O N D) – Jahr 6, Ja

Abb. 8.14 (Fortsetzung)

Kapazitätsvorgaben Aus dem Ablauf sollten konkret Kapazitätsvorgaben für Planungs- und Ausführungsbeteiligte abgeleitet werden, damit diese für die vertraglichen Vorbereitungen Verwendung finden können.

Erläuterungsbericht Jeder Terminplan muss mit Erläuterungen kommentiert werden (Randbedingungen und weiterer Schritte des Ablaufs).

Vorbereiten der Präsentation Die Entscheidung über den Terminrahmen eines Projektes ist eine wesentliche Grundsatzentscheidung. Der Ersteller des Terminplans sollte den Terminplan mit seinen Abhängigkeiten mit den untersuchten Varianten und den gegebenen Risiken dem Entscheidungsgremium vorstellen und einen Beschlussvorschlag zur Freigabe formulieren.

Ableitung Terminrahmen für vertragliche Vereinbarungen Abbildung 8.15 Nach Entscheidung des Rahmenterminplanes muss abgeleitet werden, welche Vereinbarungen mit Planungsbeteiligten im Sinne der weiteren Vorgehensweise im Projekt zu treffen sind.

Entwurf Steuerungsterminplan Nach Entscheidung des Rahmenterminplanes muss der Verantwortliche bzw. Projektsteuerer einen Steuerungsterminplan für die Erbringung der nächsten Planungsphasen erstellen.

8.2   Generalterminplan

Der Generalterminplan ist eine weitere Differenzierung des Rahmenterminplanes. Falls die Voraussetzungen zur Erstellung gegeben sind, sollte er möglichst vor Planungsbeginn erstellt werden. Er wäre in diesem Fall die Grundlage für die Formulierung des Rahmenterminplanes. Diese Vorgehensweise hat den Vorteil, dass insbesondere bei sehr engen Terminabläufen die Überschneidungspunkte der Planung gut erkennbar sind und das Aufzeigen von Problempunkte im Terminablauf gegenüber dem Bauherren sehr gut deutlich gemacht werden kann. In Kap. 10.3 werden diese Zusammenhänge an einem Beispiel dargestellt.

Detaillierungsstruktur Die Struktur der Terminierung sollte sich an den vorliegenden Grundlagen des Projektes/des Baukörpers orientieren.

Ablaufstruktur/Abhängigkeiten Hier gelten die gleichen Anmerkungen, wie bei der Rahmenterminplanung. Falls die geometrische Gestalt des Baukörpers z. B. als Ergebnis eines Wettbewerbes vorliegt, sollten die Zeitpunkte der Bauausführung (Beginn/Ende) in Abhängigkeit der jeweiligen Winterlage, die Bestimmung des Starttermins der

TGA-Grobmontage (Fertigstellung 1./2. UG), der Beginn Fassadenarbeiten, Erreichbarkeit der Wetterdichtigkeit als Voraussetzung zum Beginn der Ausbauarbeiten und der ins Auge gefasste bauliche Fertigstellungstermin auf Grobebene möglichst zielsicher eingegrenzt werden. Sowohl für die Planung, als auch für die Ausführung sind Kapazitätsberechnungen durchzuführen.

Entscheidungen Die Gestaltung des Terminrahmens hat direkten Einfluss auf die Entscheidungsfindung. Je enger der Ablauf gestaltet ist, desto effektiver und sorgfältiger wird das anzuwendende Entscheidungsmanagement sein.

8.3   Steuerungsplan Planungsvorbereitung

Nach der Entscheidung über den Planungsstart als Ergebnis der Phase Projektentwicklung müssen die Startvoraussetzungen formuliert werden. Dies gilt sowohl im Hinblick auf organisatorische Vorgaben, als auch für die Vorbereitung der Beauftragung der erforderlichen Planungsbeteiligten (Abb. 8.16).

Detaillierungsstruktur Der Terminplan sollte alle wesentlichen Vorgänge der Erarbeitung, der Abstimmung sowie Entscheidungserfordernisse bauherrenseitig enthalten.

Ablaufstruktur/Abhängigkeiten Es sollte erreicht werden, dass die Leistungsanforderungen an die Planer, verbunden mit einer Honorarvereinbarung vor Planungsbeginn (Grundlagenermittlung) vorliegen. Dieses erfordert einen deutlichen Zeitvorlauf vor der Planung, verbunden mit wesentlichen Abstimmungserfordernissen mit dem Bauherrn.

Ablaufdauern, Kennwerte Je nach Ausgestaltung der Verträge ist die erforderliche Vorbereitungszeit von Projekt zu Projekt unterschiedlich. Bei Verwendung von Standardverträgen ohne umfangreiche individuelle Leistungsbeschreibungen nebst Schnittstellenbetrachtungen ist die Bearbeitungszeit der Verträge bauherrenseitig bzw. seitens der Projektsteuerung kürzer als bei schwierigen Vertragsstrukturen mit vielen Abstimmungserfordernissen zwischen Bauherren und externer Rechtsberatung. In diesen Fällen ist bei größeren Projekten ein Zeitraum von 4–5 Monaten einzukalkulieren, gerechnet vom ersten Vorschlag der Planungsbeteiligten durch die Projektsteuerung über Angebotseinholung, Vertragsverhandlungen bis zur Vertragsunterzeichnung durch den Bauherren und Planer. Die zeitlichen Abläufe sind projektindividuell stark unterschiedlich.

Entscheidungen Wesentliche Entscheidungen müssen zur Aufbau-/Ablauforganisation des Projektes, dem Versicherungskonzept, den vorgesehenen Planungsbeteiligten

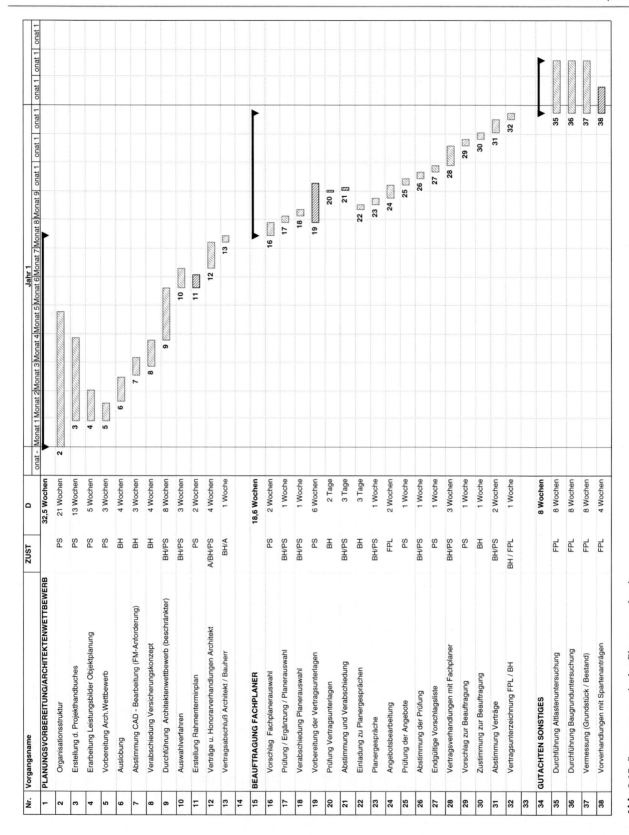

Abb. 8.15 Steuerungsterminplan Planungsvorbereitung

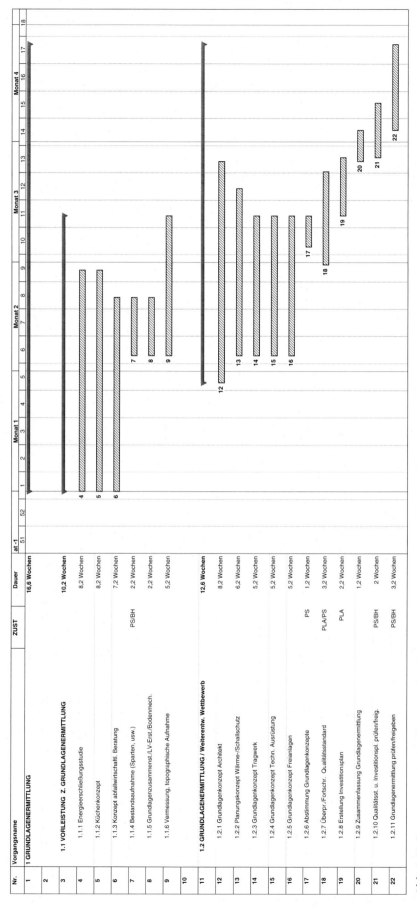

Abb. 8.16 Steuerungsterminplan Planungsvorbereitung

(Architekt/Fachplaner/Sonderfachleute), der vorgesehenen Vertragsstruktur und den damit verbundenen Schnittstellen, Honorarvorstellungen sowie der Notwendigkeit besonderer Leistungen für Planungsbeteiligte getroffen werden.

8.4 Steuerungsterminplan Grundlagenermittlung

In der Phase der Grundlagenermittlung geht es um die Klärung noch grundsätzlicher Fragestellungen im Sinne der erforderlichen Aufgaben und des erforderlichen Leistungsbedarfes. Je nach Vorgabe der Projektentwicklung sowie des evtl. abgeschlossenen Architektenwettbewerbes werden sich unterschiedliche Aufgabenstrukturen für die Planungsbeteiligten ergeben (Abb. 8.17).

Ablaufstruktur/Abhängigkeiten In der Praxis wird die Phase der Grundlagenermittlung von den Planungsbeteiligten sehr häufig als Teil der Vorplanung verstanden, die dann übergangslos in dieser Phase untergeht. Da die HOAI diese Leistungsphase zu Recht als eigenständige Aufgabe begreift, sollte diese auch bauherrenseits so eingefordert werden. Das Ergebnis sollte auf Grundlage der HOAI in schriftlicher Form vom Planer abgeliefert werden. Vor Beginn der Grundlagenermittlung sollte die darin beinhaltete Aufgabenstellung präzise definiert werden. Des weiteren sollten die in der Planungsphase steckenden Entscheidungssachverhalte vor Beginn der Vorplanung abgearbeitet werden.

Im Steuerungsplan selbst müssen die wesentlichen Vorgänge der Grundlagenermittlung vorgegeben sein.

Ablaufdauern, Kennwerte Die Zeitdauern für die Vorgänge der Grundlagenermittlung sind projektindividuell sehr unterschiedlich. Falls eine professionelle Projektentwicklung mit dem Ergebnis eines Nutzerbedarfsprogramms vorliegt oder ein Wettbewerbsergebnis, wird diese Phase kürzer zu gestalten sein.

Entscheidungen In dieser Phase wird endgültig über das Nutzerbedarfsprogramm und evtl. erforderliche Anpassungen, den grundsätzlichen Qualitätsrahmen in Abhängigkeit der formulierten Investitionskosten sowie vielfältige Fragestellungen zum Leistungsprogramm als Voraussetzung zum Start der Vorplanung zu entscheiden sein.

8.5 Steuerungsplan Vorplanung

Die Vorplanungsphase ist eine entscheidende Leistungsphase, da dort die Programmgrundlagen planerisch das erste Mal in konkreter Gestalt formuliert werden. Bei einem evtl. vorgeschalteten Wettbewerb gestaltet sich dies allerdings ein wenig anders. In diesem Fall wird das Wettbewerbsergebnis evtl. partiell überarbeitet. Daraus resultieren in der Regel eine Vielzahl von Koordinations-/Entscheidungspunkten, die je nach weiterem Terminablauf entweder innerhalb oder nach Abschluss der Vorplanungsphase entschieden werden müssen (Abb. 8.18).

Detaillierungsstruktur In dem Steuerungsplan müssen *alle* wesentlichen Vorgänge und vor allem alle Beteiligten erfasst werden, damit diese zeitlich in das Planungsgeschehen verbindlich eingeordnet sind. Aufgenommen werden sollten auch vorlaufende Vorleistungen zur Vorplanung, damit sich im Entwicklungsprozess der Planung keine Behinderungssachverhalte für einzelne Planer ergeben. Zu Beginn der Planung sollte mit den Planungsbeteiligten abgestimmt werden, welche Alternativen näher zu untersuchen sind, damit der Entscheidungsprozess hinreichend vorstrukturiert werden kann. Es sollte vermieden werden, dass alle nur denkbaren Alternativen in gleicher Tiefe bis zum Abschluss der Vorplanungsphase diskutiert werden. In diesem Fall wird die Entscheidungsfindung nicht rechtzeitig möglich sein. Falls sich zu Projektbeginn aus Termingründen das Erfordernis einer Ausschreibung auf Basis der Entwurfsplanung für den Rohbau ergeben hat, und diese Entscheidung mit Verabschiedung der Rahmenterminplanung getroffen wurde, ist bei Verzögerungen, z. B. wegen Änderungen, der Endtermin des Gebäudes nur noch über terminsteuernde Anpassungsmaßnahmen möglich. Zu Beginn der Vorplanung müssen ebenfalls die wesentlichen Entscheidungen der Projektentwicklung/Grundlagenermittlung getroffen werden, damit das Vorplanungskonzept später nicht wesentlich geändert werden muss. Des Weiteren sollte zu Beginn der Vorplanung durch den Projektmanager zusammen mit den Planungsbeteiligten überprüft werden, wann welche Entscheidungen in Anbetracht des geplanten Terminablaufes zu treffen sind.

Die Vorgänge der Zusammenstellung der Ergebnisunterlagen der Vorplanung, also die Integration der Fachplanerleistungen durch den Architekten werden häufig zeitlich zu kurz bemessen. Ebenfalls betrifft dies die Erstellung der Kostenschätzung durch den Architekten unter Integration der Beiträge der Fachplaner, die einigen Abstimmungsbedarf beinhalten.

Der Prüfungs- und Freigabevorgang durch PS/BH sollte mit angemessenem Zeitrahmen als einzelner Vorgang im Terminplan aufgenommen werden.

Ablaufdauern, Kennwerte Die Länge der Vorplanungsphase richtet sich nicht nur nach der Größe eines Projektes, wobei diese natürlich einen wesentlichen Ausschlag gibt. Aber auch kleinere Projekte bedürfen einer gewissen Reifezeit im Sinne der Planung, um die Programmgrundlagen sorgfältig in eine konkrete Planungsgestalt zu entwickeln. Bei Unsicherheiten im Nutzerbedarfsprogramm, z. B. auch

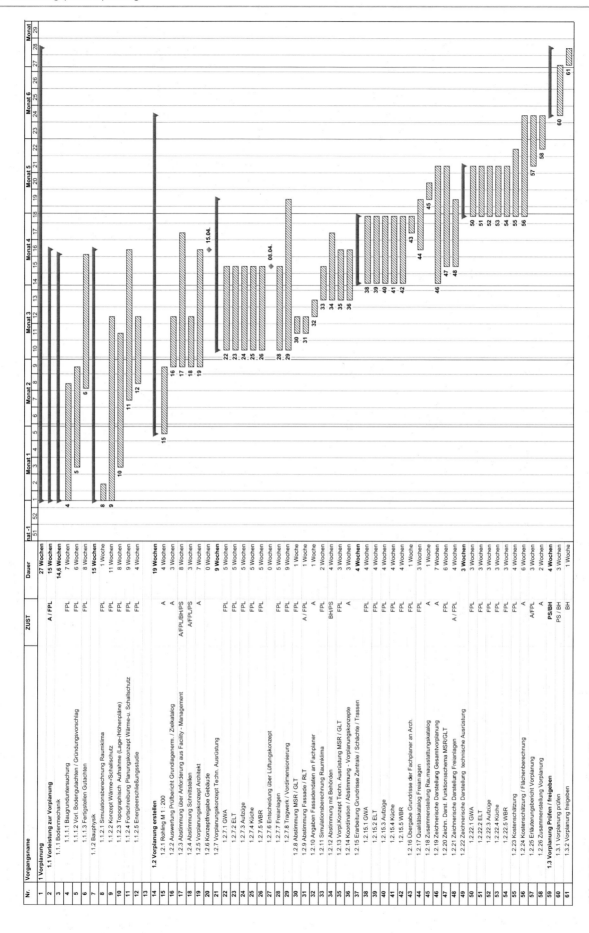

Abb. 8.17 Steuerungsterminplan Vorplanung

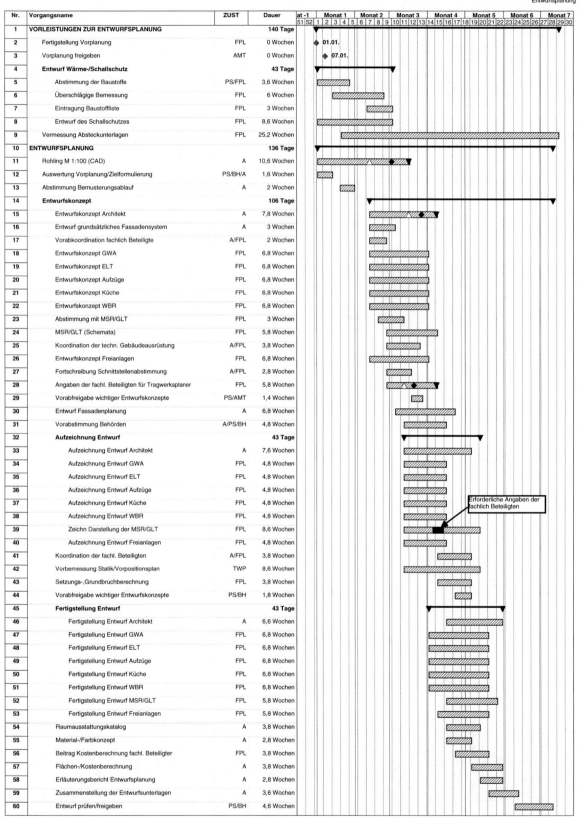

Abb. 8.18 Steuerungsterminplan Entwurfsplanung

bei Sanierungsmaßnahmen mit Problemen/Unwägbarkeiten aus dem Bestand, bei schwierigen Entscheidungsstrukturen bzw. Abstimmungserfordernissen bauherrenseitig bzw. planerseitig ergibt sich häufig zu spät die Erkenntnis, dass die Zeitansätze für die Vorplanung zu knapp bemessen waren. In Kap. 8.2 werden die Fragen des erforderlichen Zeitansatzes in Abhängigkeit der planerseitigen Kapazitäten näher betrachtet. Als Mindestwerte für Projekte (mit definierten Programmgrundlagen) in der Größenordnung von 50–200 Mio. € Herstellkosten sollten 3–4 Monate nicht unterschritten werden. Einen Ausschlag für die Bemessung der Planungszeiten für Vorplanung/Entwurfsplanung gibt auch das Verhältnis von Vorplanungszeit zu Entwurfsplanungszeit. Es wird empfohlen, die Vorplanungsphase als gestaltungsreichste Planungsphase zeitlich ausreichend, ggf. auch länger als die Entwurfsplanungsphase anzusetzen. Dabei spielen auch die bauherrenseitig formulierten Anforderungen an die Lösung der Planungsaufgaben und die Entscheidungsfreudigkeit des Bauherren eine gewisse Rolle bei der Bemessung.

Entscheidungen In der Vorplanung werden die wesentlichen Grundlagen- und Konzeptentscheidungen des Projektes getroffen. Nach dem ersten Vorplanungskonzept des Architekten sollten die nutzungsrelevanten Fragestellungen vom Bauherren noch einmal überprüft und abgeglichen werden, bevor die Fachplaner mit den Reinzeichnungen ihrer Konzepte in die Vorplanungsgrundrisse (1:200) beginnen.

Falls die Vorplanung zu einem späteren Zeitpunkt in Frage gestellt wird, ergeben sich aufwendige Änderungsaktivitäten der Architekten und Fachplaner. Entschieden werden müssen in dieser Phase wesentliche Fragen des Tragwerkskonzeptes, des Lüftungskonzeptes, der Logistik des Gesamtgebäudes sowie vielfältige Fragen des Ausstattungsprogramms in Abhängigkeit des Nutzerbedarfsprogramms, der vorgegebenen Qualitäten und des damit korrespondierenden Kostenrahmens.

8.6 Steuerungsplan Entwurfsplanung

Mit dem Abschluss der Entwurfsplanung erfolgt der endgültige Entschluss des Bauherren zur Realisierung des Projektes. Wenn aus Zeitgründen bereits nach dem Entwurf die Ausschreibung des Rohbaus erstellt werden muss, erhält diese Phase eine besondere Bedeutung (Abb. 8.19).

Detaillierungsstruktur Die Detaillierungsstruktur des Steuerungsplanes unterscheidet sich nicht wesentlich von der Vorplanungsphase. Aus Gründen der rationellen und eindeutigen Abstimmung sollten je nach Größenordnung des Projektes Planabschnittslieferungen vereinbart und fixiert werden.

Ablaufstruktur/Abhängigkeiten Die Ablaufstruktur ähnelt der Vorplanungsphase, wobei aufgrund des tieferen Detaillierungsgrades der Planung eine differenziertere Struktur erforderlich ist. Auch in diesem Terminplan sollten Zwischenfreigaben zu wichtigen Entscheidungssachverhalten in den Ablauf integriert werden. Einen wesentlichen Aspekt nimmt die erforderliche Koordination der Beteiligten ein, die in dieser Phase zwischen technischen Fachplanern, Tragwerksplaner und Architekt im Hinblick auf die wesentlichen Aussparungen stattfindet. Falls ein eigenständiger Planer für den Planungsbereich MSR/GLT beauftragt ist, muss dieser zu einem näher zu bestimmenden Zeitpunkt Angaben der Anlagenplaner übergeben bekommen, um seine Planungsüberlegungen konzeptionell abschließen zu können.

Ablaufdauern, Kennwerte Für Projekte in der Größenordnung von 50–200 Mio. € Herstellkosten sollten 5 Monate nicht unterschritten werden. Wesentlich für die erforderliche Bemessung der Planungszeit sind der weitere Terminablauf sowie der vorgesehene Vorlauf zur Ausführung.

Entscheidungen In dieser Planungsphase werden viele Entscheidungen getroffen, als Voraussetzung zum Start der Ausschreibung bzw. Ausführungsplanung. Von großer Bedeutung für das reibungslose Ablaufen der Entscheidungsprozesse ist die Vorlage und Konzeption eines schlüssigen Farb- und Materialkonzeptes, welches detailliert im Rahmen eines Bemusterungskonzeptes durch den Architekten konkretisiert werden muss.

8.7 Steuerungsplan Genehmigungsplanung/ Genehmigungsverfahren

Die Aktivitäten zur Erreichung einer Baugenehmigung reichen von den Fragestellungen in der Projektentwicklung über eventuelle Voranfragen auf Grundlage der Vorplanung, die Entwurfsplanung bis zur Eingabeplanung. In diesem Terminplan sind die Vorgänge der Genehmigungsplanung sowie erforderliche Vorabgenehmigungen angesprochen (Abb. 8.20).

Detaillierungsstruktur In dem Terminplan sollten alle Beteiligten zur Erreichung der Genehmigung erfaßt werden. Der Vorgang Kostenberechnung beinhaltet aus dem Genehmigungsverfahren erforderliche Vorgänge der Fortschreibung der Kostenberechnung. Erforderliche Tekturen sollten im entsprechenden Terminplan mit einem Vorlauf von einem halben Jahr zur Fertigstellung aufgenommen werden.

Ablaufstruktur/Abhängigkeiten Häufig wird aus Zeitgründen darüber nachgedacht, die Eingabe der Planung bei der Genehmigungsbehörde bereits vor Abschluss der

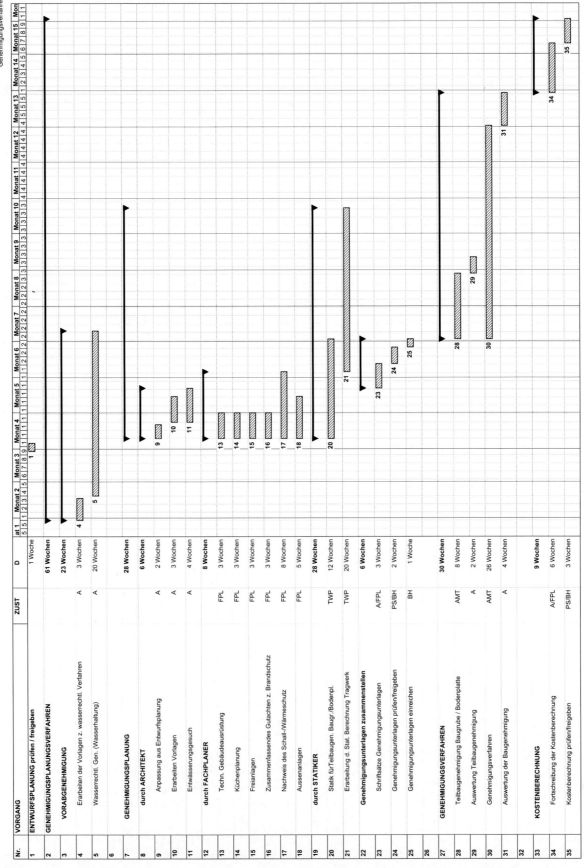

Abb. 8.19 Steuerungsterminplan Genehmigungsverfahren

Abb. 8.20 Terminverfolgung Genehmigungsverfahren Bauantrag

Verteiler:

Terminverfolgung Genehmigungsverfahren (Bauantrag) Stand:.........................

Vorlage bei der Gemeinde/Stadt am
Stellungnahme der Gemeinde/Stadt vom ‾‾‾‾‾‾‾
Weiter an AMT vom

Registriernummer / Sachgebietsnummer ‾‾‾‾‾‾‾

Leiter ‾‾‾‾‾‾‾
Vertreter ‾‾‾‾‾‾‾
Sachbearbeiter ‾‾‾‾‾‾‾
Sonstige ‾‾‾‾‾‾‾

	eingereicht am	nachzureichen	wird nachgereicht
Lageplan			
Bauzeichnungen			
Baubeschreibung			
nachprüfbare Berechnungen über			
bebaute Fläche			
GFZ			
GRZ			
Rohbau - Gesamtbaukosten			
Kubaturberechnung			
Betriebsbeschreibung Küche			
Freiflächengestaltungsplan an Gemeinde			
Lage der Stellplätze/Stellplatznachweis			
TWP-Statik			
Wärmeschutz			
Schallschutz			
Feuerwiderstandsnachweis			
Entwässerungsantrag			
Nachbarunterschriften			
Wasserrechtsverfahren			
Genehmigung für Werbeanlagen			
Abbruchgenehmigung / Zweckentfremdung			
Amtliche Flurkarte			
Baumbestandserklärung			
Höhenbegrenzung LuftVG			
Spartenstempel (Kabel, Freileitungen, Wasser, Gas)			
Lüftungstechn. Gutachten			
Zulassungen Gipskartonplatten			

Hinweis: **Baugenehmigung erwartet am:**.........................

* Änderungen zum Vorgänger

Ersteller (PS)

Entwurfsplanungsfreigabe durchzuführen, um in Abhängigkeit der Genehmigungszeit früher mit dem Bau beginnen zu können. Dies ist je nach Qualität der Planung und Stand der Nutzerabstimmung machbar, sollte jedoch in Abhängigkeit des bestehenden Tekturrisikos (Planungskosten) abgewogen werden.

Ablaufdauern, Kennwerte Die Genehmigungsplanung selbst, die Beiträge der fachlich Beteiligten zu den Genehmigungsunterlagen dürften auch bei sehr großen Projekten in 2–3 Monaten zu absolvieren sein, wobei die Qualität der Entwurfsplanung und die Professionalität des Architekten in Fragen des Planungsrechtes eine wesentliche Rolle dabei spielen. Die Genehmigungsdauer selbst sollte nicht unter 5–6 Monaten angesetzt werden, auch bei günstigen Voraussetzungen.

Entscheidungen Bereits zum Zeitpunkt der Konzeption der Rahmenterminplanung, also vor dem eigentlichen Planungsbeginn sollte die Frage der Notwendigkeit einer Teilbaugenehmigung erörtert werden. Nach der Vorplanung muss entschieden werden, wann die Eingabeplanung erfolgt,

Abb. 8.21 Vorgänge der
Ausführungsplanung Rohbau

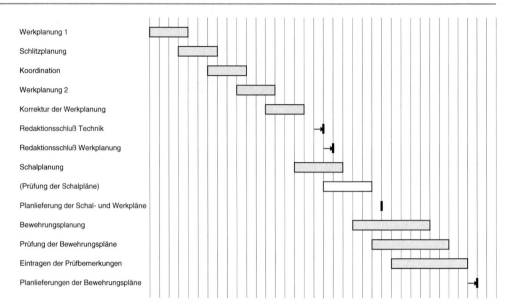

Werkplanung 1

Schlitzplanung

Koordination

Werkplanung 2

Korrektur der Werkplanung

Redaktionsschluß Technik

Redaktionsschluß Werkplanung

Schalplanung

(Prüfung der Schalpläne)

Planlieferung der Schal- und Werkpläne

Bewehrungsplanung

Prüfung der Bewehrungspläne

Eintragen der Prüfbemerkungen

Planlieferungen der Bewehrungspläne

wobei dies in Abhängigkeit des Planungsstandes noch zu gegebenem Zeitpunkt feinterminiert werden muss.

8.8   Liste Genehmigungsverfahren/Bauantrag

Das Genehmigungsverfahren mit der Vielzahl von Beteiligten und Voraussetzungen ist äußerst komplex und bedarf neben erforderlichen Unterlagen auch Einfühlungsvermögen und psychologisches Geschick derjenigen, die eine Genehmigung erreichen wollen. Beteiligte an diesem Prozess sind der Bauherr, der Architekt und der Projektsteuerer sowie die fachlich Beteiligten. Diese wesentlichen Aspekte tauchen in der dargestellten Terminplanstruktur nicht auf, obwohl diese mindestens ebenso wichtig sind.

In der dargestellten Liste (Abb. 8.21) sind alle Einzelkomponenten der Genehmigungsunterlagen aufzuführen, terminlich zu erfassen und im Projektverlauf zu kontrollieren.

8.9   Steuerungsplan Ausführungsplanung Rohbau

Als erster Steuerungsplan der Ausführungsplanung muss die Entwicklung der Ausführungspläne für den Rohbau konzipiert werden, damit die Grundlagen für den Baubeginn gegeben sind. Falls der Rohbau auf Basis der Entwurfsplanung ausgeschrieben werden soll, muss der Steuerungsplan bereits zum Zeitpunkt Mitte Entwurfsplanung konzipiert werden. Als Voraussetzung für die Erstellung des Planes muss der Rohbau ebenenweise terminiert sein (Terminplan Bauausführung, gemäß Abb. 8.22). Des Weiteren müssen Fragen der Baustellenorganisation in die Formulierung der Terminpläne Eingang finden (z. B. Erschließung der Baustelle über

Baustraßen, mögliche Kranstellungen, Anzahl der Kräne, Fragen der Gesamtlogistik). Zur Abstimmung dieser Einzelheiten ist die vorgesehene Bauleitung (§ 33 HOAI Nr. 6–8) bereits jetzt schon zu aktivieren bzw. in die Konzeption der Abläufe einzubeziehen. Ebenfalls abzustimmen sind statisch konstruktive Abhängigkeiten zu den vorgesehenen Terminabläufen mit dem Statiker des Projektes. Dazu gehört ebenfalls die Definition von erforderlichen Planpaketen unter Berücksichtigung der vorgesehenen Dehnfugen. Die erreichbaren Baugeschwindigkeiten des Rohbaues sind neben möglichen Kranstellungen auch von den denkbaren Baurichtungen innerhalb des Grundrisses abhängig. Diese Möglichkeiten müssen zwischen den Planungsbeteiligten unter Einbindung der Projektsteuerung alternativ diskutiert und als Grundlage zur Planungsablauforganisation entschieden werden.

Der Steuerungsterminplan der Ausführungsplanung Rohbau hat im Ergebnis folgende Ziele:

Organisation des Planungsablaufes

Sicherstellung der Qualität der Planbearbeitung (Zeit je Plan zur Bearbeitung)

Terminabläufe so knapp wie möglich, jedoch so ausreichend, dass unausweichliche (kleinere) Störungen aufgefangen werden können.

In der Ausführungsplanung Rohbau sollte eine zeitliche Reserve als Sicherheit berücksichtigt werden, damit auftretende Behinderungssachverhalte durch nicht zeitgerecht vorliegende Planungsunterlagen seitens der ausführenden Firmen in überschaubarem Ausmaß aufgefangen werden können (Abb. 8.23, 8.24).

Detaillierungsstruktur   Der Terminplan muss ebenenweise jedes Geschoss inklusive Bodenplatte umfassen (s. Abb. 8.25). Besondere

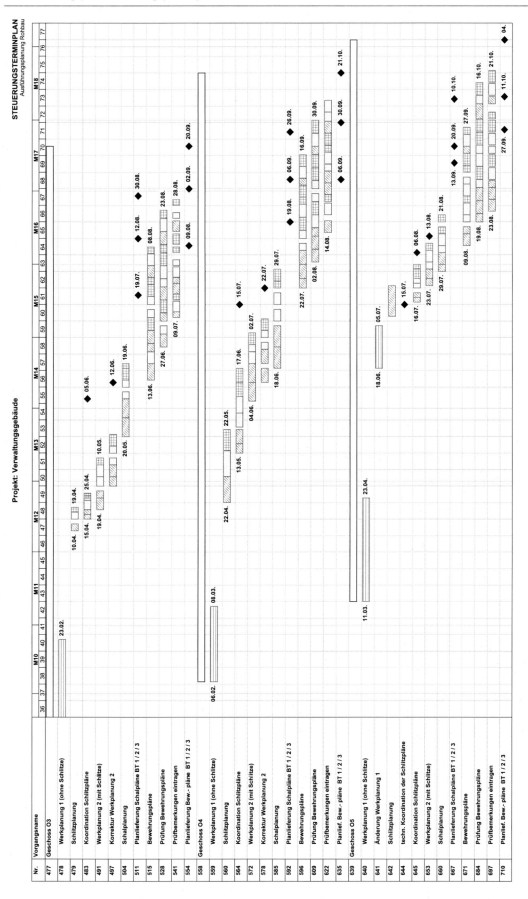

Abb. 8.22 Steuerungsterminplan Ausführungsplanung Rohbau

Vorgang/Veranlasser	Aktivität	Voraussetzung für die Aktivität
1. Werkplanung 1 (Arch.)	Erstellung der Konzepte WP1 (1:50) für Eintragung der TGA-Konzepte	• Freigabe Entwurf (1:100) (Flächenprogramm • Abschluss wesentlicher TGA/TWP-Koordination in EP • abgeschlossene Positionspläne (ggf. Vorpositionspläne)
2. Konzepte der Schlitzplanung (FPL)	Eintragung Schlitze, Durchbrüche als Konzept (Aussparungen > 0,5m² bereits in EP)	• Werkplanung 1 des darüberliegenden Geschosses erforderlich (besser 2 Geschosse) sowie Schlitzplanung des darunterliegenden Ges chosses • Abhängigkeiten berücksichtigen, ob WP von oben nach unten (für Entwässerung), oder von unten nach oben geplant wird. Meist von unten nach oben, wegen geringerem Zeitvorlauf. • Planung der Anlagentechnik mit dem Planungsablauf der Werkplanung abgestimmt. (WP Architekt sollte sich nach Fachplaner richten) • Dehnfugenverlauf bei der Paketierung der WP / Schalplanung berücksichtigt • Gleichwertigkeit der Ebenene (Wände / Decken) bei Konzepten des Ablaufes berücksichtigt
3. Koordination (FPL)	Koordination der TGA-Gewerke untereinander	• Abschluss der Konzeptphase (2) • Reihenfolge des Planumlaufes festlegen (WBR --> GWA --> ELT) (Durchlaufplanverfahren) • Durchführung Parallelplanverfahren kann Ablauf beschleunigen (Konstruktionsaufwand höher), Durchlaufplanverfahren vorziehen, d a mehr Qualität.
4. Schlitzplanung (FPL)	Reinzeichnung der Schlitze / Aussparungen im Ergebnis der abgeschlossenen Koordination	• abgeschlossene Koordination (3)
5. Koordination der Werkplanung (FPL / A)	Koordination der Technik mit den Architekten	• Schlitzplanung abgeschlossen (4)
6. Durchsicht Schlitzplanung (TWP)	Überprüfung der TWP, ob Aussparungen / Schlitze mit Vorgaben der Statik verträglich sind.	• Vorgang 4 abgeschlossen • evtl. mit Vorgang 5 zusammenfassen
7. Werkplanung 2 (A)	• Berücksichtigen aller Ergebnisse der TGA sowie TWP in der Werkplanung • Grundlage zum Start der Ausführungsplanung TGA sowie Ausführungsplanung baulicher Ausbau (WP 3)	• Abschluss Vorgang 6
8. Korrektur Werkplanung 2 (TWP/FPL)	• Durchsicht der WP 2 durch TWP / FPL und Einarbeitung der Prüfungsergebnisse durch Architekt	• Verteilung WP 2 an FPL / TWP und Rücklauf an Architekt zur Eintragung
9. Redaktionsschluss Technik (BH / PS)	keine Berücksichtigung von Änderungen der TGA-Trassen ab diesem Zeitpunkt.	• Abstimmung mit dem Bauherrn, dass nach diesem Zeitpunkt erforderliche Änderungen nicht mehr berücksichtigt werden.Die Konsequenz sind zusätzliche Bohrungen oder Planlieferverzögerungen, falls Redaktionsschluss nicht eingehalten wird.
10. Redaktionsschluss Werkplanung (BH / PS)	keine Berücksichtigung von Änderungen ab diesem Zeitpunkt	• Abstimmung mit dem Bauherrn, dass nach diesem Zeitpunkt keine Änderung mehr berücksichtigt werden kann, wegen notwendigem Zeitraum Anschluss der Schalplanung
11. Schalplanung (TWP)	Erstellung der Schalplanung	• rechtzeitige Vorlage der Werkplanung 2 / 1 des darüberliegenden Geschosses (Erkennen von Wand-/Stützenstellungen von oben) • Berücksichtigung der Einbauteile aus Fassade (Abstimmung Fassadenfirma/Fassadenplaner)
12. Prüfung der Schalplanung (A)	Überprüfung, ob Vermaßung TWP mit WP 2 verträglich	• Übergabe Schalplanung
13. Planlieferung Schal- und Werkpläne WP 2 (A, TWP)	Auslieferung Schalpläne / Werkpläne WP 2 an ausführende Rohbaufirma	
14. Bewehrungsplanung (TWP)	Erstellung der Bewehrungsplanung	• Schalpläne • Werkplan 2 zur Berücksichtigung Einbauteile • abgeschlossene Statik
15. Prüfung der Bewehrungsplanung (Prüfingenieur)	Überprüfung durch den Prüfingenieur	• Abstimmung des Planungsablaufes mit Prüfingenieur zur Kapazitätsplanung • rechtzeitige Abstimmung über Auswahl des Prüfingenieurs mit Baugenehmigungsbehörde
16. Eintragen der Prüfbemerkungen (TWP)	Übertragung der Prüfergebnisse in die Bewehrungspläne	• Abschluss Tätigkeit Prüfingenieur
17. Planlieferung der Bewehrungspläne TWP)	Auslieferung der Bewehrungspläne an die ausführende Rohbaufirma	• Abstimmung Planauslieferungsverfahren (Bauabschnitte, Lose etc.) • Planausgang über Objektüberwachung

Abb. 8.23 Vorgänge der Ausführungsplanung Rohbau

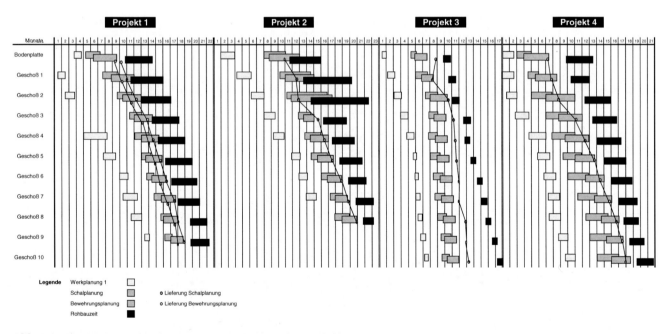

Abb. 8.24 Vergleich von Ablaufstrukturen der Ausführungsplanung Rohbau

Nr.	VORGANG	ZUST	D
1	**WERKPLAN 1**	A	22 Wochen
2	- Durcharbeiten d. Ergebnisse u. Einarbeiten Prüfanmerkungen Entwurf	FPL	13 Wochen
3	- Überarbeitung, Vervollständigung und Abschluß Anlagenschemata	FPL	35 Wochen
4	- Überarbeitung und Vervollständigung d. Angaben Schlitze / Durchbr.	FPL	22 Wochen
5	- Anfertigen der Schlitz-u. Durchbruchspläne	FPL	22 Wochen
6	- Nachkoordination Objektplanung / Techn. Ausrüstung	A/FPL	13 Wochen
7			
8	**WERKPLAN 2 (Bau / Haustechnik)**	A	40 Wochen
9	- Weiterführung und Abschluss der Berechnungen zu allen Systemen	FPL	48 Wochen
10	- Anfertigen vollständiger Planverzeichnisse	FPL	4 Wochen
11	- Bearbeitung d. Grundleitungs.-u. Fundamentpl. incl. Schnitten u. Details	FPL	26 Wochen
12	- Bearbeitung d. Grundrißpläne (einschl. Schnitte u. Details) Ebene UG	FPL	35 Wochen
13	- Bearbeitung d. Grundrißpläne (einschl. Schnitte u. Details) Ebene EG	FPL	35 Wochen
14	- Bearbeitung d. Grundrißpläne (einschl. Schnitte u. Details) Ebene 1.bis n.	FPL	35 Wochen
15	- Bearbeitung d. Grundrißpläne (einschl. Schnitte u. Details) Ebene DG	FPL	35 Wochen
16			
17	- Küchenplanung / Bearbeitung Fundamentpläne	FPL	3 Wochen
18	- Bearbeitung der Küchenplanung	FPL	82 Wochen
19			
20	- Aufzugsanlagen Schachtausbau	FPL	22 Wochen
21	- Aufzugsanlagen Zentralen	FPL	26 Wochen
22	- Aufzugsanlagen Schachttüren / Kabinen	FPL	18 Wochen
23			
24	- Abstimmung u. Übergabe von Leistungsdaten für MSR / GLT	FPL	34 Wochen
25	- Überarbeiten u. Vervollst. Datenpunktlisten u. Schemata MSR / GLT	FPL	44 Wochen
26			
27	- Bearbeiten der Schachtdetails mit Ausfädelungen	FPL	34 Wochen
28	- Bearbeiten d. Pläne Techn. Zentralen (einschl. Schnitten u.Details) UG	FPL	34 Wochen
29	- Bearbeiten d. Pläne Techn. Zentralen (einschl. Schnitten u.Details) EG	FPL	35 Wochen
30	- Bearbeiten d. Pläne Techn. Zentralen (einschl. Schnitten u.Details) 1.bis n.	FPL	35 Wochen
31	- Bearbeiten d. Pläne Techn. Zentralen (einschl. Schnitten u.Details) DG	FPL	35 Wochen
32	- Bearbeiten d. Pläne Techn. Zentralen (einschl. Schnitten u.Details) DZ	FPL	35 Wochen
33			
34	Ausschreibung / Vergabe Haustechnik		52 Wochen
35			
36	- Anfertigen der Fundamentpläne (Maschinenfundamente)	FPL	35 Wochen
37			
38	**M+W-PLANUNG**	**FA**	**21,2 Wochen**
39	- Fortschreibung der AP auf Ergebnisse d. Ausschreibung	FPL	13 Wochen
40	- Überwachung u. Abstimmung der M+W-Planung	FPL	0,2 Wochen
41	- Nachkoordination der Planung	A/FA	4 Wochen
42	- Freigabe der M+W-Planung	A/FPL	4 Wochen
43			
44	**Ausführung**		**48 Wochen**
45	Baubeginn Rohbau		0 Wochen
46	Beginn Grobmontage UG		0 Wochen
47	Vergabe Haustechnik		0 Wochen

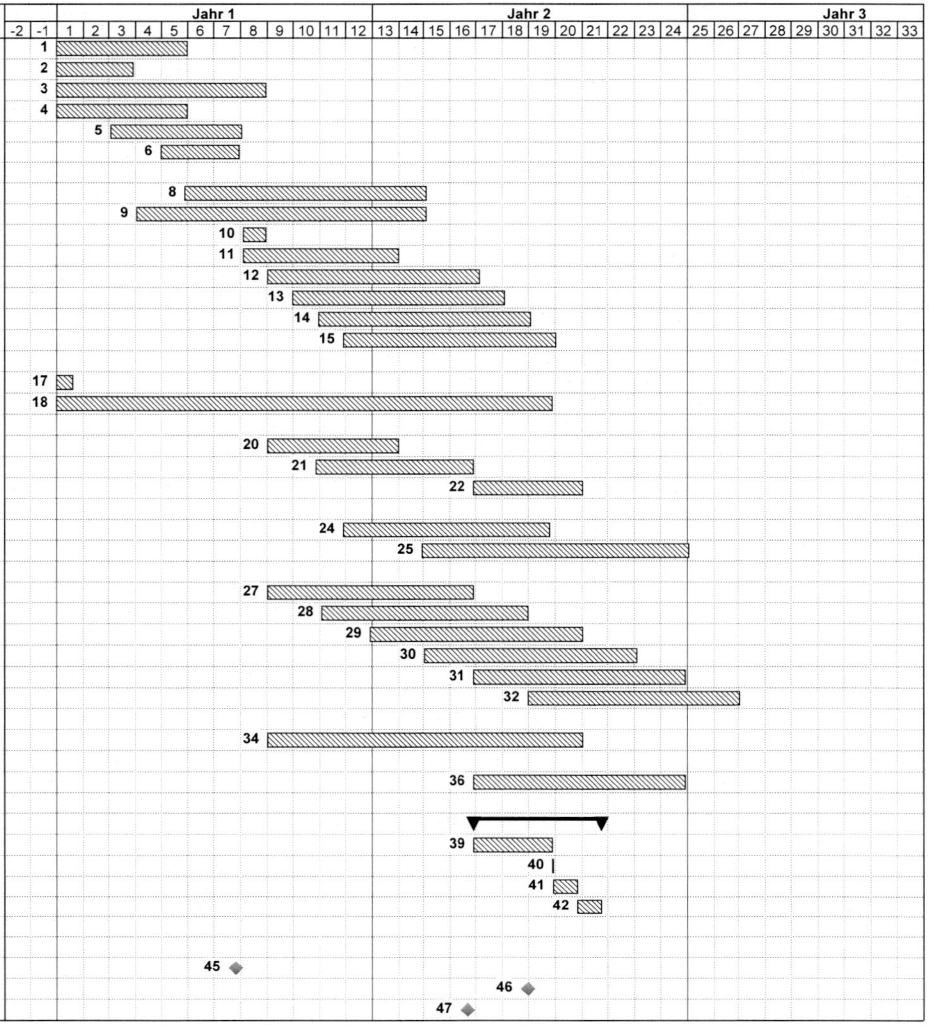

Abb. 8.25 Steuerungsplan Ausführungsplanung TGA

Abb. 8.26 Detailplanungen der Ausführungsplanung baulicher Ausbau

Leistungsverzeichnisse baulicher Ausbau	Fassadenplanung	Raumbeschreibung	Bodenspiegel	Deckenspiegel	statische Berechnungen	Schall-Wärmeschutz	Brandschutzkonzept	Detailplanung	Fensterliste	Sicherheitskonzept	Detailplanung Bemusterung	Türliste	Fliesenfugenpläne	visuelles Gestaltungskonzept	Belegungsplanung	Konzept Schließanlage	Beleuchtungsplanung	Kunstkonzept	Farb- u. Materialkonzept	Entwicklungsplanung
Estricharbeiten (Bauhauptarbeiten)		1	2																	
Zimmer- und Holzbauarbeiten						X	X													
Dachklempnerarbeiten						X	X	3												
Dachdeckungsarbeiten						X	X	4												
Fassade Metallbauarbeiten						X	X	5	6	X	X	X							X	
Fassade Natursteinarbeiten						X	X	7		X	X	X							X	
Fassade Kunststofffenster						X	X	5	6	X	X								X	
Fassade Holzfenster						X	X	5	6	X	X								X	
Dachabdichtungsarbeiten						X	X	8												
Stahltüren/-tore							X	10				9			X					
Innentüren/Zargen								11				9			X					
Putzarbeiten		X						12											X	
Estricharbeiten		X				X	X	13												
Doppelboden-/Hohlraumbodenarbeiten		X	X		X	X	X	14												
Trockenbauarbeiten (Wand, Decke)		X		X		X	X	15									X		X	
Metallbau- und Schlosserarbeiten								16				9							X	
Stahlbauarbeiten					X	X	X	17											X	
Fliesenarbeiten		X	X					18											X	
Natur- und Betonwerksteinarbeiten		X	X					19											X	
Beschilderung								X						X	X				X	
Schließanlage																X				
Maler- und Lackierarbeiten		X						X			X								X	
Tapezierarbeiten		X						X											X	
Tischlerarbeiten																			X	X
abgehängte Decken (Metallpaneele)		X		X								20					X			

☐ Erläuterung in nachfolgender Abbildung

Bedeutung hat insbesondere bei sehr kritischen Terminabläufen die Einführung eines Redaktionsschlusses für Änderungen sowohl für den Bau, als auch für die Technik.

Ablaufstruktur/Abhängigkeiten In der Abb. 8.25 sind die einzelnen Vorgänge der Ausführungsplanungsentwicklung im Hinblick auf die in den einzelnen Phasen stattfindenden Leistungen sowie die Voraussetzungen der Leistungserbringung strukturiert.

In Abb. 8.26 sind einzelne Projekte im Hinblick auf die Zeitdauern näher untersucht. Bei der Betrachtung dieser Zusammenhänge wird deutlich, dass bei diesen Projekten ein Mindestzeitraum von ca. 5–7 Monaten erforderlich ist, um eine einwandfreie Basis für eine reibungslosen Planbelieferung der Baustelle zu ermöglichen.

Die dargestellten Projektabläufe, die auch in den Kennwertvergleich in Kap. 8.15 einbezogen sind, weisen eine analoge Ablaufstruktur auf. Die Erstellung der Terminabläufe erfolgte von unterschiedlichen Bearbeitern und funktionierte in der Projektdurchführung trotz völlig verschiedener Planungsteams.

Folgende Randbedingungen haben darauf Einfluss:

- *CAD-Einsatz:* Funktionsweise des Datenaustausches, Unterschiedlichkeit der verwendeten Programme, Qualifikation und Erfahrung der eingesetzten Bearbeiter etc. Bei den analysierten Projekten wurde die Werkplanung sowie die Schalplanung mit CAD bearbeitet, die Bewehrungsplanung dagegen nur partiell.

- *Baukörper:* Je nach Baukörper bzw. Abschnittsaufteilung ergeben sich für die Kapazität/Planungsgeschwindigkeit Grenzen. Die Bearbeitungsgeschwindigkeit kann nicht beliebig linear mit der Quantität des eingesetzten Planungspersonals erhöht werden. Dies unterscheidet sich auch je nach Planart. Bei der Schalplanung ist dies z. B. anders zu beurteilen als bei der Werkplanung. Je nach Gleichartigkeit und Wiederholungsfaktor der Grundrisse in den Obergeschossen kann die Planung schneller ablaufen. Man sollte diese Zeitvorteile als Zeitreserve ansehen und nicht von vornherein als Zeitvorgabe einführen.

- *Technische Koordination:* Der Anteil der technischen Ausrüstung bestimmt die erforderliche Intensität der

1 Technikräume, Tiefgaragen, Gefälleestrich Dachflächen	**9** Beschlagangaben, Farbangaben, Türblattangaben, Türzargenangaben, Türpositionsplan	**16** Geländer, Umwehrungen, Handläufe, Gitterroste, Lüftungsgitter, Stahlarten, Kellertrennwände, Blechabdeckungen Schächte, Vordächer, Kellerfenster etc.
2 Art, Festigkeit, Dichte, Oberflächenqualität	**10** Zargen (Abmessung, Zargentyp, Qualitäten, Oberfläche, Korrosionsschutz, Befestigung, Dichtung etc.), Türblätter (Abmessungen, Flügelzahl, Qualitäten etc.), Beschläge, Panikfunktionen, Verglasungen, Rolltor-/Rollgitteranlagen, Drehflügeltore	**17** Stahlbauteile (Material, Stahlgüte, Profile, Maße, Längen, Oberfläche, Beschichtung, Untergrund, Verankerung, Einbaureihenfolge etc.), Anschlüsse Nachbarbauteile, Verbindungen der Bauteile untereinander
3 Angabe Dachdeckung, Attiken, Wandanschlüsse, Entlüftungshauben, Außendachrinnen, Regenfallrohre, Sturmsicherung, bewegliche Anschlüsse, Trennschichten		
4 Angaben zum Dach, Dachdeckung, Formteile (Anzahl, Art, Einbauart), Anschlüsse, senkrechte Wandbekleidungen, Dachhaken, Schneefanggitter, Lüfter, Laufstege, Dachfenster, Lichtkuppeln	**11** Zargen, Türblätter (Abmessung, Flügelzahl, Richtqualität, klimatische, mech. Anforderungen, Falzung, Rahmenmaterial, Oberfläche, Blattdicke etc.), Beschläge, Verglasung, Türstopper	**18** Angaben zu Abdichtungen, Boden- und Wandbeläge aus Fliesen (Einbauart, Richtqualität, Nennmaß, Oberfläche, Farbton, Untergrund, Bettung, Klebung, Fugenbild, Verfugung etc.), Sockelfliesenangaben, Fliesenbeläge Treppen, dauerelastische Fugen, Einbauteile, Friese, Verkehrslasten, chemische Beanspruchung, Revisionsöffnungen, -klappen, Bekleidungen Badewannen, Duschen, Löcher
5 Konstruktionsangaben, Fensterbänke, Beschläge, Verglasung, geschlossene Bauteile (Paneele), Sonnenschutz/Sichtschutz, Fugenausbildung	**12** Putzgrund, Richtqualitäten, Eckschutzschienen, Gebäudetrennfugen, Anschlüsse, Fassade, Sonderausführungen (Laibungen), Sockelbereiche, Abschlussleisten	
6 Fensterbeschläge, Glasspezifikationen, Fensterrahmen, Fensterpositionsplan		
7 Konstruktionsart, Material (Steinart, Richtqualitäten, Plattenmaße, Oberfläche), Fensterbänke, Sonderbauteile, schwierige Befestigungsbereiche (hoher Bewehrungsgrad), Unterschreitung Mindestwanddicken, Bewegungsfugen, Anschlüsse, Aussparungen, Oberflächenbehandlung	**13** Untergrund, Richtqualität (Lagigkeit, Dicke von Sperr-, Trenn- und Gleitschichten), Art Estrich (Festigkeit, Dichte, Oberfläche), Bewehrung, Beschichtungen, Fugen, Trennschienen	**19** Fußbodenaufbau (Einbauart, Untergrund, Schichtenaufbau, Schichtdichte, Plattenmaße, -dicke, Fugenbild, Bettung), Wandbekleidungen, Natursteinmaterial (Angaben), Fensterbänke, Sonderbauteile (Türumrahmungen, Pflanzschalen, Säulen, Aufzugskabinen etc.), Sockelstreifen, Steinbeläge Treppen, Trenn- und Anschlagschienen, Verkehrslasten, Oberflächenbehandlung, chemische Beanspruchung
	14 Gesamtaufbauhöhe, Flächenbelastung, Einzellasten, Rastermaß, Unterkonstruktion, Material Platten, Befestigung Platten, Abschottungen, Einbauteile, Belagsbestückung	
8 Angaben zum Dach, Dachabdichtung (Untergrund, Abdichtungssystem, Materialien, Schichtdichten, Befestigung, Attikaanschluss), Einbauteile (wie 4), Ausbildung Balkon, Loggien, Terrassenbeläge, Angabe zu Begrünungen (Art, Schichtdicke, Material, Befestigung, Randstreifen etc.)	**15** Angaben Trockenbauwände (Qualität, Maße, Trag-/ Unterkonstruktion, Einlagen, Beplankung, Oberfläche), Anschlüsse, Traggerüste Sanitärkeramik, Angaben zu Decken, Anschlüsse Decke, Angaben zu Schürzen, Randanschlüsse, Einbauteile	**20** Abhängigkeit Türfarbe

Abb. 8.27 Angaben der Ausführungsplanung für die Ausschreibung

technischen Koordination. Bei häufig in der Projektrealität anzutreffender, unzureichender Koordination ergeben sich Störungen mit der Folge von Terminverzögerungen, die bei bereits fixierten Planlieferterminen im Ablauf kompensiert werden müssen. Ein effektives Änderungsmanagement des Projektmanagers und des technischen Koordinators (Architekt) unter Einbindung aller Projektbeteiligten sichert die konzipierten Abläufe.

Bei der Konzeption des Ablaufes sollte davon ausgegangen werden, dass auch bei bestem Vorsatz aller Projektbeteiligten kleinere Änderungssachverhalte auftreten werden. Deshalb sollte im Hinblick auf die Planlieferungen an ausführende Firmen eine gewisse Sicherheit eingebaut werden, insbesondere für die Lieferungen in den Untergeschossen.

Bei dem dargestellten Projekt 1 (Abb. 8.26) wurde dies berücksichtigt. Die stark installierten Untergeschosse bergen einen hohen Anteil an Technisierung und damit verbundene Koordinationsintensität, so dass mit der Bearbeitung dieser Geschosse 1, 2 (2 Untergeschosse) begonnen wurde, um Sicherheit für die Planung der Bodenplatte zu erhalten.

Es wäre denkbar gewesen, die Bodenplatte terminlich vorzuziehen, was allerdings die Gefahr von Änderungen zu einem späteren Zeitpunkt beinhaltet hätte.

8.10 Steuerungsplan Ausführungsplanung Technische Gebäudeausrüstung

Die Kosten der technischen Ausrüstung bei Hochbauten betragen je nach Gebäudetyp mehr als 30 % der gesamten Investitionskosten. Bei hochtechnisierten Gebäuden (z. B. Abfertigungsgebäude von Flughäfen) kann dieser Anteil über 50 % betragen. Die wesentlichen Fragestellungen der Konzeption der einzelnen technischen Planungsbereiche entscheiden sich in der Vor- und Entwurfsplanungsphase. Die relevanten Vorgänge sind in den Steuerungsplänen für die Vor- und Entwurfsplanung ausgewiesen. In der Entwurfsplanungsphase selbst finden auch die wesentlichen koordinativen Abstimmungen zwischen Technikplaner, Statiker und Architekt statt. Alle wesentlichen, das Tragwerk bestimmenden Trassenführungen werden in dieser Phase zu lösen sein. Die im Steuerungsplan Ausführungsplanung Rohbau dargestellten koordinativen Abstimmungsprozesse sind als Nachkoordination zur Entwurfsplanungsphase zu verstehen. Bei dem hier betrachteten Steuerungsplan Ausführungsplanung Technische Gebäudeausrüstung werden Vorgänge strukturiert, die den Planungsprozess der Technischen Gebäudeausrüstung vom Entwurf bis in die Montage- und Werkstattplanungsphase aufzeigen (Abb. 8.27).

Detaillierungsstruktur/Ablaufstruktur In dem Terminplan sollten alle wesentlichen Vorgänge der Haustechnik, beginnend vom Werkplan 1 bis zum Beginn der M + W-Planung enthalten sein. Der Steuerungsplan wird individuell auf die Randbedingungen des konkreten Projektes und insbesondere die kritischen Abläufe der Planung hin zu strukturieren und zu detaillieren sein. Teile der technischen Ausrüstung, die terminlich besonders knapp und kritisch sind, werden detaillierter zu strukturieren sein als unkritischere Bereiche. Einen weiteren Einfluss auf die erforderliche Detaillierungsstruktur hat die Einschätzung der Zuverlässigkeit des jeweiligen Planers. Wenn Anzeichen vorliegen, dass der eingesetzte Planer aus Gründen der Kapazität oder anderen Ursachen heraus Schwierigkeiten hat, dass Terminziel zu erreichen, sollte dies Anlass sein, die Detaillierungsstruktur tiefer zu wählen, um frühzeitige Indikatoren durch die vom Projektsteuerer durchzuführende Terminkontrolle zu erhalten.

Ablaufdauern, Kennwerte Die Zeitdauern für die einzelnen Gewerke sind unterschiedlich. Bereits beim Generalablaufplan bzw. Rahmenterminplan eingeflossen ist die Zeitdauer zwischen Freigabe Entwurf bis zur Grobmontage im Untergeschoss, die wiederum abhängig ist vom erforderlichen Vorlauf der Geschosse bis zur Fertigstellung Rohbau 1. OG. Daraus wiederum leitet sich der notwendige Vergabezeitraum ab. Bei Großprojekten (Hochbau mit ca. 200 Mio. € Herstellsumme) dürfte die Zeit für die wesentlichen Technikgewerke von Freigabe Entwurf bis zur Beauftragung der Vergabe nicht unter 13–16 Monaten betragen. Der Mindestvorlauf von Beauftragungszeitpunkt bis zum Montagebeginn dürfte in Abhängigkeit der Vorgänge zur Erstellung der Montage- und Werkstattplanung sowie die Prüfung und Freigabe nicht unter 2–3 Monate angesetzt werden.

Entscheidungen Die ablaufspezifischen Entscheidungen über die erforderlichen Schritte der Planungsentwicklung sind bereits durch den Generalterminplan festgeschrieben.

Entscheidungen im Rahmen der Ausführungsplanung TGA werden gewerkespezifisch zu unterschiedlichsten Fragen zu treffen sein. Im Rahmen der Vergabe und auch im Zuge der Montage- und Werkstattplanung werden eine Vielzahl von Fabrikatsfragen zu entscheiden sein, die auch durch Bemusterungen begleitet werden.

8.11 Steuerungsplan Ausführungsplanung baulicher Ausbau

Der bauliche Ausbau eines komplexen Hochbaus strukturiert sich in mehr als 30 Leistungsverzeichnisse und daraus resultierenden Beauftragungen. Die Grundlage für diese Ausschreibungen sollte eine Ausführungsplanung sein, damit die Ausführungsleistungen klar bestimmt werden können.

Ebenso wie bei der Technischen Gebäudeausrüstung wird auch beim baulichen Ausbau die zur Verfügung stehende Zeit für die Ausführungsplanung mit der Verabschiedung des Rahmenterminplanes bestimmt. Berücksichtigt werden muss dabei die erforderliche Zeit für die Firmenplanung, der erforderlichen Produktion sowie die Zeit für Ausschreibung und Vergabe.

Detaillierungsstruktur Wenn die Randbedingung unterstellt wird, dass die Ausschreibung des baulichen Ausbaus auf Basis einer Ausführungsplanung erfolgt, sind die Termine zur Fertigstellung der ausschreibungsrelevanten Ausführungsplanungsinhalte bereits im Steuerungsplan Ausschreibung bis Vergabe aufgeführt.

Wenn der beauftragte Objektplaner mit der HOAIPhase 1–9 durchgängig beauftragt ist, laufen die Abstimmungen wegen der erforderlichen Ausschreibungsgrundlage für die Ausgestaltung der Leistungsbeschreibung im internen Bereich des Objektplaners ab. Falls eine ablauforganisatorische Schnittstelle zwischen der Ausführungsplanung (HOAI-Phase 5) sowie HOAI-Phase 6 (Vorbereitung der Vergabe) besteht, wird daraus eine offene Schnittstelle, um deren Abgleich sich der Projektmanager bemühen muss. Zu empfehlen ist das nachfolgend strukturierte Termingerüst allerdings auch im Falle der durchgängigen Beauftragung eines Objektplaners.

Unabhängig zu den Terminfestlegungen sind die Berührungspunkte der vorgesehenen Leistungspakete für die Ausschreibung mit den zu erbringenden Detailplanungen der Ausführungsplanung abzugleichen (Abb. 8.28, 8.29).

Die in dieser Abbildung aufgeführten Schnittstellen im Sinne von Ausschreibungspaketen/Detailplanung sind entweder in einem Terminplan zu strukturieren oder in Form eines hinreichend detaillierten Protokolls verbindlich zu fixieren.

Bei einer Schnittstelle zwischen Planung und Ausführung ist vertraglich zu fixieren, dass beim Ausschreibenden eine Holschuld im Hinblick auf die Ausschreibungsgrundlagen und beim Objektplaner eine Bringschuld besteht, damit dieser Prozess im Sinne des Projektes und der erforderlichen Kosten- und Terminsicherheit konstruktiv bewältigt wird.

Ablaufstruktur/Abhängigkeiten Eine wesentliche Abhängigkeit zu einem funktionierenden Ablauf ist die rechtzeitige Erstellung eines Farb- und Materialkonzeptes durch den Architekten, welches dann als Grundlage zur rechtzeitigen Konzeption der Bemusterung dient.

Entscheidungen Die rechtzeitige Durchführung der Bemusterung und das Treffen der darin liegenden Entscheidungen hat eine wesentliche Bedeutung für den reibungslosen Ablauf der Ausführungsplanung. Aus diesem Grund muss die Bemusterung etwa Mitte der Entwurfsplanung,

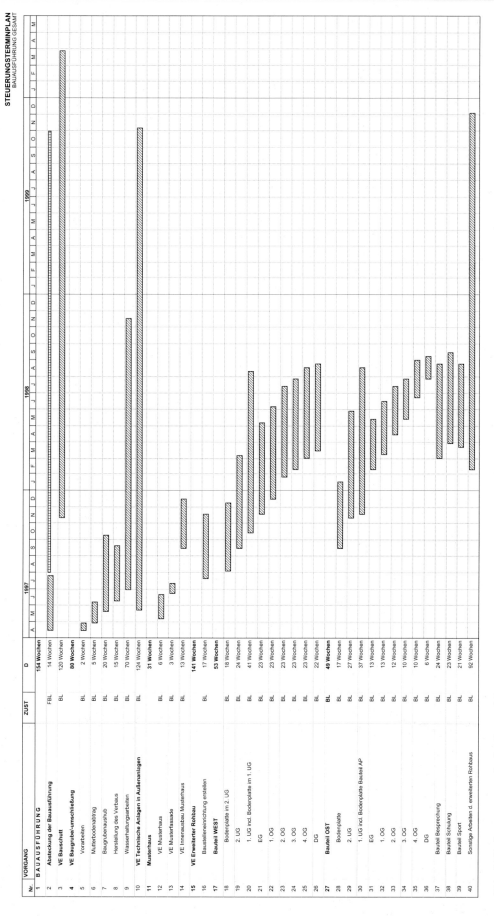

Abb. 8.28 Steuerungsterminplan Bauausführung gesamt

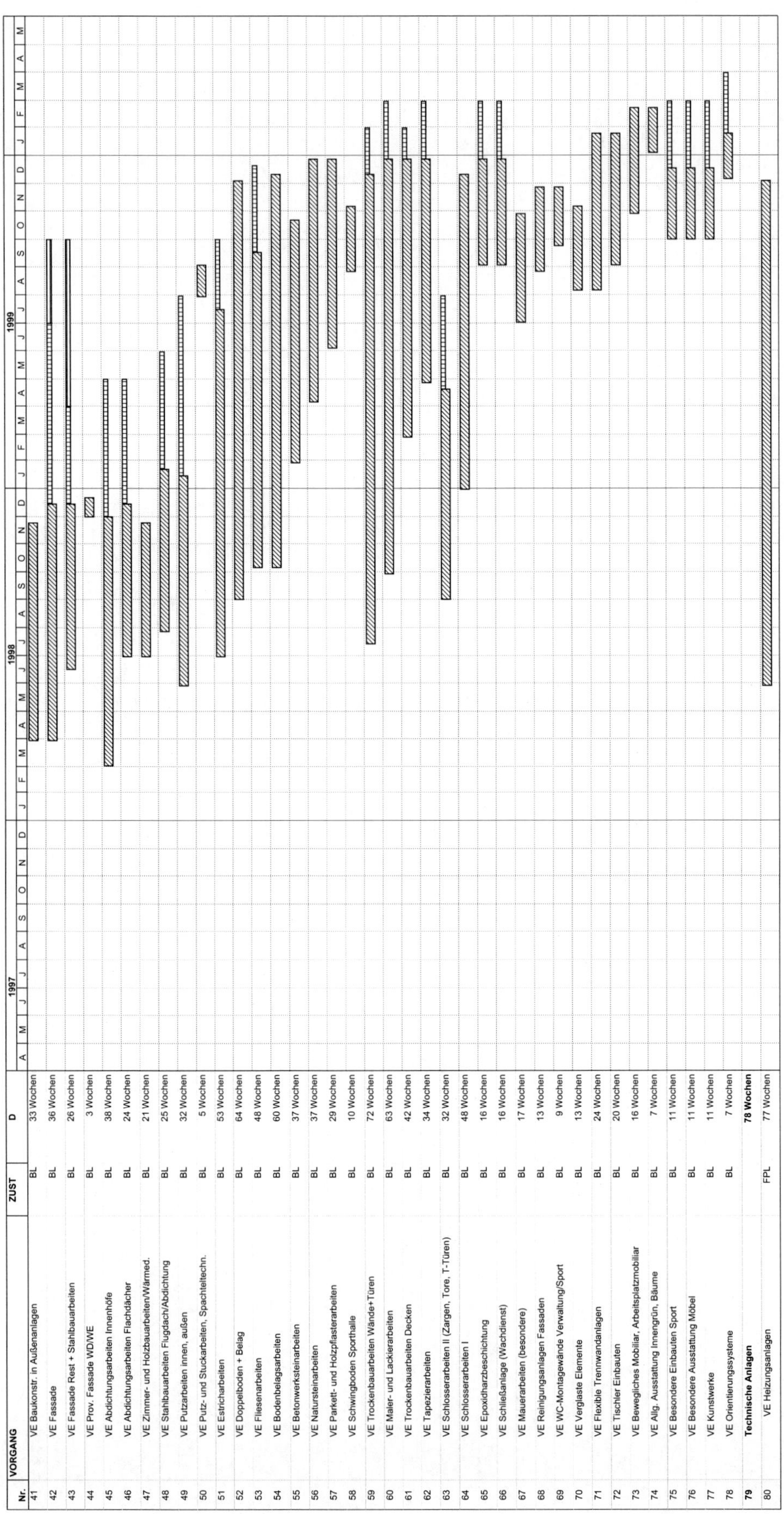

Abb. 8.28 (Fortsetzung)

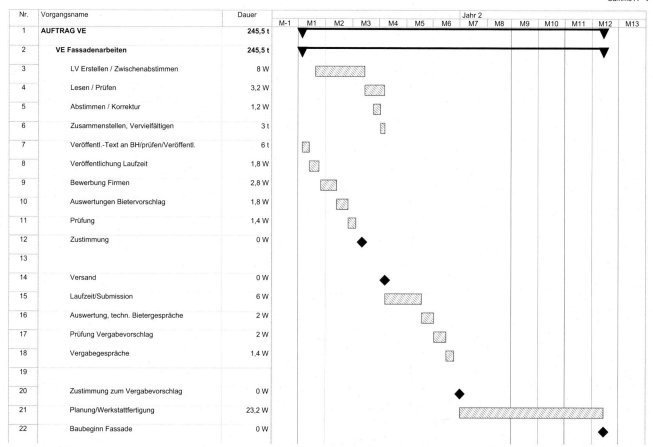

Abb. 8.29 Steuerungsterminplan Ausschreibung/Vergabe

spätestens Anfang der Ausführungsplanung stattfinden. Dies ist unabdingbar, weil in der Bemusterung eine Vielzahl von Entscheidungen getroffen wird, die für die Weiterentwicklung der einzelnen Ausführungsplanungsbereiche erforderlich sind.

8.12 Steuerungsplan Bauausführung

Eine Grundvoraussetzung zur Erstellung des Steuerungsplanes für die Ausführungsplanung Rohbau ist die Konzeption des Ablaufes der Rohbauarbeiten. Die ebenenweise Strukturierung der Rohbauarbeiten wird Grundlage für die Formulierung der zu liefernden Planpakete. Die terminliche Strukturierung der Ausführung sollte frühzeitig von der beauftragten Objektüberwachung in etwa Mitte der Entwurfsplanung abgerufen werden. Falls die Leistungen der Objekt-überwachung noch nicht beauftragt sind, muss die Projektsteuerung diese Leistung vorab erstellen und zu einem späteren Zeitpunkt mit den Überlegungen der Objektüberwachung in Einklang bringen. Der Terminplan kann je nach Erfordernis und Randbedingung als Einzelterminplan

für den Rohbau aber auch mit allen anderen Bauaktivitäten in einen Gesamtablaufplan integriert werden.

Detaillierungsstruktur Der Terminplan ist in Vergabeeinheiten strukturiert, wobei der Rohbau ebenenweise erfasst werden sollte. Ebenfalls strukturiert werden die einzelnen Vergabeeinheiten nach den vereinbarten Vertragsterminen. Der etwa zum Zeitpunkt der Entwurfsplanung erstellte Terminplan wird in Abhängigkeit der weiteren Projektabwicklung im Hinblick auf die konkret vereinbarten Vertragstermine fortgeschrieben.

Die beauftragte Objektüberwachung strukturiert die Termine nach Ebenen/Arbeitsabschnitten sowie Vertragsterminen mit allen vereinbarten Zwischenterminen. Die Detaillierung dieses Detailterminplanes Bauausführung nimmt mit fortschreitender Bauausführung zu und wird in speziellen Bereichen (Küche, Kasino etc.) gesondert zu detaillieren sein. Der Terminplan der Bauleitung muss eine hinreichende Strukturierung im Sinne einer Koordinierungsgrundlage aufweisen. Diese Anforderungen an den Terminplan sind frühzeitig zwischen Projektsteuerung und Objektüberwachung abzustimmen.

Die Aufstellung dieser Detailterminplanung durch die Projektsteuerung sollte nur im Ausnahmefall erfolgen, da der Ersteller dieser Abläufe auch die Terminkontrolle und damit die Koordination der Ausführungsbeteiligten vornehmen muss. Diese Aufgabe aber wiederum ist nicht Bestandteil von delegierbaren Bauherrenaufgaben, sondern eine Grundleistung der Objektüberwachung nach § 33 HOAI Nr. 8. Im anderen Falle erwächst hier eine Besondere Leistung der Projektsteuerung (Abb. 8.22).

Ablaufdauern, Kennwerte Die Einflüsse auf die Bauzeit sind äußerst vielschichtig, insofern müssen Ablaufdauern für das Gesamtprojekt mit konkreten Aufwandsgrößen unter Beachtung der bauablaufbedingten Randbedingungen ermittelt und konzipiert werden. An dieser Stelle sei nur ergänzend darauf hingewiesen, dass ab einer bestimmten Projektgröße (50 Mio. € Herstellkosten Gesamtprojekt) eine Bemessung des Rohbaus unter einem Jahr Ausführungsdauer häufig in Abhängigkeit der Wintersituation einen gewissen Grenzwert darstellt, natürlich in Abhängigkeit der Grundriss-/Baukörpergestaltung. Ebenso betrifft dies die Bemessung der Gesamtbauzeit unter 2 Jahren für ein Gebäude gleicher Größenordnung bei gehobenem Technisierungsgrad.

8.13 Steuerungsplan Ausschreibung/Vergabe

Der Zeitpunkt der Ausschreibungsaktivitäten für die ersten Leistungsverzeichnisse Baugrube/Rohbau wird bereits mit der Verabschiedung des Rahmenterminplanes bestimmt. Ebenfalls damit vorgegeben ist die Erforderlichkeit der notwendigen Ausschreibungsgrundlagen durch konkrete Planungsunterlagen. In dem Steuerungsplan wird die terminliche Schnittstelle zwischen Planung und Ausführung fixiert. Insbesondere im Falle einer organisatorischen Trennung zwischen der HOAI-Phasen 5/6 ist für eine sorgfältige Abstimmung zu sorgen.

Detaillierungsstruktur Der Terminplan ist in die Einzelschritte der Erstellung der Ausschreibungsunterlagen bis zur Vergabe und Baubeginn zu differenzieren. Er kann als Terminplan oder als übersichtliche Terminliste strukturiert werden.

Ablaufstruktur/Abhängigkeiten Die Durchführung einer zeitgerechten Vergabe ist Grundvoraussetzung zur Einhaltung der vorgegebenen Ausführungstermine. Dies bedarf einer funktionsfähigen Aufbau- und Ablauforganisation des gesamten Vergabeablaufes. Alle Beteiligten müssen eindeutige Aufgaben und Kompetenzregeln haben. Dies betrifft Fragen der Firmenauswahl, der gesamten Ausschreibungsstrategie sowie der konkreten organisatorischen Abwicklung

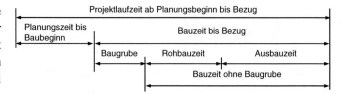

Abb. 8.30 Zeitbegriffe

auch in der Schnittstelle zwischen der 1. und 2. Bauherrenebene (Abb. 8.30).

Ablaufdauern, Kennwerte Die Bemessung der Zeitdauern für einzelne Gewerke ist abhängig von Art und Größenordnung der einzelnen Ausschreibung. Probleme entstehen häufig durch die nicht rechtzeitige Lieferung von Ausschreibungsgrundlagen und daraus resultierenden Abstimmungserfordernissen zwischen Planer/Ausschreibenden und Bauherren. Dies ergibt sich häufig in den Fällen, in denen die in der Ausschreibungsphase beinhalteten Entscheidungspunkte nicht rechtzeitig mit dem Bauherren abgestimmt wurden. Bei Trennung der HOAI-Leistungsphasen 5/6 ergibt sich eine vorgezogene „Konfliktsituation" dahingehend, dass der Ausschreibende die übergebene Planung auf Eindeutigkeit im Sinne von VOB A § 9 überprüft. Diese bestehende Schnittstelle muss durch den Projektmanager rechtzeitig vorbereitet werden. Es müssen die Schnittstellen im Sinne der zu übergebenen Ausschreibungsgrundlagen auf Gewerkeebene definiert werden. Die Zusammenhänge wurden in Abb. xx beim Steuerungsplan Ausführungsplanung baulicher Ausbau dargelegt.

Entscheidungen Durch das Leistungsverzeichnis wird die Planung in eine Ausführungsvorgabe umgesetzt. In diesem Zusammenhang wird eine Reihe von Einzelentscheidungen getroffen. Der jeweiligen Ausschreibung vorauslaufend sollte die Bemusterung bereits Entscheidungen für einzelne Ausschreibungsvarianten geliefert haben. Im Rahmen des Ausschreibungs- und Vergabeverfahrens werden Entscheidungen zur Ausschreibungsart, Firmenauswahl, generelle Vertragsbedingungen, Vertragstermine, Kostenvorgabe der Vergabeeinheit, Bündelung der Vergabepakete, Nebenangebote und die endgültige Auftragsentscheidung zu treffen sein.

8.14 Entscheidungen über Terminkennwerte auf Projektebene

Zum Zeitpunkt der Erstellung des General-/Rahmenterminplanes müssen Entscheidungen über Aufwandsdaten getroffen werden. Da sich die Informationen über das Projekt zu diesem Zeitpunkt im wesentlichen auf das Nutzerbedarfsprogramm beschränken, liegen noch keine zuverlässigen Angaben vor, die eine Terminstrukturierung auf Basis von Gewerken/Leitpositionen ermöglichen. Je nach vorliegender Basis wird es gelingen, die Baugrube, den Rohbau, die Fassade, das Grobmodell des Ausbauablaufes sowie die wesentlichen Technikbereiche ablaufmäßig einzuordnen und damit einen funktionsfähigen Gesamtablauf zu konzipieren. Mit diesem Ergebnis wird man Plausibilitätsbetrachtungen durchführen, um im Vergleich mit ausgeführten Projekten eine Machbarkeitsbestätigung zu erhalten.

In Abb. 8.31 sind Hochbauprojekte mit diversen Kennziffern über Baugeschwindigkeiten gegenübergestellt und entsprechend ausgewertet. Die Zeitbegriffe definieren sich wie folgt:

In Abb. 8.32 sind die absoluten Zahlen der Baugeschwindigkeit dargestellt. Je nach Größe, Komplexität und ablauftechnischen Schwierigkeiten schwankt die gesamte Projektlaufzeit von 45 Monaten bis 84 Monaten und gibt keine differenzierte Vergleichsmöglichkeit der betrachteten Projekte, da die Randbedingungen völlig unterschiedlich sind (Abb. 8.32, 8.33).

Eine Bewertung der Bauzeiten über die Baumassen ist in Abb. 8.34 dargestellt.

Die abgebildeten spezifischen Baugeschwindigkeiten schwanken erheblich.

In Abb. 8.35 sind einige Einflussfaktoren dargestellt.

Es werden nun zwei Projekte detailliert verglichen und die ablaufspezifischen Zusammenhänge herausgearbeitet.

In der Abb. 8.36 sind einzelne konstruktionsbedingte bzw. ablaufspezifische Randbedingungen der Projekte 4 und 5 gegenübergestellt und belegen die Unterschiedlichkeit der beiden Projekte.

In der Abb. 8.37 sind die massenrelevanten Kennzahlen der Projekte gegenübergestellt.

Es ist ersichtlich, dass das Projekt 4 eine wesentlich größere Baumasse aufweist, insbesondere in den Untergeschossen.

In Abb. 8.38 sind die Bauabläufe der Projekte verglichen, bezogen auf den Zeitpunkt ab Ende der Entwurfsplanung. Die Planungsabläufe vor diesem Zeitpunkt sind nicht direkt vergleichbar, da Projekt 4 eine Planungsabwicklung mit einzelnen Planern im direkten Verhältnis zum Bauherren und Projekt 5 über einen Generalübernehmer abgewickelt wurde. Die Planungszeit bei Projekt 4 (Projektentwicklung bis Entwurf) war wesentlich länger.

In Abb. 8.39 sind die Vorgangsdauern im Hinblick auf die absoluten Zeitdauern gegenübergestellt. Der Vergleich zeigt die völlig unterschiedlichen Ansätze bzgl. der absoluten Zeitgrößen.

Im Ergebnis ist das Projekt 4 etwa 5,5 Monate später fertig (Abb. 8.38). Da das Projekt 4 insbesondere in den Untergeschossen größer ist und dort einen hohen Anteil an

Technik beinhaltet, ist der Vergleich der Baugeschwindigkeiten aussagefähiger, wenn man die Abläufe im Hinblick auf die Fertigstellung der Untergeschosse zeitgleich setzt (s. Abb. 8.40).

Dieser Vergleich weist als Ergebnis aus, dass die Baugeschwindigkeiten für die oberen Geschosse annähernd gleich sind (Abb. 8.40). Die Projektgeschwindigkeiten der Projekte 4 und 5 sind in Abb. 8.41 gegenübergestellt.

Die Baugeschwindigkeiten der Gesamtleistung unterscheiden sich nicht wesentlich voneinander, obwohl die Projekte sowohl von Baukonstruktion als auch der vorliegenden Unternehmenseinsatzform völlig andere Randbedingungen haben. Dies lässt den Schluss zu, dass die festgestellten, gleichen Baugeschwindigkeiten der Ausführung bei diesen zwei Projekten eher vom Zufall bestimmt sind. Das Projekt 5 wurde in der Unternehmenseinsatzform des Generalübernehmers abgewickelt, der die Planung und Ausführung mit dem später eingeschalteten Generalunternehmer eigenverantwortlich steuerte. Das Projekt 4 wurde in konventioneller Abwicklung (mehrere Pakete der Ausführung) durchgeführt. Die relativ hohe Gesamtleistung der Planungszeit bis Baubeginn resultierte bei Projekt 5 in einer sehr starken Überlappung der Planung und Ausführung mit ausgesprochen hohem Erfordernis von Parallelplanungen in der HOAI-Leistungsphasen § 15 Nr. 2–5 bzw. sehr hohen koordinativen Anforderungen. Die erreichten Geschwindigkeiten der beiden Projekte dürften als sehr „ehrgeizig" angesehen werden, wobei dies immer unter Berücksichtigung der gegebenen projektspezifischen Randbedingungen zu bewerten ist.

Fazit Der Vergleich dieser beiden unterschiedlichen Projekte zeigt, dass die ablaufspezifischen Einflüsse aus konstruktions-, ausstattungsbedingten Gründen bzw. Gründen der Unternehmenseinsatzform erheblich sind. Aus diesem Grund können Terminkennwerte auf der Ebene m 3 BRI/BGF nur als Plausibilitätskontrolle für qualifizierte Terminpläne verwendet werden. Dies sollte bei der Entscheidung über die Projektabläufe berücksichtigt werden. Die Vorgabe von Projektgeschwindigkeiten aus anderen Projekten ohne eine differenzierte Betrachtung der vorliegenden Randbedingungen führt meistens zu spät zu ernüchternden Erkenntnissen aller Projektbeteiligten.

8.15 Ableitung der Kapazitäten

Mit der Konzeption des General-bzw. Rahmenterminplanes werden ebenfalls Vorgaben über erforderliche Kapazitäten der Planung und Ausführung entschieden. Eine besondere Bedeutung in der Planungsabwicklung von Projekten hat die Ausführungsplanung als Vorbereitung der Ausführungsphasen. Alle Störungen in dieser Planungsphase resultieren

Projekt-Nr.	1	2	3	4	5	6	7	8	9	10	10.1	11
Bewertungsgrößen	Projekt 1	Projekt 2	Projekt 3	Projekt 4	Projekt 5	Projekt 6	Projekt 7	Projekt 8	Projekt 9	Projekt 10	Projekt 10.1	Projekt 11
Projektlaufzeit ab Planungsbeginn bis Bezug (in Monate)	84	46	61	62	48	46	45	75	64	56	45	74
Planungszeit bis Baubeginn (in Monate)	29	18	30	22	12	15	12	19	31	20	16	42
Bauzeit bis Bezug (in Monate)	57	28	34	41	35	31	33	56	30	36	29	34
Bauzeit o. Baugrube (in Monate)	56	28	29	33	33	26	29	46	24	34	27	30
Bauzeit Rohbau (in Monate)	13	13	13	12	14	11	14	21	10	15	12	13
Bruttorauminhalt, m3BRI	2,20,000	1,57,529	63,388	5,70,520	4,57,000	3,30,000	2,64,096	4,90,993	56,950	4,33,900	4,33,900	2,82,000
m3 BRI Gesamtleistung je Monat Bauzeit bis Bezug	3,860	5,626	1,864	13,915	13,057	10,645	8,003	8,768	1,898	12,053	14,962	8,294
m3 BRI Gesamtleistung je Monat Bauzeit o. Baugrube	3,929	5,626	2,186	17,288	13,848	12,692	9,107	10,674	2,373	12,762	16,070	9,400
m3 BRI Rohbau je Monat Bauzeit f. Rohbau	16,923	12,118	4,876	47,543	32,643	30,000	18,864	23,381	5,695	28,927	36,158	21,692
m3 BRI Gesamtleistung je Monat / Planungszeit bis Baubeginn	7,586	8,752	2,113	25,933	38,083	22,000	22,008	25,842	1,837	21,695	27,119	6,714
m3 BRI Gesamtleistung je Monat / Projektlaufzeit (Pl. bis Bezug)	2,619	3,425	1,039	9,202	9,521	7,174	5,869	6,547	890	7,748	9,642	3,811
Bruttogrundfläche, m2BGF	35,238	45,935	17,691	1,26,180	1,24,000	65,000	67,166	1,18,094	15,400	1,05,822	1,05,822	80,000
m2 BGF Gesamtleistung je Monat Bauzeit bis Bezug	618	1,641	520	3,078	3,543	2,097	2,035	2,109	513	2,940	3,649	2,353
m2 BGF Gesamtleistung je Monat Bauzeit o. Baugrube	629	1,641	610	3,824	3,758	2,500	2,316	2,567	642	3,112	3,919	2,667
m2 BGF Rohbau je Monat Bauzeit	2,711	3,533	1,361	10,515	8,857	5,909	4,798	5,624	1,540	7,055	8,819	6,154
m2 BGF Gesamtleistung je Monat / Planungszeit bis Baubeginn	1,215	2,552	590	5,735	10,333	4,333	5,597	6,215	497	5,291	5,879	1,905
m2 BGF Gesamtleistung je Monat / Projektlaufzeit (Pl. bis Bezug)	420	999	290	2,035	2,583	1,413	1,493	1,575	241	1,890	2,116	1,081
Bebaute Fläche m2	6,000	11,500		15,081		15,542	10,740	15,570	7,250	28,504	28,504	8,500
BGF / Bebaute Fläche	5.9	4.0		8.4		4.2	6.3	7.6	2.1	3.7	3.7	9.4
Geschosse über O	4	5	3	5	8	4	6	4	9	5	5	7
Geschosse unter O	3	3	0	2	2	2	2	7	1	2	2	2
Geschosse Gesamt	7	8	3	7	10	6	8	11	10	7	7	9
Rohbauzeit / Geschoß (in Monate)	1.9	1.6	4.3	1.7	1.4	1.8	1.8	1.9	1.0	2.1	1.7	1.4
Geschosse im Grundwasser	2		0	1.5	0.5	2	2	4	1	2	2	0
Anzahl Kräne				11.0	13.0	11.0		6.0		10.0	10.0	
m3 BRI Rohbau je Monat Bauzeit f. Rohbau / Kran				4322.1	2511.0	2727.3		3896.8		2892.7	3616.0	
m2 BGF Rohbau je Monat Bauzeit / Kran				955.9	681.3	537.2		937.3		705.5	882.0	

Abb. 8.31 Übersicht Baugeschwindigkeit

Abb. 8.32 Übersicht Projekt-
laufzeit/Bauzeit in Monaten 40

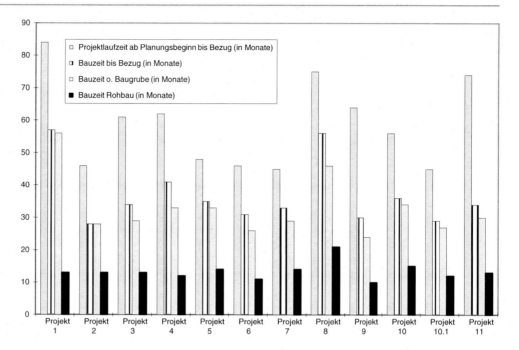

Abb. 8.33 Übersicht Baugeschwindigkeit m 3 BRI je
Bauzeit 41

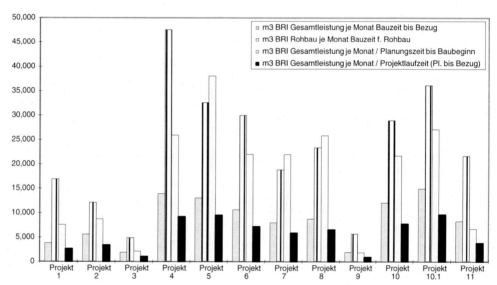

Abb. 8.34 Analyse der
Baugeschwindigkeiten

Wert	Bandbreite (m³ BRI / Zeit)	Einflussfaktoren
m³ BRI Gesamtleistung je Monat Bauzeit bis Bezug	4.000 - 15.000	P 1 (4.000 m³ BRI / Zeit) : - komplizierte Baugrube / Untergeschosse durch S-Bahn-Integration in Gebäude - Planungsänderungen (Bauzeitverzögerung) - Witterungseinflüsse/Winter sehr ungünstig P 9 (1.900 m³ BRI / Zeit) : - Erstellung des Gebäudes im Rahmen der Gesamtfunktion eines Gebäudekomplexes (kein zwingender Termindruck) P 4 (14.000 m³ BRI / Zeit) : - sehr straffer Bauablauf, Rohbauausschreibung auf Basis Entwurfsplanung, TGA und baulicher Ausbau auf Basis Ausführungsplanung
m³ BRI Rohbau je Monat Bauzeit für Rohbau	3.700 - 48.000	● Baumasse, logistische Randbedingungen: Krananzahl, Aufstellmöglichkeiten, mögliche Baurichtungen (Parallelarbeiten), Andienungsmöglichkeiten Material ● Anzahl Untergeschosse, Baugrubenumschließung, Grundwassersituation
m³ BRI Gesamtleistung je Monat / Planungszeit bis Baubeginn	2.000 - 38.000	● Planungsverzögerungen durch Genehmigungsverfahren bzw. verfügtem Baustop ● weitgehender Abschluss der Ausführungsplanung (60 % Ausschreibung / Submission) vor Ausführungsbeginn

Abb. 8.35 Einfluss von konstruktionsbedingten Randbedingungen auf den Ablauf

	Projekt 4	**Projekt 5**
Baugrube	• GW-Spiegel ca. 2 m über Bodenplatte im 2. UG • 900 lfdm. Spundwand • großräumige Wasserhaltung • ca. 480.000 m³ Aushub	• nur partielle Wasserhaltung im Bereich der Einzelfundamente • ca. 200.000 m³ Aushub • nur geringfügige Verbauarbeiten • geringfügige Altlasten
Gründung	• 1,3 m Bodenplatte, stark bewehrt auf Wasserdruck • Gründungsbeginn erst nach Schaffung eines dichten Troges, Betonierbeginn ungünstig im Winter	• einfache Gründung mit Einzelfundamenten • Gründung kann ablauftechnisch schnell den vorlaufenden Baugrubenarbeiten folgen
Gebäudetechnik	• sehr viel Gebäudetechnik in Untergeschossen, größerer Planungsvorlauf für die Erstellung der Schal- u. Bewehrungspläne	• Technikzentralen befinden sich überwiegend auf dem Dach
Fassade	• Baukörper nicht so stark zergliedert	• Baukörper sehr stark gegliedert, mit der Möglichkeit des frühzeitigen Montagebeginns (Technik/Fassade), bezogen auf Rohbauarbeiten

Abb. 8.36 Kennzahlenvergleich Projekt 4/5

BGF / BRI	Projekt 5 [qm]/[m³]	Differenz Proj. 4 ./. Proj. 5 in %	Projekt 4 [qm]/[m³]
BGF oberirdisch	ca. 80.000	-15,00%	ca. 68.000
BGF unterirdisch	ca. 44.000	34.10%	ca. 59.000
davon UG	*ca. 14.300*	*122.40%*	*ca. 31.800*
davon Tiefgarage	*ca. 29.700*	*-11,80%*	*ca. 26.200*
Σ BGF (m²)	**ca. 124.000**	**2.40%**	**ca. 127.000**
BRI oberirdisch	ca. 299.000	-10,70%	ca. 267.000
BRI unterirdisch	ca. 158.000	91.80%	ca. 303.000
Σ BRI (m³)	**ca. 457.000**	**24.70%**	**ca. 570.000**

häufig in Planlieferverzögerungen und daraus ableitbaren Behinderungsanzeigen ausführender Firmen. Die Ursachen für diese auftretenden Störungen liegen teilweise in Mängeln der Entwurfsplanungsgrundlage, nicht zeitgerechten oder auch zurückgenommenen Entscheidungen, Koordinationsdefiziten und nicht zuletzt Kapazitätsengpässen in der Planung. Fehlende oder unzureichende Planerkapazitäten ergeben sich häufig aus Gründen mangelhafter Arbeitsvorbereitung oder auch unrealistischer Einschätzung der erforderlichen Kapazitäten. Im Folgenden wird der Weg und das Instrumentarium für Kapazitätsbetrachtungen der Planungsphasen aufgezeigt. Generell bieten sich zwei Wege an, wobei der erstere die erforderlichen Kapazitäten aus den Honorarfestlegungen der HOAI ableitet. In der Abb. 8.6, 8.42, 8.43 werden erforderliche Personalkapazitäten je Planungsphase analog der HOAI für die Vorplanung, Entwurfsplanung und Ausführungsplanung jeweils für die Planungsbereiche Objektplanung, Tragwerksplanung sowie technische Ausrüstung ausgewertet.

Die Ermittlung wurde mit folgenden Randbedingungen durchgeführt:

• nur Grundleistung gemäß HOAI § 33, § 49 sowie § 53
• Fortschreibung der HOAI gemäß RIFT 2009
• Honorarzone III oben, mittlerer Stundensatz 65 € je Stunde, 170 h je Monat

Die Rechnung wurde für eine Bandbreite von anrechenbaren Kosten bis 200 € sowie verschiedenen Zeitintervallen variiert.

In einem zweiten Schritt wurde ein Projekt mit Variierung der einzelnen Zeitdauern durchgerechnet und in Abb. 8.44, 8.45 dargestellt.

Die in Abb. 8.44, 8.45 dargestellten Personalkapazitäten der „weißen Säulen" wurden auf Basis der RIFTTabellen ermittelt (nur Grundleistungen), die „grauen Säulen" wurden auf Grundlage eines konkreten Projektes und der darin beinhalteten Vertragsleistung (mit diversen besonderen Leistungen) abgeleitet. Die Fortschreibungstabellen der einzelnen Kommentare, öffentlichen Auftraggebern etc. schwanken erheblich in ihrem Degressionsverlauf. Die in die hier durchgeführte Rechnung eingeflossenen Werte für einzelne Planungsbereiche sind im Vergleich mit anderen Honorarfortschreibungstabellen sehr hoch.

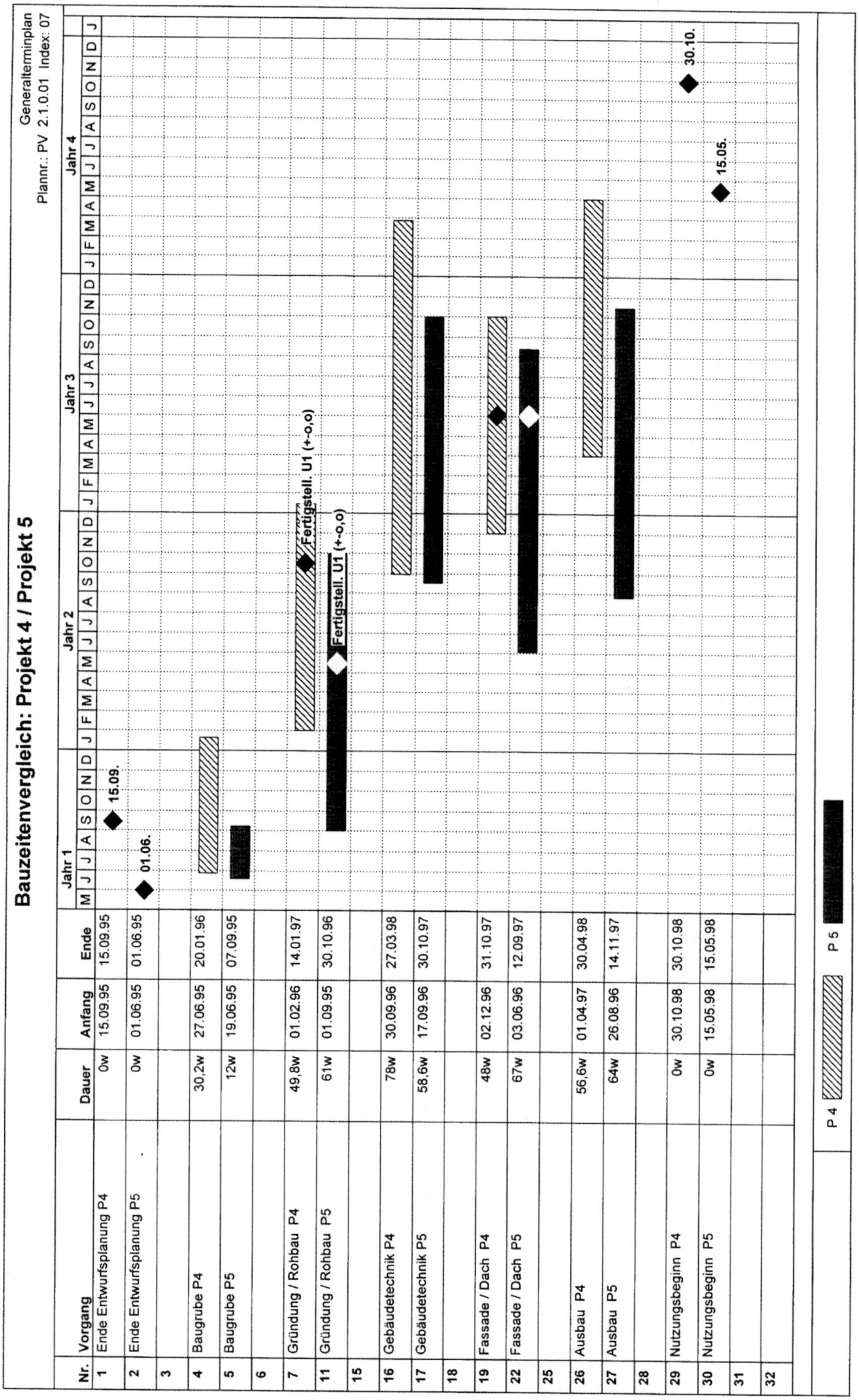

Abb. 8.37 Bauzeitenvergleich Projekt 4/5

Abb. 8.38 Vergleich Bauzeiten
(wesentliche Vorgänge)

Vorgang	Projekt 5 Dauer in Wochen	Differenz Dauer Proj. 4 ./. Proj. 5 in %	Projekt 4 Dauer in Wochen
Baugrube erstellen	11	154,55%	28
Rohbau/Gründung	60	-16,67%	50
Gebäudetechnik	58	34,48%	78
Fassade	68	-29,42%	48
Ausbau	65	-12,31%	57

Aus den Ergebnissen ist erkennbar, dass die errechneten Personalkapazitäten in Abhängigkeit der zur Verfügung stehenden Zeit und dem vereinbarten Honorar in der konkreten Planungsteamzusammenstellung teilweise nicht realistisch ist. Einerseits ist dies begründbar durch den ideellen Planungsablauf als Grundlage der Honorarvereinbarung, der sich im konkreten Projekt anders darstellt. Die einzelnen Teilleistungen der HOAI-Phasen werden häufig zeitlich verschoben, so dass die aus dem Honorar ableitbaren Kapazitäten zunächst einen theoretischen Wert wiedergeben. Einen weiteren Einfluss auf die Kapazität hat ebenfalls die Abwicklung der Planung mittels CAD. Auch hier ergeben sich je nach Randbedingungen des vorliegenden Projektes abweichende Kapazitäten, als aus der Honorarordnung ableitbar. Dies wiederum hängt auch von der Qualität der geforderten CAD ab. Ebenfalls aufwandsbestimmend ist das Zusammenspiel der Planungsbeteiligten im Sinne einer koordinierten CAD. Bei unkoordiniertem Zusammenarbeiten der fachlich Beteiligten ergibt sich bei dem einen oder anderen Planungsbeteiligten ein erheblich höherer Aufwand, als bei einem reibungslosen Zusammenarbeiten der Planungsbeteiligten. Alles dies sind Einflüsse, die bei der Bewertung der Kapazitäten eine Rolle spielen und entsprechend abgewogen werden müssen.

Die Alternative zur Bestimmung bzw. Ableitung von Planerkapazitäten ergibt sich über die Anzahl der Planbearbeitungen. Dieser Rechenweg ist insbesondere für die Phase der Ausführungsplanung Rohbau zu empfehlen, da sich damit Hinweise auf Kapazitätsspitzen ergeben, die dann im Sinne der Terminsicherheit abgeglichen werden können.

Der Bearbeitungsgang ergibt sich wie folgt:

1. Aufbau des Terminplans ebenenweise mit Annahme erforderlicher Zeitdauern für die einzelnen Schritte unter Berücksichtigung gegebener Planungskapazitäten.
2. Ermittlung der Anzahl der zu erstellenden Werkpläne, Schalpläne, Bewehrungspläne (s. Abb. 8.46).
3. Annahmen über Bearbeitungszeiten je Planart, je Planungsbereich, je Geschoss (s. Abb. 8.47).
4. Ermittlung der erforderlichen CAD-Arbeitsplätze je Planungsbereich (s. Abb. 8.46)
5. Übertragung dieser Rechnung je Vorgang des Terminplans (s. Abb. 8.47)

6. Überlagerung der errechneten CAD-Arbeitsplätze je Planungsbereich und Zeitintervall (s. Abb. 8.48)
7. Abgleich der Ist-Kapazitäten mit den errechneten Soll-Kapazitäten

Die im konkreten Beispiel auftretenden Kapazitätsspitzen (Abb. 8.48) sind Hinweise auf Gefahrenpunkte im Ablauf. So wird es für den Objektplaner sehr unwirtschaftlich sein, für einen kurzen Zeitraum eine Verdoppelung der CAD-Arbeitsplätze als Spitze abdecken zu müssen. Hier wird man mit den Planungsbeteiligten über die Konsequenzen dieser Rechnung nachdenken und entweder partiell Kapazitäten erhöhen oder andererseits die entsprechenden Vorgangsdauern strecken.

Dabei darf der Genauigkeitsgrad der Berechnung nicht überbewertet werden, da in den Annahmen sehr große Schwankungen liegen können. So beinhalten die errechneten Kapazitäten auch noch nicht alle koordinativen Abstimmungserfordernisse in der Planung, die über die konstant angenommene Bearbeitungsannahme je Anzahl Plan nicht abgedeckt sein können. Des Weiteren sind die Annahmen über die Bearbeitungsdauer je Plan von der Komplexität der jeweiligen Planungsaufgabe, der Professionalität des Planers und weiteren Einflussgrößen abhängig. Die Werte schwanken des weiteren in Abhängigkeit der Hinweise, die bereits zur Erstellung des Steuerungsplanes Ausführungsplanung Rohbau gemacht wurden. Andererseits bietet diese Vorgehensweise einen analytischen Weg, um Gefahrenpunkte durch unzureichende Kapazitäten der Planungsbeteiligten frühzeitig zu erkennen.

Einen weiteren Einfluss auf die Ableitung der Kapazitäten haben die unterschiedlichen Degressionstabellen in Fortschreibung der HOAI bei einer definierten Grenze der anrechenbaren Kosten. In Abb. 8.49 sind die Schwankungsbreiten am Beispiel der Entwurfsplanung dargestellt. Die errechneten Kapazitäten basieren auf den anrechenbaren Kosten der Objektplanung sowie anderen Parametern der Abb. 8.44. Die Degressionen schwanken je Planungsbereich (z. B. Tragwerksplanung, Technische Gebäudeausrüstung) erheblich und müssen konkret auf das jeweilige Projekt hin analysiert werden.

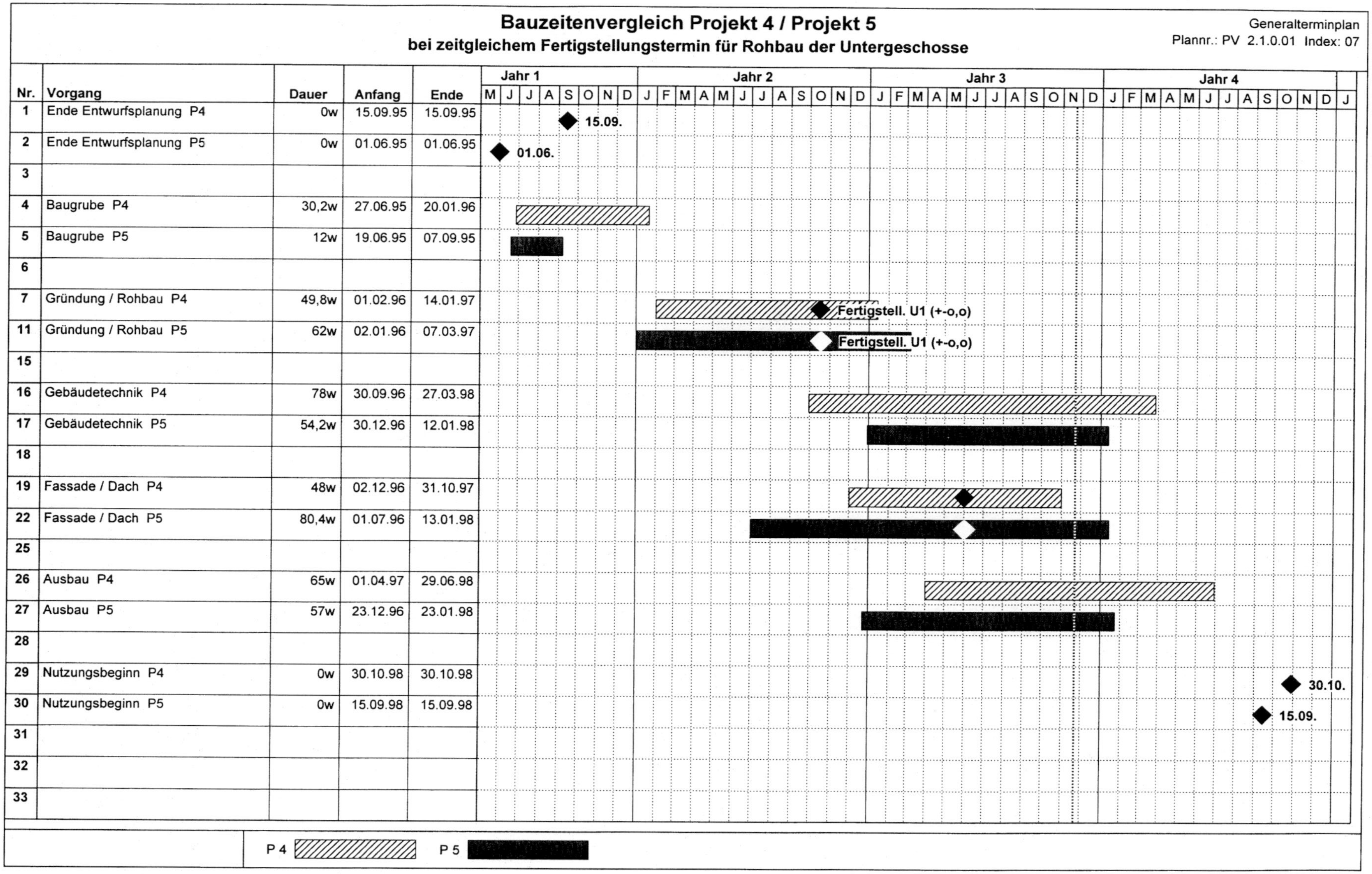

Abb. 8.39 Bauzeitenvergleich Projekt 4/5 bei zeitgleichem Fertigstellungstermin für Rohbau der Untergeschosse

Abb. 8.40 Gegenüberstellung Projektgeschwindigkeit Projekt 4/5

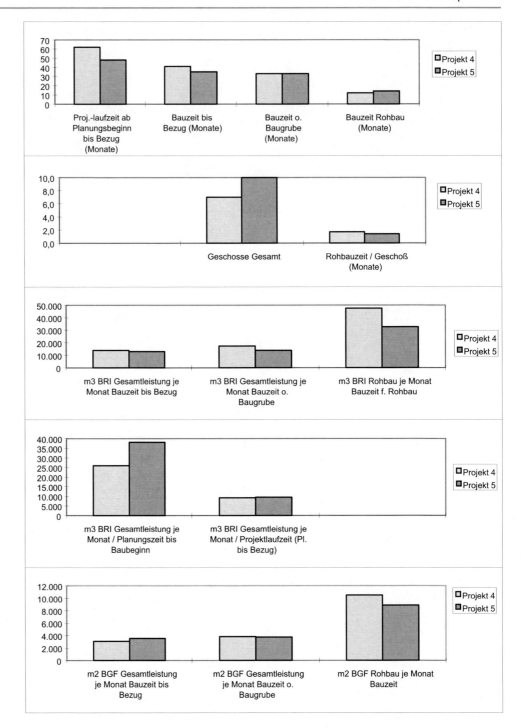

8.16 Terminkontrolle in Planung und Ausführung

Die Terminkontrolle wird je nach Planungsphase unterschiedlich gestaltet. In der Vor- und Entwurfsplanung führt der Projektmanager die Terminkontrolle nahe am Geschehen der Planung in den regelmäßig stattfindenden Projektsteuerungsterminen und den Planergesprähen durch. Die Kontrolle der Termine orientiert sich am Detaillierungsgrad der jeweiligen Steuerungspläne. die vom Projektsteuerer im Hinblick auf die Terminkontrolle entsprechend strukturiert werden müssen.

In der Ausführungsplanungsphase wird der Prozess der Terminkontrolle intensiviert[1]. In der Entwicklung der Ausführungsplanung für den Rohbau ist es notwendig, die

---

[1] Preuß N (1997): Projektcontrolling in Bauprojekten aus Sicht des Auftraggebers/der Projektsteuerung. In: I.I.R.-Tagung, 04.12.1997, Köln.

Abb. 8.41 Ableitung des Personalbedarfs aus Honorarvereinbarungen von § 32 ff. HOAI

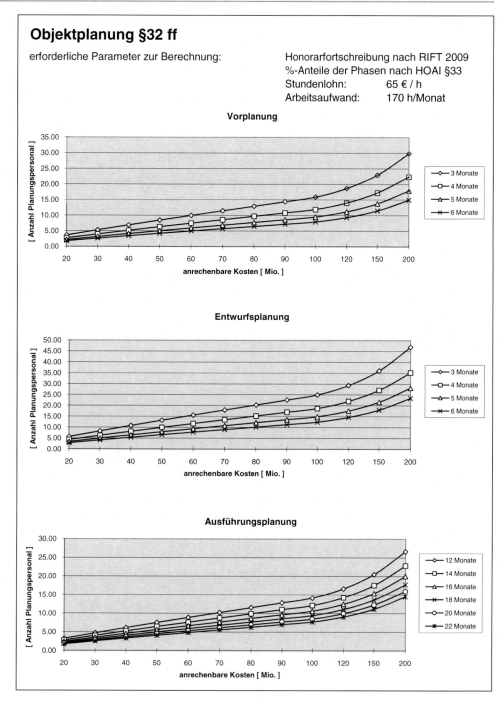

Planungsbereiche genau zu strukturieren und aufeinander abzustimmen. Die Termine des Steuerungsterminplanes Ausführungsplanung Rohbau (Abb. 8.50) legen im Einzelnen fest, wann die Planungspakete zu den einzelnen Bauteilen bzw. einzelnen Planungspaketen (gemäß Abb. 8.51) geliefert werden müssen.

Es wird durch die Terminkontrolle geprüft, ob die Pläne auf die Baustelle geliefert wurden, ob Verzug besteht und wenn, welchen Stand der Ausführung vor Ort zum Soll-Planliefertermin in dem jeweiligen Planfeld vorlag (Abb. 8.52). Die Tiefe dieser Terminkontrolle durch den Projektsteuerer

richtet sich nach den Randbedingungen des jeweiligen Projektes und dem Vertrag des Projektsteuerers. Die Kontrolle kann nicht jeden „einzelnen" Plan umfassen, sondern nur Stichprobencharakter haben. Bei fachlich Beteiligten, die die Unwahrheit über ihren Planungsstand sagen, oder fachlich völlig falsch einschätzen, gestaltet sich das Verfahren häufig sehr problematisch.

Da jeder verzögerte Plan in der Regel eine Behinderungsanzeige der bauausführenden Firmen auslöst, gewinnt diese Dokumentation und das Verfolgen der Planliefertermine eine besondere Bedeutung. Dieser Prozess muss sehr kontrolliert

Abb. 8.42 Ableitung des Personalbedarfs aus den Honorarvereinbarungen von § 48 ff. HOAI

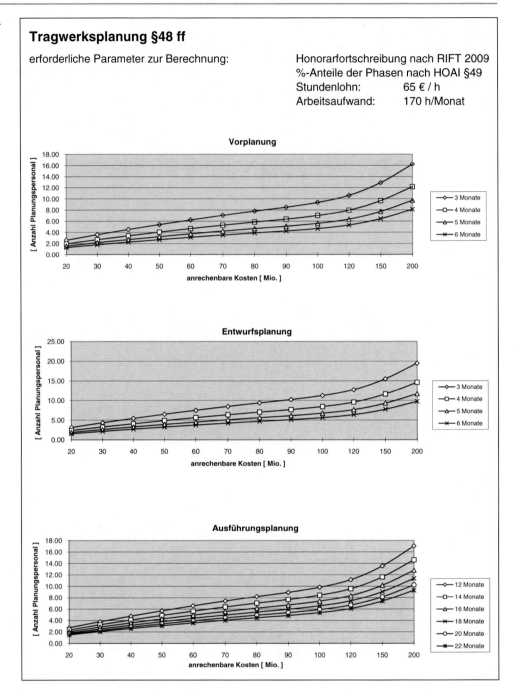

betrieben werden, da bei den ausführenden Firmen verspätet eintreffende Planunterlagen in aller Regel zu Behinderungstatbeständen mit entsprechenden Vergütungsansprüchen führen. In diesem Fall sind alle Projektbeteiligten gegenüber dem Bauherren in der Verpflichtung, sich bzgl. der eingetretenen Schadensfolgen zu rechtfertigen. In diesem Zusammenhang gewinnt das Änderungsmanagement eine besondere Bedeutung.

Abb. 8.43 Ableitung des Personalbedarfs aus den Honorarvereinbarungen von § 51 ff. HOAI

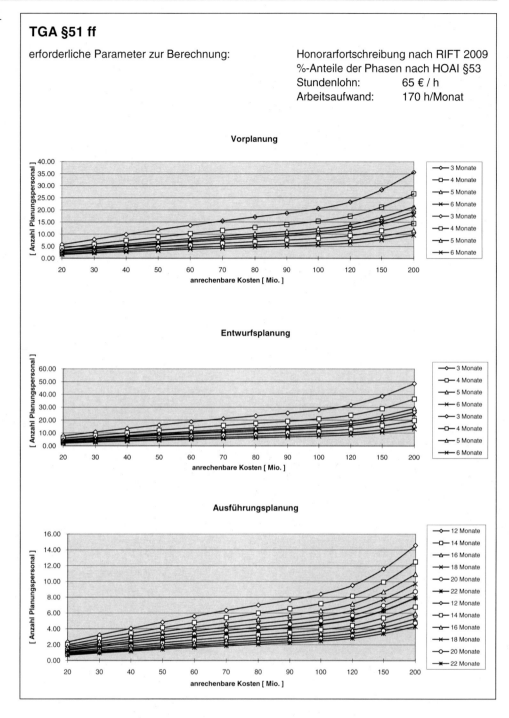

Abb. 8.44 Ableitung des
Personalbedarfs aus Honorarvereinbarung und Variierung
der Planungszeit

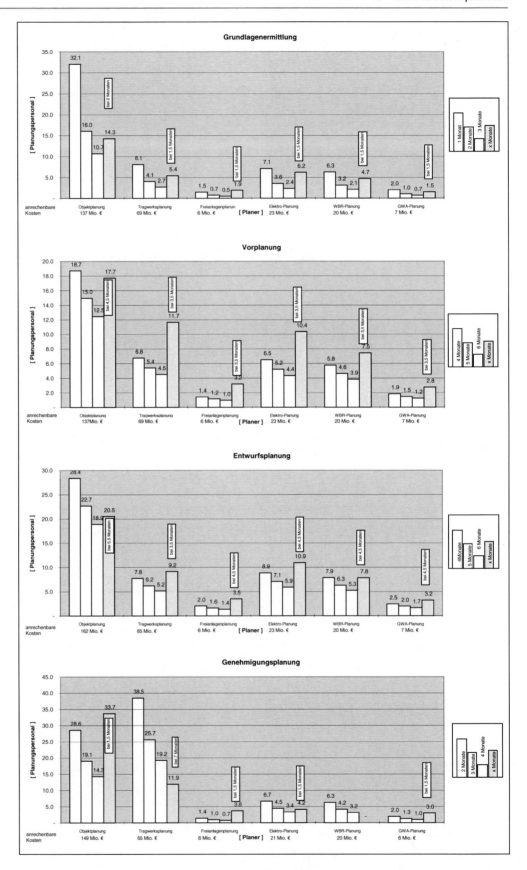

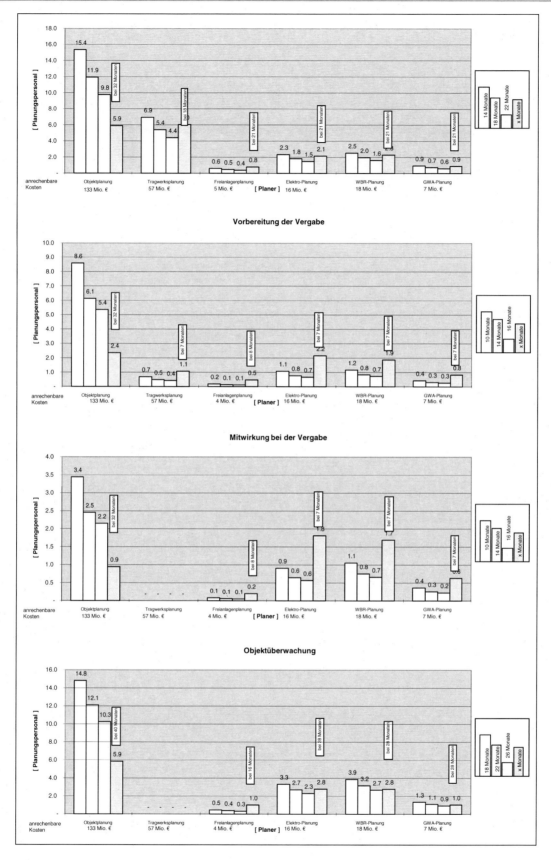

Abb. 8.45 Ableitung des Personalbedarfs aus Honorarvereinbarung und Variierung der Planungszeit

Aussagen über CAD-Päne

| | | Maßstab | 1:50 | Größe | Din A 0 |

Planaufwandswerte je Plan / Plananzahl

Art des Planes	Dauer [d]	Anzahl der Pläne je Geschoß
Werkplan (UG - 1.OG)	2.5	75
Werkplan (ab 2.OG)	1	55
Schlitzplan (UG - 1.OG)	2	75
Schlitzplan (ab 2.OG)	1	55
Schalplan (UG - 1.OG	3.5	25
Schalplan (ab 2. OG)	1.5	25
Bewehrungsplan (UG - 1.OG	3	75
Bewehrungsplan (ab 2.OG)	1.5	75

Art der Tätigkeit	Dauer [d]
Prüfung Schalplan	1
Prüfbemerkung	0.25

Architekt	*Fachplaner (HLSE)*	*TWP Schalplaner*	*TWP Bewehrungsplaner*
Werkpläne	Schlitzpläne	Schalpläne	Bewehrungspläne

Anzahl der Bewehrungspläne = Anzahl der Schalpläne x 3,5

notwendigen CAD - Arbeitsplätze (Rechengang)

Anzahl der CAD-Plätze = Anzahl der Pläne x Planaufwandswert / Vorgangsdauer

Beispiel: Geschoß U1
CAD-Plätze = 75 x 2,5 / 35 = 5

Abb. 8.46 Kapazitätsprüfung CAD-Arbeitsplätze

Geschoss	BP		U2		U1		EG		O1		O2		O3		O4-O6	
Vorgang	Dauer	CAD-Pl.	Dauer	CAD-Pl.	Dauer	CAD-Pl.	Dauer	CAD-Pl.	Dauer	CAD-Pl.	Dauer	CAD-Pl.	Dauer	CAD-Pl.	Dauer	CAD-Pl.
Zeitdauer je Plan [Tage] / Anzahl der Pläne																
Werkplan	2.5	75	2.5	75	2.5	75	2.5	55	2.5	55	1	55	1	55	1	55
Schlitzplan	2	75	2	75	2	75	2	55	2	55	1	55	1	55	1	55
Schalplan	3.5	25	3.5	25	1	25	3.5	25	3.5	25	1.5	25	1.5	25	1.5	25
Prüfung Schalplan	1		1		0.25		1		1		1		1		1	
Bewehrungsplan	3	75	3	75	3	75	3	75	3	75	1.5	75	1.5	75	1.5	75
Prüfbemerkung	0.25		0.25		0.25		0.25		0.25		0.25		0.25		0.25	
Werkplanung 1	20	9	19	10	20	9	20	7	59	2	32	2	25	2	30	2
Bauteil 1	5	9	5	9	5	9	5	7	15	2	8	2	6	2	8	2
Bauteil 2	10	9	9	10	10	9	10	7	29	2	16	2	13	2	14	2
Bauteil 3	5	9	5	9	5	9	5	7	15	2	8	2	6	2	8	2
Schlitzplanung	37	4	64	2	24	6	36	3	29	4	10	6	10	6	32	2
Bauteil 1	9	4	16	2	6	6	9	3	7	4	3	6	3	6	8	2
Bauteil 2	19	4	32	2	12	6	18	3	15	4	5	6	5	6	16	2
Bauteil 3	9	4	16	2	6	6	9	3	7	4	3	6	3	6	8	2
Werkplanung 2	38	5	36	5	35	5	35	4	31	4	10	6	5	11	36	2
Bauteil 1	9	5	9	5	9	5	9	4	8	4	3	6	1	14	9	2
Bauteil 2	20	5	18	5	17	6	17	4	15	5	5	6	3	9	18	2
Bauteil 3	9	5	9	5	9	5	9	4	8	4	3	6	1	14	9	2
Schalplanung	40	2	42	2	27	1	36	2	36	2	19	2	20	2	36	1
Bauteil 1	10	2	11	2	7	1	9	2	9	2	5	2	5	2	9	1
Bauteil 2	20	2	21	2	13	1	18	2	18	2	9	2	10	2	18	1
Bauteil 3	10	2	10	2	7	1	9	2	9	2	5	2	5	2	9	1
Prüfung Schalpläne	39	1	32	1	43	1	37	1	32	1	24	1	27	1	31	1
Bauteil 1	10	1	8	1	11	1	9	1	8	1	6	1	7	1	8	1
Bauteil 2	19	1	16	1	22	1	19	1	16	1	12	1	13	1	15	1
Bauteil 3	10	1	8	1	10	1	9	1	8	1	6	1	7	1	8	1
Bewehrungspläne	56	4	53	4	32	7	45	5	41	5	36	3	40	3	40	3
Bauteil 1	14	4	13	4	8	7	11	5	10	6	9	3	10	3	10	3
Bauteil 2	28	4	27	4	16	7	23	5	21	5	18	3	20	3	20	3
Bauteil 3	14	4	13	4	8	7	11	5	10	6	9	3	10	3	10	3
Prüfbemerkungen	35	1	35	1	44	1	43	1	30	1	33	1	28	1	28	1
Bauteil 1	7	1	7	1	10	1	10	1	6	1	8	1	6	1	6	1
Bauteil 2	21	1	21	1	24	1	23	1	18	1	17	1	16	1	16	1
Bauteil 3	7	1	7	1	10	1	10	1	6	1	8	1	6	1	6	1

Arch. (Werkplanung 1), FPL (Schlitzplanung), Arch. (Werkplanung 2), TWP (Schalplanung), Arch. (Prüfung Schalpläne), TWP (Bewehrungspläne), TWP (Prüfbemerkungen)

siehe Beispiel Rechenweg (Abb. 8.46)

Abb. 8.47 Berechnung der Anzahl der CAD-Arbeitsplätze je Planbereich

Verteilung Bereich Fachplanung

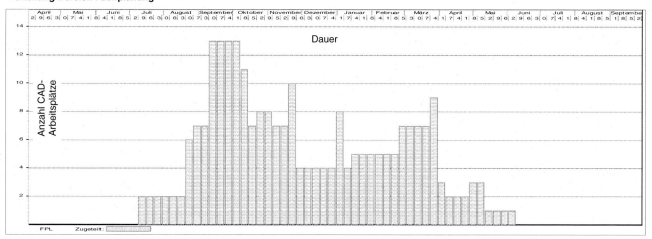

Verteilung Bereich Tragwerksplanung

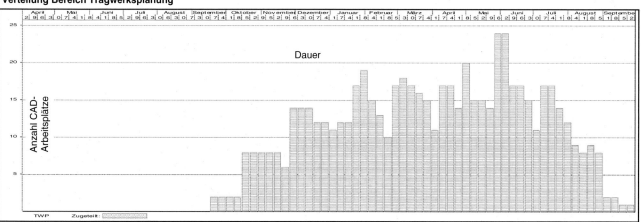

Verteilung Bereich Objektplanung

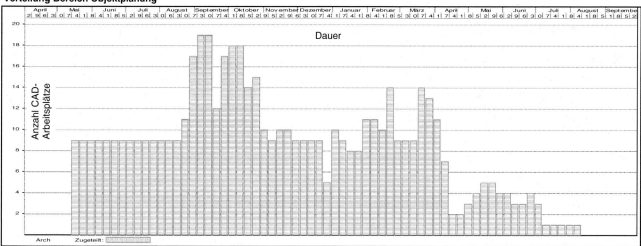

Abb. 8.48 Rechnerische Verteilung der CAD-Arbeitsplätze

Abb. 8.49 Einfluss unterschiedlicher Honorarfortschreibungstabellen auf die ableitbaren
Personalkapazitäten für die Objektplanung gemäß HOAI § 33

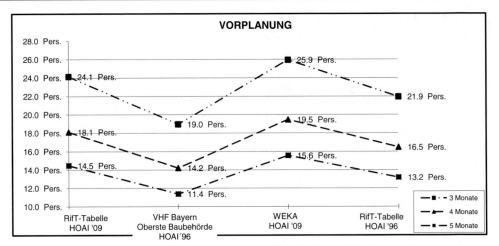

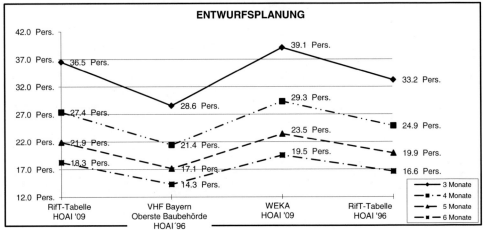

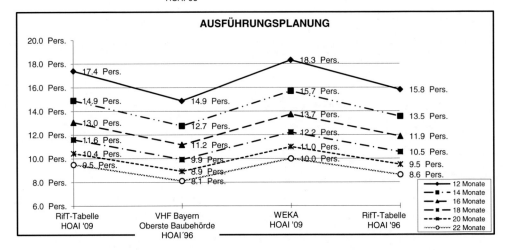

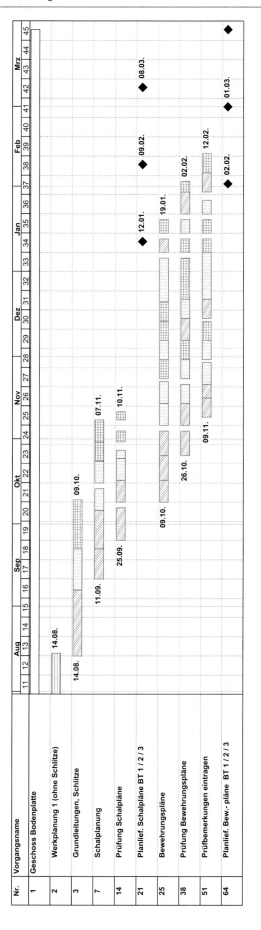

Abb. 8.50 Steuerungsterminplan Ausführungsplanung Rohbau

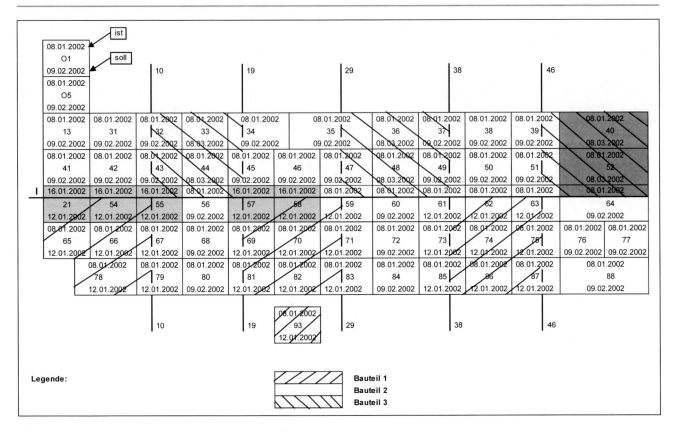

Abb. 8.51 Planliefertermine Schalplanung Bodenplatte Soll/Ist

Geschoss   Bodenplatte (Schalplanung)

Anz.	Bauteil Plannummer			L O S	Lieferdatum Vorabzug	Liefertermin Baustelle soll	ist	Bemerkung	Stand der Ausführung zum soll - Planliefertermin in diesem Planfeld
1		S	21	1	1	-	12.01.2002	16.01.2002	Behinderung vom 14.1.02	leere gefrorene Baugrube
2		S	54	1	1	-	12.01.2002	16.01.2002	Behinderung vom 14.1.02	leere gefrorene Baugrube
3		S	55	1	1	-	12.01.2002	16.01.2002	Behinderung vom 14.1.02	leere gefrorene Baugrube
4		S	57	1	1	-	12.01.2002	16.01.2002	Behinderung vom 14.1.01	leere gefrorene Baugrube
5		S	58	1	1	-	12.01.2002	16.01.2002	Behinderung vom 14.1.02	leere gefrorene Baugrube
6		S	01	2	1	-	09.02.2002	08.01.2002		leere Baugrube; Beginn
7		S	05	2	1	-	09.02.2002	08.01.2002		leere Baugrube; Beginn
8		S	13	2	1	-	09.02.2002	08.01.2002		leere Baugrube; Beginn
9		S	31	2	1	-	09.02.2002	08.01.2002		leere Baugrube; Beginn
10		S	41	2	1	-	09.02.2002	08.01.2002		leere gefrorene Baugrube
11		S	42	2	1	-	09.02.2002	08.01.2002		leere gefrorene Baugrube
12		S	40	3	1		08.03.2002	08.01.2002		leere gefrorene Baugrube
13		S	52	3	1	-	08.03.2002	08.01.2002		leere gefrorene Baugrube

Abb. 8.52 Dokumentation der Planliefertermine

9.1 Vorbereiten der Vertragsstruktur

Eine Grundsatzentscheidung im Rahmen der Projektvorbereitung ist die Frage, in welcher Vergabe- und Vertragsstruktur das Projekt abgewickelt werden soll.

Für die Planung ist zu entscheiden, ob das Projekt von einem Generalplaner oder von Einzelplanern durchgeführt werden soll. In diesem Zusammenhang ist auch bereits jetzt hierüber nachzudenken, inwiefern das Projekt in der Ausführung von einem Generalunternehmer bzw. Generalübernehmer durchgeführt werden soll. Je nach gewählter Unternehmenseinsatzform ist die Schnittstelle der Ausführung im Verhältnis zur Planung unterschiedlich und hat auch Einfluss auf die Struktur der Planerverträge.

Der Projektsteuerer hat den Bauherren über die unterschiedlichen Möglichkeiten der Planereinsatzmodelle zu beraten. Er hat die Vor- und Nachteile der alternativ denkbaren Ablaufmodelle aufzuzeigen und in geeigneter Form auf die bestehenden Entscheidungskriterien des Bauherren abzustimmen.

Falls das Projekt in Einzelplanungsbereichen abgewickelt wird, gliedert sich die Planungsaufgabe in eine Vielzahl von einzelnen Leistungsbildern und Planungsbeteiligten analog zur HOAI. Der Projektsteuerer sollte vor Erstellung der Planerverträge eine klare Struktur der Einzelplanungsbereiche erstellen, damit diese eindeutig vom Auftraggeber entschieden werden kann. In diesem Zusammenhang ergibt sich bei Projekten mit besonderer Komplexität häufig das Erfordernis von über die HOAI hinausgehenden Beratungsfeldern (z. B. brandschutztechnische Beratung, abfallwirtschaftliche Beratung, Gebäudeleitsysteme, lichtplanerische Beratung, messtechnische Untersuchungen, Computervisualisierung, Facility Management- Leistungen), welches konkret zu prüfen ist.

Ebenfalls vom Projektsteuerer aufzubereiten ist die Frage der geeigneten Unternehmenseinsatzform für die Ausführung. In der Regel bestehen gewisse Präferenzen des Auftraggebers für die eine oder andere Unternehmenseinsatzform wie Einzelvergabe, Generalunternehmer- oder Generalübernehmereinsatz.

Die Vor- und Nachteile dieser Unternehmenseinsatzformen sind vom Projektsteuerer konkret auf die individuellen Randbedingungen des vorliegenden Projektes darzulegen und rechtzeitig durch den Bauherren zu entscheiden, obwohl die Ausführung erst in einer späteren Projektstufe relevant wird.

9.2 Planerverträge

Die Planungsaufgabe strukturiert sich in eine Vielzahl von einzelnen Leistungsbildern und Planungsbeteiligten, die im Hinblick auf das zu erreichende Planungsziel koordiniert und vom Objektplaner integriert werden müssen. Bei Projekten besonderer Komplexität ergibt sich häufig das Erfordernis von über die HOAI hinausgehenden Beratungsfeldern. Diese Beratungsleistungen sind von Fall zu Fall dann erforderlich, wenn die Kompetenz der beauftragten Planer in diesen speziellen Planungsfragen evtl. überfordert ist. Vor der Beauftragung dieser Leistungen sollte die Nutzenstiftung besonders geprüft werden. Häufig ergibt sich allerdings zu spät die Erkenntnis, dass eine Beauftragung dieser Leistung sinnvoll gewesen wäre, da nicht optimale Planungsleistungen im Ergebnis des vollendeten Bauwerkes häufig irreparabel sind. Umstritten ist in diesen Fällen auch die Frage, ob diese nicht optimale Funktion des Bauwerkes dem Planer als Fehlleistung uneingeschränkt zugerechnet werden kann. Häufig verbleibt ein Schaden beim Bauherren selbst.

Unabhängig davon sollte bei Beauftragungen ein detailliertes Leistungsbild für diese Beratungssegmente vorgegeben werden.

Die HOAI[1] bildet die Grundlage für die vorzubereitenden Planungsverträge. Die Erstellung gliedert sich in einen rechtlichen und leistungstechnischen Teil, die zu einem homogenen Vertragswerk zusammengeführt werden müssen. Die Ausgestaltung der rechtlichen Vertragsausfertigung muss,

---

[1] HOAI (2009): Honorarordnung für Architekten und Ingenieure, 9. Aufl.

N. Preuß, *Projektmanagement von Immobilienprojekten*,
DOI 10.1007/978-3-642-36020-6_9, © Springer-Verlag Berlin Heidelberg 2013

HOAI-Leistungsphase 1: Grundlagenermittlung gemäß § 33 Nr. 1 HOAI.

Zu erbringen sind alle Grundleistungen gemäß § 33 Nr. 1 HOAI.

Die vom BH beigestellten Arbeitshilfen und Festlegungen sind dabei zu berücksichtigen.

Neben den unten aufgeführten Einzelaspekten besteht die wesentliche Aufgabe der Grundlagenermittlung darin, den Bedarf des BH festzustellen, mit ihm abzustimmen und die Voraussetzungen für die Realisierung zu schaffen.

Die im Rahmen dieser Leistungsphase geschuldeten Planungsleistungen bestehen neben der in der HOAI angesprochenen Klärung der Aufgabenstellung im wesentlichen in einer sachgerechten Beratung zum gesamten Leistungsbedarf.

Zusätzliche Erläuterungen zu den Grundleistungen:

– Entwickeln des grundsätzlichen Ordnungskonzeptes der Bebauung.

– Konzeptionelle Untersuchung der inneren Erschließung der Einzelbereiche (Anordnung von Kernen, technische Zentralen, Schächten etc.), sowie Grundsatzfragen der Flexibilität hinsichtlich möglicher Vermieteinheiten.

– Abstimmen der Technik im Hinblick auf Flächen-/Höhenbedarf innerhalb des Gebäudes für die Haupttrassen der technischen Gebäudeausrüstung unter Einbeziehung der betroffenen Fachplaner.

– Sichten und Überprüfen vorhandener Unterlagen.

– Überprüfen der Möglichkeiten des Einsatzes ökologischer Bauweisen unter wirtschaftlichen Gesichtspunkten.

– Feststellen und Überprüfen der Ausnutzung des Baurechtes.

– Grundsätzliches Abstimmen zum Energieversorgungskonzept unter Einbeziehung der betroffenen Fachplaner.

– Klären von Voraussetzungen für die Realisierung von behinderten-gerechten Verkehrsführungen und Einrichtungen.

– Feststellen der Auswirkung der vorgesehenen Bebauung auf Nachbargrundstücke.

– Grobabstimmung über die generellen Qualitätsstandards in Abstimmung mit dem Projektsteuerer und **dem BH**.

Neben diesen aufgeführten Einzelaspekten besteht die wesentliche Aufgabe der Grundlagenermittlung darin, das vom BH erstellte Nutzerbedarfsprogramm einer sach- und fachgerechten Prüfung zu unterziehen, damit durch den Architekten nicht zu akzeptierende Randbedingungen zu keiner Verzögerung oder Mehrfachbearbeitung in den späteren Planungsphasen führen.

Das in schriftlicher Form durch den AN abzuliefernde Ergebnis muß neben noch anderen als oben aufgeführten Punkten einen ausführbaren Rahmen als Grundlage zur Erstellung der Vorplanung darstellen.

HOAI-Leistungsphase 2: Vorentwurfsplanung gemäß § 33 Nr. 2 HOAI.

Zu erbringen sind alle Grundleistungen gemäß § 33 Nr. 2 HOAI.

Die vom BH beigestellten Arbeitshilfen und Festlegungen sind dabei zu berücksichtigen.

Im Rahmen der Leistungserfüllung der in dieser Leistungsphase geschuldeten Planungsleistungen sind zu den in der HOAI näher definierten Leistungselementen jeweils folgende konkrete Ergebnisunterlagen zu erarbeiten und dem BH vorzulegen:

– Erläuterungsbericht zur Gebäudeplanung mit Angabe der wichtigsten Planungsgrundlagen bzw. vorläufiger, im Rahmen der Vorplanung erfolgter Planungsfestlegungen zur Gebäudeplanung als eine allgemein verständliche Darstellung der Planungsinhalte und des Planungskonzeptes.

– Planunterlagen, bestehend aus einem Lageplan 1 : 1000, in dem die baulichen Anlagen, deren Beziehung zum Bestand und zu weiteren geplanten Baumaßnahmen, soweit sie dem AN bekanntgegeben worden sind, dargestellt sind. Ebenfalls eingetragen werden müssen die Anschlussmöglichkeiten an Ver- und Entsorgungsanlagen, an Kraftleitungen, Straßen etc.

– Maßstabgerechte Pläne sämtlicher Grundrisse (1 : 200) mit Angabe der raumbezogenen Abmessungen sowie der vorgesehenen Raumnutzung, mindestens ein Längs- und Querschnitt mit den Höhenangaben, bezogen auf NN sowie die Hauptansichten im Maßstab 1 : 200 und ein Systemschnitt durch die Fassade 1 : 20. In den Vorplanungszeichnungen müssen die aus der im Rahmen der Vorplanung der Tragwerkskonzeption ableitbaren Dimensionen (Wände, Decken, Stützen, Träger etc.) Eingang gefunden haben.

– Berechnungen zum Nachweis der Einhaltung der Raum- und Funktionsvorgaben auf der Basis der Vorplanung mit Soll-Ist-Vergleich der einzelnen Flächenarten nach DIN 277

– Aufstellung offener Entscheidungspunkte mit Angaben technischer oder bauphysikalischer bzw. baubiologischer Notwendigkeiten als Entscheidungsgrundlage **des BH** für die weiteren Planungsphasen.

– Darstellung der behindertengerechten Verkehrsführung und Einrichtungen

– Vorschläge zur Fortschreibung der Leistungs- und Ausstattungs-beschreibung **des BH**, sofern diese zu ergänzen ist, oder aus zwingenden Gründen von dort getroffenen Festlegungen abgewichen werden soll

– **Ergebnisdarstellung**

Zusammenstellung aller Vorplanungsergebnisse einschließlich der integrierten Leistungen anderer an der Planung fachlich Beteiligter und zusammengefasste Übergabe der Ergebnisunterlagen an **den BH** bzw. an den Projektsteuerer

Ferner ist folgendes zu beachten:

– Im Rahmen der Integration der Technischen Gebäudeausrüstung obliegt dem AN bei der Entwicklung von Trassenkonzepten innerhalb des Gebäudes für die Haupttrassen der technischen Gebäudeausrüstung (Doppelboden, Fensterbankkanal, Unterflursysteme, abgehängte Decken etc.) die federführende Koordination/Integration.

– Die grundsätzliche Abstimmung zum Energieversorgungskonzept unter Einbeziehung der Fachplaner ist herbeizuführen.

– Bei der Erstellung eines Raumnummerierungssystems ist mitzuwirken.

– Bei der Entwicklung und Festlegung von Steuerungsterminplänen und Rahmenterminplänen ist mitzuwirken.

HOAI-Leistungsphase 3: Entwurfsplanung

Zu erbringen sind alle Grundleistungen gemäß § 33 Nr. 3 HOAI.

Die vom BH beigestellten Arbeitshilfen und Festlegungen sind dabei zu berücksichtigen.

Im Rahmen der Leistungserfüllung der in dieser Leistungsphase geschuldeten Planungsleistungen sind zu den in der HOAI näher definierten Leistungselementen jeweils folgende konkrete Ergebnisunterlagen zu erarbeiten und dem BH vorzulegen:

– Erläuterungsbericht zur Gebäudeplanung mit Angabe differenzierter, im Rahmen der Entwurfsplanung erfolgter Planungsfestlegungen zur Baukonstruktion und zum baulichen Ausbau sowie zu den einzelnen Baukörpern und zum Gesamtbauwerk als allgemeinverständlicher Darstellung der nunmehr verbindlichen Planungsinhalte

– Planunterlagen im Maßstab 1 : 100 und 1 : 50 (spezielle Details) mit vollständigen Darstellungen der Gründung der baulichen Anlagen auf der Grundlage der vorliegenden Planungstiefe

– Die Grundrisse aller Geschosse mit Angabe der vorgesehenen Nutzung aller Räume

– Die notwendigen Schnitte durch die verschiedenen Bauteile mit Eintrag der Geschoßhöhen und der lichten Raumhöhen

– Der Verlauf der Treppen mit ihren Steigungsverhältnissen und den Anschnitten des vorhandenen und zukünftigen Geländes

– Die Vorkehrungen, die dem Brand- und Katastrophenschutz dienen (entsprechend den technischen und behördlichen Abstimmungen) im Maßstab 1 : 100

– Die vollständigen Ansichten der geplanten baulichen Anlagen

– Die komplette Vermaßung entsprechend DIN 1356 (neueste Fassung)

– Die Angabe wesentlicher Baustoffe und Bauarten

– System-Fassadenschnitte im Maßstab 1 : 20 mit einem Anschnitt für die Gründung, den Decken- und den Dachflächen sowie der im einzelnen vermaßten und bezeichneten Aufbauten im Rahmen der Entwurfsplanungs-Freigabe

– Berechnung zum Nachweis der Einhaltung der Raum- und Funktions-programmvorgaben auf Basis der Entwurfsplanung mit Soll-Ist-Vergleich der einzelnen Flächen und Rauminhalte nach DIN 277 in Bezug zu den Vorgaben

– Aufstellung offener Entscheidungspunkte mit Angabe technischer oder bauphysikalischer bzw. baubiologischer Notwendigkeiten als Entscheidungsgrundlage **des BH** für die verbindlichen Festlegungen zur Ausführungsplanung

– Vorschläge zur Fortschreibung der Ausstattungs- und Leistungs-beschreibung **des BH**, sofern diese zu ergänzen ist, oder aus zwingenden Gründen von dort getroffenen Festlegungen abgewichen werden soll

– **Ergebnisdarstellung**

Zusammenstellung aller Entwurfsplanungsergebnisse einschließlich der integrierten Leistungen anderer an der Planung fachlich Beteiligter und zusammengefasste Übergabe der Ergebnisunterlagen an **den BH** bzw. an den Projektsteuerer. In den Ergebnisunterlagen der Entwurfsplanung müssen die Angaben der Tragwerksplanung entsprechend der im Rahmen der Entwurfsplanung verfügbaren Planungstiefe vollständig vermaßt enthalten sein, wie z. B. Fugen-abschnitte, Aussteifungen, wesentliche Konstruktionselemente etc.

Bei der Entwicklung und Festlegung von Steuerungsterminplänen und Rahmenterminplänen ist mitzuwirken.

Abb. 9.1 Leistungsbild Objektplanung, HOAI § 33, Leistungsphasen 1–3

HOAI-Leistungsphase 4: Genehmigungsplanung
Zu erbringen sind alle Grundleistungen gemäß § 33 Nr. 4 HOAI.
Die vom BH beigestellten Arbeitshilfen und Festlegungen sind dabei zu berücksichtigen.

- Aktive Verfolgung des Baugenehmigungsverfahrens

HOAI-Leistungsphase 5: Ausführungsplanung
Zu erbringen sind alle Grundleistungen gemäß § 33 Nr. 5 HOAI.
Die vom BH beigestellten Arbeitshilfen und Festlegungen sind dabei zu berücksichtigen.

- **Erläuterung zu den Einzelpaketen der Ausführungsplanung**
Grundsätzlich ist in der Grundleistung enthalten, dass die für die Ausschreibung und Ausführung notwendigen Angaben in den Zeichnungen bzw. zusätzlichen textlichen Ausführungen aufgeführt sind.

Fortschreiben der Ausführungsplanung
Die Ausführungsplanung muss zeitnah entsprechend den Erfordernissen der Objektausführung fortgeschrieben werden. Im Rahmen der Grundleistung abgedeckt sind diejenigen Planungsfortschreibungen, bei denen das Planungsziel unverändert ist. Eine Änderung der Ausführungsplanung durch mündliche oder schriftliche Änderungsanordnungen vor Ort genügt nicht; die letzte fortgeschriebene Fassung der Ausführungsplanung muss dem tatsächlichen Bestand bei Fertigstellung des Bauvorhabens entsprechen.

Terminlicher Ablauf der Ausführungsplanung
Vom Projektsteuerer wird ein Detailterminplan zum Ablauf der Erstellung der Ausführungsplanung entworfen, der sich im wesentlichen nach den Randbedingungen der Bauausführung richten wird. Auf dieser Grundlage hat der AN seinen Planungsablauf terminlich festzulegen, ggfs. zu detaillieren, Planungspakete zu definieren und zu terminieren und Änderungswünsche mit dem Projektsteuerer abzustimmen. Vorab hat der AN die Belange der fachlich Beteiligten innerhalb seiner/eines Leistungspflicht/Leistungsbildes abzuklären und in seinen terminlichen Überlegungen zu berücksichtigen.
Zur Ausführungsplanung gehören ferner die rechtzeitige Erstellung folgender Teilleistungen: Decken- und Bodenspiegel, ein durchgängiges Leitsystem (visuelle Kommunikation), Tür- und Fensterliste. Die zeitliche Erstellung erfolgt nach dem Steuerungsplan baulicher Ausbau des PS, in Abhängigkeit der Einzeltermine der Ausschreibung und Bauausführung.

- Dem AN obliegt die Prüfung der Werkstatt- und Montageplanung aller ausführenden Firmen im Rahmen der vereinbarten Terminabläufe, soweit die Leistungen Anlagen betreffen, die in den anrechenbaren Kosten enthalten sind.

- **Aktualisierung der Kostenberechnung**
Im Rahmen der Durcharbeitung der Ergebnisse der Leistungsphasen des letzten Ausführungs-/Planungspaketes ist die Kostenberechnung fortzuschreiben.
- Dem AN obliegt die Mitwirkung bei der Organisation aller erforderlichen Bemusterungen einschl. der dazugehörigen Maßnahmen für alle gestaltungsrelevanten Elemente. Die fachlich Beteiligten müssen entsprechend integriert werden.

HOAI-Leistungsphase 6: Vorbereitung der Vergabe
Zu erbringen sind alle Grundleistungen gemäß § 33 Nr. 6 HOAI.
Die vom BH beigestellten Arbeitshilfen und Festlegungen sind dabei zu berücksichtigen.
Im Rahmen der Leistungserfüllung der in dieser Leistungsphase geschuldeten Leistungen sind zu den in der HOAI näher definierten Leistungselementen jeweils folgende konkrete Ergebnisunterlagen zu erarbeiten und dem BH vorzulegen:

- Festlegung sachbezogener Vergabeeinheiten in Form von LV-Festlegungen gemäß Vorgabe des Organisationshandbuches
- Ermittlung der anteiligen Kosten je Vergabeeinheit auf Basis der Kostenberechnung (differenzierte Kostenberechnung auf Basis von Leistungspaketen)
- Monatlich ausgefüllte Terminberichtsformblätter für den Projektsteuerer mit entsprechenden Erläuterungen. Terminabweichungen sind unverzüglich zu melden.
- Objektablaufplan für die Bauausführung unter Berücksichtigung der baulich bedingten Randbedingungen zu erarbeiten und rechtzeitig vom Projektsteuerer erstellten Generalterminplanes für Planung und Bau, der als verbindliche Vorgabe zu betrachten ist. Dieser Objektablaufplan wird vom AN rechtzeitig vor Ausschreibungsbeginn erstellt. Der Objektablaufplan muss die zur Steuerung der Baumaßnahme erforderliche Detaillierung aufweisen und die Beiträge der fachlich Beteiligten abgestimmt enthalten. Die fachlich Beteiligten sind innerseits vertraglich verpflichtet, Beiträge für ihr Gewerk, unter Berücksichtigung der Objektüberwachung zur Integration zur Verfügung zu stellen. Der Objektablaufplan muss Ausschreibungsbeginn, Beauftragungszeitpunkt sowie M + W-Planungszeiträume beinhalten. Der Terminplan ist auf aktuellem Stand zu halten und entsprechend den Erfordernissen fortzuschreiben.
- Erstellung und Fortschreibung von Terminberichten für alle Vergabeeinheiten (auch technische Ausrüstung) auf Basis der Vergabetermine des PS
Ferner ist folgendes zu beachten:
- Die Einzeltitel des Leistungsverzeichnisses/Positionen sind unter Beachtung der Kostengliederung der DIN 276 und den Vorgaben des Organisationshandbuches festzulegen.
- Die jeweilige Übereinstimmung der Planunterlagen mit dem gültigen Stand gemäß Planliste ist zu gewährleisten.

HOAI-Leistungsphase 7: Mitwirkung bei der Vergabe
Zu erbringen sind alle Grundleistungen gemäß § 33 Nr. 7 HOAI.
Die vom BH beigestellten Arbeitshilfen und Festlegungen sind dabei zu berücksichtigen.
Im Rahmen der Leistungserfüllung der in dieser Leistungsphase geschuldeten Leistungen sind zu den in der HOAI näher definierten Leistungselementen jeweils folgende konkrete Ergebnisunterlagen zu erarbeiten und dem BH vorzulegen:

- Vergabevorschläge nach den vom Projektsteuerer allen Beteiligten vorgegebenen, einheitlichen Formularen, die verbindlich zu beachten und auszufüllen sind.
- Gleichstellung der Angebote in bezug auf die Ausschreibungsunterlagen in technischer und wirtschaftlicher Hinsicht
- Auftragsleistungsverzeichnisse innerhalb von 10 Werktagen nach Vergabebescheid mit Berücksichtigung aller vergaberelevanten Randbedingungen
- Schriftliche Zusammenstellung aller im Auftragschreiben zu berücksichtigenden Vereinbarungen
- Monatlich ausgefüllte Terminberichtsformblätter für den Projektsteuerer mit entsprechenden Erläuterungen. Terminabweichungen sind unverzüglich zu melden.
Ferner ist zu beachten:
- Die Grundleistungen beinhalten auch die Mitwirkung bei der Vergabe der Grundreinigung.

HOAI-Leistungsphase 8: Objektüberwachung
Zu erbringen sind alle Grundleistungen gemäß § 33 Nr. 8 HOAI.
Die vom BH beigestellten Arbeitshilfen und Festlegungen sind dabei zu berücksichtigen.

- Einführungsgespräche mit den beauftragten Firmen sind durchzuführen.
- Es ist sicherzustellen, dass die den ausführenden Firmen vom AN zu übergebenden Planunterlagen dem letztgültigen Stand gemäß Planliste entsprechen.
- Zeitgerechte Leistungsfeststellungen bei Anlagen oder Anlagenteilen, die zum Zeitpunkt der Abnahme nicht mehr oder nur noch teilweise zugänglich sind
- Rechtzeitiges Anfordern von Dokumentationsunterlagen bei den ausführenden Firmen und rechtzeitige Übergabe der Unterlagen an den BH
- Ständige Kostenkontrolle durch Soll-Ist-Vergleiche und Mitteilung der Kostenentwicklung an den BH, um bei drohenden Kostenüberschreitungen dem BH und dem Projektsteuerer die Möglichkeit zu geben, dieser Entwicklung durch geeignete Maßnahmen entgegenzuwirken. Die im Organisationshandbuch definierte Kostenberichterstattung durch die Objektbauleitung erfolgt 3-monatlich bzw. nach Aufforderung durch den Projektsteuerer auch in monatlichem Abstand. Die Kostenberichte der einzelnen fachlich Beteiligten werden in die von der Objektüberwachung erstellten Kostenberichte integriert.
Die kostenrelevanten Daten (alle Beauftragungen, Rechnungen, Nachträge, Zahlungen etc.) sind kontinuierlich und zeitnah zu erfassen und im Kostenbericht zu integrieren.
- Ständige Terminkontrolle bzw. Leistungsstandkontrolle und Erstellung von monatlichen Terminkontrollberichten
- Zur Erarbeitung von Entscheidungsvorlagen für die Nachtragsgenehmigung werden vom Projektsteuerer allen Beteiligten einheitliche Formulare vorgegeben, die verbindlich zu beachten und auszufüllen sind. Für Nachtragsforderungen, die auf Planungsänderungen beruhen, sind vom Planer Stellungnahmen abzugeben, die in die Nachtragsunterlagen integriert werden müssen.
- Die Objektbauleitung hat die federführende Verantwortung für den Objektablaufplan und integriert die Ergebnisse der Terminplanung/-kontrolle der jeweiligen Fachbauleitung in den Gesamtterminplan. Die jeweils fachlich Beteiligten haben die vertragliche Verpflichtung, die Beiträge rechtzeitig an die Objektbauleitung zu geben. Der Objektablaufplan ist kontinuierlich und zeitnah fortzuschreiben.
- Mitwirkung bei Bemusterungen hinsichtlich Materialbeschaffung und Einbau nach Angabe des BH

Abb. 9.2 Leistungsbild Objektplanung, HOAI § 33, Leistungsphasen 4–8

falls nicht auf standardisierte Vertragsmuster zurückgegriffen wird, in enger Zusammenarbeit mit der eingeschalteten Rechtsberatung des Bauherren erfolgen. Der Aufbau der Planungsstruktur und die Paketierung einzelner Planungsbereiche obliegen der Projektsteuerung in Abstimmung des Bauherren. Dies ist einer der ersten Entscheidungen des Bauherren.

Die technischen Leistungsbilder sollten im Hinblick auf die erforderlichen Einzelleistungen je Planungsphase strukturiert werden, damit vor Planungsbeginn mit den Planungsbeteiligten die Anforderungen an die Ergebnisse der jeweiligen HOAI-Leistungsphasen unmissverständlich geklärt sind. Es sollte dabei vermieden werden, dass die Leistungsbilder die Terminologie der „Grundleistungen" bzw. „Besonderen Leistungen" gemäß HOAI verändert und damit evtl. eine „Minderung" der Vergütung bei den Planungsbeteiligten auslöst. Grundgedanke der Leistungsdefinition ist das Ausräumen von immer wieder vorkommenden Meinungsverschiedenheiten unterschiedlichster Projektbeteiligter, die hinter den in der HOAI abgebildeten Leistungsphasen unterschiedliche Ergebnisse interpretieren.

In Abb. 9.1 und 9.2 ist das Leistungsbild der Objektplanung gemäß § 33 HOAI in strukturierter Form dargestellt. Die Leistungsbilder *aller* restlichen Planungsbereiche sollten in analoger Struktur aufgebaut sein und vor allem miteinander synchronisiert werden, damit keine Überschneidungen stattfinden.

Die Verdingungsunterlagen für Bau- und Lieferleistungen sollten sich an den Grundsätzen der VOB[2] orientieren. Die Formulierung von zusätzlichen Vertragsbedingungen sollten – falls nicht hinreichend juristisch abgesicherte Vorgaben bauherrenseitig bestehen – in Abstimmung mit der baubegleitenden Rechtsberatung konzipiert werden.

9.3 Erstellung und Umsetzung des Versicherungskonzeptes

Für jedes Projekt ist rechtzeitig ein Versicherungskonzept von einem Versicherungsexperten zu erstellen, welches die bestehenden Risiken auf ein bewusst erkennbares Potenzial für alle Beteiligten reduziert. Das Konzept sollte idealerweise zum Abschluss der Verträge für die Planungs- und Ausführungsbeteiligten vorliegen, da es kalkulatorisch bei den Angeboten für Planung und Ausführung berücksichtigt werden sollte. Das Konzept ist auf die Aufbauorganisation des Gesamtprojektes und die haftungsrelevanten Größenordnungen je Organisationseinheit auszurichten.

In diesem Zusammenhang hat der Bauherr/Auftraggeber hinsichtlich der vom Grundstück oder Bauwerk ausgehenden Gefahren für Versicherungsschutz zu sorgen.

Die Objekt- und Fachplaner sollten alle Tätigkeiten versichern, die sie zu erbringen haben. Die Unternehmer und Handwerker haben die aus ihrer Tätigkeit resultierenden Risiken entsprechend abzudecken.

Die möglichen Versicherungskonzeptionen können unterschiedlich aufgebaut sein. In diesem Zusammenhang gibt es allerdings noch weitere Kombinationsmöglichkeiten, auch mit anderen Versicherungskonzepten.

Die Aufgaben des Projektsteuerers liegen in folgenden Einzelschritten:

- Veranlassung zum Aufbau des Versicherungskonzeptes durch Einbinden aller beim Auftraggeber zuständigen Stellen sowie Veranlassung zur Einschaltung eines geeigneten Versicherungsmaklers. Der Aufbau des Konzeptes selbst liegt nicht im Leistungsumfang des Projektsteuerers.
- Zusammenstellen der Daten für das Versicherungskonzept (Anzahl und Art der Planungsbeteiligten, Kostengrößen für Planungsaufträge/Größenordnung der Ausführungspakete, Einschätzung des Risikopotenzials der jeweiligen Projektbereiche in Zusammenarbeit mit dem Auftraggeber und Versicherungsfachmann)
- Integration des verabschiedeten Konzeptes im Rahmen der Vorbereitung und Verhandlung der Planungsverträge sowie dem Aufbau der Verdingungsunterlagen in Abstimmung mit Auftraggeber und Rechtsberatung.
- Berücksichtigung des Versicherungskonzeptes bei der projektspezifischen Kostenverfolgung, falls erforderlich.
- Veranlassung der Vorgabe von organisatorischen Hinweisen beim Schadenseintritt (Meldepflichten, Veranlassung der Dokumentation etc.); die organisatorische Abwicklung und Koordination der Schadensabwicklung ist eine Besondere Leistung.

---

[2] VOB (2009): Vergabe- und Vertragsordnung für Bauleistungen.

10.1 Struktur der Entscheidungssituationen

In die Auswertung in Abb. 10.1 wurde eine Vielzahl von Entscheidungspunkten aus verschiedenen Projekten analysiert. Die dort dargestellten Entscheidungen betreffen ausschließlich die Phase bis zum Abschluss der Entwurfsplanung.

Die Struktur der Entscheidungstypen zeigt, dass in den ersten Planungsphasen neben den Grundsatzentscheidungen die Konzeptentscheidungen und diverse Konstruktions- und Systementscheidungen überwiegen.

Andere Entscheidungspunkte wurden auf ihre Entscheidungsinhalte untersucht, so dass sich zeigt, dass die funktionalen Entscheidungsinhalte einen sehr großen Anteil ausmachen und eine besondere Bedeutung haben.

Bei der Planungsphasenstrukturierung zeigt sich, dass die Vorplanungsphase knapp 50 % der Gesamtentscheidungen beinhaltet, was vom Grundsatz her auch plausibel ist, da eine Verlagerung der Entscheidungen in die Entwurfsphase die Gefahr von Projektänderungen zu einem späteren Zeitpunkt noch vergrößern würde.

Die in den Auswertungen angesprochen Planungsbereiche sind wie folgt nummeriert (Abb. 10.2):

0. Bauherr/Nutzer
1. Architekt
2. Thermische Bauphysik
3. Freianlagen
4. Tragwerksplanung
5. Fördertechnik
6. Gas, Wasser, Abwasser/Feuerlöschanlagen
7. Küchentechnik
8. Wärmeversorgung
9. Mess-, Steuer-, Regeltechnik/Gebäudeleittechnik
10. Elektrotechnik – Starkstrom
11. Elektrotechnik – Schwachstrom
12. Technik übergeordnet
13. Projektsteuerung
14. Gesamtplanung betreffend
15. alle Projektbeteiligten betreffend

10.2 Entscheidungen der Unternehmenseinsatzformen

Rechtzeitig im Projektablauf muss die Entscheidung über die richtige Unternehmenseinsatzform für die Projektabwicklung getroffen werden. Dies betrifft die Planungsphase im Hinblick auf die Entscheidung Generalplaner/Planer und die Ausführung, wobei es dort sehr vielfältige Alternativen gibt.

Die Entscheidung über die Einsatzmodelle muss rechtzeitig erfolgen, da davon auch die Ausgestaltung der Verträge der übrigen Beteiligten abhängt.

In Abb. 10.3 sind einige Wettbewerbsmodelle im Überblick gezeigt, die dann im Hinblick auf die relevanten Entscheidungskriterien gewichtet werden müssen.

Die Gewichtung wird je nach Interessenlage der Beteiligten völlig unterschiedlich ausfallen.

Es ist eine Aufgabe des Projektsteuerers, den Bauherren in dieser Fragestellung in technisch, wirtschaftlicher Hinsicht zu beraten.

10.2.1 Die Unternehmenseinsatzformen im Überblick und Vergleich

Die etablierten Wettbewerbsformen der Bauwirtschaft in Deutschland unterteilen sich grundsätzlich in zwei Arten, nämlich die Vergabe einzelner Fachlose/Gewerke an verschiedene Einzelleistungsträger und die zusammengefasste gleichzeitige Vergabe mehrerer bzw. aller Fachlose an einen Leistungsträger. Diese beiden grundsätzlichen Wettbewerbsformen ergeben sich aus § 4 Nr. 2 und 3 VOB/A.

Die Fachlosvergabe Bei dieser Art der Bauabwicklung wird die Bauleistung in Fachlose aufgeteilt. Der Bauherr vergibt diese verschiedenen Leistungspakete an mehrere Unternehmen. Dabei werden oft ein Hauptunternehmer für den Rohbau und mehrere einzelne Unternehmen für Technik und Ausbau beauftragt. Alle Auftragnehmer stehen dabei im direkten Vertragsverhältnis zu dem Bauherren. Hauptmerk-

N. Preuß, *Projektmanagement von Immobilienprojekten*,
DOI 10.1007/978-3-642-36020-6_10, © Springer-Verlag Berlin Heidelberg 2013

Abb. 10.1 Strukturierungen der Entscheidungen

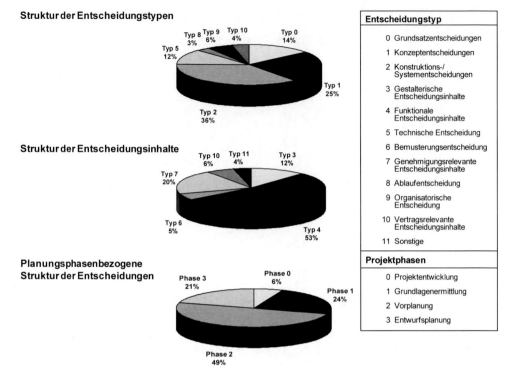

mal dieser Art der Bauabwicklung ist die Trennung zwischen der Bauobjektplanung und der Bauausführung. Der Auftraggeber (Bauherr) beauftragt selbst einen Architekten (Objektplaner) und Fachingenieure, die die Entwurfsarbeiten erledigen, während die Unternehmen nur an der Ausführung beteiligt sind. Der Objektplaner besitzt mit den ausführenden Unternehmen keine vertraglichen Beziehungen, er bereitet die Verträge nur vor. Vertragspartner der Bauunternehmen ist allein der Bauherr.

Die schlüsselfertige Vergabe Die Wettbewerbsform Schlüsselfertigbau charakterisiert prinzipiell zwei Aspekte: Zum einen beauftragt der Bauherr für die Bauausführungsleistungen kein Einzelunternehmen, sondern ein einziges Hauptunternehmen, den „Kumulativleistungsträger". Zum anderen werden neben den Leistungen der Bauausführung auch Planungsleistungen in mehr oder weniger großem Umfang sowie Leistungen, die originär als Bauherrenleistungen angesehen werden, übertragen.

So ergeben sich folgende Merkmale für die Wettbewerbsform Schlüsselfertigbau:
- verantwortliche Übernahme von Planungs- und Bauausführungsleistungen,
- Übernahme aller oder eines großen Teils der delegierbaren Bauherrenaufgaben, wie beispielsweise die Koordination, Beauftragung und Überwachung der an der Bauausführung beteiligten Unternehmen sowie der beteiligten Planer,
- Übernahme der Gesamthaftung für Kosten, Termine und Gewährleistung für das Bauprojekt, bzw. für die mit Pla-

nung und Ausführung des Bauprojektes zusammenhängenden Arbeiten und Lieferungen.

Die innovativen Wettbewerbs- und Vertragsmodelle Zu den innovativen Formen zählen das Bauteam, der Bausystemwettbewerb und die Target Modelle (mit ihrer primären Erscheinungsform, der Form des Construction Management mit Target Contracts). Alle drei Arten haben gemeinsam, dass in einer eingeschobenen Optimierungsphase die Erfüllung der Projektziele konsequent verfolgt wird, um sie mit größtmöglichem Erfolg zu realisieren.

Diese Unternehmensstrategien zielen auf eine Umstrukturierung der Organisation, weiterführende Prozessoptimierungen, Verbesserungen in der Bautechnik und Projektrealisierung, innovative Wettbewerbsformen und ein damit optimiertes Zusammenspiel aller am Bau Beteiligten.

Diese innovativen Wettbewerbsmodelle sollen
- eine optimale Zielerfüllung hinsichtlich Qualität, Kosten und Termine bieten,
- beste Technologie und Innovationen nutzen,
- ganzheitliche Sichtweisen unterstützen,
- Realisierungszeiten kürzen,
- Risiken minimieren,
- sparsamen Einsatz der Ressourcen berücksichtigen.

Unabhängig von diesen in Wissenschaft und Forschung bereits seit längerer Zeit diskutierten Modellen muss man in der Praxis heute feststellen, dass die Grundgedanken des Bauteams, des Bausystemwettbewerbs in Deutschland heute noch nicht ausgeprägt sind und auch mit der noch fehlenden grundsätzlichen Einstellung der am Projekt beteiligten Bau-

Entscheidung	Entscheidungstyp/-inhalte (markiert: 0–11)	Planungsbereiche:	Priorität:	Planungsphase:	späteste Entsch. in LPh	verantw. Planungsbereich:	Ebene:
Zutrittskontrolle/Zeiterfassung – Kartenlesegerät/berührungslose Systeme	2		2	2	3	11	2
Tiefgaragenausfahrt – Konzeption der Tiefgarage in Abhängigkeit zur äußeren Erschließung	2	0	1	1	2	1	2
Verköstigungskonzept (konzeptbezogene Flächenvorgaben) – Flächenbedarf Küche, Lager, Speiseräume, Entsorgung, Personalräume / Verwaltung	2	0	1	1	2	7	2
Planungsmodell – Visualisierung der Planung, Unterstützung zur Entscheidungsfindung	11	0	1	2	2	1	2
Speisenproduktion (Verwendung vorhandener Geräte) – Übernahme vorhandener Einrichtungen/Geräte in neue Küche	2	0	1	2	3	7	2
Abrechnungsorganisation – Kassen- bzw. Abrechnungssystem (Bargeld, Chipkarte etc.)	2	0	2	2	3	7	2
Dachkonzept (Funktionalität) – Zugänglichkeit, Nutzungsvorgaben	2	0	2	2	2	1	2
Entsorgungskonzept Küche – Mülltrennung (Glas, Metall, Papier, organischer Abfall) – Perioden der Abholung von Speiseabfällen/Naßmüll/Trockenmüll – zentrale Aufbereitung Naßmüll	2	0	2	2	3	7	2
Fahrgeschwindigkeit Aufzüge – Komfort im Fahrverhalten – Füllungszeit des Gebäudes	2	0	2	2	7	5	2
Flexibilität (Lastannahmen) – Lastabtragung, Lastannahmen	3 4	0	2	2	3	4	2
Spülorganisation – Zentralspüle/Stationsspüle Wagenspüle/Behälter-/Topfspüle	2	0	2	2	3	7	2
Geschirrorganisation – Geschirr/Gedeckbestandteile für welchen Personenkreis/Verpflegungsbereich	2	0	2	3	5	7	2
Stellplatzanordnung – Wegeführung, Ausbildung, Anzahl	6	0	2	3	3	3	2
Automatenversorgung Nutzer – außerhalb Verpflegungsöffnungszeiten (Umfang, Anzahl, Speisen, Getränkeangebot)	2	0	3	3	5	7	2
Wächterkontrollanlage – Überwachung der Wächter mit Schlüssel/Magnetkarte	2	0	3	5	5	11	2

Abb. 10.2 Entscheidungen bei Hochbauten

Telefonverkabelung
- komplette Ausführung oder nur als Leerrohranlage

Bepflanzung Innenhöfe
- Lastannahmen
- Höhenzugangstechnik (Wartung, Pflege, Bepflanzung, Entfernung Schnittgut, Erschließung Innenhof)
- Erscheinungsbild Gesamtanlage
- Fassadenkonzeption

Essen-/Getränkeanlieferung/ Lagerhaltung
- Lieferzustand (Vorbereitungsgrad), Lieferintervall, Lagermengen (Vorratshaltung)

Festlegung Gründungskonzept
- Lasten, Baugrund, Grundwasserverhältnisse

Flexibilität (Beleuchtung)
- Beleuchtungsvarianten

Flexibilität (Erschließungssysteme)
- Hohlraumboden, Doppelboden

Genehmigungsverfahren (Altlasten)
- Altlastenbehandlung, erforderliche Vorgehensweise

Genehmigungsverfahren (Wasserrecht)
- Wasserrechtsverfahren: Erforderlichkeit/Umfang

Konzept der Aufzugsanlagen
- Plazierung sowie Umfang von Kern-, Lasten-, Küchen-, Post-, Schwerlastaufzüge
- Logistik Gesamtgebäude, Anzahl Beschäftigte, Gebäudeorganisation, Erschließung, Stoßzeiten, Arbeitszeiten, Beförderungsgeschwindigkeit

Speisenproduktion (Verfahren) 1
- z.B.: Durchkochen im Kessel, Pfanne, Dämpfen in Pfanne, Durchdämpfen in Steamer, Konvektionsgerät mit Dampferzeuger, Garverfahren für Sonderdiäten
- Vorstellung über Garverfahren

Verbauarten
- Notwendigkeit der Einleitung eines wasserrechtl. Verfahrens
- Baugrund, Grundwasser
- Genehmigungsfähigkeit über Verbau (Anker) im öffentl. Straßen- u. Gehwegbereich
- Zustimmung der Nachbarn für Verbau (Anker) oder Abböschung auf Nachbargrund

Ausbildung der Schnittstelle zu öffentlichen Flächen 1
- Sicherheitskonzept (Zaun, Sicherungen, Türdurchgänge, Pfortenintegration, Kontrolle des Besucherverkehrs, Fahrradabstellmögl. inkl. Sicherung)

Ausbildung der Schnittstelle zu öffentlichen Flächen 2
- Einfädelung innere Wegeführung ins öffentliche Verkehrsnetz (Rückstauproblematik, Tiefgarage, evtl. erforderliche techn. Einrichtung, z.B. Ampel)

Außenluft- und Fortluftansaugung
- Äußeres Erscheinungsbild, Trassenführung
- Lage, Größe

Abb. 10.2 (Fortsetzung)

Kriterium	Beschreibung						
Ausstattung Teeküchen	–	1	2	2	3	7	2
Ausstiefungskonzept	stat. Erfordernisse, Funktionalität, Bauablauf	1	2	2	2	4	2
Beleuchtungskonzept 1	Sicherheitsbeleuchtung gemäß Arbeitsstättenrichtlinien / Fassadenbeleuchtung / Infobeleuchtung / allg. Büro–(BAP) u. Flurbeleuchtung / Sonderbeleuchtung / Firmenschriftzüge / Außenbeleuchtung	1	2	2	3	10	2
Deckensysteme 2	Installationsführung / Geschoßhöhen / Stahlbedarf / Flexibilität	1	2	2	2	4	2
Flexibilität (Schrankwandsystem)	Schrankwandsystem, Türintegration	1	2	2	3	1	2
Rampenheizung	elektrisch, Warmwasser	1	2	2	3	10	2
Türsteuerungsanlagen	Festlegen der zu steuernden Türen	1	2	2	3	11	2
Fußweggestaltung Außenanlagen	Anordnung, Nutzung, Gestaltung	1	3	2	3	3	2
Hauseigenes Reinigungspersonal / Outsourcing	Putzraumausbildung	1	3	2	3	0	2
Flexibilität (EDV-Nutzung)	EDV-Verkabelung, Bodentanks	1	2	3	5	11	2
Lagernutzung	Brandschutzkonzept, Auslegung Feuerlöschanlagen	1	2	3	3	6	2
Sonnenschutzmotoren	Objekt-Erscheinungsbild / Motorenanordnung, Flexibilität	1	2	3	5	10	2
Außenanlagenpflege	Festlegung Gerätschaften / Gebäudebedarf für Unterhalt	1	3	3	5	3	2
Belegungsanzeige Tiefgarage	Tiefgaragenkonzept	1	3	3	5	10	2

Abb. 10.2 (Fortsetzung)

Kriterium						
Möblierung (Abhängigkeiten technische Ausrüstung) – Festlegung von Bodentanks – Vorgaben für Beleuchtung – Anordnung der Möblierung	1	3	3	3	0	2
Feinbelegungsplan auf Basis (VP/EP/AP) – Zuordnung Einzelräume	1	2	5	8	0	2
Baustellensicherung/-bewachung (Ausschreibungsvorgaben) – Vorgaben für die Ausschreibung im Sinne besonders zu beachtender Prioritäten	1	3	5	6	0	2
Möblierung (Genehmigungsvorgaben) – Genehmigung durch das Gewerbeaufsichtsamt	1	3	5	6	0	2
Fassadengestaltung (Bauphysik) – Schallschutz	2	1	2	3	1	2
Berücksichtigung Erschütterungszonen – konstruktive Maßnahmen zur Kompensation dieser Einflüsse	2	2	2	2	1	2
Berücksichtigung von Erschütterungszonen – Beeinflussung der Arbeitsplatzqualität durch Verkehrsimmissionen (Schwingungen) – Konzeption von Rechenzentren in Abhängigkeit zu bestehenden Immissionen aus Verkehrsträger (Schiene), extremer Straßenverkehr	2	2	2	2	1	2
Fassadengestaltung (Facility-Management) – Reinigungsmöglichkeit, konstruktive Vorgaben	2	2	3	3	1	2
Fassadengestaltung (Flexibilität) – Trennwandanschlußmöglichkeit (Flexibilität)	2	2	3	5	1	2
Geschoßhöhen (Bauphysik) – Schallabsorptionsmaßnahmen in mittleren / größeren Räumen	2	2	3	5	2	2
Flexibilität (Aussteifung) – Aussteifungskonzept, Tragwerk, Stützenstellung	4	1	2	2	1	2
Achsraster (Abhängigkeiten Tiefgarage) – Fahrgassenbreite – funktionelle Gestaltung der Tiefgarage – Stützenstellung Tiefgarage – Stellplatzgrößen	4	2	2	3	1	2
Art der Dachbegrünung – intensiv, extensiv	4	2	2	2	3	2
Fremdvermietungsanteil (Erschließungsvorgaben) – Vorgaben für Erschließung (Treppenhäuser, Fluchtwege)	4	2	2	3	0	2
Tiefgaragenkonzept (Konstruktion) – Vorgaben Tragwerk (Stützen, Wände)	4	2	2	2	1	2

Abb. 10.2 (Fortsetzung)

Jede Position enthält eine Bewertungsskala mit Ankreuzfeldern von 0 bis 11.

Position	Erläuterung	(Skala 0–11)					
Reinigungsanlagen	– nutzungsspezifisch	6	2	2	3	6	2
Tiefgaragenbelag, -entwässerung	– Gefälleausbildung, Reinigungsablauf, Entwässerungsrinnen/Pumpensümpfe, Geschoßhöhe	6	2	2	3	1	2
Rohrmaterial Trinkwassernetz	– stahlverzinkt, Kupfer Edelstahl, Kunststoff oder Glas	6	3	3	5	6	2
Mittelspannungsschaltanlage	–	10	2	2	3	10	2
Einrichtungspläne Nutzer	– Vorgaben für die Entwurfs-, Ausführungsplanung	10	2	3	5	0	2
Evakuierung der Aufzüge	– Notfallsituation (z. B. Brandfall)	11	2	2	3	5	2
Notstromversorgung Aufzüge	– Funktionsfähigkeit im Notfall	11	2	2	3	5	2
Tiefgaragenkonzept (Leitsystem)	– Parkleitsystem, Einzelplatzzählung	11	2	2	3	1	2
Flexibilität (Technische Ausrüstung)	– Installations-Bus-Systeme	11	3	3	3	11	2
Telefonanlage	– Planung und bauseitige Ausführung oder Einbau durch Mieter	12	1	1	2	11	2
Blitzschutzanlage	– Einschätzung Sachwert/Risikoabschätzung, äußerer Blitzschutz inkl. Fundamenterder/Potentialsteuerung	12	1	1	2	10	2
Antennenanlage	– Breitbandkabelanschluß, Satellitenantenne, Festlegung der auszustattenden Räume	12	2	1	2	11	2
Nutzungsparameter mit Einfluß auf Energiebilanz des Gebäudes	– Lasten (Personenlast, innere Wärmelasten, hohe Einzellasten – Nachtnutzung – Geräte mit Wärmelasten – Nutzungszeiten Gebäude (fix, gleitend, unregelmäßig)	12	2	1	2	8	2
Elektroakustische Anlagen	– Ausführung für Hausruf/Notrufdurchsagen/TG	12	3	1	2	11	2
Hausalarm	– Alarm über Sirenen/Auslösung über Handauslösetasten in Fluren/Treppenhäusern	12	3	1	2	11	2
Aufzugsnotruf	– Ort der Aufschaltung, Rufbereitschaft im Haus	12	2	2	3	11	2

Abb. 10.2 (Fortsetzung)

Kriterium	0	1	2	3	4	5	6	7	8	9	10	11	A	B	C	D	E	F
Sprecheinrichtungen		✔			✔								12		2	3	11	2
- hausinterne Aufzugssprecheinrichtung - Tür-/Hauseingangswechselsprechanlage (Video) - Notwendigkeit/Einsatzbereich																		
Art der Kaltwassererzeugung		✔											12	1	2	2	8	2
- generelles Energiekonzept, Art des Kältemittels / Rückkühlsystems																		
Brandmeldeanlage		✔											12	1	2	3	11	2
- Ausführung gemäß VDS-Richtlinie / Genehmigungsvorgabe +D234 - Brandmeldealarmierungseinrichtung Feuerwehr oder eigene Alarmierung +D236 - Brandalarmierungseinrichtung global (Hupe o. andere) - automatische Branderkennungs- und Meldeanlage																		
Datennetz Telefon/EDV		✔			✔								12	1	2	3	11	2
- Trennung von Telefon/Datennetz - Anforderungen an Datennetz - Einsatz von Lichtwellenleiter (Verkabelung bis Arbeitsplatz/Etagenverteiler)																		
Datenverarbeitung		✔											12	1	2	3	11	2
- Satelliten-Daten-Übertragungseinrichtungen - Vernetzung Bedienterminal - Kommunikationsrechner/Steuereinheiten/Netzanschlußgruppen																		
Elektroinstallation		✔			✔								12	2	2	3	10	2
- allgemeine Installation - Türsteuerung, elektr. Jalousien, Fassaden-/Wegebeheizung - Art der Verkabelung																		
Feuerlöschanlagen		✔											12	2	2	3	6	2
- Sicherung von Fluchtwegen - Erreichen günstiger VDS-Einstufung (Optimierung Kosten) - Beachtung behördlicher Auflagen																		
Gebäudenomenklatur (Vorgaben Facility-Management / Beschilderung)			✔		✔								12	2	2	2	1	2
- Raumnummerierung als Vorgabe für Planung, Raumbuch, Adressierung GLT - Numerierungsstruktur (FM-Schnittstelle) - Festlegung Visualisierung der Gebäudeerschließung (Leitsystem) - Festlegung Schnittstellen zum Beschilderungskonzept																		
Geschoßhöhen (Ausbauvorgaben)		✔	✔										12	2	2	3	1	2
- Ausführung abgehängte Decken																		
Geschoßhöhen (Erschließungskonzept)			✔		✔								12	2	2	3	1	2
- technisches Erschließungskonzept (Hohlraumboden, Doppel-, Unterflursysteme, Fensterbankkanal)																		
Geschoßhöhen (Nachrüstmöglichkeit)		✔	✔										12	2	2	3	1	2
- Nachrüstmöglichkeit Raumtemperierung																		
Geschoßhöhen (Technikzentralen)					✔								12	2	2	3	1	2
- Zentralen Haustechnik																		

Abb. 10.2 (Fortsetzung)

Intrusionsschutz
- Aufschaltung zur Polizei / Raum Sicherheitszentrale
- Einbruchmeldeanlage
- Fenster- und Türsicherung/Verschlußüberwachung
- Flächenüberwachung (Bewegungsmelder etc.)

Nachhallzeit Büroarbeitsräume
- Umfang abgehängte Decken, Aktivierung als Speichermassen, bei fehlender Be- und Entlüftung, Einfluß auf Beleuchtungskonzept

Technische Erschließungssysteme (Hohlraumboden, Doppelboden)
- Aufbauhöhe, Geschoßhöhe, Anforderungen der Nutzung, spätere Veränderungsvorgaben im Sinne der Flexibilität

Tiefgaragenentwässerung
- Art der Tiefgaragenentwässerung (komplettes System, Rinnenentwässerungen/Tauchpumpen), Gefälle/Tauchpumpe)

Überfallmeldeanlage
- Polizeinotruf, Überfallmelder TG
- Überfallkameraanlage

Überwachungsanlage
- Personenidentifikation
- Zugangssteuerung (Schleuse)
- Ausgangskontrolle

USV-Anlage
- Festlegung Versorgungsbereiche (Rechenzentrum, Netzwerkrechner, aktive Komponenten) Datennetzwerk, Tresorbereiche, Sicherheitstechnik/GLT etc.

zentrale / dezentrale Warmwasserversorgung
- dezentrale Warmwasserbereitung
- zentr. Warmwasserbereitung

zentrales / dezentrales Leitungsnetz der TK-Anlage
- konventionell/ISDN

Tiefgaragenrampe (Beheizung)
- Rampenneigung, Rampenbeheizung
- Ausführung einer Überdachung / Heizung

Uhrenanlage
- zentrale Uhrenanlage/Einzeluhr mit Funkansteuerung
- Festlegung der Versorgungsbereiche

Art und Umfang der Datenpunkte Gebäudeleittechnik
- Wirtschaftlichkeitsbetrachtung, Gebäudetechnikkonzepte aller Gewerke

Elektroauslässe / Elektrodosen
- Vorgaben für Koordination mit anderen Gewerken

Festlegung Wartungsumfang für Nutzungsphase
- Ausschreibung, Vergabe Wartungsleistungen, Eingrenzen Wartungsumfang

Position	12	A	B	C	D	E
Intrusionsschutz	12	2	2	3	11	2
Nachhallzeit Büroarbeitsräume	12	2	2	3	2	2
Technische Erschließungssysteme	12	2	2	2	1	2
Tiefgaragenentwässerung	12	2	2	3	6	2
Überfallmeldeanlage	12	2	2	3	11	2
Überwachungsanlage	12	2	2	3	11	2
USV-Anlage	12	2	2	3	10	2
zentrale / dezentrale Warmwasserversorgung	12	2	2	3	6	2
zentrales / dezentrales Leitungsnetz der TK-Anlage	12	2	2	3	11	2
Tiefgaragenrampe (Beheizung)	12	3	2	3	1	2
Uhrenanlage	12	3	2	3	11	2
Art und Umfang der Datenpunkte Gebäudeleittechnik	12	1	3	3	9	2
Elektroauslässe / Elektrodosen	12	2	3	5	10	2
Festlegung Wartungsumfang für Nutzungsphase	12	2	3	6	0	2

Abb. 10.2 (Fortsetzung)

Fremdvermietungsanteil (Vorgaben Facility-Management)
– abrechnungstechnische Konzeption der Haustechnik

MSR-Komponenten
– Antriebe/regelbare Antriebe
– Schaltschränke/-geräte
– Netzeinspeisung
– Bedienebene (Handsteuerebene, GLT)
– Sonderverkabelung
– Fabrikat MSR

Schnittstellenleitsystem zum öffentlichen Kommunikationsnetz
– Breitbandnetz (Rundfunk/Fernsehen
– übergeordnetes Gebäudeleitsystem
– Polizei-Direktleitung
– Telekommunikation/ISDN
– Fernschreiber
– Teletext
– Feuerwehr

Fliesenspiegel
– Vorgaben für Ausführungsplanung, Fliesenauswahl

EDV-Datenverteilerräume
– Situierung, Größe

Geschoßhöhen (Arbeitsstättenrichtlinien)
– Raumflächen gemäß Arbeitsstättenrichtlinien

Vorgaben zur äußeren Erschließung des Gebäudes
– Vorgaben für Anlieferung des Gebäudes (PKW, LKW, Material)
– Mülllanlieferung, Schnittstellen zur öffentlichen Erschließung (Staugefahr), spätere Genehmigungsprobleme
– Feuerwehrzufahrten, Dimensionierung Ladehof

Entsorgungskonzept (erforderliche Funktionsflächen)
– Dimensionierung Ladehof
– Festlegung Flächen zentrale Müllentsorgung
– Festlegung erforderlicher Zwischenlager Festlegung Anlagen im Außenbereich (Kompost) Festlegung Küchenmüllentsorgung

Kernnahe Sonderräume
– Anordnung, Funktion, Ausstattung

Ladehof
– Anordnung, Größe, Funktionalität

Poststelle
– Größe, Situierung

Tiefgaragenkonzept (Nutzungskonzept)
– Nutzungskonzept (Eigen-, Fremdnutzung)

Position (Skala 0–11)						
Fremdvermietungsanteil	✓ (4/5)	12	2	3	5	12	2
MSR-Komponenten	✓ (2/3)	12	2	3	5	9	2
Schnittstellenleitsystem	✓ (2)	12	2	3	5	9	2
Fliesenspiegel	✓ (2/3)	12	2	5	5	1	2
EDV-Datenverteilerräume	✓ (3)	14	1	1	2	1	2
Geschoßhöhen	✓ (3/4)	14	1	1	3	1	2
Vorgaben zur äußeren Erschließung	✓ (3/4/5/6)	14	1	1	2	1	2
Entsorgungskonzept	✓ (4)	14	2	1	2	1	2
Kernnahe Sonderräume	✓ (2/4)	14	2	1	2	1	2
Ladehof	✓ (3/4)	14	2	1	2	1	2
Poststelle	✓ (3/4, 9)	14	2	1	2	1	2
Tiefgaragenkonzept	✓ (0)	14	2	1	2	1	2

Abb. 10.2 (Fortsetzung)

Brandschutzkonzept 1
- Feuerwehrzufahrt (-flächen), Löschwasserversorgung, Brandabschnitte

Brandschutzkonzept 2
- Erfordernis des Anwendens höherer Anforderungen als in DIN 4102 definiert
- Festlegung Brandabschnitte/-wände in Abwägung der Vorgaben der Funktionalität

Höhenzugangstechnik Gesamtgebäude (Zugänglichkeit)
- Zugänglichkeit der Funktionsbereiche für Betrieb und Unterhalt

Anforderungen des Sicherheitskonzeptes (Türen/Technik)
- Anforderungen an Türen, Synergien GMZ/GLT

Fremdvermietungsanteil (Sicherheitsvorgaben)
- Auswirkungen auf Sicherheitskonzept

Orientierungskonzept Freianlagen
- Beschilderungskonzept

Räume mit besonderen Schallanforderungen
- Funktion, Behaglichkeit, Kosten

Schallschutzanforderungen Bürotrennwände, -türen
- Funktion, Behaglichkeit, Kosten

Bodensystem
- Anforderungen
- Flexibilität

Deckensysteme 1
- Flexibilität
- Anforderungen

Festlegung der Ausstattung für verschiedene Funktionsbereiche
- Poststelle
- Arztbereich
- Werkstätten (Werkzeuge, Werkbänke etc.)
- EDV-Ausstattung (Telefon, Fax etc.)
- Gebrauchsgegenstände (Pinnwände, Wandtafeln etc.)
- Teeküchen (Geschirr, Besteck)
- Lagerausstattung (Regale, Behälter)
- Vervielfältigung, Mikrofilm, Entsorgung

Fremdvermietungsanteil (Standardvorgaben)
- Standardfestlegungen, Ausbauvorgaben

Trennwandsysteme
- Anforderungen
- Flexibilität

Kriterium	Skala 0–11	14					
Brandschutzkonzept 1	✓	14	1	2	2	1	2
Brandschutzkonzept 2	✓	14	1	2	2	1	2
Höhenzugangstechnik Gesamtgebäude	✓	14	1	2	3	1	2
Anforderungen des Sicherheitskonzeptes	✓	14	2	2	3	14	2
Fremdvermietungsanteil (Sicherheitsvorgaben)	✓	14	2	2	3	1	2
Orientierungskonzept Freianlagen	✓	14	2	2	3	3	2
Räume mit besonderen Schallanforderungen	✓	14	1	3	5	2	2
Schallschutzanforderungen Bürotrennwände	✓	14	1	3	5	2	2
Bodensystem	✓	14	2	3	5	1	2
Deckensysteme 1	✓	14	2	3	5	1	2
Festlegung der Ausstattung	✓	14	2	3	5	0	2
Fremdvermietungsanteil (Standardvorgaben)	✓	14	2	3	5	1	2
Trennwandsysteme	✓	14	2	3	5	1	2

Abb. 10.2 (Fortsetzung)

Verdingungsunterlagen für Liefer- und Ausführungsleistungen
- Bewerbungsbedingungen
- Regelungen zum Prüfen/Versand der LV
- allgemeine besondere Vertragsbedingungen

Skala 0–11 (Markierung bei 2) — 14 | 2 | 3 | 5 | 13 | 2

Lichtpausanstalt für Vervielfältigung Pläne
- CAD-Plotservice
- Entfernung zum Architekten / sonstigen Planungsbeteiligten
- Preis
- Lieferservice
- technische Ausrüstung/Lieferprogramm
- Zuverlässigkeit
- örtliche Präsenz
- Kapazität

Skala 0–11 (Markierung bei 9) — 15 | 1 | 0 | 1 | 0 | 2

Planerstellung/-dokumentation/ Angaben für Facility-Management 1
- koordinierte CAD
- integrierte CAD
- Vorgaben für grafische Datenerstellung (Farbe, Stichstärke, Schraffur, Geschoßbezeichn., Layerstruktur, Zeichnungskopf, Bezeichnungsschlüssel)
- Anforderungen an CAD-Planung
- freie CAD

Skala 0–11 (Markierung bei 2) — 15 | 1 | 1 | 2 | 0 | 2

Planerstellung/-dokumentation/ Angaben für Facility-Management 2
- Datenerfassung/Szenarien der Datenlieferungen
- Vorgaben für nichtgrafische Datenerstellung (Herstellerangaben, Materialherkunft, Pflegehinweise, Anlagenbeschreibung, Bedienungsanweisungen, Wartungsanweisungen)
- Anforderungen an Bestandsdokumentation

Skala 0–11 (Markierung bei 2) — 15 | 1 | 1 | 2 | 0 | 2

Planerstellung/-dokumentation/ Angaben für Facility-Management 3
- Definition von erforderlichen Bestandsdaten

Skala 0–11 (Markierung bei 2) — 15 | 1 | 1 | 2 | 0 | 2

Abrechnungswesen Honorare /Bauleistungen
- Festl. Rechnungslauf BH-intern/-extern je Rechnungsart (Honorar-, Lichpaus-, Bauleistungsrechn.)
- Besprechungsadresse/formale Anforderungen
- Festl. Bauherrn seit Zuständigkeiten der Rechnungsfreigaben
- Definition der Rechnungsstellung f. gesonderte Bereiche

Skala 0–11 (Markierung bei 9 und 10) — 15 | 2 | 1 | 2 | 13 | 2

Besprechungswesen
- Besprechungshierachien (Planungs-Jour-fixe, PS-Jour-fixe etc.) Regelung Teilnehmer, Turnus, Gesprächsleitung, Protokollverfassung

Skala 0–11 (Markierung bei 9) — 15 | 2 | 1 | 2 | 13 | 2

Kostenplanung
- Regelung des Auftrags-/Nachtragswesens
- Anforderungen an die Struktur der Kostenermittlung
- Anforderungen an die Kostenplanung (Detailliertheitsgrad)
- Tiefe der Kostenplanung durch Planer
- Ablauf der Kostenkontrolle durch die Bauleitung

Skala 0–11 (Markierung bei 9) — 15 | 2 | 1 | 1 | 13 | 2

Projektgliederung
- Gliederung des Projektes in Bereiche als Grundlage der Planung/Kostenermittlung/Abrechnung

Skala 0–11 (Markierung bei 0) — 15 | 2 | 1 | 2 | 13 | 2

Raumbuch (ja/nein)
- Art und Umfang, Tiefe des Raumbuches
- Schnittstelle zum Facility-Management

Skala 0–11 (Markierung bei 9) — 15 | 2 | 1 | 2 | 0 | 2

Abb. 10.2 (Fortsetzung)

Berichtswesen
- Vorgaben zum Schriftverkehr
- Kosten-/Terminberichte
- Situationsberichte

Genehmigungsverfahren (Teilbaugenehmigung)
- erforderliche Teilbaugenehmigung in Abhängigkeit Terminablauf

Genehmigungsverfahren (zeitlich)
- Eingabeumfang je nach zeitlichem Ablauf

Organisation Bemusterung
- geordneter Terminablauf, Organisation

Abb. 10.2 (Fortsetzung)

herren, Planern und Unternehmern (Generalunternehmern) in der Praxis nach Auffassung des Verfassers noch nicht in der beabsichtigten Zielrichtung funktionieren und erfolgreich sind.

10.2.2 Einzelvergabe der Gewerke

Die Einzelvergabe der Gewerke nach VOB ist das konventionelle Modell, das regelmäßig bei öffentlichen Projekten angewendet wird.

Vergaberecht Die Einzelvergabe der Gewerke und Planungen nach VOB (Bau), VOL (Lieferung) ist wegen der Kleinteiligkeit der Ausschreibungen zeitaufwändiger als alle anderen Verfahren. Es sind detaillierte Beschreibungen aller Leistungen je Gewerk erforderlich. Damit ergibt sich auch eine ressourcenund zeitaufwändige Angebotsauswertung, die in Abhängigkeit der bestehenden Aufbauorganisation des Investors nicht bzw. nur schwer bewerkstelligt werden kann. Die vergaberechtliche Konformität ist bei der Einzelvergabe am größten. Die Einzelpakete können in Abhängigkeit baubetrieblicher Aspekte gebündelt werden. Gleichwohl liegen in den häufiger anzutreffenden Anfechtungsmöglichkeiten der Bieter, auch auf Basis häufig objektiv nicht nachvollziehbaren Gründen, Verzögerungsgefahren im Projekt. Bei der Einzelvergabe ergibt sich die Notwendigkeit, dass der Gesamtkostenüberblick bauherrenseitig zu erstellen und zu organisieren ist.

Einflussmöglichkeiten auf Architekturplanung und Technik Bei der Einzelvergabe besteht ein größerer Handlungsspielraum für den Investor, da die Ausschreibung vom Auftraggeber bzw. dessen Planer selbst gesteuert werden. Des Weiteren obliegt die Firmenauswahl im direkten Handlungsbereich des Bauherren im Rahmen der Vorgaben des Vergaberechtes. Dieser erteilt den Zuschlag nach Prüfung der Angebote, kontrolliert die Zuverlässigkeit, Qualität als auch die Leistungsfähigkeit der einzelnen Fachfirmen.

Die vielfältigen Schnittstellen zwischen der Planung einerseits und den bis zu 50 Ausführungsfirmen andererseits erzeugen insbesondere bei Realisierung unverzichtbarer Änderungen Risikopotenziale, die die Kosten und Terminsicherheit nachteilig beeinflussen.

Die diesbezüglichen Koordinationsaufgaben liegen letztlich im Verantwortungsbereich des Bauherren, auch wenn er wie bei großen Projekten üblich, von einem Projektsteuerer unterstützt wird.

Ressourcenaufwand Bauherr Infolge erheblicher gegenseitiger Abhängigkeiten entstehen sehr zeitaufwändige Abstimmungskreisläufe bei der Einzelvergabe. Außerdem ist für die Projektbeteiligten verständlicherweise die Optimie-

Abb. 10.3 Wettbewerbsmodelle

- • Geringe Werte
- •• Niedrige Werte
- ••• Mittlere Werte
- •••• Hohe Werte

	Wettbewerbsmodelle								
			Schlüsselfertige Vergaben				Sonstige Abwicklungsmodelle		
	Entscheidungskriterien	Fachlose	GU-Bau	GU-Bau in Paketen	GU-Planung und Bau	TU/TÜ	Construction Management	PPP-Projekte	Gewichtung %
Vergabe	Eindeutigkeit Vergaberecht	••••	•••	•••	•••	••	•••	••	?
Vergabe	Aufwand Ausschreibung	••••	•••	•••	••	•	••	••	?
Vergabe	Entscheidungsfreiheit Nachunternehmer	••••	••	••	••	•	•••	•	?
Vergabe	Aufwand Auswertung	••••	••	••	••	•	••	•	?
Vergabe	Eindeutigkeit Zuschlag	••••	••	••	••	•	•••	•	?
Kosten	Zeitpunkt Kostensicherheit	•	••	••	••	•••	••	•••	?
Kosten	Genauigkeit Kostensicherheit	•	•••	•••	•••	•••	••	••••	?
Kosten	Auswirkung Insolvenzrisiko	•	•••	•••	•••	•••	•	••	?
Kosten	Nachträgepotenzial für AN	•••	••	••	••	••	•••	•	?
Kosten	Nutzungskosteneinsparung	•••	••	••	••	•	•••	••••	?
AG-Aufwand	Ressourceneinsatz	•••	••	••	••	•	••	•	?
AG-Aufwand	Gewährleistung aus einer Hand	•	•••	•••	•••	••••	••	••••	?
Finanzierung	Private Finanzierung	•	••	••	••	•••	••	•••	?
Finanzierung	Spezielle Förderung	•	•	•	•	•	•	•••	?
Qualifikation	Einfluss AG auf Planung	••••	•••	••	••	•	••••	•	?
Qualifikation	Änderungsfähigkeit in Planung	••••	••	••	••	•	••••	•	?
Qualifikation	Änderungsfähigkeit in Betrieb	••••	••••	••••	••••	••••	••••	•	?
Qualifikation	Qualitätssicherung/Kontrolle	••••	•••	•••	••	•	••••	•	?
Zeit	Zeitpunkt Terminsicherheit	•	••	•••	•••	••••	••	••••	?
Zeit	Projektdauer	•	••	•••	•••	••••	•	••••	?

rung des eigenen Zuständigkeitsbereiches vorrangig vor einer möglichen Gesamtoptimierung. Die Detailplanung der Einzelgewerke hat aber erheblichen Einfluss auf die Nachbargewerke. Dadurch entstehen in aller Regel neue Randbedingungen, die neben planerischen auch wieder kostenmäßige Auswirkungen haben, die für die Auftraggeber zu zusätzlichen Kosten führen können. Speziell bei der Durchsetzung von Gewährleistungsansprüchen scheitert der Auftraggeber bei der gewerkeweisen Vertragsstruktur mit seinen Ansprüchen oftmals infolge der sehr vielen und meist unklaren Schnittstellen. Die von den einzelnen Unternehmen für ihre Teilleistungen gestellten Bürgschaften sind im Ernstfall nicht ausreichend, um eingetretene Bauschäden abzudecken. Bei der Ausführungsform der Einzelgewerkevergabe ist der Projektsteuerer mit allen Steuerungspotenzialen gefordert. Bei Einsatz eines Generalunternehmens reduzieren sich das Aufgabenfeld und damit auch das Honorar des Projektmanagers um ca. 15 %. Einen Übergang von der klassischen Einzelvergabe stellt die Gewerkegruppenvergabe (Paketvergabe) dar. Diese Vergabeform dient im Wesentlichen dazu, mehrere sachlich in Verbindung stehende Gewerke in einem Vergabepaket zusammenzufassen, damit dem Bauherren überflüssige Schnittstellen erspart werden. Darüber hinaus erlaubt diese Vergabeform eine frühzeitige Beauftragung der Unternehmer für Erd- und Rohbauarbeiten und schafft im Gegensatz zu den durch eine längere Vergabedauer gekennzeichneten Generalunternehmervergaben die Möglichkeiten eines vorzeitigen Baubeginns. Dieses Konzept ermöglicht eine flexible Projektabwicklung mit der Chance, Schnittstellenprobleme und daraus resultierende Vergütungsrisiken weitgehend zu vermeiden. Als Nachteile der Paketvergabe sind – im Vergleich zu einer Voll-Generalunternehmer- Beauftragung – hervorzuheben, dass nach wie vor erhebliche Schnittstellen verbleiben und die Planungsbeteiligten für die Ausführungsplanung weiterhin beim Bauherren angebunden werden müssen. Auf Grund der daraus ableitbaren Schnittstellen verbleiben also nennenswerte Termin- und auch Kostenrisiken. Bei der Einzelvergabe ist mit einem hohen Zeit-, Ressourcen- und Personalaufwand auf der Bauherrenseite zu rechnen. Wenn dieser nicht hinreichend vorhanden ist, ergibt sich damit im Rückschluss eine hohe Wahrscheinlichkeit, dass aus der nicht vollständig abzudeckenden Schnittstellenkoordination zwischen den Beteiligten ein Risikopotenzial im Hinblick auf die Kosten- und Terminsicherheit erwächst. Daran ändert prinzipiell auch nur eingeschränkt die Unterstützung durch einen Projektsteuerer wesentliches, denn es verbleiben Bauherrenaufgaben, die nur eingeschränkt einem Dritten übertragen werden können, z. B.:

- Durchsetzen erforderlicher Maßnahmen und Vollzug der Verträge unter Wahrung der Rechte und Pflichten des Auftraggebers
- Konfliktmanagement zur Ausrichtung der unterschiedlichen Interessen der Projektbeteiligten auf einheitliche Projektziele (Qualitäten, Kosten, Termine)

- Durchsetzen von Entscheidungen in Zusammenhang mit eventuellen Störungen, Behinderungstatbeständen, finanziellen Anpassungsmaßnahmen etc.

Gegenüber dem GU-Modell ist der Planungsvorlauf kürzer, da sich die ersten Leistungen (Baugrube, Rohbau) bereits in der Ausführung befinden, bevor alle restlichen Gewerke ausgeschrieben und vergeben sind. Damit ergibt sich die Möglichkeit einer baubegleitenden Planung, verbunden mit einem früheren Baubeginn als bei der Gesamtvergabe.

Die Koordination und Organisation der Schnittstellen wird in diesem Falle vom Auftraggeber selbst und dessen Erfüllungsgehilfen übernommen. Diese Vielzahl an Schnittstellen birgt Probleme, die während der Gebäudeerstellung die Gefahr von Störungen beinhaltet. Damit ergibt sich aus der praktischen Erfahrung heraus bei der Einzelvergabe ein längerer Ausführungszeitraum als bei der Gesamtvergabe. Im Gegensatz zum Abwicklungsmodell der Gesamtvergabe besteht keine vertraglich hinterlegte Termin- und Kostensicherheit bei dem Modell der Einzelvergabe.

Einfluss auf Qualitätssicherheit Die Qualitätssicherheit bei der Einzelvergabe kann der Auftraggeber mit beeinflussen und steuern. So besteht die Möglichkeit, durch die Einzelvergabe gezielt Firmen mit bekanntem, hohem Leistungsniveau einzubinden, soweit diese vor dem Hintergrund der bestehenden Regelung der VOB der wirtschaftlichste Bieter ist. Nachteilig ist die Einzelvergabe bei der Beurteilung der Gewährleistungssystematik.

Entscheidungsmanagement Bei der Einzelvergabe wird der Auftraggeber direkt in alle Entscheidungsebenen eingebunden, denn der Bauherr trägt die alleinige Entscheidungsgewalt. Damit verbleibt bei ihm auch die entscheidende Verantwortung, die Schnittstellen zwischen den Einzelgewerken zu koordinieren. Er trägt insofern auch das Insolvenzrisiko bei der Auswahl von Einzelfirmen. Diese Aufgaben können auch nur sehr eingeschränkt delegiert werden.

Änderungen Im Vergleich zur Gesamtvergabe hat die Einzelvergabe die höchste Flexibilität bei notwendigen Änderungen. Dies ergibt sich durch den direkten Zugriff auf alle beteiligten Firmen. Unabhängig davon, dass durch diese Änderungen in der Regel die Kosten- und Terminsicherheit eingeschränkt wird, hat der Bauherr das Änderungsmanagement selbst in der Hand.

Zeitpunkt der Kostensicherheit Der Auftraggeber beauftragt bei der Einzelvergabe alle Gewerke eigenständig. Damit verbleibt das Kosten- und Vertragsrisiko auch beim Auftraggeber. Die Kostensicherheit bemisst sich infolgedessen an einer eindeutigen und erschöpfenden Leistungsbeschreibung einerseits und einem effizienten Baumanagement andererseits. Da sich naturgemäß eine Reihe von Änderungen

nicht vermeiden lässt, erwächst bei dieser Abwicklungsvariante zwangsläufig ein Risikopotenzial, welches sich analytisch vorher kaum bestimmen lässt. Bei der Gesamtvergabe entsteht dieses nur dann, wenn die vertraglich zugesicherte Kostensicherheit durch erhebliche Änderungen vertraglich beeinträchtigt wird. Die Kostensicherheit besteht somit erst sehr viel später als beim Generalunternehmermodell.

Zeitpunkt der Terminsicherheit Die Terminsicherheit bei der Einzelvergabe ergibt sich nur, wenn einerseits die Leistungsbeschreibung eindeutig und erschöpfend war und sich bei den einzelnen Aufträgen keine wesentlichen Änderungen mit der Folge von Ablaufstörungen einstellen.

Das größte Risikopotenzial bei der Terminsicherheit erwächst in der Praxis aus bauherrenseitig nicht zeitgerecht gelieferten Plänen für die einzelnen Unternehmer. Die Steuerung der einzelnen Fachplaner mit dem Ziel einer termingerechten Planlieferung liegt wiederum beim Bauherren oder bei dem von ihm eingeschalteten Projektsteuerer.

Bei der Größenordnung des Bauvorhabens, der gegebenen Komplexität und der Vielzahl der Beteiligten in Planung und Ausführung ist davon auszugehen, dass aus diesem Themenkreis trotz bestem Management Störungssachverhalte entstehen, die angreifbare Terminverzögerungen auslösen und damit wiederum die Kostensicherheit in Frage stellen.

Bei der Übertragung der Ausführungsplanung an den Generalunternehmer liegt das Management innerhalb der Leistungsphase 5 in der Organisationsverantwortung des Generalunternehmers.

Gewährleistung Bei der Einzelvergabe müssen die unterschiedlichen Gewährleistungsfristen erfasst und verfolgt werden, was die Qualitätssicherung für den Bauherren erschwert.

10.2.3   Vergabe an einen Generalunternehmer zu einem Pauschalpreis

Bei dem Generalunternehmervertrag werden die Bauleistungen nicht an die einzelnen Gewerke, sondern als Leistungspaket an einen Bauunternehmer – den Generalunternehmer – vergeben. Er wird diese im Vertrag beinhalteten Leistungen allerdings nicht selbst erbringen, sondern je nach Leistungsspektrum verschiedene Teilleistungen an Nachunternehmer vergeben. Um die risikobehaftete Schnittstelle zwischen der Lieferung der Ausführungsplanung durch den AG an den GU zu minimieren, wird häufig die Ausführungsplanung ebenfalls an den Generalunternehmer vergeben.

Vergaberecht Öffentliche Auftraggeber vergeben bei Aufträgen in der Regel in einem förmlichen Vergabeverfahren, dessen Einzelheiten in dem § 97 ff. GWB, der Vergabeverordnung und der VOB/A geregelt sind. Wenn die Vergabe im Wege eines „Schlüsselfertigbauvertrages" vergaberechtlich zulässig ist, wird die Ausschreibung auf Basis des Entwurfes (funktionale Ausschreibung) erfolgen, die dann Grundlage der Kalkulation und der anschließenden Vergabe an den Generalunternehmer sein wird.

Im Sinne des Mittelstandsförderungsgesetzes kann der Generalunternehmer für den Fall der Weitervergabe von Leistungen an Nachunternehmern vertraglich verpflichtet werden, bevorzugt Unternehmen der mittelständischen Wirtschaft zu beteiligen, soweit dies mit der vertragsgemäßen Ausführung des Auftrages zu vereinbaren ist. Die in diesem Zusammenhang zu vereinbarenden Spezifikationen müssen im Einzelnen ausformuliert werden. Der GU kann verpflichtet werden, die Nachunternehmervergaben transparent zu machen. Des Weiteren kann auferlegt werden, dass über die Nachunternehmerauswahl differenzierte Auswahlspezifikationen vertraglich vereinbart werden.

Über den angesprochenen Weg wäre es denkbar, die mittelstandsfördernden Kriterien auch bei der GUVergabe soweit wie möglich zu berücksichtigen.

Einflussmöglichkeiten auf Architekturplanung und Technik Der Einfluss des Auftraggebers beim Generalunternehmermodell beschränkt sich auf die Überprüfung der vom Generalunternehmer erstellten Ausführungsplanung. Insofern ist der Auftraggeber gezwungen, die wesentlichen Aspekte seiner Planung bereits in der Entwurfsplanung als Grundlage der Ausführungsplanung durch den Generalunternehmer und dessen beauftragten Planer entsprechend einzubringen.

Dem Generalunternehmer obliegt in diesem Fall die vollständige Koordination der Planung einerseits und der daraufhin aufbauenden Realisierung andererseits.

Die gesamte Ausführungsplanung wird vom Bauherren freizugeben sein. Diesbezüglich ist ein Managementprocedere zwischen Generalunternehmer und Bauherren bzw. Projektsteuerung und Nutzern zu vereinbaren. Risiken in dieser Variante bestehen dahingehend, falls der Nutzer aus welchen Gründen auch immer, Änderungen an der Zielvorgabe der Planung vornimmt.

Diese Grundprinzipien müssen auch bereits schon bei der Erstellung des Entwurfes durch die bauherrenseitigen Planer entsprechend berücksichtigt werden. Ebenso betrifft dies die nutzerseitigen Erfordernisse, die in ihren wesentlichen Grundsatzentscheidungen bereits schon in der Entwurfsplanung festgeschrieben werden müssen.

Ressourcenaufwand Bauherr Der Ressourcenaufwand des Bauherren ist beim Generalunternehmermodell naturgemäß geringer, da sich die gesamte Koordination der Planung und Ausführung in den Bereich des Generalunternehmers verlagert. Für die Übernahme der oben angesprochenen Risiken und den daraus resultierenden Leistungen kalkuliert der

Generalunternehmer einen Generalunternehmerzuschlag, der die Gesamtbaukosten (theoretisch) erhöht. Dieser höhere Kostenanteil wird allerdings bei der Variante Einzelfirmen ebenfalls entstehen, da die Managementleistungen von den mit der Objektüberwachung beauftragten Planer sowie Projektsteuerer sowie dem Bauherren selbst erbracht werden.

Qualitätssicherheit Bei der Generalunternehmervariante wird die Qualitätssicherung durch den GU selbst durchgeführt. Der Bauherr wird durch die zu beauftragende Objektüberwachung eine Kontrolle des GU's durchführen.

Dies betrifft natürlich auch die im Verantwortungsbereich des GU entstehenden Ausführungsplanungen. Im Gegensatz zu Einzelvergaben besteht kein direkter Zugriff auf einzelne Firmen, sondern nur über den GU.

Andererseits entsteht der Vorteil, dass der Bauherr nur einen Ansprechpartner hat. der Nachweis des GU's, die Qualität durch entsprechende Methodik und geeignetes Personal zu gewährleisten, sollte bereits in den Kriterien zur Auswahl des GU's Berücksichtigung finden.

Entscheidungsmanagement Bei der GU-Variante verbleibt zwar die oberste Entscheidungsdistanz auch beim Bauherren, nur mit dem Unterschied, dass die außerordentlich hohe Vielfalt an Entscheidungssituationen aus den Einzelvergaben/Ausführungsplanungsbereichen operativ durch den GU abzudecken ist.

Änderungen Der Generalunternehmer sichert eine Termin- und Kostengarantie zu, die jedoch im Prinzip von einer ungestörten Abwicklung ausgeht. Insofern muss für den Fall von unabweichbaren Änderungen ein wirksames und transparentes Änderungsmanagement installiert werden, um die sich daraus ergebenden Nachtragsverhandlungen wirtschaftlich verhandeln zu können.

Für den Vergleich der Realisierungsvariante Einzelvergabe/ Generalunternehmervergabe gilt gleichermaßen, dass größere, ins Auge gefasste Änderungen eine gegebene Kosten- und Terminsicherheit stark beeinträchtigen. Es liegt naturgemäß auf der Hand, dass die Verhandlung über derartige Störungssachverhalte mit einem starken Generalunternehmer möglicherweise schwieriger oder aber auch effizienter zu führen ist, als mit zahlreichen von der Änderung betroffenen Einzelfirmen.

Letztlich hängt die Bewertung dieses Umstandes von einer Vielzahl von Parametern ab und insbesondere von der Anzahl der eventuell zu realisierenden Änderungen.

Zeitpunkt der Kostensicherheit Der Generalunternehmer übernimmt mit dem abgeschlossenen Vertrag die Verantwortung für die Einhaltung des kalkulierten Kostenrahmens. Bei der Abwicklung mittels Einzelfirmen trägt diese Verantwortlichkeit der Bauherr selbst.

Zeitpunkt der Terminsicherheit Die zeitlichen Aufwendungen für die Erstellung der GU-Vergabeunterlagen sind aufwändiger, da als Grundlage für ein qualifiziertes Generalunternehmerangebot alle bzw. die wesentlichen Gewerke durchgeplant vorliegen müssen. Dieser längere Planungsvorlauf durch das GU-Verfahren ergibt zwangsläufig einen späteren Baubeginn.

Dieser spätere Baubeginn wird in der Regel durch eine Verringerung der Ausführungsdauer durch den effektiven Koordinations- und Administrationsaufwand des Generalunternehmers kompensiert. Bei Auswahl des richtigen Generalunternehmers stehen dessen Know-how in ausführungstechnischer Hinsicht und seine firmenspezifische Planungskompetenz früher zur Verfügung. Ein Nachteil der Generalunternehmervariante in einigen Fällen liegt darin, dass der Bieterkreis für Großprojekte in der bestehenden Dimension eingeschränkt ist. Der bei Großprojekten in Frage kommende Generalunternehmer braucht technisch-organisatorisches Spezial-Know-how auf höchstem Niveau und auch entsprechende Leistungskraft. Damit besteht zwangsläufig die Gefahr von Preisabsprachen zwischen den in Frage kommenden Bietern.

Bei der Ausschreibung der Leistungen ist die nachzuweisende Kompetenz im Management der Planungsprozesse eine wesentliche Voraussetzung, die neben dem Preis sehr hoch zu gewichten ist. Die Bauindustrie hat in den letzten Jahren unter Kostendruck diese teuren Personalressourcen häufig abgebaut. Die Bieter der engeren Wahl müssen diese Personen konkret mit Nachweis der entsprechenden Referenzen benennen und verbindlich über die komplette Projektlaufzeit verpflichten.

Da im Gegensatz zu der Einzelvergabe die einzukalkulierenden Nachprüfungsverfahren im Wesentlichen entfallen, stellt sich die Gesamtvergabe zeitlich günstiger dar.

Gegebenenfalls sollte geprüft werden, ob die Baugrube als Einzelpaket vergeben wird, um genügend Zeit für die GU-Vergaben zu haben. Ein wesentlicher Vorteil liegt in einer frühzeitigeren Terminsicherheit beim Generalunternehmermodell.

Gewährleistung Bei der Vergabe der Leistung an einen Generalunternehmer besteht nur ein Ansprechpartner mit einer einheitlichen Gewährleistungsfrist.

10.2.4 Vergleichende Bewertung Generalunternehmer/Einzelvergabe

Insbesondere bei größeren Projekten und der darin innewohnenden Komplexität kann eine qualifizierte Entscheidungsgrundlage nicht allein daraus abgeleitet werden, dass die eine oder andere Variante bei dem einen oder anderen Projekt nun besonders gut oder schlecht war.

Vielmehr kommt es darauf an, die im konkreten Falle vorliegenden Randbedingungen, die Eigenschaften und Kriterien der Realisierungsvariante zu übertragen.

Die einzelnen Bewertungskriterien wurden bereits hinreichend erläutert und werden nachfolgend im Überblick dargestellt und kommentiert.

Die Erstellung einer Nutzwertanalyse setzt voraus, dass die Gewichtung der einzelnen Entscheidungskriterien bekannt ist.

Die im Abb. 10.4 gezeigte Nutzwertanalyse zeigt, dass in diesem gewählten Beispiel die gewichtete Bewertung der Einzelkriterien zugunsten des GU-Modells den Ausschlag gibt.

Die große Frage bei diesem Ergebnis ist, ob die angenommene Bewertung der Einzelkriterien in der Praxis so eintritt.

Die vorgenommene Wichtung der angenommen Bewertungskriterien ist stark bauherrenindividuell geprägt. In diesem Fall war der Ressorurcenaufwand des Bauherren eine wesentliche Größe, dass sich dieser temporär nicht im erforderlichen Umfang verstärken konnte. Die in diesem Fall bestehende Option, sich in der Projektleitung für die vitalen Bauherrenaufgaben mit Externen zu verstärken, schied aufgrund der speziellen Auftraggeberstruktur aus. Die vorgenommene Einzelbewertung wird nachfolgend erläutert.

Die Einzelvergabe hat gegenüber der GU-Vergabe den Nachteil, dass der Zeitpunkt der Kostensicherheit erst nach vollständiger Vergabe bzw. der wesentlichen Gewerke vorliegt. Infolgedessen wird die GU-Vergabe besser bewertet. Dies trifft allerdings nur in diesem Fall zu, wenn die GU-Vergabe auch auf einer vergleichbar guten Grundlage vergeben wurde. Da bei einer Einzelvergabe längere Zeit zur Planungsreife besteht, tritt der positive Effekt der frühzeitigen Kostensicherheit beim GU-Modell häufig nicht ein. Beim Umfang von ca. 40 Vergaben bei großen Projekten wird zwangsläufig das Insolvenzrisiko bei der Einzelvergabe größer, da der Generalunternehmer die Haftung für alle Nachunternehmer übernimmt. Die rein theoretisch bestehende Insolvenzgefahr des Generalunternehmers muss in Abgängigkeit des gewählten Generalunternehmers bewertet werden. Das Preisentwicklungsrisiko bei der GU-Vergabe ist geringer, da der Preis für die Projektabwicklungszeit fixiert ist. Die Folgekostenbeeinflussbarkeit bei der Einzelvergabe ist größer, da sich der Generalunternehmer bei seinen Nachunternehmervergaben immer zu günstigeren Investitionskosten mit dem Nachteil höherer Folgekosten entscheiden wird, sofern diese Auslegungsmöglichkeit für ihn besteht. Bei der Einzelvergabe kann der Bauherr dagegen individuell und in eigenem Ermessen diesbezüglich entscheiden.

Der Zeitpunkt der Terminsicherheit ist bei der GU-Vergabe früher gegeben, da die Vergaben der Restgewerke bei der Einzelvergabe noch sehr viel länger laufen. Die bessere Bewertung des GU-Modells unterstellt allerdings, dass der Auftrag des Generalunternehmers nach der Vergabe ohne

Abb. 10.4 Nutzwertanalyse Unternehmenseinsatzmodell Generalunternehmen/Einzelvergabe

Bewertungskriterien		Wichtung	max. Punktzahl	Einzelvergabe		GU-Vergabe	
				Einzelbewertung	Gewichtete Bewertung	Einzelbewertung	Gewichtete Bewertung
Kosten	- Zeitpunkt Kostensicherheit	5%	10	4	0.2	8	0.4
	- Insolvenzrisiko	10%	10	2	0.2	8	0.8
	- Preisentwicklungsrisiko	5%	10	4	0.2	8	0.4
	- Folgekostenbeeinflussbarkeit	5%	10	8	0.4	4	0.2
		25%			1.0		1.8
Termine	- Zeitpunkt Terminsicherheit	15%	10	4	0.6	8	1.2
	- Projektdauer	5%	10	6	0.3	6	0.3
		20%			0.9		1.5
Qualitäten	- Einfluss auf Qualitätssicherheit	5%	10	8	0.4	4	0.2
	- Einflussmöglichkeit BH auf Planung/Ausführung	10%	10	10	1.0	6	0.6
		15%			1.4		0.8
Vergaben	- Entscheidungswahl Nachunternehmen	5%	10	10	0.5	4	0.2
	- Mittelstandsförderung	10%	10	10	1.0	4	0.4
		15%			1.5		0.6
Ressourcenaufwand Bauherr	- Aufwand Vergabe	10%	10	2	0.2	8	0.8
	- Koordination Ausführungsplanung (Schnittstellen-Management)	5%	10	2	0.1	8	0.4
	- Änderungsmanagement NU	5%	10	2	0.1	8	0.4
	- Entscheidungsmanagement NU	5%	10	2	0.1	8	0.4
		25%			0.5		2.0
	Gesamtsumme:	100%			5.3		6.7

Bewertungsskala:　2 - sehr schlecht
　　　　　　　　　4 - schlecht
　　　　　　　　　6 - neutral
　　　　　　　　　8 - gut
　　　　　　　　　10 - sehr gut

größere Probleme abgewickelt wird. Wie an anderer Stelle des Werkes aufgezeigt, ist dies häufig nicht der Fall. Die Projektdauer würde bei beiden Unternehmenseinsatzformen gleich bewertet, obwohl rein analytisch gesehen die Einzelvergabe den Vorteil eines früheren Baubeginns hat. Positiv für das GU-Modell wurde seitens des Bauherren in diesem Fall aus der Erfahrung bewertet, dass der hohe Termin- und Risikodruck des GU's im Vergleich zu Einzelgewerksabwicklung unter Umständen zu einer schärferen und strafferen Termindisposition führt, was zeitliche Vorteile in der Ausführungsphase bewirken kann.

Der Einfluss auf die Qualitätssicherheit ist bei der Einzelvergabe höher, da ein indirekter Einfluss des Bauherren bzw. seiner Überwachungen auf das Gewerk bestehen.

Ein weiterer Aspekt liegt in der direkten Einflussmöglichkeit des Bauherren auf die Planung und Ausführung, die bei der Einzelvergabe höher bewertet wird.

Ebenfalls besser bewertet wurde die Einzelvergabe bei der direkten Entscheidungsmöglichkeit bei der Wahl der Nachunternehmer und der häufig im öffentlichen Bau bestehenden Förderung nach einer ausgewogenen Mittelstandsförderung.

Der Aufwand bei der Vergabe für den Bauherren ist naturgemäß bei der Einzelvergabe weit höher. Dies betrifft auch den erforderlichen Koordinationsumfang bei der Koordination der Ausführungsplanung und dem Schnittstellenmanagement zwischen den verschiedenen Planungsbereichen. Auch hier gilt die Annahme in der Bewertung, dass der Generalunternehmer dieses mit der gebotenen Sorgfaltspflicht durchführt, da im anderen Fall ein sehr hoher Nachteil im Handlungsbereich der Kosten, Termine und Qualitäten entsteht. Deshalb bewertet die vom GU übernommene Aufgabe des Änderungsmanagements seiner Nachunternehmer und die daraus entlastende Wirkung beim Ressourcenaufwand des Bauherren. Das Gleiche trifft beim Entscheidungsmanagement im Hinblick auf die Nachunternehmer zu.

Die Erläuterungen zeigen auf, dass die rein analytische Bewertung der beiden Modelle auf Annahmen beruht, die durch das gute Management des Generalunternehmers nach der Vergabe gewissermaßen in der Zukunft eintreten muss. Ob dies dann so eintritt, hängt von der Wahl des Generalunternehmers und dessen professionelle Fähigkeit im Projektmanagement ab. Die Fragestellungen müssen deshalb vom Projektmanager des Bauherrn im Rahmen der Vergabe eingebracht werden. Desweiteren müssen bauherrenseitig die Rahmenbedingungen geschaffen werden, damit der Generalunternehmer seine Aufgabe qualifiziert wahrnehmen kann.

Auf die grundsätzliche Bedeutung dieser Themen im Wechselspiel zwischen Bauherr und Generalunternehmer wird in Kap. 13 sehr ausführlich dargestellt (Abb. 10.5).

10.2.5   Construction Management

Construction Management entwickelte sich in den USA als eine Abwicklungsform mit dem Ziel eines umfassenden Beratungsansatzes, frühzeitiger Integration von ausführungsorientiertem Fachwissen zur Optimierung der Planungs- und Bauabläufe sowie der einvernehmlichen Verpflichtung aller Projektbeteiligten zu einem Verhalten, das auf die Erreichung definierter Projektziele ausgerichtet ist.

Dieser Ansatz ist insbesondere in Projekten von Vorteil, in denen der Vorlauf zur Ausführung sehr gering ist bzw. insgesamt eine sehr geringe Realisierungszeit zur Verfügung steht.

Von den Anbietern werden folgende Vorteile genannt:
- Stärkung der Steuerungskompetenz des AG
- Kosteneinsparung durch Value Engineering und Nutzung ausführungsbasiertem Fachwissen des CM
- Verkürzung der Projektdauer durch frühzeitige Paketvergabe
- Hohe Projekttransparenz durch „open books"
- Kooperativer Umgang bei Streitigkeiten durch partnerschaftliches Konfliktmanagement
- Verringerung von Informationsdefiziten und Schnittstellenrisiken
- Bei CM-Verträgen mit „Generalübernehmerverantwortung" ergänzen sich zusätzlich folgende Vorteile:
- Relative Kostensicherheit zum Zeitpunkt der GMPVereinbarung
- Vermeidung von Behinderungen seitens des AG und Verzögerungen seitens AN wegen gegebener Anreizmechanismen
- Gegenseitige Wertschätzung durch partnerschaftliche Zusammenarbeit

Der Constructionmanager stellt die Entwicklung der Leistungen vom reinen Controlling über Projektsteuerungs-, Projektleistungs- und HOAI-Planungsleistungen (Leistungsphasen 5 bis 8) bis hin zu GÜ-Leistungen dar, die in Abb. 10.6 [1] im Kaskadenmodell sehr anschaulich dargestellt ist.

Construction Management „at agency" Der Construction Manager „at agency" erbringt Leistungen wie der Projektmanager nach AHO/DVP als Stabsstelle des Auftraggebers. Bei dieser Einsatzform werden i. d. R keine Kumulativleistungsträger (GU), sondern einzelne Ausführungspakete in Planung und Ausführung direkt vom Auftraggeber beauftragt. Der CM begleitet das Projekt über alle Phasen des Projektes und bringt sich mit einem im Verhältnis zum DVP/AHO Leistungsbild stark erweiterten Aufgabenspektrum ein.

Dies betrifft die Bereiche Dokumentenmanagementsystem, Value-Management, Integration planinhaltlichem Wissen, Logistikkonzept (Abb. 10.7).

Diese Leistungen könnten gleichermaßen mit dem Leistungsspektrum des DVP/AHO definiert und entsprechend abgewickelt werden. Entscheidend dürft der personelle Ansatz des durchführenden Unternehmens sein und die interdisziplinäre Fähigkeit, sich inhaltlich im Projektgeschehen ausreichend zu positionieren. Das Kostenrisiko bleibt auf Seiten des Auftraggebers, die Projektkosten sind transparent und Vergabegewinne verbleiben beim Auftraggeber.

Construction Management „at risk" Der Construction Manager „at risk" ist vergleichbar mit einem Generalübernehmer (GÜ) zwischen Auftraggeber und Nachunternehmer. Die möglichen Varianten unterscheiden sich durch die Übernahme von besonderer Kostenverantwortung durch einen Guaranteed Maximum Price (GMP) (Abb. 10.8).

Der CM schließt die Verträge für Bauleistungen mit Nachunternehmern direkt ab, jedoch auf Rechnung des Auftraggebers. Die Anbieter für CM-Leistungen können Projektmanagement- und Bauunternehmen sein. Während der Planungs- und Optimierungsphase wird die Kostenplanung fortgeschrieben. Wenn für 70 % bis 80 % des Bauvolumens Angebote eingeholt sind, wird der so genannte „Garantierte Maximal-Preis" (GMP) oder ein Pauschalpreis festgelegt.

Der Auftraggeber ist aktiv in die Entwicklung der Projektkosten eingebunden und hat somit die volle Transparenz. Der CM trägt Kostensteigerungen nur in dem Fall, wenn der AG nicht Änderungen und zusätzliche Leistungen ausgelöst haben. Risiken aus der originären Bauherrensphäre (Baugrund, Altlasten, behördliche Auflagen, höhere Gewalt) verbleiben beim Bauherren, soweit diese nicht explizit und

---

[1] Eschenbruch, K (2009) Recht der Projektsteuerung, 3. völlig überarbeitete Aufl.

Abb. 10.5 Vergleich General-unternehmer/Einzelvergabe im Überblick

GENERALUNTERNEHMERVERGABE		EINZELUNTERNEHMERVERGABE	
VORTEILE	**NACHTEILE**	**VORTEILE**	**NACHTEILE**
OBJEKTEIGNUNG			
Gebäude für die Vermarktung ohne spezielle, z. B. nutzerspezifische Anforderungen sind grundsätzlich gut bis mittel für eine GU-Beauftragung geeignet.	**Gebäude mit ganz speziellen Anforderungen aus Grundstück und Lage und/oder ganz speziellen Funktionsanforderungen** bzw. einer großen Funktionsvielfalt aus der Aufgabe z. B. eines Eigennutzers, **brauchen bei einer GU-Beauftragung differenzierte Regelungsmechanismen, um bei Änderungssachverhalten Risiken zu kompensieren.** Ist die **Bedarfsentwicklung** (Personal, Funktionen, Ausstattung) des künftigen Gebäudenutzers kurz- oder mittelfristig wiederkehrend **größeren Schwankungen infolge von Personalveränderungen, Firmenorganisationsänderungen, Produktionsvariabilitäten, Innovationsschüben etc. unterworfen, ist eingeschränkte GU-Eignung gegeben** bzw. **müssen vertraglich geeignete Mechanismen vorgesehen werden**	**Sehr gut geeignet für alle Bauvorhaben, insbesondere schwierige Grundstückssituationen und Funktionsanforderungen mit großer Funktionsvielfalt.** **Anpassung an Personalentwicklungen und Technologieentwicklungen in frühen und mittleren Planungsphasen noch gut möglich.**	
TERMINE / ZEITPUNKT TERMINSICHERHEIT			
Der Generalunternehmer übernimmt üblicherweise eine Termingarantie. **Ggf. kürzere Bauzeit in der Ausführungsphase,** da der hohe Termin- und Risikodruck des GU im Vergleich zur Einzelgewerkabwicklung u. U. zu einer schärferen und strafferen Termindisposition führt, was zeitliche Vorteile in der Ausführungsphase bewirken kann. Terminsicherheit bei Vertragsabschluss unter der Voraussetzung, dass Randbedingungen des Vertrages erhalten bleiben.	Die **Termingarantie** ist **abhängig von der unbedingten Beibehaltung der ursprünglichen Aufgabenstellung.** **Längerer Planungsvorlauf und damit späterer Baubeginn,** damit die Risiken aus der Unschärfe der Aufgabenstellung soweit wie möglich abgewendet werden können. Späterer Baubeginn durch aufwändigere Ausschreibungs-/Vergabephase, strafferer Gesamtablauf. GU muss Managementkompetenz und Spezial-know-how nachweisen (Personalressourcen); zum Vertragszeitpunkt häufig nur Versprechen. Straffes Controlling durch den PS (vor allen Dingen in der Prüfung der Planungsergebnisse) erforderlich. Häufig können die dadurch gewonnenen Erkenntnisse nicht schnell genug projektfördernd umgesetzt werden.	**Kurzer Planungsvorlauf und damit früherer Baubeginn,** da relativ kurzer Planungsvorlauf, da die ersten Gewerke (Baugrube, Rohbau), ohne das ungleich höhere Unschärferisiko, als bei einem Gesamtauftrag ausgeschrieben und vergeben werden können. Damit wird ein frühzeitiger Baubeginn möglich.	Termingarantie nicht gegeben. Verantwortung für Managementleistung verbleibt beim Bauherrn. Terminsicherheit erst zu späterem Zeitpunkt und unter der Voraussetzung termingerechter Lieferung der AP durch bauherrnseitig beauftragte Fachplaner. Steuerung der Fachplaner obliegt Bauherrn bzw. PS.

Abb. 10.5 (Fortsetzung)

INVESTITIONSKOSTEN / ZEITPUNKT KOSTENSICHERHEIT			
Der Generalunternehmer übernimmt üblicherweise eine Kostengarantie (Festpreis) der Bauinvestitionskosten für den Auftraggeber nach dem Vergabezeitpunkt. Er übernimmt das unternehmerische Risiko für die Abwicklung, auch das Insolvenzrisiko für seine Nachunternehmer. Bei unveränderter Planung bzw. Vertragsgrundlage Kostensicherheit zum Vergabezeitpunkt.	**Erhöhung der Gesamtbaukosten** durch Übernahme von Risiken und zusätzlichen Leistungen (GU-Zuschlag). Stark eingeschränkter Bieterkreis: **Marktverengung mit Abspracheneigung,** da kleinere Firmen das hohe erforderliche technische und organisatorische Niveau nicht bieten können und den sehr hohen Kalkulationsaufwand wie auch das Gesamtauftragsrisiko nicht übernehmen wollen und können. **Änderungen nach Auftragserteilung unterliegen dem Preisdiktat des GU und entlassen den GU ggf. weitgehend aus der Kostenbindung.** **Nicht genau beschriebene Aus-stattungen und Gestaltungsdetails werden vom GU zu seinen Gunsten ausgelegt.** (Unschärferisiko: Qualitätseinbußen und hohes Nachtragsvolumen bei zu geringer Planungstiefe).	**Hochwertige Innenausbauten** sind **mit ausgereiften Ausführungsplänen** und zusätzlicher verbaler Beschreibung soweit **zu beschreiben, dass gestalterische Qualitätsinterpretationen weitgehend ausgegrenzt werden.**	**Kostensteigerungen bei hohen Inflationsraten** bzw. Hochkonjunktur durch spätere Vergabe der Einzelaufträge. Vollständiges Risiko verbleibt beim Bauherrn. Kostensicherheit sehr spät, häufig erst nach geprüfter Schlussrechnung der wesentlichen Hauptgewerke. Häufig „böse" Überraschungen nach Fertigstellung.
FOLGEKOSTEN SICHERHEIT			
	Nicht in der Kostengarantie des GU enthalten. **Im Auslegungsfall wird der GU sich zu günstigen Bauinvestitionskosten mit dem Nachteil höherer Folgekosten entscheiden (Unschärferisiko).**	**Bei Einzelvergabe wird der Fachplaner dem Bauherrn Alternativen mit etwas höheren Bauinvestitionskosten zugunsten der Minimierung der Folgekosten allein schon wegen der Honorarbindung an die Bauinvestitionskosten vorschlagen.**	**Auch bei Einzelvergabe keine Kostengarantie für die Folgekosten vorhanden.**
QUALITÄT			
Spezielles **Firmen-know-how kann ggf. im Bereich des Rohbaues** qualitätserhöhend wirken. Falls spezielles Ausführungswissen frühzeitig einfließt, entstehen Optimierungsvorteile.	**Qualitätsnachteil beim Bauherrn - Preisvorteil beim GU,** da der GU üblicherweise den Preisvorteil einer scharfen Einkaufspolitik gegenüber den Subunternehmern für sich wahrnimmt und realisiert, der dadurch meist hervorgerufene Qualitätsnachteil des Bauwerkes aber beim Bauherrn verbleibt.	Durch Einzelvergabe können **hochwertige Leistungen** auch **an entsprechende qualifizierte und leistungsfähige Firmen** vergeben werden. **Firmen mit hohem Leistungsniveau** können **in den Wettbewerb eingebunden** werden.	

gesondert im Vertragsumfang des CM vereinbart wurden. Im Vergleich zum Generalunternehmer übernimmt der CM eine weit umfassendere Verantwortlichkeit eines Generalunternehmers, so dass die Wahrscheinlichkeit des Projekterfolges sich erhöht, wenn die überaus anspruchsvolle Vielfalt der zu übernehmenden Aufgaben auch zur Gänze so vom CM abgedeckt werden können. Das Leistungsversprechen der jeweiligen Anbieter sollte im Auftragsfalle durch konkrete personelle Strukturen verbindlich belegt werden.

Ein Leistungsbild für Construction Management in im AHO/DVP, Heft 19 [2] enthalten. Dort werden auch die Risiken von CM und GMP angesprochen.

---

[2] AHO, Heft 19 (2004): Neue Leistungsbilder zum Projektmanagement in der Bau- und Immobilienwirtschaft.

Abb. 10.5 (Fortsetzung)

EINFLUSS AUF QUALITÄTSSICHERHEIT			
	Vergabe obliegt GU, Einflüsse Bauherr nur eingeschränkt möglich. Objektüberwachung GU durch BH / Planungscontrolling GU durch Bauherr.	Direktvergabe durch Bauherr, damit Einflussnahme auf Vergabe von Firmen mit Leistungsniveau, wenn Wirtschaftlichkeit gegeben. Direkte Steuerung der Fachpla-ner / Kontrolle der Planungsergebnisse.	

PLANUNGSTIEFE			
Globale Leistungsbeschreibung bewirkt **ggf.** im Rechtsstreit eine **höhere**, dem **GU** zuzuordnende **Opfergrenze**.	Die übliche **Mischung aus Vor- und Entwurfsplanung als Auftragsgrundlage lässt** erfahrungsgemäß einen **hohen und daher riskanten Auslegungsgrad mit technischem und gestalterischem Qualitätsspielraum zu (Unschärferisiko).** Eine **ausgereifte Gesamtausführungsplanung aller Gewerke erfordert** einen nahezu **nicht vertretbaren überlangen Planungsvorlauf.**	**Ausschreibung der Gewerke Baugrube und Rohbau auf der Basis von Entwurfsplänen ohne zu hohes Qualitäts- und Massenrisiko gut möglich und somit Zeiteinsparung. Bei guter terminlicher Koordina-tion und Planungskapazität werden** auch für die letzten und schwierigen Gewerke rechtzeitig **ausgereifte Ausführungspläne bereitgestellt.**	**Planungsfehler / Ausschreibungsfehler mit der Folge von Nachtragskosten werden meist nicht vollständig an Planer weitergegeben.**

VERTRAGSVERDICHTUNG			
Ein Vertragspartner für die Bauleistungen mit entsprechend vereinfachter admini-strativer Handhabung des Vertragsmanagements und einheitlicher Gesamtverantwortung (bei regulärem Bauablauf).	Bei eintretenden Störungen / Änderungserfordernissen ist der Bauherr dem GU gewissermaßen „ausgeliefert". Eine Trennung bei Streiteskalationen ist kaum mehr ohne große Nachteile für den Bauherrn möglich.	Bei Änderungen / Störungen Direktzugriff auf Nachunternehmer möglich (flexibleres Modell) aus Sicht Bauherr.	**Auf der Bauausführungsseite eine Vielzahl an Firmen als Vertragspartner des Bauherrn, wodurch ein vergleichsweise höherer Koordinierungs- und Administrationsaufwand entsteht** (Zusammenfassen von Leistungspaketen auch bei Einzelunternehmervergabe zur Verdichtung der Vertragspartner möglich).

DIREKTER FIRMENZUGRIFF / SUBUNTERNEHMERAUSWAHL			
	Kein direkter Firmenzugriff des Bauherrn und Zugriff auf den fachkundigen Ansprechpartner gegeben. **Der Bauherr hat keinen Einfluss auf die Auswahl der Subunternehmer, z. B. aus dem Mittelstands- und Firmenkundenbereich.**	**Die Firmenauswahl liegt im direkten Bereich des Bauherrn. Die Qualität, Zuverlässigkeit, Leistungsfähigkeit, das Insolvenzrisiko und die Termintreue der Firmen kann somit analysiert und gesteuert werden. Die Fachfirma selbst ist fachkundiger Ansprechpartner und nicht der GU, der üblicherweise nur im Rohbaubereich fachkompetent ist. Firmenkunden können problemlos berücksichtigt werden.**	**Ausfallrisiko der Nachunternehmer verbleibt beim Bauherrn.**

Risiken von CM und GMP

- Die Kumulierung von Leistungen auf Seiten des CM (mit GMP) führt zu einer starken Abhängigkeit des AG und zu Interessenkonflikten.
- Ein aufwändiges Bewerberverfahren zur Einbindung eines CM mit GMP können sich, mit entsprechender Einschränkung des Wettbewerbs, nur kapitalkräftige Unternehmen leisten.
- Der GMP ist i. d. R. höher als ein vergleichbarer Marktpreis bei Vergabe an Einzelunternehmer oder GU wegen der erhöhten Risikozuschläge.
- Es bestehen erhöhte Anforderungen an das Projektmanagement des AG durch zusätzliches Controlling, um die „open books" des CM mit GMP zu überprüfen und durch eigene Plausibilitätsbetrachtungen zu verifizieren.

Abb. 10.5 (Fortsetzung)

INTEGRATION VON BAUHERRNLEISTUNGEN			
	Bauherrnspezifische Leistungen, wie Produktionseinrichtungen, Tresore, Lagereinrichtungen und Sicherheitstechnik liegen meist bei GU-Beauftragung noch nicht fest oder werden von Bauherrnseite beigestellt. Die **Integration** dieser Leistungen **ist bei GU-Beauftragung wesentlich erschwert**, da sie zur Aufweichung bzw. Auflösung der Termin- und Kostengarantie führen kann. Die Integration der Leistungen erfordert ein gesondertes Schnittstellenmanagement und differenzierte vertragliche Regelungen.	**Integration von bauherrnseitigen Leistungen gut möglich**.	
BERÜCKSICHTIGUNG VON FIRMENKUNDEN			
Eine **GU-Vergabe entlastet den Bauherrn ggf. von seiner Verpflichtung, Firmenkunden bei Auftragsvergabe zu berücksichtigen (reduzierter Akquisitionsdruck).**	Die u. U. notwendige **Berücksichtigung von Firmenkunden** ist bei GU-Vergabe im Regelfalle **nicht möglich**, da Firmenkunden zum Subunternehmerniveau einer GU-Vergabe üblicherweise nicht anbieten werden.	Die **Berücksichtigung von Firmenkunden ist problemlos möglich**.	Der **Marktbeeinflussung durch Firmenkunden muss durch geeignete Maßnahmen entgegengewirkt werden.**
RISIKOÜBERNAHME			
Vom GU werden regelmäßig übernommen: Gesamtes Risiko für die Richtigkeit der Massen bei unveränderter Planung, Gesamtgewährleistung aller Gewerke, Gesamthaftung, Gesamtbürgschaft, Gesamtverantwortung in der Ausführung.	**Beim Bauherrn bleiben** nach wie vor das **Baugrundrisiko**, das **Altlastenrisiko** mit seinen terminlichen und kostenmäßigen Konsequenzen. **Beim Risikofall kann sich der Generalunternehmer bei gegebenen Randbedingungen aus der Gesamtvertragsverpflichtung lösen.** **Ein Gegensteuern bei Risikofällen ist durch den Bauherrn nicht (oder nur sehr schwer) möglich.**		**Die Risiken verbleiben vollständig beim Bauherrn und müssen durch das bauherrnseitige Projekt- und Risikomanagement kompensiert werden.**

- Der CM mit GMP verfügt ggf. nicht über eine ausreichende Haftungsmasse. Konzernbürgschaften oder an den AG „durchgestellte" Sicherheiten aus der NU-Ebene sind ebenfalls mit Risiken behaftet.
- Die Vertragsgestaltung bei CM at Risk-Modellen mit GMP Vereinbarung ist sehr komplex, insbesondere die Bestimmung des GMP, dessen Anpassung bei Leistungsänderungen und Leistungsstörungen, die Vertragsregelungen mit den NU und die Regelungen der Kostenerstattung und Aufteilung erzielter Ersparnisse.
- Durch die zweistufige Vertragsgestaltung (Stufe 1: Pre-Construction-Phase; Stufe 2: Construction Phase) müssen schon vor Beauftragung der Stufe 2 Kriterien für die spätere Bestimmung des GMP und Ausstiegsklauseln für den Fall vereinbart werden, dass keine Einigung über den GMP erzielt werden wird.

10.3 Ablaufentscheidungen und Auswirkungen im Projektablauf

Die bei der Erstellung und Vorgabe eines Rahmenterminplanes bzw. Generalterminplanes zu berücksichtigenden Randbedingungen wurden bereits umfassend dargestellt.

Abb. 10.5 (Fortsetzung)

RESSOURCENAUFWAND BAUHERR			
Koordinationsaufgaben verlagern sich zum Teil in den GU. Ein Ansprechpartner für den Bauherrn, dadurch Entlastung. Schnittstelle verlagert sich nach Vertragsabschluss in den GU (sehr große Sorgfalt und differenzierte Auswahlkriterien notwendig). AP obliegt GU, Bauherr kontrolliert, GU muss entsprechendes Managementpotenzial haben. Bauherr wird um Koordinationsaufgaben entlastet. Über Paketvergaben auch beim GU früherer Baubeginn möglich (z.B. Vorlauf Baugrube). Bei ungestörtem Ablauf durch Änderungen hat GU straffere Abwicklungsmöglichkeiten.	Die Vorteile treten nur ein, wenn der GU diese effektiv und professionell erbringt. Dies wird leider häufig nicht geleistet.		Zeitaufwändige Abstimmungskreisläufe (Durchsetzen Verträge, Konfliktmanagement, Durchsetzen Entscheidungen). Optimierung des eigenen Zuständigkeitsbereiches vor Gesamtoptimierung. Erheblich mehr Schnittstellen und damit Risikopotenzial (Kosten/Termine). Koordination Ausführungsplanung (AP) durch Bauherr. Erheblicher Einfluss auf Ressourcen des Bauherrn.
ENTSCHEIDUNGSMANAGEMENT			
Entlastung im Entscheidungsmanagement durch GU. Detailentscheidungen in den Schnittstellen, zwischen den Einzelgewerken muss GU koordinieren.	Ab Vergabe geringerer Einfluss auf die Entscheidungssachverhalte	Entscheidungsgewalt bleibt beim Bauherrn.	Alle Entscheidungen durch Bauherrn. Schnittstellenkoordination durch Bauherrn, Unterstützung durch PS.
DURCHFÜHRUNG ÄNDERUNGSMANAGEMENT			
GU muss Änderungen intern koordinieren.	Bei größeren Änderungen Terminsicherheit eingeschränkt.	Sehr hohe Flexibilität bei Änderungen durch Direktzugriff auf Einzelfirmen.	Änderungsmanagement durch Bauherrn. Kosten-/Terminsicherheit eingeschränkt, wegen der Vielzahl der Betroffenen.
EINHEITLICHE GEWÄHRLEISTUNG			
GU ist alleiniger Ansprechpartner			Bauherr muss das Management in dieser Phase selber durchführen.

Diese Terminpläne zu Projektbeginn beinhalten eine Fülle von Ablaufentscheidungen, die sich im Projektablauf konkret auswirken. Es werden nun für ein Projekt vier optionale Abläufe dargestellt, die darin beinhalteten ablaufrelevanten Daten strukturiert und die Abwägungs- bzw. Entscheidungskriterien näher untersucht.

Häufig ist bauherrenseitig ein Endtermin vorgegeben, der als unverrückbares Ziel besteht und der durch den Projektmanager als Vertreter von Bauherrenaufgaben durchgesetzt werden soll. In diesem Fall muss er untersuchen, ob der aus der Terminvorgabe resultierende Ablauf technisch durchführbar ist, welche Risiken er im einzelnen enthält und mit

Abb. 10.6 Kaskadenmodell

Schichtenmodell: Projektmanagementpraxis im Bauwesen				
Projekt-controlling	**Projekt-steuerung**	**Projekt-management**	**Bauprojekt-management**	**Construction Management**
				Vertrags-management
			OP Objektplanung § 15 Nr. 5-8 HOAI	OP Objektplanung § 15 Nr. 5-8 HOAI
		PL Projektleitung	PL Projektleitung	PL Projektleitung
	PS Projekt-steuerung	PS Projekt-steuerung	PS Projektsteuerung	PS Projektsteuerung
PC Projekt-controlling	PC Projekt-controlling	PC Projekt-controlling	PC Projektcontrolling	PC Projektcontrolling

+ einheitliche werkvertrag-liche Ver-antwortung für
• Termine
• Kosten
• Qualitäten

Projektmanager als Interessenvertreter des AG   Projektmanager handelnd im eigenen Interesse

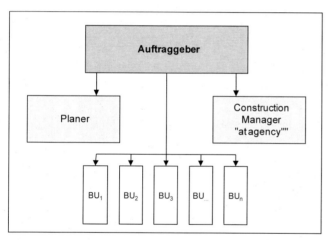

Abb. 10.7 Construction Management at agency

Abb. 10.8 Construction Management at risk

welchen konkreten Maßnahmen das Terminziel effektiv erreicht werden kann.

Die mögliche Vorgehensweise besteht darin, dass der Projektmanager einen Ablauf konzipiert, daraus einen Fertigstellungs- bzw. Nutzungstermin für das Projekt ableitet und dem Bauherren als Vorgabe empfiehlt. Auch bei dieser Vorgehensweise müssen zunächst der Projektmanager und der Bauherr Entscheidungen treffen, da optionale Abläufe mit kurzer oder längerer Laufzeit denkbar sind. Der zu erstellende Ablauf darf einerseits nicht zu kurz und andererseits nicht zu lang werden. Wenn ein Ablauf zu kurz gewählt ist, entstehen durch parallele Planungs- und Ausführungsaktivitäten potentielle Nachteile durch daraus resultierende Risiken im Hinblick auf die Kosten- und Terminsicherheit. Ebenso un-

günstig ist allerdings ein zu langer Ablauf, der einerseits die Gefahr in sich birgt, dass die Planung vom Nutzer immer wieder in Frage gestellt wird und andererseits die zeitgebundenen Kosten der Produktion unnötig hoch werden. Deshalb sollte die Ausführung entsprechend den Planliefermöglichkeiten zügig konzipiert werden, woran der Bauherr in den meisten Fällen auch interessiert ist.

Im nachfolgenden Beispiel wurden dem Bauherren vier Alternativabläufe vorgestellt, analysiert, gegeneinander abgewogen und zur Entscheidung geführt.

Randbedingungen des Projektes Verwaltungsge bäude
Kosten Gesamtprojekt: ca. 200 Mio. € (netto)

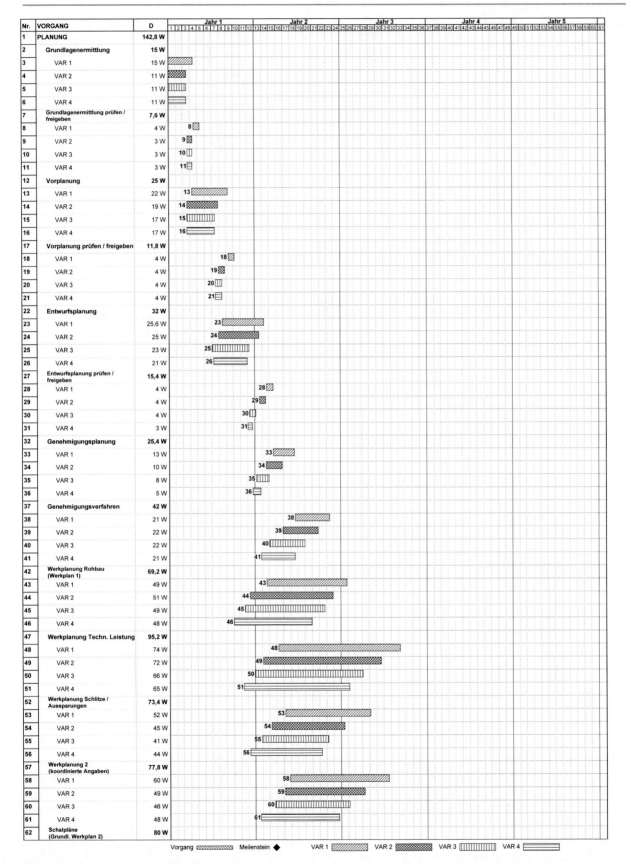

Abb. 10.9 Vergleich von Alternativabläufen

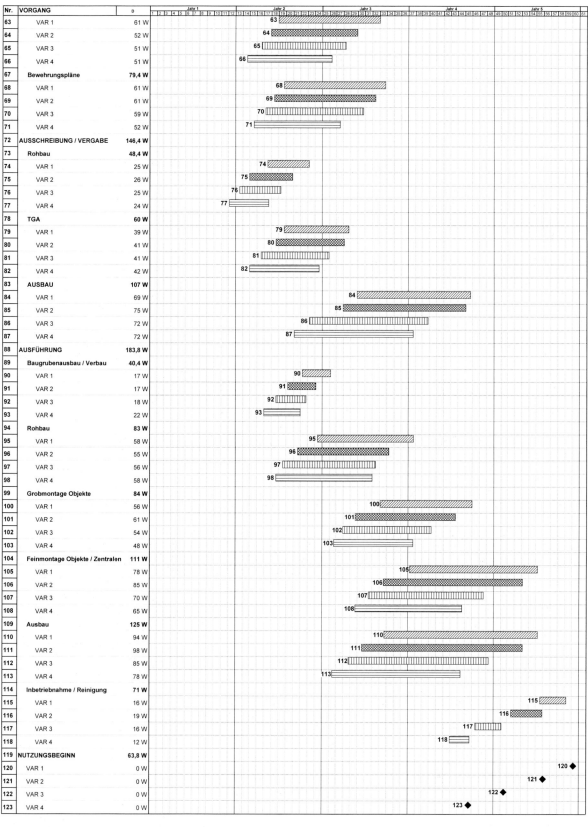

Abb. 10.9 (Fortsetzung)

Kosten Rohbau ca. 70 Mio. € (netto)

Start des Terminplanes: abgeschlossener Architektenwettbewerb

wesentliche Leistung der Grundlagenermittlung: Überarbeitung des Wettbewerbsergebnisses

In Abb. 10.9 sind die vier optionalen Abläufe gegenübergestellt.

In Abb. 10.10 ist ein Vergleich der Abläufe auf wesentliche Zeitdauern dargestellt. Die Variante 1 hat mit 59 Monaten die längste Projektlaufzeit. Die Variante 4 hat mit 49 Monaten eine um 10 Monate kürzere Laufzeit. Diese resultiert aus unterschiedlichen Kürzungen einiger Zeitanteile bei einzelnen Planungsphasen, die in gewissem Umfang ein Risiko im Sinne des Ablaufes darstellen.

In Abb. 10.11 sind die Projektgeschwindigkeiten der vier betrachteten Varianten errechnet und gegenübergestellt.

In Abb. 10.12 werden die Ergebnisse visualisiert.

Man erkennt, dass die Baugeschwindigkeit der Variante 4 zweifellos im oberen Bereich liegt. Es zeigt sich allerdings auch, dass damit alleine keine Argumentation im Sinne von Nichtmachbarkeit des Ablaufes geführt werden kann. Ebenfalls unmöglich ist die Ableitung von Risikopotential im Sinne von Fakten, die eine Bewertung bzw. Gewichtung der evtl. eintretenden Risiken ermöglicht. Die Unterschiede der kürzesten Variante 4 im Vergleich zu Variante 1, die gleichzeitig Nachteile im Sinne von potentiellen Risiken sind, werden nun im Einzelnen betrachtet:

In der nachfolgenden Abbildung sind die aus den Planerhonoraren für die Objektplanung ableitbaren Mannmonate je Planungsphase ersichtlich (Abb. 10.13).

Es ist ableitbar, dass die erforderlichen Kapazitäten des Objektplaners im Bereich der Entwurfsplanung und Grundlagenermittlung/Vorplanung wegen der großen Anzahl errechnetem Planungspersonal auf eine zu kurze Terminegestaltung hindeuten. Unabhängig davon beinhaltet dieser Weg der Kapazitätsableitung über das Honorar die Unsicherheit, dass sich die tatsächlichen Planungsabläufe nicht so idealisiert wie in der HOAI darstellen, wie bereits ausführlich dargelegt wurde.

Die Nachteile der kürzeren Varianten können daraus entstehen, dass für die vertragsgemäß erforderliche Leistung nicht ausreichend Planungszeit verbleibt. Es besteht die Gefahr, dass insbesondere in der Entwurfsplanung die koordinativen Abstimmungserfordernisse zu kurz kommen. Dies ergibt sich insbesondere bei dem im vorliegenden Fall vorgesehenen Terminablauf, da der Rohbau auf Basis der Entwurfsplanung ausgeschrieben werden soll.

- Verkürzung von Freigabephasen des Bauherren: In der Zeit nach Abgabe der Planungsunterlagen, der sogenannten Freigabephase, wird die Planung auf unterschiedlichste Einzelsachverhalte hin überprüft. In dieser Phase findet die Prüfung der Planung durch die Projektsteuerung auf

wirtschaftliche und vertragliche Einhaltung der Projektziele statt. Eine Verkürzung oder Streichung dieses Zeitraumes bedeutet entweder die Nichtdurchführung der Prüfung oder das Erfordernis der Einarbeitung der Prüfergebnisse zu einem Zeitpunkt, zu dem die nächste Planungsphase bereits angelaufen ist. In den überwiegenden Fällen führt diese Vorgehensweise zu Änderungserfordernissen und Auslösung von Störungen, die in der Regel Terminverzögerungen zur Folge haben.

- Beginn Werkplanung 1 nach Freigabe Entwurfsplanung Bei der Variante 4 beginnt die Werkplanung 1 drei Monate **vor** der terminlich vorgesehenen Freigabe der Entwurfsplanung. Dies beinhaltet ein hohes Risiko von Änderungen, die sich bei einem knappen Ablauf auf die Lieferung der Schal- und Bewehrungspläne der Gründung niederschlagen können. Falls der Ablauf so gewählt wird, muss die Entwurfsplanung im Hinblick auf die zu treffenden Entscheidungen sehr sorgfältig und diszipliniert von allen Planungsbeteiligten einschließlich Bauherren straff organisiert werden.

- Beginn Lieferung Bewehrungspläne nach Freigabe Entwurf Es gibt in der Entwicklung der Ausführungsplanung Rohbau einen kritischen Weg, der bestimmte zeitliche Grenzwerte nicht unterschreiten sollte. Der in der Variante 4 beinhaltete Vorlauf liegt mit 3 Monaten zzgl. dem Vorlauf vor der eigentlichen Freigabe der Entwurfsplanung, an der Grenze des Machbaren. Rückblickend hätte dieser Ablauf nicht funktioniert, da er die tatsächlich aufgetretenen kleineren Änderungssachverhalte nicht hätte kompensieren können, so dass Planlieferverzüge mit der Folge von Behinderungstatbeständen der ausführenden Firmen eingetreten wären.

- Beginn Ausschreibung Rohbau nach Freigabe Entwurfsplanung Die Variante 4 sieht vor, dass mit der Ausschreibung des Rohbaus bereits 1 Monat vor Freigabe der Entwurfsplanung begonnen wird. Da der Zeitraum zwischen Entwurfsplanungsabschluss und Beginn der eigentlichen Ausschreibung im Sinne der Reifung der Ausschreibungsgrundlagen sehr wertvoll ist, sollte dieses Risiko nicht eingegangen werden. Es dürfte bei diesem Ablauf nicht möglich sein, nur annähernd die Sicherheit in den Ausschreibungsgrundlagen zu erhalten, die zur Erreichung einer Kostensicherheit erforderlich ist.

- Ausführungsdauern Rohbau/Ausbau Die Dauer des Rohbaus sollte aufgrund von konkreten Kapazitätsplanungen unter Berücksichtigung der logistischen Randbedingungen ermittelt werden. In dem hier betrachteten Beispiel liegt zwischen Variante 1 und Variante 4 ein Unterschied von ca. 3 Monaten (20 %), der sich in höheren Kapazitätsanforderungen an ausführende Firmen niederschlägt.

Die gleichen Zusammenhänge gelten für den baulichen und technischen Ausbau.

Abb. 10.10 Vergleich der Ablaufvarianten

Lfd.Nr.	Vorgang	Variante 1 (Monate)	Variante 2 (Monate)	Variante 3 (Monate)
1	Planungszeit von Anfang GE bis EP incl. Freigabe	15,0	13,5	12,5
2	Genehmigungsverfahren	5,0	5,0	5,5
3	Beginn WP1 nach Freigabe EP	-1,0	-2,0	-2,0
4	Beginn WP Techn. Ausrüstung nach Freigabe EP	1,0	0,5	-0,5
5	Beginn WP 2 nach Beginn WP1	3,0	5,0	4,5
6	Beginn Lieferung Bewehrungspläne nach Freigabe Entwurf	4,5	4,0	4,0
7	Beginn Ausschreibung Rohbau nach Freigabe EP	2,0	1,0	0,0
8	Beginn Ausschreibung TGA nach Freigabe EP	4,0	4,5	3,5
9	Beginn Ausschreibung Ausbau nach Beginn WP 1	15,0	15,5	11,5
10	Rohbaubeginn nach Freigabe EP	9,0	7,0	6,5
11	Beginn Grobmontage TGA zu Rohbaubeginn	8,5	8,0	8,0
12	Beginn Ausbau / Rohbaubeginn	9,5	9,0	9,0
13	Projektlaufzeit ab Planungsbeginn bis Bezug (Nutzungsbegi	59,0	55,0	49,0
14	Planungszeit bis Rohbaubeginn	23,5	20,5	19,0
15	Bauzeit bis Bezug	37,0	36,0	31,5
16	Dauer Baugrubenaushub/Verbau	4,0	4,0	4,0
17	Dauer Rohbau	13,0	15,0	13,0
18	Dauer Ausbau	21,5	23,0	19,0
19	Dauer Bauzeit ohne Baugrube	31,0	31,5	33,5
20	Ende Ausbau bis Nutzungsbeginn	4,0	3,0	2,0

Abb. 10.11 Projektgeschwindigkeit mit 4 Varianten

	Variante 1	Variante 2	Variante 3	Variante 4
Projektlaufzeit ab Planungsbeginn bis Bezug (in Monate)	59	55	49	45
Planungszeit bis Baubeginn (in Monate)	23.5	20.5	19	16
Bauzeit bis Bezug (in Monate)	37	36	31.5	29
Bauzeit o. Baugrube (in Monate)	35	34.5	30.5	27
Bauzeit Rohbau (in Monate)	13	15	13	12
Bruttorauminhalt, m3BRI	4,33,900	4,33,900	4,33,900	4,33,900
m3 BRI Gesamtleistung je Monat Bauzeit bis Bezug	11,727	12,053	13,775	14,962
m3 BRI Gesamtleistung je Monat Bauzeit o. Baugrube	12,397	12,577	14,226	16,070
m3 BRI Rohbau je Monat Bauzeit f. Rohbau	33,377	28,927	33,377	36,158
m3 BRI Gesamtleistung je Monat / Planungszeit bis Baubeginn	18,464	21,166	22,837	27,119
m3 BRI Gesamtleistung je Monat / Projektlaufzeit (Pl. bis Bezug)	7,354	7,889	8,855	9,642
Bruttogrundfläche, m2BGF	1,05,822	1,05,822	1,05,822	1,05,822
m2 BGF Gesamtleistung je Monat Bauzeit bis Bezug	2,860	2,940	3,359	3,649
m2 BGF Gesamtleistung je Monat Bauzeit o. Baugrube	3,023	3,067	3,470	3,919
m2 BGF Rohbau je Monat Bauzeit	8,140	7,055	8,140	8,819
m2 BGF Gesamtleistung je Monat / Planungszeit bis Baubeginn	4,503	5,162	5,570	6,614
m2 BGF Gesamtleistung je Monat / Projektlaufzeit (Pl. bis Bezug)	1,794	1,924	2,160	2,352
Bebaute Fläche m2	28,504	28,504	28,504	28,504
BGF / Bebaute Fläche	3.7	3.7	3.7	3.7
Geschosse über O	5	5	5	5
Geschosse unter O	2	2	2	2
Geschosse Gesamt	7	7	7	7
Rohbauzeit / Geschoss (in Monate)	1.9	2.1	1.9	1.7
Geschosse im Grundwasser	2	2	2	2
Anzahl Kräne	10	10	10	10
m3 BRI Rohbau je Monat Bauzeit f. Rohbau / Kran	3,338	2,893	3,338	3,616
m2 BGF Rohbau je Monat Bauzeit / Kran	814	705	814	882

Abb. 10.12 Projektgeschwindigkeit mit 4 Varianten

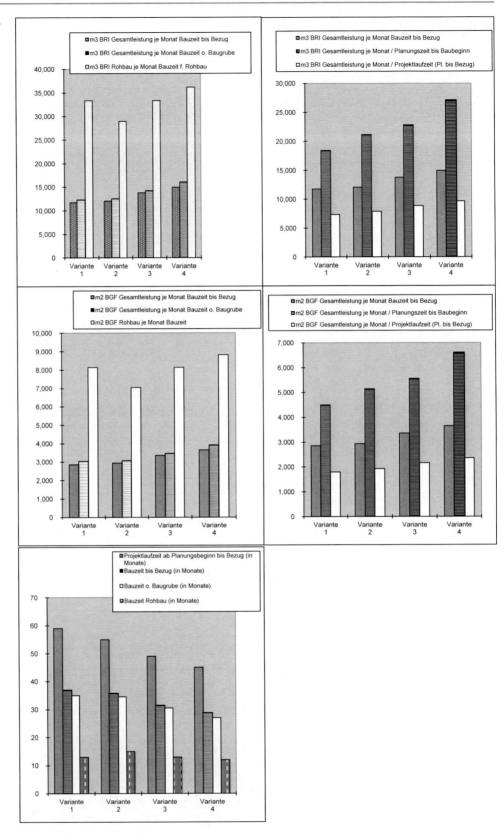

Abb. 10.13 Mannmonate (MM) der Objektplanung je HOAI-Phase und Variante

HOAI-PhaseVariante	Variante	Variante 1 (MM)	Variante 2 (MM)	Variante 3 (MM)	Variante 4 (MM)
Grundlagenermittlung/ Vorplanung		16,5	20	21,5	21,5
Entwurfsplanung		24	24	26	29
Ausführungsplanung		15,5	16,5	17,5	19

Entscheidungsprozess: Die Entscheidungskriterien des Bauherren können wie folgt definiert werden:

möglichst kurze Planungs- und Bauzeit, damit die Finanzierungskosten gering sind ausreichende Planungszeit, um die Nutzerbedürfnisse

mit ausreichendem Vorlauf einzubringen

hohe Sicherheit in der Erreichung der Terminziele, um Finanzierung und Inbetriebnahme geordnet strukturieren zu können

alle Planungs- und Ausführungsbeteiligte in uneingeschränkte Terminverantwortung einbinden

keine Inkaufnahme von Nachteilen infolge zu „schneller" Baugeschwindigkeit (z. B. schlechte Planung und Bauqualität)

Die vorstehend formulierten Kriterien sind teilweise gegensätzlich. So wird das Kriterium einer möglichst kurzen Planungs- und Bauzeit abgewogen werden müssen gegen das Kriterium eines hohen Qualitätsmaßstabes. Bei stark überlagerten Planungs- und Bauabläufen entsteht dieses Risiko aber unausweichlich.

Die Schwierigkeit dieses Entscheidungsprozesses liegt in der Gewichtung der einzelnen Kriterien und der realistischen Einschätzung der unter Prozess eintretenden Abläufe.

Dies verstärkt sich zusätzlich dadurch, dass zum Zeitpunkt dieser Entscheidung die Planungsbeteiligten häufig noch gar nicht bekannt sind, die mit ihrer Kapazität und Qualifikation die jeweils fixierte terminliche Messlatte erreichen müssen.

In dieser Situation ist der Projektmanager voll gefordert, die Ziele bzw. Entscheidungskriterien des Bauherren mit den erforderlichen Randbedingungen des praktikablen Planungs- und Bauablaufes in Einklang zu bringen. Nach Verabschiedung der Terminvorgabe hat in erster Linie der Projektmanager die Aufgabe, dieses Terminziel dann gegenüber den Planungs- sowie Ausführungsbeteiligten durchzusetzen.

Die im Entscheidungsprozess formulierten Randbedingungen und vom Bauherren akzeptierten Risiken sind vom Projektmanager klar zu dokumentieren.

Im Falle der Variante 4 liegt ein Ablauf vor, der rückblickend nicht funktioniert hätte, insbesondere wegen der im Projekt aufgetretenen Änderungssachverhalte beim Rohbau. Beim gewählten Ablauf (Variante 2) konnten die auftretenden Änderungen durch zusätzliche kapazitive Anstrengungen der Planer aufgefangen werden.

Die in der Variante 3 oder 4 beinhalteten Verkürzungen im Bereich der Planung sowie insbesondere der Verzicht auf Freigabephasen hätten sich im Ablauf äußerst negativ ausgewirkt.

Im Leistungsbild Projektmanagement für Planung und Bau sind die vielfältigen Aufgaben des Nutzers nicht abgedeckt. Dieser benötigt zur Organisation ein internes Projektmanagement im Hinblick auf die Vielzahl der gegebenen internen Ansprechpartner und die erforderlichen Abstimmungsprozesse. Darüber hinaus sind nutzerseitige Ausstattungen erforderlich, die er selbst – ggf. mit gesondert einzuschaltenden Projektbeteiligten – plant, ausschreibt und vergibt.

In Abb. 11.1[1] ist die Projektaufbauorganisation der Bau- und Nutzerseite dargestellt. Daraus wird deutlich, dass die Organisation der Nutzerseite mit der Einbindung zahlreicher Arbeitskreise sehr komplexe Projektmanagementleistungen erfordert.

Neben der Projektleitung für den Bau ergibt sich die Notwendigkeit eines eigenständigen Projektmanagements für den Nutzer. Die Leistung des Nutzerteams obliegt häufig einer Führungskraft aus der Linie der Aufbauorganisation des Nutzers. Nutzermanagement ist – wenn es über das übliche Maß hinausgeht – eine Zusatzleistung. Der Leistungsumfang orientiert sich an den Wünschen des Auftraggebers und der Komplexität des Projektes bzw. der Nutzergruppen.

In der zweiten Projektebene der Nutzerseite sind die jeweiligen Arbeitskreisleiter (AK) in eine Kommunikationsrunde mit Mitarbeitern des Nutzers eingebunden. Der Projektmanager, der diese Aufgaben erfüllt, ist in die zweite Projektebene, ggf. in einen Arbeitskreis verantwortlich eingebunden, z. B. für den Ein-/Umzug, in dem es darum geht, die strategische und operative Vorgehensweise des Umzuges von den Altstandorten zum neu geschaffenen Standort zu strukturieren, zu organisieren und abschließend auch umzusetzen. Dazu ist eine temporäre Einbindung des Projektmanagers in die Aufbauorganisation des Nutzers erforderlich, falls der Nutzer diese Aufgaben nicht selbst durchführt.

Der Nutzer und seine Mitarbeiter haben i. d. R. keine baufachliche, technische Ausbildung und in der Linienorganisation des Unternehmens viele ureigene Aufgaben zu erfüllen, so dass ein hoher Kommunikations- und Abstimmungsaufwand entsteht.

Darüber hinaus muss ein hohes Einfühlungsvermögen bei dem für das Projektmanagement verantwortlichen Ansprechpartner des Nutzers vorausgesetzt werden.

In Abb. 11.2 sind die unterschiedlichen Leistungsstränge des Projektmanagements dargestellt. Nach den Leistungsstufen 1 und 2 entwickelt sich das Projekt einerseits mit den Projektmanagementleistungen gemäß Leistungsbild Projektmanagement/AHO (unterer Bereich in Abb. 11.2) und andererseits mit den Projektmanagementleistungen für den Nutzer (oberer Bereich in Abb. 11.2).

Die Abgrenzung zwischen Leistungen des Facility Management Consulting und des Nutzer-Projektmanagements bei Bauprojekten besteht im Wesentlichen darin, dass sich ersteres auf die zukünftige Betreiberorganisation und letzteres auf die bauspezifischen Nutzerbelange konzentriert. Gemäß Heft 16 des AHO[2] ist es erklärtes Ziel des Facility Management Consulting, ein strategisches und operatives Facility Management zu entwickeln und umzusetzen.

Für die bauspezifischen Nutzerbelange ist es notwendig, dem Nutzer temporär für die Dauer des Bauprojektes ein internes Projektmanagement für die Planung, Durchführung und Schnittstellenkoordination der Nutzerausstattung zur Verfügung zu stellen, falls er dieses nicht selbst erbringen kann oder möchte. Elemente der nutzerseitigen Ausstattung sind häufig die folgenden:

Arbeitsplatzeinrichtung/Büroausstattung
- Schreibtische und Stühle, Schränke, Garderoben
- Servicebereiche (Kopierer, Drucker)

Informations- und Kommunikationstechnik
- Daten- und Telefonanschlüsse
- PC-Einheiten Arbeitsplatz
- Haupt- und Etagenverteilernetze
- Serverzentralen
- Telefonzentralen
- Betriebsfunknetz

---

[1] Volkmann W. (2004): In: AHO, Heft 19, Neue Leistungsbilder zum Projektmanagement in der Bau- und Immobilienwirtschaft.

[2] AHO, Heft 16 (2010): Untersuchungen zum Leistungsbild und zur Honorierung für das Facility Management Consulting, 4. vollst. überarbeitete und erweiterte Aufl.

N. Preuß, *Projektmanagement von Immobilienprojekten*,
DOI 10.1007/978-3-642-36020-6_11, © Springer-Verlag Berlin Heidelberg 2013

Abb. 11.1 Beispiel für eine Aufbauorganisation Investor – Nutzer

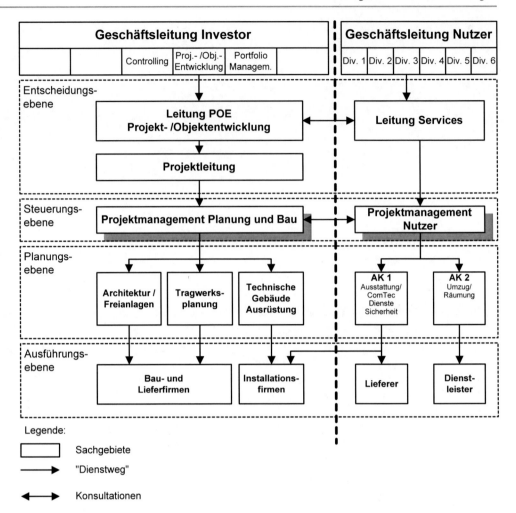

• Medientechnik für Konferenz und Schulung
• Zeiterfassungsgeräte

Dienstleistung
• Postverteilung
• Archive (zentral und abteilungsnah)
• Rollregalanlagen, Palettenregale, Tresoranlagen
• Vervielfältigungseinrichtungen
• Filmdienstausstattungen
• Werkstättenausstattungen
• Umkleiden, Duschen

Küche/Verköstigung
• Roßkochgeräte
• Spültechnikgeräte
• Kühltechnikgeräte
• Förderanlagen, Kassensysteme
• Essenausgabetheken (Mitarbeiterrestaurant, Gästeund Vorstandskasino, Konferenzbewirtung)
• Cafeteria, Teeküchen, Automatenstationen (Warenverkauf, Heiß- und Kaltgetränke)

Technische Gebäudeausrüstung und Sicherheitstechnik
• Videoüberwachung
• Zutrittskontrollanlagen
• Schrankenanlagen
• Pförtner, Sicherheitsdienstanlagen
• Ausweissystem (Betriebsausweis)

Hausverwaltung
• Gebäudereinigungsgeräte
• Müllentsorgungsvorrichtungen.

Motiv für die Abtrennung dieser Ausstattungen von anderen Planungs-/Bauleistungen ist häufig auch, dass bei der Unternehmenseinsatzform Generalunternehmer oder Generalübernehmer diese Ausstattungen mit einem entsprechenden Zuschlag für dessen Management beaufschlagt werden, der etwa in der Größenordnung zwischen 12 % und 18 % liegt.

Falls der Nutzer diese Ausstattungen eigenständig plant, ausschreibt und abwickelt, wird dafür ebenfalls ein entsprechendes Management benötigt. Häufig umfassen diese zwischen 10 % und 20 % des Gesamtinvestitionsvolumens und

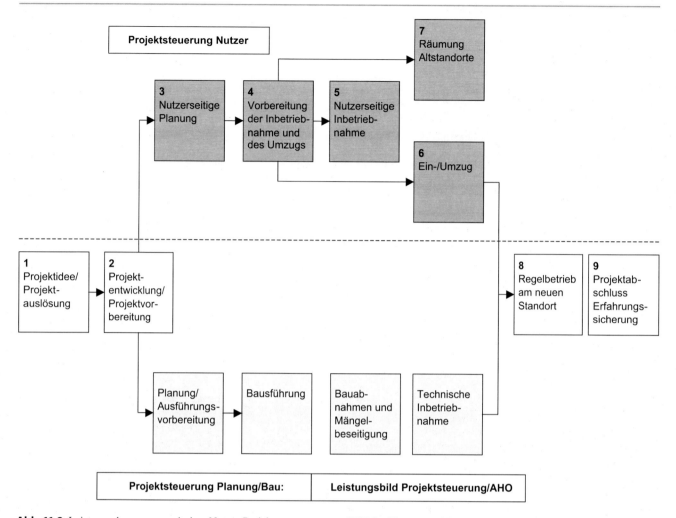

Abb. 11.2 Leistungsabgrenzung zwischen Nutzer-Projektmanagement und PM für Planung und Bauausführung

erlangen damit einen eigenständigen Projektcharakter mit besonderer Komplexität.

11.1 Leistungsbild[3]

Das Leistungsbild ist in Abb. 11.3 dargestellt.

11.2 Organisationsstrukturen Nutzerprojekt

Die Aktivitäten in der Projektvorbereitungsphase wurden bereits angesprochen. Nunmehr geht es um die Konkretisierung von Projektzielen bis hin zur Ausformulierung eines Nutzerbedarfsprogramms (NBP) und der Eingrenzung von Qualitäts-, Kosten- und Terminzielen. Es ist festzulegen, wie der Nutzer organisatorisch einzubinden ist.

Nach der Entscheidung zur Umsetzung des NBP in der konkreten Planung organisiert sich der Nutzer in so genannten Nutzerarbeitskreisen. Parallel zur Planung des Bauprojektes beginnt dann die Aufteilung der Planung in den Bereich der nutzerseitigen Planung. Zusammenfassend ergeben sich die in Abb. 11.4 dargestellten Aufgabenstrukturen.

11.3 Nutzerseitige Planungskonzepte

Die Struktur des Nutzerprojektes hat je nach Größenordnung des Bauprojekts die gleiche Komplexität wie das eigentliche Bauprojekt. Die Planung der einzelnen Teilprojekte läuft analog der Bauplanung ab. Wichtig ist die Schnittstellendefinition zwischen den Planungen des Nutzers und des beauftragten Generalunternehmers oder -übernehmers, damit keine Behinderungen durch verspätete Leistungen des Nutzers entstehen, die möglicherweise Voraussetzung für die ungestörte Arbeit des ausführenden Unternehmens sind (Abb. 11.5). Aus diesem Umstand resultierende Störungen

---

[3] AHO, Heft 9 (2009): Untersuchungen zum Leistungsbild, zur Honorierung und zur Beauftragung von Projektmanagementleistungen in der Bau- und Immobilienwirtschaft, 3. vollst. überarbeitete Aufl.

Abb. 11.3 Leistungsbild

1. Nutzerseitige Planung	2. Vorbereitung der Inbetriebnahme und des Umzugs

1. Nutzerseitige Planung

A   Organisation, Information, Koordination und Dokumentation

1.   Ergänzen des Organisationshandbuches
2.   Mitwirken beim Durchsetzen von Vertragspflichten gegenüber den externen Beteiligten
3.   Mitwirken bei der Koordination und Erfolgskontrolle der Arbeitskreise
4.   Führen und Protokollieren von Besprechungen der Arbeitskreise und Planungsgruppen
5.   Definieren der Schnittstellen zwischen internen sowie internen und externen Beteiligten
6.   Definieren der Schnittstellen zwischen Nutzerprojekt und Bauprojekt
7.   Laufende Information und Abstimmen mit dem Auftraggeber
8.   Einholen der erforderlichen Zustimmungen des Auftraggebers
9.   Berichterstattung in Nutzergremien
10. Fortschreiben der Übersicht über Nutzerentscheidungen

B   Qualitäten und Quantitäten

1.   Überprüfen von Planungsergebnissen interner (Arbeitskreise) und externer (Planer) Beteiligter auf Übereinstimmung mit den vorgegebenen Projektzielen
2.   Mitwirken bei der Strukturierung bzw. Detaillierung von Aufgabenpaketen der Arbeitskreise und Fachplaner
3.   Zusammenfassen der Planungsergebnisse von Arbeitskreisen und Fachplanern
4.   Darlegen interner und externer Planungsergebnisse, Anforderungen und Änderungen, soweit diese Einfluss auf die Bauausführung nehmen
5.   Herbeiführen erforderlicher Entscheidungen des Auftraggebers
6.   Aufstellen und Abstimmen einer Übersicht sämtlicher Nutzeraktivitäten für Besiedelung und Räumung

C   Kosten und Finanzierung

1.   Überprüfen der Kostenschätzungen der Arbeitskreise und Fachplaner sowie Veranlassen erforderlicher Anpassungsmaßnahmen
2.   Planen von Mittelbedarf und Mittelabfluss
3.   Prüfen und Freigabe von Rechnungen zur Zahlung in Abstimmung mit dem Auftraggeber
4.   Fortschreiben der Projektbuchhaltung für den Mittelabfluss

D   Termine, Kapazitäten und Logistik

1.   Terminieren und Terminkontrolle der Erledigung der Aufgabenpakete
2.   Aufstellen und Abstimmen der Grobablaufplanung für die Inbetriebnahme
3.   Aufstellen und Abstimmen der Grobablaufplanung für den Ein-/Umzug entsprechend den Anforderungen des Geschäftsbetriebes
4.   Aufstellen und Abstimmen der Grobablaufplanung für die Räumung der Altobjekte entsprechend den Ablaufplanungen für Inbetriebnahme und Ein-/Umzug
5.   Fortschreiben der Terminliste für Nutzerentscheidungen

3. Nutzerseitige Inbetriebnahme

A   Organisation, Information, Koordination und Dokumentation

1.   Fortschreiben des Organisationshandbuches
2.   Mitwirkung bei der Durchsetzung von Vertragspflichten gegenüber den externen Beteiligten

2. Vorbereitung der Inbetriebnahme und des Umzugs

A   Organisation, Information, Koordination und Dokumentation

1.   Fortschreiben des Organisationshandbuches
2.   Mitwirkung beim Durchsetzen von Vertragspflichten gegenüber den externen Beteiligten
3.   Mitwirken bei der Koordination und Erfolgskontrolle der Arbeitskreise
4.   Führen und Protokollieren von Besprechungen der Arbeitskreise und Planungsgruppen
5.   Erstellen von Detailorganisationsstrukturen für Inbetriebnahme, Ein-/Umzug und Räumung
6.   Koordination der Erstellung der Ausschreibungen durch die beauftragten Fachplaner
7.   Laufende Information und Abstimmung mit dem Auftraggeber
8.   Einholen der erforderlichen Zustimmungen des Auftraggebers
9.   Berichterstattung in Nutzergremien
10. Fortschreiben der Übersicht über Nutzerentscheidungen

B   Qualitäten und Quantitäten

1.   Überprüfen von Planungsergebnissen interner (Arbeitskreise) und externer (Planer) Beteiligter auf Übereinstimmung mit den vorgegebenen Projektzielen
2.   Überprüfen der Planungsergebnisse auf Übereinstimmung mit den definierten Schnittstellen
3.   Kontrolle der tatsächlichen bauseitigen Umsetzung von Nutzeranforderungen und -änderungen
4.   Fortschreiben der Übersicht über Nutzeraktivitäten
5.   Mitwirken beim Freigeben der Firmenliste für Ausschreibungen
6.   Überprüfen der Schnittstelleneinhaltung zwischen den Vergabepaketen
7.   Vorgabe, Prüfung und Abstimmung der Vergabe- und Vertragsbedingungen für die Ausschreibungen
8.   Überprüfen der Angebotsauswertungen und Vergabevorschläge der Fachplaner in technisch wirtschaftlicher Hinsicht
9.   Beurteilen der unmittelbaren und mittelbaren Auswirkungen von Alternativangeboten auf Übereinstimmung mit den vorgegebenen Projektzielen
10. Mitwirkung bei den Vergabeverfahren (Bieter-/Vertragsgespräche) bis zur Unterschriftsreife
11. Mitwirkung bei der Erstellung des Vertrages

C   Kosten und Finanzierung

1.   Vorgabe der Soll-Werte für Vergabeeinheiten auf Basis der aktuellen Kostenberechnung
2.   Überprüfung der vorliegenden Angebote im Hinblick auf die vorgegebenen Kostenziele und Beurteilung der Angemessenheit der Preise
3.   Überprüfung der Kostenschätzungen der Arbeitskreise und Fachplaner sowie Veranlassen erforderlicher Anpassungsmaßnahmen
4.   Zusammenstellen der aktualisierten Ausstattungskosten
5.   Prüfung und Freigabe von Rechnungen zur Zahlung in Abstimmung mit dem Auftraggeber
6.   Fortschreiben der Projektbuchhaltung für den Mittelabfluss

D   Termine, Kapazitäten und Logistik

1.   Fortschreiben und Anpassung der Terminpläne zur Erledigung der Aufgabenpakete
2.   Aufstellen von Einzelinbetriebnahmeplänen und Abstimmung mit Fachplanung und Ausführung
3.   Überprüfen vorliegender Angebote im Hinblick auf vorgegebene Terminziele
4.   Aufstellen von Logistikplänen für Inbetriebnahme, Ein-/Umzug und Räumung in Abstimmung mit den jeweils Beteiligten
5.   Fortschreiben der Terminliste für Nutzerentscheidungen

4. Ein-/Umzug

A   Organisation, Information, Koordination und Dokumentation

1.   Fortschreiben des Organisationshandbuches
2.   Mitwirken bei der Durchsetzung von Vertragspflichten gegenüber den externen Beteiligten

Abb. 11.3 (Fortsetzung)

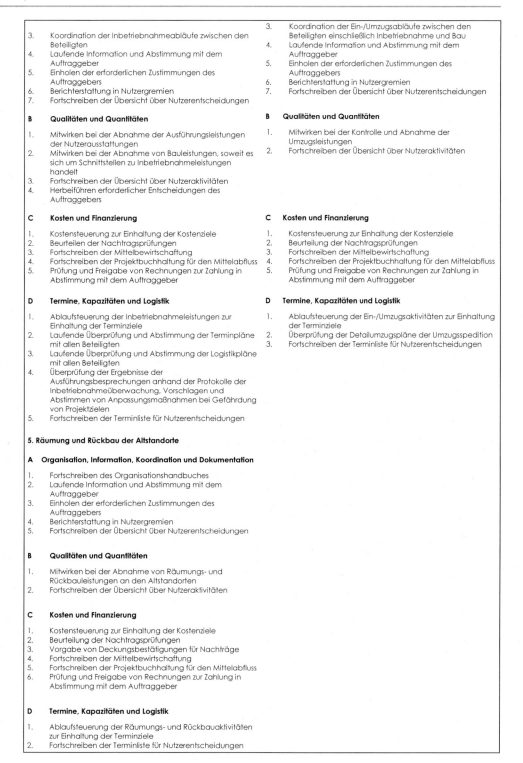

3. Koordination der Inbetriebnahmeabläufe zwischen den Beteiligten
4. Laufende Information und Abstimmung mit dem Auftraggeber
5. Einholen der erforderlichen Zustimmungen des Auftraggebers
6. Berichterstattung in Nutzergremien
7. Fortschreiben der Übersicht über Nutzerentscheidungen

B   Qualitäten und Quantitäten

1. Mitwirken bei der Abnahme der Ausführungsleistungen der Nutzerausstattungen
2. Mitwirken bei der Abnahme von Bauleistungen, soweit es sich um Schnittstellen zu Inbetriebnahmeleistungen handelt
3. Fortschreiben der Übersicht über Nutzeraktivitäten
4. Herbeiführen erforderlicher Entscheidungen des Auftraggebers

C   Kosten und Finanzierung

1. Kostensteuerung zur Einhaltung der Kostenziele
2. Beurteilen der Nachtragsprüfungen
3. Fortschreiben der Mittelbewirtschaftung
4. Fortschreiben der Projektbuchhaltung für den Mittelabfluss
5. Prüfung und Freigabe von Rechnungen zur Zahlung in Abstimmung mit dem Auftraggeber

D   Termine, Kapazitäten und Logistik

1. Ablaufsteuerung der Inbetriebnahmeleistungen zur Einhaltung der Terminziele
2. Laufende Überprüfung und Abstimmung der Terminpläne mit allen Beteiligten
3. Laufende Überprüfung und Abstimmung der Logistikpläne mit allen Beteiligten
4. Überprüfung der Ergebnisse der Ausführungsbesprechungen anhand der Protokolle der Inbetriebnahmeüberwachung, Vorschlagen und Abstimmen von Anpassungsmaßnahmen bei Gefährdung von Projektzielen
5. Fortschreiben der Terminliste für Nutzerentscheidungen

5. Räumung und Rückbau der Altstandorte

A   Organisation, Information, Koordination und Dokumentation

1. Fortschreiben des Organisationshandbuches
2. Laufende Information und Abstimmung mit dem Auftraggeber
3. Einholen der erforderlichen Zustimmungen des Auftraggebers
4. Berichterstattung in Nutzergremien
5. Fortschreiben der Übersicht über Nutzerentscheidungen

B   Qualitäten und Quantitäten

1. Mitwirken bei der Abnahme von Räumungs- und Rückbauleistungen an den Altstandorten
2. Fortschreiben der Übersicht über Nutzeraktivitäten

C   Kosten und Finanzierung

1. Kostensteuerung zur Einhaltung der Kostenziele
2. Beurteilung der Nachtragsprüfungen
3. Vorgabe von Deckungsbestätigungen für Nachträge
4. Fortschreiben der Mittelbewirtschaftung
5. Fortschreiben der Projektbuchhaltung für den Mittelabfluss
6. Prüfung und Freigabe von Rechnungen zur Zahlung in Abstimmung mit dem Auftraggeber

D   Termine, Kapazitäten und Logistik

1. Ablaufsteuerung der Räumungs- und Rückbauaktivitäten zur Einhaltung der Terminziele
2. Fortschreiben der Terminliste für Nutzerentscheidungen

3. Koordination der Ein-/Umzugsabläufe zwischen den Beteiligten einschließlich Inbetriebnahme und Bau
4. Laufende Information und Abstimmung mit dem Auftraggeber
5. Einholen der erforderlichen Zustimmungen des Auftraggebers
6. Berichterstattung in Nutzergremien
7. Fortschreiben der Übersicht über Nutzerentscheidungen

B   Qualitäten und Quantitäten

1. Mitwirken bei der Kontrolle und Abnahme der Umzugsleistungen
2. Fortschreiben der Übersicht über Nutzeraktivitäten

C   Kosten und Finanzierung

1. Kostensteuerung zur Einhaltung der Kostenziele
2. Beurteilung der Nachtragsprüfungen
3. Fortschreiben der Mittelbewirtschaftung
4. Fortschreiben der Projektbuchhaltung für den Mittelabfluss
5. Prüfung und Freigabe von Rechnungen zur Zahlung in Abstimmung mit dem Auftraggeber

D   Termine, Kapazitäten und Logistik

1. Ablaufsteuerung der Ein-/Umzugsaktivitäten zur Einhaltung der Terminziele
2. Überprüfung der Detailumzugspläne der Umzugsspedition
3. Fortschreiben der Terminliste für Nutzerentscheidungen

können schnell Schadenersatzforderungen der ausführenden Firmen auslösen, die durch frühzeitige Festlegung der Schnittstellen in inhaltlicher und zeitlicher Hinsicht vermieden werden können.

Unter diesen Leistungsschwerpunkt fallen sowohl die Ausschreibung und Vergabe aller nutzerseitigen Ausstattungen als auch die Erstellung der Termin-planung und Logistik

für die Inbetriebnahme, Umzug und Räumung von Altstandorten. In Abb. 11.6 sind die Grundstrukturen der Besiedlungsvorbereitung dargestellt. Es müssen Aufgabenpakete für die einzelnen Projektbeteiligten festgelegt werden und daraus eine Gesamtterminierung erarbeitet werden.

Die Ausstattungsleistungen müssen im Hinblick auf die Ausschreibung, Vergabe und Abwicklung terminiert und

1 Projektidee/ Projekt- auslösung	2 Projekt- vorbereitung	3 Nutzerseitige Planung	4 Vorbereitung der Besiedlung	5 Inbetriebnahme	6 Ein-/Umzug	7 Räumung der Altstandorte	8 Regelbetrieb am neuen Standort	9 Projektabschluss
Probleme im Regelbetrieb am Altstand- ort führen zur Projektidee Ursachen: z.B. starke Expansion gravierende Änderung von Betriebs- abläufen strategische Betriebs- verlagerung	Formulierung der Projektziele Entwicklung der Projekt- organisation Formulierung des Nutzer- bedarfs Standort- analysen Festsetzung von Kosten- rahmen Festlegung des zeitlichen Gesamt- rahmens Mitwirkung bei der Auswahl externer Beteiligter Vorbereitung der grund- sätzlichen Entscheidungen	Zusammen- stellung des Aufgaben- kataloges Zuordnung Aufgaben/ Aufgaben- pakete Erarbeitung der Aufgaben- pakete durch Arbeitskreise und Fachplaner Zusammen- fassung, Präsentation, Entscheidung von Planungs- ergebnissen Abgleich von Nutzer- und Bauplanung Erfassung und Terminierung aller Nutzer- aktivitäten	Ausschreibung von Nutzer- leistungen der Teilprojekte: - Inbetrieb- nahme - Ein-/Umzug - Räumung Ausschreibun- gen, Vergaben, Vertrags- verhandlungen Vorbereitung der Entschei- dungsfindungen Aufstellen und Abstimmen von Termin- und Logistikabläufen für Inbetrieb- nahme, Umzug und Räumung Kontrolle der Schnittstellen zum Bau	Überwachung und Steuerung der Nutzer- ausstattungen und Inbetrieb- nahmen wie z.B.: - Vormöblierung - Inbetrieb- nahme der Kommunika- tionssysteme - Inbetrieb- nahme küchentech- nischer Ein- richtungen - Medientechnik - Steuerung und Pflege des Änderungs- management	Organisation der Umzugs- abläufe Steuerung und Überwachung des Umzugs von - Gütern - Technischem Gerät - Mitarbeitern - Kommunika- - tionsver- - bindungen - Steuerung und Pflege des Änderungs- management	Organisation, Überwachung und Steuerung von Deinstallation, Räumung, Rückbau, Verkauf, Entsorgung von nicht mehr notwendigen Gütern, techni- schem Gerät, Mobiliar, Einbauten, Kommuni- kationsver- bindungen Abmietung und Rückgabe von Altstandorten	Mitwirkung bei der Durch- führung notwendiger Änderungen und Anpassungen Kontrolle der Projektziele	Sicherung der Projekt- erfahrungen Aufbereitung, Präsentation und Dokumentation

Abb. 11.4 Leistungsbild Projektmanagement Nutzer

Abb. 11.5 Nutzerseitige Ausstattungen

Leistung	Planung/LV	Ausführung
Küchentechnische Einrichtungen		
Großkochgeräte (Hauptküche)	**Planer (BH)**	**Nutzer**
Spülmaschine und Zubehör, Hauptspüle, Behälterspüle	**Planer (BH)**	**GÜ**
Gedeck-Rückförderanlagen	**Planer (BH)**	**GÜ**
Arbeitstische, Spülbecken, fahrbares Gerät	**Planer (BH)**	**Nutzer**
Ausgabeeinrichtungen, Thekenanlagen, Spenderfahrzeuge	**Planer (BH)**	**Nutzer**
Bodenrinnen, -roste, Sinkkästen, Sockel	**Planer (BH)**	**GÜ**
Ablufthauben/-decken	**GÜ**	**GÜ**
Kühlraumausbau, CNS-Kühlraumtüren	**Planer (BH)**	**GÜ**
Kleinkältetechnik für Kühlräume(möbel)	**Planer (BH)**	**GÜ**
Lagereinrichtungen, Regale, Fahrregale	**Planer (BH)**	**Nutzer**
Schienen Rollregale Küche	**Planer (BH)**	**GÜ**
Küchenmaschinen	**Planer (BH)**	**Nutzer**
Nassmüll-Aufbereitungsanlage	**Planer (BH)**	**Nutzer**
Anrichte Gästebewirtung (Arbeitstische, Aufbereitungsgeräte)	**Planer (BH)**	**Nutzer**

mit den Bauterminen verträglich eingetaktet werden. Für die Umzugsgüter muss eine qualifizierte Mengenerfassung durchgeführt werden und eine logistische Detailplanung bis zur Mitarbeiterschulung für den Umzug erfolgen. Der Umzug selbst erfolgt in der Regel in verschiedenen Abschn. (Vor-, Um- und Nachumzug).

Abb. 11.6 Grundstrukturen der Besiedlung

Festlegung Projektziele, Organisation und Verantwortlichkeiten

Bedarfsermittlungen, Erarbeitung Aufgabenkatalog, Festlegung Projektphasen

| Inbetriebnahme | Ein-/Umzug | Räumung |

Erarbeitung der Aufgabenpakete, Erfassung Aktivitäten, Erarbeitung Gesamtterminplanung

| Ausstattungsleistungen Ausschreibung+ Vergabe | Umzugsleistungen Ausschreibung+ Vergabe | Räumungsleistungen Ausschreibung+ Vergabe |

| Planung Einzelinbetriebnahmen Termine, Logistik, Organisation | Detailplanung Umzugsabläufe Termine, Logistik, Organisation | Detailplanungen der Räumungen Termine, Logistik, Organisation |

| Durchführung Inbetriebnahmen | Mitarbeiterschulung Umzugsvorbereitung | Durchführung der Räumungen |

| | Durchführung von Vor-/Kern-/Nachumzügen | Objektrückgabe |

| Normaler Geschäftsbetrieb | | ENDE |

11.4 Inbetriebnahmekonzept Nutzerausstattung

In Abb. 11.7 sind die Fragen des Bearbeiters eines konkreten Projekts dargestellt, der sich auf die Erarbeitung eines Inbetriebnahmekonzeptes vorbereitet, auch unter Berücksichtigung der erforderlichen baulichen Vorleistungen durch den Bauausführenden (z. B. GÜ, TÜ, GU, etc.). Der Fragenkatalog beinhaltet nur einen kleinen Teil der Fragestellungen und muss je Projekt gesondert strukturiert mit abgearbeitet werden.

Die Inbetriebnahmevorbereitung enthält die differenzierte Inbetriebnahmeterminierung der einzelnen Bereiche, z. B. Möblierung, Kommunikationssysteme, küchentechnische Einrichtungen, Medientechnik etc. Die Möblierung des Gebäudes erfolgt in der Regel auch nicht in einem Tag, sondern in mehreren Abschnitten. Mit der Möbelfirma wird in Abhängig-keit deren Produktionsabläufen ein Terminraster festgelegt, da die Möbelproduzenten diesen Vorlauf zur Vorbereitung ihrer „just-in-time" Produktion benötigen.

Die Möblierung erfolgt in mehreren mit der Projektsteuerung Bau abgestimmten Abschnitten, da zwei Faktoren eine kontinuierliche Möblierung des Gebäudes von oben nach unten häufig verhindern. Einerseits ist die Baufertigstellung einschließlich Abnahmen und Mängelbeseitigung einer kontinuierlichen Möblierung abträglich, andererseits sind häufig noch kleinere Änderungen in einzelnen Raumbereichen (Trennwandänderungen) noch in der Ausführung.

Der Regelablauf der Möblierung stellt sich dann folgendermaßen dar. Ein Möbelstück, dass vorgestern produziert und gestern verladen wurde, wird heute angeliefert und in der Nacht von heute auf morgen an seinen Bestimmungsort im Gebäude verbracht. An den darauffolgenden Tagen werden die Möbel tagsüber montiert und am dritten Tag von der Verwaltung und den Mitgliedern des Arbeitskreises Raum/Ausstattung abgenommen. Möblierungsmängel werden dann im Nachgang von der Möbelfirma beseitigt.

Die Möbelfirma arbeitete dabei mit einer Tag- und einer Nachtschicht. So der Sachstandsbericht zu den Abläufen eines terminkritischen Projektes in der Endphase der Nutzungsvorbereitung.

11.5 Ein-/Umzug

Die Durchführung eines reibungslosen Umzuges erfordert rechtzeitige Vorbereitungen, die im Arbeitskreis Ein-/Umzug erarbeitet werden. Zu Beginn sind in einer Mengen- und Datenerfassung alle Umzugsgüter zu erfassen. Ebenso betrifft dies die personenbezogenen Umzugsdaten. Die Güter sind in Neueinbringungen (Mobiliar sonstige Ausstattungen) und Umzugsgüter (Büroausstattungen, Sonderflächenausstattungen, Archiv- und Lagergüter) zu differenzieren. Auf Grundlage dieser Mengen-/Güterstruktur erfolgt die Ausschreibung der Umzugsleistungen.

Abb. 11.7 Fragestellungen an den Nutzer vor Durchführung des Inbetriebnahmemanagements

Fragestellungen an den Nutzer vor Implementierung des Inbetriebnahmemanagements
1. Was muss wann, wo fertig gestellt sein, damit die termingerechte Inbetriebnahme stattfinden kann? Wo liegen gegebenenfalls Zeitreserven im Hinblick auf eine vollständige Funktion des Bauwerkes?
2. Wer braucht wo, wie lange, um termingerecht fertig zu stellen? Wo entstehen voraussichtlich Verzögerungen in der bereichsweisen Fertigstellung?
3. Gibt es eine zentrale Umzugsverantwortung oder sind die Abteilungen, Häuser, etc. eigenverantwortlich für ihren Umzug? Wer sind die Ansprechpartner? Soll diese Funktion der Arbeitskreis Umzug übernehmen?
4. Wer ist verantwortlich für das logistische Umzugskonzept? Welcher Kostenrahmen steht für den Umzug zur Verfügung? Ist es geplant, für den Umzug einen externen Umzug-Consultanten einzubinden?
5. Gibt es Standorte, deren Umzug ohne gravierende Kosten verzögert werden können? Wo entstehen welche Zusatzkosten durch einen verspäteten Umzug (Mietausfälle, Vertragsstrafen, etc.)?
6. Bestehen Sicherheitsbedürfnisse für spezielle Umzugsgüter? Können diese Umzugsgüter nicht zwischengelagert werden?
7. Gibt es Schwierigkeiten mit der Fertigstellung von Zufahrtsstraßen?
8. Sind im Umfeld des Projektes weitere Bauvorhaben in Planung, die eine reibungslose Umzugslogistik behindern?
9. Ist gegenwärtig an einen schrittweisen Umzug gedacht, oder gibt es einen Totalumzug in 1-2 Tagen?

Zur Abwicklung des Umzuges erfolgt eine Ablaufplanung über die Einbringung. Die Organisation der Umzugsvorbereitung beinhaltet die Notwendigkeit, Verantwortungsbereiche zu definieren und den Mitarbeitern entsprechende Anweisungen zu geben.

11.6 Organisation und Administration bei der Übergabe/Inbetriebnahme

Vor Baufertigstellung eines Projektes ist rechtzeitig die Übergabe/Übernahme und die Inbetriebnahme durch den Auftraggeber zu planen. Dies ist vor allem bei Projekten mit hohem Anteil an technischer Ausrüstung zu beachten, bei denen das Personal rechtzeitig in die Bedienung der technischen Anlagen eingewiesen werden muss. Weiterhin sind die Bedienungs- und Wartungsverträge frühzeitig abzuschließen, um die Zeitpunkte für den Einsatzbeginn des Betriebspersonals ableiten zu können.

Häufig wird der Zeitraum von der baulichen Fertigstellung bis zum Nutzungsbeginn unterschätzt. Dies betrifft insbesondere eigengenutzte Projekte, in die nach Fertigstellung durch die ausführenden Firmen nutzerseitig noch Installationen/Ausstattungen eingebracht werden.

Die Analyse der Abnahme- und Übergabeabläufe sollte rechtzeitig durchgeführt werden, spätestens vor Vergabe der relevanten Bauleistungen bei einer GUVergabe.

Empfohlen wird die realistische Einschätzung des erforderlichen Zeitraumes bereits zum Zeitpunkt der Erstellung des Rahmenterminplanes zu Projektbeginn, damit der notwendige Zeitraum für die Phase eindeutig disponiert werden kann. Häufig leuchtet es den Entscheidungsträgern nicht ein, dass so ein langer Zeitraum erforderlich ist, da Unverständnis über die Einzelaktivitäten dieser Phase besteht. Die Einzelschritte der Organisation dieser Phase sind nachfolgend strukturiert.

11.6.1 Festlegung der Einzelabnahmen

Der gesamte Zeitraum von der baulichen Fertigstellung bis zur Nutzung strukturiert sich in mehrere Einzelphasen, wobei der Zeitraum für die Abnahme von der Dauer der längsten Einzelabnahme bestimmt wird. Die Dauer leitet sich auch aus der zur Verfügung stehenden personellen Kapazität ab.

Bei großen Bauvorhaben werden mehrere Abnahmeteams erforderlich, die je Abnahmetag bestimmte Flächenbereiche abnehmen können (Büro, Sanitär, Sonderbereiche).

Abb. 11.8 Strukturablauf der Abnahme und Inbetriebnahme

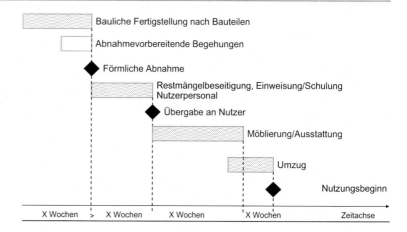

Bauliche Fertigstellung nach Bauteilen

Abnahmevorbereitende Begehungen

Förmliche Abnahme

Restmängelbeseitigung, Einweisung/Schulung Nutzerpersonal

Übergabe an Nutzer

Möblierung/Ausstattung

Umzug

Nutzungsbeginn

X Wochen   >   X Wochen   X Wochen   X Wochen   Zeitachse

Die Abnahme der haustechnischen Anlagen läuft parallel. Je nach Größenordnung des Projektes sollten mehrere Personen mit gebäudetechnischer Kompetenz (Elektro, Sanitär, RLT, GLT) zur Verfügung stehen. Für die einzelnen Systeme sind differenzierte Zeitbetrachtungen zu erstellen.

Bei den Einzelvorgängen muss je nach Gewerk berücksichtigt werden, dass im Zuge der Vorbereitung der Abnahmen die firmeninternen Inbetriebnahmen (Funktionstest/ Probebetrieb) durchgeführt werden. Ebenfalls betrifft dies die Behördenabnahme, TÜV sowie Feuerwehr, ohne die eine Abnahme durch den Bauherren nicht erfolgen kann. Die Anwesenheit des Nutzers ist zwingend bei den Einweisungen in die Systeme – möglichst im Rahmen der Vorbereitung der Abnahme – zu ermöglichen.

Für die jeweiligen Einzelabnahmen sind unterschiedliche Zeitdauern anzusetzen. Zu beachten ist die Notwendigkeit zur Einbeziehung des Nutzers. Bei folgenden Gewerken sind Überlegungen bzgl. der Zeit anzustellen: Heizung/Kälte, Raumlufttechnik, MSR/GLT, Starkstromanlagen (Hoch-/ Mittel-/Niederspannung, Schwachstromanlagen (Fernmeldetechnik, Daten, EDV, Endgeräte, Gefahrenmeldeanlagen (BMA/ÜMA/ELA), Zutrittserfassung/Zutrittskontrolle, GWA sowie Feuerlöschanlagen, Küche/Casino, Bau/Ausbau. Für diese Gewerke sind sowohl die anzusetzenden Abnahmezeiten, die Voraussetzungen dazu sowie die erforderliche Zeit zur Inbetriebnahme unterschiedlich und differenziert zu bewerten.

11.6.2   Strukturablauf Abnahme /Inbetriebnahme

Der strukturelle Ablauf eines Großprojektes in der Bauausführung durch einen Generalunternehmer ist in Abb. 11.8 dargestellt. In Abb. 11.9 sind die Grundstrukturen eines größeren Projektes und die zu diesem Zeitraum erforderlichen Grundlagen zusammengestellt.

Der Ablauf unterstellt die Fertigstellung durch einen Generalunternehmer in verschiedenen Bauteilen, die nacheinander fertiggestellt werden. Die der förmlichen Abnahme vorauslaufenden Begehungen haben das Ziel, die Grundlagen für die erfolgreiche Abnahme zu liefern.

Nach der förmlichen Abnahme finden in der Regel noch Mängelbeseitigungen statt, bevor das Gebäude an den Nutzer übergeben werden kann. Da der Nutzer nach dieser Übergabe noch Ausstattungen installiert, sollte eine Überlappung in der Mängelbeseitigung der bau- und nutzerseitigen Installationen unbedingt vermieden werden, da sonst nicht beherrschbare Gewährleistungsüberschneidungen eintreten. Bei größeren Gebäuden mit einem entsprechenden Ausstattungsprogramm des Nutzers ist ein Zeitraum von 3 Monaten für diese Montageaktivitäten nicht zu groß bemessen.

Ein häufiger Problempunkt in der Phase von der baulichen Fertigstellung bis zum Nutzungsbeginn liegt in einer unzureichenden Vorbereitung der Abnahme, die dann Störungen bzw. Wiederholungen von Abnahmevorgängen nach sich ziehen. Bei der Einzelvergabe hat der Bauherr diese Abläufe im Verhältnis zu den von ihm selbst beauftragen Firmen selber in der Hand. Bei den Unternehmenseinsatzformen Generalunternehmer/- übernehmer liegt die Gestaltung dieser Abläufe operativ in den Händen des Unternehmens, wobei der Bauherr darauf drängen sollte, einen Regelablauf mit Definition von Voraussetzungen zur Abnahme und Inbetriebnahme vertraglich abzusichern.

Auch nach der formellen Abnahme findet noch eine Restmängelbeseitigung statt, die allerdings abgeschlossen sein sollte, wenn das Gebäude durch den Nutzer zur Durchführung der nutzerseitigen Installationen übernommen wird.

Im anderen Falle entstehen Schwierigkeiten in der Abgrenzung von Gewährleistungsansprüchen zwischen Bauherr, ausführenden Baufirmen und den im Zusammenhang mit der Nutzerausstattung beauftragten Firmen. Für den Zeitraum der Möblierung/Ausstattung wird je nach Ausstattungsumfang und Größe des Projektes ein entsprechend ausreichender Zeitraum anzusetzen sein.

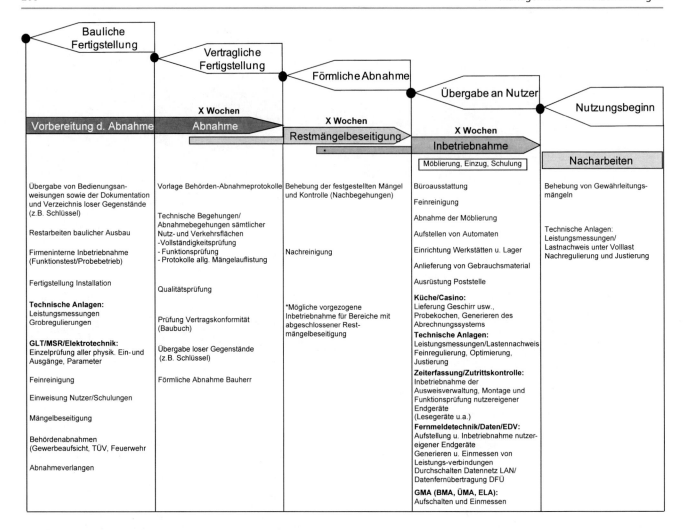

Abb. 11.9 Strukturablauf Abnahme/Übernahme/Inbetriebnahme

Dies ergibt sich einerseits auch aus den produktionsspezifischen Voraussetzungen mit den Möbellieferanten. Die Produktion erfolgt „just in time", d. h. die produzierten Möbel werden direkt danach geliefert und in das Gebäude eingebracht. Ein weiterer zu berücksichtigender Aspekt bei der Terminplanung ist das Erfordernis, die EDV-spezifischen Ausrüstungen des Arbeitsumfeldes einwandfrei zu installieren und zu testen, damit zum Nutzungsbeginn abgesicherte Systeme an den Arbeitsplätzen zur Verfügung stehen. Häufig wird der Zeitablauf für diese Aktivitäten unterschätzt, wobei die in dieser Phase noch evtl. erforderlichen Mängelbeseitigungen die Abläufe negativ beeinträchtigen können.

11.6.3 Kapazitätsrahmen der Abnahmephase/Organisationsplan

Die aufgezeigte Struktur der Abnahmephase mit den erforderlichen Vorbereitungen sowie die folgende Inbetriebnahmephase erfordern entsprechende Kapazitäten aller Beteiligten. Insbesondere der Nutzer ist bei komplexen,

hochtechnisierten baulichen Anlagen kapazitiv ausreichend in die Vorbereitung zur Abnahme einzubeziehen. Je nach Größenordnung des Bauvorhabens werden die erforderlichen Abnahmeteams rechtzeitig festzulegen sein. Je kürzer der Zeitrahmen, desto mehr Kapazitäten sind erforderlich.

Es sollte jedoch dabei beachtet werden, dass die Qualität der Abnahmeprozesse leidet, wenn zu viele Beteiligte in die Abläufe eingebunden werden. Dies liegt auch in der häufig gegebenen, völlig unterschiedlichen Auffassung über den Tatbestand eines Mangels. Meistens ergibt sich bei Projekten eine bestimmte Mängelstruktur, die sich in Standard, System- und funktionelle Mängel einteilen lässt. Bei einer überschaubaren Anzahl von Beteiligten lassen sich diese gegebenen Probleme effektiver abgleichen. Unabhängig davon sollte der Projektmanager in Abstimmung mit der Objektüberwachung, Bauherr und Ausführungsbeteiligten die bauherrenseitig erforderlichen Personalkapazitäten zur Durchführung der Abnahme ermitteln.

Aus diesen Erkenntnissen heraus wird ein Organisationsfahrplan über den Ablauf dieser Phase durch die Objektüberwachung in Abstimmung mit der Projektsteuerung/Bauherr sowie den ausführenden Firmen vereinbart, der dann zur verbindlichen Abwicklung erklärt wird.

11.7 Leistungen der Mieterkoordination bei Einzelhandelsprojekten

Einkaufszentren werden mit dem Ziel geplant und gebaut, geeignete Mieter für die Einzelläden zu akquirieren, die dort mit hoher Kundenfrequenz ihre Ware verkaufen. Diese Anlagen müssen so konzeptionisiert werden, dass nicht nur die Funktion „Kaufen" realisiert wird, sondern insgesamt ein „Einkaufserlebnis" für den Käufer entsteht.

Das bedeutet, dass der Entwickler von Einkaufszentren sehr viel Erfahrung sowohl in der Konzeption und Ausgestaltung der Projekte als auch sehr viele Kenntnisse über die Zusammenhänge des Betriebes, der Gestaltung, Funktionalität sowie des Marketings haben muss.

In der heutigen Wettbewerbssituation im Einzelhandel müssen die Anbieter Umgebungen mit ansprechendem Design entwickeln, welche beim Kunden im Gedächtnis haften bleiben. Dabei müssen die Gestaltung der Ladenfronten, Ladenschilder und Inneneinrichtungen kreativ sowohl individuell sein, aber dennoch im Sinne eines Gesamtdesignkonzeptes, auch in der Schnittstelle zu den öffentlichen Räumen eine strategische Gesamtlinie sicherstellen. Dabei geht es um die Definition eines allgemeinen ästhetischen Anspruches an das Zentrum, die Ausgestaltung der Ladenprofile, die Deckenflächen, die Materialien, die Lichtkonzeption mit Tageslicht und Beleuchtung, die räumliche Struktur, die Beschilderung, die Inneneinrichtungen, der Fußbodenbelag, Restaurantanordnungen, Ausgestaltung der Mall und viele andere Dinge mehr.

Daraus resultieren einige Folgerungen für die konkrete Projektsteuerung dieser Projekte.

Als wesentliche Besonderheiten in der Projektsteuerung von Einkaufszentren können folgende Punkte genannt werden:

Nutzer/Mieter Die Nutzer von Einkaufszentren stehen in der Regel zu Beginn des Projektes noch nicht fest. Sie müssen, ausgehend von der Projektentwicklung und ersten Planungskonzepten aktiv akquiriert werden.

Je nach erfolgreicher Akquisition der Mieter für die einzelnen Läden entstehen unterschiedliche Abwicklungsszenarien.

Da zum Zeitpunkt des Planungsbeginns häufig noch keine Mieter feststehen, ist damit zu rechnen, dass parallel zum Bau viele Mieteränderungen in die Planung und anschließend dem Bau integriert werden müssen. Das bedeutet, dass die Abläufe bzgl. des Änderungsmanagements eine besondere Bedeutung erfahren.

Terminablauf Nahezu alle Einkaufszentren stehen in der Abwicklung unter erheblichem Termindruck. Dies hängt einerseits damit zusammen, dass eine schnelle Fertigstellung schnellere Mieterlöse generiert und somit die Wirtschaftlichkeit erhöht. Ein zweiter Umstand liegt darin, dass die Eröffnung von Einkaufszentren immer mit zwei bestimmten Zeitfenstern zusammenhängt, z. B. Eröffnungen vor dem Weihnachtsgeschäft, Eröffnungen vor dem Ostergeschäft etc. Damit entsteht häufig ein zusätzlicher Druck in der Abwicklung dieser Projekte.

Erreichung Wirtschaftlichkeitsziele Die Wirtschaftlichkeit der Projekte hängt von der Fähigkeit der Beteiligten ab, den Mietern eine attraktive Ladenumgebung und ein entsprechendes Umfeld im Zentrum zu schaffen, um möglichst hohe Mieterlöse zu erzielen. Dieses Ziel bedarf vielfältiger koordinativer Aufgaben im Projekt zwischen den Beteiligten.

Mieterkoordination Die Steuerung der Abläufe zwischen Mieter, Investor, Planungs- und Ausführungsbeteiligten erfordert spezielle Leistungen der Koordination und Information.

Logistik Bei großen Einkaufszentren entstehen in der letzten Phase bei großen Projekten bis zu 200 Einzelbaustellen durch die verschiedenen Mieter, die ihre Shopausbauten realisieren. Diese Vielzahl von Beteiligten in der Abschlussphase des Projektes führt zwangsläufig zu Schwierigkeiten im Ablauf, wenn nicht eine gesamthafte logistische Abwicklungsstrategie verbindlich definiert und durch pragmatisches Management vor Ort umgesetzt wird.

Erschwerend kommt hinzu, dass unterschiedliche Interessenlagen zwischen Mieter einerseits und Investor andererseits bestehen:

Der Mieter möchte gerne seine Dispositionen und Entscheidungsräume möglichst lange erhalten. Der Investor und Mieterkoordinator muss im Interesse eines geordneten Eröffnungstermins rechtzeitig Entscheidungen für die bauliche Umsetzung haben.

11.7.1 Schnittstellenfestlegungen

Die Schnittstellen zwischen dem Vermieter und Mieter hinsichtlich der Planungs- und Bauleistungen müssen rechtzeitig definiert werden. Zu diesem Zweck wird frühzeitig eine so genannte Standard-Mieterbaubeschreibung erstellt, in der nähere Einzelheiten der mietvertraglich vorgeschriebenen Maßnahmen des Mieters im Verhältnis zum Vermieter geregelt werden. Diese Mieterbaubeschreibung bzw. das Mieterhandbuch ist Bestandteil des Mietvertrages. Im Falle von Abweichungen in Plänen oder anderen technischen Dokumenten ist allein dieses Mieterhandbuch maßgeblich. Abweichungen und Änderungen der Vermieterleistungen, welche der Mieter von den Festlegungen der Leistungsgrenzen im Mieterhandbuch wünscht, sind grundsätzlich schrift-

Abb. 11.10 Inhaltsverzeichnis Mieterhandbuch

MIETERHANDBUCH
Einzelhandel und Gastronomie

Inhaltsverzeichnis

lich ergänzend zu vereinbaren. Ebenfalls geregelt wird die erforderliche Beauftragung vom Mieter für planerische und bauliche Änderungen an Gebäuden und die daraus resultierende Kostenaufteilung. In der Abb. 11.10 ist ein Inhaltsverzeichnis eines Mieterhandbuches dargestellt, aus dem die zu regelnden Einzelsachverhalte hervorgehen.

Unter **Ziff. 01** erfolgen die grundsätzlichen Regelungen in der Anwendung dieses Handbuches.

In der **Ziff. 02** erfolgen konkrete Angaben zu Planung und Gebäude, zur Erschließung, der Konstruktion mit Höhenentwicklung über die verschiedenen Geschosse und den angenommenen Lastannahmen. Ebenfalls erfolgen organisatorische Hinweise zur Abwicklung der durch die Mieter zu veranlassenden Planung. Des Weiteren wird definiert, welche Inhalte die einzureichenden Mieterausbaupläne haben müssen und welche Unterlage zu der technischen Ausrüstung und Sonderausstattung erforderlich sind.

Unter **Ziff. 03** erfolgt die differenzierte Darstellung der konstruktiven Schnittstellen zwischen den Einzelelementen, z. B. Fußbodenkonstruktion: welche Leistung erfolgt vermieterseitig, mit welcher Qualität, in welchen Bereichen und welche Leistungen werden mieterseitig bereichsweise erforderlich mit welchen Anforderungen an die Qualität? Diese Beschreibung erfolgt über die vertikalen Bauteile, Oberflächen von Wänden und Stützen, Mietbereichstrennwänden, den Fluchtwegtüren bis zu den Maler- und Anstricharbeiten.

Unter **Ziff. 04** werden differenzierte Angaben zu den lüftungstechnischen Anlagen der Kälte, Heizung und Gas gemacht. Es wird in Abhängigkeit der Größe der Shopfläche definiert, welche Lüftungsfunktionen und welche Luftkonditionierung zur Verfügung gestellt werden. Ebenfalls differenziert dargestellt werden die vom Mieter zu planenden Leistungen und auch Angaben zur Kostenbeteiligung des Mieters bei gekühlter Mietfläche. Bei Restaurantbereichen werden die speziellen Anforderungen der Lüftungs- und Luftkonditionierung definiert und des Weiteren Vorgaben für die Fettabluft und Gasversorgung. Die Mieterbaubeschreibung ist Grundlage der Planung für Käufer und Verkäufer und auch Grundlage für die Ausverhandlung der Mietverträge.

Diese Schnittstellenbetrachtungen haben nicht nur rein technischen Charakter, sondern haben auch Einfluss auf die Gesamtwirtschaftlichkeit des Projektes. In der Ausverhandlung der Mietverträge zwischen Investor und potentiellem Mieter erfolgen auch Zugeständnisse an den Mieter im Sinne von Baukostenzuschüssen für den mieterseitigen Ausbau. Diese wiederum sind wieder eng verknüpft mit der Höhe des Mietzinses des Vertrages, der Wichtigkeit des Kunden für das Zentrum und weiteren Randbedingungen. Je nachdem, wie die Schnittstelle definiert wird, wirkt sich dies unterschiedlich in den Kosten beim Investor oder beim potenziellen Mieter aus. In diesem Zusammenhang werden investorseitige und auch im Verhältnis zum Mieter folgende Fragen geklärt:

- Bodenbelastbarkeit im Sinne der Flexibilität
- Die Oberflächen der einzelnen Bereiche
- Der Fußbodenbelag und Aufbau
- Die konstruktive Ausbildung der Schaufensterunterkonstruktion und der Mietertrennelemente
- Wer übernimmt die Kosten für die Schürze der Schaufensterkonstruktion?
- Wie werden die Kosten des Trennelementes abgerechnet?
- Welche abgehängte Decke wird eingebaut?
- Wie sind die Konditionierungen der Zuluft- und Abluftleistung?
- Welche Optionen werden für die Temperaturkonditionierung angeboten?
- Welche Kühlleistung wird zur Verfügung gestellt?

- Wer errichtet das Lüftungskanalnetz im Shop?
- Wer installiert die Heizung?
- Wird eine Kälteringleitung eingebaut?
- Wer installiert die Sprinklerung im Shop?
- Was kosten die Installationen für Sicherheitsbeleuchtung, elektroakustische Alarmierung, Brandmeldeanlage, Hinweisschilder und Fahnenmasten?
- Was kostet die Elektrotechnik?
- Wie verhält es sich mit der Baustellenumlage für die Logistik, Anlieferungsnutzung, Strom, Wasser, Abwasser etc.?

Alle diese Themen werden sowohl im Verhältnis zum Mieter sowohl auch als wichtige Vorgabe für die Planung rechtzeitig zu durchdenken, zu entscheiden und verbindlich vorzugeben sein.

11.7.2 Strukturablauf Mieterkoordination

Wie bereits angesprochen, ist die Mieterkoordination eine Aufgabe, die projektindividuell je nach Projektaufbauorganisation unterschiedlich zu erbringen ist. Die Konstellationen sind häufig unterschiedlich, wobei die nachfolgend dargestellte Grundleistung der Mieterkoordination prinzipiell auf alle Projektsituationen übertragbar ist. In Abb. 11.11 ist der Strukturablauf der Mieterkoordination dargestellt und wird im Einzelnen beschrieben.

Auf Basis der Mieterbaubeschreibung und der mieterspezifischen Daten erfolgt die Verhandlung zwischen Investor und Mieter. Bei großen Einkaufszentren führt der Investor in der Regel selbst die Gespräche mit den Hauptmietern, wobei zur Unterstützung für kleinere Flächen auch Makler eingesetzt werden.

Aus diesem Verhandlungsergebnis werden vom Architekten des Investors, den Planern der technischen Ausrüstung und unter Begleitung des Mieterkoordinators Shoplayouts (Grundriss, Lageplan), Variantendarstellungen und diverse Vertragsanlagen erstellt.

Auf dieser Basis wird eine Mietvertragsendverhandlung zwischen Bauherr und Mieter durchgeführt, mit dem Ziel des Abschlusses des Mietvertrages. Der Mietvertrag wird in dem hier gezeigten Praxisbeispiel in die Plattform eingestellt, worauf die jeweils Zuständigen zugreifen können.

Als weiterer Schritt wird vom Architekten ein so genanntes Mieterplanpaket zusammengestellt, welches beispielhaft in Abb. 11.12 ist. In diesem Mieterplanpaket sind Informationen und planerischen Grundlagen enthalten, die der Mieter zur Erstellung seiner mietereigenen Planung benötigt (Abb. 11.13).

Der Mieterkoordinator überprüft den abgeschlossenen Mietvertrag auf Änderungen gegenüber der Standardmietbeschreibung. Die relevanten Daten der mietvertraglichen Vereinbarungen und auch Planungsdaten werden in eine

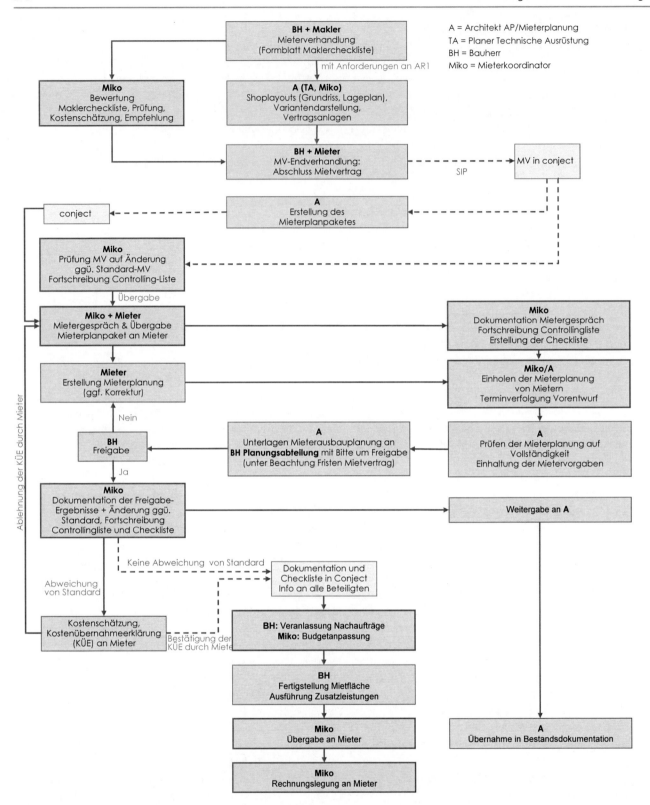

Abb. 11.11 Strukturablauf Mieterkoordination

Abb. 11.12 Mieterplanpaket

U.01.31		Shopping- und Freizeitcenter

PLÄNE ZEIGEN DEN AKTUELLEN PLANUNGSSTAND BEI DER
PLANERSTELLUNG. DER WEITERE PLANUNGSFORTSCHRITT KANN ZU
ÄNDERUNGEN VORALLEM BEZÜGLICH OBERFLÄCHENMATERIALIEN
ODER -AUSFÜHRUNGEN IM MIETBEREICH ODER ALLGEMEINEN BEREICHEN
SOWIE IN DER HAUSTECHNISCHEN PLANUNG FÜHREN. DIE REGELUNGEN
IM MIETVERTRAG SIND ZU BEACHTEN!

U.01.31 CARLO COLUCCI

Stand: 27.11.2006	Ausführungsplanung	Planungsstand
Lageplan	**Architekt**	
Grundriss TGA	Grundriss 1.OG	21 11 06
Systemschnitt	Deckenspiegel 1.OG	21 09 06
Details Shopfassade	Schnitt	14 08 06
	Details	14 08 06
Standardmieter-	**TGA**	
baubeschreibung	Elektrotechnik	06 09 06
	Elektrotrassen	09 10 06
Umweltkonzept	Fernmeldetechnik	05 09 06
	Heizung- und Kältetechnik	13 09 06
Logistikkonzept	Raumlufttechnik	25 09 06
	Sanitärtechnik	19 10 06
Mieter-Design-Kriterien	Sprinkleranlage	18 09 06

Ausführungsplanung nicht abgeschlossen! Änderungen vorbehalten; DWG's als Autocad Version 2004 erstellt

Legende

01 Abgehängte Decke Mall:
     1x 12.5mm GK, CD Profil, Nonius Abhängung;
     Oberfläche gespachtelt mit weißem Anstrich

02 Stahlprofil UPE 120

03 U-Profil im Sockelbereich bis 15cm über OKFF
     mittels gekantetem Stahlblech schließen

04 Bodenbelag Mall:
     Natursteinfliesen als Randelement in Dünnbett

05 Ausgleichsestrich, zementgebunden d= 60mm
     auf druckfeste Trittschalldämmung d=25mm

06 Entfällt

07 Stahlbetondecke, d=20cm

08 Kalksandsteinmauerwerk, d=17.5cm bzw. 24cm

09 Stahlbetonstütze, 50x50cm bis ca. 70x70cm

10 Metallständerwand doppelt beplankt 2x 12.5mm

11 Stahlabhängungen und -Aussteifungen

12 GK glatt, gestrichen

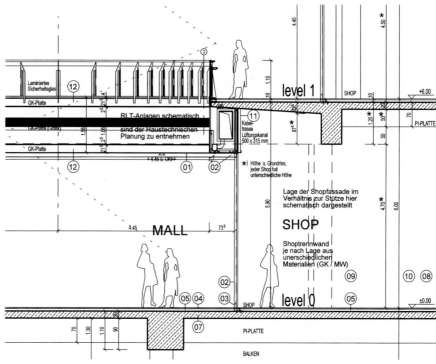

Abb. 11.13 Schnitt aus Standardmietbereichsplan (SMP)

Controllingliste übernommen, die unter Ziff. 11.7.3 im Einzelnen beschrieben wird. Im Anschluss daran wird das Mieterplanpaket in einem Gespräch an den Mieter übergeben.
In diesem Gespräch werden die Einzelheiten differenziert
durchgesprochen, dokumentiert und führen wiederum zur
Anpassung von relevanten Daten in der Controllingliste.

Auf Basis der übergebenen Grundlagen erstellt der Mieter
seine Planung. Der Mieterkoordinator bleibt mit dem Mieter
bzw. dessen Planer im Gespräch und macht eine Terminverfolgung der vereinbarten Eckdaten.

Wenn die Mieterplanung übergeben ist, wird diese vom
Architekten auf Vollständigkeit und Einhaltung der Mieter-
vorgaben überprüft. Das Ergebnis wird anschließend vom

Abb. 11.14 Mieter-Controlling-Liste

	Kontakt Planer	Kontakt Mieter	Ladennr.					Mieter	Datum letzte Änderung in Controlling-Liste	Fläche Mietvertrag [m²]	neue GIF-Flächen	max. zulässige Abweichung der vereinbarten Mietfläche in % nach § 22.2 c)	Lager Pkt. 1.2	Fläche Lager [m²]	Aussen-werbefläche Pkt. 3.1	Typ / Fläche	Ausbaukosten
Voraussichtlicher Eröffnungstermin:										01/09/2009							
LARGE, MEDIUM SHOPS																	
			A.-1.15			1		C&A		3.575,03							
			A.-1.16			1		Aldi		1.392,89							
			A.-1.17			1		Das Depot		812,70							

	Ladennr.				Mieter	Unterschrift Mietvertrag durch Vermieter	Eingang Mietverträge / Eingestell in Conject	Version Mieterbau-beschreibung	vertraglicher Übergabe-termin Mietfläche vor Eröffnung Pkt. 9.8 [Wo]	vertraglicher Übergabe-termin Mietfläche	Mitteilung verbindlicher Eröffnungs-zeitraum Soll nach MV	Mitteilung des vorraussichtlichen Monats der Übergabe Soll nach MV	Mitteilung verbindliches Eröffnungsdatum Soll nach MV
Voraussichtlicher Eröffnungstermin:													
LARGE, MEDIUM SHOPS													
A.-1.15				1									
A.-1.16				1									
A.-1.17				1									

	Ladennr.				Mieter	Übergabe nach Vorgabe PME	Estrichbeginn-termine	Übergabe Mietfläche abgestimmt	Vertrag	Vorentwurf	Mieterausbaupl.	Nutzungsantrag	Kälte [kW]	Heizung [kW]	Elektro Standard (150W/m²,135 W/m²,80W/m²) [kW]	Elektro Differenz [kW]
Voraussichtlicher Eröffnungstermin:																
LARGE, MEDIUM SHOPS																
A.-1.15				1		08/04/2009	18/08/2008									
A.-1.16				1		25/03/2009	18/08/2008									
A.-1.17				1		26/03/2009	13/10/2008									

Bauherren freizugeben sein, unter Beachtung der im Mietvertrag vereinbarten Fristen.

Falls die bauherrenseitige Prüfung negativ ist, werden die Änderungserfordernisse in einer weiteren Bearbeitungsschleife zwischen den Beteiligten umgesetzt. Falls der Bauherr die Mieterplanung freigibt, wird diese vom Mieterkoordinator dokumentiert und die wiederum veränderten Daten in die Controllingliste übernommen.

In diesem Zusammenhang erfolgen auch die Überprüfung auf Einhaltung der Regelungen aus der Mieterbaubeschreibung und die in diesem Zusammenhang evtl. erforderlich werdenden Kostenübernahmeerklärungen der Mieter. Diese

Daten werden wiederum in die Checkliste übernommen und alle relevanten Beteiligten informiert.

Ein weiterer Schritt ist die Notwendigkeit der Veranlassung von erforderlich werdenden Nachaufträgen und ggf. eine Budgetanpassung durch Vorschlag des Mieterkoordinators.

Alle diese vorhergehenden Schritte müssen durchlaufen sein, bevor dann die Realisierung der Mietfläche erfolgt und anschließend an den Mieter übergeben wird.

Ein ganz wesentlicher Meilenstein der Abwicklung ist die Übergabe der fertiggestellten Mietbereiche an den Mieter, welches im Übergabeprotokoll dokumentiert wird.

Abb. 11.14 (Fortsetzung)

Voraussichtlicher Eröffnungstermin:											
Ladennr.				Mieter	Elektro Gesamt [kW]	Strombedarf basis Alexa	Elektro Gesamt gem. Mietvertrag Anlage 9.6 Zahlung Vermieter [kW]	Restfeuchte gem. Mietvertrag Anlage 9.6 [%]	weitere Estrich-Anforderungen aus den Mieterbaubeschreibungen bzw. aus den Mietergesprächen	Fettabluft [m³/h]	Zuluft abweichend vom Standard [m³/h/m²]
LARGE, MEDIUM SHOPS											
A.-1.15			1						bisher keine Info's bekannt, MV noch nicht unterschrieben		
A.-1.16			1						Verkehrslast 10 KN/m² für Tresor 25 KN/m² diverse zusätzliche Bodeneinläufe (gem. eMail) Auszug Mieter-BB: Bodenaufbau Mieter 80mm (Fliesen in Rüttelboden), Estrichminderstärke = 65mm --> Estrich-Endhöhe =55mm Prüfung DIN (Estrich auf Dämmung ??) erforderlich!!		
A.-1.17			1						bisher keine Info's bekannt, MV noch nicht unterschrieben		

Voraussichtlicher Eröffnungstermin:														
Ladennr.				Mieter	WC Abluft (Anzahl der WCs)	Kabel Telekom	Anschlußwerte	Angabe Standort SW-Anschluss	SW - Anschluss nach Standard ?	Angabe Standort MÜK	MÜK nach Standard ?	Übergabe Position SW TGA	Übergabe Position MÜK an TGA	SW / MÜK
LARGE, MEDIUM SHOPS														
A.-1.15			1											
A.-1.16			1											
A.-1.17			1											

Voraussichtlicher Eröffnungstermin:						
Ladennr.				Mieter	Abänderungen in d. Standardmieterbaubeschreibung	Bemerkungen
LARGE, MEDIUM SHOPS						
A.-1.15			1			
A.-1.16			1			
A.-1.17			1			

Anschließend erfolgt die Rechnungslegung an den Mieter, über die zum Teil sehr hohe Beträge fällig werden.

11.7.3 Die Steuerung der mieterrelevanten Daten/Planungen

Die Erfassung und Steuerung der mieterrelevanten Daten und Abläufe in den Planungen muss in systematischer Form erfolgen. Die nachfolgend dargestellten Informationsbedürf-nisse sind je Mietbereich zu führen. Im Falle des hier darge-stellten Praxisbeispiels müssen 170 Läden datentechnisch in dieser Form erfasst, geprüft, koordiniert, kommuniziert und dokumentiert werden.

In Abb. 11.14 sind Auszüge aus der Datenführung zu ent-nehmen.

Je Ladenbereich wird eine farbliche Unterscheidung ge-wählt, die den Status des Mietvertrages beinhaltet, z. B. Miet-vertrag abgeschlossen, Mietvertrag ausverhandelt, Mietvertrag in der Verhandlungsphase, Mietervertrag noch völlig offen.

Es werden je Ladenbereich folgende Informationen erfasst und kontinuierlich fortgeschrieben: der Mieter, das Datum der letzten Änderung in den Daten, die Mietfläche, die maximal zulässige Abweichung der vereinbarten Mietfläche, ggf. angemietete Lagerflächen und die Fläche. Die Dokumentation der Stände der Mietvertragsverhandlungen, also Abschlussdatum des Mietvertrages, Eingang des jeweiligen Mietvertrages, Status der vertraglichen Grundlage der Mieterbaubeschreibung, zugesicherter vertraglicher Übergabetermin sowie Mitteilung des voraussichtlichen Übergabetermins sind wichtige Parameter, die für die Disposition und Abwicklung notwendig sind. Ebenfalls erfasst werden die jeweiligen Beginntermine der Estricharbeiten und der abgestimmte Übergabetermin. Wichtig für die Abwicklung sind auch die Dokumentation der technischen Daten wie z. B. Kälte, Heizung, Elektro, Restfeuchte, Estrich gemäß Mietvertrag etc. Im Restaurantbereich Fettabluft, der Zuluftstandard, Anzahl WC's, Informationen über Kabelanschluss, Standort des Schmutzwasseranschlusses, des Mieterübergabekastens (MÜK) und wesentliche Abänderungen in der Standardmieterbaubeschreibung.

Eine wesentliche Aufgabe der Mieterkoordination liegt darin, den mit dem Mieter vereinbarten Standard mit der Objektüberwachung sehr ausführlich zu besprechen, so dass diese die Ausführung mit den Firmen hinreichend sicher koordinieren und überwachen kann.

11.7.4 Leistungsbild Mieterkoordination

Das nachfolgend erstellte Leistungsbild der Mieterkoordination unterstellt, dass die planerischen Leistungen, die Vergabe sowie die vermieterseitigen Objektüberwachungsleistungen durch separat beauftragte Architekten/Dienstleister/Fachplaner erbracht werden.

Die zu erbringenden Leistungen stellen somit ausschließlich Koordinations- und Projektmanagementleistungen zwischen den Beteiligten dar.

Die Wahrnehmung dieses Leistungsbildes erfordert abgesichertes, inhaltliches Wissen über die technischen Anforderungen der Shopbetreiber, Anschlusswerte für technische Installationen, Größen von Betriebskosten, Konzeption von Ladeneinrichtungen, etc. Das reine prozessorientierte Wissen der dargestellten Aufgaben der Beteiligten reicht dazu nicht aus, um die Leistungen zufriedenstellend zu erbringen (Abb. 11.15).

11.7.5 Projektabschlussphase bei Einkaufszentren

Häufig bei der Abwicklung von Einkaufzentren anzutreffendes Szenario ist, dass die vertragliche Abnahme gegenüber den ausführenden Firmen aus Zeitgründen und Inbetriebnahmedruck partiell erst nach der Eröffnung stattfindet. Dies ist gewissermaßen die Umkehr des einleitend gezeigten und allgemein bekannten Sollablaufes. Zu erklären ist diese Entscheidung nur aus einer Notsituation, da damit eine Vielzahl von unangenehmen Begleitumständen einhergeht:

Mängelmanagement Die Mängel an der Bauleistung sind in diesem Fall noch nicht beseitigt und behindern den laufenden Mieterausbau und natürlich auch den Betrieb. Es entstehen schwer beherrschbare Situationen aus der Überlagerung von Betriebseinflüssen und den noch stattfindenden Mängelbeseitigungsarbeiten. Die Kosten der Mängelbeseitigung unter Betrieb steigen um ein Vielfaches. Der Mieter macht Minderungen am Mietzins geltend. Es entstehen sicherheitsrelevante Risiken für die Kunden des Zentrums und damit für den Betreiber. Je nach Unternehmenseinsatzform fällt die Entscheidung häufig auf die „risikoreichere Variante", weil die Schadensersatzforderungen aus den Mietverträgen erheblich sein können. Dies erklärt auch den immer entstehenden Streit der Beteiligten über die Machbarkeit bzw. Nichtmachbarkeit einer geregelten Fertigstellung, weil der ausführende Unternehmer in der Regel über Vertragsstrafen an den Termin gebunden ist und aus diesem Umstand heraus vehement behauptet, die Termine einhalten zu können.

Dieses Zugeständnis erfolgt häufig noch wenige Tage vor der Eröffnung. Dann wird ohne Pause Tag und Nacht durchgearbeitet und manchmal entstehen auch „kleine Wunder", die sich allerdings in der Regel bei näherem Betrachten der Bausubstanz für alle Beteiligten ernüchternd darstellen.

Die Ursachen für diese beschriebenen Schwierigkeiten in der Projektabschlussphase werden in aller Regel durch Versäumnisse in den vorhergehenden Phasen erzeugt. Ein Aspekt diesbezüglich liegt in einer häufig sehr unzureichend durchgeführten Mieterkoordination, die sich bei unglücklicher Verkettung der Umstände als Behinderungstatbestand für den laufenden Mieterausbau ergeben können.

Diese im Vorfeld des Shopausbaus erforderlichen Abstimmungsprozesse betreffen die Planung. Der Mieter erwartet naturgemäß auch für seine Ausbauplanung die notwendigen Voraussetzungen, die im Einzelnen ebenfalls planungsspezifisch rechtzeitig festzulegen sind.

In Abb. 11.16 ist als Beispiel ein Terminplan eines Shopausbaus dargestellt. Die darin beinhalteten Termine brauchen naturgemäß Voraussetzungen in der Ausführung, die dann häufig nicht gegeben sind.

Das betrifft neben der erforderlichen Logistik für die Shopausbauten im Sinne von Medienverfügbarkeit für den mieterseitigen Ausbau (Strom, Wasser, Abwasser etc.) und ausreichende Zuwegungen auch die Mängelbeseitigung je Shop.

Häufig ergeben sich eine Vielzahl von Mängeln im Bereich von Fehlstellen des Estrichs, fehlende oder falsch

Abb. 11.15 Leistungsbild Mieterkoordination

Leistungsbild Mieterkoordination für Handelsmietbereiche, Lagerflächen, Werbe- und Parkflächen

A Organisation, Information, Koordination und Dokumentation

1 Definition und Abstimmung der Projektorganisation zwischen Investor, ausführenden Firmen, Planern (mieter-/investorseitig) und Nutzern sowie Ableitung projektspezifischer Organisationsvorgaben
2 Vorschlag eines Berichtswesens (ladenspezifisch) mit Status zu Mietvertragsverhandlung, Mieterplanungsstand, Übergabeterminen, Übergabetermine Mietfläche, etc
3 Entscheidungsmanagement zwischen den Beteiligten unter Berücksichtigung der Prioritäten aus Vermietungsstrategie, Terminen Kosten
4 Koordination des Änderungsmanagements zwischen Bau, Planung (mieter- und investorenseitig) sowie Mietern
5 Koordination der Projektbeteiligten zwischen Mieter- und Objektplanung (Abhaltung von Jour-Fixen)
6 Definition der Schnittstellen zwischen Planung und Bau unter Berücksichtigung von Vorgaben des Betriebes
7 Entwicklung von Vorgaben für die Erstellung der Standardmietbereichsplanung sowie den Plan baulichen Maßnahmen, mieterbezogene Einzelterminplanung sowie mieterspezifische Anforderungen an die Projektdokumentation

B Qualitäten und Quantitäten

1 Prüfung der Standardmietausbauvorgaben auf Verträglichkeit mit der Objektplanung
2 Prüfung von Mieterplanung auf Vollständigkeit und Verträglichkeit mit der Objektplanung (Schnittstellen, Materialkompatibilität, Grundriss, Deckenspiegel, Außenfassade, Mietertrennelemente, Deckenschürze, technische Ausstattung etc.)
3 Mitwirkung bei der Freigabe des Standardmietbereichsplanes
4 Prüfung des Planes baulicher Maßnahmen (Darstellung der investorseitig für den Mieter sowie der durch den Mieter selbst ausgeführten Leistungen) sowie Koordination des Freigabeverfahrens
5 Plausibilitätsprüfung der Flächen der Mieterplanung auf Einhaltung der vertraglichen Vorgaben
6 Aufbau und Aktualisierung eines Übersichtsplanes, aus dem die einzelnen Mietflächen, der Status der Mietvertragsverhandlungen im Überblick zu entnehmen sind
7 Überwachung und Prüfung des Mieterausbaus auf Übereinstimmung mit der abgestimmten/genehmigte Planung, dem Gebäude, technischer Systeme, Anforderungen des Mieters in Abstimmung mit der Objektüberwachung

C Kosten und Finanzierung

1 Mitwirkung bei der Festlegung von Budgets für Mieterkostenzuschüsse
2 Prüfung der Planungen auf Mehr- und Minderkosten in Bezug auf die Standardmieterbaubeschreibung aus Mietverträgen (Vermieterleistungen)
3 Überprüfung von Mehrkosten/Minderkosten bei erforderlichen Änderungen in der Planung
4 Mitwirken bei der schnittstellenbezogenen Abgrenzung zwischen Mieter- und Investorenbudgets

D Termine, Kapazitäten und Logistik

1 Veranlassen der Erstellung und Überprüfung von Einzelterminplänen der Mieter auf Vertraglichkeit mit der Objektplanung und Einhaltung terminrelevanter Zwischentermine
2 Veranlassen der Erstellung und Überprüfung von mieterbezogenen Einzelterminplänen der zuständigen Objektplanung und µüberwachung
3 Terminkontrolle der terminlichen Eckdaten der Einzelterminpläne mit monatlichem Status des Soll-Ist-Vergleichs
4 Klären der logistischen Vorraussetzung für den Mieterausbau (Zuwegung, Medienschlüsse, Schnittstellen Terminplanung Bau, Gerüst etc.)
5 Koordination der Mietbereichsübergaben und µabnahmen unter Berücksichtigung der mietvertraglichen Vorgaben

E Verträge und Versicherungen

1 Mitwirken bei der Erstellung der Planerverträge für die Abwicklung des Mieterausbaus
2 Mitwirkung bei der Auswahl der Fachplaner
3 Mitwirken beim Führen von Verhandlungen und Vorbereitung der Planungsbeauftragungen
4 Vorgabe der Vertragstermine und µfristen für die Planerverträge
5 Mitwirken bei der Verhandlung von Mietverträgen (Abgleich von Mehrungen/Minderungen in Bezug auf Standardmieterausbau)
6 Beurteilen der Nachträge von Planungsleistungen sowie geprüften Nachträgen der Objektüberwachung von Ausführungsleistungen des Mieterausbaus

angeordnete Durchbrüche, Anarbeitungen im Estrich, Fehlstellen in Gipskartonarbeiten sowie zu hohe Restfeuchte im Estrich.

Es empfiehlt sich, zur Organisation in der Projektabschlussphase, eine schnelle Eingreiftruppe zur organisieren, die mietbereichsweise operiert und aus Malern, Putzern, Maurern besteht, die dann die noch bestehenden Restmängel ziel- und prioritätenorientiert abarbeiten.

Wichtig sind die schlüssige Dokumentation der aufgetretenen Mängel und die Systematik ihrer Erfassung. Mängel

Abb. 11.16 Terminplan Shop-Ausbau

GEWERK:	FIRMA:	34. KW M 20	D 21	M 22	D 23	F 24	Sa 25	So 26	35.KW M 27	D 28	M 29	D 30	F 31	Sa 1	So 2	36.KW M 3	D 4	M 5	D 6	F 7	Sa 8	So 9	37. KW M 10	D 11	M 12	D 13	F 14	Sa 15	So 16
Aufmaß	Jansen		■																										
Eröffnung	12/09/2007																									■			
Einräumen	Fa. Colloseum																				X	X	X						
Übernahme Ladenlokal	23/08/2007				■																								
Fertigstellung-Gesamt	06/09/2007																		■										
Fliesenanlieferung 315 m²	Fa. Colloseum			X																									
Fliesenverlegung	Fa.MEBO-Bau			X	X	X	X																						
GK-Decke	Fa.MEBO-Bau						X	X	X	X	X	X						X											
GK-Wände	Fa.MEBO-Bau									X	X	X	X																
Laminatanlieferung 26 m²	NTL									X																			
Laminatverlegung	Fa.MEBO-Bau													X	X														
Anstreicherarbeiten	Fa.MEBO-Bau										X	X	X	X	X	X		X	X										
Sprinkler	Fa. Total Walther				X	X	X											X											
Lüftung	Fa. Imtech				X	X												X											
NA Piktrogramme	Fa. EAB Tec				X													X											
Sicherheitsbeleuchtung	Fa. EAB Tec				X													X											
Anlieferung Einrichtung	Fa.Colloseum															X													
Montage Einrichtung	Schreiner															X	X	X											
Anlieferung Beleuchtung	Fa. PG															X													
Elektro	Fa. Wölbing				X	X					X	X				X	X												
Theke, EDV	Fa. Wölbing																												
Beleuchtung	Fa. Wölbing																	X	X	X									
HSW-Anlage	Fa. Cristalux															X	X	X											
Außenwerbung	Fa. NAW																			X	X								
Anschließen Küche	Fa. MCE Stangl																						X						

werden erst dann als erledigt gekennzeichnet, wenn dieses vor Ort kontrolliert ist. Anders als bei einem VOB-Vertrag, bei dem die Nichtbeseitigung eines Mangels über Fristsetzungen zur Kündigung führen kann, gilt im GÜ-Vertrag der endgültige Fertigstellungstermin. Es sollte allerdings überprüft und bewertet werden, ob die noch zu beseitigenden Mängel über bestehende Sicherheiten ausreichend abgedeckt sind.

Logistische Voraussetzungen Wie bereits angesprochen, entstehen bei großen Shoppingcentern in der kurzen Projektabschlussphase mehr als 100 Einzelbaustellen durch die einzelnen Shopbereiche. In der Regel werden diese Shopbereiche von den Mietern selber ausgebaut, mit eigenen Firmen. Die Organisation, dass der Investor für den Mieter den Shopausbau durchführt, ist eher der Sonderfall. Für dieses Szenario muss der Investor dem Mieter eine geeignete Logistik zur Verfügung stellen, die sich auf mehrere Bereiche bezieht. Die einzelnen logistischen Voraussetzungen für den Mieterausbau gliedern sich in mehrere Sachverhalte, die in Abb. 11.17 dargestellt sind.

Die Lieferverkehrssteuerung hat zum Ziel, den Baustellenbetrieb auf dem Baufeld und den gegebenen Zufahrtszonen zu koordinieren. Häufig gehen die extrem kurzen Bauzeiten auch noch mit sehr beengten und ständig wechselnden Verkehrsflächen im Baustellenbereich einher, so dass es bei hohem Lieferaufkommen zu Überschneidungen im Bereich der Nutzung zwischen der Anliefer- und Entladezone zwischen den Beteiligten kommt.

Hier entstehen Koordinationsaufgaben, die aktives Management erfordern.

Es gibt auch auf diese Aufgabenstellung spezialisierte Logistikfirmen, die dort sehr differenziert ausgeklügelte Mechanismen entwerfen, wobei das Problem darin besteht, die Vielzahl der Beteiligten auf diesem Weg zu führen. Sehr großen Einfluss auf dieses Thema hat auch die differenzierte Terminplanung der Objektüberwachung, die darauf achten muss, dass die Bauabläufe einerseits und der Shopausbau andererseits miteinander verträglich ablaufen.

Trotz allen Beteuerungen entstehen häufig Situationen, die nicht nachvollziehbar erscheinen. Bereits fix und fertig gestellte Bereiche werden von Großtransporten (z. B. Förderanlagen) regelrecht zerstört und behindern dann die Logistik des Shopausbaus.

Die Etagenlogistik beinhaltet die Konzeption bzw. Erfordernis von Bauaufzügen und Definition gegebener Transportwege.

Das Bewachungs- und Zugangskonzept soll Diebstähle minimieren, Schwarzarbeit auf der Baustelle vermeiden, Qualitäten sichern und ein sauberes und einheitliches Erscheinungsbild nach außen unterstützen. Die diesbezüglichen Regelungen müssen in den Werkverträgen für die Auftragnehmer bzw. Mieter bindend vereinbart werden.

Dies betrifft ebenso die Mechanismen eines Zutrittkontrollsystems, über das gewisse Kontrollfunktionen wahrgenommen werden können.

Die beste Logistik ist wirkungslos, wenn die Zufahrtsmöglichkeiten durch herumliegenden Baustellenabfall verhindert

Abb. 11.17 Logistische Voraussetzungen des Mieterausbaus

Logistische Voraussetzungen des Mieterausbaus

Lieferverkehrssteuerung und Flächenmanagement
Anmeldung von Baustellentransporten
Materialtransporte
Kleinmengentransporte
Werkstattwagen
Transporte für den Mieterausbau und dem Mieter
Sonstige Transporte, Autokrane und sonstige Fahrzeuge
Ausnahmegenehmigung/Sonstiges
Kosten

Etagenlogistik
Anmeldung von Transporten

Bewachungs-/Zugangskonzept
Zugangskontrolle/Zutrittskontrollsystem
Bewachung

Entsorgungslogistik/Grobreinigung
Leistungen des Investors
Pflichten der Auftragnehmer/Mieter

Baustromverteilung und -versorgung
Bauseitige Leistungen
Pflichten der Mieter
Kostenbeteiligung

Bauwasser
Bauseitige Leistungen
Pflichten der Mieter
Kostenbeteiligung

Straßenreinigung
Bauseitige Leistungen
Kostenbeteiligung

Winterdienst
Leistungen des Investors
Pflichten der Mieter

Sonstige Leistungen
Bau-WC
Containervermietung
Geräteservice

---

werden. Hier muss die zuständige Objektüberwachung ein Ordnungssystem umsetzen.

Bei nicht funktionsfähiger Logistik im Bereich der Baustromverteilung, Bauwasser, kann man häufig durch das Projekt irrende Bauleiter von Shopausbauten antreffen, die wutentbrannt ihren Ärger lautstark verkünden.

Ebenfalls wichtig, auch in der Schnittstelle zum öffentlichen Raum, sind die Fragen der Straßenreinigung, des Winterdienstes und sonstige logistische Voraussetzungen wie z. B. Bau-WC, Container und Geräteservice.

Neben dem Projektmanagement im Auftrag des Bauherren besteht auch bei anderen Projektbeteiligten (z. B. Investoren, Fonds, Bauherren) – bei denen Interessen als Kapitalgeber oder Nutzer berührt sind – ein Bedürfnis, diese Ziele durch eine unabhängige Funktion in den Handlungsbereichen Organisation bzw. Dokumentation, Kosten, Termine sowie Qualitäten ab – zusichern.

Die durchzuführenden Projektcontrollingleistungen betreffen nicht die aktive Steuerung des Projektes, die im Verantwortungsbereich des Bauherren verbleibt. Gegenstand der Controllingaufgaben sind unabhängige projektbegleitende Kontrollen mit entsprechenden Berichten und Maßnahmenempfehlungen mit dem Ziel, die vertraglich vorgegebenen Projektziele zu erreichen und Abweichungen frühzeitig zu erkennen.

Eine häufige Fallkonstellation ist die eines Total- oder Generalübernehmers, der für einen bereits feststehenden Nutzer (Käufer) ein Bauwerk erstellt.

Analysiert man die Gründe zur Einschaltung von Generalübernehmern stellt man teilweise folgende Konstellation fest:

Der Übernehmer besitzt ein Grundstück als Ausgangspunkt seiner unternehmerischen Aktivitäten. Er sieht seinen unternehmerischen Gewinn aber nicht nur in der Veräußerung seines Besitzes (Grundstückes), sondern in der Entwicklung von Projekten für unterschiedliche Nutzer mit dem Ziel, diese möglichst gewinnbringend zu verkaufen. Der Käufer (Bauherr) ist häufig nur an dem Grundstück interessiert, was er aber nur über den zusätzlichen Einkauf seines Projektes über den Generalübernehmer erhält.

Der Bauherr möchte wenig Berührung mit der operativen Planung und Ausführung haben. Er möchte seinen Nutzerwunsch formulieren und begreift den Übernehmer als seinen Vertragspartner, der diesen Wunsch in vertraglich definierter Form umsetzt.

Häufig resultiert diese Beauftragung auch aus dem bauherrenseitig bestehenden Ziel, Abwicklungsrisiken auf diesen externen Vertragspartner zu delegieren.

Der Bauherr möchte personell keine eigenen Dispositionen für den anstehenden Neubau treffen, sondern möchte möglichst viel Bauherrenaufgaben delegieren, ohne selbst dafür haftungstechnisch einstehen zu müssen.

Allen Gründen gemein ist die Übertragung von unternehmerischer Verantwortung auf den Übernehmer. Dieser lässt sich seine Managementaufgaben und sein unternehmerisches Risiko durch Zuschläge auf die Investitionskosten vergüten (10–20 % Zuschlag auf die Planungs- und Baukosten).

Der Bauherr, der ein Projekt in dieser Form realisiert, muss sich allerdings rechtzeitig fragen, ob er den für ihn bei dieser Abwicklung entstehenden Aufgaben und Anforderungen kapazitiv und inhaltlich gewachsen ist oder ob er sich von anderer, unabhängiger Seite rechtzeitig beraten lässt. Wenn man die Abläufe der zwei Unternehmenseinsatzformen vergleicht, ist leicht festzustellen, dass der Baubeginn bei der Abwicklung mit Einzelunternehmern früher möglich ist.

Dies ergibt sich aus den verschiedenen langen Vorlaufzeiten der Unternehmenseinsatzformen, die im Vergleich in Abb. 12.1 dargestellt sind.

Bei dem Einsatz eines Generalübernehmers ergibt sich zunächst eine erforderliche Vorlaufzeit der Projektvorbereitung bis zur Ausschreibung der Gesamtleistung (GÜ) durch den Bauherren, der Verhandlung und dem Vertragsabschluss mit dem Übernehmer. Ein weiterer Zeitverlust im Vergleich zur Einzelunternehmerabwicklung entsteht durch die längere Ausschrei- bungsvorlaufzeit der Generalunternehmerleistungen, falls der Übernehmer die Ausführungsleistungen nicht einzeln vergibt. Falls der Generalunternehmer erst auf Basis der Entwurfsplanung eingesetzt wird und darüber hinaus für die Erbringung der Ausführungsplanung erst eigene Planungsbeteiligte suchen und in die neue Aufgabe einführen muss, entsteht ein weiterer Zeitverlust.

Diesen zeitlich gegebenen Nachteilen stehen die Vorteile einer bei der Generalunternehmerabwicklung möglicherweise strafferen Abwicklung und höherem Termindruck auf die Planungs- und Ausführungsbeteiligten gegenüber. Des Weiteren liegen die Koordinierungsaufgaben innerhalb der beauftragten Ausführungsleistung beim Generalübernehmer bzw. Generalunternehmer, aus denen sich Synergien ergeben können.

N. Preuß, *Projektmanagement von Immobilienprojekten*,
DOI 10.1007/978-3-642-36020-6_12, © Springer-Verlag Berlin Heidelberg 2013

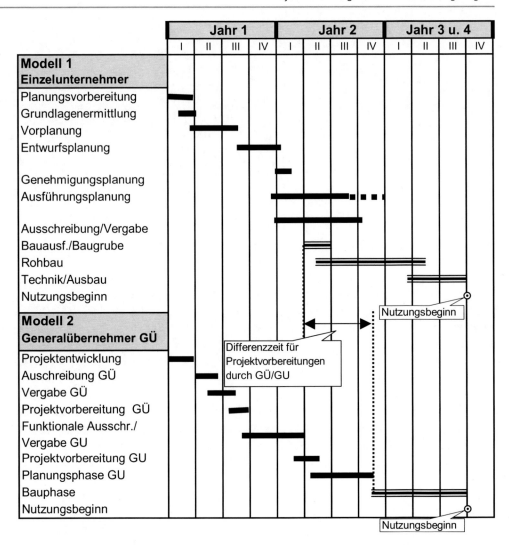

Abb. 12.1 Zeitvergleich der Unternehmenseinsatzmodelle Einzelunternehmer, Generalübernehmer

Da im Vergleich zur Abwicklung mit einzelnen Ausführungsfirmen weniger Zeit für die Ausführung der Bauleistung zur Verfügung steht, muss gerade deshalb auf Seiten eines Generalübernehmers, Generalunternehmers bzw. zwischen den verschiedenen Beteiligten ein durchgängiges Entscheidungsmanagement zwischen den Beteiligten installiert werden.

Die Aufgabenstrukturen werden in der nachfolgend dargelegten Fachexpertise herausgearbeitet.

12.1 Strukturierung der Aufbau- und Ablauforganisation

Der Bauherr, der sich für diese Abwicklungsform entscheidet, hat einige Aufgaben aus dem abgeschlossenen Vertrag:
- Begleiten der Planung sowie Prüfung der Planungsinhalte auf Einhaltung des Nutzerbedarfsprogramms (Vertragsgrundlage)
- Treffen von Planungsentscheidungen auf Grundlage von Entscheidungsvorbereitungen durch den GÜ, insbesondere Bemusterungsentscheidungen

- Formulierung von Nutzerangaben soweit im Zuge der Planungsverfeinerungen erforderlich
- Mittelbereitstellung und Zahlung nach Rechnungslegung im Zuge der Projektabwicklung
- Organisatorische und vertragliche Abwicklung von Nutzereinbauten, falls bei Eigennutzung erforderlich, Schnittstellendefinition und -management dieser Eigenleistung mit dem GÜ
- Inbetriebnahmeplanung für die Besiedlung des neuen Projektes
- Abnahme der Gesamtleistung

Die Übernahme dieser Aufgaben bedarf bautechnischer und vertraglicher Kompetenz. Der beauftragte Generalübernehmer ist neben der ihm wichtigen Kundenzufriedenheit im Sinne langfristiger Geschäftsverbindungen auch seinem eigenen Unternehmen im Sinne möglichst hoher Gewinnerwartung verpflichtet. Es ist ihm deshalb im Rahmen der in der Marktwirtschaft üblichen Spielregeln nicht vorzuwerfen, dass er versucht, auf Basis des abgeschlossenen Vertrages, in dem Festlegungen zu Qualitäten, Kosten sowie Terminen enthalten sind, den größten Gewinn aus diesen Positionen zu erwirtschaften.

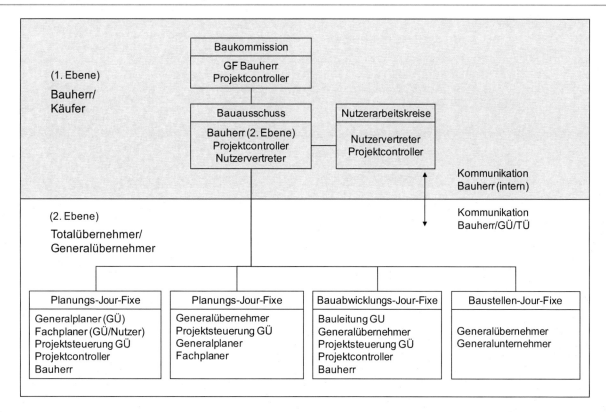

Abb. 12.2 Kommunikationsstruktur Gesamtprojekt

Daraus erwachsen zwangsläufig unterschiedliche Zielvorstellungen zwischen dem Generalübernehmer und dem Bauherren (Käufer). Da eine Vielzahl von Entscheidungen erst nach dem Vertragsabschluss (Kosten/Qualitäts-/Funktionsdefinition) im Einvernehmen zwischen GÜ und Bauherren zu treffen sind, ist der Bauherr fachlich inhaltlich gefordert. Ohne entsprechende Kompetenz läuft er Gefahr, wirtschaftliche Nachteile hinzunehmen.

Üblicherweise wird zwischen den Vertragspartnern ein Zahlungsplan vereinbart, der mit dem Planungs- bzw. Baufortschritt konform gehen sollte. Eine wesentliche Aufgabe, die dem Bauherren obliegt, ist die Verhandlung eines realistischen Zahlungsplanes. Danach geht es um die Überprüfung des jeweils gegebenen Leistungsstandes im Projektfortschritt. Es muss sichergestellt sein, dass die auf der Baustelle produzierte Bausubstanz unter Berücksichtigung der GÜ-seitig bestehenden Sicherheiten dem Wert der geleisteten Zahlungen entspricht. Da der Charakter des GÜ-Vertrags, anders als ein Leistungsvertrag mit einzelnen Positionen, auf die Fertigstellung einer Gesamtleistung abzielt, benötigt der Bauherr technisch wirtschaftliche Kompetenz. Hier gilt es je nach Gewerk und Bauteil sinnvolle Leistungsfestlegungen zu definieren, um über eine gefühlsmäßige Leistungsbewertung hinaus, sichere Bewertungsparameter zu formulieren.

Jedes Projekt benötigt präzise Festlegungen in der Aufbauorganisation. Die Aufbauorganisation von Projekten mit einzelnen Planern und ausführenden Firmen beinhaltet vielfältige Kommunikationsbeziehungen zwischen den Projektbeteiligten einschließlich Bauherren.

Beim Generalübernehmermodell gibt es formal nur die Schnittstelle zwischen dem Bauherren und dem Generalübernehmer. Unter dem Übernehmer strukturiert sich die gesamte Planungs- und Ausführungsstruktur. Da die Planungs- und Ausführungsbeteiligten häufig erst nach dem Vertragsabschluss mit dem Bauherren vom Generalübernehmer rekrutiert werden, sind von diesem sehr schnell effiziente Kommunikationsstrukturen aufzubauen. Der GÜ benötigt ein Management, was er selbst durch einen Projektsteuerer bewerkstelligt, sofern er diese Aufgaben nicht mit eigenem Personal erbringen möchte. Die Projektsteuerung muss auch die Kommunikation zwischen Planern und Bauherren (Nutzer) organisieren, die im Hinblick auf die Weiterentwicklung der Planung zwingend erforderlich ist.

Der Bauherr wird sich bei größeren Projekten ebenfalls zu organisieren haben. Dies betrifft Grundsatzentscheidungen, Konzeptentscheidungen sowie vielfältige organisatorische Fragestellungen. Neben den eingangs genannten Aufgaben zur Wahrung der wirtschaftlichen Interessen des Bauherren muss dieser die Kommunikation im Bauherrenbereich steuern und in der Schnittstelle mit der Aufbau- und Ablauforganisation des Generalübernehmers synchronisieren (Abb. 12.2).

Abb. 12.3 Nutzerbedarfsprogramm als Teil der Vertragsgrundlagen zur Planung und Ausführung

1.0 Allgemeines Nutzungs- und Gebäudekonzept	**3.0 Beschreibung der Bauelemente**
1.1 Personalstruktur	**3.1 Rohbauarbeiten**
1.2 Standardbüros	
1.3 Sekretariatskonzept	.000 Baustelleneinrichtungen
1.4 Ausbauraster	.001 Gerüstarbeiten
1.5 Rohbauraster	.002 Erdarbeiten
1.6 Natürliche Belüftung – Geräteabwärme	.006 Verbau-, Ramm- und Einpressarbeiten
1.7 Zukunftsorientierte Vorhaltung – Strukturanpassung	.008 Wasserhaltungsarbeiten
1.8 Allgemeingültige Anwendung	.010 Dränarbeiten
	.012 Mauerarbeiten
2.0 Besondere Gebäudenutzungs- und Erschließungskonzepte	.013 Beton- und Stahlbetonarbeiten
2.1 Sicherheitskonzept	.016 Zimmer- und Holzbauarbeiten
2.2 Personenfluss und Materialfluss	.017 Stahlbauarbeiten
2.3 Verköstigungskonzept	.018 Abdichtungsarbeiten gegen Wasser
2.4 Synergien mit benachbarten Gebäuden / Bereichen	.020 Dachdeckungs-, Dachdichtungsarbeiten
2.5 Technische Erschließung	.022 Klempnerarbeiten

Vollständige Struktur:

1.0   Allgemeines Nutzungs- und Gebäudekonzept

1.1   Personalstruktur

1.2   Standardbüros

1.3   Sekretariatskonzept

1.4   Ausbauraster

1.5   Rohbauraster

1.6   Natürliche Belüftung – Geräteabwärme

1.7   Zukunftsorientierte Vorhaltung – Strukturanpassung

1.8   Allgemeingültige Anwendung

2.0   Besondere Gebäudenutzungs- und Erschließungskonzepte

2.1   Sicherheitskonzept

2.2   Personenfluss und Materialfluss

2.3   Verköstigungskonzept

2.4   Synergien mit benachbarten Gebäuden / Bereichen

2.5   Technische Erschließung

    2.5.1   Untersuchung der Temperaturentwicklung in Büroräumen

    2.5.2   Lage und Größe der Zentralen

    2.5.3   Was – Wenn – Überlegungen zu den Zentralen

    2.5.4   Haupterschließungstrassen – Lage – Höhe

    2.5.5   Gebäudekernnahe Bereiche

    2.5.6   Regelkonzept für die Erschließungskerne

    2.5.7   Regelschnitte Flur und sonstige Deckenbereiche

    2.5.8   Anbindung an das Projekt

    2.5.9   Kältenutzung aus und mit dem Projekt und Abwärmenutzung aus dem Projekt

2.6   EDV-Datenverteilung

2.7   Brandschutzkonzept zur Wertsicherung

3.0   Beschreibung der Bauelemente

3.1   Rohbauarbeiten

    .000   Baustelleneinrichtungen
    .001   Gerüstarbeiten
    .002   Erdarbeiten
    .006   Verbau-, Ramm- und Einpressarbeiten
    .008   Wasserhaltungsarbeiten
    .010   Dränarbeiten
    .012   Mauerarbeiten
    .013   Beton- und Stahlbetonarbeiten
    .016   Zimmer- und Holzbauarbeiten
    .017   Stahlbauarbeiten
    .018   Abdichtungsarbeiten gegen Wasser
    .020   Dachdeckungs-, Dachdichtungsarbeiten
    .022   Klempnerarbeiten

3.2   Fassadenarbeiten

    .000   Gerüstarbeiten
    .014   Natur- und Betonwerksteinarbeiten
    .016   Zimmer- und Holzbauarbeiten
    .017   Stahlbauarbeiten
    .022   Klempnerarbeiten
    .023   Putz- und Stuckarbeiten
    .027   Tischlerarbeiten
    .029   Beschlagarbeiten
    .030   Rollladenarbeiten/Sonnenschutzanlagen
    .031   Metallbauarbeiten, Schlosserarbeiten
           Außenfenster- und Türen
           Fassadenverkleidungen

3.3   Ausbauarbeiten

    .014   Natur- und Betonwerksteinarbeiten
    .023   Putz- und Stuckarbeiten
    .024   Fliesen- und Plattenarbeiten
    .025   Estricharbeiten, Hohlraumböden, Doppelböden
    .027   Tischlerarbeiten
    .029   Beschlagarbeiten
    .030   Rollladenarbeiten
    .031   Metallbauarbeiten, Schlosserarbeiten
           Rauchdichte Türen, Brandschutztüren,
           Rolltore, Brandschutztore
           Allgemeine Schlosserarbeiten
    .032   Verglasungsarbeiten
    .034   Maler- und Lackiererarbeiten
           Anstricharbeiten, Bodenbehandlungen
           Korrosionsschutz, Tapezierarbeiten
    .036   Bodenbelagsarbeiten
    .039   Trockenbauarbeiten
           Deckenbekleidungen
           Trennwände
           Zerstörbare Ständerkonstruktionen,
           Monatewände,
           vollflexible Wände, WC-Wände

12.2   Vorbereitung Vertragsabschluss

Der mit dem GÜ abzuschließende Werkvertrag hat eine ganz zentrale Bedeutung. Dies gilt insbesondere für die Beschreibung des Vertragsgegenstandes des zu realisierenden Projektes. Je präziser das Bild vom zu planenden und zu realisierenden Projektes, desto kleiner ist der Auslegungsspielraum für beide Vertragsparteien. Dem Investor ist anzuraten, einerseits präzise Definitionen der Qualität zu definieren und andererseits in der Vorplanung gestalterische Alternativen einzufordern. In dieser Empfehlung liegt ein gewisser Widerspruch, dem im Zuge der Projektabwicklung Rechnung getragen werden muss.

Grundlage für die Planung des GÜ sollte für den Fall einer Eigennutzung ein vollständig ausgereiftes Nutzerbedarfsprogramm sein, in Verbindung mit einer differenzierten Qualitätsbeschreibung (vgl. Abb. 12.3).

Auf dieser Basis sollten Angebote eingeholt werden. Da die Flächenstruktur des Nutzerbedarfsprogramms im Laufe der Planung noch Veränderung erfahren wird, besteht eine Möglichkeit darin, Flächen unterschiedlicher Kostenintensität in der Ausschreibung abzufragen und vertraglich zu vereinbaren. Da die Flächenwirtschaftlichkeit eines Gebäudes im Wesentlichen in der Vorplanung durch unterschiedlichste Planungsüberlegungen beeinflusst wird, sollte eine Klausel als Anreiz für wirtschaftliche Planung in den Vertrag aufgenommen werden:

Abb. 12.3 (Fortsetzung)

4.0	**Beschreibung der Technischen Anlagen**

4.1 Abwasser-, Wasser-, Gas- und Feuerlöschanlagen

4.1.1 Abwasseranlagen
4.1.2 Wasseranlagen
4.1.3 Gasanlagen für Wirtschaftsräume
4.1.4 Feuerlöschanlagen
4.1.5 Sonstiges

4.2 Wärmeversorgungsanlagen

4.2.1 Heizungsanlagen
4.2.2 Zentrale Wassererwärmungsanlagen
4.2.3 Sonstiges

4.3 Raumlufttechnische Anlagen

4.3.1 Lüftungsanlagen
4.3.2 RLT-Kälteanlagen
4.3.3 Sonstiges

4.4 Starkstromanlagen

4.4.1 Hoch- und Mittelspannungsanlagen
4.4.2 Ersatzstromversorgungsanlagen
4.4.3 Niederspannungsschaltanlagen
4.4.4 Niederspannungsleitungsanlagen
4.4.5 Beleuchtungsanlagen
4.4.6 Blitzschutz- und Erdungsanlagen
4.4.7 Sonstiges

4.5 Informationstechnische Anlagen

4.5.1 Telekommunikationsanlagen
4.5.2 Such- und Signalanlagen
4.5.3 Zeitdienstanlagen
4.5.4 Elektroakustische Anlagen
4.5.5 Fernseh- und Antennenanlagen
4.5.6 Gefahrenmelde- und Alarmanlagen
4.5.7 Gebäudeleittechnik
4.5.8 Datenübertragungsnetze
4.5.9 Sonstiges

4.6 Förderanlagen

4.6.1 Aufzugsanlagen
4.6.2 Sonstiges

4.7 Nutzungsspezifische Anlagen

4.7.1 Abfallkonzept

4.8 Sonstige Maßnahmen für Technische Anlagen

5.0	**Beschreibung der Standardräume**

5.1 Büroräume
5.1.1 Standardbüroraum
5.1.2 Ausbildungsgruppenraum

5.2 Abteilungsnahe Sonderräume
5.2.1 Besprechungsraum/abteilungsnah
5.2.2 Stockwerksarchivräume
5.2.3 Stockwerksserviceraum
5.2.4 Teeküchen
5.2.5 Erweiterte Teeküche
5.2.6 Putzräume
5.2.7 Toiletten
5.2.8 WC-Vorräume
5.2.9 Verteilerraum – Schwachstrom
5.2.10 Verteilerraum - Starkstrom

5.3 Allgemeine Sonderräume
5.3.1 Verköstigung
5.3.1.1 Casino
5.3.1.2 Cafeteria
5.3.1.3 Küche
5.3.1.4 Spülraum
5.3.1.5 Küchenlager
5.3.1.6 Kühlräume
5.3.2 Konferenz und Schulung
5.3.2.1 Konferenzraum
5.3.2.2 Schulungsraum
5.3.2.3 Bibliothek
5.3.3 Eingang - Pforte
5.3.3.1 Foyer
5.3.3.2 Pforte
5.3.3.3 Sicherheitszentrale
5.3.3.4 Schaltwarte / ZLT
5.3.4 Administration
5.3.4.1 Manuelle Post
5.3.4.2 Mikrofilmstelle
5.3.4.3 Druckerei – Vervielfältigung
5.3.4.4 Werkstätten
5.3.4.5 Tressor
5.3.5 Lager und Anlieferung
5.3.5.1 Archivräume Untergeschoss
5.3.5.2 Materialstelle
5.3.5.3 Warenanlieferung
5.3.5.4 Lager für Werkstätten
5.3.6 Sozialflächen
5.3.6.1 Garderoben
5.3.6.2 Umkleiden
5.3.6.3 Duschen
5.3.6.4 Erste-Hilfe-Raum (Liegeraum)
5.3.6.5 Behinderten-WC
5.3.6.6 Sanitätsräume

5.4 Verkehrsflächen
5.4.1 Personenflure
5.4.2 Materialflure
5.4.3 Treppenhäuser
5.4.4 Nebentreppenhäuser
5.4.5 Personenaufzüge
5.4.6 Lastenaufzüge

5.5 Funktionsflächen
5.5.0 Technikzentralen allgemein
5.5.1 Lüftungszentralen
5.5.2 Elektrozentralen
5.5.3 Sprinklerzentralen
5.5.4 Heizungszentralen
5.5.5 Netzwerkräume

5.6 Garagenflächen

z. B.:………… bei Unterschreitung der baurechtlich zulässigen Ausnutzung gegenüber der vorstehend angenommen Fläche von………… qm BGF Neubau oberirdisch um mehr als X % vermindert sich der Grundstückskaufpreis für die darüber hinausgehende Unterschreitung um €………… je qm BGF.

Ein weiterer Ansatzpunkt ist die Festlegung der Kostenintensität von Hauptnutzflächen, Funktionsflächen und Nebennutzflächen.

Da die Planung durch den GÜ erst nach der Beauftragung entwickelt wird, entsteht für den Käufer (Bauherr) damit eine gewisse Risikosphäre, die vertraglich berücksichtigt werden sollte. Eventuell sollte der Vertragsabschluss in 2 Stufen erfolgen. Stufe 1 beinhaltet den vollinhaltlichen Abschluss des Vertrages mit der Verpflichtung, die Planung bis zur Entwurfsplanung fortzuentwickeln. Diese erarbeiteten Grundlagen ersetzen dann zur 2. Vertragsstufe die Ausgangsgrundlagen (Nutzerbedarfsprogramm/Baubeschreibung). Diese

Fortentwicklung führt nur dann zu Kostenveränderungen, wenn der Käufer Leistungsänderungen oder Zusatzleistungen verlangt, die im bisher vereinbarten Leistungsumfang/Qualitätsstandard nicht erfasst sind.

Dieser Prozess erfordert auf der Bauherrenseite folgende Aufgaben:

- Überprüfung der Planungsinhalte auf die vereinbarten Qualitätsziele
- Fortschreibung der Qualitätsvereinbarungen mit Dokumentation
- Kontinuierliche Überprüfung der Flächenwirtschaftlichkeit
- Kontinuierliche Abstimmung in den Nutzerarbeitskreisen und vertragskonformes Einbringen der Nutzerwünsche

Eine wesentliche Vereinbarung im abzuschließenden GÜ-Vertrag ist die vorgesehene Projektlaufzeit.

Hier sollte der Bauherr vor der Ausschreibung eigene Vorstellungen über angemessene Planungsund Bauzeiten entwickeln. Häufig wird von Auftragnehmerseite (GÜ) vor dem Hintergrund des laufenden Auftrages Zeitzugeständnisse (Verkürzung der Projektlaufzeit) gemacht, die sich später negativ auswirken oder im schlimmsten Fall nicht realisieren lassen. In dem Vertrag mit dem GÜ sollten deshalb auch Ecktermine in den Vertrag einfließen, obwohl diese vor dem Hintergrund des abgeschlossenen Charakters des Vertrages keine vertragsrechtliche Bedeutung haben. Im GÜ-Vertrag ist ausschließlich der Endtermin maßgebend. Es gibt allerdings einige vertragliche Meilensteine, die in Zusammenhang mit der Projektabwicklung Bedeutung haben: z. B. Vergabe an den GU, Lieferung von Ausführungsplänen zur Durchsicht, Bemusterung etc.

12.2.1 Vertragsgestaltung

Die Bestandteile des Generalübernehmervertrages sollten von der Bauherrenseite (Käufer) bzw. deren Rechtsberatung konzipiert werden. Auch wenn von der Generalübernehmerseite vorgefertigte Vertragswerke bestehen, sollten dem Bauherren als Kunden die Möglichkeit eingeräumt werden, einen eigenen Entwurf als Diskussionspapier einbringen zu können.

Neben den aus juristischen Erwägungen heraus zu beachtenden Themen sollte an folgende praktischen Punkte gedacht werden:

Fortentwicklung der Planung Es muss im Einzelnen definiert werden, aus welchen Bestandteilen sich die Planung konkret fortentwickeln soll und welche Anlagen des Ausgangsvertrages weiterzuentwickeln sind. Es ist dabei im Einzelnen zu definieren, bei welchen Tatbeständen eine Veränderung der vereinbarten Preisansätze erfolgt. Des Weiteren zu berücksichtigen ist die baurechtliche Situation im

vorliegenden Fall und die Behandlung von eventuell erteilten Auflagen im Rahmen des Genehmigungsverfahrens.

Flächenwirtschaftlichkeit Im Falle der Vereinbarung von Preisen für unterschiedliche Flächen sind Regeln für die Flächenwirtschaftlichkeit festzulegen, die den GÜ zur optimalen flächenwirtschaftlichen Planung anhalten. Denkbar ist, dass das der Vorplanung zugrunde liegende Verhältnis von nutzbarer Fläche und nichtnutzbarer Fläche festgeschrieben wird und bei Abweichungen eine Preisanpassung vereinbart wird.

Vereinbarung mit geltenden Vorschriften Es ist mit der Rechtsberatung im Einzelnen abzustimmen, welche zusätzlichen Normen, Auflagen, Anordnungen oder Vorschriften im Einzelnen in den Vertragstext mit aufgenommen werden sollen. Die Vereinbarungen z. B. der VOB Teil C kann sich im Hinblick auf Auseinandersetzungen über Qualitätsdefinitionen als sehr hilfreich erweisen.

Bemusterungen Die erforderlichen Bemusterungen sollten unter Einbeziehung der erforderlichen Entscheidungszeiträume näher definiert werden. Hierzu sollte vertraglich ein vom GÜ zu erstellender Bemusterungskatalog mit entsprechender Zeitschiene vereinbart werden, der rechtzeitig vorgelegt und abgestimmt werden muss (Musterraum, Musterfassade, Schallschutzmessung, akustische Untersuchung etc.).

Integration von fachlichen Beteiligten Häufig ergibt sich die Situation, dass über den Rahmen des vereinbarten Vertragsumfangs des Generalübernehmers hinaus noch Leistungen erforderlich werden, die vom GÜ entsprechend zu integrieren sind. In diesem Fall sind die vom Generalübernehmer beauftragten Objektplaner von diesem dazu zu verpflichten, die vom Auftraggeber beauftragten Planer fachlich zu koordinieren. Der GÜ muss in diesem Fall die fachliche und terminliche Schnittstellenkoordination in Bezug auf alle externen Planungs- und Bauleistungen übernehmen. Sowohl der vertragsrechtliche Text als auch Ablaufprocedere nebst Schnittstellendefinition ist sehr sorgfältig zu durchdenken. Ebenso zu berücksichtigen ist die Frage der Gewährleistung, die über einen prozentualen GÜ-Zuschlag vereinbart werden kann.

Prüfung und Genehmigung von Plänen Es ist im Vertrag zu definieren, welche Pläne vom GÜ vorzulegen sind, wobei darauf zu achten ist, dass der GÜ für die fachliche, funktionelle, konstruktive und maßliche Richtigkeit der Ausführungspläne nach wie vor verantwortlich bleibt.

Termine Die Definitionen der terminlichen Abwicklung sollten die Zeiträume für bauliche Fertigstellung in verschiedenen Meilensteinen, Probeläufe, Abnahmen, Mängelbeseitigungen und Einweisungen berücksichtigen. Unabhängig davon, dass der Generalübernehmer per Vertrag nur die Einhaltung des Endtermins schuldet, sollte vertraglich die Vorlage eines leistungsbereichsorientierten Bautenstandberichtes gefordert werden, der als Maßstab für die Soll/Ist Betrachtung unbedingt benötigt wird. Dabei sollte der Generalübernehmer die vertragliche Verpflichtung haben, die Nachweispflicht für die Erreichung seines Leistungsstandes erbringen zu müssen.

Auskunftspflichten Die Auskunftspflichten des Generalübernehmers sollten präzise geregelt sein (Bautenstandsbericht/Bautagesberichte etc.). Ebenso definiert werden müssen die eventuell vom Bauherren zum eigenen Controlling installierten Funktionen und deren Befugnisse im Projekt wie auf der Baustelle.

Abnahme Der Beginn der Abnahmebegehungen, die Dauer zwischen Aufforderungen zur Abnahme durch den GÜ und die durch den Käufer zu erklärende Abnahme muss zeitlich definiert werden. Ebenso betrifft dies bei größeren Baukomplexen die Berechtigung zur Forderung von Teilabnahmen (vollständige Geschosse bzw. Gebäudeteile), um auch die Anforderungen an das Abnahmepersonal des Bauherren in machbare Abschnitte zu zergliedern.

Sicherheiten Das System der Sicherheiten bestehend aus Vertragserfüllungsbürgschaften und Gewährleistungsbürgschaften sowie Einbehalte von der Generalübernehmervergütung müssen sorgfältig durchdacht und definiert werden.

12.2.2 Planungsentwicklung/Controlling

Die Planungsentwicklung und das vom Bauherren durchzuführende Controlling gliedern sich in zwei wesentliche Abschnitte.

Der erste betrifft den Generalübernehmer mit seinen eingeschalteten Objekt- und Fachplanern in den Planungsphasen Vorplanung und Entwurfsplanung. In diesen wesentlichen Planungsphasen entscheidet sich die Wirtschaftlichkeit des Gesamtprojektes. Die Planung ist durch den Bauherren bzw. seinen Controller auf Qualität, Funktionalität und Einhaltung der vertraglichen Vorgaben zu überprüfen.

Überprüfungspunkte sollten sein:
- Einhaltung der Vorgaben des Ausgangsprogramms (Qualitätsbeschreibung, Flächen)
- Nutzungsvorgaben (Nutzungsvorgaben, Betriebskosten)
- gestalterische Akzente
- Widersprüche, Unschlüssigkeit, fehlende Angaben in der Planung

Das Überprüfungsteam der Bauherrenseite sollte Kompetenz des baulichen Ausbaues, der technischen Ausrüstung und des Nutzers vereinen. Die Organisation dieses Prüfungsprocedere muss definiert sein, da nur eine begrenzte Zeit zur Verfügung steht.

Wenn man auf die bauherrenseitige Prüfung verzichtet und sich auf die nach Fertigstellung vorzunehmende Abnahme der fertigen Bauleistung zurückzieht, läuft man Gefahr, endlose und in unbefriedigenden Kompromissen endende Diskussionen zu führen.

Zweifellos ist es Aufgabe des Generalübernehmers – ein seriöser GÜ praktiziert dies auch – die von seinen beauftragten Planern erstellte Planung im Sinne einer Eigenüberwachung zu überprüfen. Der Generalübernehmer wird dies im Sinne seines Selbstschutzes vor zu kostenintensiven Lösungen seines Architekten/Fachplaners tun. Der Bauherr sollte es im Sinne der gegensätzlichen Interessenlage ebenfalls durchführen, um nicht später durch eine stillschweigende Duldung bestimmter Planungsentscheidungen in eine schwierige Argumentationslage zu kommen. Häufig ergeben sich aus der Rücknahme von bereits getroffenen Entscheidungen auch Terminverzögerungen, die in der Verflechtung von Umständen nicht nur dem Generalübernehmer zuzuordnen sind. Eindeutige „Schwarz/Weiß-Fälle" im Sinne eindeutiger Verursachungen sind eher selten.

12.2.3 Leistungskontrollen der Planung

In dem vom GÜ zu liefernden Terminplan als Grundlage der vertraglichen Abwicklung werden auch die Planungsphasen Vorplanung, Entwurfsplanung und Genehmigungsplanung aufzunehmen sein. Die Entwicklung dieser Planungsschritte übernimmt der GÜ selbst bzw. zusammen mit dem von ihm eingeschalteten Projektsteuerer. Wesentlich in diesem Planungsprozess ist ein Entscheidungsmanagement[1,2] zwischen den Beteiligten: Bauherr (Käufer), Generalübernehmer, Planer, damit die wesentlichen und entscheidenden Planungsgrundlagen rechtzeitig abgestimmt werden. Dies betrifft insbesondere die Themen: Fassadensysteme, Sonnenschutz, Bodensysteme, Trennwandsysteme, Lüftungssysteme, Wärmerückgewinnung, Systemfest- legungen in Abwägung zu Verbrauchskosten, Schnittstellen zwischen den Ausführungspaketen des GÜ und Nutzereinbauten, Technik- und Serviceräume, funktionelle Fragestellungen (Raumzuordnungen, Raumgrößen, Ausstattungsfragen TGA) etc.

Der GÜ strebt überwiegend aus Gründen einer durchgängigen Vertragsgestaltung an, den fertigen Entwurf als Grundlage einer Generalunternehmerausschreibung zu verwenden. Aus diesem Grunde sollte im Interesse aller Beteiligten darauf geachtet werden, dass die wesentlichen Entscheidungen

---

[1] Preuß N (1998) Entscheidungsprozesse im Projektmanagement von Hochbauten.

[2] Preuß N (2001) Entscheidungsprozesse im Projektmanagement von Hochbauten bei verschiedenen Unternehmenseinsatzformen. In: Kapellmann/Vygen, Jahrbuch Baurecht.

zum Konzept in der Vorentwurfsphase bzw. spätestens in der Entwurfsphase getroffen werden. Diese Notwendigkeit hat den positiven Effekt, dass der beauftragte Generalunternehmer für seine zu erbringende Ausführungsplanung eine schlüssige Grundlage hat.

Ablauftechnisch und inhaltlich anzustreben ist eine durchgängige Erbringung der Planungsleistung durch die vom GÜ beauftragten Planer. Aus Sichtweise des Generalübernehmers und des durchführenden Generalunternehmers stellt sich die Interessenlage anders dar. Der Generalunternehmer möchte die Entwurfsplanung in seinem Interesse kostengünstig optimieren, was im Hinblick auf ausführungsorientierte Gesichtspunkte für alle Beteiligten einen Nutzen darstellt. Nachteilig für den Bauherren kann der Umstand sein, dass rein von der Interessenlage des GU die Minimierung der Qualitäten angestrebt wird. Weiterhin entsteht eine Schnittstelle in der planerischen Entwicklung des Projektes, insbesondere in der Haustechnik, die dazu führen kann, dass die in der klassischen Ausführungsplanung liegenden Entscheidungspunkte, die stark qualitäts- und damit kostenrelevant sind, am Bauherren (Käufer) ohne Einwirkmöglichkeit vorbeilaufen. Zu diesem Zwecke sollte man rechtzeitig vertraglich eine Fabrikatsliste vereinbaren.

Falls die Ausführungsplanung vom Generalunternehmer erbracht wird, entsteht ablauftechnisch in dem Planungsablauf eine Zäsur, bis der Generalunternehmer seinerseits seine Planungsmannschaft zusammengestellt hat. Man sollte dem Generalübernehmer anraten oder vertraglich vorgeben, dass zumindest die Tragwerksplanung partiell weiterarbeitet, damit der eventuell zu schaffende Baugrubenverbau und die Gründung planerisch ohne Unterbrechung eine Kontinuität in den Ablauf des Gesamtprojektes einbringen kann.

Häufig entsteht ein „Vakuum" im Ablauf, bis die Organisation des Generalunternehmers, insbesondere durch die Übertragung der Phase Ausführungsplanung produktiv durch Auslieferung von Ausführungsplänen anläuft. Besonders problematisch ist es dann, wenn dem Generalunternehmer vom Generalübernehmer Planungsvoraussetzungen übergeben werden, die ungeklärte Grundlagen und offene Entscheidungspunkte enthält. Wenn also die in der Entwurfsphase stattzufindende Koordination in wesentlichen Sachfragen in den Beginn der Ausführungsplanung verlagert wird, entstehen große Probleme. In diesem Fall muss der neu ins Projektgeschehen tretende Generalunternehmer mit eventuell neu rekrutierten Planungsbeteiligten eine Planung umsetzen, die in wesentlichen Grundlagen strittig sein kann.

Der Bauherr ist in diesem Falle auf die Kompetenz und Seriosität des Generalübernehmers angewiesen, der die Ausführungsplanungsaktivitäten des Generalunternehmers fachlich tangieren und unterstützen muss. Dies erfordert eine pragmatische Verfahrensweise zwischen GU und GÜ.

Anzustreben zwischen den drei Beteiligten ist eine Transparenz im Planungsablauf, damit der Bauherr (Käufer) seine in der Regel vertraglich definierte Mitwirkungspflicht einbringen kann. Dies betrifft insbesondere die Überprüfung der Ausführungspläne. Sowohl der GU als auch der GÜ wird aus abrechnungstechnischen Gründen einen Leistungsstandbericht zum Stand der Planung abgeben, damit über den Zahlungsplan die Planungskosten zunächst dem GÜ und dann dem GU bezahlt werden. Die Systematik dafür ist bereits im GÜ-Vertrag festzuschreiben.

12.2.4   Bemusterungsverfahren

Die Durchführung der Bemusterung ist eine ganz entscheidende Phase im Rahmen der Projektabwicklung. Dieses trifft ganz allgemein für jedes Projekt zu, hat aber beim Generalübernehmerprojekt eine besondere Bedeutung, weil in diesem Prozess eine Vielzahl von Entscheidungen getroffen werden, die in der ersten Vertragsgrundlage noch nicht enthalten sein können.

Bei einem normalen Planungsprozess erfolgt die Konzeption der Bemusterung bereits in der Entwurfsphase und damit zu einem Zeitpunkt, an dem der Generalunternehmer noch nicht bestimmt ist. Die Fassade wird von den Grundsatzentscheidungen frühzeitig in ihren Grundstrukturen zu entscheiden sein. Diverse Detailentscheidungen und Fragen der Materialauswahl folgen dann später. In diesen Fragen sollte der Entwurfsarchitekt, auch wenn die Ausführungsplanung unter der Verantwortlichkeit des GU läuft, entsprechend eingebunden werden. Vom GÜ sollte gefordert werden, rechtzeitig eine Bemusterungsliste vorzulegen, in der definiert wird, welche Elemente in Musterräumen, welche als reine Fabrikatsangabe und welche als Handmuster zu entscheiden sind.

Die Organisation dieser Bemusterung erfordert eine klare Konzeption über Ablauf, Inhalt und erforderliche Anzahl der zu beteiligenden Organisationseinheiten und Teilnehmer. Ebenfalls geklärt werden muss die federführende Moderation und vor allem die Dokumentation, die Festlegungen über Qualitäten und damit auch Kosten beinhaltet. Bei Nichtbeachtung dieses Grundsatzes besteht die Gefahr, dass die „Bemusterungsveranstaltung" zwar sehr interessant und mit vielen (Rede) Beiträgen von allen möglichen Beteiligten abläuft, aber keiner zum Schluss präzise weiß, was, mit welchen Vorbehalten, von wem und mit welchem Endergebnis entschieden wurde.

Dem professionellen Bauherren wird empfohlen, die Dokumentation selbst, schnell und präzise vorzunehmen, da sonst die Gefahr besteht, dass in der Kette der Verantwortlichkeiten der GÜ-Unternehmenseinsatzform (Generalunternehmer, Ausführungsplaner, eventuell Entwurfsplaner, Generalübernehmer) sowohl zeitlich oder auch in der Interpretationsmöglichkeit die tatsächlich getroffenen Entscheidungen auf der Strecke bleiben.

12.2.5 Leistungsstandkontrollen Ausführung

Der Generalübernehmer schuldet dem Bauherren (Käufer) die schlüsselfertige, funktions- und betriebsbereite Fertigstellung des Gesamtprojektes. Ihm obliegt die umfassende Steuerung aller Geschehensabläufe zur Erreichung dieses Zieles.

Er erhält dafür eine Vergütung, über deren Zahlung ein Plan (Zahlungsplan) vereinbart wird. Bereits zum Vertragsabschluss sollte ein Zahlungsplan strukturiert werden. Im Erstansatz wird man diesen grob strukturieren, z. B.:

- Zahlung bei Vertragsabschluss
- Planung
- Vorbereitende Arbeiten
- Aushub/Baugrube
- Rohbau
- Fassaden/Dachabdichtungen
- Allgemeiner Ausbau
- Gebäudetechnik
- Fertigstellung Bauteil X
- Restmängelbeseitigung

In Fortführung dieser rechnerischen Darstellung kann der GÜ monatliche Abschlagsrechnungen je Bauteil ausstellen, deren Höhe sich nach dem erreichten Leistungsstand richtet. Den Abschlagsrechnungen hat der Verkäufer eine Aufschlüsselung beizufügen, in der er die erbrachten Teilleistungen nachweist und bewertet. Der Zahlungsplan basiert auf den Angaben zum Angebot. In diesem ersten Schritt muss der Bauherr über realistische Kostengrößen Bescheid wissen, denn eine falsche Bewertung würde automatisch zur „Überzahlung" führen.

Meist wird die Leistung zu einem Pauschalpreis mit nur geringer Aufgliederungstiefe vergeben, wie z. B.:

- Rohbau
- Fassade
- Ausbau
- Haustechnik

Für eine leistungsstandorientierte Abrechnung ist eine differenzierte Aufteilung der Gesamtauftragssumme in überschaubare Einzelleistungen bzw. eine räumliche Zuordnung der Einzelleistung in überschaubare Einzelflächen erforderlich. Die Zielsetzung dieser Vorgehensweise besteht in einer Sicherheit gegen Überzahlung und leistungsstandorientierter Bezahlung.

Auftragsvorbereitung Im Zuge der Auftragsvorbereitung sollte deshalb eine Feingliederung in Einzelgewerke bzw. Untergewerke vorgenommen werden. Diese Aufteilung korrespondiert im Wesentlichen mit der Gewerkeaufteilung des späteren Ausführungsterminplans.

Zahlungsterminplan Durch eine Zuordnung bzw. Überlagerung der Einzelkosten mit dem Ausführungsterminplan wird ein „Soll-Zahlungsterminplan" erstellt. Hierbei werden die Einzelkosten auf die Dauer der Vorgänge linear aufge-

Brandwände:	20 %	der Ausführungsleistung
Flurwände:	35 %	der Ausführungsleistung
Bürotrennwände:	25 %	der Ausführungsleistung
Decken:	20 %	der Ausführungsleistung
	100 %	

Abb. 12.4 Gewerkeaufteilung

teilt. Aus diesem „Soll-Zahlungsterminplan" ist somit die theoretische monatliche Ratenhöhe direkt ablesbar. Dieser Plan bleibt während der gesamten Projektdauer unverändert.

Leistungsstandermittlung/Bewertungsmaßstab Zur Ermittlung des Leistungsstandes erfolgt eine Aufteilung des Gesamtgebäudes in Einzelflächen je nach Erfordernissen des jeweiligen Gewerks (schematischer Grundriss). Die Gesamtleistung des Gewerks wird prozentual den Einzelflächen zugeordnet. Je nach Differenzierung der Bewertung (z. B. fertig/nicht fertig oder fertig zu 25 %, 50 % etc.) wird ein Bewertungsmaßstab vereinbart.

Die Brandwände und Flurwände ergeben damit 55 % der gesamten Ausführungsleistung des Gewerks Trockenbau (Abb. 12.4). Der hier betrachtete Anteil der Teilfläche (z. B.: Ebene) des Bauteils an einem Gesamtbauwerk sei im Beispiel 5 %. Daraus ergibt sich ein bewerteter Leistungsstand von $(0,05 \times 0,55) \times 100 = 2,75 \%$. Die Summe der Leistungsstände aller Bauteile ergibt den aktuellen Leistungswert des Gewerks. Für jedes Gewerk sind unterschiedliche Betrachtungsweisen erforderlich. Ein Beispiel für ein Gewerk zeigen Abb. 12.5 und 12.6.

Abrechnung Die Leistungsstände der Gewerke werden monatlich kumuliert ermittelt. Aus der Differenz zum Vormonat ergeben sich der Leistungszuwachs und die tatsächliche Ratenhöhe. Die Leistungsstände aller Bereiche der einzelnen Bauteile werden dann zu einem Gesamtterminplan verdichtet, der den Leistungsstand des Gesamtprojektes darlegt (Abb. 12.7).

Der Controller sollte die Geschehensabläufe der Projektabwicklung, bezogen auf die Vertragsabwicklung sehr sorgfältig dokumentieren, damit er bei unvorhersehbaren Störungen eine Argumentationslinie bei aus seiner Sicht unberechtigten Mehrkostenforderungen aufstellen zu können.

12.2.6 Qualitätskontrollen

In der Ausführungsplanung werden bei großen Bauvorhaben tausende von Einzelplänen geliefert. Der Bauherr muss individuell entscheiden, wie tief und umfassend er diese Aufgabe wahrnehmen möchte. Jedes Projekt wird andere

EG

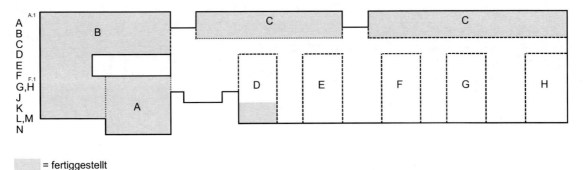

= fertiggestellt

Abb. 12.5 Bautenstandsübersicht

Doppelboden/Hohlraumboden   Monat: **Apr 05**

	A Ant.	A Leistung	B Ant.	B Leistung	C Ant.	C Leistung	D Ant.	D Leistung	E Ant.	E Leistung	F Ant.	F Leistung	G Ant.	G Leistung	H Ant.	H Leistung	K Ant.	K Leistung	Σ
Bod.pl.																			0,0%
2. UG																			0,0%
1. UG																			0,0%
EG	0,7%	100,0%	2,9%	100,0%	3,2%	100,0%	0,7%	30,0%	0,7%		0,7%		0,7%		0,7%		3,9%		14,2%
1. OG	1,1%	100,0%	2,5%	100,0%	3,2%	80,0%	0,7%		0,7%		0,7%		0,7%		0,7%		3,9%		14,2%
2. OG	1,1%	100,0%	2,5%	100,0%	3,2%	40,0%	0,7%		0,7%		0,7%		0,7%		0,7%		3,9%		14,2%
3. OG	1,1%	100,0%	2,5%	100,0%	3,2%	10,0%	0,7%		0,7%		0,7%		0,7%		0,7%		3,9%		14,2%
4. OG	1,1%	80,0%	2,5%	100,0%	3,2%		0,7%		0,7%		0,7%		0,7%		0,7%		3,9%		14,2%
5. OG	1,1%	20,0%	2,5%	100,0%	3,2%		0,7%		0,7%		0,7%		0,7%		0,7%		3,9%		14,2%
Dach																			0,0%
6. OG	1,1%	20,0%															3,9%		5,0%
7. OG	1,1%																		1,1%
8. OG	1,1%																		1,1%
9. OG	1,1%																		1,1%
10. OG	1,1%																		1,1%
11. OG	1,1%																		1,1%
12. OG	1,1%																		1,1%
13. OG	1,1%																		1,1%
14. OG	1,1%																		1,1%
15. OG	1,0%																		1,0%
16. OG																			0,0%
Dach																			0,0%
Σ BT	17,1%		15,4%		19,2%		4,2%		4,2%		4,2%		4,2%		4,2%		27,3%		100,0%
Leistung		5,3%		15,4%		7,4%		0,2%		0,0%		0,0%		0,0%		0,0%		0,0%	

Bauherr   Bauherrenvertreter   **Summe Leistung** 28,3%

Abb. 12.6 Leistungsstand

Kriterien aufweisen, z. B. Kompetenz und Erfahrung der eingeschalteten Beteiligten (GÜ/GU, Architekt, Fachplaner), Durchgängigkeit des Einsatzes der jeweiligen Planer, Terminablauf (gut strukturierter Planungsablauf oder alles gleichzeitig?), Kapazitäten auf der Bauherrenseite.

Die Durchführung dieser Aufgabe muss gut strukturiert werden (Prüfungschecklisten), geeignete Bearbeiter (Bau/Ausbau/Technik) müssen mit guter Arbeitsvorbereitung zusammenwirken. Alle Prüfanmerkungen müssen dokumentiert werden (Planeintragungen Stellungnahmen) und systematisch erfasst werden. Die Qualitätskontrolle der

Abb. 12.7 Vergleich Zahlungs-
plan/Zahlungsfreigabe

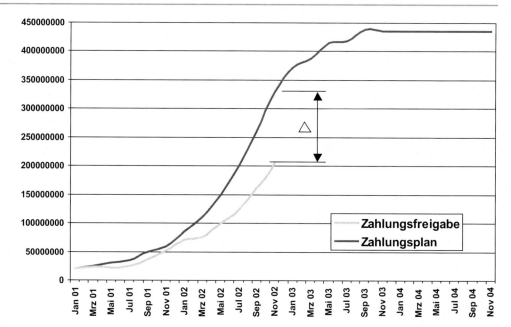

Ausführung obliegt in erster Linie dem eingeschalteten Generalunternehmer. Dieser muss seine Nachunternehmer in sein bestehendes Qualitätsmanagement einbinden (Abb. 12.8).

In der weiteren Folge hat der **Generalübernehmer** die Aufgabe der Qualitätskontrolle. Der GÜ schaltet häufig **selber** eine Projektsteuerung bzw. Qualitätskontrolle ein. Der GÜ schuldet dem Bauherren ein mängelfreies Werk.

Der Bauherr muss also entscheiden, ob er dem GÜ vollständig vertraut oder ob er eine stichprobenhafte Überprüfung durchführt. Diese Überprüfungen sollten sich insbesondere auf diejenigen Bauteile/Leistungen beziehen, die sich durch den weiteren Baufortschritt der Verfolgung entziehen. Beispiele der Zieldefinitionen der Prüfung zeigt Abb. 12.9 für die Technik bei einem Generalübernehmerprojekt.

Wichtig sind die schlüssige Dokumentation der aufgetretenen Mängel und die Systematik ihrer Erfas- sung. Mängel werden erst dann als erledigt gekennzeichnet, wenn dieses vor Ort kontrolliert ist Abb. 12.10. Anders als bei einem VOB-Vertrag, bei dem die Nichtbeseitigung eines Mangels über Fristsetzungen zur Kündigung führen kann, gilt im GÜ-Vertrag der endgültige Fertigstellungstermin. Es sollte allerdings überprüft und bewertet werden, ob die noch zu beseitigenden Mängel über bestehende Sicherheiten ausreichend abgedeckt sind.

Die Erfassung dieser Mängel erfolgt im Bereich des Projektcontrollers, der in Ergänzung zur Bauleitung des GU und der erforderlichen Managementaktivitäten des GÜ tätig ist. Er kann sich deshalb nur um eine ergänzende und stichprobenhafte Tätigkeit handeln, mit dem Ziel, funktionsbeeinträchtigende Mängel mit Schadenspotential systematisch aufzuspüren.

Die dort aufgeführte Kategorie a) ist in Abb. 12.11 weiter spezifiziert. Die Mängel der Kategorie a) sind mit Blick auf bleibende Funktionsbeeinträchtigungen besonders zu betrachten. Insgesamt wurden 12 „a)"- Mängel verzeichnet, davon 2 Einzel- und 10 Systemmängel. Systemmängel sind am Gewerk durch ein „S" gekennzeichnet (Abb. 12.12).

12.2.7 Kostenkontrolle

In der Regel wird der Bauherr bei Bauvorhaben zum Zwecke der Eigennutzung eine Projektentwicklung selber oder mit Beratern durchführen. Auf dieser Basis wird eine Grobkostenschätzung erstellt, um eine erste Wirtschaftlichkeitsbetrachtung ableiten zu können.

Daraus ergeben sich dann auch erste Grenzwerte für die Gesamtbaukosten. Aus dem abgeschlossenen GÜ-Vertrag ergeben sich die Grundstückskosten sowie die Herstellkosten. Häufig gibt es noch eine Fülle von zusätzlichen Kostenarten, z. B. über den Einbau verschiedener Zusatzausrüstungen durch den Nutzer. Es ist vorher abzuwägen, ob man alle in dem GÜ-Paket abwickelt, oder ob man aus Kostengründen (GÜ-Zuschlag) einzelne Leistungen abtrennt. Dieses erfordert dann eine sehr differenzierte Betrachtung der Kosten und deren Kontrolle.

Aus dem Entwicklungsprozess der Planung, gemeinsam mit dem Generalübernehmer, ergeben sich einige Sachverhalte, die im Hinblick auf den Vertrag Mehrkostenansprüche des GÜ auslösen. Diese Veränderungen müssen beim Bauherren intern rechtzeitig Entscheidungsprozesse auslösen und im Hinblick auf das Gesamtbudget analysiert werden. Ebenso muss im Innenverhältnis des Bauherren darüber nachgedacht werden, welche Zusatzkosten durch Abwick-

ALLGEMEIN:	Die Qualitätskontrolle soll durch **stichprobenhafte Prüfung** sicherstellen, dass die in der Planung dargestellten und durch die Baubeschreibung sowie in den Stellungnahmen zur Planung präzisierten Inhalte in die Ausführung umgesetzt werden.
	Die Tiefe der Prüfung und die Durchführung muss die gegebenen Qualitätskontrollen des GU/GÜ berücksichtigen. Insofern wird sich die Qualitätskontrolle des Bauherrn darauf beschränken, die ordnungsgemäße Funktion der Objektüberwachung zu beobachten und durch **eigene** ausgewählte Stichproben die ausgeführten Bauleistungen auf Einhaltung der Qualitätsvorgaben zu prüfen.
	Vorrangiges Ziel der Qualitätskontrolle soll sein, wesentliche Mängel **frühzeitig** zu erkennen und deren Beseitigung zu verlangen, damit dies angesichts des erheblichen Zeitdrucks noch möglich ist.
NACHWEISE:	Einfordern und Prüfung diverser Nachweise beim GÜ/GU z. B.: – Vermessungsprotokoll Baugrube – Vermessungsprotokoll Geschosse – Prüfberichte Betongüte – Protokolle Prüfstatiker – Prüfbericht "Weiße Wanne" – diverse Nachweise, Zulassungen verwendeten Materials (Glas, Dämmstoffe, Doppelboden, Hohlraumboden) – Schallschutz – Nachweise der Umweltverträglichkeit eingesetzter Baustoffe – etc.
ANMERKUNG:	Die nachfolgend beispielhaft aufgeführten Einzelpunkte könnten Ansätze einer Qualitätskontrolle sein, wobei diese auf alle relevanten Gewerke noch erweitert und differenziert werden müssten.
ROHBAU:	– Protokolle Betongüte, Protokolle Prüfstatiker – stichprobenhafte Kontrolle der Ausführung auf Verwendung koordinierter Pläne (Aussparungen) – Qualität der weißen Wanne (Fugen, Rissbreitenbeschränkung) – Toleranzen (Einforderung regelmäßiger Vermessung) – generelle Oberflächenqualität Beton/Mauerwerk – Kontrolle der Ausführung konstruktiv bedeutsamer Bauelemente – Kontrolle Qualität von Abdichtungen
BAUGRUBE:	– Verdichtungsprotokolle – Nachweis über Entsorgung kontaminierten Bodens
FASSADE:	– Kontrolle der Ausführung bauphysikalisch wesentlicher Details/Vorgaben des Brandschutzes – Verwendung von Dämmstoffen (Fabrikat, Güteklasse, Stärke) – Qualität der Oberflächen – Fugen, Kältebrücken, Dichtigkeit Fenster – Stärke Natursteinverkleidung
ESTRICH/ HOHLRAUMBODEN:	– Einhaltung Konstruktionshöhen – Kontrolle bauphysikalisch wesentlicher Details – Toleranzen/Planebenheit/Risskontrolle/Anordnung von Fugen, Fugenverlauf – Einbau Bodentanks
TROCKENBAU:	– Material, Konstruktionsstärken, Qualitätsvorgaben (Brandschutz) – Kontrolle wesentlicher bauphysikalischer Details (Anschlusspunkte Böden, Decken etc.) – Anordnung von Revisionsöffnungen – Einbau Dämmungen – Oberflächenqualität/Lot-/Fluchteinhaltung (punktuell)

Abb. 12.8 Ansatzpunkte (Beispiele) von Qualitätskontrollen der Bauausführung Rohbau/Ausbau

Abb. 12.9 Ansatzpunkte (Beispiele) von Qualitätskontrollen der Bausausführung im Bereich der Technischen Gebäudeausrüstung

Die Überprüfung der errichteten Anlagen/Technikeinbauten auf Einhaltung der qualitativen Vorgaben findet zu einem wesentlichen Teil bereits bei der Überprüfung der vorgelegten Ausführungsplanung/M + W-Planung statt, wobei in der Ausführung punktuell überprüft wird, inwieweit diese Vorgaben vertragsgemäß in die Realität umgesetzt werden. Des Weiteren sind bei der Qualitätskontrolle der Ausführung einige Punkte zu prüfen, die aus der Planung selbst noch nicht erkennbar sind.

Vorrangiges Ziel der Qualitätskontrolle soll sein, wesentliche Mängel frühzeitig zu erkennen und deren Beseitigung zu verlangen, damit diese angesichts des erheblichen Zeitdrucks noch möglich ist.

Ohne Anspruch auf Vollständigkeit seien folgende Beispiele genannt, die im Wesentlichen auf eine stichprobenhafte Überprüfung der eingebauten Materialqualität hinauslaufen.

1. Stichprobenhafte Prüfung von diversen Anlagenkomponenten auf Funktionsfähigkeit (z. B. Lüftungszentralen/Brandschutzklappen)

2. Geräte: Doppelwandigkeit, Kältebrücken, Filtermaterialien, Schalldämmungen, Wartungs- und Bedienbarkeit etc., soweit nicht bereits durch Prüfung der Ausführungsplanung/M + W-Planung erkennbar und abgehandelt

3. Kältetechnik: Kühlaggregate auf Gleichwertigkeit prüfen (Fabrikate, Umluftgeräte etc.)

4. Elektrische Schaltanlagen auf VDE-Richtlinien stichprobenartig prüfen, soweit nicht bereits in der Ausführungsplanung/M + W-Planung geprüft; Qualität der Kabelverlegung

5. Stichprobenhafte Prüfung von Schachtanlagen (horizontal und vertikal) vor dem Verschließen auf: Materialqualitäten (Rohr/Isolierung/Befestigung etc.) sowie Druck- und Spülprotokolle

6. Generelle Überprüfung von Fabrikatsfestlegungen im Hinblick auf die Qualitätsvorgaben (Gleichwertigkeit)

7. Stichprobenhafte Prüfung der Einhaltung der Vorgaben hinsichtlich Umweltverträglichkeit der eingebauten Baustoffe

8. Lüftungskanäle: Blechstärken und Zinkblume

9. Grundleitungen: Druckprüfungsprotokoll

10. Isolierung auf Stärken- und Flächengewicht (punktuell)

Abb. 12.10 Systematik der Mängelverwaltung

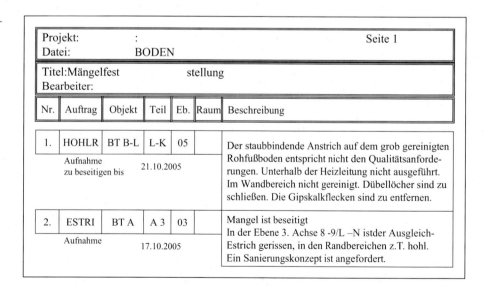

lung vom Ausgangskonzept entstanden sind, die der GÜ – aus welchen Gründen auch immer – noch nicht angemeldet hat. Letztlich werden im Rahmen einer Schlussbetrachtung nach Abschluss des Projektes alle Sachverhalte gesamthaft betrachtet und müssen verabschiedet werden.

12.2.8 Abnahmeverfahren

Bereits vor Abschluss des Vertrages sollten die Abläufe von der baulichen Fertigstellung, dem Abnahmeprocedere und der voraus laufenden Inbetriebnahmeaktivitäten definiert werden.

Abb. 12.11 Mängelverwaltung (Beispiel-Auszug)

Folgende Mängeleinteilung wurde vorgenommen:

a)   Mängel an abgeschlossenen Bauprozessen, die die **Funktion beeinträchtigen** und generell noch beseitigt werden müssen

b)   Mängel an abgeschlossenen Bauprozessen, die die **Funktion nicht beeinträchtigen**, und wo die Beseitigung das Maß der wirtschaftlichen Zumutbarkeit überschreitet. Diese Mängel wirken sich i.d.R. bei der Abrechung als kaufpreismindernd aus.

c)   Mängel **mit und ohne Funktionsbeeinträchtigung**, die **im laufenden Bauprozess** noch beseitigt werden. Diese Mängel werden bei einer Nichtbehebung und fortschreitendem Bauablauf zu Mängeln der Kategorie a), b) oder d).

d)   Mängel an abgeschlossenen Bauprozessen, die zu einem **späteren Zeitpunkt als Schadenverursacher** wirken können. Die Wahrscheinlichkeit, dass diese Mängel in der Zukunft zu Schäden führen, wird in der Regel von den Vertragspartner kontrovers diskutiert.

	Gewerk		Mangel	Risiko
1	Beläge (8)	(S)	Verbindung von Werksteinwinkelstufen an die Betonwand	Trittschall
2	Boden (17)		fehlender Randdämmstreifen zwischen Estrich und Wand (Eingangshalle)	Schallübertragung, Rissbildung
3	Rohbau (146)	(S)	offene Rohrdurchführungen in den Unterzügen, Stützen, Decken	Schallnebenwege, Brandschutz
4	Rohbau (226)		Mauerwerk bis an die Decke ohne Mineralwolltrennlage	Rissbildung , Brandschutz
5	Rohbau (234)	(S)	Schallentkopplung der Maschinenfundamente	Schallübertragung
6	Rohbau (261)	(S)	Beschädigung von Brandschutzvermörtelungen	Brandschutz
7	Rohbau (275)	(S)	Vor dem Übergang zu Bauteil X-Y wurden Halfenschienen nicht geschlossen.	Schallnebenwege
8	Rohbau (336)	(S)	durchlaufende Halfenschienen am Unterzug durch Schacht und Raumtrennwand	Schallnebenwege
9	Wände/Decken (23)	(S)	GK-Ständerprofile wurden an Unterzügen im Bereich von Halfenschienen montiert.	Schallnebenwege
10	Wände/Decken (28)	(S)	GK-Ständerprofile wurden an Unterzügen im Bereich von Halfenschienen montiert.	Schallnebenwege
11	Wände/Decken (28)	(S)	Schallbrücken zwischen GK-Flurwand und Stahlbetonstützen	Schallnebenwege
12	Wände/Decken (148)	(S)	GK-Wand-Montage nicht gemäß Herstellerrichtlinien	Schallnebenwege

Abb. 12.12 Auswertungsbeispiel von funktionsbezogenen Mängeln

1. **Erstellung Programm für das Gesamtprojekt**
   - Erfassen der funktionalen Anforderungen und Abstimmung mit den Beteiligten
   - Mitwirkung bei der Aufstellung des generellen Qualitätsstandards
   - Erstellen eines Baubuches als verbindliche Vorgabe für das GÜ-Angebot bzw. des GÜ-Vertrages.
2. **Organisation der internen Projektstrukturen**
   - Entscheidungsabläufe und Kompetenzen
   - Kommunikationsstruktur
   - Organisationshandbuch
3. **Kostenplanung und Kontrolle**
   - Ermittlung und Strukturierung eines Gesamtbudgets
   - Aufstellen und Überwachung von Zahlungsplänen
   - Baubuchhaltung
   - Rechnungsprüfung und Freigabe
   - Nachtragsabwicklung/Änderungsmanagement
4. **Terminplanung und Terminkontrolle**
   - Aufstellen eines Generalablaufplanes
   - Überprüfung der GÜ-Ablaufpläne
   - Entscheidungsterminierung
   - Inbetriebnahmeterminplanung
5. **Vertragswesen/GÜ-Vertrag**
   - Mitwirkung bei der Vertragsgestaltung des GÜ-Vertrages
   - Erstellen von Leistungsbildern für sonstige Planungsbeteiligte
   - Vorbereitung von Verträgen
6. **Ausführungskontrolle/Objektüberwachung**
   - Überwachung des Objekts auf Einhaltung des GÜ-Vertrages
   - Feststellung des Leistungsstandes
   - Mitwirkung bei der Abnahme der GÜ-Leistung
   - Überwachung der Beseitigung der festgestellten Mängel

Abb. 12.13 Leistungsbild Bauherrenaufgaben bei Generalübernehmerprojekten

Jeder Bauherr sollte im Interesse der eigenen Personaldisposition rechtzeitig darüber nachdenken, gerade wenn es sehr große Bauvorhaben sind. Für die Abnahme selbst sind geeignete Teams (Bau/Ausbau/Technik) zusammenzustellen, die nach einer geeigneten Systematik vorgehen. Gerade bei großen Bauvorhaben mit vielen gleichen Räumen und Systemmängeln bieten sich strukturierte Abnahmehilfen an (z. B. Standardmängelliste, Formblätter etc.). Häufiger Streitpunkt zwischen Bauherren und GÜ ist die Frage, ob das Bauwerk tatsächlich abnahmefähig ist.

In der Regel hat der Käufer (Bauherr) das Recht, die Abnahme bei wesentlichen Mängeln zu verweigern. Was ist nun ein wesentlicher Mangel? Sind es die vielen kleinen Mängel in der Summe, die das Bauwerk noch nicht als fertig erscheinen lassen, oder sind es einzelne gravierende Mängel? Als wesentliche Mängel gelten z. B.:

- fehlende behördliche Bescheinigungen (Bauamt, TÜV, VdS, Prüfstatiker etc.)
- fehlende Zufahrten, Feuerwehrzufahrten
- fehlendes Anlegen der öffentlichen Medien
- Mängel, die eine Nutzung der Anlage unmöglich machen

12.2.9 Bauherrenaufgaben bei Übernehmerprojekten

Die Motive des Bauherren für die Wahl der Unternehmenseinsatzform eines Generalübernehmers/Totalübernehmers wurden dargelegt. Sie resultieren im Wesentlichen in der Delegation von Verantwortung und Haftung. Entscheidend für den Erfolg dieser Projekte ist ein effektives Controlling. Diese Aufgaben muss der Bauherr oder ein Beauftragter von ihm wahrnehmen. Im Folgenden das Leistungsbild im Überblick, welches sich in vergleichbaren Projekten als sinnvoll erwiesen hat (Abb. 12.13).

Ein differenziertes, nach Handlungsbereichen und Projektstufen gegliedertes Leistungsbild hat der AHO herausgegeben.[3]

12.2.10 Hinweise zur Honorierung

Die geltende Honorarordnung des DVP/AHO enthält unter § 214– Einschaltung eines Generalplaners und/oder Generalunternehmers – die Empfehlung, das Honorar unter diesem Aspekt bei Einschaltung eines Generalplaners das Honorar in den Projektstufen 2 und 3 Ausführungsvorbereitung und bei Einschaltung eines Generalunternehmers/-übernehmers in der Projektstufe Ausführung jeweils um 10 v. H. zu kürzen.

Wie in den vorangegangenen Kapiteln beschrieben, ändern sich die Leistungen der Projektsteuerung in überwiegend kontrollierende Aufgaben. Des Weiteren ändern sich die strategische Auswirkung und die Intensität der Arbeit. Folgende Einflussfaktoren wirken sich auf die Leistungserbringung und damit die Honorierungsmodalitäten aus:

- Art des Kumulativleistungsträgers (Generalplaner, Generalunternehmer, Totalunternehmer, Generalübernehmer)
- Aufteilung des Gesamtprojektes in Teilprojekte
- Schnittstelle zwischen Planung und Ausführung bzw. Vertrag Bauherr/Kumulativleistungsträger (z. B. bei Generalunternehmer: „Ausführungsplanung wird vom Bauherren beigestellt" versus „Ausführungsplanung wird vom GU erstellt")
- Anzahl der Pakete bei Generalunternehmervergaben
- Gebäude für Eigennutzung/Gebäude für Fremdnutzer (Berücksichtigung des Mieterausbaues).

Die Art des Kumulativleistungsträgers bestimmt die strategische Ausrichtung der Aufgaben und deren zu erbringende Detailtiefe. Einige Aufgaben des DVPLeistungsbilds verändern sich, einige entfallen und einig treten hinzu. Die Ergebnisse der honorartechnischen Betrachtung sind in Abb. 12.14 zusammengefasst.

---

[3] Schofer R (2004): Unabhängiges Projektcontrolling für Investoren, Banken oder Nutzer. In: AHO, Heft 19, Neue Leistungsbilder zum Projektmanagement in der Bau- und Immobilienwirtschaft.

Nr.	DVP Projektstufe	HOAI Phase	DVP Honorar-aufteilung	Einzelplaner/GU		Generalplaner (1-9) Einzelfirmen	Generalplaner/GU		General-übernehmer nach PE
				GU (ohne Lph.5)	GU (mit Lph. 5)		Lph. 5 bei GP	Lph. 5 bei GU	
1	Projektvor-bereitung	PE + 1	26	26	26	22	22	22	28
2	Planung	2, 3, 4	21	21	21	14	14	14	11
3	Ausführungs-vorbereitung	5, 6, 7	19	16	13	15	14	12	7
4	Ausführung	8	26	19	19	24	18	18	15
5	Projekt-abschluss	9	8	7	7	7	6	6	5
			100	88	85	82	74	72	66

Abb. 12.14 Honorarübersicht Projektmanagement bei Kumulativ-Leistungsträgern

Projektcontrolling beim Generalplaner Der General-planer übernimmt eine Vielzahl von Managementaufgaben in seinem Bereich, so dass der Projektcontroller einen eher kontrollierenden Aspekt erhält.

Infolgedessen reduziert sich das Grundleistungsbild des Projektsteuerers je nach Variante auf 72–82 % des Grundleistungsbildes. Der Generalplaner erhält alle Planungsleistungen für das Bauwerk in Auftrag für die Phasen der Grundlagenermittlung bis zur Objektbetreuung, ohne Abstriche von den relevanten Grundleistungen der HOAI.

Projektsteuerung bei Einsatz eines GU Der Kumulativleistungsträger Generalunternehmer übernimmt insbesondere im Ausführungsbereich einige Aufgaben, die den Projektsteuerer entlasten, so dass ein Leistungsvolumen von 85–88 % des Grundleistungsvolumens als realistisch erscheint. Falls die Ausführungsplanung im Verantwortungsbereich des GU erstellt wird, ergibt sich eine weitere Reduzierung

des Leistungsbildes, dass dann insgesamt auf ca. 88 % des Grundleistungsbildes eingeschätzt wird. Unterstellt wird die Objektüberwachung des Baus durch Wahrnehmung von Qualitätskontrollen und der Stellung der Ansprechfunktion auf der Baustelle.

Projektcontrolling des Generalübernehmers Die Leistungsbildvariante beim Generalübernehmer unterstellt zunächst die klassische Projektvorbereitungsphase. Nach Vertragsabschluss mit dem GÜ übernimmt dieser die operative Steuerung der Planung und Ausführung. Die Aufgaben der Projektsteuerung wandeln sich in Controllingaufgaben, die auf die aufbauorganisatorischen Besonderheiten der Konstellation Rücksicht nehmen müssen. In der Ausführungsphase ergänzen sich die Aufgaben des Projektsteuerers um das Baucontrolling der Qualität auf der Baustelle, die angesichts der beteiligten Stellen GÜ, GU nur stichprobenhaft und auf die Interessenlage des Investors abgestellt sein müssen.

Der nachfolgende Beitrag analysiert den Partneringansatz aus Sicht des Projektmanagements. Projekte im partnerschaftlichen Ansatz sind momentan in Deutschland eher der Ausnahmefall. Die gängigen Unternehmenseinsatzformen bewegen sich von der klassischen Fachlosvergabe über das Generalunternehmermodell bis zur vollständigen Form des Kumulativleistungsträgers, dem Totalübernehmer. Dazwischen gibt es eine Vielzahl an Mischformen, die darauf hinauslaufen, aus den gegebenen projektspezifischen Randbedingungen die Risikosphäre des Investors zu optimieren. Nicht jede Unternehmenseinsatzform ist uneingeschränkt für jedes Projekt geeignet. Jedes Modell hat spezifische Vor- und Nachteile, die auf die Randbedingungen der Situation abgewogen werden müssen. Neben dem Drang von Investoren nach einseitiger Risikoabsicherung durch Kumulativleistungsträgermodelle ist parallel dazu der Trend nach schnellerer Projektabwicklung spürbar.

Wenn Randbedingungen vorliegen, die die gewählten Unternehmenseinsatzmodelle **überfordern,** wird das Projekt zum Negativerlebnis für alle Beteiligten bzw. sind Konflikte zwischen den Parteien vorprogrammiert.

Beim konventionellen Projektablauf reihen sich die Phasen mehr oder weniger kontinuierlich hintereinander. Dieser Ablauf, der in der Praxis zwar nie so theoretisch erfolgt, wie in Abb. 13.1 dargestellt, hat den Vorteil, dass sich das Projekt in der Planung in verschiedenen Schritten iterativ entwickelt und der Investor den Entscheidungsprozess vernünftig und sorgfältig abgestimmt ablaufen lassen kann. Wenn die Planung dann im Einzelnen fertiggestellt ist, kann diese in der Vergabe mit Einzelpaketen oder als Generalunternehmerlösung abgewickelt werden.

In der Praxis ist allerdings festzustellen, dass der Trend in der Projektabwicklung zu immer kürzeren Projektgesamtzeiten führt. Da die Bauausführungsphase in der Regel nur begrenzt zu kürzen ist, ergibt sich eine Gesamtverkürzung der Projektdauer in der Regel über eine Verkürzung der Planungsphase bzw. die Überschneidung von einzelnen Phasen. Diese sogenannte baubegleitende Planung führt unweigerlich zu Problempunkten in der Planung, Ausschreibung und Ausführung und erhöht das Konfliktpotenzial, weil die vertraglichen Vereinbarungen der Planer und ausführenden Firmen nach wie vor auf synchronisiert ablaufenden Prozessen eingestellt sind. Projektänderungen, daraus resultierende Nachträge und Ablaufstörungen sind die Folge dieses Ablaufes.

Ein Pauschalvertrag auf Basis von funktionaler Leistungsbeschreibung versucht dann häufig mit Vollständigkeitsklauseln möglichst viele Risiken zum Auftragnehmer hin zu verlagern, um so eine Kosten- und Terminsicherheit zu erhalten, die in Wirklichkeit gar nicht vorhanden sein kann. Dabei werden die Risiken durch den Bieter häufig nur unzureichend berücksichtigt und werden dann beim Eintritt des jeweiligen Risikos zu einem echten Problem. Die Folge ist, dass sich der Generalunternehmer in diesem Fall zunehmend auf das Claimmanagement konzentriert, um unternehmerischen Verlust abzuwenden. Diese Einflüsse führen dann häufig zu Projektsituationen, die atmosphärisch eher als „Kriegszustand" zutreffend beschrieben werden können.

In diesen Fällen sollte rechtzeitig darüber nachgedacht werden, dass Projekt ggf. in partnerschaftlich orientierter Methodik, heute auch Partnering genannt, abzuwickeln. Allerdings ist dies nicht in jeder vorliegenden Projektsituation aus Sicht des Auftraggebers sinnvoll. Ausschließlich bei Bauvorhaben mit sehr **großer Komplexität** und unter Einfluss **ehrgeiziger Kosten und Terminvorgaben** sowie **erheblichem Optimierungspotenzial** gewinnt dieser Ansatz an Bedeutung. Folgende Fälle sind in diesem Zusammenhang zu nennen:

1. Projekte, die unter sehr **hohem Zeitdruck** stehen und in der Realisierung eine **starke Überlappung** von Bedarfsdefinition, Planung, Ausführungsvorbereitung und Ausführung erfordern.
2. Projekte, die eine **sehr starke Vernetzung** zwischen Planung, Nutzung, Ausführung beinhalten und Optimierung nur durch einen interaktiven Koordinierungs- und Planungsprozess zwischen diesen Beteiligten sinnvoll ermöglicht werden können (Chipfabriken, Produktionsanlagen, pharmazeutische Anlagen, etc.).
3. Projekte mit frühzeitigem Erfordernis der Kostenund Terminsicherheit zur Finanzierung.

N. Preuß, *Projektmanagement von Immobilienprojekten*,
DOI 10.1007/978-3-642-36020-6_13, © Springer-Verlag Berlin Heidelberg 2013

Abb. 13.1 Tendenzen der zeitlichen Projektabwicklung

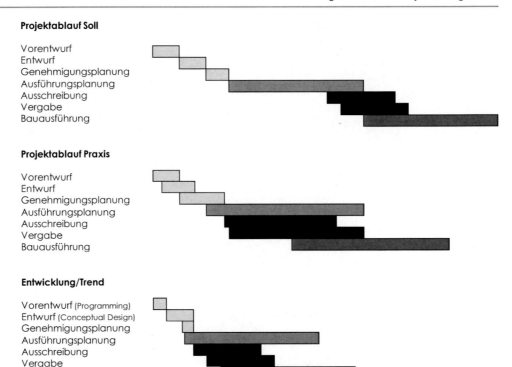

Projektablauf Soll

Vorentwurf
Entwurf
Genehmigungsplanung
Ausführungsplanung
Ausschreibung
Vergabe
Bauausführung

Projektablauf Praxis

Vorentwurf
Entwurf
Genehmigungsplanung
Ausführungsplanung
Ausschreibung
Vergabe
Bauausführung

Entwicklung/Trend

Vorentwurf (Programming)
Entwurf (Conceptual Design)
Genehmigungsplanung
Ausführungsplanung
Ausschreibung
Vergabe
Bauausführung

Die Anforderungen an die Projektbeteiligten werden in dieser Projektkonstellation ungleich höher. Dies betrifft auch das Projektmanagement. Die Prozeduren der Planungssteuerung, des Änderungsmanagements, die Analytik der Open-Books-Methodik, das Entscheidungsmanagement und weitere Bearbeitungsbereiche stellen sich ungleich komplexer dar.

Nicht jeder der Projektbeteiligten kann heute dieser Herausforderung gerecht werden.

Im Folgenden wird zunächst die Realität der Projektabwicklung mit Generalunternehmern aus Sicht des Bauherren dargelegt und anschließend aus Sicht der Bauindustrie.

Die Ursache für diese von beiden Seiten als unbefriedigend empfundene Entwicklung ist vielfältig und liegt partiell im System der abgeschlossenen Verträge und der daraus resultierenden Vorgehensweisen.

Es wird deshalb anschließend auf die Abwicklung im Partneringansatz aus Sicht des Projektmanagements eingegangen und in einigen Ansätzen die veränderte Vorgehensweise angesprochen.

13.1 Problemfelder bei Kumulativleistungsträgern aus Bauherrensicht

Die nachfolgend dargestellten Problempunkte der Projektabwicklung in der Unternehmenseinsatzform Generalunternehmer haben unterschiedliche Ursachen. Zu einem Teil ergeben sich diese aus mangelhaften Vorgaben des Bauherren bzw. Investors, die dieser dem Unternehmer

als Vorgabe zur Planung und Ausführung schuldet. Häufig werden diese Problempunkte im Rahmen der Vergabe nicht erkannt oder verschwiegen, im ungünstigsten Falle werden diese erst zu einem späten Zeitpunkt von den Beteiligten erkannt, sodass daraus erst zu fortgeschrittener Projektphase Störungen erwachsen. Häufig überlagern sich dann diese Ursachen mit Versäumnissen verschiedener Projektbeteiligten, sodass zu einem späteren Zeitpunkt die Beurteilung der Verantwortungslage sehr schwierig wird. Ein weiteres Feld von Problembereichen erwächst aus Unzulänglichkeiten der Generalunternehmerorganisation, wie z. B. ungenügende Steuerung der Planung, zögerliches oder nichterfolgtes Aufarbeiten von bestehenden oder erkannten Problempunkten, verspätete und ungenügende Personalbereitstellung in den Managementfunktionen des Projektes, zu späte Vergabevorbereitung und Beauftragung an Nachunternehmer, unzureichende Steuerung und Kontrolle der Nachunternehmeraktivitäten etc. Die nachfolgend aufgeführten Problempunkte sind ein Querschnitt verschiedener Erfahrungen über einen längeren Zeitpunkt in einer Vielzahl von Projekten. Insofern ist die nachfolgende Erkenntnis als **Trendanalyse** und **nicht als Pauschalurteil** über alle Projektabwicklungen in der Unternehmenseinsatzform des Generalunternehmers zu verstehen.

13.1.1 Planungskoordination

Häufig wird vom Investor zur Vermeidung von Schnittstellenrisiken die Ausführungsplanung in den Leistungsumfang des Generalunternehmers verlagert. Damit obliegt diesem die Durchführung der Planung und Koordination der Beteiligten. Die GU-seitige Beauftragung der dafür notwendigen Fachplaner erfolgt oft verspätet und nicht mit der erforderlichen Sorgfalt sowie ohne Beachtung und verbindlichen Festschreibung der dafür notwendigen Personalkapazitäten zur Einhaltung der Terminvorgaben. Des Weiteren werden keine differenzierten Leistungsbilder und Schnittstellendefinitionen formuliert, sondern die neu rekrutierte Planungsmannschaft plant ohne effiziente Einführung in die Planungsaufgabe und ohne differenzierten Zielkatalog deshalb nicht genügend zielorientiert. Die zur Prozesssteuerung notwendigen Managementmethoden, z. B. Steuerungsablaufpläne für die Entwicklung der verschiedenen Phasen der Ausführungsplanung, entstehen – wenn überhaupt – zu spät. Die operative Durchführung dieser Projektmanagementaufgabe wird häufig nicht als vitale Aufgabe der Projektleitung durch das GU-Management verstanden, sondern wird häufig an interne oder externe Stellen in unzulänglicher Weise delegiert. Im schlimmsten Falle erfolgt die Delegation an zentrale Stabsstellen, die fernab der Baustelle, ohne aktuelle Bezüge zu den Abläufen von Planung und Bau des konkreten Projektes tätig sind. Wenn dieser Ablaufplan dann auf der Baustelle eintrifft, ist er bereits schon wieder von den aktuellen Geschehnissen überholt. Anschließende Aktivitäten werden dann sehr zögerlich umgesetzt. Wir alle wissen, dass es mit dem Terminplan allein noch nicht getan ist. Der Erfolg wird erst dann eintreten, wenn die im Ablaufplan beinhalteten Vorgaben durch aktive Koordination und Management der Beteiligten umgesetzt werden. Offensichtlich wird der Unternehmenseinsatzform Generalunternehmer auch einfach partiell zu viel zugemutet, was den Zeitablauf betrifft. Die Parallelität in Planung und Ausführung erfordert eine durchgängige Projektmanagementfunktion vom abgeschlossenen GU-Vertrag, über die zu erbringende Planungsleistung, mit Integration der zwischenzeitlich häufig stattfindenden Änderungen, bis hin zur Vorbereitung der Vergabe an die Nachunternehmer, deren Beauftragung und anschließenden Koordination.

Häufig erlebte Realität ist, dass der vertragliche Ansprechpartner des GU über diesen Projektabläufen „schwebt" und ab einem bestimmten Zeitpunkt die zuvor propagierte partnerschaftliche Verhaltensweise verlässt und sich nur noch auf die Analyse der Konsequenzen für ihn im vertragsrechtlichen Sinne konzentriert. Die Projektzielerreichung wird häufig dann sekundäres Ziel. Die Erbringung der Ausführungsplanung mit ihren vielfältigen Verknüpfungen zwischen Bau, Ausbau, Technik, Nutzer-bzw. Mieterausbau wird häufig nicht mit der notwendigen Fachkunde und Managementkompetenz erbracht. Die Überprüfung der Ausführungsplanung auf ihre Zielvorgaben des Vertrages, das aktive Ausräumen von Koordinationsdefiziten in den Detailplanungspunkten und den damit entstehenden Kollisionen und Unverträglichkeiten zu der Montage- und Werkstattplanung

der Nachunternehmer findet nicht statt. Die Planungsbeteiligten werden regelrecht ihrem „Schicksal" überlassen, mit dem entstehenden Geflecht aus Koordinationsdefiziten und Behinderungsanzeigen der Nachunternehmer klarzukommen. Die dabei zwingend erforderliche Steuerungsfunktion auch in der Koordination- und Ansprechfunktion zum Bauherrn wird dabei häufig überhaupt nicht sichtbar. Bei auftretenden Problemfällen wird dann auf die Unzulänglichkeit der vom GU eingeschalteten Planer verwiesen, wobei die eigentliche Ursächlichkeit für die Probleme in einer schlechten Steuerungs- und Führungsfunktion des Generalunternehmers liegt.

Für den Bauherren werden diese Abläufe punktuell in den verzweifelten Versuchen spürbar, die notwendigen Entscheidungen durch Veranstaltungen herbeizuführen, die man Bemusterungen nennt, die aber eigentlich gar keine sind. Erst dann wird für den Bauherren sichtbar, dass Alternativen zu wesentlichen Planungspunkten nicht sorgfältig vorbereitet wurden, und vor dem Hintergrund von bereits verstrichener Zeit damit gedroht wird, dass bei nicht sofortiger Entscheidung Terminverzug droht. Damit ergibt sich im Nachgang die Erkenntnis, dass zu Beginn der Projektabwicklungen wertvolle Zeit durch mangelhafte Vorbereitung vergeudet wurde, die dann später zu großen Problemen in der Fertigstellung führen.

Die Bewertung des Verfassers zu diesem Kriterium ist, dass durch derartige Unzulänglichkeiten der Vorteil des GU-Modells für den Bauherren nicht wirksam wird. Damit ergibt sich auch ein sehr großer Mehraufwand beim Bauherren durch Ausräumung der entstandenen Probleme und Mehrfachveranstaltungen zu dem gleichen Thema. Zur Abwicklung dieses gesamten Themenkreises ist eine entsprechende Managementkompetenz des Generalunternehmers erforderlich, um diese Prozesse zu steuern. Diese Fragestellungen und Einzelheiten dazu sollten bereits bei der Vergabe angesprochen und entsprechend wirksam verbindlich vereinbart werden.

13.1.2 Änderungsmanagement

Ein klassisches Änderungsmanagement als Methodik des Projektmanagements wird häufig nicht installiert. Das Änderungsmanagement beschränkt sich auf die Sammlung von Änderungssachverhalten, mit dem Ziel, die abgegebene Termin- und Kostensicherheit in Frage zu stellen. Das Änderungsmanagement wird von Generalunternehmerseite auch in einigen Fällen mit Nachtragsmanagement verwechselt. Dagegen geht es beim Änderungsmanagement in der Planungsphase um einen Prozess von Einzeltätigkeiten, beginnend von der Identifikation der Änderung, deren Bewertung im Hinblick auf die Auswirkungen des Projektes und die Herbeiführung der Entscheidung über die Änderung vor deren Durchführung. Diese Prozesskette muss sehr schnell zwischen Planungs- und sonstigen Planungsbeteiligten erfolgen und bedarf inhaltlicher Methodenkompetenz. In der Praxis werden Änderungen nur zur Kenntnis genommen, deren Auswirkung nicht kommentiert sondern erst im Nachgang, wenn Probleme aufgetreten sind.

13.1.3 Entscheidungsmanagement

In der Phase nach Auftragserteilung des GU bis zum Baubeginn und in der darin anschließenden Weiterentwicklungsphase der Ausführungsplanung müssen eine Vielzahl von Entscheidungen getroffen werden. Der GU braucht diese einerseits für die kontinuierliche Weiterentwicklung der Planung und andererseits für die Ausschreibung der Nachunternehmerleistungen. Beim Entscheidungsmanagement gibt es im Grundsatz zwei Betrachtungsebenen. Die erste Betrachtungsebene ist der Entscheider, der die vorbereitete Entscheidung treffen muss. Die zweite Betrachtungsebene beinhaltet denjenigen, der die Entscheidung benötigt. Je nach Aufbauorganisation der Projekte bedarf es verschiedener Instrumente des Entscheidungsmanagement, die in der Zusammenarbeit mit Generalunternehmern selten wahrgenommen wurden. Die wahrzunehmenden Aufgaben können durch folgende Fragestellungen präzisiert werden, die permanent reflektiert werden müssen:

- **Welche** Entscheidung muss im Sinne des ungestörten Projektablaufes getroffen werden?
- **Wann** muss die Entscheidung getroffen werden?
- **Welche Priorität** hat die Entscheidung für den weiteren Planungsablauf?
- **Wer** ist im Falle der verzögerten Entscheidung dadurch **behindert?**
- Wer ist **verantwortlich** im Planungsbereich für die **Vorbereitung** der Entscheidung?
- Wer ist zur **Entscheidungsvorbereitung** einzubinden?
- Auf **welcher Bauherrenebene** wird die Entscheidung getroffen?
- **Welche Alternativen** gibt es zu den erforderlichen Entscheidungssachverhalten und wann müssen diese vorbereitet werden?
- **Welche Entscheidungskriterien** gibt es und welche **Parameter** der Entscheidungsfindung sind erforderlich?
- **Welche Entscheidungskriterien** sind für den **maßgebenden** Entscheidungsträger relevant?

Die aus diesen Fragen ableitbare Managementaufgabe ist zwar komplex aber dennoch mit praktischen Werkzeugen relativ einfach umzusetzen. Sie erfordert allerdings eine gewisse Methodik, die in der Praxis häufig nicht erkennbar ist.

Praxis ist dagegen, dass plötzlich, ohne rechtzeitige Vorbereitungsmöglichkeit, eine Entscheidung abgefordert wird,

für die die Grundlage noch gar nicht in entsprechender Form vorbereitet wurde. Die **einzige richtige Erkenntnis** in dieser Entscheidungsfindung ist häufig, dass die Entscheidung **tatsächlich** sofort getroffen werden muss, wenn man nicht Verzögerungen in Kauf nehmen möchten. In diesem Falle wird der GU zwar die Konsequenzen tragen müssen, aber letztlich resultieren diese Auswirkungen dann doch wieder in Umständen, die sich nachteilig für den Investor bzw. Bauherren auswirken.

Es ist deshalb zwingend erforderlich, diese Prozedere mit dem Generalunternehmer entsprechend rechtzeitig zu vereinbaren und auch dafür zu sorgen, dass die Managementkompetenz zur Durchführung der Aufgaben verfügbar ist.

13.1.4 Qualitäten

Der rein theoretisch gegebene Vorteil, frühzeitiges Ausführungswissen zur Optimierung in das Projekt einzusetzen, tritt selten ein, obwohl die Beauftragung diesbezüglich rechtzeitig erfolgt. Dies hängt in erster Linie damit zusammen, dass die heutigen Generalunternehmer fast alle keine Generalunternehmer im herkömmlichen Sinne mehr sind. Die meisten Unternehmen operieren als Generalübernehmer, da sie gar keine eigenen Ausführungskompetenzen mehr vorhalten. Damit unterscheiden sie sich kaum noch von einem Construction Manager at Risk, der auch ein Projektmanager sein könnte, wenn dieser sich den darin steckenden Haftungsthemen stellen würde. Damit ergibt sich auch der Schluss, dass echte Ausführungskompetenz häufig erst mit den Nachunternehmern ins Projekt Eingang findet.

Die Qualität der Projekte kann im GU-Modell aus mehreren Gründen nachteilig beeinflusst werden. Wenn die Planungssteuerung nicht sorgfältig und effektiv erfolgt, sind die Grundlagen für die Nachunternehmerausschreibung und Vergabe mangelhaft. Ein weiterer Qualitätsnachteil für den Bauherren kann daraus entstehen, dass der Generalunternehmer versucht, die möglicherweise „schlecht" beschriebene Vertragsqualität mit eigenen Definitionen zu füllen, um damit seinen Gewinn zu steigern. Häufig laufen deshalb die Nachunternehmerverhandlungen sehr schleppend und werden dann auch an den billigsten und nicht leistungsfähigsten Bieter beauftragt. Der dann zu einem späten Vergabetermin entstandene Verzug im Verhältnis zu den Terminvorgaben wird dann versucht, in der Phase der Montage- und Werkstattplanung wiederaufzuholen. Für eine saubere Koordination der Firmenplanung untereinander und mit der Objektplanung bleibt dann keine Zeit mehr. Die daraus gewachsenen Probleme zeigen sich häufig in einer qualitativ mangelhaften Ausführung auf der Baustelle.

Die Koordination der Nachunternehmer auf der Baustelle selbst findet nicht aktiv in den Baustellenprozessen statt.

Abb. 13.2 Häufige Problempunkte in der Abwicklung mit GU-Modell

Bereich Planungskoordination

- zu späte Beauftragung der Fachplaner ohne Berücksichtigung wesentlicher Parameter (Qualifikation/Kapazitäten/Termine)
- keine geeignete Grundlage (Leistungsbilder, Schnittstellendefinitionen)
- keine aktive Prozesssteuerung (Steuerungsablaufpläne und aktive Koordination)
- ungeeignete Delegation von Managementleistungen (z.B. externe Stabsstellen)
- ungenügende Wahrnehmung der obersten Ansprechfunktion für den Bauherrn
- keine zielorientierte Koordination
- unzureichende Bemusterungsvorbereitung

Bereich Änderungsmanagement

- unzureichende Methodik des Änderungsmanagements (Nachtragsmanagement statt Änderungsmanagement)
- kein situatives Aufbereiten der Konsequenz von Änderungssachverhalten sondern „Verwalten" der Vorgänge

Bereich Entscheidungsmanagement

- keine systematische Entscheidungsvorbereitung mit Projektmanagementmethodik
- kein systematisches Bearbeiten spezifizierter Fragestellungen
- plötzliches Verlangen von Entscheidungen ohne systematisch vorbereitete Grundlage und Alternativenbewertung

Bereich Qualitäten

- zu späte Integration von Ausführungswissen
- schleppende Nachunternehmervergaben auf unzureichende Grundlage
- unzureichende Planungskoordination Firmenplanung/Objektplanung
- keine effektive Koordination der Nachunternehmer

Bereich Kosten

- keine durchgängige Kostentransparenz vorhanden
- Einschätzung der echten Ertragslage häufig nicht oder viel zu spät vorhanden
- „Nachtragsbomben" erst nach der Abnahme (baubetrieblicher Nachtrag)
- teilweise äußerst uneffektive Planungs- und Bauabläufe mit negativem Einfluss auf Qualität (hohe Nachbesserungskosten)

Bereich Projektmanagementpersonal

- keine ausgebildeten Projektmanager

Abb. 13.2 Häufige Problempunkte in der Abwicklung mit GU-Modell

Häufig erst zu spät und unter Ausschöpfung der letzten Mobilitätsreserven erfolgt kurz vor der Fertigstellung in einer Crashphase die Aufholaktion zur Erreichung der Abnahmefähigkeit.

13.1.5 Projektmanagementpersonal

Häufig wird GU-seitig die Übernahme der Planungsund Projektmanagementaufgabe unterschätzt. Aus der Beobachtung von verschiedenen Projekten verbleibt abschließend eigentlich nur die Erkenntnis, dass es dringend erforderlich ist, die GU-seitige Projektmanagementkompetenz nachhaltig zu stärken. Letztlich werden durch die fehlende Struktur und Projektmanagementmethodik zu Projektbeginn die Weichen gestellt für eine uneffektive Projektabwicklung, die zum Teil sehr viel Kapital „verbrennt".

Natürlich gibt es in allen Projekten auch Einflüsse des Auftraggebers, die einer effektiven Projektabwicklung abträglich sind. Aber genau diese Einflüsse kann man durch effektives Projektmanagement sichtbar machen und auch berechtigte Ansprüche daraus ableiten.

Zusammenfassend sind die Problempunkte in Abb. 13.2 zusammengefasst.

13.2 Problemfelder bei Kumulativleistungsträgern aus Sicht der Bauindustrie

Es ist für die momentane Situation der Branche bezeichnend, dass auch die Bauindustrie die Art und Weise der Projektabwicklung in einigen Projekten als sehr unbefriedigend empfindet. Im Moment erlebt die Bauwirtschaft nach langen

Abb. 13.3 Realität (in einigen)
GU-Projekten aus Sicht der Bauindustrie

Bereich Ausschreibungsverfahren

- Unrealistische Bearbeitungszeiten für die Kalkulation
- ständige fortlaufende Änderung der übergebenen Ausschreibungsgrundlagen
- reine Preisabfragen ohne Vertragswerke
- später übergebene Vertragswerke mit zahlreichen Risiken und Zusatzleistungen
- GU soll alle "Problempunkte" des Projektes ohne Preiszuschlag übernehmen

Bereich Projektorganisation

- ständiges Wechseln der AG-seitigen Ansprechpartner
- bürokratische Ablaufprozesse und –strukturen
- keinerlei partnerschaftliche Elemente und Zugeständnisse aus der
  Vertragsverhandlungsphase in der späteren Abwicklung erkennbar

Bereich Ausführungsplanung

- Übergabe von unkoordinierten Vertragsgrundlagen
- Übergabe von vielen Anlagenkonvoluten mit versteckten Hinweisen zur Planung und
  Widersprüchen
- ständige Änderung dieser Grundlagen in der Projektvorbereitungsphase

Bereich Ausführung

- uneffektive Organisation in den Prozessen des Planfreigabeverfahrens, der Bemusterung,
  Entscheidungsfindung
- sprunghaftes Änderungsverhalten des BH bis kurz vor der Ausführung, dadurch
  überproportionale Belastung der Projektvorbereitung und Planungsorganisation
- kein Eingeständnis des AG zu der Kostenwirksamkeit dieser Abläufe

---

Jahren sinkender Bauvolumina wieder eine Tendenz der Erholung. Vieles deutet darauf hin, dass diese Belebung kein Strohfeuer ist, sondern eine nachhaltige Aufwärtsbewegung des Marktes eintritt. Diese Entwicklung hat sich zeitweise in einer erheblichen Preissteigerung und Verengung des Marktes niedergeschlagen. Des Weiteren haben sich diese Auswirkungen in einer vollständigen Änderung des Anbietermarktes für Generalunternehmerleistungen niedergeschlagen.

Die nachfolgend dargestellten Problembereiche aus der Sicht eines Generalunternehmers[1] (Abb. 13.3) resultieren zum Großteil aus der Einflusssphäre des Bauherren und belasten häufig den Projekterfolg sehr negativ. Des Weiteren erzeugen diese auf beiden Seiten des Geschehens sehr unwirtschaftliche Abläufe, die zu einem großen Teil vom Unternehmer getragen werden müssen.

13.2.1 Ausschreibungsverfahren

Der Versand der Ausschreibungsunterlagen für große Projekte erfolgt oft ohne Vorankündigung und mit Vorgabe von unrealistischen Bearbeitungszeiten für die Kalkulation. Anschließend erfolgen unzählige Ergänzungen der ursprünglich übergebenen Ausschreibungsgrundlagen, die in der

Kalkulation immer wieder iterativ einfließen müssen. In Einzelfällen werden auch nur Leistungsverzeichnisse ohne Vertragswerk übergeben. Wenn diese – unvollständige Ausschreibungsunterlage – dann aufwendig kalkuliert wurde, erfolgt zu einem späteren Zeitpunkt, gewissermaßen in der zweiten Bearbeitungsrunde, die Vertragsunterlage. Nach Analyse dieses Werkes wird dann festgestellt, dass dort viele Zusatzleistungen versteckt sind, sehr viele unkalkulierbare Risiken enthalten sind, die anschließend natürlich in individuell verhandelte Klauseln dem GU übertragen werden sollen. Dieses Verfahren erfolgt aus Sicht des AG in diesem ersten Schritt mit möglichst über 20 Angeboten, von denen dann mit den aussichtsreichsten Bietern in Vertragsverhandlungen das Prozedere bis zum Auftrag geführt wird. In diesem Prozess lässt man sich AG-seitig sehr viel Zeit, verlangt von der Anbieterseite allerdings fast täglich immer neue Preismodifikationen für veränderte Projektrandbedingungen sowie Qualitätserhöhungen und Reduzierungen. Die Qualität der Ausschreibungen ist oftmals sehr schlecht, sehr große Verwechslungsgefahr und Vermischungen bestehen zwischen Leistungsverzeichnis und Vertrag. Die Einbindung der Nachunternehmer durch den GU bereits im ist eine wesentliche Voraussetzung für die Angebotsabgabe. Momentan sind die Kapazitäten der Nachunternehmer sehr angespannt und in Folge von Insolvenzen der Vergangenheit zusätzlich belastet. In Zukunft wird deshalb in Schlüsselgewerken (Fassade, Haustechnik, etc.) keine Preissicherheit mehr bestehen oder bauherrenseitig nur durch erhebliche Risikozuschläge erkauft werden müssen. Die Preisverhandlungen laufen AG-

---

[1] Intra F (2007): Der Generalunternehmer als verantwortlicher Ausführungspartner – Voraussetzungen zur professionellen Projektabwicklung. In: DVP, Tagung, 23.03.2007, Berlin

seitig einzig und allein vor dem Hintergrund einer angestrebten Preisreduzierung ab. Vom GU wird erwartet, dass er
das Projekt und die vorliegende Planung in 4 Wochen uneingeschränkt erfasst hat, wofür der Bauherr mit seinen Planern
und Projektsteuerern 9 Monate Zeit hatte. Alle Sachverhalte,
die der Bauherr und seine Beauftragten nicht haben lösen
können, sollen pauschal vom GU übernommen werden,
ohne das eine konstruktive Lösung des Einzelsachverhaltes
in greifbarer Nähe wäre. Vom GU eingebrachte technische
Lösungen im Vergabeverfahren werden sofort vom AG auch
den anderen Bietern erläutert und preislich abgefragt, um ein
gleichgestelltes Angebot von allen Bietern für die weiteren
Verhandlungen vorliegen zu haben.

13.2.2   Projektorganisation

Die Vielzahl an ungeklärten Punkten aus der bauherrenseitig
übergebenen Planung, verbunden mit dem terminseitig vorgegebenen Zwang, möglichst sofort mit der Ausführung zu
beginnen, erfordern neben einer schlagkräftigen Arbeitsvorbereitung der ausführenden Firma auch effiziente Projekt-
organisationsstrukturen mit Einbindung des Auftraggebers.
Häufig wechseln AG-seitige Ansprechpartner, die die His-
torie der Ausschreibung und Vergabe nicht begleitet haben.
Unabgängig davon wissen sie allerdings ganz genau, dass
der GU eine einwandfreie Planung und Ausführung schuldet.
Es werden zu einer Vielzahl von Einzelvorgängen bürokratische Ablaufstrukturen aufgebaut, die über Entscheidungsvorlagen zu kleinsten Einzelsachverhalten 4 Wochen Vorlauf
vor der Ausführungsentscheidung verlangen. Völlig verges-
sen ist in diesem Zusammenhang dann das Zugeständnis
bei den Auftragsverhandlungen, sich angesichts der Ablauf-
zwänge als Auftraggeber flexibel, kompetent und konstruktiv einzubringen.

13.2.3   Ausführungsplanung

Die vom GU häufig zu erbringende Ausführungsplanung
baut auf den übergebenen Grundlagen des AG auf. Diese
wurden vom AG dem GU in der letzten Vertragsphase noch
einmal aktualisiert übergeben, mit der Verpflichtung, diese
abschließend auf Stimmigkeit zu überprüfen. Nach Beauftragung und Einschaltung der Fachplaner durch den GU
stellt sich dann häufig heraus, dass eine Vielzahl von unkoordinierten Einzelsachverhalten in der Planung vorhanden
ist. Die als Vertragsgrundlage übergebene Planung ist völlig
unkoordiniert. Es gibt zusätzlich zur Planung noch Anlagen-
konvolute, in denen versteckte Hinweise zur Planung enthalten sind, die gewissermaßen noch zusätzliche Widersprüche
zu den ohnehin bestehenden Widersprüchlichkeiten enthalten. Die Abläufe werden im Hinblick auf den einzuhaltenden
Baubeginn immer zeitkritischer, da die Planungsgrundlagen

für die Nachunternehmer geschaffen werden müssen. Die
vorbereitenden Aktivitäten werden noch dadurch überlagert,
dass der Bauherr Änderungen zur Realisierung übergibt und
ganz aggressiv reagiert, wenn nicht **sofort** bestätigt wird,
dass diese die vertraglich vereinbarten Terminabläufe überhaupt nicht beeinflussen.

13.2.4   Ausführung

Vor dem Hintergrund von problematischen terminlichen
Abläufen und einer nicht effektiven Projektorganisation
auf allen Seiten des Geschehens laufen auch häufig dann
die Prozesse des Planfreigabeverfahrens, der Bemusterung,
der Entscheidungsfindung, der Koordination der Detailpla-
nungsphase nicht optimal. Es wird auch AG-seitig völlig unterschätzt, dass die Vielzahl an kleineren Änderungen, die
allein betrachtet nicht so problematisch wären, die große Anzahl allerdings noch schlimmer wirken, als mehrere große
Projektänderungen. Die Summe an Vorgängen für die GU-
seitig eingesetzten Planungs- und Ausführungsbeteiligten
wächst überproportional an und muss zusätzlich zur bereits
laufenden Planungsaktivität erbracht werden und erzeugt damit zwangläufig Fehlerpotenzial auf alles Ebenen des Projektes. Die damit einhergehende Ineffizienz führt zu vorher
nicht kalkulierbaren Aufwendungen, die dann häufig nicht
durchgesetzt werden können. In diesem Falle verbleibt dem
AN als einziger Ausweg, seine Rechte (Vergütung) zum
richtigen Zeitpunkt (rechtzeitig vor der Inbetriebnahme)
einzufordern. Dies wird AG-seitig nicht selten als böse Er-
pressung verstanden und belastet die sonst einwandfreie Ge-
schäftsbeziehung nachhaltig.

Es ergibt sich zusammenfassend der Schluss, dass sich
objektiverweise in diesen Fällen die Projektabwicklung nicht
optimal durchführen lässt. Insofern wäre es nicht richtig, die
Ursächlichkeit für die Realitäten aus Sicht des Bauherren nur
beim beauftragten Generalunternehmer zu sehen. Bei nähe-
rer Betrachtung stellt sich heraus, dass die Ursache auch im
System der Unternehmenseinsatzform selbst und den abgeschlossenen Verträgen liegen. Im Folgenden wird deshalb
auf die Abwicklung des Projektmanagements bei Projekten
in partnerschaftlichem Modus eingegangen. Es wird auf die
Darstellung des methodischen Ansatzes verzichtet, da dieser
an anderer Stelle der Literatur sehr ausführlich dargelegt
wird.

13.3   Die Leistungsplattform des Projektmanagements bei Partneringprojekten

Die Leistungsplattform des Projektmanagements bleibt
von den Handlungsfeldern die gleiche wie bei konventionellen Projekten. Es ändert sich allerdings die strategische

Durchführung der einzelnen Aufgaben. Der AG und der Ausführungspartner begegnen sich gewissermaßen auf gleicher Augenhöhe. Dieser partnerschaftliche Ansatz muss sich auch in der Aufbau- und Ablauforganisation wiederfinden. Der Ausführungspartner kann in unterschiedlichen Funktionen tätig werden, als Generalunternehmer, Totalunternehmer, Construction Manager, etc.

Im Folgenden wird der Ausführungspartner in diesem Beitrag Construction Management-Partner (CMP) benannt. In der Aufbauorganisation ist denkbar, dass die Aufgabe der Projektleitung in gemeinsamer personeller Besetzung von AG und CMP erfolgt. Es sind unterschiedliche Konstellationen denkbar. Aufgrund der Notwendigkeit eindeutiger Verantwortlichkeit bietet sich das Modell an, dass der CMP die Leitfunktion in den Projektmanagementaufgaben wahrnimmt und der Bauherr bzw. dessen beauftragter Projektmanager ein darauf abgestimmtes Controlling. Die Abgrenzungen in den Aufgaben sollten in einer differenzierten Schnittstellenliste definiert werden. Die konkrete Abwicklung der Projektmanagementaufgabe erfordert von allen handelnden Personen eine andere methodische Einstellung zur Projektabwicklung als in konventionell ablaufenden Projekttypen. Obwohl der CMP in der Linie des Projektes die Verantwortung tragen sollte, muss sich der Bauherr in das Projektmanagement konstruktiv einbringen. Er sollte sich weniger in der Rolle sehen, nur die (vermeintlichen) Defizite des CMP zu suchen, sondern sich konstruktiv in die Lösung schwieriger Problembereiche einzubringen. Dies können auch konkrete Vorschläge zu den einzelnen Lösungspunkten sein, die der CMP dann verantwortlich überprüfen muss, bevor er diese umsetzt. Der AG sollte seine Tätigkeit auf keinen Fall „bremsend" wirken lassen. Dies betrifft insbesondere auch die Mitwirkungspflichten beim Entscheidungsprozess in der Planungs-, Ausschreibungs- und Vergabephase. Im Folgenden wird die Handlungsplattform des Projektmanagements auf den Einsatz von Partnering-Projekten untersucht. Wo ändern sich die klassischen Tools, die Leistungen und ihre strategische Ausgangsrichtung?

13.3.1 Handlungsbereich Organisation, Information, Koordination, Dokumentation

Eine Vielzahl von organisatorischen Regelungen müssen definiert werden, Daran ändert sich auch bei Partneringprojekten nichts. Da die Beteiligten allerdings zum Teil neue Wege der gemeinsamen Leistungserbringung gehen, sollten die Prozesse in Planung, Ausführungsvorbereitung und Ausführung in moderierten Workshops zwischen den Beteiligten präzisiert werden. Anders wird es nicht gelingen, die unterschiedlichen Vorgehensweisen, die sich zum Teil in jahrelangen Projekterfahrungen niedergeschlagen haben, auf die

Änderungen im konkret vorliegenden Projekt zu transformieren. Dies betrifft insbesondere folgende Einzelaspekte:

- Zuständigkeitsregelung Gesamtprojekt, Definition in der Abgrenzung der Linien- und Stabsfunktionen
- Bauherreninterne Entscheidungsebenen/standardisierter Entscheidungsablauf/Wertgrenzen von Entscheidungen, Ebenen der Entscheidungsfindung, definierte Präferenzen der Entscheidungsfindung
- Änderungsmanagement im Bezug auf Projektziele, Verfahren des Änderungsmanagements, Standardformulare, Dokumentationserfordernisse, Vergütungsmechanismus
- Kommunikationsstruktur des Projektes (Besprechungsebenen, Teilnehmer, Turnus, Gesprächsleitung, Protokoll)
- Berichtswesen (Inhalte, Turnus, Ebenen, Verteiler, Verfasser)
- Terminplanung (Ebenen der Terminplanung, Ersteller der Terminpläne, Beteiligte, Freigaben, etc.)
- Terminkontrolle (Methodik, Pakete, Turnus, Beteiligte, Output)
- Anforderungen an Planerstellung- und Dokumentation (Vorgaben zum Facility Management, Anforderungen an die Bestandsplanung
- Kostenplanung (Anforderungen an die Kostenplanung, Durchführung des Value Managements, Einbindung von weiteren Beteiligten, Aufbau Kostenermittlung, Leistungen der Planungs-Projektbeteiligten)
- Kostenkontrolle (Beteiligte, Ablauf, Open-Book-Verfahren, Anforderungen an projektbezogene Kostenkontroll- und Rechnungswesen, Output Dokumentationen)
- Erstellung Leistungsverzeichnisse (Art, Struktur der Verdingungsunterlagen, Festlegung der Vergabestrategie, Anforderungen an Vertragsunterlagen, Ablauf der LV-Erstellung, Value Engineering im Rahmen der LV-Erstellung)
- Abwicklung des Vergabeverfahrens (Beteiligte, Aufgaben, Regelablauf, Ausgestaltung der Vergabevorschläge, Mitwirkung des Auftraggebers bei den Bietergesprächen, Auswahlverfahren, Dokumentation, Entscheidungsfindung)
- Nachtragsverfahren, konkreter Abwicklungsmodus, Beteiligte, Dokumentationsanforderungen, Entscheidungsfindung, Schnittstellen zum Änderungsmanagement, Mechanismen zur Prüfung des Einflusses auf Maximalpreis, etc.)
- Abrechnungsverfahren (Rechnungslauf, Beteiligte, formaler Abwicklungsprozess, Aufgaben- und Verantwortlichkeiten der Beteiligten)
- Vorgaben zum Internetgestützten Projektraum, Ablage, Zugriffs- und Berechtigungskonzepte, Benachrichtigungen, etc.)
- Konfliktlösungsmechanismen (Methodik der außergerichtlichen Streitbeilegung, Festlegung Gesprächsebenen sowie bei Beteiligte bei auftretenden Streitpunkten, Schlichtungsverfahren, Vermittlungsverfahren, etc.)

Die Erörterung dieser Themen mit Beteiligten aus unterschiedlichen Erfahrungsbereichen führt erfahrungsgemäß zu regen Diskussionen, die in einer konstruktiven Lösung bzw. einem Verfahrensvorschlag enden. Diese dokumentieren Festlegungen stellen ein ganz entscheidendes organisatorisches Element des Projektes dar. Die Qualität liegt dabei weniger in der Papierdokumentation, sondern in der Kommunikation der beabsichtigten Vorgehensweisen.

Die **Auswahl der Projektbeteiligten** ist mit dem wesentlichsten Baustein für den Projekterfolg. Dies betrifft zunächst einmal die Auswahl des CMP durch den Bauherren selbst. Der von CMP vorgesehene Projektleiter muss Kernkompetenzen in mehrfacher Hinsicht haben:

- Die fachlich inhaltliche Kompetenz in der Projekttypologie
- Projektmanagementkompetenz in allen Bereichen des Projektgeschehens (Organisation, Steuerung Planungsabläufe, Value Engineering, Terminsteuerung, etc.)
- Persönlichkeitsprofil zur Führung von Teams (intern/extern).

Die Auswahl der erforderlichen Planungsbeteiligten muss sich ebenfalls nach den Kriterien Fachkunde, Bürokapazität und vorgesehenen Personalqualifikationen richten. Das Auswahlverfahren selbst muss zeitlich strukturiert werden und auch auf Basis eines entsprechenden Instrumentariums aufgebaut werden. Dazu gehört in erster Linie zunächst der Aufbau einer entsprechenden Planungsstruktur. Welcher Planungsbeteiligte, mit welchen Leistungen, ist wann erforderlich. Grundlage dafür müssen konkrete Leistungsbilder mit entsprechenden Schnittstellenfestlegungen sein.

Das Berichtswesen orientiert sich an den Strukturen der Aufbauorganisation. Da der Bauherr in die Ablaufstruktur selber sehr tief integriert ist, wird das Berichtswesen dafür schlanker sein können. Lediglich für die Topebene des Projektes ist ein Bericht erforderlich, da die Projektleitungsebene selbst sehr tief in die Abläufe eingebunden ist.

13.3.2 Handlungsbereich Qualitäten/ Quantitäten

Das Nutzerbedarfsprogramm eines Projektes entsteht vor Einstieg in die konkrete Planungsarbeit. Darin werden die Anforderungen an das Projekt definiert. Die Erstellung erfolgt in einem zielorientiert zu führenden Prozess zwischen Projektentwickler, Bauherr, Nutzer, sowie verschiedene Fachplaner.

Der Nutzen von in Partnering-Methodik geführten Projekten soll darin liegen, Optimierungspotenzial in den Projekten wirksam zu erschließen, häufig noch unter den Randbedingungen eines Fast Track Projektes. Als Voraussetzung dafür ist zunächst einmal die inhaltliche Kompetenz des CMP-Partners erforderlich. Er muss über die Spezialkompetenz im vorliegenden Projekt verfügen. Der Projektleiter, sein Stellvertreter muss diese Kompetenz nachweisen. Die Verpflichtung zum Einsatz dieses Personals sollte vertraglich wirksam festgeschrieben werden. Schon bei der Auswahl des CMP sollte das vorgesehene Planungsteam (falls angeboten) mit entsprechend gewertet werden. Je nach Konstellation werden die Planungsbeteiligten auch gemeinsam von den Partnern rekrutiert. Ganz entscheidend zur Erschließung von gegebenem Optimierungspotenzial im Projekt ist die Fähigkeit des CMP, das vorgesehene Planungsteam zielorientiert durch Projektmanagementmethodik zu führen.

Zur Straffung der Planungsprozesse werden bei Projekten mit hohem Zeitdruck[2] die Planungsphase Grundlagenermittlung und ein Teil der Vorplanung im Rahmen einer konzentrierten „Programmingphase" und die restliche Vor- und Entwurfsplanung zu einer „Conceptual Design-Phase" zusammengefasst. Dabei bedeutet Programming ein Analyse- und Planungswerkzeug, das am Anfang des Gebäudeentstehungsprozesses von besonderer Bedeutung ist und auf höchste Effizienz der Kommunikation zwischen allen Projektbeteiligten ausgerichtet ist. Es dient vor allem der Definition der eigentlichen Aufgabe und der Formulierung von Anforderungen. Die Umsetzung dieser Anforderungen in den nachfolgenden Phasen des Gebäudelebenszyklus begleitet das Programming-Team als Dialogpartner. Besonders der rasche Einstieg in Projekte soll unterstützt werden. Über das lineare Prozessdenken hinaus steht die ganzheitliche, alle Phasen des Gebäudelebenszyklus vernetzende Betrachtung im Vordergrund. Aufeinander aufbauende Phasen mit Vorgesprächen, Workshops und Dokumentation schaffen die Basis für eine effiziente Projektabwicklung. Damit kann die Klärung einer verbindlichen Aufgabenstellung als Ergebnis sichergestellt werden.

Die in konventioneller Projektabwicklung durchzuführende Prüfung der CMP-seitig erstellten Planung erfolgt in partnerschaftlicher Projektabwicklung eher vor dem optimierenden Aspekt. In diesem Zusammenhang sei insbesondere das sogenannte Value Engineering mit der Zielrichtung genannt, kostenoptimierte Lösungen zu erreichen. Die Projektart und das Maß der erforderlichen Optimierungsleistung hat wiederum Einfluss auf die Wahl des CMP. Je komplexer die Projekte sind, umso maßgeblicher werden statt der reinen Bauentwicklungserfahrung die Planungs-, Führungs und Steuerungserfahrungen maßgeblich. Die systembedingt zu leistende Optimierungsaufgabe ist immer planungsgesteuert, sodass diese auch von einem Projektsteuer mit inhaltlichem Planungswissen geleistet werden könnte.

Ganz bedeutsam ist dabei die Aufgabe des erforderlichen **Änderungsmanagements.** Es müssen genau definierte Abläufe und Hilfsmittel zur Verfügung stehen. Jede Änderung muss schnell darauf durchleuchtet werden, ob diese bei

---

[2] Tautschnig/Mathoi/Tegtmeyer/Krauß: Fast-Track-Projektabwicklung im Hochbau

eintretenden Mehrkosten den Maximalpreis anhebt oder unberücksichtigt bleibt. Ohne Vorgabe von strukturellen Hilfsmitteln (Projektänderungsantrag, Prozessablauf von Änderungen, Beteiligte, einzubindende Stellen, etc.) kann der Prozess nicht zielorientiert gesteuert werden.

Die wesentlichste Voraussetzung ist allerdings die straffe Führung des Änderungsmanagements. Dies sollte der CMP durchführen. Ohne weiteres ist diese Funktion allerdings auch beim bauherrenseitigen Projektmanagement möglich.

Ebenso modifiziert zu erbringen ist das Entscheidungsmanagement. Die in aller Regel unter erheblichem Zeitdruck stehenden Projekte brauchen eine sehr effiziente Methodik zur Entscheidungsfindung. Die Realität sollte im partnerschaftlichen Ansatz anders ausgestaltet werden. Entweder der Ausführungspartner oder der bauherrenseitige Projektmanager führt das Management der Entscheidungsprozesse. Die damit einhergehenden Fragestellungen wurden bereits angesprochen. Eine effiziente Gestaltung dieser Abläufe stellt hohe Anforderungen an die Erfahrung an die eingesetzten Projektteams in ihren Teilfunktionen.

Das Vertragsmanagement im partnerschaftlichen Ansatz sollte die bereits dargelegten Problembereiche beider Seiten, der Bauherren-sowie der Firmenseite berücksichtigen. Dies beinhaltet einen gemeinsamen Abstimmungsprozess zum Aufbau der Vergabestrategie, der Abwicklung des Vergabeverfahrens, der rechtzeitigen Einbindung wesentlicher Ausführungsbereiche (Fassade, Technik, etc.) unter Berücksichtigung vorhandener Planungsrisiken und Marktausprägungen. Im gemeinsamen Ansatz liegt die Chance, keine wertvolle Zeit verstreichen zu lassen. Es muss allerdings ein klares Raster an gegenseitig zu leistenden Aufgaben und Abgrenzungen von Verantwortlichkeiten definiert werden. Die eindeutige Festlegung betrifft auch die gegenseitig bestehende Haftung für die Durchführung von Einzelleistungen. In diesem Sinne sollten die Aufgaben in der Linie vom CMP erbracht werden, der Bauherr oder sein Projektmanagement bzw. Controlling sollte im Vier-Augen-Prinzip dabei eingebunden werden und sich konstruktiv im Sinne einer Projektzielerreichung einbringen.

13.3.3   Handlungsbereich Kosten

Ein wesentlicher Grund für den Einsatz von Projekten im partnerschaftlichen Ansatz ist der Optimierungsansatz in kostenrelevanter Hinsicht. Man möchte frühzeitig ausführungsorientiertes Wissen einbeziehen, um daraus orientiertes Einsparpotenzial vorteilig zu generieren. Nach dem Programming wird der Maximalpreis festgelegt, der Ausgangspunkt weiterer Kostenbetrachtungen ist. Dieser Kostendeckel kann sich nach oben oder unten variieren, wenn dies aus Sicht der Vertragsgrundlagen ableitbar ist.

Der Maximalpreis setzt sich aus folgenden Kostenarten zusammen:

- Einzelkosten der Teilleistungen
- Fremdleistungen
- Baustellengemeinkosten
- Allgemeine Geschäftskosten
- Wagnis und Gewinn
- Honorare für Planungs-, Projektmanagement- und Beratungsleistungen
- Kosten und Honorar des Maximalpreispartners

Die Bonus-/Malusreglung kann verschiedene Ausprägungen haben.

Die Abwicklung erfolgt über „Open Books" mit Anforderung vollständiger Transparenz. Die Abrechnung erfolgt unter Addition der tatsächlich entstandenen Kosten zuzüglich eines Wagnis- und Gewinnaufschlages für den Auftragnehmer unter anschließender Gegenüberstellung mit dem vereinbarten Maximalpreis. Diese vereinfachte Darstellung stellt sich in der Praxis als hochkomplexe Aufgabe dar. Die betrifft insbesondere die Vielfältigkeit der Fälle, dass die Abwicklung durch den CMP nicht einwandfrei bzw. mit Defiziten erfolgt. Je nach Schlüssigkeit der Vertragsgrundlage kann auch Streit über Mehrkosten oder Optimierungspotenzial entstehen. Die konkrete Durchführung braucht sehr klare und sauber geführte Dokumentationsgrundlagen. Falls der Auftragnehmer selbst Bauausführungsleistungen übernommen hat, muss er die Kalkulation dafür in detaillierter Form mit Material- und Lohnkostenansätzen transparent offen legen. Häufig entstehen an dieser Stelle Probleme in der Verfügbarkeit dieser Unterlagen einerseits und auch der Bereitschaft, diese Angelegenheiten im partnerschaftlichen Ansatz zu diskutieren. Dies bedarf Methodik und partnerschaftlichem Denken und Handeln, welches sehr oft nicht ausgeprägt ist. Oft gelingt dieser Ansatz auch erst beim zweiten oder dritten Projekt, wenn die Methodik zwischen den Beteiligten eingespielt ist und die handelnden Personen bekannt sind.

Des Weiteren gewinnt in diesen Projekten die Definition eines Konfliktlösungsansatzes an Bedeutung. Es muss daher definiert werden, welche Eskalationsstufen das Projekt hat, um den Projektansatz nicht durch Streitigkeiten zu gefährden.

13.3.4   Handlungsbereiche Termine/ Kapazitäten

Die Abwicklung des Terminmanagements unterscheidet sich im Grundsatz nicht von konventionell geführten Projekten. Ausgehend vom Rahmenterminplan als Ausgangspunkt muss dieser in den weiteren Projektphasen durch differenzierte Steuerungsablaufpläne hinterlegt werden. Auf Grund der häufig sehr stark überlappten Projektphasen wird die

Terminplanung und -kontrolle in verschiedene Pakete zu differenzieren sein. Besondere Bedeutung hat die Terminkontrolle, die bereits in der Terminplanungsphase beginnen muss und auf der Baustelle sehr nah an den Leitprozessen durchgeführt werden muss.

13.4 Folgerungen

In jedem Projekt wird zu unterschiedlichen Zeitpunkten die Frage nach der richtigen Unternehmenseinsatzform gestellt. Die Antwort darauf kann häufig nicht mit eindeutiger Sicherheit gegeben werden, da diese vom Projekt selbst, der Interessenlage des Investors und auch dem Markt für Bauleistungen beeinflusst werden. Die Abläufe in einigen als Generalunternehmermodell abgewickelten Projekten zeigen sehr unbefriedigende Abläufe. Dies ist allerdings nur zum Teil die Folge partiell unprofessioneller Abwicklung. Immer wieder wird dieses Ergebnis durch projektbezogene Randbedingungen bestimmt, die häufig vom Initiator der Projekte ausgehen. Die konventionelle Abwicklung mit einseitiger Risikoabsicherung des Investors wird zunehmend vom Markt nicht mit den gewünschten Angeboten beantwortet. Vollständige Risikoabsicherung muss vom Investor bezahlt werden und übersteigt bei deren Unkalkulierbarkeit den Budgetansatz. Gerade bei sehr komplexen Projekten mit gleichzeitig extremen Anforderungen an die Terminvorgaben erwächst aus den partnerschaftlichen Ansatzmöglichkeiten die Chance für eine geordnetere und weniger konfliktbehaftete Abwicklung. Die Anforderung an das Projektmanagementpersonal wächst dabei erheblich. Dies betrifft nicht nur die veränderte strategische Wirkungsweise des Projektmanagements, sondern auch die veränderte Leistungsaufteilung und Kombination zwischen Bauherr und Ausführungspartner. Die Tools des Projektmanagements müssen dabei an veränderte Randbedingungen angepasst werden, die im Einzelnen im Aufsatz angesprochen wurden.

13.5 Konfliktszenarien aus Sicht der Projektsteuerung[3]

13.5.1 Konfliktursachen im Verhältnis zu Projektbeteiligten

Projekte befinden sich immer im Spannungsfeld verschiedener Interessenlagen. Diese leiten sich aus den definierten Projektzielen im Umsetzungsprozess zwischen dem Investor, Nutzer, den eingesetzten Planern und den ausführenden

---

[3] Preuß N (2010): Konfliktszenarien aus Sicht der Projektsteuerung. In: DVP, Projektmanagement-Herbsttagung, Konflikt – bewältigungsstrategien – Führungsmethodik des Projektmanagements, 12.11.2010, München

Firmen ab. Weitere Aspekte ergeben sich in der Schnittstelle des Projektes zu externen Beteiligten, wie z. B. Genehmigungsbehörden, Nachbarn, betroffenen Bürgern bis hin zu politischen Einflussträgern.

Dabei ist allen Beteiligten klar, dass die Projektziele im „Kriegszustand" nicht effektiv und erfolgreich erreicht werden können. Trotzdem trifft diese Zustandsbeschreibung in vielen Projekten zu unterschiedlichen Zeitpunkten zu.

Deshalb bedarf es in der Projektabwicklung besonderer Beachtung und Methodik, um diese Situation zu vermeiden oder einvernehmlich aufzulösen.

Der Projektsteuerer hat in seinem Leistungsbild eine ganze Reihe an Aufgaben, die helfen können, Konflikte zu vermeiden. Dies betrifft insbesondere die Aufgaben der Strukturierung eines Projektes, die Auswahl von Beteiligten, die Schaffung von organisatorischen Grundlagen bis hin zum Aufbau einer Kommunikationsstruktur mit definiertem Entscheidungs- und Änderungsmanagement.

Dies alleine reicht jedoch nicht aus, wie eine ganze Reihe von Projektbeispielen belegen. Vielmehr kommt es im Konfliktfall auch auf die „weichen" Faktoren in der Projektabwicklung an, wie man konkret z. B. Deeskalationsgespräche führt, Beteiligte einbindet, sie auf der einen Seite motiviert, auf der anderen Seite aber auch im Hinblick auf ihre vertraglichen Pflichten ihre Verantwortung einfordert.

Wenn man jahrelange Erfahrung in unterschiedlichsten Projekten mit unterschiedlichsten Beteiligten hat, fällt es nicht schwer, einige Konfliktursachen aus Sicht der Projektsteuerung aufzuzeigen.

In der Abb. 13.4 sind einige Ursachen aus Sicht der Projektsteuerung im Verhältnis zu anderen Projektbeteiligten dargestellt.

Konflikte im Verhältnis Projektsteuerer zu Auftraggeber
Je nach Leistungsbild des Projektsteuerers können unterschiedliche Interpretationen zu den Aufgaben des Projektsteueres entstehen. Soweit standardisierte Leistungsbilder als Grundlage dienen, z. B. das AHO-Leistungsbild, können unter Hinziehung der Kommentierungen klare Leistungsgrundlagen bestehen. Partiell ergeben sich Probleme dahingehend, dass der Projektsteuerer zu verschiedenen Leistungsfeldern nur punktuell hinzugezogen wird und die Leistungsinhalte in der Akquisitions-bzw. Vertragsphase dann nicht abschließend geklärt werden. Damit einher geht möglicherweise eine unklare Schnittstellendefinition zwischen den Aufgaben der bauherrenseitigen Projektleitung und der in Stabsfunktion angesiedelten Projektsteuerung.

Falls die Zuständigkeiten im Auftraggeberbereich unklar sind, häufig auch aus Gründen einer neugebildeten, projektspezifischen Auftraggeberorganisation, entstehen damit zusätzlich und zwangsläufig Ansatzpunkte für spätere Konfliktsituationen.

Konflikte im Verhältnis Projektsteuerer/AG:	Konflikte im Verhältnis Planer/PS/BH:	Konfliktverhältnis Planer untereinander	Konfliktverhältnis BH/Firmen
- Unterschiedliche Interpretationen der Aufgaben/Leistungsbild - Unklare Schnittstellendefinitionen zwischen Aufgaben der Projektleitung/Projektsteuerung - Unklare Zuständigkeiten im AG-Bereich - Einflussnahme von übergeordneten Gremien auf die Projektziele - „persönliche" Abneigungen im Team - Kommunikationsprobleme - Keine „aktive" Leistungserbringung des PS und Entlastung des BH - Unklare, unrealistische oder falsche Zielvorgaben des Projektes	- Planer akzeptiert PS nicht als Bauherrenvertreter - Projektsteuerer erbringt Aufgaben aus dem Planungsbereich - Planungsänderungen - „Planungsfehler" - Unterschiedliche Auffassungen zu Leistungsinhalten der Planung - Einfluss von Projektstörungen auf die Kapazität der Planer - Persönliche Abneigungen zwischen Teammitgliedern - Honorarkonflikte	- Schnittstellen zwischen externen Planungsbeteiligten/Leistungs - abgrenzungen - Koordinationsdefizite im Planungsablauf - Ursachen von entstandenen Planungsfehlern - Planungsänderungen - Persönliche Abneigungen zwischen Teammitgliedern	- nicht rechtzeitig übergebene Planungsunterlagen - Änderung der Leistung und Vergütungsfolge - Nicht nachvollziehbare Anspruchsgrundlagen bei Zusatzforderungen - Mangelhafte Ausführungsqualität

Abb. 13.4 Konfliktursachen aus Sicht der Projektsteuerung

Insbesondere größere Projekte bestehen aus mehreren operativen Entscheidungsebenen. Wenn die Kommunikation zwischen diesen Ebenen nicht durchgängig ist und beispielsweise das übergeordnete Gremium nachhaltige Einflussnahme auf die Projektziele mit konkreten Änderungsfolgen hat, entstehen hier häufig Konflikte, die ursächlich in Kommunikationsproblemen begründet sind.

Häufig lassen sich persönliche Abneigungen im Team nicht ausräumen. In diesem Falle sind gegebenenfalls personelle Konsequenzen sinnvoller, als sich das ganze Projekt über Kleinigkeiten streiten zu müssen. Darüber hinaus entstehen Konfliktszenarien häufig aus Kommunikationsproblemen und verdienen somit gesonderte Beachtung.

Eine Konfliktsituation zwischen Projektsteuerer und Auftraggeber liegt möglicherweise auch im Leistungsbereich des Projektsteuerers selbst, wenn es ihm nicht gelingt, sich als aktiver Leistungserbringer und damit als wirksame Entlastungsfunktion des Bauherren zu qualifizieren. Häufig liegen in diesem Umstand auch tiefer liegende Ursachen für Konflikte, die sich aus Sicht des Projektsteuerers auch nur durch personelle Konsequenzen ausräumen lassen.

Konflikte im Verhältnis Planer – Projektsteuerer – Bauherr Falls der Planer den Projektsteuerer in seiner Rolle

nicht akzeptiert, entsteht daraus die Grundlage für eine ganze Reihe an Konflikten. Möglicherweise hat der Projektsteuerer durch sein Verhalten im Verhältnis zu den Planern zu dieser Meinungsbildung beigetragen oder es besteht ein grundsätzliches Verständnisproblem des Planers im Verhältnis zu den Projektsteuerungsleistungen.

Ein großes Konfliktpotential kann darin liegen, wenn der Projektsteuerer aus Unverständnis seines eigenen Leistungsbereiches Aufgaben aus dem Planungsbereich erbringt. So ist es nicht Aufgabe des Projektsteuerers, Alternativplanungen zu erbringen. Davon abgegrenzt werden muss die vom Auftraggeber gewünschte Fähigkeit des Projektsteuerers, sich inhaltlich mit den Ergebnissen des Planungsprozesses zu beschäftigen und diesbezüglich eine eigene Meinung zu entwickeln, um im Entscheidungsprozess zu Planungsinhalten, Kosten und anderen Fragestellungen Antwort geben zu können. Ein sehr großes Feld von Konfliktursachen entsteht durch Planungsänderungen. Das Konfliktpotential hängt dabei von der Anzahl der Änderungen, dem Zeitpunkt ihres Eintretens und des Umfanges der Planungsänderung ab. Die Konfliktsituationen verstärken sich dann noch zusätzlich, wenn bei sehr terminkritischen Projekten, die Planerkapazitäten in den ungestört laufenden Planungsbereichen von den Änderungsleistungen überlagert werden. Wenn die Pläne zu fixierten Zeitpunkten an ausführende Firmen übergeben werden müssen, entstehen dort sehr bedeutsame Konfliktsituationen, die nicht durch rein akademische Betrachtung gelöst werden können, sondern pragmatisches Handeln aller Beteiligten erfordert.

Häufig bestehen unterschiedliche Auffassungen zu den Leistungsinhalten der Planung.

Dies gilt insbesondere in den Fällen, in denen z. B. Schnittstellen zwischen Planung und Ausschreibung gewählt worden sind und der Ausschreibende Angaben benötigt, die wiederum der Planer in der angeforderten Form für nicht notwendig hält.

Wer viel arbeitet macht auch Fehler, sagt eine alte Weisheit und hat damit sicherlich Recht, weil wir alle nicht unfehlbar sind. Was nun ein Planungsfehler ist, darüber lässt sich in einigen Fällen streiten, in anderen Fällen ist die Sachlage so klar, dass der Fehler klar identifizierbar ist.

Bei sehr komplexen Projekten mit einer Vielzahl von Schnittstellen und Unwägbarkeiten entstehen zwangsläufig Projektstörungen mit dem Einfluss auf die Leistungserbringung der Projektbeteiligten. Damit entstehen Anspruchsgrundlagen im Hinblick auf Honoraranpassungen, die häufig zu unschönen Konflikten führen können.

Konfliktverhältnis Planer untereinander Ein weites Feld von Konflikten liegt in einer unpräzisen Schnittstellendefinition zwischen den einzelnen Planungsbereichen bzw. Planungsbeteiligten. Immer dann, wenn die Leistungsabgrenzung nicht präzise erfolgt ist, entstehen dort Konfliktsituationen, die auch in anderen Bereichen z. B. Kosten, Auswirkungen zeigen.

Ein weiteres wesentliches Ursachenfeld liegt im Bereich fehlender Koordination zwischen den Planungsbeteiligten. Immer dann, wenn die Planungsbeteiligten zur Koordination völlig allein gelassen werden und zusätzlich noch ein sehr enges Terminkorsett vorliegt, entstehen häufig weiße Flecken in der Koordination, die sich im Extremfall erst bei der Ausführung zeigen.

Diese Ursachen gehen häufig auch mit einer unzureichenden technischen Koordination des Architekten im Verhältnis zu den fachlich Beteiligten einher.

Damit entstehen auch häufig Ursachen für Planungsfehler, die dann im Hinblick auf ihre Entstehung zwischen den Beteiligten zu Streit führen können.

Planungsänderungen wurden bereits angesprochen und führen naturgemäß auch zwischen den Planern zu Konflikten, wenn das Änderungsmanagement im Hinblick auf die Aufgaben nicht klar strukturiert ist.

Konfliktverhältnis Bauherr zu Firmen Vertragspartner für die ausführenden Firmen bleibt der Bauherr. Dieser übergibt über seinen beauftragten Planer auch die Grundlagen für die Ausführung, die Ausführungspläne. Aus dieser häufig

nicht rechtzeitig übergebenen Planungsgrundlage entstehen dann häufig Projektstörungen mit zum Teil sehr gravierenden Folgen. Zwangsläufig gehen damit die Änderungen der Leistungen der ausführenden Firma mit den damit zusammenhängenden Vergütungsfolgen einher.

Bei gescheiterten Projekten, zu denen man sicherlich auch die zählt, die in „kriegerischen" Auseinandersetzungen zwischen den Beteiligten enden, gibt es in aller Regel nicht nur einen, sondern mehrere Beteiligte, die zu dieser Entwicklung beigetragen haben.

Insofern geht es an dieser Stelle nicht darum, die Konfliktursachen systematisch der einen oder anderen Stelle zuzuordnen, sondern zu erkennen, wo Ursachen liegen, die im Zusammenwirken zwischen den Beteiligten verhindert werden können.

Aus diesem Grund heraus wird eine phasenbezogene Eingrenzung von Konfliktursachen vorgenommen.

13.5.2 Phasenbezogene Eingrenzung von Konfliktursachen

Eine phasenbezogenen Darstellung von Konfliktursachen ist in Abb. 13.5 dargestellt.

Die einzelnen Phasen von der Projektentwicklung über die Projektvorbereitung bis hin zum Projektabschluss überlagern sich teilweise.

Projektentwicklung Im Rahmen einer Projektentwicklung wird durch interdisziplinär besetzte Teams aus den verschiedenen Fachdisziplinen das Projekt entwickelt. Diese Aufgabe enthält viele Teilaufgaben, z. B. die Standortanalyse und Prognose, Marktrecherche, Angebots- und Nachfrageanalyse, Grundstücksakquisition und -sicherung, Nutzungskonzeption, Vermarktungskonzept, Projektfinanzierung, Risikoanalyse und -bewertung, Rentabilitätsanalyse etc.

Die Schwierigkeiten der Projektentwicklung liegen unter anderem auch in der Erfassung von realistischen Prognosedaten und der zutreffenden Einschätzung des Immobilienmarktes in der Region und auch des spezifischen Standortes des vorliegenden Projektes. In einer ganzen Reihe an prominenten Projekten zeigt sich, wie schwierig die Stakeholderanalyse und die Ableitung von erforderlichen Kommunikationsvoraussetzungen dazu ist. Ein weiteres komplexes Feld ist die Abschätzung der Kostengrößen des Projektes im Verhältnis zu erzielbaren Einnahmen. In Kombination mit einem zu eng gewählten Terminrahmen entsteht damit eine häufig sehr schwierige Ausgangssituation des Projektes, die dann während des Projektverlaufes korrigiert werden muss.

Projektvorbereitung Auch in der Projektvorbereitungsphase liegt eine ganze Reihe an Ansatzpunkten für spätere Konfliktursachen.

Projektentwicklung	Projektvorbereitung	Planung	Ausführungsvorbereitung	Ausführung	Projektabschluss
- Unzureichende Projektentwicklung, in Folge unklarer Projektziele - Unzureichende Risikoanalyse und –prognose mit Stakeholderanalyse - Falscher Kosten-/ Terminrahmen	- Unklare Projektaufbauorganisation - Fehlende organisatorische Vorgaben - Fehlende, wirksame Kommunikationsstruktur - Fehlendes Änderungs-/ Entscheidungsmanagement - Unpräzise Leistungsbeschreibung für Projektbeteiligte - Unklarheiten, offene Fragen in den Grundlagen zur Planung (Nutzerbedarfsprogramm) - Fehlende Präzisierung der Investitionskosten - Unzureichende Struktur der projektspezifischen Kostenverfolgung - Fehlende Terminstruktur der Projektvorbereitungsphase - Fehlendes Risikomanagement	- Unklarheiten in den Planungsvorgaben - Fehlende, systematische Einbindung des Nutzers - Zu späte Klärung von offenen Fragestellungen seitens der Planer; schlechte, diffuse kommunikationsstrukturen - Keine aktive Steuerung der Planungsbeteiligten über Ablaufplanung - Kein aktives Entscheidungs- und Änderungsmanagement - Kein durchgängiges Kostenmanagement - Fehlende Durchsetzungskraft gegenüber Projektbeteiligten - Fehlende Prüfung der Planungsergebnisse/ Freigaben von Teilschritten der Planung	- Unklare Definitionen der Vergabestrategie - Fehlende Prüfung der Ausschreibungen - Änderungen im Ausschreibungsverfahren - Einseitige Risikoverlagerung in die Ausschreibung - Unstrukturiertes Vergabeverfahren - Fehlende Prüfung der Ausführungsplanung - Unklare Vertragsgrundlagen - Kein aktuelles Kostenmanagement - Fehlauswahl von Ausführungsfirmen	- Änderungen am Leistungssoll - Fehlende Koordination von ausführenden Firmen - Nichtausräumen von Behinderungssachverhalten - Unzureichende Qualität in der Bauausführung - Fehlende Qualitätskontrolle - Schlechte Organisation der Baustelle/ Logistik - Mangelnde Sensibilität gegenüber externen Stakeholdern des Projekts - Unzureichendes Nachtragsmanagement	- Unzureichende Vorbereitung des Projektabschlusses - Mangelhafte Mängelabarbeitung - Ungenügende Vorbereitung des Nutzers auf die Übernahme des Projektes

Abb. 13.5 Phasenbezogene Eingrenzung von Konfliktursachen

Eine unklare Projektaufbauorganisation mit diffusen Zuständigkeitsregelungen kann ursächlich für Konflikte sein.

Fehlende organisatorische Vorgaben führen zwangsläufig zu einem späteren Zeitpunkt zu Problempunkten, wenn man sich über den Prozessablauf von einzelnen Vorgängen und die Zuständigkeitsregelung im Verhältnis untereinander vorher nicht klar definiert hat. Dies gilt für alle Felder der Projektabwicklung vom Vergabeverfahren, Nachtragsverfahren, bis zur Abrechnung etc.

Jedes Projekt braucht eine Kommunikationsstruktur, die auf die jeweilige Projektorganisation zugeschnitten ist. Viel schwieriger noch als das Aufzeigen der Strukturen ist das Umsetzen der Kommunikation über die einzelnen Projektbeteiligten. Dies gilt insbesondere auch für die Synchronisation der verschiedenen Ebenen, z. B. Geschäftsführungsebene, operative Projektdurchführungsebene.

Ein fehlendes Änderungs-oder Entscheidungsmanagement erzeugt in der Praxis häufig unnötige Reibungspunkte, die vermeidbar sind.

Konfliktursachen liegen auch in unpräzisen Leistungsbeschreibungen für die Projektbeteiligten.

In der Projektentwicklungsphase werden die Grundlagen des Projektes geschaffen. Bestandteil dieser Grundlagen ist in aller Regel ein Nutzerbedarfsprogramm, welches den Planer als Grundlage für ihre Leistung übergeben wird.

Häufig bestehen Unklarheiten zum Nutzerbedarfsprogramm, die zu lange ungeklärt bleiben. Gerade in dieser Phase ist der Projektsteuerer in der Aufgabe gefordert, dem Planer offene Fragen zu beantworten.

Der in der Projektentwicklungsphase entstandene Kostenrahmen ist in aller Regel häufig noch nicht ausreichend hinterlegt. In dieser Aufgabe ist dann auch der Projektsteuerer gefragt, eine weitere Präzisierung in Zusammenwirken mit dem Investor voranzutreiben. Dies gilt insbesondere auch in der Einschätzung bestehender Risiken und deren Auswirkung auf den Kostenrahmen.

Die Struktur der projektspezifischen Kostenverfolgung muss rechtzeitig abgestimmt werden, da sie auch die Schnittstellen in der Kostenplanung beeinflusst. Häufig liegt hier auch die Ursache für spätere Konflikte, wenn die Kostenverfolgungsstruktur erst in späteren Phasen wieder geändert wird.

In der Projektvorbereitungsphase entstehen eine ganze Reihe an Bearbeitungsfeldern, insbesondere auch die Auswahl sämtlicher Projektbeteiligter und die Schaffung von vertraglichen Grundlagen, die bei fehlender oder schlechter Bearbeitung Konfliktsituationen entstehen lassen.

Eine fehlende Terminstrukturierung in der Projektvorbereitungsphase führt häufig zu Konflikten, wenn einige wichtige Vorgänge aus Zeitgründen zu spät erledigt werden.

Planung Alle Unklarheiten in den Planungsvorgaben führen in aller Regel zu einem späteren Zeitpunkt zu Problemen mit Konfliktpotential.

Ein weites Konfliktfeld ist die fehlende systematische Einbindung des Nutzers, der parallel zum Planungsprozess geführt werden muss. Ernsthafte Konflikte entstehen immer dann, wenn der Nutzer bestehende Wünsche zu Änderung der Planung direkt mit den Planern kommuniziert, und diese dann unkontrolliert in das Planungsgeschehen integriert werden.

Häufig durch unzureichende Kommunikation ausgelöst, werden offene Fragestellungen zur Planung nicht rechtzeitig behandelt. Häufig ergibt sich dann erst im Planungsergebnis der jeweiligen Planungsphase die Erkenntnis, dass eine falsche Grundlage vom Planer angenommen wurde.

Der Planungsprozess muss aktiv durch den Projektsteuerer begleitet werden. In Steuerungsterminplänen sind die verschiedenen Beteiligten zu erfassen und zielorientiert zu steuern.

In der Planungsphase muss ein aktives Entscheidungs- und Änderungsmanagement implementiert sein. Alle Beteiligten müssen wissen, wie sie mit entstehenden Änderungen umzugehen haben, weil ansonsten auch die Kostenverfolgung eine wesentliche Grundlage verliert.

Um Projekte steuern zu können, bedarf es einer gewissen Durchsetzungskraft gegenüber Projektbeteiligten, wenn es um die Einforderung vertraglicher Pflichten geht. Wenn diese nicht bei Bauherr und Projektsteuerer besteht, kann damit ein ansonsten motiviertes Planungsteam durch einzelne Planungsbeteiligte nachhaltig gestört werden.

Es ist notwendig, dass sich der Bauherr bzw. der Projektsteuerer mit den Planungsergebnissen intensiv auseinandersetzt, um rechtzeitig Abweichungen von den Planungsvorgaben zu erkennen. Auch benötigen die Planer in Abhängigkeit des Terminablaufes gewisse Entscheidungen zum Planungsstand durch den Bauherren.

Eine Verweigerung von Freigaben zu bestimmten Teilergebnissen der Planungen führt in aller Regel zu Problempunkten im Ablauf.

Ausführungsvorbereitung Häufige Ursache für später auftretende Konflikte ist eine unklare Definition der Vergabestrategie. In welchen Paketen soll der Investor vergeben? Wie grenzen sich die Ausführungspakete voneinander ab? Einerseits besteht der Wunsch, sich diesbezügliche Entscheidungen möglichst lange offen zu halten, andererseits verliert man daraus möglicherweise wertvolle Vorbereitungszeit für die Ausschreibung selbst.

Die planerseitig erstellten Ausschreibungen müssen auf verschiedene Aspekte geprüft werden. Insbesondere gilt festzustellen, ob die auszuschreibenden Leistungen mit den Kostenvorgaben plausibel sind. Im anderen Falle entstehen zu einem späteren Zeitpunkt bei Abweichungen von den Vergabe-Sollgrößen in der Regel erhebliche Terminverzögerungen.

Wenn Änderungen im Planungskonzept das ganze Ausschreibungs- und Vergabeverfahren überlagern, sind damit Konflikte im Hinblick auf die Angebotseinholung und -auswertung vorprogrammiert.

Eine einseitige Risikoverlagerung in den Bereich der Ausschreibungen, mit dem Ziel, diese Risiken der ausführenden Firma zu übertragen, führt häufig zu Konflikten im Angebotsverfahren und auch möglicherweise zu einem späteren Zeitpunkt, wenn die Risikoverlagerung gegen die AGB-Gesetzgebung verstößt.

Falls das Vergabeverfahren nicht klar strukturiert ist und die Zuständigen der Beteiligten bauherrenseits nicht eindeutig fixiert werden, gibt es in aller Regel Zuständigkeitskonflikte mit der Folge von Terminverzögerungen im Vergabeablauf.

In jedem Projekt besteht die Frage, ob und inwieweit und wenn, in welcher Tiefe die Ausführungsplanung der Planer geprüft werden muss. Auch wenn es kapazitiv noch so aufwendig ist, sollte die Ausführungsplanung auf ihre Zielvorgaben geprüft werden, da ansonsten Terminverzögerungen und Kostenerhöhungen zu einem späteren Zeitpunkt wirksam werden können. Ein weites Feld von Konflikten entsteht durch unklare Vertragsgrundlagen, die durch eine qualifizierte Rechtsberatung vermieden werden können.

Immer dann, wenn aus unterschiedlichen Gründen heraus die Kostenverfolgung mit den tatsächlichen Geschehnissen in der Planung und Ausführungsvorbereitung nicht Tritt hält, ist das Kostenmanagement nicht aktuell und kann zu größeren Irritationen, z. B. auch in der Entscheidung über Vergaben, führen. Große Konflikte können auch durch falsch ausgewählte Ausführungsfirmen entstehen, wenn diese durch fehlende Fachkunde oder unzureichende Kapazität einen ansonsten wohl geordneten Ablauf mit guten Ausführungspartnern nachhaltig stören.

Ausführung In der Ausführung entstehen Konflikte in aller Regel durch Änderungen am Leistungssoll, die wiederum Änderungen auch an der Planung mit sich bringen.

Großes Konfliktpotential liegt in der fehlenden oder schlechten Koordination zwischen einzelnen ausführenden Firmen durch die Objektüberwachung.

Die Nicht-Ausräumung von Behinderungssachverhalten und unzureichende Qualität in der Bauausführung sind die häufigen Konflikt- und Streitpunkte zwischen den Beteiligten in der Ausführungsphase. Maßgeblich bestimmt wird das Konfliktverhalten eines Projektes auch durch die Qualität der Objektüberwachung, die durch eine fundierte Qualitätskontrolle Grundlagen liefern muss, um einer schlechten Bauqualität in der Ausführung entgegenzuwirken.

Die Logistik für ein Gesamtprojekt muss sich bereits in frühen Projektphasen strukturieren, damit die zu einem späteren Zeitpunkt auf der Baustelle tätig werdenden Ausführungsfirmen die nötigen Grundlagen in Form von ausreichenden Lagerplätzen, Zufahrtsstraßen, Sicherheitskonzepten, etc. vorfinden.

Ein weites Feld von Konflikten entsteht durch mangelnde Sensibilität der Ausführungsbeteiligten gegenüber den externen Stakeholdern des Projektes. Gemeint sind hier die Belästigungen durch Lärm, Staub, Erschütterung etc.

Sehr großes Konfliktpotential liegt in einem unzureichenden Nachtragsmanagement, sowohl auf der Bauherrenseite als auch durch die Firmenseite.

Auf der Bauherren-, Projektsteuerer- und Planerseite liegt dies in erster Linie an einer verzögerten Bearbeitung der Nachtragsangebote der ausführenden Firmen. Auf der Ausführungsseite ist häufig festzustellen, dass die Qualität in der Darstellung von Anspruchsgrundlagen und überzogene Forderungen die Konflikte häufig vergrößern und auch eskalieren lassen.

Projektabschluss Eine vorprogrammierte Konfliktsituation besteht häufig darin, dass die Zeit für den Projektabschluss zu Beginn des Projektes bei der Rahmenterminplanung völlig unterschätzt wird. In der Projektabschlussphase liegen eine ganze Reihe an erforderlichen Aktivitäten, die bei einem sehr großen Projekt nicht innerhalb von vier Wochen erledigt sein können. Die Praxis zeigt, dass gerade in dieser Phase noch sehr starke Mängelbeseitigungsleistungen stattfinden, die den Bezug des Gebäudes durch die neuen Nutzer verhindern. Häufig werden in dieser Phase sehr große Fehler gemacht, die eine ansonsten sehr gute Leistung in den vorhergehenden Phasen völlig zunichte macht.

Festzustellen ist auch eine ungenügende Vorbereitung des Nutzers auf seine operativen Aufgaben innerhalb dieser Projektabschlussphase durch die Bereitstellung des für die Inbetriebnahme erforderlichen Personals.

Die vorstehend erläuterte Übersicht über Konfliktursachen zeigt eindrucksvoll auf, dass es der Schaffung einer Vielzahl von Grundlagen bedarf, um gewissermaßen eine organisatorische Plattform für eine konfliktfreie Abwicklung zu schaffen.

Vermieden werden Konflikte dadurch aber leider nicht, da diese in aller Regel durch die unterschiedliche Interessenlage der Projektbeteiligten verursacht werden.

Unabhängig von den Leistungsbildern und Aufgaben von zusätzlichen Beteiligten, wie Mediatoren, bedarf der Projektsteuerer gewisse Voraussetzungen in seinen Werkzeugen und seiner Verhaltensweise, um diesen Situationen gerecht werden zu können.

13.5.3 Methodik der Konfliktbewältigung

Die Ausgangssituationen von Konflikten in den verschiedenen Beziehungsverhältnissen und den einzelnen Projektphasen wurden ausführlich dargelegt. Wie kann man diese Ursachen vermeiden? In einem ersten Ansatz kann durch die Schaffung realistischer Grundlagen in der Projektentwicklungsphase ein wesentliches Fundament geschaffen werden. Der Projektsteuerer ist in aller Regel nicht in vollem Umfang in dieser Phase integriert. Er muss sich allerdings dann in der Projektvorbereitungsphase gewissermaßen als erste Aufgabe sehr stark in die Analyse der Projektgrundlagen einarbeiten und bestehende Unplausibilitäten aufzeigen. Die bereits dargestellten Ursachen in den Folgephasen des Projektes zeigen eindringlich auf, welche Grundlagen durch den Projektsteuerer und den Bauherren geschaffen werden müssen.

Es gibt allerdings einige Handlungsbereiche der Projektsteuerung, in denen neben den rein fachlichen Fähigkeiten die so genannten „weichen" Faktoren der Projektabwicklung an Bedeutung gewinnen. Dies betrifft die Moderations- und Kommunikationskompetenz, die neben der Arbeitsmethodik eine wichtige Rolle spielt.

Die Anzahl der Beteiligten an den Projektabwicklungsprozessen ist sehr hoch. Die Interessenlage der Beteiligten im Projektgeschehen ist stark unterschiedlich. Die Erfassung der Risiken hinsichtlich Kosten, Terminen ist sehr komplex. Die Projekte haben immer kürzere Durchlaufzeiten, so dass eine hohe Effizienz in allen Prozessen wichtig ist.

Die Fähigkeit zur Moderation zwischen verschiedenen Projektbeteiligten bedarf der Gabe, Moderationssituationen rechtzeitig zu erkennen, zu planen, durchzuführen und auch im Hinblick auf die weitere Vorgehensweise auszuwerten. Häufig ergibt sich die Notwendigkeit, die Ziele im Rahmen der Moderation zu definieren, gegebenenfalls zu korrigieren und gleichzeitig den Konsens der Beteiligten zu diesen Zielen herbeizuführen. Eingebettet werden muss dies in eine zielorientierte und konstruktive Gesprächsführung und die Fähigkeit, alle Partner in die Diskussion konstruktiv einzubinden, Themen zu versachlichen und möglichst verbale Ausrutscher und destruktives Verhalten zu vermeiden.

Im praktischen Projektgeschehen liegt die Aufgabe des Projektleiters bzw. Projektsteuerers darin, eine Vielzahl an Stakeholdern mit unterschiedlichsten Interessenlagen und Einflussmöglichkeit in Gesprächen auf unterschiedlichsten Ebenen, wie z. B. der Teamebene, der Ebene Planungsbeteiligte/Bauherr sowie in Deeskalationsgesprächen mit Firmen und Behörden auf die Projektziele einzuschwören.

Es bedarf der Fähigkeit, verschiedene Interessenlagen und Konfliktpotential rechtzeitig zu erfassen und in einer sinnvollen Besprechungsstruktur umzusetzen. Die Zusammensetzung des Teilnehmerkreises und der Besprechungsinhalte sollte wohl überlegt sein und vor allen Dingen die wesentlichen Beteiligten einbeziehen.

Besondere Konzentration sollte auf die Abarbeitung der wichtigsten Themen gelegt werden und eine sehr stringente Gesprächsführung erfolgen.

Aus einer ganzen Reihe an Erfahrungen leiten sich folgende Erkenntnisse ab:

Abb. 13.6 Stakeholderanalyse eines großen Einzelhandelsprojektes

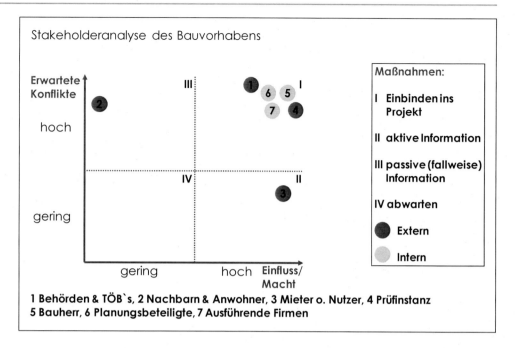

Die Teilnehmeranzahl bei den Gesprächen sollte sofern möglich klein gehalten werden. Die Tagesordnung sollte klar strukturiert sein und die Besprechung straff geführt werden.

Bei den Besprechungen selbst sollte personelle Durchgängigkeit geschaffen werden, ansonsten besteht die Gefahr von Informationsdefiziten. Es sollten klare Terminvorgaben für das Einreichen von Tagesordnungspunkten gemacht werden, und vor der Besprechung sollte eine Strategieabstimmung mit dem Bauherren vor wesentlichen Gesprächen erfolgen, damit eine insgesamt synchronisierte Vorgehensweise entsteht.

Die erfolgreiche Führung von Konfliktgesprächen ist dabei in erster Linie abhängig von der persönlichen Einstellung der bestehenden Konfliktpartner und von der Kompetenz des Gesprächsführers. Auch die Technik der Gesprächsführung, die Neutralität und Objektivität des Moderators spielt eine gewisse Rolle.

Beispielhafte Konfliktszenarien Anhand eines konkreten Großprojektes wurden einige Ansatzpunkte für Konfliktsituationen näher betrachtet.

In Abb. 13.6 ist die Stakeholderanalyse dieses Bauvorhabens dargestellt. Betroffene Stakeholder sind Behörden, Nachbarn, Mieter, Prüfinstanzen, Bauherr, Planungsbeteiligte und ausführende Firmen. Es wurden die Stakeholder im Hinblick auf erwartete Konflikte und gegebenen „Einfluss/Macht" auf der Portfoliomatrix eingeordnet. Demnach haben Behörden in diesem Fall einen hohen Einfluss und hohe Wahrscheinlichkeit im Hinblick auf erwartete Konfliktsituationen. Ebenso betrifft das die internen Stakeholder, die Planungsbeteiligten, die Ausführungsbeteiligten und den Bauherren selbst. Als konkrete Maßnahmen wurden vier

Alternativen betrachtet, die von der Einbindung ins Projekt, der Informationsgebung unterschieden wurden. Aus dieser grundsätzlichen Betrachtung der einzelnen Stakeholder und der möglichen konkreten Ansatzpunkte ergaben sich dann konkrete Betrachtungspunkte in den einzelnen Feldern.

Diese Portfoliobetrachtung wird beispielhaft auf verschiedene Konfliktsituationen analysiert.

In Abb. 13.7 ist das Tekturverfahren dargestellt, mit sehr hoch eingeschätztem Konfliktpotential. Ursächlich dafür ist der gegebene Zeitdruck, geringe Kapazitäten bei der Genehmigungsbehörde, und dem erwarteten Streitpotential. Diese Analyse wiederum ermöglicht dann das Eingrenzen von Gegensteuerungsmaßnahmen, die in diesem Fall eine frühzeitige Abstimmung der Abläufe, Regelterminen mit den relevanten Entscheidungsträgern bis hin zur Herauslösung kritischer Themen und gesonderter Klärung führten.

Ein nahezu bei jedem terminkritischen Projekt gegebenes Konfliktpotential ist in Abb. 13.8 dargestellt und betrifft die rechtzeitige Prüfung und Freigabe der Tragwerksplanung bis zur Übergabe an den Rohbauunternehmer. Konflikte entstehen in diesem Feld durch eventuell eintretende baubetriebliche Störungen, durch einen gegebenen Zeitdruck durch fehlenden Planungsvorlauf, durch vertraglich vereinbarte Freigabefristen der Planung und durch möglicherweise nicht ordentlich koordinierte Planungsgrundlagen und vieler weiteren Faktoren. In diesem Falle wurde zur Gegensteuerung eine Clearing-Stelle installiert, in der die unterschiedlichen Interessenlagen erfasst, und daraus weitere Vorgehensweisen abgeleitet werden konnten. Es mussten Prioritäten im Freigabeprozess festgelegt und deren Einhaltung und gegebenenfalls Modifizierung im weiteren Projektablauf kontrolliert werden.

Abb. 13.7 Tekturverfahren

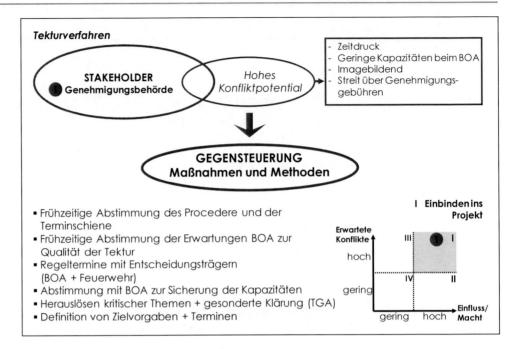

Abb. 13.8 Prüfung und Freigabe der TWP

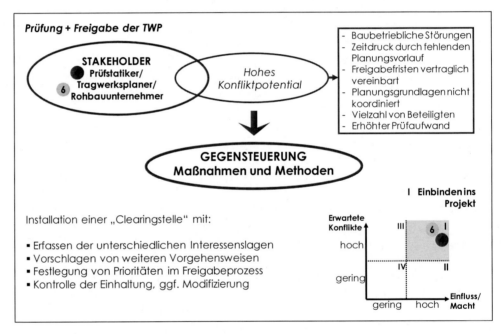

Auch im Bauablauf ergibt sich häufig ein sehr hohes Konfliktpotential, wie in Abb. 13.9 dargestellt ist. Dieses resultiert häufig durch Abweichungen vom vertraglich definierten Bausoll durch Änderungen des Auftraggebers. Durch einen gegebenen fixen Eröffnungstermin, durch die Vielzahl der Beteiligten im Rahmen der Einzelvergabe bei Einkaufszentren durch den Mieterausbau erwächst daraus hohes Konfliktpotential. In diesem Fall sind die internen Stakeholder die Baufirmen, die im Hinblick auf diese möglicherweise entstehenden Situationen geführt werden müssen. Dazu gehört ein guter Informationsstand, um daraus auch erforderliche Gespräche zwischen Bauherr und Auftragnehmern zu initiieren. Gerade bei festgefahrenen Situationen sollte über

klimaverbessernde Maßnahmen nachgedacht werden. In diesem Zusammenhang sollte auch über die Sinnhaftigkeit von Bonusregelungen statt Vertragsstrafen nachgedacht werden.

Häufig entstehende Konfliktsituationen am Ende von Projekten ist die Erforderlichkeit von behördlichen Abnahmen (Abb. 13.10). Hier steckt erhebliches Konfliktpotential auch mit einem möglichen Imageschaden für den Auftraggeber. Häufig ist das Bauvorhaben aus unterschiedlichsten Gründen trotz nahendem Einzugstermin noch nicht ganz fertiggestellt, die Gewerkeabnahmen noch nicht erfolgt und eine hohe Anzahl von Mängeln nicht beseitigt. In der Regel beinhaltet dieses Szenario auch eine hohe Kapazitätsanspannung bei den ausführenden Firmen (Abb. 13.11, 13.12).

Abb. 13.9 Bauablauf

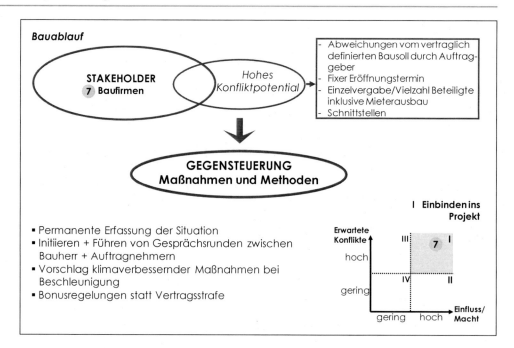

Abb. 13.10 Behördliche Abnahmen

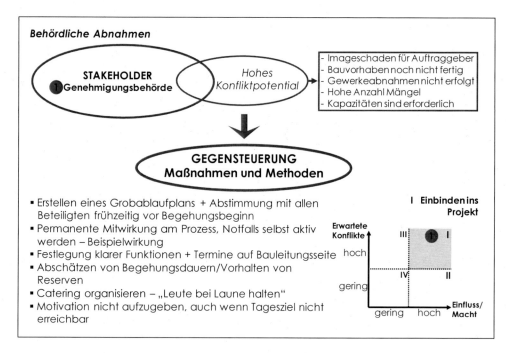

Als Gegensteuerungsmaßnahme in diesem Fall wurde ein Grobablaufplan für die Prozesse in der Abschlussphase erstellt, der frühzeitig vor dem Begehungstermin mit allen Beteiligten abgestimmt wurde. Unabhängig vom Leistungsbild musste in dieser Phase eine permanente Mitwirkung des Projektsteuerers an diesem Prozess erfolgen. Die Termine und Funktionen auf der Bauleitungsseite mussten klar festgelegt werden. Es mussten Begehungsdauern abgeschätzt werden und gewisse Reserven vorgehalten werden. Das in diesem Fall sehr große Team musste motiviert werden, es wurde z. B. ein Catering organisiert.

Ein in der Ausführung weiterhin großes Feld von Konflikten liegt beim Stakeholder der Nachbarn und Anwohner.

Hier besteht ein großes Beschwerdepotential für den Bauherren, ggf. Schadensersatzforderungen, negative Informationen in den Medien, Behörden bis hin zu einstweiligen Verfügungen und Baustopszenarien.

In diesem Fall erfolgte eine ganze Reihe an Maßnahmen, um die Gemeinde entsprechend einzubinden, z. B. auch durch einen Malwettbewerb am Bauzaun, durch frühzeitige und rechtzeitige Nachbarschaftsinformationen bis hin zur Organisation von Festen und Einladungen an Nachbarn.

Abb. 13.11 Belästigung durch
Baustelle

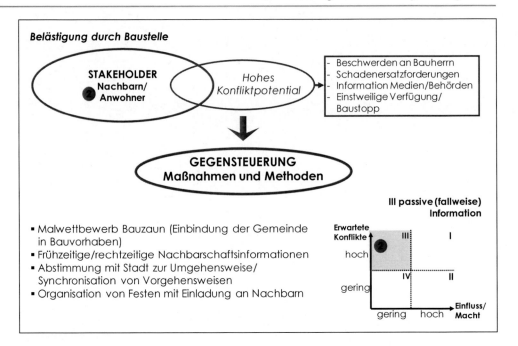

Systematische Vorgehensweise zur Konfliktausräu-
mung Falls der Projektsteuerer zu Beginn eines Projektes
eingeschaltet wird, hat er die Chance bzw. Aufgabe, das
Projekt so zu organisieren und zu strukturieren, dass die
Ansatzpunkte für Konflikte in der Organisationsstruktur

minimiert werden. Dies wird ihm nur dann gelingen, wenn
er mit der Projektleitung seines Auftraggebers gleicher Auffassung über die Notwendigkeiten der Projektprozesse ist.
Wenn Meinungsverschiedenheiten über die notwendigen
Festlegungen oder über die Art in der Ausgestaltung der

Analyseprozess	Auswertung u. Vorstellung der Ergebnisse	Vorbereitung Workshop projektintern	Moderation Workshop	Abschluss-präsentation für die TOP-Ebene	Übergreifende Umsetzung und Kontrolle
- Projektstrukturen - Stakeholderanalyse - Besprechungs-/ Berichtswesen - Termine und Kosten - Planungsstand - Risiken - Aktueller Entschei-dungsbedarf - Änderungsstatus	- Darstellung Risiken und Konfliktpunkte - Aufzeigen von Lösungsmöglich-keiten in Form von Entscheidungsvor-lagen - Darstellung Termin-rahmen - Herbeiführen von Entscheidungen	- Vorschlag Teilnehmer - Zusammenstellung und Abstimmung erforderlicher Unter-lagen - Einladung Beteiligte - Koordination der Vorbereitungen zum Workshop	- Moderation des Workshops - Mediation bei unterschiedlichen Interessenlagen - Dokumentation der Ergebnisse	- Zusammenfassung der Ergebnisse - Darstellung des Projektstatus - Abstimmen der ge-schaffenen Organi-sationsregeln - Terminplan mit kritischem Weg - Kostenstatus mit Definition bestimm-ter Risiken - projektspezifische Abhängigkeiten - Chancen/Risiken und Einschätzung zu Entscheidungs-erfordernissen - Vorschlag zum weiteren Vorgehen	- Schaffung eines konstruktiven Klimas in der Projektab-wicklung - Konsequente Verfol-gung der Projektziele - Ausschaltung von erkennbaren Störgrößen

Abb. 13.12 Methodische Vorgehensweise zur Konfliktausräumung

Ablauforganisation bestehen, muss der Projektsteuerer sich argumentativ gegenüber seinem Auftraggeber einsetzen, um die bestehenden Zielkonflikte zu lösen.

Falls der Projektsteuerer in ein laufendes, bereits in Schwierigkeiten steckendes Projekt zu einem späteren Zeitpunkt eingebunden wird, ergibt sich in einem ersten Teilschritt das Erfordernis einer Analysephase, in der die Projektstrukturen, Stakeholdereinbindung, Kommunikationsbeziehungen bis hin zum aktuellen Entscheidungsstand analysiert werden. Die Auswertung dieser Ergebnisse führt dann zur Vorbereitung eines oder mehrerer Workshops mit den relevanten Projektbeteiligten, in dem die unterschiedliche Interessenlage der Beteiligten zu einer konkreten Vorgehensweise geführt werden muss. Diese Moderationsaufgabe bedarf neben den kommunikativen Fähigkeiten auch einer fachlichen Kompetenz in technischen Fragestellungen.

Die Ergebnisse dieser Aktivitäten müssen dann in der Leitungsebene des Projektes vorgestellt und im Hinblick auf die Anpassung der Aufbau- und Ablauforganisation entschieden werden.

Der weitere Projekterfolg wird nur dann eintreten, wenn die Umsetzung und Kontrolle der Aktivitäten zielorientiert und mit Fingerspitzengefühl für die Projektbeteiligten erfolgt.

Folgerungen Erfolgreiche Projektsteuerung bedeutet nicht, dass jeder Konflikt vermieden werden muss. Einige Konflikte müssen bewältigt werden. Dies ergibt sich zwangsläufig aus den unterschiedlichen Interessenlagen der Beteiligten. Wichtig ist das rechtzeitige Erkennen von Konfliktpotenzialen und die anschließende Bewältigung des Konfliktes, ohne das Projektziel aus den Augen zu verlieren.

Das klassische Leistungsbild der Projektsteuerungsleistungen wird in der Praxis auf Bestandsobjekte übertragen, was im Grundsatz auch möglich ist, da der methodische Ansatz unabhängig von der Projekttypologie anwendbar ist. Die Leistungen müssen allerdings mit zum Teil im Verhältnis zu Neubauprojekten sehr großen Erschwernissen ausgeführt werden, wenn man an die Unwägbarkeit eines qualitativ schlechten Bestandes oder den sehr engen Zeitablauf z. B. eines Industrieprojektes unter laufendem Betrieb mit erhöhten Anforderungen an die Sicherheit und Logistik denkt.

14.1 Besonderheiten im Projektmanagement bei Objekten im Bestand[1]

Je nach Gebäudetypologie und gegebener Ausgangslage entstehen unterschiedliche Leistungsanforderungen an den Immobilienbesitzer bzw. den von ihm eingeschalteten Projektmanager.

Ferner kann aus der Ausgangssituation unterschiedlicher Handlungsbedarf resultieren, z. B. im Hinblick auf:

- Nutzerbedarfsdeckung
- Renditesituation
- Nutzungsveränderungen
- Organisationsveränderungen
- Verkaufsabsichten
- Revitalisierung, Modernisierung
- etc.

Diese strategischen Ausgangssituationen lösen Aktivitäten zur Wertoptimierung aus, die in Leistungsbildstrukturen ihren Niederschlag finden müssen.

14.2 Verschiedene Projekttypologien von Bestandsprojekten

Je nach Ausgangslage und Typ des vorliegenden Projektes erwachsen unterschiedliche Auswirkungen auf die Leistungsanforderungen und dem daraus entstehenden Aufwand für den Projektmanager.

Eine besondere Komplexität erwächst aus dem Umstand, dass das Bestandsprojekt in Teilbereichen einen weitergehenden Betrieb erfordert, so dass abschnittsweise Fertigstellungen unter Berücksichtigung eines bestehenden z. B. Krankenhausbetriebes oder Industriebetriebes oder eines Einkaufzentrums zu realisieren sind.

Eine Übersicht über Projekttypen mit den gegebenen Einflüssen ist in Abb. 14.1 dargestellt.

So sind bei Bauten mit Denkmalschutzauflagen Unwägbarkeiten gegeben, die häufig in Interessenkonflikten zwischen den Denkmalschützern bzw. des Investors mit dem Ziel maximaler Flächen- und Renditerealisierung liegen.

Ebenso unterschiedlich wie die Leistungsstruktur ist anlog der Aufwand für den leistungserbringenden Projektmanager.

Neben den Unwägbarkeiten aus baulicher Substanz sind Korrekturen gegen falsche Annahmen in der Planung bis hin zu Einflüssen aus logistischen Randbedingungen in der Abwicklung denkbar. Ein wesent- licher Umstand liegt auch in der Notwendigkeit eines Änderungsmanagements, welches zwischen Planungsänderungen und Änderungen aus der Bestandssituation differenziert. Des Weiteren ist das durchzuführende Entscheidungsmanagement in der Regel sehr viel aufwendiger.

Gleichermaßen betrifft dies die Abwicklung der gesamten Planungsverträge in Abhängigkeit dieses Änderungstatbestandes und auch die Abwicklung der Verträge von ausführenden Firmen.

Dies betrifft folgende Fragestellungen:

- Unwägbarkeiten aus baulicher Substanz
- Unwägbarkeiten aus vorhandenen Planunterlagen und evtl. späteren Korrekturen wegen Falschannahmen

---

[1] Preuß N. (2005): Ausblick auf erforderliche Anpassungen und Ergänzungen zu den Leistungsbildern von Heft 9 und 19. In: DVP, Projektmanagement bei Objekten im Bestand, 28.10.2005, Augsburg

N. Preuß, *Projektmanagement von Immobilienprojekten*,
DOI 10.1007/978-3-642-36020-6_14, © Springer-Verlag Berlin Heidelberg 2013

Projekttyp	Hinweise zu Problemfeldern
Bauten mit Auflagen des Denkmalschutzes	Einschränkungen durch Auflagen, genehmigungsrelevante Behinderungssachverhalte, längere Entscheidungsprozesse durch denkmalrelevante Konstruktionen
Gebäude für das Gesundheitswesen, z. B. Krankenhausprojekte	Einflüsse aus gesundheitsspezifischem Betrieb, Rücksichtsnahme auf Krankenhausbetrieb, übergreifende Funktionalitäten
Produktionsgebäude	erheblicher Zeitdruck durch Vorgaben zum Produktionsbeginn, bestehende betriebliche Abhängigkeiten durch Ablaufprozesse
Kaufhäuser, Verkaufsstätten	Einflüsse des laufenden Betriebes, Sicherheitskriterien, extreme zeitliche Vorgaben, Zwang zur Einhaltung von Zwischenterminen, Vorgaben aus Mietverträgen
Flughafenanlagen, Bahnhöfe	hohe Anforderungen an betriebliche Prozesse, Sicherheitskriterien, laufender Betrieb,Brandschutz
Museen	Einschränkungen infolge von Einsparungsplanungen von Experten, Verlegung von Exponaten, Sicherheitsauflagen zum Schutz von Exponaten

Abb. 14.1 Projekttypologien im Bestand und bestehende Problemfelder

- Eingriff der neuen Planung in die Substanz und in die bestehende Tragkonstruktion
- Einfluss aus laufendem Betrieb (abgegrenzter Bereich oder totale Verzahnung mit dem Betrieb mit erforderlichen Sicherheitsmaßnahmen bis hin zur nächtlichen Bautätigkeit)
- Einfluss einer längeren Planungs- und Ausführungszeit
- höherer Aufwand im Projektmanagement dieser Aspekte (Konfliktmanagement, Entscheidungsmanagement, Änderungsmanagement, Vertragsmanagement etc.)

Aus den Erfahrungen eines denkmalgeschützten Bestandsprojektes welches von einer Versicherungsgesellschaft mit Versicherungsgeldern zu finanzieren war und damit als oberste Prämisse die Rentabilität: d. h. konkret, eine nachhaltige Rendite von mindestens 5 % nach Abschluss der Baumaßnahmen nachweisbar sein sollte, ergab sich folgende Erkenntnis, die wie folgt zusammengefasst werden kann.

Die Realisierung der Mindestrendite war nur über Schaffung zusätzlicher Flächen für Büroraum möglich. Und hier zeigte sich der erste von zahlreichen Konflikten der Denkmalschutzanforderung mit anderen Belangen, wie denen der:

- Rentabilität/Wirtschaftlichkeit
- des Brandschutzes
- der Landesbauordnung
- der Architekten- oder Bauherrenvorstellungen Hierzu ein Auszug aus einem Situationsbericht:

Nachdem das Projekt eine gewisse Zeitspanne durch festgefahrene Gespräche zwischen Denkmalschutz, Bauherren und Planungsbeteiligten nicht weitergekommen war und wertvolle Zeit verstrich, wurde dann durch die konstruktive Einschaltung von Denkmalschutzexperten in das Projektteam und in Abstimmung mit den Denkmalschutzbehörden ein Entwurf realisiert, der neben der Schaffung einer entsprechenden Tiefgarage auch eine wirtschaftlichere Flächengestaltung eines Neubauteils ermöglichte. Die Erreichung dieses Zieles war mit einer Fülle an ergänzenden Abstimmungserfordernissen und Zwischenplanungsständen verbunden, die im Hinblick auf den daran steckenden Aufwand keinem Vergleich mit einer klassischen Planungsphase standhält. Des Weiteren müssen bei solchen Projekten eine Vielzahl von konstruktiven Problemen gelöst werden, die zum Teil aus der Bestandssituation resultieren und immer wieder Rückkopplungen auf die Planung haben.

Dies gilt z. B. im hohen Maße für die Fassaden- und Fenstergestaltung in der es dann häufig um die Frage geht, inwiefern historische Holzfenster erhalten werden können oder müssen, inwieweit ein Sonnenschutz verwendet werden kann oder ob wie in diesem Fall ein neues Fenster entwickelt werden musste, dass alle Forderungen des Denkmalschutzes, der Bauherrschaft, des Bauphysikers, des Architekten und der Energieeinsparungsverordnung erfüllt. Das Ergebnis war in diesem Fall ein dreifach verglastes Fenster, dass von außen zunächst eine hinterlüftete Einfachverglasung mit einer elektrisch angetriebenen Metalljalousie aufweist. Nach innen hin schließt sich dann eine normale Thermoverglasung an. Die Auswirkung auf Kosten, Termine und Qualitäten waren gravierend und mussten rechtzeitig berücksichtigt werden.

Eine weiterhin zentrale Forderung von Denkmalschutzbehörden liegt häufig im Erhalt von historischen Treppenhäusern oder aufwendigen Stuckarbeiten mit erheblichen Kosten. Ein weiterhin altbekanntes Problem in historischen Treppenhäusern sind die Absturzhöhen der vorhandenen Treppengeländer, die in der Regel nicht den heutigen Forderungen der Bauordnung entsprechen. Das der Erhalt des historischen Geländers in der Regel außer Zweifel steht, wird dieses Problem oftmals durch einen zweiten Handlauf gelöst. Bei diesem Projekt wurde das vorhandene Geländer im Bereich des Obergurtes vorsichtig getrennt und durch Einfügen zusätzlicher Vertikalstäbe -unter Erhalt des Originalhandlaufes- erhöht.

Während der Denkmalschutz auf einen Holznachbau des bestehenden Treppenhauses bestand, war diese Forderung aus Sicht des Brandschutzes nicht umsetzbar. Am Ende einigten sich alle Beteiligten auf eine Stahlbetonkonstruktion, die mit Massivholz so zu verkleiden war, dass der optische Eindruck einer massiven Holzbrücke entsteht.

Diese Beispiele zeigen, dass der darin steckende Abstimmungsaufwand in der Planung bei weitem höher und komplexer ist, als wie das bei Neubauprojekten üblich ist. Gerade hier sind auch häufig Interessenkonflikte so massiv, dass der Projektsteuerer neben fachlichem Gespür für die Gesamtzusammenhänge auch einen stark integrativen Einsatz leisten muss, wenn er die Projektziele wie definiert erreichen möchte.

Zusammenfassend ergaben sich im Kern drei wesentliche Zielvorgaben zur Lösung der bestehenden Schwierigkeiten:
1. Lösung der Konflikte zwischen den Vorgaben des Denkmalschutzes mit
   - Rentabilität/Wirtschaftlichkeit
   - Brandschutz
   - Bauordnung
   - Architekten- oder bauherrenvorstellungen
2. Flächenmaximierung mit dem Ziel einer Mindestrendite unter Einhaltung denkmalschutzrelevanter und genehmigungsrechtlicher Vorgaben

3. Lösung vielfältigster Probleme aus der Bestandssituation mit Rückkopplung auf die Planung. Zum Beispiel: Fassaden- und Fenstergestaltung, Erhalt historischer Treppenhäuser, Treppengeländer, Stuckarbeiten, Holztreppen in Treppenhäusern, Deckentragwerke etc.

14.3 Projektvorbereitungsphase

Bestandssituationen Vor dem Einsatz der Planung muss die Frage der Qualität des Bestandes überprüft werden. Lohnt sich eine Sanierung noch oder ist ein vollständiger Abriss und Neubau sinnvoller. Zur Beantwortung dieser Frage sind eine Vielzahl von Untersuchungen durchzuführen, die den Zustand der tragenden, der nicht tragenden Konstruktion sowie Installation und zentralen Betriebstechnik analysiert. Trotz genauester Recherchen verbleiben gewisse Restrisiken und damit gegebene Unwägbarkeiten. Diese Unwägbarkeiten kommen häufig zu einem Zeitpunkt zum Vorschein, in dem die Planung bereits läuft und aus diesem Umstand Störungen bzw. Änderungen resultieren, die durch das Projektmanagement federführend bearbeitet werden müssen. Der darin steckende Arbeitsaufwand für alle Beteiligten ist sehr viel höher als bei einem klassischen Neubauprojekt.

Folgende Aspekte sollten in der Vorbereitungsphase besonders beachtet werden:
1. Beurteilung der Bestandssituation häufig sehr schwierig (Verbleib von Restrisiken und Unwägbarkeiten)
   - Durchführung einer qualifizierten Bestandsanalyse
2. Bauplanungs- und Bauordnungsrecht:
   - Reichweite einer Baugenehmigung
   - Reichweite des Bestandsschutzes
   - Bebauungsplanverfahren
   - Bauordnungsrechtliche Vorschriften
   - Denkmalschutz
   - Altlasten
3. passgenaue Abstimmung der Planerverträge (Leistungsbilder):
   - Differenzierung zwischen Grund- und besonderen Leistungen
   - praxisorientierte Vereinbarungen für Vergütungen von Planungsänderungen
4. Mitwirkung bei der Erstellung des Nutzerbedarfsprogramms:
   - Rückkopplung der Bestandssituation auf die Planung
5. Kostenrahmen für Investition und Nutzung:
   - Abschätzen des Einflusses der Qualität des Bestandes schwierig
   - Abschätzung der auftretenden Störgrößen schwierig
   - Eingrenzung der Kosten für Unvorhergesehenes

6. Terminrahmen:
    – deutlicher Unterschied im Vergleich Neubauten (längerer Zeitbedarf, Unwägbarkeiten aus Bestand und ggf. Betrieb etc.)
7. Unterlagenanalyse
    – Prüfung und Erfassung von Bestandsunterlagen (z. B. Statik, etc.)
8. Risikoanalyse
    – Differenzierte Erfassung und Bewertung der Risikopotenziale
9. Nutzereinbindung
    – Rechtzeitige Einbindung der Nutzer in die geplanten Abläufe/Maßnahmen
10. Planerkompetenz
    – Überprüfung der planerseitigen Kompetenzen in der Bestandsproblematik
11. Vermessungsleistungen
    – Rechtzeitige Veranlassung von Vermessungsaufgaben (Grundstücksgrenzen, Nachbarwän Nachbarwände, Fundamentvorsprünge von Nachbarbebauungen).

Bauplanungs- und Bauordnungsrecht[2] Ein wesentlicher Gesichtspunkt bei der Erreichung der Baugenehmigung liegt in der Frage, ob die beabsichtigte revitalisierte Nutzung noch von der bisherigen Baugenehmigung gedeckt ist, oder ob sich diesbezüglich Änderungen ergeben.

Ein weiterer Aspekt liegt in der Feststellung der Reichweite des Bestandsschutzes. Der Bestandsschutz erfasst regelmäßig nur die konkret realisierte bauliche Nutzung. Erhebliche Änderungen des Gebäudes können den Bestandsschutz entfallen lassen.

Falls ein Bebauungsplanverfahren notwendig wird, ergeben sich zusätzliche Problemlagen in Zusammenhang mit einer längeren Verfahrensdauer und eventueller Erfüllung zusätzlicher städtebaulicher Anforderungen.

Nicht unproblematisch sind auch die bauordnungsrechtlichen Vorschriften, die im Hinblick auf Brandschutz, Wärme- und Schallschutz, der Verkehrssicherheit und auch eventuell zusätzliche Stellplatzanforderungen mit sich bringen.

Die Behörden des Denkmalschutzes haben hier weiträumige Entscheidungsspielräume, die oft zu erheblichen Kostenbelastungen für Investoren führen. Diese Gesichtspunkte sind häufig auch nicht zu Projektbeginn umfassend und abschließend zu erfassen und im Hinblick auf ihre Konsequenz zu bewerten.

Häufig löst die Revitalisierung von Gebäuden auch Altlastenprobleme aus, die im Hinblick auf Analyse, Trennung und Entsorgung erhebliche Summen an Kosten binden.

Abstimmung Planerverträge Das Leistungsbild ist auf die erforderlichen Planungtätigkeiten bei Bestandsbauten genau abzustimmen. Dies gilt insbesondere für die Differenzierung zwischen Grundleistungen und besonderen Leistungen, die projektspezifisch zu berücksichtigen sind.

Ein weiterer Problemkreis und damit Leistungsspektrum erwächst aus den unvollkommen bleibenden Bestandsanalysen und daraus resultierenden Planungsänderungen, die im vertraglichen Verhältnis zu den Planern praxisorientierte Vereinbarungen für Vergütungen bedürfen.

Im Rahmen der Projektentwicklung wird ein Nutzerbedarfsprogramm zu erstellen sein, welches dann im Rahmen eines ersten Vorplanungskonzeptes auf Einhaltung mit den vorgegebenen Randbedingungen zu überprüfen sein wird. Unabhängig davon wird es in den folgenden Planungsphasen zu Rückkopplungen der Bestandssituation auf die Planung kommen.

Die Ermittlung des Kostenrahmens für Investitionen und Nutzungskosten ist erheblich komplexer als für Neubauten. Zum einen ist das Abschätzen der Einflüsse der Unwägbarkeiten aus dem Bestand schwierig, zum anderen kann man kaum alle eventuell auftretenden Störgrößen aus diesem Umstand rechtzeitig kostenplanerisch erfassen.

Ebenso verhält es sich mit der Eingrenzung des Terminrahmens. In der Regel wird sich der Terminrahmen deutlich gegenüber dem von Neubauprojekten unterscheiden. Besonders komplex wird die Situation dann, wenn Teilbereiche des Gebäudes weiterhin zu nutzen sind und eine abschnittsweise Fertigstellung unumgänglich ist.

14.4 Planungsphase

Die Einflüsse des Bestandes auf die Planung wurden bereits angesprochen. Ebenso betrifft dies die ausreichende Feststellung des Ist-Bestandes im Hinblick auf Tragwerk, technische Ausrüstung sowie bestehende Altlasten.

Folgenden Aspekten sollte besondere Aufmerksamkeit geschenkt werden:

1. Einflüsse des Bestandes auf die Planung. Ausreichende Feststellung des Ist-Bestandes erforderlich (Tragwerk, technische Ausrüstung, Altlasten), ausreichend Zeit dafür ansetzen
2. rechtzeitige Auslösung von möglichen Alternativbetrachtungen in der Planung
3. praxistaugliches Änderungsmanagement
4. detailliertes Ausarbeiten von Bauphasen- und Ablaufszenarien sowie Einarbeitung der Ergebnisse in die Planungsterminpläne
5. verstärkter Einsatz des bauherrenbezogenen Projektmanagements
6. Baumaßnahmen sind evtl. bei laufendem Betrieb durchzuführen. Logistikkonzept muss Ladenöffnungszeiten, Bürozeiten, etc. berücksichtigen.

---

[2] AHO, Heft 21 (2006): Interdisziplinäre Leistungen zur Wertoptimierung von Bestandsimmobilien

7. evtl. Einbindung eines projektbegleitenden Bestandsgutachter zur Koordination und Begutachtung der Bestandssituation

8. rechtzeitige Abstimmung der erforderlichen Bestandsdokumentation

9. effiziente Organisation der Behördenabstimmungen

10. ständige Aktualisierung des Risikomanagements und Aktualisierung des Kostengerüstes

Auch bei Neubauten ist die Auslösung von Alternativbetrachtungen wichtig, in der Bestandsproblematik zeigt sich dieses allerdings noch deutlicher, da die bestandsrelevanten Randbedingungen häufig nie in einer Erstbetrachtung zur optimalen Lösung führen.

Das Änderungsmanagement muss differenzieren zwischen Änderungserfordernissen aus der Bestandssituation und klassischen Planungsänderungen, um somit eine Kostentransparenz zu jedem Zeitpunkt zu gewährleisten.

Natürlich müssen bei Neubauprojekten auch differenzierte Planungsterminpläne erarbeitet werden. Bei Bestandsprojekten bzw. möglicherweise auch abschnittsweiser Projektabwicklung gestaltet sich dies noch ein wenig komplexer.

Generell lässt sich feststellen, dass der Einsatz der bauherrenbezogenen Projektmanagementleistungen aufgrund der vorgenannten Faktoren noch intensiver und näher am Projektgeschehen stattfinden muss, um sich anbahnende Problempunkte rechtzeitig zu erkennen und entsprechende Kompensationsmaßnahmen auslösen zu können.

14.5 Ausführungsvorbereitungsphase

Bauen im Bestand ist durch eine besondere Komplexität gekennzeichnet und erfordert somit besonders erfahrene Projektbeteiligte als auch erhöhte Projektmanagementkompetenz, um die entstehenden Probleme lösen zu können. Insofern wird man in der Ausführungsvorbereitung auch entscheiden müssen, ob die Wahl der Unternehmenseinsatzform aus Einzelunternehmen oder Generalunternehmern bestehen soll. Aufgrund der Flexibilität in der Leistungs- und Vergütungsregelung spricht sehr viel für die Einzelvergabe bzw. Einheitspreisvertrag.

Unabhängig davon bedarf die Vertragsgestaltung bestimmter Anforderungen, wie z. B.:

1. Wahl der Unternehmereinsatzform: Einzelunternehmer oder Generalunternehmer (Flexibilität der Leistungs- und Vergütungsregelung)

2. Besondere Anforderungen an die Vertragsgestaltung:
   - Verantwortlichkeit des Auftraggebers für ausreichende Beschreibung des Bestands
   - Lieferung des versprochenen Bestands
   - Vergütungsregelungen unter Berücksichtigung neu eintretender Risiken

   - Verpflichtung zum kooperativen Umgang mit Bauordnungs- Alt- und Neubausubstanz
   - Anforderungen an die Bestandsdokumentation

3. eindeutige und erschöpfende Leistungsbeschreibung, Erfassung baubetrieblicher Erfordernisse aus dem Bestand

4. Berücksichtigung der bestandsrelevanten Randbedingungen, z. B. Denkmalschutz bei der Paketierung der Vergaben

14.6 Ausführungsphase

Die Notwendigkeit eines lückenlosen, praxisorientierten Änderungsmanagement, verbunden mit einem Nachtragsmanagement wurde bereits angesprochen.

Gerade in der Ausführungsphase ergeben sich häufig Konflikte zwischen den Beteiligten, die eine hohe Kompetenz im Hinblick auf die Erreichung eines Kompromisses im Bezug auf die verschiedenen Projektbeteiligten erfordert.

Das Projektmanagement muss durch ausgewählte Kontrollen sicherstellen, dass die Sicherheit, Brandschutz und sonstige Aspekte insbesondere bei Umbauten aus laufendem Betrieb eingehalten werden.

Es bedarf einer sehr vorausschauenden Terminplanung und -kontrolle und einem aktiven Risikomanagement.

Ausgehend von der Tatsache, dass in dem Kostenrahmen zu Projektbeginn noch nicht alle Einflüsse erfasst sein können, ist es notwendig, dass sich die Kostenplanung sehr eng am Geschehen weiterentwickelt und im Hinblick auf neu erkannte, kostenerhöhende Sachverhalte rechtzeitig nach Kompensationsmaßnahmen Ausschau gehalten wird.

Der Projektmanager muss ein effizientes Entscheidungsmanagement durchführen und an den echten Konfliktpunkten des Projektes orientieren. Nur so wird es ihm gelingen, das Projekt im Rahmen der ursprünglich definierten Ziele abzuwickeln.

Folgende Einzelaspekte sollte in dieser Phase besonders beachtet werden:

1. lückenloses, praxisorientiertes Änderungsmanagement sowie Nachtragsmanagement

2. Konfliktmanagement im Hinblick auf die Projektbeteiligten

3. Kontrolle der Einhaltung der Sicherheits-, Brandschutzauflagen, insbesondere bei Umbauten unter laufendem Betrieb

4. vorausschauende Terminplanung und -kontrolle. Berücksichtigung relevanter Risiken

5. differenzierte Kostenplanung und -kontrolle. Erfassung und Bewertung gegebener Risiken

6. effizientes Entscheidungsmanagement an den echten Konfliktpunkten des Projektes (bei Bestandsproblemen, auftretenden Hindernissen, Änderungen in den Vorgaben etc.)

7. Fortschreibung der Organisationsvorgaben im Hinblick auf Belange der Bestandsnutzer/Bestandsmieter (z. B. beim Abbruch schadstoffhaltiger Baustoffe)

8. Erweiterte Beweissicherung des eigenen Bestandes, Veranlassung von Zwischenbegehungen nach Abschluss maßgebender Gewerke (z. B. bei Abbruch)

14.7   Leistungsbild Projektmanagement

Aus den vorstehend zusammengetragenen Erkenntnissen leitet sich folgendes Leistungsbild ab, welches ergänzend bzw. vertieft zum Leistungsbild nach AHOHeft 9 erbracht werden muss.

Projektvorbereitung

1. Mitwirkung in der Beurteilung der Bestandssituation (Verbleib von Restrisiken und Unwägbarkeiten)
2. Mitwirkung bei der Eingrenzung und Lösung von Problempunkten im Bauplanungs- und Bauordnungsrecht unter Berücksichtigung der Aspekte:
   – Reichweite einer Baugenehmigung im Hinblick auf die Nutzung
   – Reichweite des Bestandsschutzes
   – Bebauungsplanverfahren
   – Bauordnungsrechtliche Vorschriften
   – Denkmalschutz
   – Altlasten
3. Mitwirkung in der passgenauen Abstimmung der Planerverträge (Leistungsbilder), insbesondere:
   – in der Differenzierung zwischen Grund- und Besonderen Leistungen sowie
   – Schaffung von praxisorientierten Vereinbarungen für Vergütungen von Planungsänderungen
   – Schnittstellen zwischen Bestandsbau/Neubau
4. Mitwirkung bei der Erstellung des Nutzerbedarfsprogramms sowie permanente Rückkopplung der Bestandssituation auf die Planung sowie ggf. Fortschreibung
5. Mitwirkung bei der Erstellung und Festlegung des Kostenrahmens für Investition und Nutzung unter Berücksichtigung der Qualität des Bestandes sowie der evtl. auftretenden Störgrößen
6. Mitwirkung bei der Erstellung und Festlegung des Terminrahmens unter Berücksichtigung der bestehenden Unwägbarkeiten aus Bestand und ggf. laufendem Gebäudebetrieb, etc.
7. Analyse aus dem laufenden Gebäudebetrieb resultierenden Anforderung an die Projektabwicklung (Sicherheit inkl. Brandschutz, ggf. Mehrschichtbetrieb, erf. Bauliche Schutzmaßnahmen, evtl. abschnittsweise Übergabe des Objektes, technische und organisatorische Schnittstellen)

Planung

1. Mitwirkung bei der Erfassung der Einflüsse des Bestandes auf die Planung (Tragwerk, technische Ausrüstung, Altlasten)
2. rechtzeitige Auslösung von möglichen Alternativbetrachtungen
3. Einrichtung und Abstimmung eines praxistauglichen Änderungsmanagements
4. detailliertes Ausarbeiten von Bauphasen- und Ablaufszenarien sowie Einarbeitung der Ergebnisse in die Steuerungsterminpläne zur Planung
5. verstärkter Einsatz des bauherrenbezogenen Projektmanagements im Hinblick auf Entscheidungsfindung und Lösung von Zielkonflikten

Ausführungsvorbereitung

1. Mitwirkung bei der Wahl der Unternehmenseinsatzform: Einzelunternehmer oder Generalunternehmer (Flexibilität der Leistungs- und Vergütungsregelung)
2. Mitwirkung bei der Formulierung der Anforderungen an die Vertragsgestaltung, insbesondere unter Berücksichtigung Bestandssituation, der Vergütungsregelungen und neu eintretender Risiken
3. Prüfung der Leistungsbeschreibung auf Eindeutigkeit und erschöpfende Beschreibung

Ausführung und Projektabschluss

1. Einrichtung und Aufrechterhaltung eines Änderungs- sowie Nachtragsmanagements
2. Konfliktmanagement im Hinblick auf die Projektbeteiligten
3. schwerpunktorientierte Verfahrens- und Arbeitsweisen zur Regelung der Kontrollen zur Einhaltung der Sicherheits- und Brandschutzauflagen
4. vorausschauenden Terminplanung und -kontrolle unter besonderer Berücksichtigung der bestandsspezifischen Risiken mit permanenter Vorhaltung von Ausfallszenarien bei Eintritt von Risiken
5. differenzierte Kostenplanung und -kontrolle
6. Erfassung und Bewertung gegebenen Risiken
7. effizientes Entscheidungsmanagement an den relevanten Konfliktpunkten des Projektes (Bei Bestandsproblemen, auftretenden Hindernissen, Änderungen in den Vorgaben, etc.)

Literatur

AHO, Nr. 9 (2004) Ausschuss der Verbände und Kammern der Ingenieure und Architekten für die Honorarordnung e. V., Untersuchungen zum Leistungsbild, zur Honorierung und zur Beauftragung von Projektmanagementleistungen in der Bau- und Immobilienwirtschaft, 2. Auflage, Bundesanzeiger, Köln

AHO, Nr. 9 (2009) Ausschuss der Verbände und Kammern der Ingenieure und Architekten für die Honorarordnung e. V., Untersuchungen zum Leistungsbild, zur Honorierung und zur Beauftragung von Projektmanagementleistungen in der Bau- und Immobilienwirtschaft, 3. vollst. überarbeitete Auflage, Bundesanzeiger, Köln

AHO, Nr. 16 (2010) Ausschuss der Verbände und Kammern der Ingenieure und Architekten für die Honorarordnung e. V., Untersuchungen zum Leistungsbild und zur Honorierung für das Facility Management Consulting, 4. vollst. überarbeitete und erweiterte Auflage, Bundesanzeiger, Köln

AHO, Nr. 19 (2004) Ausschuss der Verbände und Kammern der Ingenieure und Architekten für die Honorarordnung e. V., Neue Leistungsbilder zum Projektmanagement in der Bauund Immobilienwirtschaft, Bundesanzeiger, Köln

AHO, Nr. 21 (2006) Ausschuss der Verbände und Kammern der Ingenieure und Architekten für die Honorarordnung e. V., Interdisziplinäre Leistungen zur Wertoptimierung von Bestandsimmobilien, Bundesanzeiger, Köln

BaurR (1993) Entscheidungen ziviles

Baurecht: 758 NJW-RR BauR (1995) Entscheidungen ziviles Baurecht:

Diederichs C J (1984) Kostensicherheit im Hochbau, DVP-Verlag, Wuppertal

Diederichs C J (1994) Nutzerbedarfsprogramm – Messlatte der Projektziele. In: DVP, Tagung, 25.03.1994

Diederichs C J (2006) Immobilienmanagement im Lebenszyklus – Projektentwicklung, Projekt-management, Facility Management, Immobilienbewertung. 2., erweiterte und aktualisierte Auflage, Springer-Verlag, Berlin

Diederichs C J/Preuß N (2003) Entscheidungsprozesse im Projektmanagement von Hochbauten. In: Baumarkt + Bauwirtschaft, Bertelsmann-Springer Bauverlage, Gütersloh

DIN 18205 (1996) Bedarfsplanung im Bauwesen

DIN 18960 (2008) Nutzungskosten im Hochbau

DIN 276 (1993/2008) Kosten im Bauwesen

DIN 69900 (2009) Projektmanagement – Netzplantechnik, Beschreibungen und Begriffe

DIN EN ISO 9001:2008 (2008) Qualitätsmanagementsysteme, Anforderungen

Donhauser B Ablauforganisation in der Projektvorbereitungsphase, Projektkonzepte CBP

DVP (2009) Deutscher Verband der Projektmanager, Nutzungskostenmanagement als Aufgabe der Projektsteuerung/Ergebnisse des DVP-Arbeitskreises Nutzungskosten, DVPVerlag, Berlin

DVP (2011) Deutscher Verband der Projektmanager, Nachhaltigkeitsrelevante Prozesse in der Projektsteuerung/Ergebnisse des DVP-Arbeitskreises Nachhaltigkeit, DVP-Verlag, Berlin

EnEV (2007) Energie Einsparverordnung

Eschenbruch K (2009) Recht der Projektsteuerung, 3., völlig überarbeitete Auflage, Verlag C. H. Beck

Greiner P/Mayer P/Stark K (1999): Baubetriebslehre Projekt – management

HOAI (2009) Honorarordnung für Architekten und Ingenieure, 9. Auflage, Kohlhammer, Stuttgart

Intra F (2007) Der Generalunternehmer als verantwortlicher Ausführungspartner – Voraussetzungen zur professionellen Projektabwicklung. In: DVP, Tagung, 23.03.2007

Jungwirth D (1994) Qualitätsmanagement im Bauwesen, 2. Auflage, VDI-Verlag, Düsseldorf

Kalusche W (1997) Aufsätze und Vorträge zur Projektsteuerung, Vorbereitung der Planung als Aufgabe des Projektcontrollings/Bericht über die Ausbauplanung eines Verkehrsflughafens, Lehrstuhl für Planungs- und Bauökonomie der Technischen Universität Cottbus

Kochendörfer B (1978) Bauzeit und Baukosten von Hochbauten. Wiesbaden-Berlin: Bauverlag GmbH

Locher H/Koeble W/Frik W (2005) Kommentar zur HOAI, 9. Auflage, Werner Verlag, Düsseldorf

Locher H/Koeble W/Frik W (2010) Kommentar zur HOAI, 10. Auflage, Werner Verlag, Düsseldorf

Müller W H (1994) Funktions-, Raum- und Ausstattungsprogramm – Wertmaßstab für Qualität, DVP, Tagung, 25.03.1994

Neuenfeld K (2008) Kommentar zur HOAI, 3. Auflage, Kohlhammer Verlag, Stuttgart

Preuß N (1993) Der Flughafen München – eine Chance für Bayerns Infrastruktur Planung, Bau und Projektsteuerung. In: Günter-Scholz-Fortbildungswerk e. V., Vortrag zur Eröffnung der Ingenieur Akademie Bayern, 12.02.1993, Nürnberg

Preuß N (1994/1997/1998) Änderungs- und Entscheidungsmanagement in der Projektsteuerung, Tagung Managementforum Starnberg, München und Berlin

Preuß N (1996) Die Projektsteuerung auf schmalem Grat zwischen Anspruch und Wirklichkeit. In: Deutsche Gesellschaft für Baurecht e. V, Fachliche und persönliche Qualifikation des Projektsteuerers – die Realität der Anforderungen, 11./12.11.1996, Frankfurt

Preuß N (1996) Änderungsmanagement in der Angebots- und Ausführungsphase. In: DVP, 22.03.1996

Preuß N (1997) Qualiätsmanagement in der Projektsteuerung. In: I.I.R., Tagung, 18./19.02.1997, Düsseldorf

Preuß N (1997) Projektcontrolling in Bauprojekten aus Sicht des Auftraggebers/der Projektsteuerung. In: I.I.R., Tagung, 04.12.1997, Köln Preuß N (1998) Entscheidungsprozesse im Projektmanagement von Hochbauten, DVP-Verlag, Wuppertal

Preuß N (2001) Entscheidungsprozesse im Projektmanagement von Hochbauten bei verschiedenen Unternehmenseinsatzformen. In: Kapellmann/Vygen, Jahrbuch Baurecht, Werner Verlage

Preuß N (2003) Projektmanagement beim Einsatz von Kumulativleistungsträgern. In: DVP e. V. (Hrsg.) Strategien des Projektmanagements -Teil 8, DVP-Verlag, Wuppertal

N. Preuß, *Projektmanagement von Immobilienprojekten*,
DOI 10.1007/978-3-642-36020-6, © Springer-Verlag Berlin Heidelberg 2013

Preuß N (2005) Ausblick auf erforderliche Anpassungen und Ergänzungen zu den Leistungsbildern von Heft 9 und 19. In: DVP, Projektmanagement bei Objekten im Bestand, 28.10.2005, Augsburg

Preuß N (2007) Unternehmenseinsatzmodell Generalunternehmer auf schmalem Grat zwischen Anspruch und Wirklichkeit. In: DVP, Projektmanagement-Kompetenztagung, Generalunternehmereinsatz und alternative Projektabwicklungsformen, 23.03.2007, Berlin

Preuß N (2007) Anforderungen an das Projektmanagement in partnerschaftlich strukturierten Projekten sowie Status der Arbeiten zur Fortschreibung des Leistungsbildes nach AHO Heft 9. In: DVP, Projektmangement-Kompetenztagung, Alternative Projektabwicklungsformen – Strategie, Methodik, Werkzeuge, 26.10.2007, München

Preuß N (2008) Partnering aus Sicht des Projektmanagers. In: Eschenbruch K/Racky P, Partnering in der Bau- und Immobilienwirtschaft, Kohlhammer-Verlag, 2008

Preuß N (2008) Überblick der Projektmanagementleistungen des Projektabschlusses am Praxisbeispiel eines Einkaufszentrums. In: DVP, Projektmanagement-Herbsttagung, Projektmanagement beim Projektabschluss – Prozesssteuerung bis zur Übergabe, 17.10.2008, München

Preuß N (2010) Strukturelle und detailbezogene Änderungen des AHO-Leistungsbildes (2009). In: DVP, Projektmanagement- Frühjahrstagung, Projektmanagement-standards in Deutschland 2010 – Auswirkungen der HOAI Novelle und des AHO-Heftes 9 (2009), 30.04.2010, Berlin

Preuß N (2010) Konfliktszenarien aus Sicht der Projektsteuerung. In: DVP, Projektmanagement-Herbsttagung, Konfliktbewältigungsstrategien – Führungs-methodik des Projektmanagements, 12.11.2010, München

Preuß N/Schöne L B (2009) Real Estate und Facility Management, 3., vollst. neu bearbeitete und erweiterte Auflage, DVP-Verlag, Wuppertal

Schub A/Meyran G (1982) Ablauf und Aufwand der Technikmontagen im Hochbau. In: Praxiskompendium, Teil 1, Bauverlag

Schub A/Meyran G (1984) Ablauf und Aufwand der Technikmontagen im Hochbau. In: Praxiskompendium, Teil 2, Bauverlag

Strassert G Das Abwägungsproblem bei multikriteriellen Entscheidungen. Grundlagen und Lösungsansatz, unter besonderer Berücksichtigung der Regionalplanung, Lang-Verlag, Frankfurt am Main

Tautschnig A, Mathoi T, Tegtmeyer G, Krauß F Fast-Track-Projektabwicklung im Hochbau

VOB (2009) Vergabe- und Vertragsordnung für Bauleistungen

Wirth G (2004) Die zehn wichtigsten Regeln für die Projektleitung. In: IBR-Seminar, 22.10.2004, Hamburg

Sachverzeichnis

N. Preuß, *Projektmanagement von Immobilienprojekten,*
DOI 10.1007/978-3-642-36020-6, © Springer-Verlag Berlin Heidelberg 2013

Printed by Books on Demand, Germany